# 建筑科学研究

# 2023

王　俊　尹　波　主编

中国建筑科学研究院有限公司　组织编写

中国建筑工业出版社

**图书在版编目（CIP）数据**

建筑科学研究．2023 / 王俊，尹波主编；中国建筑科学研究院有限公司组织编写．—北京：中国建筑工业出版社，2023.9

ISBN 978-7-112-29067-3

Ⅰ．①建… Ⅱ．①王… ②尹… ③中… Ⅲ．①建筑科学 Ⅳ．①TU

中国国家版本馆 CIP 数据核字（2023）第 160333 号

责任编辑：张幼平
责任校对：王 烨

**建筑科学研究 2023**
王 俊 尹 波 主编
中国建筑科学研究院有限公司 组织编写
*
中国建筑工业出版社出版、发行（北京海淀三里河路 9 号）
各地新华书店、建筑书店经销
北京建筑工业印刷有限公司制版
北京中科印刷有限公司印刷
*
开本：787 毫米×1092 毫米 1/16 印张：28 字数：594 千字
2023 年 9 月第一版 2023 年 9 月第一次印刷
定价：**78.00** 元
ISBN 978-7-112-29067-3
（41700）

电话：（010）58337283 QQ：2885381756
（地址：北京海淀三里河路 9 号中国建筑工业出版社 604 室 邮政编码：100037）

# 《建筑科学研究 2023》编委会

# 序

## 贯彻绿色理念 满足“双碳”需求<br>构建建筑行业绿色低碳发展新格局

2020 年，习近平主席向国际社会作出了“2030 碳达峰，2060 碳中和”的庄严承诺。建筑全过程的碳排放总量能够占到我国碳排放总量的 50% 左右，建筑运行阶段碳排放量占我国碳排放总量的 20% 以上。建筑行业实现节能减碳、低碳转型是我国实现“双碳”目标的关键环节，是破解资源环境约束突出问题、实现可持续发展的迫切需要，是顺应行业技术进步趋势、推动建筑行业转型升级的迫切需要，更是满足人民群众日益增长的优美生态环境需求、促进人与自然和谐共生的迫切需要。

贯彻绿色理念，需要更加完善的政策引导。《关于完整准确全面贯彻新发展理念做好碳达峰碳中和工作的意见》提出了城乡建设和管理模式低碳转型、大力发展低碳节能建筑、优化建筑用能结构三项重点工作。在此基础上，住房和城乡建设部印发《城乡建设领域碳达峰实施方案》，进一步明确了建设绿色低碳城市、打造绿色低碳县城和乡村等方面的具体任务。城乡建设领域“双碳”顶层政策体系已初步建立，但是在建筑碳计量、碳交易、碳保险机制，先进低碳技术和装配应用，可再生能源推广等方面的政策工具以及强制性工程建设规范有待进一步完善和细化。

满足“双碳”需求，需要更加全面的科技研发支撑。建筑碳达峰、碳中和是涉及建筑科学、材料科学、气候科学、能源技术、环境学、生态学、经济学、社会学、数据学科与人工智能等多学科、多领域的复杂任务。需要以建筑科学为核心，组建跨学科科研团队，围绕碳达峰、碳中和“一张表”“一盘棋”的整体需求，以及建筑行业“早达峰、低峰值、压翘尾、短平台、深中和”的总体目标，开展关键核心技术及标准的研发工作，实现建筑行业“双碳”战略从顶层设计到落地实施的完整闭环。

构建建筑行业绿色低碳发展新格局，需要广大行业同仁的鼎力支持。作为全国建筑行业最大的综合性研究和开发机构，中国建筑科学研究院有限公司（以下简称“中国建研院”）在建筑环境、建筑节能、绿色建筑、近零能耗建筑技术等领域具有深厚积累，为促进建筑行业绿色低碳转型作出了积极贡献。希望以中国建研院为代表的行业科研机构，在建筑行业碳达峰过程中充分发挥科技支撑作用。一是发挥政策支撑作用，积极参与住房和城乡建设领域碳达峰、碳中和引导性、规范性、鼓励性政策的起草工作，为行业制定科学合理的碳减排目标和政策提供依据。二是发挥综合研发优势，聚焦绿色低碳建材、建筑能耗、能效、可再生能源、碳足迹、碳排放核查核算、检测认证评价等关键技术，积极推动以信息化、智能化技术实现建筑低碳建造、低碳运行。三是发挥标准引领作用，系统性地开展建筑“双碳”标准体系研究工作，编制覆盖绿色低碳城乡“规划－建设－评价－运行”全过程，以及“产品－技术－管理”全领域的关键标准，加快推进创新科技成果的标准转化和范围应用，避免无序、低效建设。

本书是中国建研院组织各领域专家深入研究建筑行业碳达峰、碳中和的发展需求、技术路径和典型实践的综合研究成果，是中国建研院在新时期践行自身使命的重要体现，为建筑行业尽早实现“双碳”目标提供了重要参考和建议。

建筑领域实现“双碳”目标是一项长期、复杂而艰巨的任务，希望以中国建研院为代表的相关单位，坚持系统观念、加强顶层设计，密切关注行业发展需求，多方参与、多措并举，蹄疾步稳、勇毅笃行，引领建筑行业碳达峰、碳中和发展方向，为国家“双碳”战略目标的顺利实现贡献建筑行业力量。

第十四届全国政协常委、人口资源环境委员会副主任

住房和城乡建设部原党组成员、副部长

中国土木工程学会理事长

# 前　言

党的二十大报告提出，积极稳妥推进碳达峰碳中和，从碳排放双控、能源革命、健全碳市场、提升碳汇能力等方面作了具体部署。2022 年，住房和城乡建设部联合国家发展改革委共同发布《城乡建设领域碳达峰实施方案》，明确提出要以绿色低碳发展为引领，建设绿色低碳城市，打造绿色低碳县城和乡村，控制城乡建设领域碳排放量增长。

为进一步贯彻落实国家“双碳”战略部署，跟踪行业发展趋势，为政府部门制定有关政策提供重要科学依据，中国建筑科学研究院有限公司（以下简称“中国建研院”）围绕“双碳”目标下的城乡建设绿色低碳发展新方向，组织编撰《建筑科学研究 2023》一书，力求通过全面系统梳理建筑行业碳达峰碳中和技术与产业应用情况，分析技术热点、行业动态和未来趋势，提出相关发展建议。全书共分为九篇，包括综合篇、空间规划篇、提高建筑能效篇、优化用能结构篇、数字化支撑篇、绿色建造篇、标准规范篇、行业创新篇、实践应用篇。

综合篇：围绕建筑业“双碳”战略目标、碳排放发展趋势及“双碳”实施路径等，探讨建筑业目前绿色低碳转型思路，具体介绍了砌体结构、装配式混凝土建筑、绿色建筑的低碳技术发展方向。

空间规划篇：从城镇空间体系构建、绿色生态城区建设、规模化推进城市更新、净零转型的森林资源管理四个方面，提出城乡规划实现绿色低碳发展思路与方法建议。

提高建筑能效篇：全面梳理绿色建筑、高效空调制冷机房、高性能围护结构、关键技术、标准体系的发展现状，并提出节能减排意见建议。

优化用能结构篇：探讨建筑光伏技术、低碳园区综合能源技术的发展，提出电网友好型建筑指标体系、供热行业主要变革方向以及乡镇能源结构转型路径等。

数字化支撑篇：分析智慧供热、智慧运维、数字建造与新型建筑工业化的发展现状与需求趋势，提出技术路径及发展建议。

绿色建造篇：围绕超限高层建筑、空间结构、既有建筑改造、混凝土材料、建筑垃圾循环利用、能源桩技术的发展方向等展开讨论，提出智能建造的绿色化衍生路径。

标准规范篇：对强制性工程建设规范《建筑节能与可再生能源利用通用规范》《建筑环境通用规范》以及推荐性国家标准《近零能耗建筑技术标准》《建筑碳排放

计算标准》的主要内容、创新点及实施情况进行了解读和分析。

行业创新篇：围绕建筑领域减排交易机制设计、围护结构碳排核算、排放因子云服务、碳保险构思、绿色金融发展、绿色建材产品认证、双碳机场评价等方面的发展模式展开研究和探索。

实践应用篇：重点介绍海南省和天津市的建设领域双碳发展规划、河南省鹤壁市开展清洁低碳取暖工作进展、海口江东新区零碳新城建设路径，以及中国建研院光电建筑、雄安城市计算（超算云）中心等国内有较大影响力的最佳实践案例。

本书编写凝聚了所有参编人员和审查专家的集体智慧，由于编者水平有限，书中难免会有疏漏与不当之处，恳请广大读者批评指正。同时，借本书出版之际，感谢建筑安全与环境国家重点实验室、国家建筑工程技术研究中心、国家技术标准创新基地（建筑工程）、建筑行业生产力促进中心、国家近零能耗建筑国际科技合作基地等平台提供的支持，向长期以来对中国建研院各项工作提供支持的领导、专家们，表示诚挚的谢意。

本书编委会

2023 年 5 月

# 目 录

**“双碳”目标下“十四五”建筑业科技发展的思考 / 王俊　尹波** …… 1

**第一篇　综合篇** …… 11

数字化转型助力建筑行业“双碳”战略目标实现的研究与思考 / 许杰峰　王梦林等 …… 12
建筑领域碳排放发展趋势及“双碳”实施路径思考 / 徐伟　张时聪 …… 19
“双碳”背景下新时代砌体结构高质量发展的实践与建议 / 徐建　梁建国等 …… 27
“双碳”目标下装配式混凝土建筑低碳技术发展与展望 / 肖从真　李建辉等 …… 37
基于全生命周期理论的绿色建筑碳排放研究 / 王清勤　孟冲等 …… 46

**第二篇　空间规划篇** …… 59

生态文明背景下边境地区城镇空间体系构建与规划设计路径探析
——以日喀则为例 / 徐杨　马晓琳等 …… 60
“双碳”目标下绿色生态城区建设思路研究 / 魏慧娇　张伟等 …… 72
规模化推进城市更新的策略建议 / 张启　刘晶　张玄同 …… 77
面向净零转型的森林资源管理方法与策略研究 / 杨佳杰 …… 84

**第三篇　提高建筑能效篇** …… 95

基于“双碳”目标下的绿色建筑发展现状和建议 / 孟冲　朱荣鑫　李嘉耘 …… 96
高性能外墙发展现状及展望 / 杨玉忠　孙立新等 …… 106
既有政策驱动下实现建筑碳达峰的不同技术组合减碳潜力预测比较
研究 / 张时聪　王珂等 …… 115
高效空调制冷机房关键技术研究与发展思考 / 曹勇　于晓龙等 …… 124

**第四篇　优化用能结构篇** …… 135

建筑光伏技术应用发展现状与展望 / 张昕宇　李博佳等 …… 136
低碳园区综合能源技术的发展现状与展望 / 徐伟　于震等 …… 148
清洁协同降碳背景下供热行业变革思考 / 袁闪闪　徐伟等 …… 161
建筑电气化政策环境及电网友好型建筑指标体系研究 / 曲世琳　袁闪闪　张思思 …… 166

乡村能源基础设施低碳建设路径探讨 / 尹波　李晓萍等…………………………………172
农村居住建筑低碳改造技术路径建议 / 邓琴琴…………………………………………177
农村有机废弃物就地资源化处理技术模式探讨 / 马文生　王让等……………………184

第五篇　数字化支撑篇…………………………………………………………………191

基于 BIM 的建筑全生命期碳排放计算方法与软件探索 / 刘剑涛　陈金亚等……………192
城镇集中供热智慧化发展现状、问题及趋势分析 / 吴春玲　付强等……………………201
建筑能效云推动建筑运维数字化转型升级 / 曹勇　崔治国等……………………………207
数字建造与新型建筑工业化的协同构建 / 朱礼敏　姜立　艾明星………………………216

第六篇　绿色建造篇……………………………………………………………………225

我国超限高层建筑结构设计绿色低碳发展现状及展望 / 王翠坤　陈才华　崔明哲……226
“双碳”目标下空间结构高质量发展的思考 / 赵鹏飞　刘枫　薛雯……………………237
智能建造的绿色化衍生路径探索和实践 / 王良平　肖婧…………………………………244
既有建筑低碳化改造实施路径研究 / 史铁花　唐曹明等…………………………………251
混凝土原材料的变革与绿色低碳发展 / 周永祥　冷发光等………………………………259
建筑垃圾资源化循环再生利用现状及技术发展 / 黄靖　曹力强等………………………270
能源桩技术在我国浅层地热能开发利用中的发展与创新 / 吴春秋　杜风雷……………280

第七篇　标准规范篇……………………………………………………………………289

强制性工程建设规范《建筑节能与可再生能源利用通用规范》解读 / 徐伟　邹瑜等……290
强制性工程建设规范《建筑环境通用规范》解读 / 邹瑜　徐伟等………………………297
国家标准《近零能耗建筑技术标准》解读 / 徐伟　张时聪等……………………………302
国家标准《建筑碳排放计算标准》解读 / 徐伟　张时聪　王建军………………………311

第八篇　行业创新篇……………………………………………………………………315

建筑领域碳交易机制与制度设计研究 / 孙德宇　姜凌菲等………………………………316
建筑外围护结构碳排放评价现状及趋势分析——以幕墙为例 / 于震　张喜臣等………324
基于智能云服务的建材碳排放因子数据库 / 张永炜　罗峥等……………………………333
浅谈“双碳”目标下推动碳保险发展的思考 / 孙舰……………………………………342
绿色金融支持绿色建筑碳减排发展的模式探索 / 曹博　张渤钰…………………………347
绿色建材产品认证技术体系构建及其应用 / 张晓然　路金波　吴波玲…………………351
低碳机场评价标准及国际案例研究 / 张思思　曲世琳等…………………………………360

第九篇　实践应用篇……………………………………………………………………369

近零能耗公共建筑示范工程技术路线与应用 / 于震　吕梦一等…………………………370

海南省建筑部门低碳发展目标与技术路径研究 / 张时聪　胡家僖等……………………… 381
天津市城乡建设领域碳达峰实施路径探讨 / 杨彩霞　魏兴等…………………………… 389
江东新区零碳新城建设路径探索 / 陈旺　张蕊等…………………………………………… 395
中国建研院光电建筑技术研发与示范 / 李博佳　边萌萌等……………………………… 404
近零能耗公共建筑设计分析——以雄安城市计算（超算云）中心非机房区域
近零能耗示范项目 / 李怀　于震等……………………………………………………… 415
清洁取暖“鹤壁模式”建设成效及经验 / 袁闪闪　石志宽……………………………… 427

结语…………………………………………………………………………………………………… 436

碳建筑碳定义内涵、性能指标等给出规范化、统一性的规定。此外，为支撑零碳建筑建设与发展，应将进一步研究满足我国不同气候区要求的零碳建筑关键技术指标体系，形成支撑零碳建筑设计、建造和运行管理的建材及产品标准、构造方法及施工工艺、优化运行等关键技术体系，有效支撑我国建筑领域碳达峰。

**（二）加快以工业化为主导的发展方式**

工业化是带动传统建筑业转型升级的重要手段。“十三五”时期，我国加大了装配式建筑的科技研发投入，并积极推动实践应用，装配式建筑结构体系不断丰富，装配式混凝土结构、钢结构、木结构、混合结构等均有较广泛的应用[4]。装配式建筑设计和建造过程中结构系统、外围护系统、内装系统、设备及管线系统的集成度逐渐提升，全集成的模块系统，墙体、保温、装饰、防水一体化的集成外墙系统，墙体管线装饰一体化的内墙系统、设备管线装饰集成的厨卫系统等技术产品均有了长足的进步和应用。2020 年 8 月，住房和城乡建设部等部门《关于加快新型建筑工业化发展的若干意见》（建标规〔2020〕8 号）提出以新型建筑工业化带动建筑业全面转型升级，提出加强系统化集成设计、优化构件和部品部件生产、推广精益化施工、加快信息技术融合发展等未来发展重点方向。笔者认为，钢结构具备集上述集成设计、规模生产、精准施工的诸多优势，是未来五年发展的重点、热点，发展方向如图 3 所示。

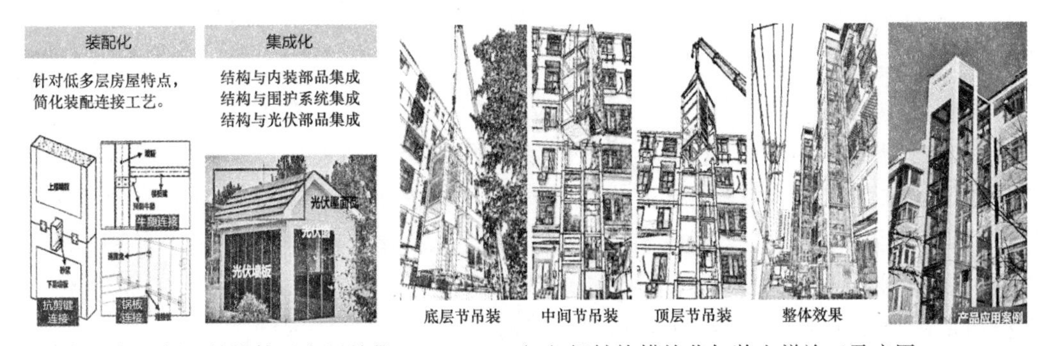


（a）轻钢轻混凝土结构体系发展趋势　　（b）钢结构模块化加装电梯施工及应用

图 3　建筑工业化发展方向（以钢结构为例）

1. 大力发展钢结构建筑及产品。钢结构是绿色环保节能型结构，易于实现工业化建造。近 10 年来，我国钢结构蓬勃发展，2020 年钢结构产量已达 8138 万 t，产量增幅 8.14%[5]；钢结构建筑发展快速，2020 年新冠疫情突发情况下，模块化钢结构建筑在应急救援中发挥了重要作用，据不完全统计，2020 年度全国建筑业房屋建筑竣工面积 38.5 亿 $m^2$，其中钢结构建筑竣工面积 4.55 亿 $m^2$，占比 11.81%[5]。在高层建筑中，适宜推广钢框架结构、钢框架 - 支撑结构、钢框架 - 延性墙板结构；在低多层建筑中，适宜推广轻型钢框架结构、冷弯薄壁型钢结构、轻钢轻混凝土结构等具有技术成熟、建造快速、节材省工等特点，并契合低多层建筑工业化建造需求的高品质建筑体系。在既有建筑领域，钢结构模块化加装电梯将助力老旧小区提升改造。随着国家对加装电梯支持力度加大及居民加装电梯意愿的提升，如何快速安全地加装电梯成为行业共同关注的问题。"钢结构模块化加装电梯"将井道结构与外围护系统、候梯厅装修、电梯设备等在工厂加工组装成模块，现场全螺栓连接，装配率达到90%以上，实现建筑工业化和智能建造技术在加装电梯项目中的综合应用。

2. 加快装配式农房建设普及。装配式农房助力乡村建设模式转变，发展前景广阔。在以往工作实践中，装配式混凝土结构、轻钢结构以及其他新型结构的农房技术应用到脱贫攻坚、灾后重建、集中安置、新农房建设、农村应急建设等工作中，有效改善了农村群众居住条件，显著提升了乡村风貌。相关专家学者认为，农村住房建设应以功能现代、风貌乡土、成本经济、结构安全、绿色环保为基本原则，装配式农房是契合农村需求、满足上述原则较适宜的房屋形式。未来，仍需不断完善装配式农房相关技术体系、不断丰富部品部件产品，研究新能源、新技术在装配式农房中应用，推广光伏技术、新风换气技术、低温辐射采暖等绿色低碳技术成果将是装配式低能耗农房的主要发展方向。

3. 积极推广以干式连接为主的新型装配式混凝土结构体系。装配式混凝土结构体系的节点连接以往大多采用后浇做法的湿式连接，现场湿作业量大，施工效率不高，并且钢筋连接技术如套筒灌浆连接、浆锚搭接连接等相对复杂，施工精度要求高、冗余度差，连接质量难以保证，这就使得节点形式迫切需要改进，由湿式连接向干式连接转变成为必然趋势。近几年来，一些以干式连接为主的新型装配式混凝土结构体系得到了越来越广泛的推广和应用，如全螺栓连接框架结构、装配式钢节点混合框架结构、干式连接多层剪力墙结构等，分别采用了"螺栓连接器＋灌浆""PC梁柱＋钢节点""螺栓连接（墙体水平接缝）＋钢锚环连接（墙体竖向接缝）"等多种形式的干式连接技术，节点构造更加简化，PC构件的制作、加工进一步便利，连接质量容易保证，同时显著提高了施工效率，提升了建造工业化水平，符合目前国家大力提倡的智能建造与新型建筑工业化协同发展的需求。

**（三）提升以智慧化为撬动的发展能力**

党的二十大报告指出，加快建设数字中国，加快发展数字经济，促进数字经济和实体经济深度融合；国家发展改革委《"十四五"数字经济发展规划》明确提出"推动新型城市基础设施建设，提升市政公用设施和建筑智能化水平"。数字化转型发展要求下，建筑领域智慧化发展是支撑全社会全行业转型的重要载体，建筑行业智慧化发展也是建筑行业自我转型的杠杆引擎。BIM技术应用是建筑行业数字化转型的重要基础，也是CIM技术应用和推动智能建造工作的重要支撑，从BIM到CIM的智慧化发展方向如图4所示。

1. 提升BIM技术应用能力。BIM是建筑实现数字化表达的基本方式，但BIM关键核心技术三维图形引擎、BIM基础平台和应用软件长期以来都被国外垄断，存在核心技术"卡脖子"问题。住房和城乡建设部等部门《关于加快新型建筑工业化发展的若干意见》着重提出“大力推广建筑信息模型（BIM）技术”“大力支持BIM 底层平台软件的研发”。在此背景下，亟需研发具有我国自主知识产权的 BIM 系统，解决国产 BIM 软件无“芯”的“卡脖子”问题，打破国外 BIM 软件的垄断，实现关键核心技术自主可控。目前基于 BIMBase 系统的建筑行业国产 BIM 软件产品已率先实现了 BIM 核心软件的国产化替代和升级，国产 BIM 系列软件的各项技术性能指标已达到国外成熟软件的 80% 以上，能够满足国内量大面广建设项目的 BIM 应用需求，但针对复杂造型、长大线性等工程仍需要不断探索和研究。

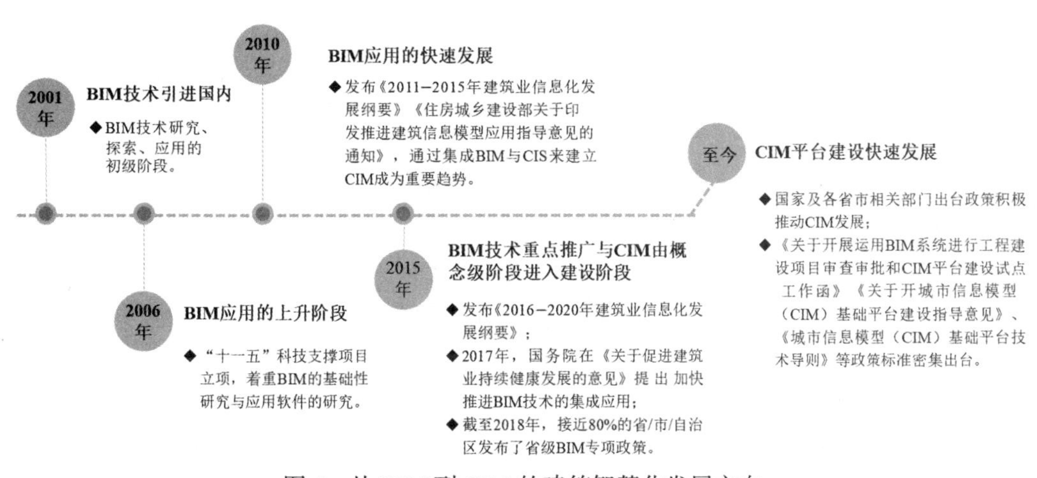


图 4　从 BIM 到 CIM 的建筑智慧化发展方向

2. 积极拓展 CIM 应用场景。“十四五”时期将是智慧城市建设的重要阶段，与此同时，数字赋能建筑行业智慧发展，将带来行业发展方式的变革，例如，建筑人工智能可以为建筑师提供大数据集成设计方案，数据挖掘技术可以基于海量运行数据挖掘节能潜力并提供低碳化运行策略；以建筑信息数据为基础，基于新一代信息技术充分融合与全面感知应用的智慧建筑也将是未来的发展方向，可以为使用者提供智慧化管理与服务。在城市层面，依托房屋建筑与市政设施普查数据，建设以城市信息模型（CIM）平台为基础的智慧化场景应用，提升城市运行管理的精细化、智慧化水平将是未来发展热点[6]。

3. 促进智能建造产业体系全链条融通协同。智能建造是以人工智能为核心的现代信息技术与以工业化为主导的先进建造技术相结合形成的创新建造模式。2022 年 10 月，住房和城乡建设部选定北京市等 24 个城市开展智能建造试点，加快推动建筑业与先进制造技术、新一代信息技术的深度融合，形成可复制可推广的政策体系、发展路径和监管模式，实现建筑业转型升级，形成建筑业高质量发展的新动能。由于智能建造贯穿于设计、生产、管理、服务等产品全生命期和建设全过程，需打通关键节点，开展建筑与基础设施的智能设计，形成智能为主人工为辅的新一代设计范式；研究数字化生产技术，使 BIM 设计模型通过数据转换驱动设备自动化生产；研发智慧工程管理平台，将构件的生产计划、任务排程、工艺管理、生产过程和生产设备的数据采集、监控、计算和信息反馈服务进行整合，达到标准化生产线的无人值守自动生产；加强生产、施工环节的建筑机器人研发及场景应用等，形成全链条数字化协同、全周期集成化管理、全要素智能化三个维度的产业升级。

**（四）健全以标准化为保障的支撑体系**

标准化是实现高质量发展的重要保障，也是创新技术推广应用的关键支撑。《深化标准化工作改革方案》（国发〔2015〕13号）提出标准化改革的总体目标之一，是建立政府主导制定的标准与市场自主制定的标准协同发展、协调配套的新型标准体系；《国家标准化发展纲要》将"推动标准化与科技创新互动发展"作为未来标准化工作的首要任务，提出在新一代信息技术、大数据、卫生健康、新能源、新材料等领域，同步部署技术研发、标准研制与产业推广，同时明确提出了建立绿色建造标准、推动新型城镇化标准化建设等内容。面向双碳工作要求，立足建筑领域发展特点，未来建筑业应在绿色低碳、安全防疫、智慧发展等领域完善标准保障支撑能力。建筑标准化发展方向如图5所示。

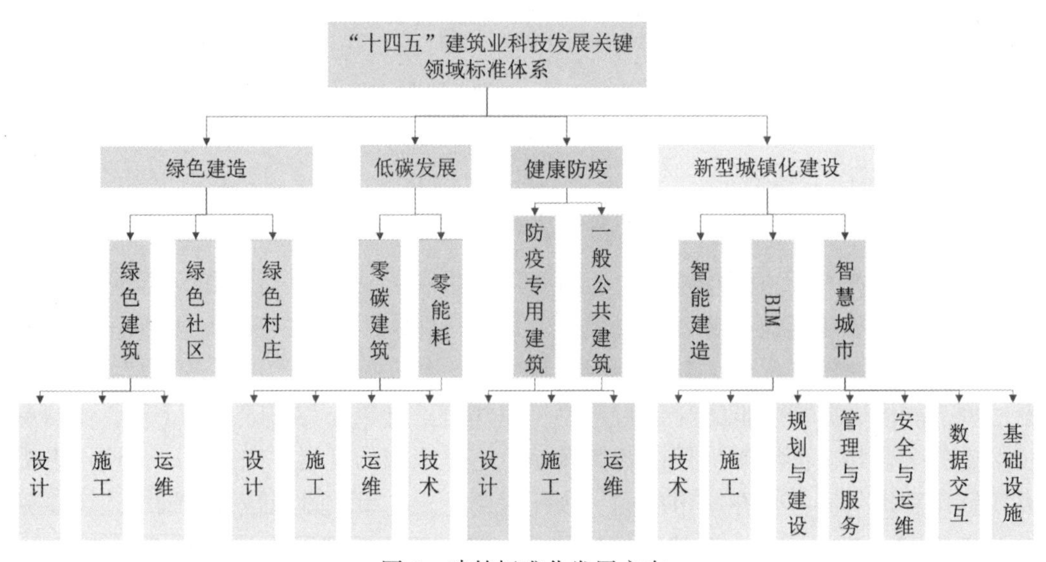


图5 建筑标准化发展方向

1. 健全完善绿色低碳标准体系。绿色低碳发展方面，面向碳达峰碳中和发展要求，应以降低建筑能耗、降低建筑碳排放为双重目标，针对不同气候区、不同建筑类型，制订精细化、全覆盖的绿色、节能、低碳系列标准。完善绿色建筑设计、施工、运维、管理标准，建立覆盖各类绿色生活设施的绿色社区标准。以建设功能现代、风貌乡土、成本经济、安全绿色的绿色宜居乡村为目标，完善美丽乡村建设理论方法，建立健全相关标准体系，为乡村建设提供支撑。

2. 加快补齐重点领域标准短板。后疫情时代，社会对保障公共安全的要求将不断提高，因此，要综合考量防疫专用建筑、公共建筑、民用建筑的不同用途、特点和需求，制订相应的建筑设计、建造、运行维护相关标准，以建筑为载体，以完善建筑健康防疫标准体系为抓手，切实提高全社会公共安全水平。

3. 着力提升新兴领域标准引领能力。智慧发展方面，根据当前建筑领域各环节传感技术、信息技术、人工智能技术不断发展的特点，标准建设应着眼于推动技术链条的标准化，实现“规划－建设－运维”数据全打通、“BIM-GIS-IoT”数据全连接，通过数据交互标准化打破“智慧孤岛”，支撑“数字中国”建设。

## 四、展望

“十四五”时期，我国经济社会进入转型发展期，深入实施创新驱动发展战略，推动建筑行业与数字经济结合步伐，加快以人为核心的新型城镇化建设，实施双碳战略均是“十四五”时期国民经济和社会发展的重大方向，这些方向对传统建筑业转型发展提出了更高要求。中央经济工作会议也明确部署了深化供给侧结构性改革、加快数字化改造、实施科技体制改革三年行动、正确认识和把握碳达峰碳中和，狠抓绿色低碳技术攻关等重要工作。未来，建筑业须坚持绿色化的发展理念，用好工业化的发展手段，提升智慧化的发展能力，做好标准化的保障支撑，做好“四化”、用好“四化”，推动建筑行业加速转型，向更高质量发展迈进。

## 参考文献


［1］国家统计局国务院第七次全国人口普查领导小组办公室．第七次全国人口普查公报（第七号）［EB/OL］．http://www.stats.gov.cn/xxgk/sjfb/zxfb2020/202105/t20210511_1817202.html，2021-05-11/2022-05-31.

［2］中共中央 国务院．国家标准化发展纲要［EB/OL］．http://www.gov.cn/zhengce/2021-10/10/content_5641727. htm．2021-10-10/2022-05-31.

［3］中共中央．中共中央关于党的百年奋斗重大成就和历史经验的决议［EB/OL］．http://www.gov.cn/zhengce/2021-11/16/content_5651269.htm，2021-11-16/2022-05-31.

［4］王俊，赵基达，胡宗羽．我国建筑工业化发展现状与思考［J］．土木工程学报，2016，49（5）：1-8.

［5］中国新闻网．中国建筑钢结构行业大会武汉召开 聚焦行业高质量发展［EB/OL］．https://www.sohu.com/a/469416775_123753．2021-05-30/2022-05-31.

［6］中华人民共和国住房和城乡建设部．建设 CIM 基础平台 助力智慧城市建设——部建筑节能与科技司相关负责人解读《城市信息模型（CIM）基础平台技术导则》（修订版）［EB/OL］．https://www.mohurd.gov.cn/xinwen/gzdt/202106/20210616_250475.html．2021-06-16/2022-05-31.

# 第一篇 综合篇

习近平总书记在党的二十大报告中指出:“实现碳达峰碳中和是一场广泛而深刻的经济社会系统性变革。”自从“3060 双碳”目标提出以来，以《中共中央 国务院关于完整准确全面贯彻新发展理念做好碳达峰碳中和工作的意见》《2030 年前碳达峰行动方案》为核心，我国制定了碳达峰碳中和“1 + N”政策体系。建筑是能源消耗的三大领域（工业、交通、建筑）之一，也是造成直接和间接碳排放的主要责任领域之一，得到了上述政策的重点关注。

建筑部门碳排放主要由建材隐含碳排放，建造、维护、运行、拆除等直接碳排放和间接碳排放，以及非二氧化碳类温室气体排放组成，与建材工业生产和交通运输碳排放均有联系，其碳减排对社会影响范围大且任务艰巨。本篇以“双碳”目标下“十四五”建筑业科技发展的思考为切入点，分析了砌体、混凝土等不同结构形式发展存在的问题和低碳技术发展方向，讨论了数字化转型对建筑业绿色低碳转型思路的启示，以城镇化率提升、既有建筑改造、人口发展趋势、用能强度等关键因素作为输入条件得到建筑部门实现“双碳”目标的技术路径，并对绿色建筑全生命周期碳排放开展了量化研究和分析。

# 数字化转型助力建筑行业“双碳”战略目标实现的研究与思考

许杰峰　王梦林　姜　立　程梦雨
（中国建筑科学研究院有限公司　北京构力科技有限公司）

国务院印发的《数字中国建设整体布局规划》中指出[1]，“数字化建设要全面赋能经济社会发展，建设绿色智慧的数字生态文明”；《“十四五”数字经济发展规划》[2]也指出，“到2025年，我国产业数字化转型要迈上新台阶，在数字化转型过程中推进绿色发展”。“数字化＋绿色低碳”已经成为我国新时期实行数字经济发展的战略目标。

我国建筑行业由于建设规模大、产业链复杂、劳动密集等特点，尤其需要数字化技术实现全过程的降本增效、低碳管控；同时，绿色低碳将成为建筑企业数字化转型的重要发展目标，通过数字技术助力企业实现生产建设过程的节能减排；建立绿色产业链，提高企业竞争力，打开新时代企业“数字化＋绿色低碳”转型的新局面。

## 一、数字技术助力新城建、“十四五”节能减排精准规划

### （一）建筑行业数字化技术发展显著

“十三五”期间，我国经济已由高速增长阶段逐步转向高质量发展阶段[3]，受经济增速减缓的影响，原有的建筑业发展模式受到了巨大挑战，数字化转型迫在眉睫[4]。“十四五”作为新发展阶段的开局时期，是实施城市更新行动、推进新型城镇化建设的机遇期，也是加快建筑业数字化转型发展的关键期[5, 6]。在国家政策的引导下，21个新城建试点城市陆续推出试点工作方案，加快基础设施智能升级；各地在信息化、数字化、智能化的战略目标指引下，结合本地需求开展具有地方特色的新城建建设工作，如湖南省建立了以新城建为主要内容的城市市政设施建设项目库、广州市打造“城市级数据中心”、青岛市围绕“CIM平台”确立“1＋6＋N”的应用体系模式、济南市依托新城建产业链建设，培育了一批国内领先的龙头、链主企业，打造装配式建筑“济南品牌”，各地新城建数字化建设成果显著。

### （二）双碳背景下，建筑行业“数字化＋绿色低碳”发展规划

“十三五”期间，我国建筑节能水平得到了全面的提升，全国城镇新建建筑

设计与竣工验收阶段执行建筑节能设计标准比例达到100%[7]，公共建筑节能率达到65%，居住建筑节能率北方地区达到65%，南方地区达到50%，全国累计建成节能建筑面积超过238亿$m^2$[8]，累计建成超低、近零能耗建筑面积1000万$m^2$。绿色建筑数量也实现了跨越式增长，截至2020年底，全国城镇新建绿色建筑占当年新建建筑面积比例达到77%，累计建成绿色建筑面积超过66亿$m^2$[9]。我国建筑节能与绿色建筑已经形成目标清晰、政策配套、标准较为完整的推进体系。

节能标准的提升、绿色建筑的大力发展对单位面积建筑能耗的降低起到了显著的效果。然而，建筑行业作为碳排“大户”，在总量增长的同时需要进一步关注建筑质量的提升与建筑总能耗的降低。国家统计局2015—2020年运行阶段相关能源与建筑面积数据表明（图1），我国建筑能源消耗总量随着房屋建筑面积的提升仍然呈逐年上升趋势，2020年建筑能源消耗达到9462万t标准煤；《中国建筑能耗与碳排放研究报告（2021）》显示，2019年全国建筑全过程碳排放总量为49.97亿t $CO_2$，占全国碳排放的比重为50.6%[10]。因此，建筑在双碳领域仍然具有巨大的碳减排和发展潜力。绿色建筑的节能表现仍有待进一步提高。

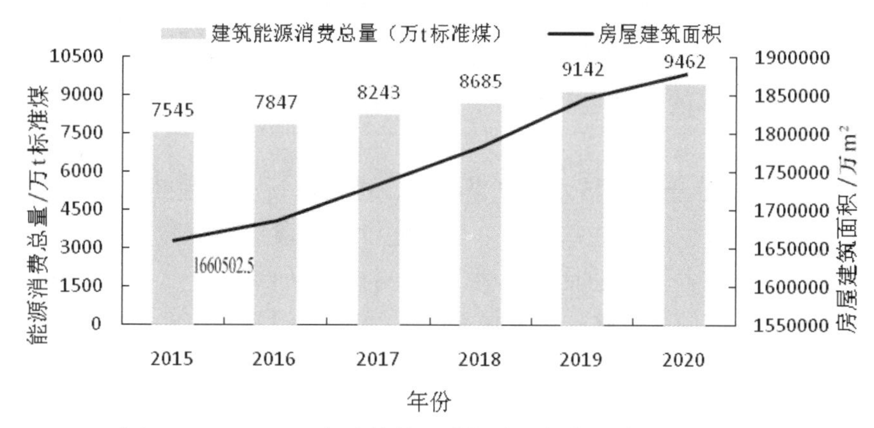


图1　2015—2020年建筑能源消耗总量与房屋建筑面积情况

注：数据来源国家统计局，暂未公布2020年建筑业能源消费情况，
此表2020能源数据借鉴前瞻产业研究院测算所得。

因此，为了达到《“十四五”建筑节能与绿色建筑发展规划》中提出的“到2025年，城镇新建建筑全面建成绿色建筑[11, 12]，建筑能耗和碳排放增长趋势得到有效控制，为城乡建设领域2030年前碳达峰奠定坚实基础”等工作目标，我们需要建立“数字化+绿色低碳”新型发展模式，“以数字化引领绿色化，以绿色化带动数字化”[13]通过数字化手段，提高建筑行业全过程以及上下游的协同效率，降低建设过程碳排放量；解决建筑行业碳排放核算和监管目前面临的核算边界、核算主体、核算流程不清晰等问题，建立全过程监管机制；助力建设企业打造绿色产业链，实现“数字化+绿色低碳”转型；最终助力建筑行业全面实现碳达峰、碳中和的工作目标。

## 二、运用数字化手段，提升协同效率，降低建设全过程碳排放量

### （一）创建数字化规范，打造建设全过程数据信息互认互通

传统建筑项目建设各环节，数据信息难以流畅衔接，各个阶段独立开展数据生产与应用工作，为提高工程建设全过程的生产效率，需要建立统一格式的数字化规范，保证工程项目上下游数据信息有效传递，促使建筑设计、生产、施工及运行各工程阶段数据互认互通[14]、精准抓取。

BIM 技术是当前建筑行业实现全过程协同的主要技术手段，其核心能力是数据创建和数据流通：其中，数据创建是将建筑各阶段的价值数据通过三维可视化的手段表达出来，是全过程数字化的基础，也是我国建筑行业数字化转型长期以来面临的“卡脖子”关键技术之一；因此行业应优先解决我国长期以来缺失的自主 BIM 三维图形系统问题，加强国产自主可控 BIM 底层平台的技术攻关，实现关键核心技术的自主可控；同时，鼓励各类有研发能力的企业基于底层平台扩展专业应用场景，实现建筑、结构、暖通、给水排水、电气、装配式等多专业协同设计，提升数字化创建效率；在数据流通方面，研究、建立适用于建筑工程各阶段、各专业的编码标准，为数据在工程上下游各阶段流通提供标准基础，逐步实现阶段间、专业间信息模型数据的互认互通问题，减少各阶段重复建模，提升全过程数字化效率。

### （二）鼓励建筑信息模型技术的创新应用，提升建设全过程效率质量

在数据创建和数据流通的基础上，工程建设各阶段应加强数字技术的应用，发掘绿色化与数字化在各阶段的具体价值场景，打造科研、设计、生产、施工、运维等全产业链融合一体的绿色建造产业体系[15]，实现建设活动绿色化、建设手段信息化、建造方式工业化、生产管理集约化、运维管控智慧化，提高建设全过程效率与质量。

设计阶段，将 BIM 多专业协同设计与建筑动态性能模拟计算方法相结合，基于 BIM“一模多算”的特点，高效完成建筑“风、光、声、热、能耗、碳排放”等绿色低碳建筑性能分析工作，并对建筑设计、结构设计、机电管线设计等进行智能优化、自动出图等。

施工图审查阶段，BIM 审图已经逐步作为各地新城建的主要数字化应用场景，湖南省及厦门市、南京市等多地均建立了 BIM 审查系统并正式运行。以湖南省 BIM 施工图审查系统为例，截至 2021 年 11 月，累计有 158 个项目申报 BIM 审查，BIM 技术应用总面积达 872 万 $m^2$。目前的 BIM 审查以建筑、结构、水暖电等各专业专项审查为主，部分地区已陆续加入节能、绿色建筑、装配式、碳排放等专项审查，保证设计阶段的节能减排技术的应用；生产阶段，建立建材、装配式构件等主要耗能材料部品的碳足迹管理要求，深入人机协作工业机器人、数控设备、自动化生产线等智慧工厂技术的研究，实现钢筋自动化加工、混凝土构件自动浇筑、工厂

的排产优化和构件堆放等场景应用，通过优化工艺流程，提高生产效率，达到生产阶段的降本增效。

建造阶段，加强新型传感技术、智能控制和优化技术、人机协作等建筑机器人核心技术的研究[16]，推进建筑机器人在施工环节的典型应用，部分辅助和替代"危、繁、脏、重"等施工作业，降低施工现场的噪声、粉尘、废水废气等环境污染；同时，关注主要燃油机械、大型耗电机械的能源消耗和碳排放统计，实现施工过程的节能改造；运行阶段，将智能传感技术、BIM 技术、设备 AI 知识图谱、能耗动态预测技术等结合，针对大型公共建筑、绿色建筑等建立低成本、可复制的绿色低碳建筑动态运行管控平台，提升设备设施运行效率、提高建筑环境质量与舒适度、降低建筑运行能耗；同时，深入研究运维人员在不同应用场景下的工作需求，优化、简化现有大屏、移动端的操作模式，让日常巡检、抄表、报修等业务形成自动闭环，方便运维人员统一控制、查看、监测与管理，真正提升运维效率。

## 三、建立建筑行业碳排放管控要求，实现重点项目及企业低碳管控

对于工程建设项目的各参与方，前面提及的部分数字化手段可以有效提升各阶段的生产、建设效率，从而实现节能减排；对于工程建设项目的管控方，也需要明确各阶段的具体低碳管控要求，从而推动数字化绿色化技术的快速应用。目前各地"十四五"建筑业发展规划中虽然有建筑节能、绿色建筑、被动式低能耗建筑、零碳建筑等具体发展要求，但建筑企业碳排放尚未纳入全国碳市场管控，建筑行业仍然需要进一步明确核算主体、核算边界和监管要求。因此，针对不同的项目主体，面向不同的应用场景，住房和城乡建设管理部门需要引导、建立科学的绿色低碳管理体系、计算标准和指标要求，同时依托数字化手段搭建全过程碳排放核算和管控系统，助力建筑行业双碳目标的实现。

### （一）创建符合住房和城乡建设系统管理需求的绿色低碳管理体系

明确建设各阶段的碳排放管理目的、管理主体、管理内容以及管理流程，形成分层级、分主体、分阶段的标准化管理体系文件和标准；加强建筑低碳顶层设计、研究"双碳"目标科学分解指导路径，逐步建立部门碳排控制机制，加强管理部门对建筑全要素、全过程落实情况进行监督检查（图 2）。

### （二）健全建筑行业各阶段碳排放计算方法和评价指标

目前，我国建筑行业碳排放计算主要依据《建筑碳排放计算标准》GB/T 51366—2019，但在实际项目应用中，由于核算主体与应用场景不同，还需要细化各类应用场景下的碳排放计算方法。如装配式建筑、工业园区、绿色建材、建筑企业（建设企业、地产商）、各类减碳措施的核算边界和计算方法等，并且编制相应的计算标准。通过科学的核算方法明确各类工程建设项目、企业的主要排放源、直接碳、间接碳、隐含碳的统计边界，有效做到区域碳核算摸底。同时，统筹绿色建筑、节能

与超低能耗、可再生能源、装配式建筑等减碳技术体系，实现多目标场景的碳排放预测。

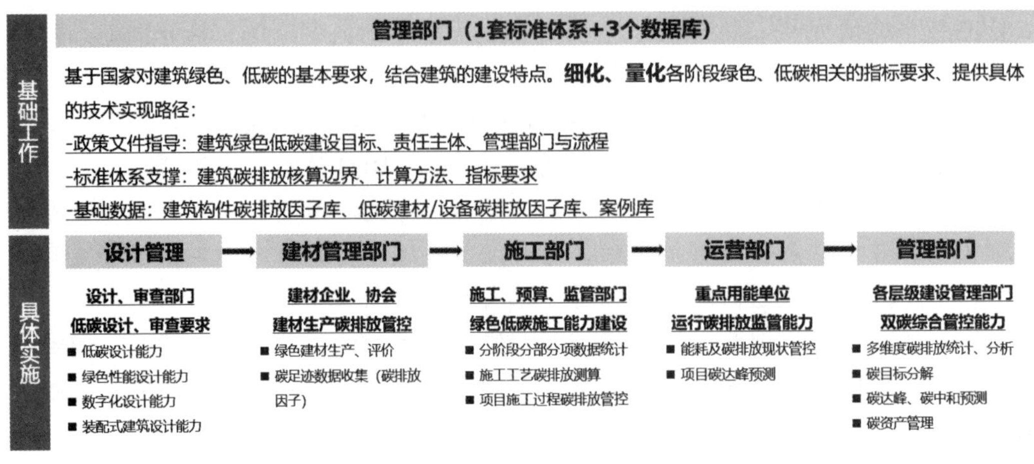


图 2 各阶段的绿色低碳要求和管控体系图

### （三）搭建碳排放数字化管控系统，实现重点项目及企业的碳过程管控

基于明确的管控和实施主体，科学的核算方法和评价要求，进一步搭建碳排放数字化管控系统。系统可以在能耗计量基础上实时进行碳排放的在线管控，并根据设计端、生产端、施工端、运行端的不同业务特点，提供标准化、简单易用的碳排放计算与优化工具，打通各阶段的数据孤岛，连接上下游不同产业链的数据，实现建设项目从低碳设计到低碳建造，再到低碳运行，全过程的碳减排应用，综合分析全生命周期的建设项目碳排放，帮助管理者分析、制定更有效的减碳措施；对于区域内的主要生产企业（如建材生产企业、构件、设备生产企业）、施工企业和大型地产商，系统可实现碳排放的在线监管，并结合业务特点、产能规划为重点企业提出合理的碳排目标、推广有效的减碳措施，提供碳交易的途径；助力企业开展有效的碳资产管理、推进企业碳中和目标的实现，实现重点企业与管理部门的双赢。

## 四、数字技术助力企业产业优化，实现“绿色低碳＋数字化”转型

### （一）数字化助力绿色低碳产品研发，实现低碳转型

随着建筑行业的发展，越来越多的国内消费者开始关注绿色、健康、低碳等概念，国际碳税等相关政策也相继出台，这意味着绿色低碳的产品和技术在国内外市场上将具有更多的竞争优势。因此，建筑企业转型过程中，要有意识地应用成熟的数字技术助力企业绿色低碳技术产品的研发。如工厂建立智慧生产线，加大绿色建材的生产比例；建设企业打造基于工程物联网技术的数字工地，形成更多的绿色、智能建造的细化专项服务；开发商应用数字建模和仿真技术开展超低能耗建筑、零碳建筑、零碳园区的研发等。

### （二）建立加强绿色产业链建设，提高企业竞争力

为实现企业的绿色低碳布局，除了企业自身绿色低碳技术的提升，还应加强与上下游企业的生态合作，推动产业链上下游企业间数据贯通、资源共享和业务协同，形成企业的绿色低碳产品碳足迹库。通过产品各阶段的核算数据，对上游企业提供的材料、产品提出绿色低碳性能要求；同时，也可以为下游企业提供本企业研发产品的碳足迹，体现产品的节能减排技术和效果。以装配式构件生产厂为例，构件厂商可以根据能源消耗情况分类建立叠合墙、叠合梁、叠合板加工过程的碳足迹，形成分类产品单位产能碳排放消耗。还可以根据原材料的行业平均单位碳排放水平，对混凝土、水泥、钢筋等上游原材料提供商提出绿色低碳材料的具体性能要求，不断降低产品的单位能耗，提高产品的市场竞争力。

### （三）建立企业碳核查与监管机制，加强ESG体系建设

当前碳排放管控主要集中在电力行业，未来会逐步扩展到发电、石化、化工、建材、钢铁、有色金属、造纸和民用航空八大行业，管控企业数量约8500余家。建筑行业虽未纳入全国碳市场管控，但在武汉、雄安等地区的碳市场建设中，也已经将建筑碳排放纳入试点范畴。因此以大型建设企业、开发商为主的建筑行业高碳排企业也应做好科学核算企业碳排放，建立健全企业ESG（Environment，Social and Governance）体系，实现公司运营减排的数据和技术准备。

## 五、结论与展望

总而言之，实现“碳达峰碳中和”目标，不仅是一场大考，更是一场持续攻坚战。建筑行业作为实现“双碳”目标的主要战场，接下来还须紧抓“数字化+绿色低碳”这两大驱动力，推动建筑各阶段产业链、管理链协同发力，如期实现碳达峰碳中和。这里提出的“通过数字化手段提升协同效率、建立监管体系、促进企业转型”三个主要路径是对建筑行业目前绿色低碳转型思路的初步探讨。各实施主体落地过程中，仍然面临着统计数据不完善、相关技术不成熟、监管机制不明确等各类技术、标准、政策问题，因此如何逐一突破技术难点、建立健全政策体系要求，寻找建筑行业节能减碳“破局点”，实现建筑各阶段产业链、管理链全面节能降碳，仍有待进一步深入探讨。

## 参考文献

[1] 中共中央国务院印发《数字中国建设整体布局规划》[N]. 人民日报，2023-02-28（1）. DOI:10.28655/n.cnki.nrmrb.2023.002097.

[2] 国务院关于印发“十四五”数字经济发展规划的通知[J]. 中华人民共和国国务院公报，2022（3）：5-18.

[3] 习近平. 我国经济已由高速增长阶段转向高质量发展阶段[J]. 新湘评论，2019（24）：2.

[4] 王海山. “十三五”建筑业发展回顾及数字化转型的思考[J]. 中国勘察设计，2020（12）：

46-49.
[5] 佚名. 数字化让设计创意迸发新价值 [J]. 中国建设信息化，2022（22）：24-27.
[6] 梁舰. 高质量发展背景下的建筑业发展趋势与分析 [J]. 中国勘察设计，2022（4）：41-43.
[7] 高岩，贺艳. 贯彻新发展理念　助力实现“双碳”目标 [J]. 建筑，2022（1）：35-36.
[8] 住房和城乡建设部印发《“十四五”建筑节能与绿色建筑发展规划》[J]. 住宅产业，2022（Z1）：9.
[9] 柯善北. 提升建筑绿色发展质量 助力实现“双碳”目标《“十四五”建筑节能与绿色建筑发展规划》解读 [J]. 中华建设，2022（5）：1-2.
[10] 杨碧玉，陈仲伟，张晓刚. 双碳目标下建筑行业“碳中和”的实现路径 [J]. 中国经贸导刊，2022（6）：56-57.
[11] 三井. 构建行业新发展格局 推动建筑业高质量发展 [J]. 中国建设信息化，2022（4）：5.
[12] 双碳动态 [J]. 中国能源，2022，44（3）：4-5.
[13]《“十四五”国家信息化规划》：新目标、新行动、新举措 [J]. 中国建设信息化，2022（1）：4.
[14]“十四五”建筑业发展规划 [J]. 工程造价管理，2022（2）：4-10.
[15] 三井. 从“中国建造”到“智能建造”绘就高质量发展蓝图 [J]. 中国建设信息化，2020（16）：1.
[16] 袁烽，周渐佳，闫超. 数字工匠：人机协作下的建筑未来 [J]. 建筑学报，2019（4）：8.

# 建筑领域碳排放发展趋势及“双碳”实施路径思考

徐　伟　张时聪

（中国建筑科学研究院有限公司　建科环能科技有限公司）

2020年9月，习近平总书记提出我国二氧化碳排放力争2030年前达到峰值，努力争取2060年前实现碳中和。建筑领域的能源消耗是造成温室气体排放的重要因素之一，自碳中和目标提出后，许多研究者探讨了建筑节能标准提升、能源结构调整、建筑光伏发展等技术措施对双碳目标的贡献，比较了不同低碳建筑技术措施的减碳潜力和技术组合情景下的减碳路径[1-6]。

上述研究都评估了不同技术措施和实施路径下我国建筑领域的碳排放发展趋势，但对于不同实施路径的优先级暂未有深入研究。本文以2060年实现碳中和、2030年前碳达峰为目标导向，结合《城乡建设领域碳达峰实施方案》[7]、《“十四五”建筑节能与绿色建筑发展规划》[8]，提出了三种能够实现目标的技术路径，分别为节能强规提升优先路径、建筑光伏应用优先路径和清洁电网依赖优先路径。对三种路径的达峰时点、峰值排放、去峰周期，以及2060年实现碳中和时的能源需求进行分析，比较了不同路径对建筑碳排放与能源需求的影响。从建筑物全寿命期角度看，建筑碳排放包含建材生产与运输、建筑建造和拆除、建筑运行阶段碳排放，建材生产碳排放通常被划入工业领域核算，且建筑建造及基础设施占比较小，因此本研究的建筑领域碳排放涵盖范围主要为建筑运行阶段能源活动引起的二氧化碳排放。

## 一、建筑领域碳排放发展趋势

### （一）研究方法

建筑运行阶段碳排放长期预测模型与社会发展水平、建筑用能强度、能源结构调整等因素相关。本文以“双碳”目标提出前的发展趋势作为基准情景，分析建筑部门在不同的减排路径选择下，对碳排放与能源需求的影响。建筑运行过程中的直接（煤、油、天然气）和间接（电力、热力）消费的能源排放之和，可根据建筑领域消费的各类能源与碳排放系数计算得到。

$$C_{\text{building}} = \sum EC \cdot F$$

$C_{\text{building}}$为建筑领域碳排放量，$kgCO_2$；$EC$为分类能源消费量，kgce；$F$为碳排放因子，$kgCO_2/kgce$。

本文研究的建筑类型包含公共建筑、城镇居住建筑和农村居住建筑，建筑类别又分为新建建筑与既有建筑。能耗和碳排放计算范围包括建筑物内为居住者或使用者提供供暖、空调、通风、照明、生活热水、各类电器和炊事等建筑功能使用带来的能耗和碳排放。

### （二）关键影响因素讨论

建筑运行阶段碳排放长期预测模型与人口发展、建筑面积存量、建筑能耗强度、能源结构调整等因素相关。

人口数量对能源消费、碳排放的影响十分显著。根据国家统计局第 7 次人口普查数据[9]和中国人民大学人口与发展研究中心翟振武团队[10、11]的研究成果，我国人口总量将保持缓慢上升后下降，到 2060 年人口总量约 12.75 亿。同时，城镇化率的提升也会导致用能结构与用能方式的变化，根据世界整体及各国城镇化率增长规律，预计我国未来城镇化率将达到 80%，与发达国家持平。

建筑面积发展规模是建筑能耗与碳排放的重要影响因素，本文基于前期研究成果[3]，根据最新数据对建筑面积存量模型进行修正。2020 年，我国建筑存量为 698 亿 $m^2$。对于未来建筑面积的规模，各研究机构存在较大差异[12-14]，因此本文提出三种建筑面积发展规模，在三种建筑规模下，城镇人均居住建筑面积分别达到 $45m^2$/ 人、$42m^2$/ 人、$40m^2$/ 人，人均公共建筑面积分别达到 $19m^2$/ 人、$18m^2$/ 人、$16m^2$/ 人，农村人均建筑面积在三种模式下均达到 $50m^2$/ 人。

能耗强度与能源结构选自清华大学建筑节能研究中心编写的年度发展系列报告（2007—2021 年）[15]，本研究对其公布的各项用能数据进行分析梳理后，结合历史发展趋势、经济发展水平、已有研究成果、国家发展经验等多个因素与限定条件，对未来趋势进行分析。各项终端用能项的能源供应结构对未来发展趋势的判断基于对历史数据趋势的分析和我国建筑用能特点、居民用能习惯综合进行设定。燃气与煤主要集中在炊事、生活热水及公共建筑的设备用能及农村建筑用能[16]，基准情景下建筑用电比例会逐渐提升，但不会实现全面电气化。对于北方供暖，燃煤热电联产比例升高，燃煤锅炉逐年关停，能源以清洁燃煤转型为主，供热能源结构不会发生较大变化[17]。

### （三）基准情景碳排放发展趋势

通过对人口与城镇化率、建筑面积、建筑用能强度和用能结构在基准情景下的分析和预测，对我国建筑规模在三种发展模式下的碳排放趋势进行计算。图 1 给出三种面积发展模式下的碳排放长期发展趋势，随着建筑领域能源消费需求的增加，未来建筑领域的碳排放也将保持增长的趋势，2040 年左右达到峰值。建筑运行阶段由能源活动引起的碳排放峰值分别为 31.57 亿 $tCO_2$、30.19 亿 $tCO_2$ 与 29.58 亿 $tCO_2$，碳排放达峰时间整体晚于 2030 年达峰目标。由于三种面积发展模式碳排放差别在 10% 以内，因此后文中均以面积发展模式 I 进行分析。

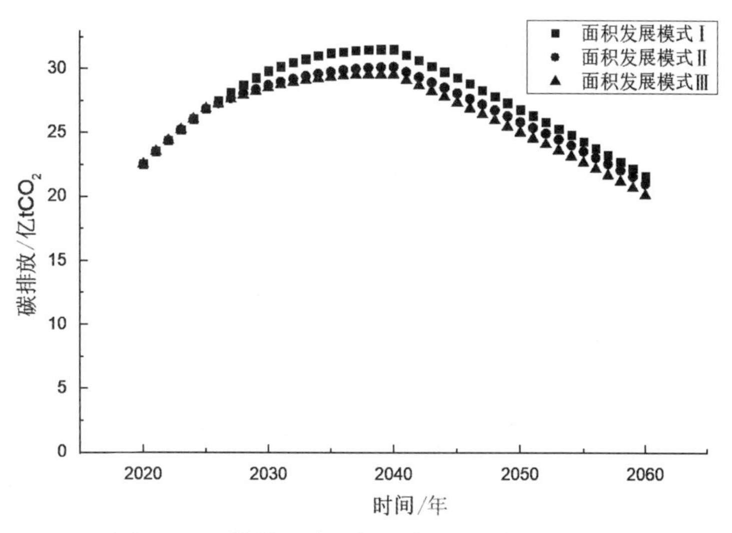


图1　基准情景下建筑领域碳排放长期发展趋势

## 二、实现零碳排放的潜在路径

《2030年前碳达峰行动方案》[18]、《城乡建设领域碳达峰实施方案》[7]等中央及部委政策文件均将提升建筑节能标准、推广光伏发电与建筑一体化应用、能源绿色低碳转型作为实现碳达峰、碳中和目标的重点工作，本文基于政策发展方向，提出三种碳达峰、碳中和实施路径。

### （一）建筑节能标准持续提升

强制性节能标准通过降低建筑单位面积的用能需求来减少由能源消耗引起的碳排放，2016年，我国已经实现了建筑节能较20世纪80年代提升30%、50%到65%的跨越，2019年首部引领性建筑节能国家标准《近零能耗建筑技术标准》GB/T 51350—2019颁布。

2017年2月，住房和城乡建设部发布《建筑节能与绿色建筑发展“十三五”规划》提出：积极开展超低能耗建筑、近零能耗建筑建设示范，到2020年，建设超低能耗、近零能耗建筑示范项目1000万$m^2$。2022年3月，《“十四五”建筑节能与绿色建筑发展规划》[8]提出：到2025年，建设超低能耗、近零能耗建筑示范项目0.5亿$m^2$，各省市“十四五”出台规划目标累计已超过1亿$m^2$。逐步提升建筑节能标准至超低、近零能耗指标要求是未来工作重点之一。

### （二）建筑光伏屋顶可用尽用

截至2020年底，我国太阳能光伏发电累计并网量达到253GW，分布式光伏累计107GW。2019年，我国累计建筑光伏装机约30GW[8]。6月20日，国家能源局下发了《关于报送整县（市、区）屋顶分布式光伏开发试点方案的通知》[19]，全国20个省市迅速出台了相关政策。《“十四五”建筑节能与绿色建筑发展规划》中提出：到2025年，新增太阳能光伏装机容量0.5亿kW[8]。

“十三五”末我国现有建筑面积超过 650 亿 $m^2$ 左右 [1, 20]，而对于未来建筑面积规模的判断，各研究机构的结果存在较大差异，面向 2050 年至 2060 年，建筑面积的预测结果分布在 750 亿 $m^2$ 至 900 亿 $m^2$ 之间 [14, 12, 13]，未来随着城镇化建设，我国建筑面积将可能突破 800 亿 $m^2$，若以城镇建筑 10 层计算，50% 屋顶面积铺设光伏，农村建筑以 3 层计算，满铺光伏，则未来建筑屋顶约有 800GW 光伏装机潜力。若在建筑屋顶发展分布式光伏，自发自用，结合储能系统，充分削峰填谷，可实现传统能源与清洁能源的协同优化利用。

### （三）建筑用能全域电气化与清洁电网

我国建筑运行过程中由电力提供的能源消耗占比超过 50%，未来电力需求还将持续增长，电网清洁化的进程将对建筑领域的达峰时点和峰值排放产生重要影响。相对于其他部门，电力部门存在更多的近期大幅度减排机会，因此，电力系统被视为碳中和的主要责任方，通过电力部门脱碳是通过电气化实现建筑终端用能脱碳的基础。2021 年 3 月，国家能源局对外表示，到“十四五”末中国可再生能源的发电装机占电力总装机的比例将超过 50%[21]，《“十四五”现代能源体系规划》[22] 提出非化石能源发电量达到 39%，可再生能源从原来能源电力消费的增量补充，变为能源电力消费增量的主体。

根据国网能源研究院在 2060 碳中和目标提出之后发布的《中国能源电力发展展望》[23]，由于清洁能源发电大比例渗透，度电排放因子可降至 0.1kg$CO_2$/kWh 以下，并在火电厂逐步大规模推广应用 CCUS 技术，使得度电二氧化碳排放于 2060 年趋于零，实现净零排放。

## 三、技术路径比对分析

### （一）减排路径设置

根据上述三个实现建筑碳中和的发展方向，本文对其进行细化，建立了三条以碳达峰、碳中和为约束指标的技术路径，即 S1 节能强规提升优先路径、S2 建筑光伏应用优先路径和 S3 清洁电网依赖优先路径。每种路径由多个技术措施进行叠加，通过技术情景组合实现建筑部门“双碳”目标。表 1 给出了三种路径的技术情景组合方式。

其中 S1 与 S2 均以建筑节能工作为主导，其区别在于对建筑光伏与节能标准提升之间的优先级。S3 情景下，则仅通过建筑电气化与清洁电网实现建筑领域的深度脱碳。S1 与 S2 主要区别如下：

（1）S1 情景下，2022 年节能标准实施《建筑节能与可再生能源利用通用规范》GB 55015—2021，城镇建筑节能减排启动实施“小步快跑”的标准提升计划，2027 年实行超低能耗标准，2032 年实行近零能耗标准，2050 年实行零能耗标准，农村建筑以发展建筑光伏为主，截至 2060 年铺设 350GW 装机容量。S2 情景下，节能标准实施 GB 55015—2021，后续工作均以光伏铺设为主，城镇建筑与农村建筑均可用尽用，城镇铺设450GW，农村铺设350GW。

（2）S1情景下，建筑节能改造自2035年后实行超低能耗标准，S2情景下均为普通节能改造。

减排路径设置　　表1

| 情景名称 | 子情景 | | 情景设置 |
|---|---|---|---|
| 路径1：节能强规提升优先 | S1.1 | 新建建筑节能强规提升 | 2027年提升至超低能耗，2032提升至近零能耗，2050提升至零能耗 |
| | S1.2 | 既有建筑低碳改造 | 普通建筑节能改造：13亿$m^2$<br>2035年后改造执行超低能耗标准，超低能耗改造26亿：每年1亿$m^2$ |
| | S1.3 | 农村建筑光伏 | 农村地区应装尽装，累计装机350GW |
| | S1.4 | 热源清洁化 | 2060年实现100%清洁供暖 |
| | S1.5 | 建筑用能电气化 | 除北方集中供暖，从2019年70%提升至2060年100% |
| | S1.6 | 电网清洁化 | 电力排放因子2060年降至0.1kg$CO_2$/kWh以下 |
| 路径2：建筑光伏应用优先 | S2.1 | 节能标准小幅提升 | 2022年提升至GB 55015—2021 |
| | S2.2 | 既有建筑节能改造 | 普通建筑节能改造：39亿$m^2$，每年1亿$m^2$ |
| | S2.3 | 建筑光伏可用尽用 | 建筑光伏可用尽用，装机容量共计800GW |
| | S2.4 | 热源清洁化 | 2060年实现100%清洁供暖 |
| | S2.5 | 建筑用能电气化 | 除北方集中供暖，从2019年70%提升至2060年100% |
| | S2.6 | 电网清洁化 | 电力排放因子2060年降至0.1kg$CO_2$/kWh以下 |
| 路径3：清洁电网依赖优先 | S3.1 | 建筑用能全域电气化 | 2060年提升至100%（包含北方集中供暖，北方供暖以各类热泵替代） |
| | S3.2 | 电网清洁化 | 电力排放因子2060年降至0.1kg$CO_2$/kWh以下 |

### （二）技术路径比对

本节采用各项技术对碳中和的贡献率来对比不同技术路径的减碳效果，贡献率表示为基准情景碳排放与技术实施后碳排放的差值与基准情景碳排放的比例。图2给出了在S1节能强规提升优先与S2建筑光伏应用优先建筑节能工作对碳中和的贡献率，在S1路径下，建筑强规提升等建筑节能工作对碳中和的贡献率为53.59%，在S2路径下，建筑节能工作对碳中和的贡献率为44.72%。

为对比分析建筑节能工作对建筑领域“双碳”目标实现的作用，研究分析了仅通过电气化与清洁电网实现碳中和的碳排放发展趋势，并同时比较了三种路径对建筑领域碳排放与能源消耗的影响。三种路径通过技术的叠加均能实现2030年前碳达峰，2060年深度脱碳的目标，但不同路径的达峰时间、峰值排放、累计碳排放均存在差别。图3显示了不同路径下建筑能耗与碳排放的发展趋势，可以看出S1较其他路径达峰时间最早，逐年碳排放最低。在S1、S2、S3三种路径下，达峰时间与峰值分别为 2025 年、24.58 亿 $tCO_2$，2025 年、24.7 亿 $tCO_2$，2028 年、25.87 亿 $tCO_2$；2022 年至 2060 年累计碳排放分别为 655.72 亿 $tCO_2$、713.64 亿 $tCO_2$ 和 785.85 亿 $tCO_2$。

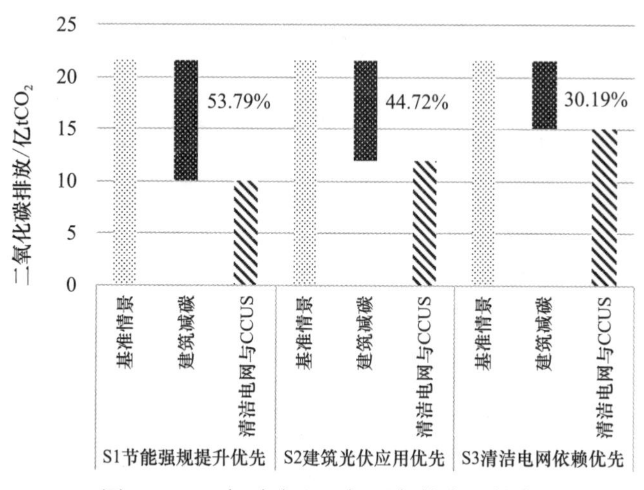


图 2 2060 年碳中和目标下各技术贡献率

在“双碳”目标下，电力部门能源结构将会向低碳化转型，在 S3 清洁电网依赖优先路径下，建筑领域将于 2028 年碳排放达峰，但其能源消耗与基准情景基本一致。S1、S2、S3 三种路径下的能耗峰值分别为 14.97 亿 tce、16.83 亿 tce 和 19.46 亿 tce，2060 年能耗分别为 11.84 亿 tce、13.95 亿 tce 和 18.89 亿 tce。S1 节能强规优先路径与 S2 建筑光伏应用优先路径较 S3 的能源需求分别降低 37.5%、26.2%，但由于城镇建筑存在产权问题，农村建筑存在危房、乡村特色建筑等情况，较难实现建筑光伏应铺尽铺，因此提升建设本体能效仍是建筑节能减排的首要工作。

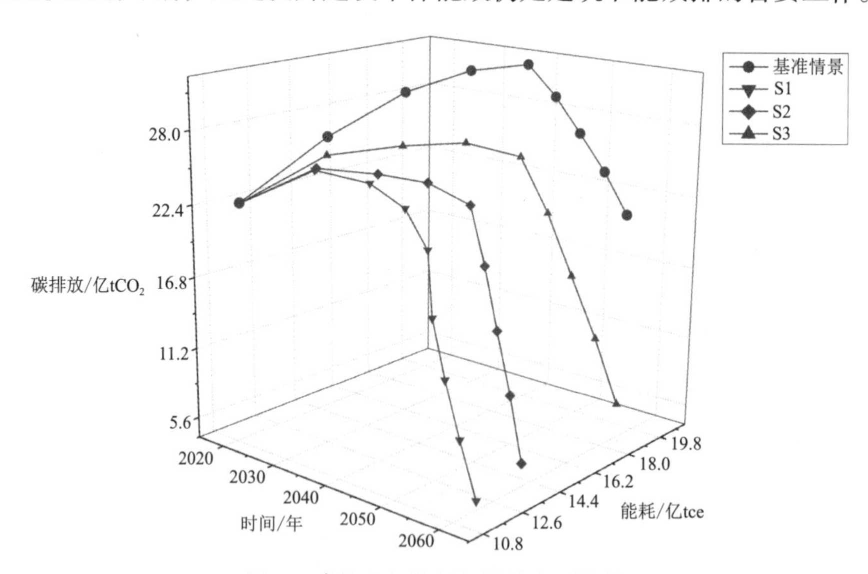


图 3 建筑运行能耗与排放发展趋势

## 四、结论

本文基于建筑运行碳排放长期预测模型，结合建筑领域碳排放的关键因素、发展趋势、未来政策制定，提出了节能强规提升优先、建筑光伏应用优先和清洁电网依赖优先三条减排路径，并提出对应的技术措施，主要结论如下：

（1）在节能强规提升优先路径下，建筑运行碳排放达峰时间由 2040 年提前至 2025 年，峰值由 31.57 亿 $tCO_2$ 降至 24.58 亿 $tCO_2$；在建筑光伏应用优先路径下，达峰时间提前至 2025 年，峰值为 24.7 亿 $tCO_2$；在清洁电网依赖优先路径下，达峰时间提前至 2028 年，峰值为 25.87 亿 $tCO_2$。

（2）节能强规提升优先路径下，建筑节能工作对碳中和的贡献率为 53.59%；建筑光伏应用优先路径下，建筑节能工作对碳中和的贡献率为 44.72%，剩余需由电网清洁化和 CCUS 技术贡献。

（3）通过对三种技术路径对比，发现节能强规提升优先路径下碳排放达峰时间最早，峰值最低，累计碳排放最小，能耗需求最低；清洁电网依赖优先路径可不依靠建筑节能工作实现碳达峰、碳中和目标，但其累计碳排放最高，且对能耗需求最大。

## 参考文献


［1］江亿，胡姗．中国建筑部门实现碳中和的路径［J］．暖通空调，2021，51（5）：1-13.

［2］徐伟，倪江波，孙德宇，等．我国建筑碳达峰与碳中和目标分解与路径辨析［J］．建筑科学，2021，37（10）：1-8 + 23.

［3］张时聪，王珂，杨芯岩，等．建筑部门碳达峰碳中和排放控制目标研究［J］．建筑科学，2021，37（8）：189-198.

［4］龙惟定，梁浩．我国城市建筑碳达峰与碳中和路径探讨［J］．暖通空调，2021，51（4）：1-17.

［5］Shicong Zhang, Xinyan Yang, Wei Xu, et al. Contribution of nearly-zero energy buildings standards enforcement to achieve carbon neutral in urban area by 2060[J]. Advances in Climate Change Research, 2021, 12(5): 734-743.

［6］姚春妮，马欣伯，罗多．碳达峰目标下太阳能光电建筑应用发展规模预测研究［J］．建设科技，2021（11）：33-35.

［7］住房和城乡建设部，国家发展改革委．关于印发城乡建设领域碳达峰实施方案的通知［EB/OL］.（2022）［2022］https://www.mohurd.gov.cn/gongkai/fdzdgknr/zfhcxjsbwj/202207/20220713_767161.html.

［8］住房和城乡建设部．“十四五”建筑节能与绿色建筑发展规划［EB/OL］.（2022-03-01）［2022-03-22］. https://www.mohurd.gov.cn/gongkai/fdzdgknr/zfhcxjsbwj/202203/20220311_765109.html.

[9] 国家统计局. 第七次全国人口普查公报解读 [EB/OL]. (2021) http://www.stats.gov.cn/tjsj/sjjd/202105/t20210512_1817336.html.
[10] 翟振武. 科学研判人口形势 积极应对人口挑战 [J]. 人口与社会, 2019, 35 (1): 13-17.
[11] 翟振武, 陈佳鞠, 李龙. 2015—2100年中国人口与老龄化变动趋势 [J]. 人口研究, 2017, 41 (4): 60-71.
[12] 张建国, 谷立静. 重塑能源: 中国——建筑卷 [M]. 北京: 中国科学技术出版社, 2017.
[13] 彭琛, 江亿. 中国建筑节能路线图 [M]. 北京: 中国建筑工业出版社, 2015.
[14] 住房和城乡建设部标准定额研究所. 基于能耗总量控制的建筑节能设计标准研究技术报告 [R]. 北京: 能源基金会, 2017.
[15] 清华大学建筑节能研究中心. 中国建筑节能年度发展研究报告 [M]. 北京: 中国建筑工业出版社, 2020.
[16] 彭琛, 江亿, 秦佑国. 低碳建筑和低碳城市 [M]. 北京: 中国环境出版社, 2018.
[17] 清华大学建筑节能研究中心. 中国建筑节能年度发展研究报告 [M]. 北京: 中国建筑工业出版社, 2019.
[18] 国务院. 国务院印发《2030年前碳达峰行动方案》[EB/OL]. (2021-10-26) [2021-10-26]. http://www.gov.cn/xinwen/2021-10/26/content_5645001.htm.
[19] 国家能源局综合司关于公布整县(市、区)屋顶分布式光伏开发试点名单的通知 [EB/OL]. (2021-09-08) [2022-03-22]. http://zfxxgk.nea.gov.cn/2021-09/08/c_1310186582.htm.
[20] 中国建筑节能协会. 中国建筑能耗研究报告2020 [J]. 建筑节能(中英文), 2021, 49 (2): 1-6.
[21] 国家能源局. 中国可再生能源发展有关情况发布会 [EB/OL]. (2021) [2022]. http://www.nea.gov.cn/2021-03/30/c_139846095.htm.
[22] 国家发展改革委, 国家能源局. 关于印发《"十四五" 现代能源体系规划》的通知 [EB/OL]. (2022) [2022]. https://www.ndrc.gov.cn/xxgk/zcfb/ghwb/202203/t20220322_1320016.html?state=123&code=&state=123.
[23] 国网能源研究院. 中国能源电力发展展望 [R]. 2020.

# “双碳”背景下新时代砌体结构高质量发展的实践与建议

徐　建　梁建国　王凤来　杨春侠
（中国建筑科学研究院有限公司　中国建筑科学研究院有限公司徐建院士工作站）

砌体结构伴随着人类社会的进步而发展，从原始的石材、干打垒、夯土，到加入植物纤维的土坯砖、各类烧结制品，至琉璃瓦、铺地金砖，从天然材料到制备材料，以独有工艺和建筑艺术，展现着人类利用自然、征服自然、改造自然的无上智慧，解决了人类发展的衣食住行需求，成为人类璀璨文明的重要载体。古今中外，从约旦河畔的公元前 8300 年至公元前 7600 年杰里科遗址发现的泥砖到烧结砖[1]，到以规制辨识天下的秦砖汉瓦，砖雕、瓦当成为通用建筑语言。自叠涩券发展为功能各异的拱券、拱顶和穹隆[2]，铸就了西方以“大”见长的“柱式”砌体结构辉煌。从取自天然到人工烧制的丰富多彩，创造了东方砖瓦文化以“小”的丰富内涵，见之于帝王府邸和平民家园。历史上的砖石结构用技术和工艺突破了材料力学性能的局限，适应了社会发展在高度、跨度、功能、美学和形制上的需求，至今众多融合了人类智慧和创造力的经典建筑，已成为不朽丰碑。

20 世纪 50 年代我国陆续颁布了砌体材料产品标准和砌体结构设计与施工标准，推动了砌体结构的快速发展，顺应了我国经济社会发展需求，成为我国主要的建筑结构形式，20 世纪末砌体结构建筑达到 90% 左右，占有绝对统治地位。20 世纪 90 年代开始，城市建设提速，需求大增，环保压力同时增大，我国实行了“禁止使用实心黏土砖”（简称“禁实”）和“限制使用黏土制品”（简称“限黏”）政策，在高层建筑日益增多，砌体结构建设高度受限的双重因素加持下，2005 年全国住宅房屋建筑中，砌体结构占比下降到 61%[3]，并一直呈下降趋势。2008 年汶川特大地震和 2010 年玉树地震中大量不符合要求的建筑倒塌，砌体结构承受了极大偏见，适用于多层建筑的砌体结构陷入窘境。这里希望通过调查研究和成果梳理，在“双碳”目标背景下，客观分析砌体结构优劣势，提出措施与方案，以利于新时代砌体结构的创新发展。

## 一、发展瓶颈与面临困境

### （一）“禁实限黏”政策限制了砌体结构的发展

20世纪90年代初，普通黏土砖总量达5253多亿块，全国砖瓦企业12万多家[4]，制砖大多采用小型轮窑，生产技术落后，生产效率低，浪费能源，排放不达标，污染环境。采用耕种农田制砖，原料来源单一，占用毁坏耕地现象严重。因此，国家相继出台“禁实限黏”相关政策，183个城市将限制使用黏土制品，397个县城禁用实心黏土砖，墙体材料中烧结黏土砖的比例逐年下降，砌体结构仅用于部分城镇建设中，退出了大城市建设的舞台。

### （二）砖的质量差，外墙需要抹灰粉刷，无法体现砖砌体的精美特质

1998年内蒙古自治区技术监督局对6个城市部分施工工地采用的烧结普通砖进行专项监督检查，39个批次烧结普通砖中，劣质砖有25个批次，合格率为35.9%[5]，这个结果代表20世纪末全国烧结砖的质量状况。砖的质量差，耐久性受到影响，墙体外观质量不达标，只好采用内外粉刷，采用抹灰涂料或瓷砖进行二次装修，掩盖了砖砌体的天然特征。

### （三）未经正规设计和施工的砌体建筑抗震性能差

震害调查表明，1976年唐山地震中烈度为10度、11度区的砖混结构房屋倒塌率为63.2%，2008年汶川地震中倒塌的700万余间房屋中80%是砖砌体农房。这些未经正规抗震设计、采用劣质材料的砌体结构，在地震中破坏严重，使人们对砌体结构的抗震性能产生疑虑。

### （四）城市用地紧张，挤压多层建筑生存空间

由于城市人口增加、土地紧张、地价上涨，城市容积率日渐攀升，城市建筑密度和建筑高度不断增加。据统计，我国城市容积率从1990年的0.31增加到2006年的0.52[6]，城市中高层建筑的快速发展，进一步挤压了砌体结构的生存空间。

## 二、技术攻关与性能提升

### （一）发展以节能减排为目标的砌体新材料

（1）原材料由天然开采向固体废弃物资源化利用转变

随着我国工业化、城镇化进程加快，大宗固体废弃物逐年增加。到2019年，煤矸石、粉煤灰、尾矿、冶炼渣、工业副产石膏、建筑垃圾、农作物秸秆等7类主要品类大宗固废产生量达到63亿t[7]，其中地下工程弃土成了当前城市建设的一大难题。大宗固体废弃物产生和堆存占用大量土地，污染环境。国家颁布了《中华人民共和国固体废物污染环境防治法》等法律法规，国家发展改革委于2019年和2021年印发《关于推进大宗固体废弃物综合利用产业集聚发展的通知》《关于“十四五”大宗固体废弃物综合利用的指导意见》《关于开展大宗固体废弃物综合利用示范的通知》，科技部将固废资源化纳入国家重点研发计划，砌体材料在固废利

用方面取得了大量研究成果，并建立了一些生产基地。

① 煤矸石：利用煤矸石自身的发热量提供的热能来完成干燥和焙烧的工艺过程，基本不需外加燃料，真正做到"制砖不用土，烧砖不用煤"，节省能源。利用全煤矸石烧砖技术在欧美等国已非常普及，我国在学习国外先进技术基础上，已生产出了装饰砖、保温砖等高档次砌体材料。

② 粉煤灰：我国蒸压粉煤灰砖的生产与应用，具有中国特色和自主知识产权的新型墙体材料和生产技术，目前已非常成熟，并得到广泛应用。蒸压粉煤灰加气混凝土制品由于其良好的保温隔热和轻质性能，成为我国自承重墙的主要砌体材料。粉煤灰还可以与页岩、江河淤泥等混合制成烧结砖。

③ 建筑垃圾：建筑垃圾中的废弃混凝土、废弃砖石可以用来制作混凝土砖与砌块。采用高石英含量的建筑渣土、建筑废玻璃和高炉渣为原料制备高性能烧结砖，其抗压强度达 89.37MPa，24 h 吸水率为 16.64%，密度为 1630kg/m$^3$[8]。此外，建筑渣土还可以用来制作免烧渣土砖，盾构渣土可以制作烧结砖；可将城市生活垃圾燃烧后的渣料与页岩制成砖坯，燃烧时产生的热量用来制砖。

④ 淤泥：利用污泥和建筑废弃物制备烧结砖，烧结砖中污泥最佳掺量为 9%，冲头压强为 16MPa，烧结温度为 1050℃左右时，烧结多孔砖平均抗压强度大于 11.2MPa[9]。

⑤ 尾矿和冶炼渣：可利用铁矿尾矿制备烧结多孔砖，采用钢渣－尾矿生产蒸压砖，产品抗压强度达到 15MPa 以上。

⑥ 工业副产石膏：石膏产品因其良好的环境和防火性能，是最受欢迎的建筑材料之一。我国的火力发电每年排放大量脱硫石膏，采用脱硫石膏生产的砌块，符合欧洲标准 EN 12859：2011 要求，密度平均值为 1230kg/m$^3$，抗压强度为 14.5MPa[10]，满足国际市场需求。

（2）发展清洁节能生产工艺，提升制造水平

目前砖瓦工业的生产节能主要体现在砖瓦生产工艺的自动化、机械装备的智能化等，例如全煤矸石制砖隧道窑余热发电、节能型隧道窑逐步取代轮窑、窑炉余热利用、变频技术等。就节能型隧道窑焙烧技术来说，实践证明该技术成熟可靠，以一条年产 6000 万块砖（煤矸石或粉煤灰）生产线为例：投资约为 1800 万—2000 万元，节约占地近 3 万 m$^2$，年利用工业废弃物煤矸石 12 万 t 或粉煤灰 7.2 万 t。建设周期比使用此项技术之前缩短 40%，减少窑炉及厂房长度，节约建设资金约 400 万元，提高了热效率，降低了能耗，可节约标准煤达 4700t/a，经济效益、环境效益和社会效益明显[11]。

实际上，我国的砖瓦企业经过近 30 年的革新，烧结制品无论是生产设备及工艺、原材料配比、产品类型等都已经取得长足的进步。大断面平吊顶隧道窑代替传统轮窑的烧结砖窑炉，码垛方法也发生了巨大变化，坯垛在窑内的分布更加合理，产量得到了不同程度的提高，同时降低了能耗。砖瓦企业通过设备升级和工艺改

造，淘汰了传统落后的生产方式，整体装备向大型机械化制造、信息自动化发展；在生产线中大量应用全自动切坯切条系统、全自动码坯系统、机器人码坯系统等装备，使生产方式向工业化、规模化发展；不仅克服了传统烧结制品的弊病，拓宽了原材料来源，同时使得相关专业人士对烧结制品的认识也发生了很大的变化，现代烧结制品材料的绿色性能优势得到了更为广泛的认可[12]。

（3）发展空心和复合砌体块材，提升建筑节能水平

20世纪90年代，我国墙体材料90%以上采用烧结实心黏土砖，我国墙体材料改革政策推行后，烧结实心黏土砖占比逐年下降。从80年代开始，我国开始推广烧结空心制品，实施墙材革新与建筑节能系统工程，从而促进了烧结空心砖的发展，2004年烧结空心制品的量比1988年增长了33.76倍[13]。随着新世纪建筑节能和绿色建筑的进一步深入，烧结装饰砖、烧结保温砖／砌块、复合保温砖／砌块等不断在建筑市场得到应用，采用保温砂浆砌筑的240厚和370厚保温砖墙体传热系数分别降低到1.07W/（$m^2$·K）和0.469W/（$m^2$·K）[14]，大大提升了围护结构热工性能。

**（二）研究新型抗震体系，提高砌体结构抗震性能**

国内外多次地震震害表明，未设置钢筋混凝土圈梁构造柱的无筋砌体房屋和未经正常设计施工的自建农房破坏或倒塌现象十分严重。我国从1976年唐山地震震害调查结果，总结出了设置钢筋混凝土圈梁－构造柱的约束砌体结构抗震体系，大大提高了无筋砌体的变形能力，改善了无筋砌体房屋的抗震性能[15]，这种体系首次被我国1988版抗震设计规范采纳。芦山地震震害调查研究表明[16]，约束砌体结构基本完好，非约束的无筋砌体结构遭到严重破坏。我国首创的约束砌体抗震体系施工方法简单、抗震效果良好，被欧盟以及秘鲁等多个南美国家砌体结构抗震设计规范采纳。

试验研究表明，水平灰缝配筋砌体[17]、带构造柱－圈梁的水平灰缝配筋砌体[18]和配筋砌块砌体[19]的抗震性能也非常出色，在哈尔滨建成的28层、高98.8m的科盛大厦办公楼[20]，为目前世界上最高的砌体结构房屋。

采用橡胶支座隔震技术的村镇低矮砌体结构房屋振动台试验研究表明，隔震结构模型在相当于10度设防的地震波激励下，没有开裂和破坏，支座复位情况良好[21]。虽然隔震结构的造价略有提高，但其性价比值得推广。

我国建于20世纪80年代以前的砌体结构房屋，多数采用砌体结构建筑，且未采取抗震措施或者抗震措施不够，城市建筑基本都进行了抗震加固，但广大村镇建筑仍未加固，需重点加强地震多发区域村镇建筑的鉴定与抗震加固。

**（三）发展复合墙体技术，提高建筑外墙保温性能**

复合墙体有夹心墙和饰面墙两种形式。夹心墙外叶墙多为砌体墙，内叶墙为主要受力墙，夹心层为轻质保温材料，这种墙体的受力特点类似组合砌体，三者共同工作，有良好的受力性能，且外表皮可以呈现装饰效果，目前发展已经能满足严寒地区超低能耗建筑的节能标准要求。饰面墙外叶采用具有装饰作用的烧结砖砌体，

内叶为承重或主要受力结构（砖砌体、砌块砌体、钢结构或混凝土结构），夹层中设置保温层、防水层及保证实现通气排湿功能的空腔等建筑构造，饰面墙外叶依附于内叶墙共同工作，其承担的风荷载和地震作用通过设置拉结件传给主体结构，我国学者也对这种拉结件的锚固和传递面外荷载的能力进行了研究[22]。这种饰面复合墙不仅装饰效果良好，而且可调整保温层材料和厚度，满足不同地区的保温隔热要求，其防渗、冷凝、耐火、隔声等性能十分优越，核心是做到了建筑立面的多样化、耐久性和满足《建筑设计防火规范》GB 50016—2014（2018 年版）中第 6.7.3 条的防火要求。

### （四）装配式砌体结构建筑技术的工程实践

砌体结构本身就是预制构件拆分到砖或砌块尺寸的装配式结构。20 世纪 60—70 年代，我国钢筋水泥缺乏，有人曾借鉴原苏联的振动砖墙板技术[23]，通过振动台振动使砌体灰缝砂浆饱满，从而提高砌体强度，墙板经养护后进行安装。近年来，越来越多的人意识到需要提高施工质量和现场管理，预制法的旧想法再次流行起来。最近的一些项目证明了通过使用工业化生产，预制砌体结构能满足承重和围护砌体构件的技术要求，且显著提高整体建筑施工效率、质量和经济效益[24]。与传统砌体建筑相比，装配式砌体建筑在节能和二氧化碳排放方面分别可以节约近 30% 和 15%[25]。

在德国，采用由黏土砌块制成的预制砖墙构件被认为是一种久经实践验证的施工方法，施工时间短，施工成本低，砌体质量高，尺寸精度高，生产不受天气影响。预制砌体构件在工厂采用机器人完成，砂浆一般采用薄层砂浆，也有采用聚氨酯黏合剂砌筑[26]。

由于装配式配筋砌块砌体结构预制构件的孔洞率大于 50%，相同展开面积下预制构件的重量减轻 50%，同一工程构件数量大幅减少，运输效率和安装效率均较预制混凝土结构大幅提高；预制墙构件采用对孔砌筑，竖向钢筋在施工现场预连接设置，构件整层套入，克服了预制混凝土剪力墙竖向钢筋连接方法受限、只能同截面连接和占位连接精度要求高的问题；预制砌体墙构件不需要模板，主要做成 T 形、Γ形、匚形自稳定截面和少量“一”字形截面形式，有利于预制构件标准化。我国在这方面作了有益的尝试，取得了很多宝贵经验[27]。

## 三、面临机遇

### （一）加强城镇绿色低碳建设的需要

高层建筑的建设成本、能源消耗、使用维护费用都高于一般的多层建筑，由于体量大、人口密度高，高层建筑在应急管理、公共卫生、城市配套设施建设方面都面临新的难题和风险，大规模的高层建筑建设，淹没了城市本来的建筑风貌，割裂了城市文脉。住房和城乡建设部等 15 部门于 2021 年联合发布的法规性文件，率先要求县城建设应保护历史文化风貌和原有街巷网络，新建住宅以 6 层为主，6 层及以下住宅占比应不低于70%。量大面广的城镇多层住宅以及传统建筑风格要求，为砌体结构提供了广阔的发展空间。

**（二）新农村大量低层建筑的需要**

随着我国社会的快速发展，尤其是国家对农村建设的政策倾斜，农村新建住房数量持续保持快速发展。但是，农村住宅多数采用自建的方式建造，没有按标准或规范进行设计和施工，很难保证质量。农村住宅一般为3层以下的低层建筑，房屋开间、进深、层高都不大，采用砌体结构建造这种低层住宅，兼顾承重与围护功能，相较于钢筋混凝土结构、轻钢结构和竹木结构，具有建筑风貌特色鲜明、接受度高、隔声好、耐久性好、舒适性好的性能特点，具备就地就近取材、经济实用、构造简单、施工方便、便于掌握的显著优势，有利于提高农村自建房的质量。

**（三）“双碳”目标对建筑的要求**

根据中国建筑节能协会统计，2018年建筑全过程碳排放总量49.3亿$tCO_2$，占全国碳排放的比重为51.3%，其中建材生产阶段和建筑运行阶段碳排放分别为27.2和21.1亿$tCO_2$，占全国碳排放的比重分别为28.3%和21.9%，建材生产阶段中钢材、水泥和铝材的碳排放占90%以上，而现代制砖的碳排放相对较少。

欧美发达国家砌体围护墙仍然是现代建筑的主要形式之一[28]，这是因为采用了优质保温隔热砌块，烧结砌块密度小于800$kg/m^3$，其导热系数可降低到0.08—0.09W/（m·K）。另外，由于块体尺寸误差减少，灰缝厚度可减小到1—3mm，大大减小灰缝产生的热桥影响，使墙体的保温隔热性能得到显著提高。建筑围护结构节能效果提高可大大减小使用阶段建筑电耗引起的间接碳排放。

从前期测算看，砌体结构在建造阶段可较钢筋混凝土结构降低碳排放10%—20%，可满足运行阶段超低能耗建筑节能83%甚至更高标准要求，主体结构维护趋于零成本，从实际工作年限角度测算，其减碳效果更加显著。

**（四）砌体结构建筑的可持续性**

可持续建筑旨在整个生命周期中节能、节水和节约资源，并提供热舒适性、声舒适性、室内空气质量和吸引人的美学效果来解决居住者的健康问题[29]。砖砌体满足可持续建筑要求，主要体现在：

（1）砖砌体集结构、装饰、隔声、保温隔热、蓄热、防火性能和耐久性于一身，是当之无愧的建筑材料中的“通才”；

（2）砖砌体及其铺装系统有助于满足雨水管理、减少热岛效应、改善能源性能、声学性能、建筑材料再利用、建筑垃圾管理等要求；

（3）烧结砖是一种多微孔的建筑材料，蒸汽渗透系数是钢筋混凝土的6.6倍，其湿传导功能可调节建筑物内湿度，具有“呼吸”功能，且不需要油漆和其他饰面以及由此产生的挥发性有机化合物，可以消除霉菌的来源，有利于保持良好的室内空气质量和舒适性；

（4）砖砌体具有耐久性和物理化学稳定性，留存数百上千年的砖砌体古建筑成为建筑文化的活化石，砖砌体建筑适合通过简单修缮延长使用寿命，是最大化减少对环境影响的典范。

国内外学者普遍认为制砖的原材料黏土或页岩是丰富的自然资源，不会造成环境资源的破坏[30]，而生产水泥主要原料的石灰石比黏土资源更不具备可持续性[31]。

**（五）砌体结构建筑有良好的应用前景**

由于砖具有长寿命、灵活性和持久的特性，砖的模块化和组砌方式使其可以建造各种风格的建筑，不同历史时期的砖砌体建筑始终是最具吸引力的经典，现代居住建筑、学校建筑、办公建筑等应用效果也非常好。采用砖砌体建造的北京保利·熙悦林语商业中心和浙江大学国际校区（海宁）分别获得2020年美国砖工业协会金奖和银奖；云南红河州弥勒市的东风韵特色小镇的建筑、景观、道路和广场采用烧结砖建造，展示出红土地上原生态艺术特点，其中的弥勒美憬阁酒店获得2021年全球酒店设计领域最具影响力HD Awards奖；采用烧结砖砌体外墙的钓鱼台七号院，荣获2009首届“中国国宅大赏”奖。烧结砖的表皮功能，让传统建筑美学和现代城市人文达到了和谐统一，深受广大建筑师和用户的认同。

## 四、发展建议

针对几千年来中华砌体建筑的特点和工业优势，结合现代节能、装饰和装配式建造的“双碳”发展需求，在适时纠正砌体材料损毁耕地、破坏环境、抗震性能差的错误观念和不良认知基础上，提出如下发展建议：

**（一）发展高性能砌体材料**

发展装饰、承重、节能一体化的高性能砌体材料，其主要性能要求包括：

（1）块体几何尺寸误差小：尺寸小于100mm的几何误差应小于±1mm，以保证墙体砌筑后外表平整，砂浆缝厚度均匀，墙面美观，提高砌体抗压强度，为采用更高质量的3mm厚薄灰缝砌体创造条件。

（2）块体颜色、纹理丰富多彩：烧结砖的颜色和纹理的多样化，为建筑师发挥艺术表现力提供创作可能。

（3）良好的热工性能：块体的导热系数不超过0.20W/（m·K）。

（4）良好的抗风化性能：内、外墙砖/砌块的5h沸煮吸水率分别不超过15%和10%，并不出现影响美观的泛碱现象。

（5）块体强度等级高：用于承重墙和自承重清水墙的多孔砖和砌块强度等级分别不小于MU20和MU15，用于自承重墙的空心砖和砌块强度等级分别不小于MU15和MU10。

（6）合理的块型和表观体积密度：块体外壁和肋厚应满足我国有关标准要求，承重和自承重块体孔洞率分别不小于30%和50%，表观体积密度分别不大于1100kg/m$^3$和800kg/m$^3$。

（7）保温砂浆和薄灰缝砂浆：保温砂浆导热系数不超过0.2W/（m·K）。

### （二）开展砌体材料生产环节技术提升

（1）进一步提高资源综合利用水平和效益，鼓励砖瓦企业加大对工业固体废弃物、城市建筑垃圾、污水处理厂污泥等固废资源的综合利用，建立与电力、煤炭、环保、矿产等产业相衔接的循环经济生产体系，提高制砖行业综合利用能力和效率，推进城市垃圾无害化处理及资源化利用能力；

（2）全面推进砖瓦工业大气污染物有效治理配套的脱硫除尘设施，严格控制原料、燃料的堆场、破碎筛分、输送及干燥焙烧等工段的颗粒物、烟尘的无组织排放，确保环保达标；

（3）开展干燥和烧成工艺技术创新，既能确保产品烧成质量，又能科学合理焙烧，节约能源。

### （三）进一步研究和发展新型砌体建筑建造技术

（1）针对清水砖墙的特性，修订我国现行砌体标准中设计、施工和验收的有关规定，推广应用高性能砌体材料建造装饰（清水）或装饰－承重－节能一体化的砌体建筑。示范性打造保护历史文化风貌的街区或城镇或乡村，在城市具有个性要求的建筑采用砌体结构试点，利用砌体良好的表皮效果和使用性能，带动砌体结构良性发展。

（2）吸取国外先进经验，对饰面复合墙的空腔构造、防水、通气排湿、拉结措施及结构节能作进一步深入研究，形成标准图集做法，推动饰面复合墙在各类建筑围护墙中的应用占比。

（3）在框架结构围护墙或低层砌体结构住宅建筑中，推广应用保温隔热性能良好的复合功能砌块砌体。

（4）采用薄灰缝砌筑技术，减少砂浆用量，减少现场湿作业，提高高性能砌块墙的保温隔热性能。

（5）推广应用装配式配筋砌块砌体结构，提高砌体结构的施工效率和施工质量，降低装配式钢筋混凝土结构的施工安全隐患。

（6）建立砌体结构的各种砌筑方式、开洞形式、构造等的构件库，采用 BIM 正向设计技术进行设计，并采用现代通信技术，建立物联网，用智能建造的方式管理构件预制、运输、起吊、安装、验收等建筑施工全过程。

## 参考文献


［1］Campbell J W P. Brick: A World History[M]. London: Thames & Hudson Ltd, 2003.

［2］Pfeife G, Ramcke R, Achtziger J , et al. Masonry Construction Manual[M]. Munich: Institute fur-international Architektur- Dokum entation GmbH, 2001.

［3］陶有生．烧结砖与墙体材料革新［J］．砖瓦，2007（2）：7-12.

［4］陈福广．不忘初心 牢记使命：开拓创新的墙材革新三十年［J］．砖瓦，2019（10）：26-31.

［5］建筑材料质量抽检结果通报［J］．内蒙古技术监督，1998（6）：18.

[6] 戈晚晴，王建武，卢静．城市建设用地综合容积率研究 [J]．中国土地，2013 (9)：34-36.
[7] 马淑杰，张英健，罗恩华，等．双碳背景下“十四五”大宗固废综合利用建议 [J]．中国投资（中英文），2021 (Z8)：22-25.
[8] 卢红霞，张灵，高凯，等．利用建筑垃圾及高炉渣制备新型烧结砖的研究 [J]．新型建筑材料，2019，46 (2)：133-134.
[9] 刘峰，王琪，谢章章，等．污泥与建筑废弃物烧结自保温砖试验研究 [J]．新型建筑材料，2017，44 (6)：63-65.
[10] 赵建华，杨建，高士浩，等．高密度高强度脱硫石膏砌块的技术研究与生产实践 [J]．中国非金属矿工业导刊，2019 (2)：17-19.
[11] 徐鸣，王亚娟，邹积玉．我国砖瓦装备的发展和节能减排 [J]．砖瓦世界，2014 (9)：3-20.
[12] 李西利，段伟．再论轮窑改造成隧道窑 [J]．砖瓦，2012 (3)：27-29.
[13] 闫开放．发展高质量烧结空心制品适应节能型建筑墙体需要（一）[J]．砖瓦，2006 (1).
[14] 周炫，喻晓林，李晓健．复合保温砖的研究与发展 [J]．砖瓦，2007 (9).
[15] 刘锡荟，张鸿熙，刘经伟，等．用钢筋混凝土构造柱加强砖房抗震性能的研究 [J]．建筑结构学报，1981 (6)：47-55.
[16] 曲哲，钟江荣，孙景江．芦山 7.0 级地震砌体结构的震害特征 [J]．地震工程与工程振动，2013，33 (3)：27-35.
[17] 周炳章，夏敬谦．水平配筋砖砌体抗震性能的试验研究 [J]．建筑结构学报，1991 (4)：31-43.
[18] 施楚贤，梁建国．设置砼构造柱的网状配筋砖墙的抗震性能 [J]．建筑结构，1996 (9)：9-14 + 4.
[19] 王凤来，费洪涛．配筋砌块短肢砌体剪力墙抗震性能试验研究 [J]．建筑结构学报，2009，30 (3)：71-78.
[20] 王凤来，张孝存，朱飞，等．配筋砌块砌体百米高层建筑的研究与应用 [A]．《武汉大学学报（工学版）》编辑部．武汉大学学报（工学版），2015，48（增刊）[C]．中国工程建设标准化协会砌体结构专业委员会，2015：4.
[21] 张又超，王毅红，权登州，等．低矮砌体结构隔震与非隔震振动台对比试验研究 [J]．土木工程学报，2018，51 (1)：91-99.
[22] 张延年，张洵，刘明，等．夹心墙用环型塑料钢筋拉结件锚固性能试验 [J]．沈阳建筑大学学报（自然科学版），2008 (4)：543-547.
[23] 北京市第三建筑公司一工区．振动砖墙板住宅施工 [J]．建筑技术，1977 (Z1)：39-42.
[24] Roberts J J., Hogg J, Fried A F. Prefabricated Brickwork: A Review of Recent Applications. Toronto: Proceedings of the Ninth Canadian Symposium, Canada, 20–22 April, 2001.
[25] Thamboo J, Zahra T, Navaratnam S, et al. Prospects of Developing Prefabricated Masonry Walling Systems in Australia[J]. Buildings, 2021, 11(7): 294.
[26] Brameshuber W, Graubohm M. Prefabricated masonry panel system with two-component

polyurethane adhesive/Vorgefertigte Mauertafeln mit Zweikomponenten-Polyurethanklebstoff [J]. Mauerwerk, 2015, 19(1): 3-26.

[27] 王凤来．装配式配筋砌块砌体建筑评价标准研究［J］．建筑结构，2018，48（12）：24-28.

[28] Andrew Watts. Modern construction envelopes[M]. Wien, London, England: Springer -Verlag, 2011.

[29] ASTM E2114 REV A. Standard Terminology for Sustainability Relative to the Performance of Buildings [S]. West Conshohocken: ASTM International, 2006.

[30] TECHNICAL NOTES on Brick Construction- Sustainability and Brick[R]. Virginia, USA: The Brick Industry Association, 2015.

[31] 刘长安，贾育春．烧制砖瓦可以做到不毁田：论我国黄土高原地区烧结制砖的资源利用与占地［J］．砖瓦，2008（3）：6-15.

# “双碳”目标下装配式混凝土建筑低碳技术发展与展望

肖从真 李建辉 孙 超 赵彦革 魏 越 李寅斌
（中国建筑科学研究院有限公司）

为了应对全球气候变化，“减碳”行动已成为重要国际议题。中国也在积极行动，于2020年9月向国际社会庄严承诺了“碳达峰、碳中和”目标。建筑业作为我国国民经济的支柱型产业，一直是碳排放大户。据统计，2005—2018年间，建筑全寿命周期能耗占全国总能耗比重由36%上升至46%，扩大了1.28倍[1]。因此，研究建筑低碳技术，减少建筑业碳排放量，将对实现我国“双碳目标”起到决定性作用。

在“减碳”行动驱动下，2022年6月30日，住房和城乡建设部积极响应党中央国务院决策部署，联合国家发展改革委共同发布《城乡建设领域碳达峰实施方案》（建标〔2022〕53号），明确提出要以绿色低碳发展为引领，以大力发展装配式建筑、推广智能建造为手段，控制城乡建设领域碳排放量增长。目前我国装配式建筑总产值不断提升，建筑规模不断扩大。据住房和城乡建设部统计，2021年，全国新开工装配式建筑面积达7.4亿$m^2$，较2020年增长18%，占新建建筑面积的比例为24.5%。装配式建筑已成为我国建筑业为“双碳”目标贡献积极力量的重要举措。

## 一、装配式混凝土建筑碳排放的现状、存在的问题及挑战

### （一）装配式混凝土建筑碳排放的现状

1. 装配式混凝土建筑物化阶段碳排放分析

装配式混凝土建筑的物化阶段和传统建筑的施工建造过程存在本质区别，因此针对其物化阶段的碳排放量计算是国内外学者的研究重点。装配式混凝土建筑的碳排放因子可分为材料、油耗、能源三类，碳排放核算过程如图1所示。在物化阶段的碳排放量从高到低依次为建材生产阶段、施工阶段、建材运输阶段、构件运输阶段、构件生产阶段，其中建材生产阶段是碳减排的重点控制阶段，因此提高预制梁、柱和剪力墙构件的承载力和耐久性、降低预制构件材料用量是预制构件碳减排的关键[2]。

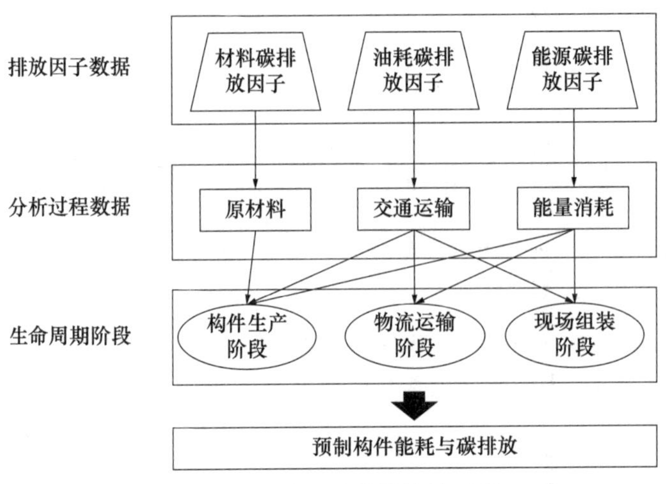


图 1　物化阶段碳排放核算过程

2. 与传统现浇混凝土建筑的碳排放对比

由于装配式混凝土建筑通常采用生产、设计、施工一体化的工业化建造方式，具有生产效率高、施工周期短等特点，因此应用装配式技术一定程度上能够促进建筑碳排放降低。在建筑物化阶段，装配式建筑相比传统现浇建筑单位面积可减少碳排放量约 18%[3]，特别是在施工阶段装配式建筑的碳排放量显著降低，这是因为工业化建造方式降低了材料损耗，大幅减少了现场施工机械的作业量和能源消耗；但是在生产阶段装配式建筑的碳排放量略大于现浇建筑，这是因为预制构件生产会带来额外的能源耗费，以及叠合板、预埋件和套筒的使用会导致钢材和混凝土使用量的增加。

从全寿命周期角度，装配式建筑和现浇建筑都是在建筑使用和维护阶段碳排放量最大，并且碳排放量相近，但是前者在构件回收和再利用方面具有优势。根据文献 [4-6]，在生产阶段装配式建筑比现浇建筑增加碳排放量 11.47kg/m$^2$，运输阶段装配式建筑比现浇建筑增加碳排放量 0.92kg/m$^2$，而施工阶段装配式建筑比现浇建筑减少碳排放量 20.06kg/m$^2$；综合来看，在建筑物化阶段装配式建筑相比传统现浇建筑单位面积可减少碳排放量 7.67kg。

**（二）存在的问题及挑战**

1. 低碳、高性能材料应用少，缺乏成熟的高性能结构体系

现有装配式混凝土工程中对于高强、高性能材料的应用较少，并且预制构件配筋复杂，节点连接和安装质量难以保证，无法充分发挥装配式建筑施工效率高和低能耗的优势。缺少能够适应不同地区的气候条件和抗震烈度，且施工方便、工艺成熟的结构体系。

2. 按照“等同现浇”原则设计，无法摆脱现场湿作业

对于装配式混凝土结构的设计方法，目前要求结构构件和连接节点具有等同现浇的性能，这限制了新型连接节点以及新型装配式结构体系的创新与发展。因此，

在总结现有设计方法的基础上，针对装配式混凝土结构的特点提出新的抗震性能化设计方法，对于充分利用材料和延长建筑寿命是很有必要的。

3. 缺乏 BIM 全流程应用系统，协同工作效率低

我国装配式建筑在设计、生产和施工各环节各专业间信息不互通，其开发和利用缺乏统一的规划和技术手段，导致协同工作效率低，由于数据重复输入、错误设计造成的返工、延误等带来的损失与浪费，约占设计费用总额的 15%—20%。而现有国外 BIM 平台和相关软件由于设计标准差异、专业化差异和构件本地化的问题无法满足国内工程应用需求。

4. 建造技术仍较落后

目前建筑业信息化、工业化水平较低，生产方式较为粗放，劳动生产率不高，资源消耗大等问题较为突出。工程建设过程中机械化程度不高，与先进制造技术、信息技术等先进技术的结合程度较低。随着我国经济的稳步发展，装配式建筑不宜继续采用传统的建造方式，粗放式的生产方式难以为继。

## 二、装配式混凝土建筑低碳技术最新成果

### （一）低碳材料

混凝土碳排放的 90% 以上来自于水泥的碳排放，因此，降低混凝土的碳排放本质上还是要降低水泥的碳排放。从混凝土全生命周期的碳排放进行考虑，低碳混凝土的技术路径可以分为三类：直接减碳技术、间接减碳技术和固碳技术。

直接减碳技术指在混凝土生产过程中降低水泥用量，其主要方法有：（1）多用矿物掺和料替代水泥；（2）采用工业固废、尾矿、建筑垃圾替代骨料等原料；（3）充分发挥胶凝材料的水化胶凝活性。其中碱激发胶凝材料正在成为全球行业热点，该材料 95% 的原料是铝硅酸盐固废（如粉煤灰、矿渣等），生产过程不涉及烟、粉尘、废水等污染物的排放，实现以废治废，同时该材料具有早强、高强的特点，28d 抗压强度可达到 60MPa 以上，具有优异的耐高温、抗冻融、抗腐蚀和抗渗性能[7]。

间接减碳技术指提升混凝土的物理性能和耐久性等，从而提高混凝土工程的服役寿命，主要方法有：（1）优化混凝土配方设计，或者在混凝土中加入各种纤维增强（如石棉、玄武岩纤维、钢纤维、玻璃纤维等），或者加入外加剂（如水溶性乳液、乳胶粉、环氧树脂等），以改善混凝土的性能；（2）采用轻质高强混凝土、高性能混凝土、复合结构混凝土等。已有研究表明：对于混凝土框架结构，采用 C80 以上的高强混凝土，相比于 C30 混凝土可以降低碳排放量约 25%，而采用粉煤灰、矿渣代替水泥制成的高强混凝土，其碳排放量可进一步降低至 60%[8]。

固碳技术是指将水泥生产过程中排放的二氧化碳，利用特殊方法永久固结到混凝土中，同时混凝土的强度和耐久性也得到一定的提高。将二氧化碳精确注入混凝土中，28d 抗压强度平均提高 10%，掺入足量二氧化碳可替代 7% 水泥用量。现

浇混凝土的固碳量为 14.83kg/m$^3$，而装配式混凝土预制构件的固碳量为 14.83—23.73kg/m$^3$ [9]。

**（二）新型装配式结构体系**

1. 新型框架结构体系

（1）高性能装配式框架结构体系

肖从真等 [10] 构建了一种由高强混凝土预制构件、高变形能力干式连接节点和高效耗能构件共同构成，具有高抗震性能、高耐久性和高施工效率的高性能装配式框架结构体系，如图 2 所示。该体系可实现刚度退化可控的破坏机制和构件损伤可控的耗能机制，有利于发挥高强材料及装配式结构的优势，既节省结构材料又减少建造及维修成本，从而有效降低建筑碳排放量。

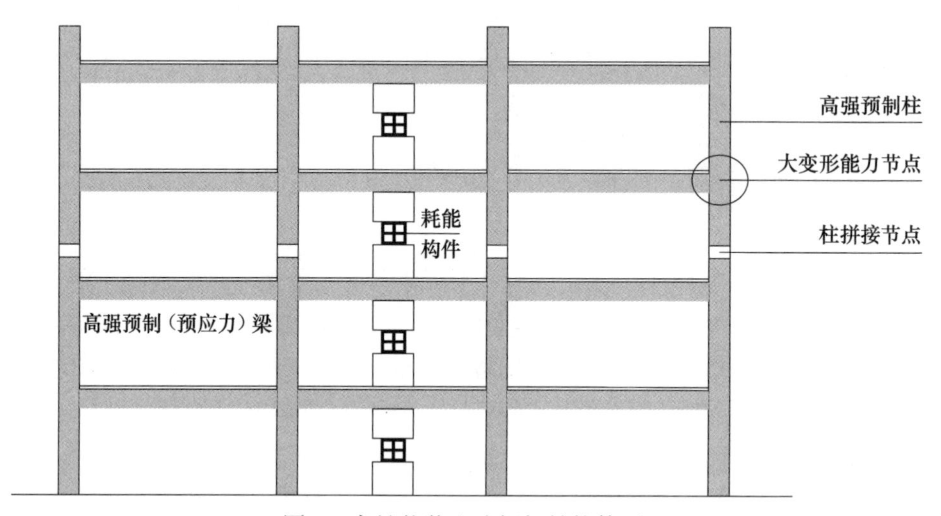


图 2　高性能装配式框架结构体系

（2）全装配式预应力框架结构体系

潘从建等 [11] 构建了一种由预制楼板、全预制后张无黏结预应力框架梁和预制框架柱构成的全装配式预应力混凝土框架结构体系，其梁柱节点采用了无黏结预应力筋和耗能钢筋混合配筋的干式连接。该体系具有施工效率高、地震损伤轻、延性好、自复位等优点，并可有效降低施工建造阶段碳排放量。

（3）外包钢混凝土梁 - 钢管混凝土柱组合框架结构体系

田春雨等 [12] 提出了外包钢混凝土梁 - 钢管混凝土柱装配式组合框架结构体系，该体系的框架柱为矩形钢管混凝土柱，框架梁为外包 U 型钢 - 混凝土组合梁，现场施工时无需设置支撑即可完成 U 型钢梁的安装固定，降低施工措施费用，缩短施工周期，具有明显的综合成本和低碳优势。

（4）预应力压接装配框架结构体系

郭海山等 [13] 提出了一种新型预应力高效装配框架体系，梁柱采用贯穿节点的后张预应力筋压接，并采用耗能钢筋在叠合梁顶部后浇层空间通过直螺纹套筒与预制柱连接。叠合梁底部不再设置耗能钢筋，节点构造更加简单，该体系具有抗震性能好、建造效率高和用钢量低的优势。

2. 新型剪力墙结构体系

（1）承插式预制钢板组合剪力墙结构体系

郁银泉等[14]研发了承插式预制钢板组合剪力墙结构体系，在工厂预制标准化的剪力墙构件，在施工现场采用高强螺栓连接和后注浆工艺直接拼装剪力墙，解决了传统钢板组合剪力墙湿作业量大、无法快速装配的问题。

（2）SPCS 装配式混凝土剪力墙结构体系

唐修国等[15]提出了一套 SPCS 装配式混凝土剪力墙结构体系，竖向构件连接方式为通过搭接钢筋伸入上部空腔构件，然后空腔内整体现浇。该体系中无套筒和桁架筋，用钢量低，不用现场绑扎钢筋和支模板，施工效率高，综合成本接近现浇结构。在薄保温板（厚度在 25mm 以下）情况下，该系统碳排放量要低于传统预制混凝土剪力墙结构体系或预制混凝土夹芯保温剪力墙结构体系。

（3）预制混凝土夹心保温剪力墙结构体系

薛伟辰等[16]提出了一种预制混凝土夹心保温剪力墙，由内叶混凝土剪力墙、外叶混凝土围护墙板、夹心保温层和连接件组成，是一种保温与承载一体化的剪力墙体系。该体系的突出优点是保温性能好，保温体系与结构同寿命。在厚保温板（厚度在 40mm 以上）情况下，预制混凝土夹芯保温剪力墙结构体系的碳排放量低于叠合类墙板剪力墙结构体系或预制混凝土剪力墙结构体系；且减碳程度随保温厚度增加而提高，一般可达 2%—8%。

（4）装配式局部叠合剪力墙结构体系

田春雨等[17]提出了一种装配式局部叠合剪力墙结构体系，该结构体系预制剪力墙构件底部预留后浇区，竖向分布钢筋在预留后浇区内采用搭接连接，显著减少了套筒连接的数量，现场安装便捷，缩短了工期，有效降低施工建造阶段的碳排放量。

**（三）新设计方法**

1. 基于预设屈服模式的抗震性能化设计方法

目前我国现行规范的抗震设计思路主要是基于规则的结构形式，从结构安全性和经济性综合角度考虑，该抗震设计思路并不完全适用于有特殊连接节点构造和抗震性能需求的新型装配式混凝土结构体系，有必要探索更适用的抗震设计新方法。

肖从真等[18]提出了一种基于预设屈服模式的抗震性能化设计方法，图 3 为基本设计流程。

（1）小震设计阶段

小震下所有结构构件应保持弹性、无损坏，设计时可采用弹性分析方法。与“三水准两阶段”方法不同的是，基于小震弹性的构件设计无需考虑内力调整，中、大震下的抗震性能水准由后续步骤保证。

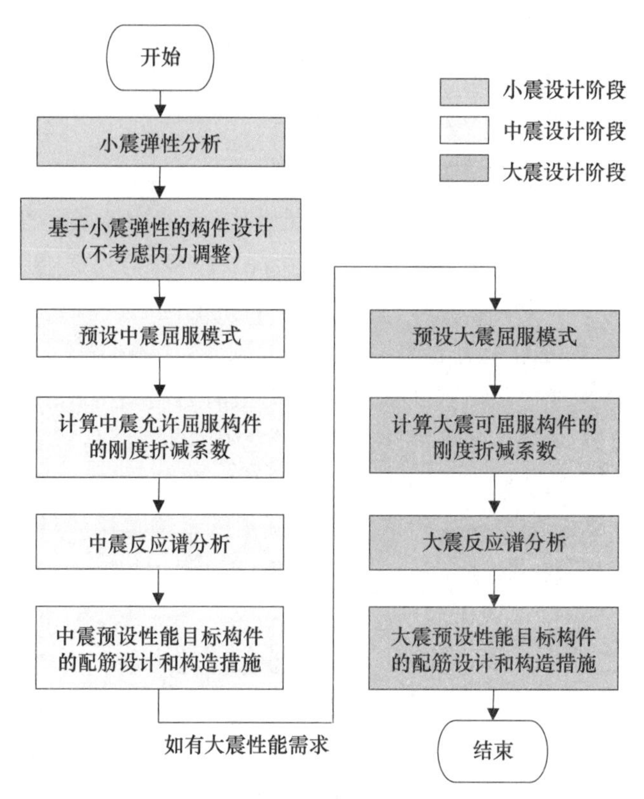


图 3　基于预设屈服模式的抗震性能化设计方法

（2）中震设计阶段

中震设计阶段，应首先预设中震屈服模式，该模式应以“中震可修”为最低标准，但可根据业主（设计者）要求适当提高。对允许屈服的构件，应首先确定刚度退化程度，通过对整体结构进行中震弹塑性分析，获得这些可屈服构件的刚度折减系数，再对整体结构进行中震的反应谱法设计，直接确定需要保持弹性构件的配筋。与以往规范推荐的性能化设计方法不同，此时进行的中震弹性反应谱分析，是考虑了部分构件进入塑性后刚度的折减和阻尼的增加的，更能真实反映结构在中震下的受力情况。

（3）大震设计阶段

与中震设计阶段类似，大震设计阶段也应首先预设屈服模式，该模式应以“大震不倒”为最低标准，但可适当提高。同理，先确定允许屈服的构件的刚度退化程度，从而准确判断不允许屈服的构件的承载力能否满足需求。

2. 基于构件延性需求的钢筋混凝土箍筋设计方法

当前我国规范主要通过斜截面承载力设计和抗震构造措施来配置箍筋，从而保证构件的延性，缺乏精确、量化的箍筋计算方法。肖从真等 [19] 提出了一种基于构件延性需求的箍筋设计方法：

（1）初始设计，对截面进行正截面承载力设计和斜截面承载力设计；

（2）进行非线性时程分析，采用可以准确考虑箍筋约束效应的混凝土本构模型；

（3）根据非线性时程分析结果确定构件延性需求；

（4）根据构件延性需求计算配箍率，将延性需求确定的配箍率与按斜截面承载力需求确定的配箍率取包络作为构件配箍率；

（5）再次进行非线性时程分析，验证所有构件不出现严重损坏情况，即所有构件承载力下降不超过20%，不满足则调整截面、重新设计。

**（四）BIM技术**

（1）装配式建筑深化设计。基于BIM模型进行预制构件拆分、构造节点设计、预留预埋设计、预制构件之间及其与现浇部分的碰撞检测、深化设计图、装配率指标统计、材料用量统计等。

（2）预制构件智能化加工。通过BIM技术为设计院和构件厂提供可以进行数据传递和交互的平台，实现设计信息与生产制造的直接对接。

（3）建筑项目精细化管理。通过BIM模型实现了装配式建筑全产业链各环节数据共享，采用协同工作平台解决各专业数据协同的管理问题。在生产和施工阶段将进度计划落实到每个预制构件上，并辅助算出人工、材料、机械的用量，对项目全过程实现精细化质量管理、进度控制、成本管理和安全管理[20]。

（4）建筑全寿命周期碳排放评估。利用BIM技术为装配式建筑全生命周期环境影响分析提供大量真实数据[21]，建立装配式建筑生产、运输和施工碳排放数据库，使碳排放量分析、核算透明化、定量化，有效提升低碳减排的潜力和空间。

**（五）智能建造**

智能建造有助于提高装配式建筑整体质量与工作效率，达成装配式建筑设计、生产和施工阶段低污染、低能耗的有效方法。

（1）数字孪生模型技术

物理世界通过数字镜像形成三维可视化的孪生模型，通过数字化手段进行建造设计、施工、运维全生命周期的建模、模拟、优化与控制[22]。在设计阶段，使设计意图的表达立体化、直观化，通过交互性仿真分析对设计参数进行优化；在施工阶段，结合施工仿真模拟可直观预演施工进度，辅助方案制定。

（2）物联网技术

通过物联网手段，包括传感器、物联网、5G、激光扫码仪、无人机等设备和技术，感知并获取装配式建筑各环节的状态和特征，实现数据采集和辅助决策。例如自动识别技术可在生产施工过程实现构件的追踪管理；三维激光扫描技术，可实现真实三维场景到数字模型的全自动逆向建模，对预制构件的吊装进行精细化模拟，制定最优吊装路径。

（3）机器人施工技术

建筑机器人可实现建筑施工的无人化、少人化，目前已广泛应用于预制构件生产工厂等场景，实现了预制生产的自动化。但是在施工现场由于环境恶劣、工序复杂多样等因素，机器人施工技术应用不多。已有部分施工工序实现了机器自动或人机协作的施工方式，但仍有待进一步深入研发和应用。

## 三、装配式混凝土建筑低碳技术发展展望

（1）新材料、新技术、新方法为装配式混凝土结构带来了新一轮技术变革与机遇。如采用高强高性能材料、预应力技术、减隔震装置等，解决预制构件配筋复杂、节点连接湿作业多、连接质量难以保证的技术难题，实现震后的可修复和可更换功能，促进装配式建筑的绿色、低碳、可持续发展。

（2）智能建造技术集成化应用。现阶段智能建造技术在装配式建筑领域设计、施工和运维阶段都有不同程度的应用，未来应开发集成化的智能建造技术与管理平台，进一步消除信息孤岛，实现真正的智能建造。

（3）完善装配式建筑绿色低碳评价标准体系。基于建筑全生命周期思想，结合装配式建筑特点，构建覆盖装配式混凝土结构全过程、全产业链的绿色低碳评价体系。

（4）发展绿色低碳、高效的装配式建筑。将节能减排策略贯穿于装配式建筑规划设计、生产、施工、维护和拆除的全生命周期，采用优异的保温隔热围护结构、高效用能系统、可再生的清洁能源实现低能耗、低排放的装配式建筑，利用大数据、物联网、BIM 等新技术的协同创新推动绿色建筑发展。

## 参考文献

[1] 李小冬，朱辰．我国建筑碳排放核算及影响因素研究综述［J］．安全与环境学报，2020，20（1）：317-327.

[2] 吴水根，谢银．浅析装配式建筑结构物化阶段的碳排放计算［J］．建筑施工，2013，35（1）：85-88.

[3] Ji Y, Li K, Liu G, et al. Comparing greenhouse gas emissions of precast in-situ and conventional construction methods[J]. Journal of Cleaner Production,2018,173:124-134.

[4] 曹西，缪昌铅，潘海涛．基于碳排放模型的装配式混凝土与现浇建筑碳排放比较分析与研究［J］．建筑结构，2021，51（S2）：1233-1237.

[5] 王广明，刘美霞．装配式混凝土建筑综合效益实证分析研究［J］．建筑结构，2017，47（10）：32-38.

[6] 王玉．工业化预制装配建筑的全生命周期碳排放研究［D］．东南大学，2016.

[7] 张平，陈旭，等．绿色低碳型高性能混凝土的制备及其性能研究［J］．新型建筑材料，2020，47（9）：155-158.

[8] 徐永模，陈玉．低碳环保要求下的水泥混凝土创新［J］．混凝土世界，2019（3）：32-37.

[9] 石铁矛，王梓通，李沛颖．基于水泥碳汇的建筑碳汇研究进展［J］．沈阳建筑大学学报（自然科学版），2017，33（1）：1-9.

[10] 程卫红，肖从真，田春雨. 高性能装配式框架结构与普通框架结构的抗震性能对比研究[J]. 建筑结构，2020，50（S2）：389-394.

[11] 潘从建. 全装配式预应力混凝土框架结构抗震性能研究[D]. 中国建筑科学研究院有限公司，2021.

[12] 尹欣磊，田春雨，周剑，等. 外包内翻U型钢－混凝土组合梁与矩形钢管混凝土柱连接节点抗震性能试验研究[J]. 建筑科学，2022，38（3）：71-83.

[13] 郭海山，史鹏飞，齐虎，等. 后张预应力压接装配混凝土框架结构足尺试验研究[J]. 建筑结构学报，2021，42（7）：119-132.

[14] 朱峰岐，王喆，郁银泉，等. 承插式预制钢板组合剪力墙抗震性能及其工程应用[J]. 建筑结构学报，2021，42（S1）：71-80.

[15] 唐修国，白世烨，龚成. 三一筑工SPCS装配式混凝土建筑结构体系开发与应用[J]. 住宅产业，2021（4）：64-68.

[16] 李亚，胡翔，顾盛，等. 预制混凝土夹心保温墙体FRP连接件试验方法综述[J]. 施工技术，2018，47（12）：87-91.

[17] 王俊，田春雨，朱凤起，等. 竖向钢筋搭接的装配整体式剪力墙抗震性能试验研究[J]. 建筑科学，2018，34（5）：56-61

[18] 肖从真，李建辉，陈才华，等. 基于预设屈服模式的复杂结构抗震设计方法[J]. 建筑结构学报，2019，40（3）：92-99.

[19] 肖从真，乔保娟，李建辉，等. 基于构件延性需求的钢筋混凝土构件箍筋设计方法[J]. 建筑科学，2022，38（3）：9-17.

[20] 吴大江. BIM技术在装配式建筑中的一体化集成应用[J]. 建筑结构，2019，49（24）：98-101.

[21] 卢锟. 基于建筑信息模型的生命周期碳排放和生命周期成本的整合研究与案例分析[D]. 合肥工业大学，2021.

[22] 刘占省，刘子圣，孙佳佳，等. 基于数字孪生的智能建造方法及模型试验[J]. 建筑结构学报，2021，42（6）：26-36.

# 基于全生命周期理论的绿色建筑碳排放研究

王清勤　孟　冲　赵乃妮　朱荣鑫
（中国建筑科学研究院有限公司）

绿色建筑是在全生命周期内节约资源，保护环境，减少污染，为人们提供健康、适用、高效的使用空间，最大限度地实现人与自然和谐共生的高质量建筑。从2006年第一版国家标准《绿色建筑评价标准》GB/T 50378—2006发布以来，我国绿色建筑经历了从无到有、从少到多的发展历程[1]。据统计，截至2021年底，全国30个省（直辖市、自治区）累计建成绿色建筑85.91亿$m^2$，其中2021年新增绿色建筑19.9亿$m^2$，当年新增绿色建筑占年度新增建筑的比例为84.22%；2022年上半年绿色建筑占新建建筑的比例已超过90%；到2025年，城镇新建建筑将全面建成绿色建筑。

近年来，国家多个文件提出要建设高品质绿色建筑。什么是高品质绿色建筑？结合我国当前社会发展的需求，大幅降低碳排放是绿色建筑亟须解决的重要问题之一。我国建筑全过程碳排放总量占全国碳排放的比例为50.6%及以上，在当前"双碳"目标背景下，绿色建筑应强化低碳技术，从而显著降低全生命周期的碳排放量[2]。

## 一、研究方法和碳减排技术路径

建筑碳排放计算是一项复杂的系统工程，涉及建材生产、建造施工、运行维护等不同阶段，与工业、电力、运输等行业存在不同程度的交叉。建筑碳排放的温室气体包括二氧化碳（$CO_2$）、甲烷（$CH_4$）、氧化亚氮（$N_2O$）、氢氟碳化物（HFCs）、全氟化碳（PFCs）和六氟化硫（$SF_6$）等，其中二氧化碳（$CO_2$）排放量最大。

本文采用的主要研究方法：研究分析现有建筑碳排放计算标准、计算方法等的优缺点，结合绿色建筑评价需求，构建可操作性强的绿色建筑碳排放计算方法；选取不同气候区和不同建筑类型的绿色建筑标识案例，基于建筑运行数据、能耗模拟、文献等资源，量化分析围护结构热工性能、建筑电气化水平、可再生能源利用、设备和系统能效、节水技术、绿色建材等技术的碳排放强度，从而建立绿色建筑碳减排技术体系。

## 二、国内外建筑碳排放计算方法

### （一）碳排放计算范围

建筑行业在应对全球气候变暖问题中有着十分重要的作用。降低建筑碳排放来应对环境问题已是全世界达成的共识，但是建筑碳排放的核算范围还存在差别。《温室气体核算体系》（GHG Protocol）[3] 与《温室气体——第 1 部分：组织层面温室气体排放和减排进行量化和报告的规范》ISO 14064-1：2018[4] 通过对碳排放源进行分类，提出碳排放计算范围应包括直接碳排放、间接碳排放和其他间接排放。美国联邦政府和地方政府，以及建筑 2030（Architecture 2030）、国际未来生活研究院（ILFI）、美国绿色建筑委员会（USGBC）等社会组织制定、发布了政府和社团等各级低碳建筑设计、核算和评价标准，但这些标准并未统一建筑碳排放计算的范围。英国政府发布了《可持续住宅标准》，首次对“零碳住宅”给出了定义：“零碳住宅”的所有能源使用（包括供暖、照明、热水和其他用能）所产生的净二氧化碳排放量为零，其中涵盖了炊事、家用电器等能耗的碳排放[5]。但是英国《建筑法规》却未将炊事、家用电器等能耗纳入建筑总能耗中。上述两者对建筑能耗和碳排放规定的范围不一致，导致以“零碳排放”为导向的相关标准或政策在英国的推行并不顺利。日本及欧洲其他国家也针对建筑碳排放制定了系列政策、标准，除了运行碳排放外，还尝试积极推动建筑全生命周期中施工、建材等阶段灰色能源的降碳[6]。《环境管理 生命周期评估 原则与框架》GB/T 24040—2008、《建筑工程的可持续性－建筑物环境性能评估－计算方法》BS EN 15978—2011[7, 8]，以及我国的《建筑碳排放计算标准》GB/T 51366—2019 和《建筑碳排放计量标准》CECS 374：2014，从全生命周期角度出发，提出建筑生命周期碳排放应包括建材生产和运输、建造施工、运营维护、拆除及材料处置等方面的碳排放总和。

### （二）碳排放计算方法

根据计算思路和范围，建筑碳排放计算的基本方法分为自上而下和自下而上两种方法。自上而下是先估算总体建筑能耗与碳排放，再进行时间和空间的降尺度分析，计算模型包括 LCA、IoA、RE-BUILDS、Scout、BLUES、ELENA 等，主要适用于建筑业宏观层面碳排放的核算[9]；自下而上方法是先计算单个建筑的逐时能耗，再放大到区域尺度进行碳排放计算，计算模型包括 Invert/EE-Lab、ECCABS、RE-BUILDS、CoreBee、Scout、BLUES 等[10]，主要适用于建筑单体的碳排放计算和核查。模型的输入参数主要通过排放因子法、过程分析法和投入产出法获取。《建筑碳排放计算标准》GB/T 51366—2019 和《建筑碳排放计量标准》CECS 374：2014 依据排放因子法对建筑碳排放核查、计算和预测进行了规定，但其过程较为复杂，并不能反映绿色建筑有关技术措施的节能减排效果。

绿色建筑需要在建筑全生命周期节约资源、保护环境，最大限度地降低对环境的负面影响。因此，建设和运营各方应对建材生产和运输、建造施工、运营维护、拆除及材料处置等方面的碳排放进行控制。同时，控制单体建筑微观层面的碳排放，需要使用碳排放因子法和过程分析法相结合的方法来获取相关基础数据。

## 三、绿色建筑碳排放计算模型和软件开发

本文基于生命周期理论和碳排放因子法、过程分析法，建立了绿色建筑碳排放计算模型，结合国家标准《绿色建筑评价标准》GB/T 50378—2019 的评价需求，使用涵盖建材生产及运输阶段、建造阶段、运营阶段和废弃阶段 4 个阶段的碳排放计算和核算方法，实现对绿色建筑设计阶段碳排放量的估算，并能对建筑运行阶段碳排放量进行核算。计算公式如下所示：

$$C_{lc}=C_{sc}+C_{sg}+C_{yx}+C_{cc}-C_{lh}-C_{kzs}$$

式中：$C_{lc}$——绿色建筑全生命周期碳排放量（$kgCO_2e$）；

$C_{sc}$——材料生产阶段建筑碳排放量（$kgCO_2e$）；

$C_{sg}$——施工建造阶段建筑碳排放量（$kgCO_2e$）；

$C_{yx}$——运行维护阶段建筑碳排放量（$kgCO_2e$）；

$C_{cc}$——废弃拆除阶段建筑碳排放量（$kgCO_2e$）；

$C_{lh}$——绿地碳汇碳减排量（$kgCO_2e$）；

$C_{kzs}$——可再生能源系统碳减排量（$kgCO_2e$）。

与国家标准《建筑碳排放计算标准》GB/T 51366—2019 相比，计算模型做了以下方面的改进：

（1）细化水系统碳排放，除了生活热水碳排放外，还将建筑运行阶段所有水系统碳排放考虑在内，包括建筑用水、动力、再生水处理等碳排放；

（2）增加烟机灶具燃料燃烧直接碳排放；

（3）增加绿地植物碳汇计算；

（4）建材生产阶段碳排放计算时，增加建材的回收系数；

（5）明确设计阶段和运行阶段碳排放计算数据来源。

## 四、绿色建筑碳减排计算和分析

采用绿色建筑碳排放计算模型，基于不同气候区的居住建筑和办公建筑采用的不同绿色建筑技术，构建了绿色居住建筑和办公建筑模型（表 1，图 1）。

**居住建筑和办公建筑模型物理信息**　　**表 1**

| 基本参数 | 居住建筑 | 办公建筑 |
|---|---|---|
| 层数 | 22 层 | 5 层 |
| 建筑高度 /m | 69.75 | 23.25 |
| 地上建筑面积 /$m^2$ | 10373 | 14419.6 |

续表

| 基本参数 | 居住建筑 | 办公建筑 |
|---|---|---|
| 建筑占地面积 /$m^2$ | 502 | 2873.64 |
| 结构形式 | 钢筋混凝土剪力墙及框架结构 | 钢筋混凝土剪力墙及框架结构 |

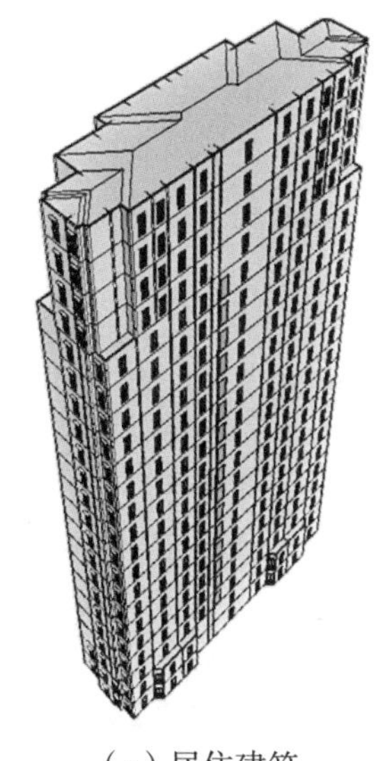

（a）居住建筑　　（b）办公建筑

图 1　居住建筑和办公建筑模型

在参数设置方面，本文根据不同气候区现行的建筑节能设计标准和其他有关标准的要求设置了基准建筑模型，在满足《绿色建筑评价标准》GB/T 50378—2019 第 3.2.8 条规定的基础上，根据绿色建筑星级，分别基于围护结构、暖通空调系统、照明和设备、电梯、可再生能源（太阳能热水和光伏发电）、绿色建材和可循环材料用量、绿色施工、绿地率等要求，设置了不同方面的减碳情景，如表 2 所示。能耗模拟气象数据采用典型气象年数据。

**绿色建筑减碳情景设置**　　**表 2**

| 建筑类型 | 星级 | 围护结构热工性能 | 暖通空调 | | | | | 功率密度 /（$W/m^2$） | | 电梯节能等级 | 是否可再生能源 | 电加热生活热水 | 可循环材料用量比例 | 工业化内装部品 | 绿色建材 | 土建装修一体化 | 绿色施工 | 绿地率 /% |
|---|---|---|---|---|---|---|---|---|---|---|---|---|---|---|---|---|---|---|
| | | | 热源 | 冷源 | 风机 | 水泵 | 排风热回收 | 照明 | 设备 | | | | | | | | | |
| 居住建筑 | 常规 | 相应节能设计标准 | 市政供暖 | 4 | — | — | — | 6 | 10 | B | 否 | 三级 | 0 | 0 种 | 0% | 否 | 否 | 35 |
| | 一星级 | 提升 5% | 市政供暖 | 4 | — | — | — | 5 | 8 | B | 否 | 三级 | 0 | 0 种 | 0% | 是 | 否 | 40 |

续表

| 建筑类型 | 星级 | 围护结构热工性能 | 暖通空调 | | | | | 功率密度/（$W/m^2$） | | 电梯节能等级 | 是否可再生能源 | 电加热生活热水 | 可循环材料用量比例 | 工业化内装部品 | 绿色建材 | 土建装修一体化 | 绿色施工 | 绿地率/% |
|---|---|---|---|---|---|---|---|---|---|---|---|---|---|---|---|---|---|---|
| | | | 热源 | 冷源 | 风机 | 水泵 | 排风热回收 | 照明 | 设备 | | | | | | | | | |
| 居住建筑 | 二星级 | 提升10% | 市政供暖 | 4.5 | — | 变频 | — | 5 | 7.6 | B | 太阳能热水 | 二级 | 6% | 1种 | 30% | 是 | 是 | 42 |
| | 三星级 | 提升20% | 市政供暖 | 5 | — | 变频 | — | 4 | 6 | A | 太阳能热水 | 一级 | 10% | 3种 | 50% | 是 | 是 | 44 |
| 办公建筑 | 常规 | 公建节能设计标准 | 市政供暖 | 5.1/4.7 | — | — | — | 9 | 15 | B | 否 | — | 0% | 0种 | 0% | 是 | 否 | 18 |
| | 一星级 | 提升5% | 市政供暖 | 提高6% | — | — | — | 9 | 13.5 | B | 否 | — | 0% | 0种 | 0% | 是 | 否 | 20 |
| | 二星级 | 提升10% | 市政供暖 | 提高12% | 变频 | 变频 | 65% | 8 | 13.5 | A | 光伏发电 | — | 10% | 1种 | 30% | 是 | 是 | 22 |
| | 三星级 | 提升20% | 市政供暖 | 提高12% | 变频 | 变频 | 65% | 7 | 12 | A | 光伏发电 | — | 15% | 3种 | 50% | 是 | 是 | 24 |

注：（1）居住建筑，温和地区不设置冷热源系统，夏热冬暖地区不设置热源，夏热冬冷地区热源采用分户采暖，供暖期按16d计算。

（2）公共建筑，温和地区不设置冷热源系统，夏热冬暖地区采用多联式空调。

## 五、初步结论分析

不同气候区星级绿色居住建筑与常规建筑的全生命周期碳排放计算结果如表3所示。除温和地区外，其他气候区居住建筑全生命周期中建材生产和运输、运行阶段、建造与拆除的碳排放量范围基本相同，占总碳排放的百分比分别约为12%、85%、3%。对于温和地区，因为未设置暖通空调系统，其运行碳排放占比有所下降，约为73%；建材生产和运输碳排放占比较大，约为24%；建造与拆除碳排放占比则保持不变，即3%左右。同时，绿色建筑星级越高，建材生产和运输碳排放占比越小，而运行碳排放占比越大，但整体变化幅度不大。

**绿色居住建筑碳排放（$kgCO_2/m^2 \cdot a$）** **表3**

| 气候区 | 星级 | 建材生产和运输 | 运行 | 建造与拆除 | 全生命周期 |
|---|---|---|---|---|---|
| 严寒地区 | 三星级 | 3.99 | 31.87 | 1.17 | 37.03 |
| | 二星级 | 4.54 | 36.12 | 1.17 | 41.83 |
| | 一星级 | 5.76 | 40.57 | 1.41 | 47.74 |
| | 常规建筑 | 6.80 | 46.58 | 1.41 | 54.79 |

续表

| 气候区 | 星级 | 建材生产和运输 | 运行 | 建造与拆除 | 全生命周期 |
|---|---|---|---|---|---|
| 寒冷地区 | 三星级 | 3.59 | 25.41 | 1.00 | 30.00 |
| | 二星级 | 4.14 | 30.46 | 1.00 | 35.60 |
| | 一星级 | 5.36 | 34.91 | 1.24 | 41.51 |
| | 常规建筑 | 6.40 | 40.15 | 1.24 | 47.79 |
| 夏热冬冷地区 | 三星级 | 3.09 | 27.35 | 1.09 | 31.53 |
| | 二星级 | 3.64 | 33.61 | 1.09 | 38.34 |
| | 一星级 | 4.86 | 38.27 | 1.33 | 44.46 |
| | 常规建筑 | 5.90 | 44.11 | 1.33 | 51.34 |
| 夏热冬暖地区 | 三星级 | 3.29 | 20.88 | 0.94 | 25.11 |
| | 二星级 | 3.84 | 27.74 | 0.94 | 32.52 |
| | 一星级 | 5.06 | 32.60 | 1.18 | 38.84 |
| | 常规建筑 | 6.10 | 38.11 | 1.18 | 45.39 |
| 温和地区 | 三星级 | 2.89 | 8.68 | 0.35 | 11.92 |
| | 二星级 | 3.44 | 10.94 | 0.35 | 14.73 |
| | 一星级 | 4.66 | 13.40 | 0.59 | 18.65 |
| | 常规建筑 | 5.70 | 15.89 | 0.59 | 22.18 |

不同气候区星级绿色办公建筑与常规建筑的全生命周期碳排放计算结果如表4所示。对于办公建筑，建材生产和运输碳排放占比显著升高，运行碳排放呈现下降的趋势，而建造与拆除碳排放则基本维持在3%左右。主要原因是办公建筑采用了较多的节能技术，运行能耗整体下降，而节材技术措施有限。对于办公建筑来说，建材碳减排将是下一步发展的重点方向之一。温和地区办公建筑建材生产和运输碳排放占比较大，这与居住建筑基本保持一致；但是，夏热冬暖地区该阶段碳排放占比，办公建筑与居住建筑计算结果差别较大。

**不同气候区办公建筑碳排放（$kgCO_2/m^2 \cdot a$）** **表4**

| 气候区 | 星级 | 建材生产和运输 | 运行 | 建造与拆除 | 全生命周期 |
|---|---|---|---|---|---|
| 严寒地区 | 三星级 | 14.11 | 23.67 | 1.78 | 39.56 |
| | 二星级 | 15.49 | 39.41 | 1.78 | 56.68 |
| | 一星级 | 17.87 | 50.94 | 2.02 | 70.83 |
| | 常规建筑 | 19.57 | 57.03 | 2.02 | 78.62 |
| 寒冷地区 | 三星级 | 13.54 | 29.89 | 2.06 | 45.49 |
| | 二星级 | 14.92 | 45.71 | 2.06 | 62.69 |

续表

| 气候区 | 星级 | 建材生产和运输 | 运行 | 建造与拆除 | 全生命周期 |
|---|---|---|---|---|---|
| 寒冷地区 | 一星级 | 17.3 | 61.15 | 2.3 | 80.75 |
| | 常规建筑 | 19 | 68.35 | 2.3 | 89.65 |
| 夏热冬冷地区 | 三星级 | 12.97 | 24.27 | 1.59 | 38.83 |
| | 二星级 | 14.35 | 34.44 | 1.59 | 50.38 |
| | 一星级 | 16.73 | 45.34 | 1.83 | 63.90 |
| | 常规建筑 | 18.43 | 50.74 | 1.83 | 71.00 |
| 夏热冬暖地区 | 三星级 | 12.78 | 20.83 | 0.95 | 34.56 |
| | 二星级 | 14.16 | 25.44 | 0.95 | 40.55 |
| | 一星级 | 16.54 | 28.45 | 1.19 | 46.18 |
| | 常规建筑 | 18.24 | 33.04 | 1.19 | 52.47 |
| 温和地区 | 三星级 | 11.26 | 15.27 | 0.97 | 27.50 |
| | 二星级 | 12.64 | 22.47 | 0.97 | 36.08 |
| | 一星级 | 15.02 | 24.33 | 1.21 | 40.56 |
| | 常规建筑 | 16.72 | 28.39 | 1.21 | 46.32 |

从图 2 和图 3 可知，绿色居住建筑和办公建筑在不同气候区均能够大幅降低碳排放，并且绿色建筑星级越高，碳减排量越高。与普通节能居住建筑相比，各气候区一星级、二星级和三星级绿色居住建筑碳减排幅度分别为 12%—16%、23%—34%、32%—46%；与普通节能办公建筑相比，各气候区一星级、二星级和三星级绿色办公建筑碳减排幅度分别为 10%—12%、23%—29%、34—50%。

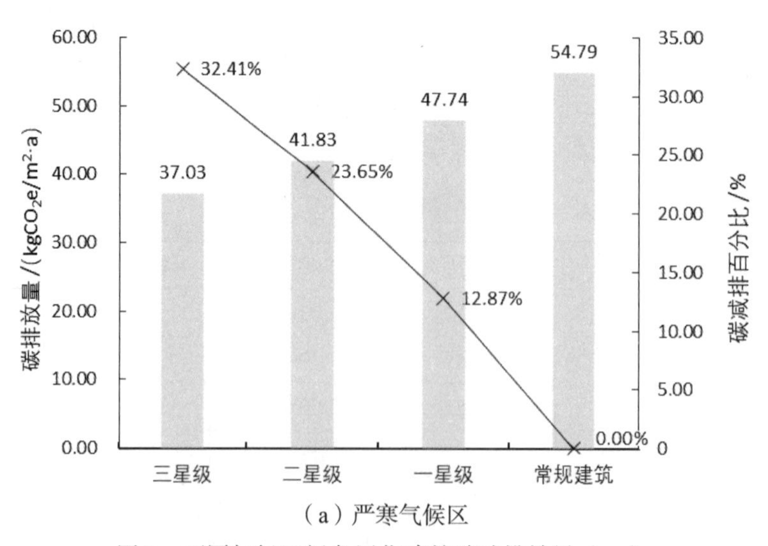


（a）严寒气候区

图 2　不同气候区绿色居住建筑碳减排效果（一）

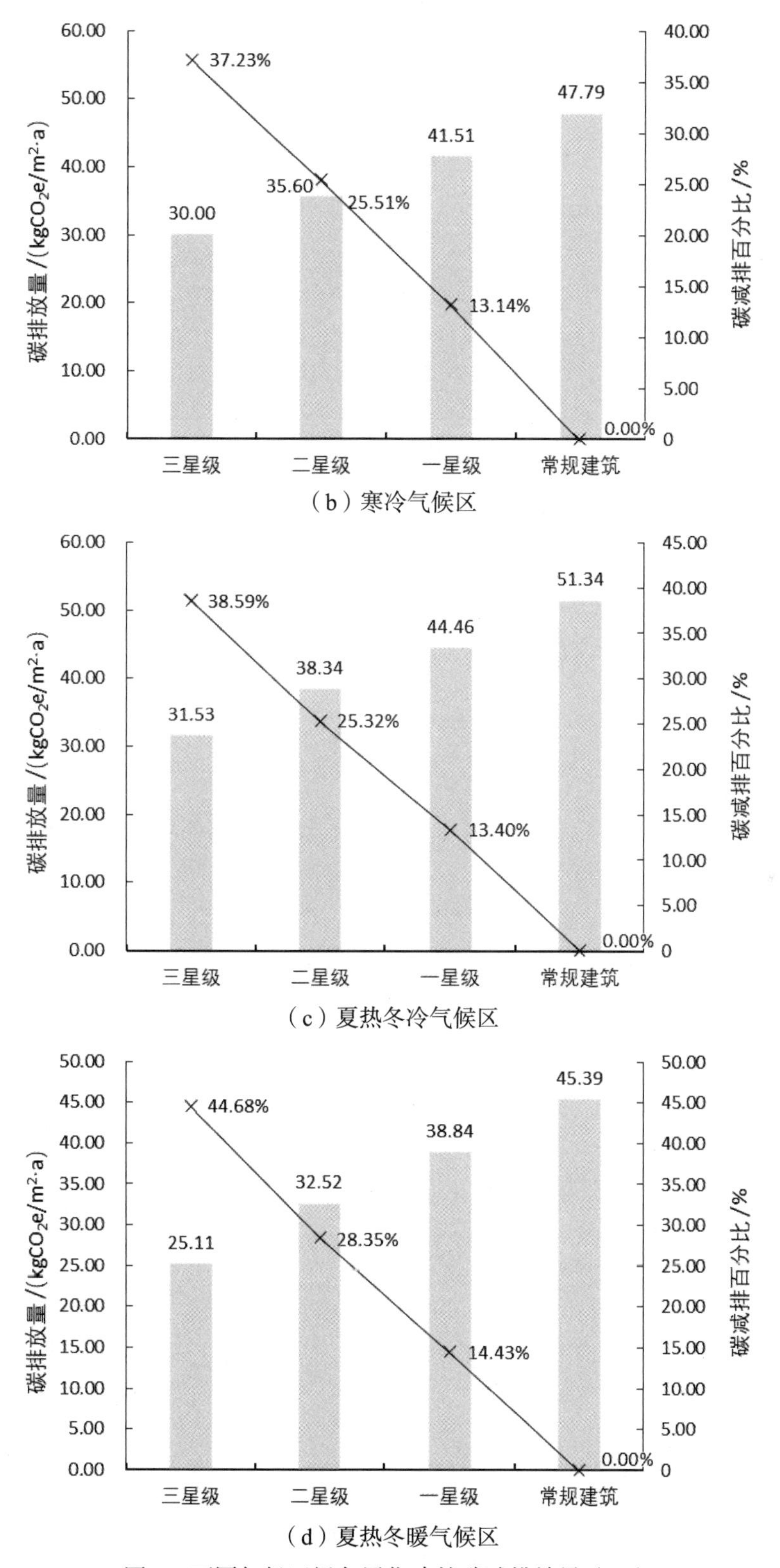


（b）寒冷气候区

（c）夏热冬冷气候区

（d）夏热冬暖气候区

图 2　不同气候区绿色居住建筑碳减排效果（二）

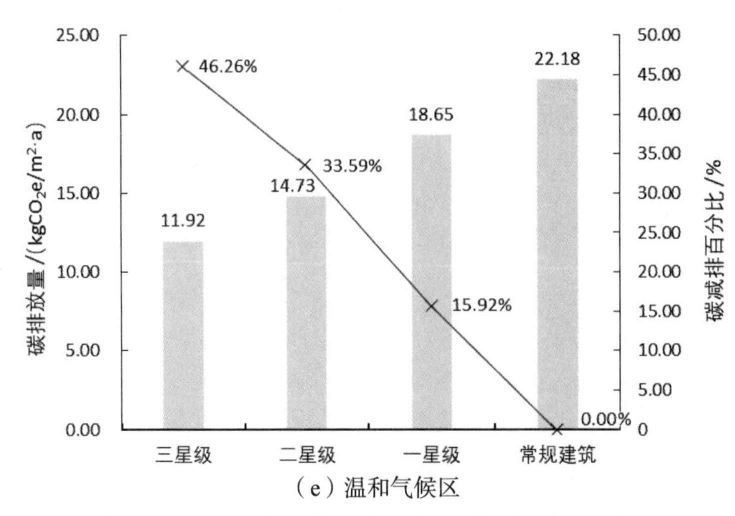


（e）温和气候区

图2　不同气候区绿色居住建筑碳减排效果（三）

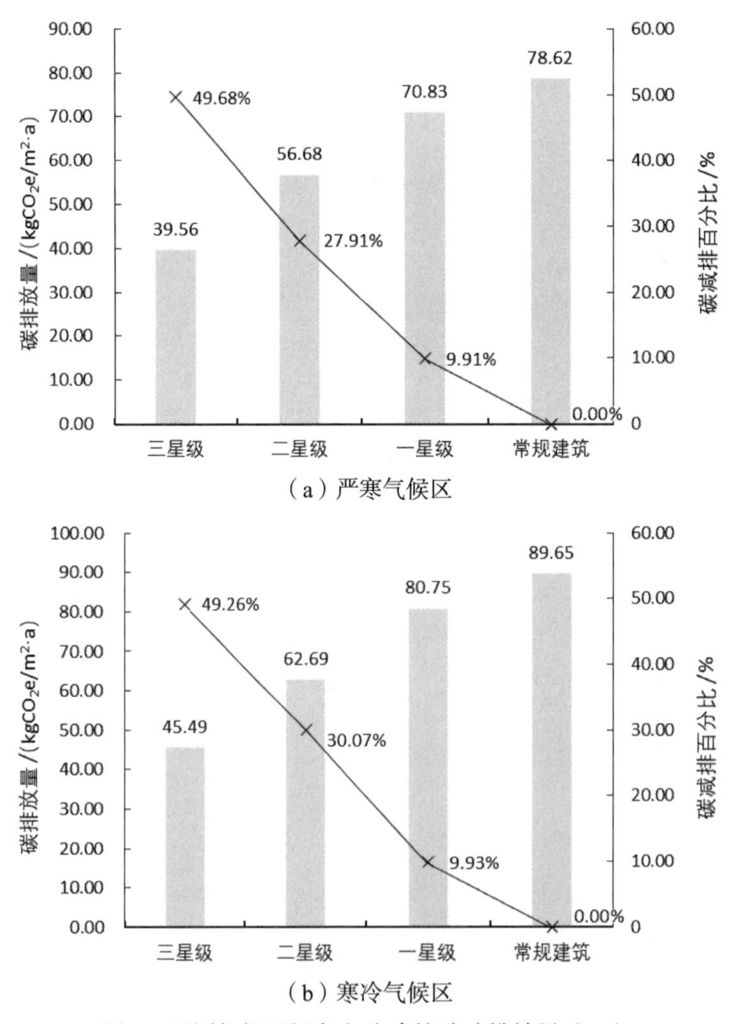


图3　不同气候区绿色办公建筑碳减排效果（一）

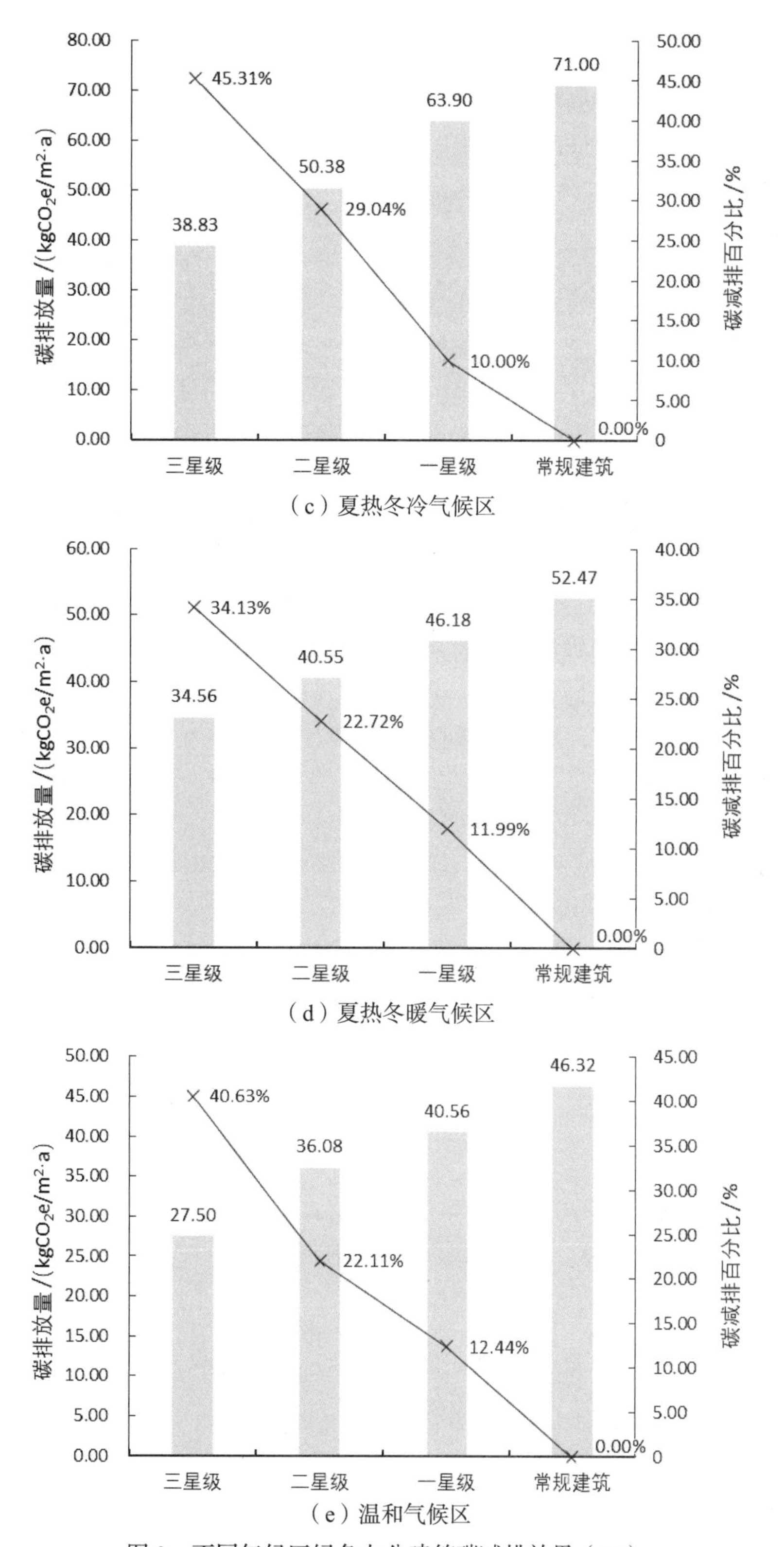


（c）夏热冬冷气候区

（d）夏热冬暖气候区

（e）温和气候区

图 3　不同气候区绿色办公建筑碳减排效果（二）

综上，绿色居住建筑碳减排潜力较大的绿色低碳技术措施主要为建材、可再生能源、照明、围护结构和供暖空调设备 5 个方面；绿色办公建筑碳减排潜力较大的绿色低碳技术措施主要为建材、照明、可再生能源、动力设备、围护结构、供暖空调设备 6 个方面。

## 六、结语

本文分析了国内外建筑碳排放计算范围和计算方法，提出绿色建筑碳排放应对建材生产和运输、建造施工、运营维护、拆除及材料处置等全生命周期碳排放进行计算和控制。进一步，本文采用碳排放因子法和过程分析法，建立了绿色建筑碳排放计算模型。结合我国不同气候区特点，对居住建筑和办公建筑设置了不同减碳情景，并分别计算了不同绿色建筑技术措施对绿色建筑全寿命期碳排放的影响。结果表明，绿色建筑技术的应用在各气候区均能大幅降低碳排放，且碳减排量随着绿色建筑星级的提升而提高。

下一步，将继续完善设计和使用阶段碳排放计算模型，将针对碳排放因子库，补充考虑电力、绿化等碳排放因子的地区化差异和各类化石能源碳排放因子的热值差异，进一步完善碳排放计算软件，优化操作界面及数据分析功能，并通过案例计算提升计算结果的精确度，从而为绿色建筑碳减排提供技术支撑。

## 参考文献

[1] 中华人民共和国住房和城乡建设部．绿色建筑评价标准：GB/T 50378—2019 [S]．北京：中国建筑工业出版社，2019：2.

[2] 王清勤，韩继红，梁浩，等．绿色建筑标准体系构建和性能提升技术研究及应用 [J]．建设科技，2021（13）：20-23.

[3] Marszal A J, Heiselberg P, Bourrelle J S, et al. Zero Energy Building- A review of definitions and calculation methodologies[J]. Energy and Buildings, 2011, 43(4): 971-979.

[4] 世界可持续发展工商理事会，世界资源研究所．温室气体核算体系 [M]．北京：经济科学出版社，2012.

[5] 虞菲，冯威，冷嘉伟．美国零碳建筑政策与发展 [J]．暖通空调，2022，52（4）：72-82.

[6] 李仲哲，刘红，熊杰，等．英国建筑领域碳中和路径与政策 [J]．暖通空调，2022，52（3）：18-24.

[7] 陈夏，张怡卓，蔡晓烨．欧盟—德国建筑碳中和前沿 [J]．暖通空调，2022，52（3）：25-38.

[8] 高伟俊，王坦，王贺．日本建筑碳中和发展状况与对策 [J]．暖通空调，2022，52（3）：39-43，52.

[9] Kavgic M, Mavrogianni A, Mumovic D, et al. A review of bottom-up building stock models for energy consumption in the residential sector[J]. Building and Environment, 2010, 45(7):

1683-1697.

[10] 潘毅群，梁育民，朱明亚. 碳中和目标背景下的建筑碳排放计算模型研究综述 [J]. 暖通空调，2021，51（7）：37-48.

# 第二篇　空间规划篇

2021年10月24日，中共中央、国务院印发的《完整准确全面贯彻新发展理念做好碳达峰碳中和工作的意见》中明确提出构建有利于碳达峰、碳中和的国土空间开发保护新格局，在城乡规划建设管理各环节全面落实绿色低碳要求。

国土空间既承载了山水林田湖草等各类作为碳汇实体的自然资源，也承载了产生碳排放的全部社会经济活动，因此，作为国家空间发展的指南和可持续发展的空间蓝图的国土空间规划是落实“双碳”目标的重要抓手，也是破解高碳锁定的重要着力点。通过对自然生态和人文社会空间的综合调控，优化资源配置、重构城市秩序、推动或倒逼城市发展方式转型、引导生产生活方式和居民消费方式低碳化，促进人与自然和谐共生。

在生态文明大背景下，本篇围绕空间规划、建设与管理，从区域层面城镇空间体系构建、绿色生态城区建设、规模化推进城市更新、净零转型的森林景观资源管理四个方面对城镇应对“双碳”目标，实现绿色高质量发展进行了理论和实践探讨，为国家整体实现碳达峰碳中和建言献策。

# 生态文明背景下边境地区城镇空间体系构建与规划设计路径探析——以日喀则为例

徐　杨　马晓琳　郭莎莎　侯建丽

（中国建筑科学研究院有限公司）

第七次全国人口普查数据显示，我国城镇化率已达到63.89%，处于城镇化发展的中后期，城市发展将呈现低速缓慢增长的特征。伴随着国土空间规划改革，构建多中心、网络化、集约性、开放式的空间格局，倒逼城市发展模式，是未来城镇体系规划的重点。

我国陆上边境线2.2万km，毗邻15个国家，分别位于内蒙古、黑龙江、吉林、辽宁、广西、云南、西藏、新疆7个省份。边境地区的城镇空间体系构建方式以及边境地区发展模式既有普遍性又有特殊性，要在落实国家战略的前提下，尊重城市发展规律。对比全国，边境地区，特别是西藏边境地区发展程度相对较低，城镇体系不健全，发展速度缓慢，发展路径单一，在国土空间规划转型的关键时期，研究边境地区的空间演进模式、寻找边境地区城镇化驱动力，是构建边境空间城镇体系、引领边境地区实现高质量发展的关键议题。

## 一、边境地区城镇空间体系构建模式研究

### （一）边境地区城镇体系构建的特殊性和必要性

（1）国家战略角度

作为国家之间重要的安全缓冲地带和门户交流地带，边境地区是保护国家领土完整的前线，也是集中反映国家对外开放政策的前线，其城镇发展容易受国家政策、地缘政治环境影响。伴随着国家“一带一路”和“西部大开发”的实施，在国家政策利好的推动下，边境地区迎来了一段快速发展时期。但目前，伴随着当今世界格局的改变，我国发展的内部条件和外部环境正在发生深刻变化，世界政治经济形势复杂严峻，边境地区地缘环境的复杂性和不确定性也将长期存在，边境城镇建设也将面临前所未有的挑战。

（2）发展基础角度

制约边境地区城镇化发展的不利因素较多，包括区位条件、设施条件、自然条件等。边境地区地理位置偏远，远离国家经济中心城市，且高度依赖腹地城市，地

处交通线路末梢，高等级公路网密度低，城镇可达性较差，对比海岸线，陆路边境的货流量受限。地广人稀，人口规模小、密度低，同时缺乏必要的公共服务设施和市政基础设施。边境地区往往自然环境相对恶劣，云南、新疆、西藏、广西等边境地区受天山山脉、喜马拉雅山脉、横断山脉等天然地理要素影响，致使边境地区的对外联系受到了一定的阻隔，生态环境脆弱敏感，地质灾害隐患突出，进一步制约了边境地区的人口吸纳能力。

**（二）边境城镇空间结构演进特征**

（1）城镇空间形态结构演进特征——点、轴、网

经济发展需要构建外在空间形态，以形成有效的空间载体。城市形态作为城市化的结果，其空间结构的演变反映了城镇化过程。关于城市空间结构演进，学术界普遍认为区域城镇体系的演化会经历“点—轴—网”的演化过程[4]，即散点均衡阶段—区域中心极化阶段—点轴联动阶段—多中心网络化阶段。在散点均衡阶段，城市发展水平低，围绕农牧业生产、产品交换的第一产业是维持城市发展的主要动力。在区域中心极化阶段，区域的作用开始显现，城市主导产业、区域综合服务等新的城市职能出现，成为推动城市增长极出现的主要因素。在点轴联动阶段，与区域增长极的线性基础设施关联程度成为推动城市增长的重要因素，“点轴联动”推动了区域内新增长点形成，其中交通是“轴”的最重要组成，北京、上海、深圳、广州等全国经济中心城市的交通可达性最高，武汉、西安、成都等区域中心城市次之，其他城市再次之，边境地区处于交通末梢，城市交通可达性最差，发展易受限制。在多中心网络化阶段，区域内通过城市职能分工、中心城市职能纾解等方式，来获取区域资源整合效应，消除城市发展过程中的不经济性，推动区域联动增长和空间结构优化。多中心、网络化是当前城市发展阶段的最优空间格局（图 1）。

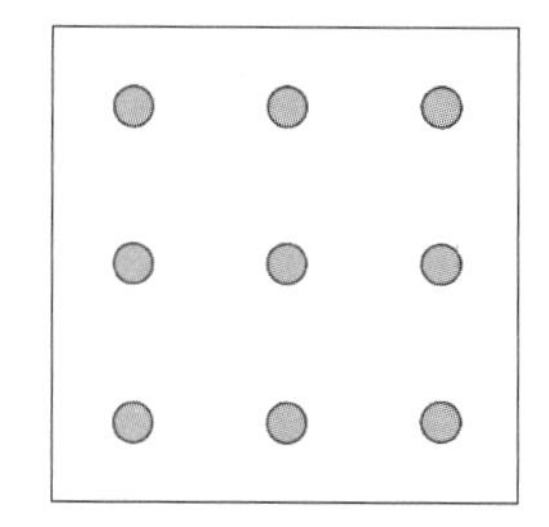
（a）散点均衡阶段

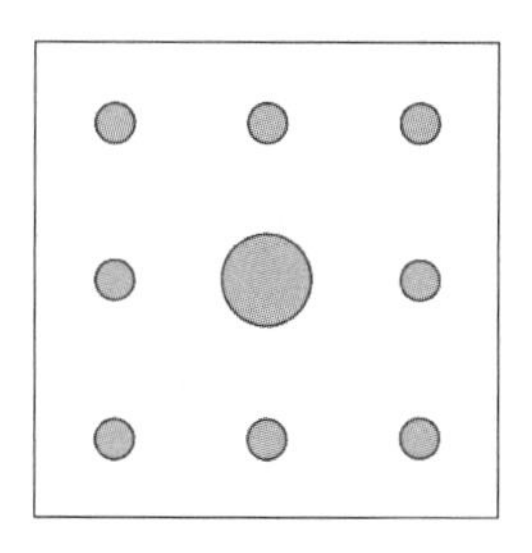
（b）区域中心极化阶段

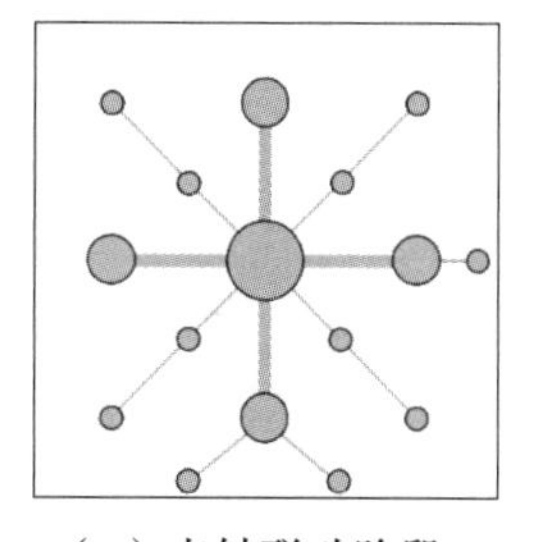
（c）点轴联动阶段

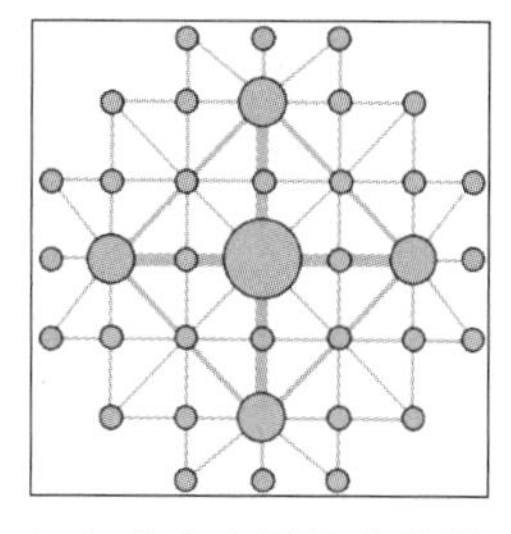
（d）多中心网络化阶段

图 1　点—轴—网城镇体系演化图

（2）边境城镇空间结构演进特征——多中心链状串珠的树枝状空间结构

对比内陆城镇，边境城镇往往产业类型单一，以国家边境经济合作区为例，其主导产业出现频率最高的为边贸业、物流仓储、加工业等，这些主导产业均对交通有高强度的依赖，因此，边境城镇的空间结构演进特征与交通发展存在紧密的联系，呈现出多中心链状串珠的树枝状空间结构形态。各边境城镇通过便捷的交通线

与腹地城镇联通，形成纵向延伸的发展轴；对外开放口岸、边境经济合作区、国家重点开发开放试验区等沿边开放平台，作为边境城镇的重要增长极，由边防公路串联，形成串珠状沿边对外开放城镇发展带，最终形成以交通轴线为骨架、以腹地城市为基础、以边境口岸为最末端的树枝状网络化空间形态。受地理位置和国家政策影响，口岸门户城镇的经济体量和空间体量往往大于行政城镇，岸镇分离现象显著。除经济发展之外，边境地区仍需承担守土固边的主要任务，在地广人稀的边境一线，人口和空间聚落的分散布局，也是边境城镇空间结构的重要特征（表 1，图 2）。

国家边境经济合作区主导产业　　表 1

| 边合区名称 | 成立时间 / 年 | 主导产业（2006 年） | 主导产业（2020 年） |
| --- | --- | --- | --- |
| 满洲里边境经济合作区 | 1992 | 边境贸易、进口木材加工、精细化工加工 | 木材加工、仓储物流、商贸 |
| 二连浩特边境经济合作区 | 1993 | 边境贸易、木材和建材加工、食品及畜产品加工 | 进出口贸易、木材加工、矿产品加工 |
| 丹东边境经济合作区 | 1992 | 设备制造、电子、医药 | 汽车及零部件、仪器仪表 |
| 珲春边境经济合作区 | 1992 | 纺织服装、林产品和矿产品加工、农副产品深加工 | 纺织服装、木制品、能源矿产 |
| 和龙边境经济合作区 | 2015 | — | 进口资源加工、边境贸易、旅游 |
| 绥芬河边境经济合作区 | 1992 | 边境贸易、服装、木材加工 | 边境贸易、服装、木材加工 |
| 黑河边境经济合作区 | 1992 | 边境贸易、木材和轻工产品加工、农副产品加工 | 边境贸易、木材加工、轻工产品加工 |
| 东兴边境经济合作区 | 1992 | 边境贸易、产品进出口加工、边境旅游 | 边贸、旅游、加工制造 |
| 凭祥边境经济合作区 | 1992 | 出口加工型工业、边境贸易、国际物流 | 木材加工、农副产品加工、边贸物流 |
| 临沧边境经济合作区 | 2013 | — | 商贸物流、进出口加工、农产品加工 |
| 河口边境经济合作区 | 1992 | 边境外贸、农副产品加工、国际物流 | 边境贸易、边境旅游、口岸物流 |
| 畹町边境经济合作区 | 1992 | 商贸物流、木材加工、农副产品加工 | 仓储物流、加工制造、商贸 |
| 瑞丽边境经济合作区 | 1992 | 边境贸易、农副产品加工、边境旅游 | 边境贸易、农副产品加工、边境旅游 |
| 博乐边境经济合作区 | 1992 | 食品（番茄）加工、建材加工、国际物流 | 纺织服装、石材集控、建材 |
| 伊宁边境经济合作区 | 1992 | 亚麻纺织、绿色食品工业、粮油加工 | 生物、煤电煤化工、农副产品加工 |

续表

| 边合区名称 | 成立时间 / 年 | 主导产业（2006 年） | 主导产业（2020 年） |
|---|---|---|---|
| 塔城边境经济合作区 | 1992 | 实木加工、边境贸易、仓储 | 商贸、物流、进出口加工、旅游文化 |
| 吉木乃边境经济合作区 | 2011 | — | 能源、资源进出口加工、装备组装制造 |

数据来源:《中国开发区审核公告目录（2006 年）》《中国开发区审核公告目录（2018 年）》

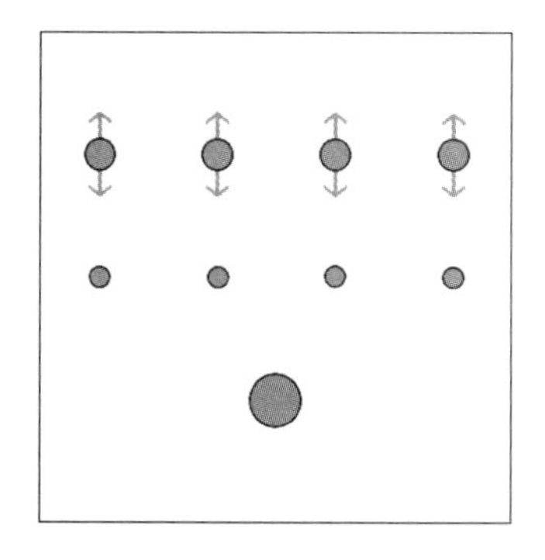

（a）口岸城镇及腹地城镇彼此之间缺乏联系，口岸城镇依靠门户位置，发展小额贸易

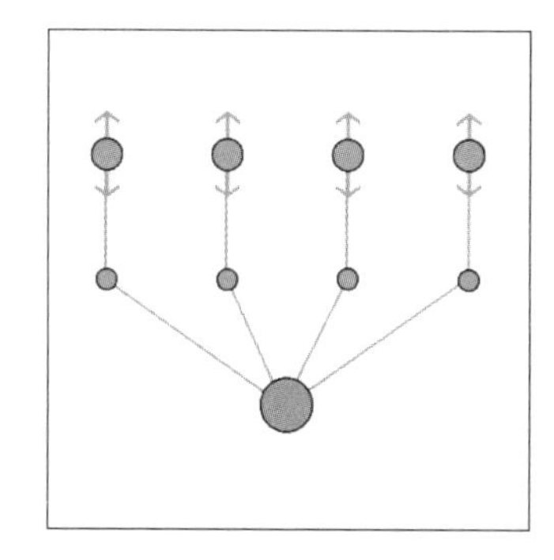

（b）口岸地区及口岸所在的县城、腹地城市之间出现联系，向纵向延展，但联系不强，各口岸仍各自为政，彼此之间缺乏联系

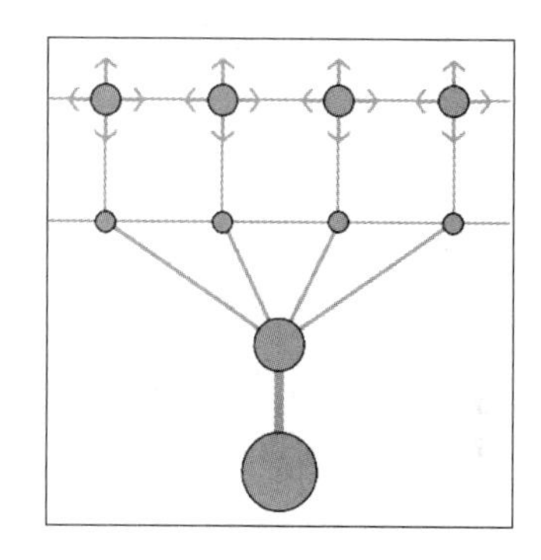

（c）口岸城镇与县城、腹地城市、区域中心城市均建立了良好的联系，各口岸之间协同联动，促进区域整体迅速发展，树枝状网络化结构形成

图 2　多中心链状串珠的树枝状空间结构示意图

### （三）边境城镇发展驱动模式

边境地区城市发展的驱动力往往与国家政策密不可分，自 1992 年以来，国家相继推出了国家边境经济合作区、国家重点开发开放试验区、沿边经济开放特区、跨境经济合作区、沿边金融综合改革试验区等一系列沿边开放合作平台，在政策上支持边境地区发展，包括贴息贷款、税收优惠、财政定额返还等扶持政策。

根据城镇发展的推动力，可以把城镇化发展概括为八种模式，包括城市带动型、工业带动型、农业产业化带动型、旅游带动型、边贸带动型、生态环保型、行政推动型和绿洲节约型。口岸城镇发展具有“通道型—贸易型—加工基地型—综合型”的生长演化规律。边境城镇产业基础薄弱，远离中心城市，人口集聚能力弱，发展初期，农牧业、旅游业、边贸物流业等是最主要的产业选择，伴随口岸职能完善，加工业、综合服务业逐渐形成。综上所述，笔者将边境城镇发展驱动模式重点总结成边贸带动型、旅游带动型、工业带动型三类，这三种类型，均离不开国家政策的支持和推动。

边贸带动型：多为口岸门户型城镇，对外依托边境经济合作区、国家重点开发开放试验区等对外开放合作平台，对内依托道路交通线路对接腹地城市，发展边境物流、边境贸易等产业，以广西东兴、云南瑞丽等城镇为代表。

旅游带动型：多为自然风光秀丽，多边国际性口岸城镇，以神秘的边境线和独特的自然风光为吸引点，以跨国旅游为基础，吸引各国游客前来，以此带动边贸、旅游服务等产业的发展，以广西东兴、西藏聂拉木（2015 年 4·25 尼泊尔地震之前）等城镇为代表。

工业带动型：多为产业体系健全、发展基础较好的边境城镇，在早期的对外开放利好政策的支持下，伴随着农业产业化、工业化进程，经过多年发展，城镇规模和产业规模逐步扩大，迎来产业转型，并开始向周边城镇辐射，以内蒙古满洲里、辽宁丹东等城镇为代表。

## 二、日喀则边境城镇空间体系现状研究

### （一）日喀则市基本概况

日喀则是西藏第二大城市，是我国通往南亚地区的重要通道，具有多向连接、传导与辐射的条件，同时也具有极其复杂的地缘政治环境。外接尼泊尔、印度、不丹三国，内连自治区首府拉萨市、藏中南山南市、藏西阿里地区、藏北那曲市，是藏中南、藏西、藏北经济区交界地带，全市边境线长 1753km，接近全区边境线的 1/2，拥有 9 个边境县，5 个口岸，2 个后备口岸，1 个重点边贸通道，36 个边贸通道，28 个传统边境互市贸易点，实现了全区 61% 的进出口货运总额、80% 的对外贸易总量和 88% 的出境人员数量。2018 年吉隆入选陆上边境口岸型国家物流枢纽承载城市，2022 年吉隆边境经济合作区正式获国务院批复，国家政策的支持，为日喀则城市发展带来新的机遇。同时，日喀则市平均海拔 4000m 以上，地处青藏高原复合侵蚀生态脆弱区内，生态环境脆弱敏感，极度易破坏且极难修复，自然地理条件限制了人口的集聚能力。边境 9 县地域辽阔，但山高谷深，海拔相差大，加之经济基础薄弱、地质灾害隐患突出，边境县以近 60% 的国土面积分布着全市约 25% 的人口，人口密度仅为 1.9 人 /$km^2$，人口集聚能力明显不足。全市交通设施尚不健全，高速公路、铁路、航空等综合交通枢纽尚未形成，互联互通能力有待提升（表 2）。

日喀则市边境县及边境口岸基本情况表　　表 2

| | |
|---|---|
| 行政区划（18 县区） | 非边境县：桑珠孜区、江孜、拉孜、白朗、南木林、谢通门、萨迦、仁布、昂仁；<br>边境县：定日、定结、仲巴、吉隆、聂拉木、萨嘎、岗巴、康马、亚东 |
| 边境县情况 | 中尼边境：定日、定结、仲巴、吉隆、聂拉木、萨嘎<br>中印边境：岗巴<br>中印不边境：康马、亚东 |
| 口岸情况 | 吉隆口岸（中尼—吉隆县）、樟木口岸（中尼—聂拉木县）、陈塘—日屋口岸（中尼—定结县）、里孜口岸（中尼—仲巴县） |
| 后备口岸情况 | 绒辖口岸（中尼—定日）、帕里口岸（中不—亚东） |
| 重点边贸通道 | 乃堆拉边贸通道（中印—亚东县） |

## （二）日喀则市城镇空间结构演进特征

（1）人口结构演进特征

选取人口规模、城镇化率两项指标分析日喀则市人口结构演进特征。第七次人口普查数据显示，日喀则市常住人口规模为79.82万人，从第五次人口普查到第七次人口普查20年时间，人口增长16.32万，年均增长率由1.03%上升至1.27%，高于全国平均水平（国家平均水平为0.53%）。城镇化率为23.09%，保持稳定增长状态，其中，第五次人口普查数据为13.54%，第六次人口普查数据为17.59%，根据诺瑟姆城镇化发展阶段划分，日喀则城镇化尚处于初级阶段。边境9县城镇化水平低、发展不平衡且增长速度缓慢，城镇化率介于4.2%至45.14%之间，平均值仅为15.72%，其中，亚东县一骑绝尘，达到45.14%，其余各县城镇化率均未超过30%，对比其他边境县，口岸所在县城镇化水平较高，但并未形成绝对优势。

边境县城镇化水平低的原因一方面在于为落实守土固边要求，边境一线需散点布局人口，且对外来人员的进出边境县有较大限制，但最主要原因是边境县城镇职能发展尚不成熟，虽未出现人口流失，但未培育出有竞争力的产业体系，对人口的集聚作用不强（图3—图5，表3）。

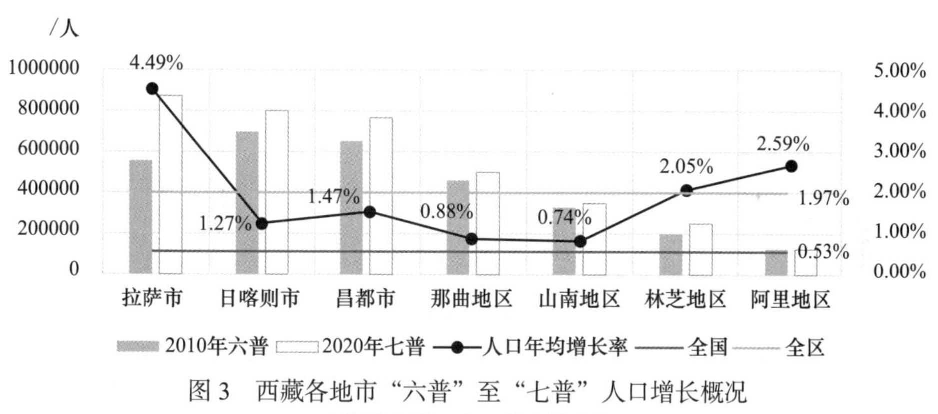


图3　西藏各地市“六普”至“七普”人口增长概况

（数据来源：人口普查数据）

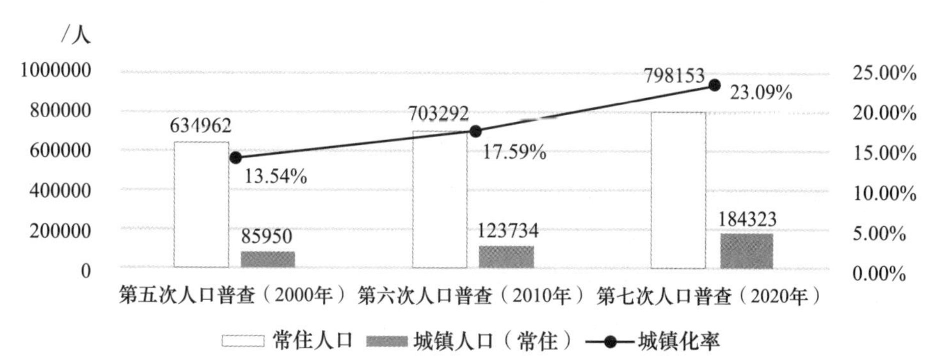


图4　日喀则市“五普”到“七普”人口增长情况表

（数据来源：人口普查数据）

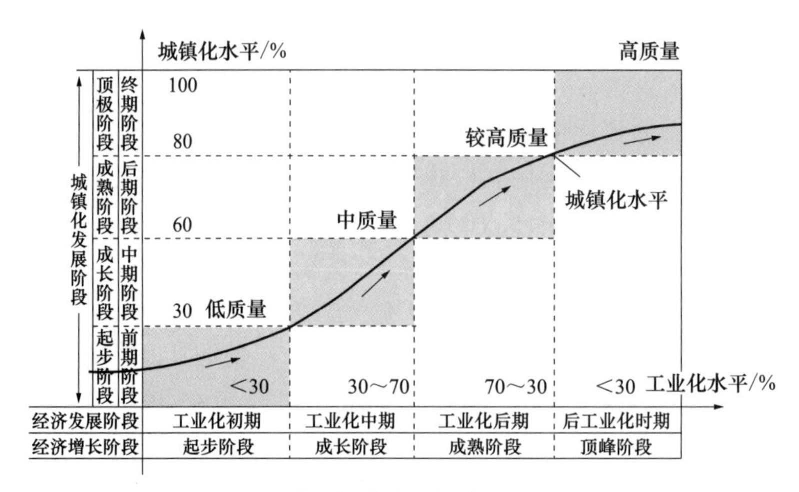


图 5　诺瑟姆曲线城镇化发展阶段

（资料来源：方创琳．中国新型城镇化高质量发展的规律性与重点方向）

**边境 9 县人口和城镇化率情况统计表　　表 3**

| 边境县名称 | 常住人口 / 人 | | 城镇人口 / 人 | | 城镇化率 /% | | 备注 |
|---|---|---|---|---|---|---|---|
| | 六普 | 七普 | 六普 | 七普 | 六普 | 七普 | |
| 定日 | 50818 | 58173 | 3296 | 4166 | 6.48 | 7.16 | |
| 康马 | 20522 | 20864 | 1579 | 2701 | 7.69 | 12.95 | |
| 定结 | 20319 | 20362 | 3643 | 5042 | 18.03 | 24.76 | 中尼双边口岸 |
| 仲巴 | 22147 | 26897 | 700 | 3127 | 3.16 | 11.63 | 中尼双边口岸 |
| 亚东 | 12920 | 15449 | 5895 | 6973 | 44.65 | 45.14 | 中印重点边贸通道 |
| 吉隆 | 14972 | 17536 | 3697 | 5015 | 24.69 | 28.60 | 中尼国际口岸 |
| 聂拉木 | 17568 | 17009 | 4127 | 2134 | 23.5 | 12.55 | 中尼国际口岸（因地震搬迁，造成人口流失和城镇化率降低） |
| 萨嘎 | 14036 | 16220 | 2056 | 2411 | 14.64 | 14.86 | |
| 岗巴 | 10464 | 11276 | 508 | 474 | 4.85 | 4.20 | |
| 合计 | 183766 | 203786 | 25501 | 32043 | 13.88 | 15.72 | |

（2）空间格局演进特征

选取人口分布重心、优势流、最大引力连接线和区域中心度四项指标，分析日喀则市城镇空间格局特征。从人口分布重心看，日喀则市人口重心位于桑珠孜区，全市人口主要聚集在东部雅鲁藏布江——年楚河河谷地区，西部高海拔县和南部边境县人口分布较少。从最大引力连接线和优势流看，桑珠孜区与市域 66.67% 的县建立了最强联系，除此之外，萨嘎对仲巴和吉隆、定日对聂拉木和定结也有一定程度的吸引能力。从区域中心度看，桑珠孜区遥遥领先于其他各县，且外向中心度高于内向中心度，对周边县的辐射带动作用已初步显现，其余各县的内向中心度均高于外向中心度，表征各县向外辐射带动的作用尚不明显。

综合评价结果显示，对比其他区县，桑珠孜区总体核心地位极度突出，集聚效应和带动作用初步显现，以桑珠孜区为核心的雅江中上游城市群联系相对紧密，但中心城市对西部县和边境县辐射带动能力较弱，且边境县之间联系薄弱，各口岸城镇之间未形成联动协同发展态势，城市空间介于“区域极化阶段”和“点轴联动阶段”之间，距离向“多中心、网络化”阶段发展尚有差距，落后于全国发展水平。桑珠孜区作为区域重要极核，整体辐射带动能力，特别是对边境的辐射带动能力不强，与边境城镇直接联系的商贸物流功能、旅游服务功能、农畜产品加工功能均处于起步阶段，加之交通发展长期滞后，高等级公路网不健全，城镇之间连通性差，交通不便，在城镇结构发展过程中，无法马上突破点轴空间结构的限制，直接迈入网络化协同结构，在城镇体系构建过程中仍需进一步强化区域增长极和空间发展轴对整个区域的带动作用（图 6）。

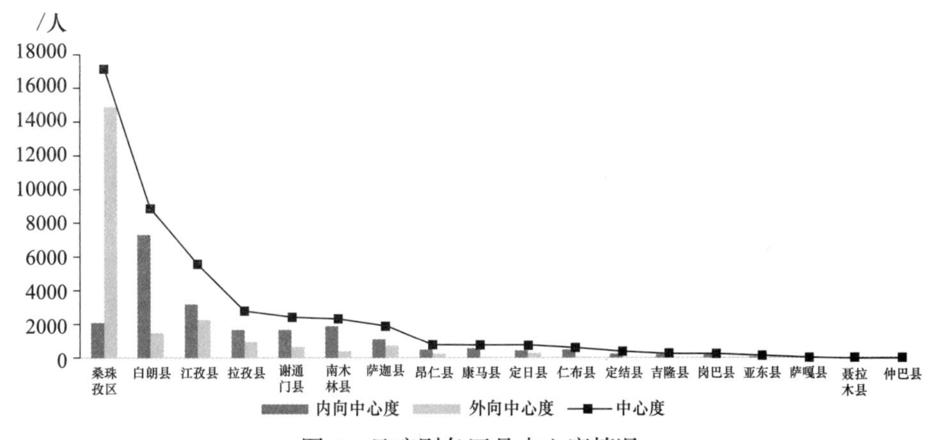


图 6　日喀则各区县中心度情况

（备注：中心度表征该县区在区域内的整体影响力；外向中心度指标表征一个县区的辐射能力，内向中心度指标表征一个县区受周围区县的影响强度。最大引力连接线表征各区县所对应的最大吸引力区县，最大引力连接线汇入最多的城镇，对其他城镇的引力作用越大。优势流表征各区县对外联系最大的区县，优势流汇入越多的城镇，越有可能成为区域中心城镇。）

### （三）日喀则城镇发展驱动模式

工业化是城市发展的动力来源，工业活动在空间上的聚集，推动人口的聚集与现代城市的诞生和城市服务功能的衍生，不具有生产性功能的“宜居城市”，其存在和发展要依靠不可替代的环境和外部剩余流入。选取人均 GDP、三次产业产值比重、第一产业就业比重、工业化率四项指标分析日喀则市工业化发展阶段。分析结果显示，2021 年日喀则市人均 GDP 为 6300 美元，处于工业化后期水平，一二三产比重为 15∶31∶54，处于工业化中期至后工业化水平之间，一产就业比重为 43%，处于工业化后期水平，工业化率仅为 5%，处于前工业化阶段，工业化滞后于城镇化。近 10 年来，日喀则市三项指标均在逐步优化，但工业发展的程度几乎没有变化，从实际情况看，日喀则并未经历真正的工业化过程，工业化不是日喀则城镇发展的主要驱动因素（表 4）。

日喀则市工业化发展阶段统计　　表 4

| 基本指标 | 前工业化阶段 | 工业化阶段 | | | 后工业化 | 日喀则市 | |
|---|---|---|---|---|---|---|---|
| | | 初期 | 中期 | 后期 | | 2010 年 | 2020 年 |
| 人均 GDP（美元） | 740—1480 | 1480—2960 | 2960—5920 | 5920—11110 | ＞ 11110 | 1740 | 6300 |
| 一二三产产值比重 | 一产高于第二、第三产业 | 一产高于 20%，二产高于一产、三产 | 一产低于 20%，二产高于三产 | 一产低于 10%，二产高于三产 | 一产低于 10%，二产低于三产 | 24∶25∶51 | 15∶31∶54 |
| 一产就业比重 | ≥ 85% | 63%—80% | 46%—63% | 31%—46% | ≤ 31 | 70% | 43% |
| 工业化率 | ＜ 20% | 20%—40% | 40%—60% | ＞ 60% | | 3.95% | 5.2% |

日喀则城镇化发展的主要驱动力为政策支持主导下的对口援藏。对比 2014—2020 年日喀则市财政一般公共预算收入发现，日喀则市财政收入的最主要组成部分是援藏转移支付，历年来转移支付占财政总收入的 85% 以上，其中一般性转移支付收入高于专项转移支付收入，各项社会事业发展、基础设施建设、灾害治理、职工工资、各项补贴均高度依赖转移支付收入。近年来，转移支付比重总体呈下降趋势，经过多年扶持，日喀则正逐步形成以生态种养业、特色加工业、商贸物流业、旅游业为主体，一二三产融合发展的现代产业体系，逐步提升自身造血能力（图 7）。

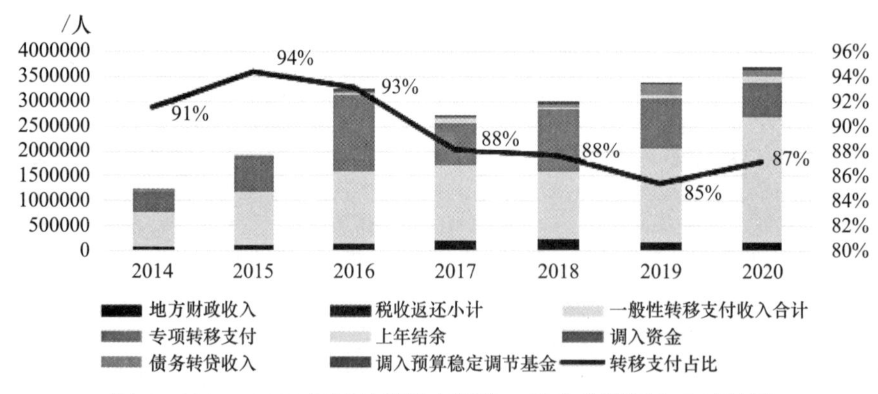


图 7　2014—2020 年间日喀则市财政一般公共预算收入统计图

日喀则边境口岸城镇发展的主要驱动模式为边贸带动型和旅游带动型。对比口岸城镇发展的生长演化规律，日喀则各口岸还处于前两个阶段，即“通道型”和“贸易型”。在亚东口岸关闭之前，亚东口岸是日喀则对外贸易的重点区域，自 1962 年中印冲突亚东口岸关闭后，日喀则对外贸易的重点转向樟木口岸（聂拉木县），

2015 年中尼 4·15 地震，樟木镇被迫全镇迁往桑珠孜区，樟木口岸仅保留货运功能，直至 2019 年确定了吉隆口岸的主导地位。经过 60 多年的发展，日喀则各口岸尚未形成成规模的加工基地，均以商贸物流和旅游服务为主，且口岸之间同质化竞争严重，并未形成良好的联动发展模式。

## 三、以问题和目标为导向的日喀则边境城镇空间体系构建路径实践

### （一）城镇空间体系构建思路——立足国家战略与自身发展

日喀则作为重要的西南边境城市，城镇空间体系构建要先落实国家战略，后谋求自身发展，紧抓“稳定”“发展”“生态”“强边”四件大事。对外落实南亚大通道建设，优化口岸布局，建设沿边产业平台，培育边境城镇重要增长极，推动口岸地区协调发展，打造沿边城镇发展带，同时落实守土固边的要求，引导人口向边境地区转移。对内强化腹地城市的集聚能力，提升对边境地区的辐射能力，打造推动全域协同联动发展的重要极核。

多中心、网络化格局是现阶段城镇发展的高级空间形态，是区域协同联动发展、实现效益最大化的最优选择。基于日喀则现阶段城市空间结构特征，缺乏直接迈向网络化空间格局的基础，本文以结果为导向，从多中心、网络化的最优空间形态出发，构建日喀则市城镇空间体系。顺应城市发展规律，立足于“守土固边”“一带一路”等，形成“横向链条式与纵向延展式结合，总体分散、中心集聚”的边境城镇空间格局。

在边境前线通过农业产业现代化、加工业、旅游服务、边境贸易等方式，做大做强边境产业规模，培育沿边产业体系，引导边境口岸差异化、联动发展，培育外围节点，形成链条式边境城镇带；在内部强化中心城镇的辐射带动作用，优化产业结构，完善服务功能，通过完善边境公路、铁路等交通设施和基础设施建设，强化边境口岸与腹地城市的连通性。

### （二）中心地区“聚起来”——发挥政策市场双优势

强化中心城区带动与引领作用，支持桑珠孜区扩容提质，做大做强。建设日喀则经济开发区、珠峰文化创意产业园区等城市新组团，进一步完善旅游服务、南亚物流、农畜产品加工、冷链等城市职能，并积极对接拉萨综合保税区、对口援藏省市的合作交流，建设与西藏副中心城市定位、世界文化旅游新高地相匹配的高品质公共服务设施体系和产业体系，提升整体服务能力和辐射带动作用。推动建设产城融合、职住平衡、生态宜居、特色鲜明、交通便捷的城市新组团，引导人口向中心城区集聚。强化雅江中上游城镇群的融合联动发展，推进桑珠孜区—白朗—江孜一体化进程，提升桑珠孜区服务功能和引领作用，建设区域综合枢纽，发挥白朗、江孜的比较优势，强化上下游产业链配合。建立健全科技成果转化共享机制，形成雅江中上游重要增长极和建设西藏副中心的重要空间载体，不断强化对周边县区的辐射能力和带动作用（图 8）。

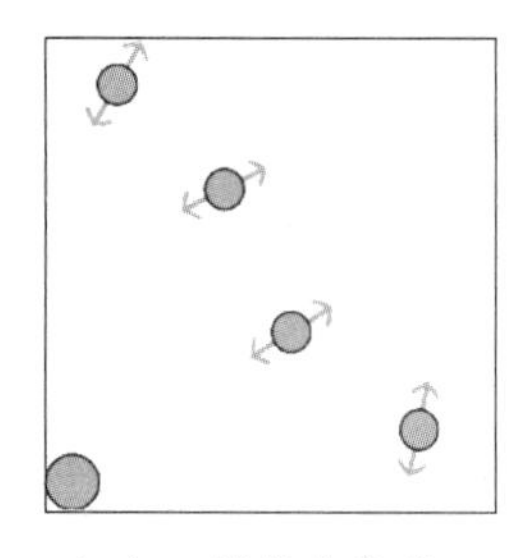

（a）口岸各自为政，与腹地城镇缺乏联系

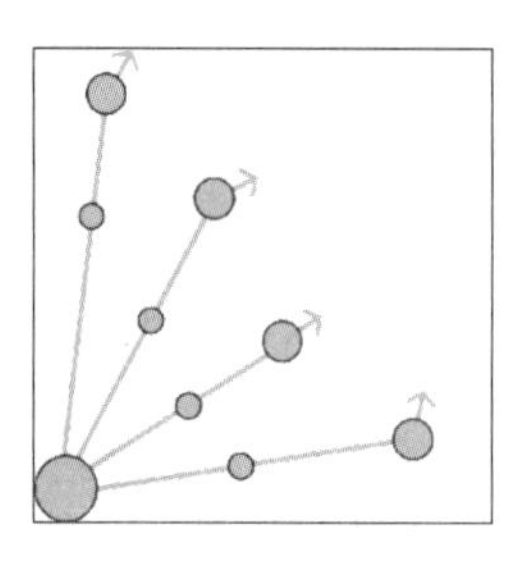

（b）完善交通线，强化口岸与腹地城市的联系，边境城镇体系向纵向延展

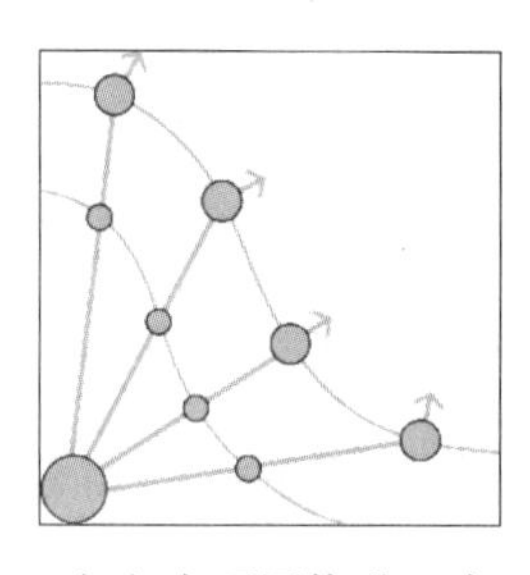

（c）交通网络进一步完善，强化各口岸之间、腹地城市之间的空间联动，形成沿边城镇链，既能发展经济，又可守土固边

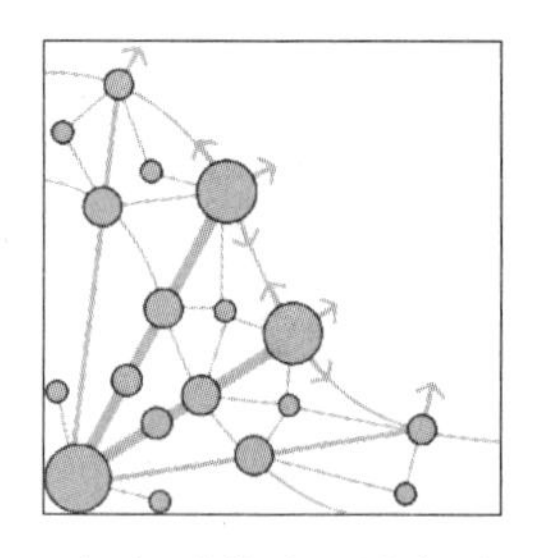

（d）强化腹地城市对口岸城镇的辐射带动作用，推进口岸城镇转型发展，形成新的增长极，带动边境地区发展，形成总体分散、中心集聚的多中心、网络化空间结构

图 8 横向链条式与纵向延展式发展模式演进示意图

### （三）边境地区“散下去”——稳边固边，就地城镇化

提升沿边县城及边境口岸城镇服务能力。鼓励县城向边境一线搬迁，推动口岸和城镇融合发展，提升口岸地区的人口集聚能力和城镇化推动作用。推动吉隆边境经济合作区、吉隆国家重点开发开放试验区等产业平台的建设，建设综合型对外开放口岸，培育边境新增长极。引导各口岸协同联动发展，统筹建设边境地区基础设施和边防设施，强化在边境贸易方面的协同合作，重点强化吉隆和聂拉木在对尼通道建设中的交流合作，吉隆强化保税、物流、贸易、旅游服务功能，樟木强化货物运输和通道功能。增强仲巴、定结、吉隆、聂拉木、亚东、定日在国际旅游方面的协作。引导人口向自然条件较好的区域适当转移，部分战略地区逐步加密人口布局，合理推进边境地区就近、就地城镇化。

## 四、结语

边境地区城镇体系构建不仅关系到经济发展，更是领土安全的基本保障，国家主权和领土完整是一切经济和城市发展的前提条件。日喀则作为典型的边境城市，其发展阶段低于全国平均水平，城镇体系的构建需符合自身发展实际，不能盲目跨越发展阶段，直接追求多中心、网络化的最优形态。要进一步强化桑珠孜区的极核辐射带动作用，并依托国家政策支持在边境地区培育新的地区增长极，待点轴联动格局成熟之后，再向多中心、网络化空间结构转变。在这个过程中，要充分利用边境口岸门户优势并加强口岸与腹地城市的联动发展，培育加工业，促进口岸由通道型、贸易型向更高效的加工基地型和综合型转化，进一步提升口岸价值，实现高质量发展。

## 参考文献

[1] 宋周莺，祝巧玲．中国边境地区的城镇化格局及其驱动力［J］．地理学报，2020，75（8）：1603-1616.

[2] 卢一沙，王世福，费彦．从点轴联动走向网络协同：南宁都市圈空间结构优化研究［J］．规划师，2021，37（22）：31-37.

[3] 马晓冬，朱传耿，等．苏州地区城镇扩展的空间格局及其演化分析［J］．地理学报，2008（4）：405-416.

[4] 陆大道．区域发展及其空间结构［M］．北京：科学出版社，1998.

[5] 姜涛，殷小波．国内城镇化发展模式、经验及对新疆兵团城镇化建设的启示［J］．小城镇建设，2010（10）：41-45.

[6] 秦军，钟源，等．边境区域协同发展规划策略与实践［J］．规划师，2018，34（7）：59-64.

[7] 华民．没有工业化支持的城镇化不可持续 谨防错误的城镇化“运动”［J］．人民论坛，2013（27）：57-59．DOI:10.16619/j.cnki.rmlt.2013.27.12.

[8] 方创琳．中国新型城镇化高质量发展的规律性与重点方向［J］．地理研究，2019，38（1）：13-22.

[9] 吴翠．工业化发展阶段的创新模式选择研究［D］．武汉理工大学，2017.

[10] 胡伟，于畅．区域协调发展战略背景下中国边境经济合作区发展研究［J］．区域经济评论，2020（2）：44-55．DOI:10.14017/j.cnki.2095-5766.2020.31.

[11] 焦书乾．我国沿边城镇体系结构分析［J］．地域研究与开发，1995（1）：35-39＋96.

[12] 张强．面向区域协同的边境城镇更新框架与策略：以凭祥市浦寨边贸区为例［J］．规划师，2019，35（20）：19-25.

# “双碳”目标下绿色生态城区建设思路研究

魏慧娇　张　伟　韩明勇　王　瑜
（中国建筑科学研究院有限公司）

2013年4月，住房和城乡建设部发布的《“十二五”绿色建筑和绿色生态城区发展规划》，提出“建设绿色生态城区、加快发展绿色建筑”的任务，鼓励城市新区按照绿色、生态、低碳理念进行规划建设。进入新发展时期以来，落实“双碳”目标，推动城区高质量发展，对我国生态城区建设提出了更高的要求。

## 一、发展现状

### （一）总体发展情况

随着中国的城镇化由高速发展转向高质量发展，中国城市发展的约束发生了根本性的转变，减碳已经成为硬约束，绿色生态是城市可持续发展的唯一路径。习近平主席于2020年首次提出在2030年前实现碳达峰和在2060年前实现碳中和，意味着一场广泛而深刻的系统性变革和全面发展转型的开启，亟待确立一种符合国家情况特征、人民需求、民族利益的碳治理模式。实际上，在“双碳”目标正式提出之前，我国已经将应对气候变化纳入国家经济社会中长期发展规划之中，且分别在2010年、2012年和2017年实施了三批国家绿色低碳城市试点政策，以新建城区为重点，探索城市绿色、低碳发展的模式，为早日实现“双碳”目标奠定了基础。

2018年4月《绿色生态城区评价标准》GB/T 51255—2017实施，明确设置资源与碳排放章节，其中硬性要求生态城区开展详尽合理的碳排放计算与分析，制定分阶段的减排目标和实施方案。在评价过程中，对实施用能分类分项计量（集中供冷、供热计量收费）且纳入能源监管平台，合理利用可再生能源，合理利用余热废热资源，采用高效的市政基础设施系统和设备四个方面进行重点评估分析。但是总结近期按照《绿色生态城区评价标准》GB/T 51255—2017评定的几个绿色生态城区项目，在落实“双碳”目标方面仍存在系统性不足、宜居性不高等问题，不利于城区高质量发展。

### （二）存在问题

（1）双碳实施目标系统性不足，缺乏明确的实施路径

我国绿色生态城区，前期目标在于规模化推广绿色建筑，并对绿色建筑相关的交通、环境、基础设施、社会服务设施等方面提出绿色化要求。但是生态城区更多

偏重于建筑领域及其相关性较为紧密的几个方面，并不能完全覆盖城区建设的方方面面。特别是在产业方面，到目前为止我国绿色生态城区很少以工业区为主，多数城区不包括工业用地，造成生态城区在产业方面绿色发展的经验不足，生态城区系统性不强。从我国"双碳"目标角度出发，加快推动产业结构转型对于城市降碳发展意义重大，绿色生态城区需要在现有经验基础上，充分衔接产业方面"双碳"要求，优化其建设路径，完善配套的规划、建设、管理相关理念。

（2）简单同质化建设现象普遍，缺少自身特色优势的发掘

绿色生态城区建设过程中主要以绿色生态指标作为引领，指标构建缺乏创新性，容易导致城区的同质化建设。千篇一律的建设思路很可能导致不同城区在降碳方面，对基础优势发挥不足，对大区域"双碳"目标的实施效果不足。机械性、任务性的降碳工作将导致城区的固化发展，从而使城区的宜居性不高。因此，新时期生态城区需要基于自身的地域、气候、资源、基础建设条件、经济发展需求等，从城区在上位规划发展体系中所处的角色出发，差异化、特色化提出建设目标与任务要求，并将"双碳"的思路融入进去，打造更高质量、更具风貌特色的绿色低碳城区。

（3）生态城区周期较长，建设方案并不完全适宜城区全过程

生态城区建设项目规模较大，包括用地、人员、材料、设备、资金等投入都非常大，通常根据规划分开数期进行建设。建设方案通常是最终实现效果的整体方案，在生态城区整体范围内进行资源配置。阶段性建设工作完成，并不能确保已建设区域全面达到既定目标。因此在城区全过程建设中，生态城区需要特别考虑人员入住、功能实现、宣传示范等因素，制定分阶段的生态建设实施路径，优化调整各项建设任务优先度与进度，实现建设全过程中基础设施的保障与生态的不断优化。

（4）缺少评估监测机制，无法保障绿色生态城区"双碳"实效

根据《关于推动城乡建设绿色发展的意见》要求，绿色发展应纳入"一年一体检、五年一评估"的城市体检评估指标体系，生态城区的建设将从"建立指标—指标分解—建设实施"的绿色指标导向实施模式，转向"建立指标—分解指标—建设实施—体检评估—优化提升"的以实施效果为导向的闭环管理实施模式。然而目前我国绿色生态城区并没有系统的体检评估机制，部分在尝试实施城市体检的，多以绿色建筑、规划实施方面为重点，对城区降碳评估并不系统和全面。为保证降碳目标的有效落地，应从"全过程"的技术管理角度对城区的规划、建设、运营等各个阶段和各个方面进行整体把控，建立全覆盖的体检评估和信息化监测机制。根据不同阶段的需求对绿色生态规划方案与目标进行动态调整，使其与城区的发展建设获得更高的契合度，系统性落实降碳目标。

## 二、趋势分析

### （一）“双碳”目标下绿色生态城区规划实施路径

2021 年 10 月国务院印发《2030 年前碳达峰行动方案》，要求推动建立以绿色低碳为导向的城乡规划建设管理机制，推动“双碳”目标落地。绿色生态城区各领域规划建设管理机制协调统一，仍需要一套适宜的指标体系，将“双碳”目标与绿色生态指标全面融合，并有机纳入城区发展规划、国土空间规划、专项规划，从规划实施体系落实生态城区“双碳”目标的实施管理机制。

（1）以“双碳”目标为总领，引导低碳化的国土空间布局

将“双碳”目标与国土空间规划体系有机衔接，一方面将“双碳”相关指标体系纳入国土空间规划的总体目标，统筹城区各领域绿色发展。二是依托“双碳”发展新引擎，构建有利于碳减排的城区总体空间格局。重点将与双碳相关的绿色建筑、绿色交通、绿色经济、生态碳汇等要素纳入国土空间一张图。基于城区内各组团的职能及等级结构，分析评估未来各层级的“双碳”发展模式及效能，形成分工明确的区域低碳战略发展格局及功能分区，支撑城区碳减排工作的协作实施。

（2）以“双碳”实施为抓手，详细规划绿色低碳实施路径

在详细规划层面需要从细处入手约束和引导具体开发、建设、运营工作。一是按照绿色低碳建设标准，完善社区及街坊内的各类公共服务设施布局，建设连续通畅的步行网络，形成 15 分钟社区生活圈，优化定义步行友好的街区尺度，打造绿色低碳居住社区及街坊。二是因地制宜完善建筑布局，改善街坊内部微气候。结合当地长期气候条件，合理优化街坊内建筑布局及开发强度，提高自然通风、自然光等环境条件，降低人为用电、用气等带来的碳排放。三是合理规划及增加公共绿地等空间（如绿植风障等），构建更为舒适的公共环境，引导社区或街坊内居民实现绿色低碳的生活方式。

### （二）“双碳”目标下的绿色生态城区适宜性建设体系

弥补生态城区现阶段以绿色建筑为重点，其他领域“双碳”适宜性不强的问题，在绿色生态城区规划实施体系中，健全产业、交通、能源利用等方面的实施要求。

（1）引导城区经济绿色发展，制定城区绿色经济发展方案

产业减碳是实现“双碳”目标的关键，绿色生态城区在建设阶段应引导产业结构高级化，推动城区工业领域与绿色低碳理念深度融合，打造绿色低碳制造体系和服务体系，稳步推动高碳产业转型。对绿色生态城区内已存高碳产业，综合考虑其经济性和该产业技术的进步因素，对产业进行改造或迁出；对增量新上产业项目，应明确碳排放门槛，优化产业遴选门类，引导产业结构向低碳、绿色、循环的方向发展。引导生态城区产业集聚发展，实施组团式功能布局模式，形成更为精明的空间结构。

（2）引导城区交通体系低碳发展，健全交通管理机制

绿色交通、低碳出行对生态城区来说是降碳的重要手段，因此生态城区应合理统筹交通与用地关系，改善协调不同交通需求。充分研究客货运需求与交通用地布局的关系特征，采用快慢分流、单行循环、渠化交通等道路建设方法，把不同行驶方向和车速的车辆分别规定在有明确轨迹线的车道内行驶，避免互相干扰，从而减少交通拥堵产生的碳排。优化统筹城区内交通出行与用地关系，协调疏运、职住通勤等关系，系统性降低交通碳排放总量。采用更加清洁低碳的交通工具，完善新能源汽车配套基础设施。此外，推广智慧交通技术、提升交通运营水平等，也将进一步有效降低城区交通碳排放。

（3）优化能源利用结构，明确城区能源利用方案

能源生产—传输—配给—消费过程较大程度影响生态城区“双碳”目标落实。目前生态城区的能源规划主要考虑的是对城区用能结构的优化，对于不同方案对降碳能力，以及运营阶段不同能源利用形式的养管措施，并未作比较和分析。“双碳”目标引导下，生态城区应面向全局，立足当地能源资源禀赋，通盘谋划。根据生态城区产业、人口分布情况和区域能源集中需求，明确供需关系，提前谋划预留能源基础设施空间，满足未来新型能源体系需求。结合现状碳排放情况，对处于不同能源结构发展阶段的城区，因地制宜、科学制定能源利用目标，并对不同方案的降碳效果进行评估，比较分析成本、降碳效果，选择最适宜的能源方案。

### （三）“双碳”目标下绿色生态城区治理机制

（1）建设生态城区低碳建设智慧化监测体系

“双碳”目标下，城区的低碳工作需要对碳排放及影响城区碳排放的各方因素进行监测，对各类行为活动进行动态感知、风险评估与预测等。依托国土空间基础信息平台，构建集立体感知、精确判断和持续更新于一体的城区双碳智能监管平台，汇聚城区内与碳排放相关的各类数据，并采用评估预测算法辅助地区碳发展决策。

（2）深化生态城区低碳建设监督考核机制

确立绿色生态城区碳排放账户，建立激励和约束并举的城区碳绩效评估与监督制度。一方面，将绿色低碳指标融入国土空间规划“双评价”体系，完善生态城区降碳规划的“评价—规划—实施—评价”动态考核机制，健全生态城区在不同阶段实施与评价的标准要求。另一方面，发挥和加强党对“双碳”工作的领导、统筹协调、监督考核的组织优势，将“双碳”工作相关指标纳入城区经济社会发展综合评价体系，增加考核权重，加强指标约束。

## 三、绿色生态城区低碳发展建议

### （一）完善政策标准

从绿色生态城区的全过程出发，衔接“双碳”目标要求，在现有绿色生态城区的政策基础上，优化提升，完善城区各阶段的绿色规划建设标准、全过程管理制度

要求、“双碳”相关奖惩政策等，可制定出台《×× 绿色生态城区低碳（零碳）建设导则》《×× 绿色生态城区低碳（零碳）试点项目资金激励政策》等配套文件，提高城区内各企业单位建设响应“双碳”要求、先行先试的积极性，发挥政府引导作用，促进绿色生态城区做好城市“双碳”工作试点示范带头工作。

### （二）创新管理机制

从技术落地需求的角度出发，推动绿色生态城区管理机制的创新，将管理重点从前期规划建设，延伸到运营管理，强调绿色生态城区运营阶段的生态低碳性。鼓励将运营管理环节有机前置，在规划和建设层面就将其纳入考虑当中，增加绿色管理规划、绿色运维设计的相关规划。同时建立各部门横向协调机制，统筹推进绿色生态城区的建设管理工作，保障降碳工作各个环节的连通性。

### （三）创新技术体系

根据当前的发展趋势，绿色生态城区未来将与低碳发展理念更紧密地结合，需提出更具体的低碳技术要求与建议，加强城区清洁用能、景观绿色固碳、既有建筑绿色化改造、智能建造等方面的技术体系研究，以绿色低碳的环保理念解决城区建设的核心问题，助力城区实现“双碳”目标。

## 参考文献

[1] 方创琳，王少剑，王洋．中国低碳生态新城新区：现状、问题及对策［J］．地理研究，2016，35（9）：1601-1614．

[2] 赵晓妮，卢健，胡国权．2021 年气候变化绿皮书在京发布［N］．中国气象报，2021-12-17（1）．DOI:10.28122/n.cnki.ncqxb.2021.001708．

[3] 赖绍雄．漳州西湖绿色生态城区低碳规划设计策略研究［J］．福建建设科技，2021（5）：1-5．

[4] 汤小亮，陈焰华，等．绿色生态城区背景下的低碳交通规划研究［C］//．2020 国际绿色建筑与建筑节能大会论文集，2020：545-550．DOI:10.26914/c.cnkihy.2020.014414．

# 规模化推进城市更新的策略建议

张　启　刘　晶　张玄同
（中国建筑科学研究院有限公司）

根据第七次全国人口普查结果，截至2020年末，我国常住人口城镇化率达到63.89%，已经步入城镇化较快发展的中后期。城市发展进入城市更新的重要时期，逐步从“大规模增量建设”迈入“存量提质改造和增量结构调整并重”阶段，城市建设也从“有没有”转向“好不好”。2013年中央城镇化工作会议、2015年中央城市工作会议、2019年公布的《新型城镇化重点建设任务》，以及2020年发布的《关于全面推进城镇老旧小区改造工作的指导意见》、2021年发布的《中华人民共和国国民经济和社会发展第十四个五年规划和二〇三五年远景目标纲要》和《关于实施城市更新行动中防止大拆大建问题的通知》等一系列国家会议和文件，都体现了“严控增量、盘活存量”的城市发展思想。这也契合国家“双碳”目标的要求，以低碳改造和宜居性为目标，以城市有机更新替代传统的大拆大建，通过推进城市低碳发展和绿色有机更新是助力国家实现“双碳”的重要路径之一。

## 一、我国城市更新发展历程

我国城市更新自新中国成立发展至今，具有典型的“自下而上”的特征，大体经历了萌芽、起步、探索、提速四个阶段，不同的更新阶段在更新内容、更新模式、更新力度上有所不同，并呈现出明显的更新地域特征。

### （一）萌芽期（1978—1989年）

1978年改革开放后，为解决住房紧张问题和偿还城市基础设施领域的欠债，北京、上海、广州、沈阳、南京、苏州、天津等城市相继开展了大规模的旧城改造，围绕市政、管道、建筑、窝棚等方面进行总体整治，这一阶段的城市更新主要以旧区改建、生活空间扩容为主。

### （二）起步期（1990—2011年）

1990年起，全国开始陆续实施城市土地有偿使用制度，随着1994年《国务院关于深化城镇住房制度改革的决定》公布，以及1998年单位制福利分房正式结束，城市更新进入市场机制主导的新时期，改造内容涵盖了重大基础设施、旧居住区更新、老工业基地改造、历史街区保护与整治以及城中村改造等多种类型。2009年深圳颁布《深圳市城市更新办法》，标志着城市更新这一概念的明确提出。这一时期，各大城市借助土地有偿使用的市场化运作，通过房地产业、金融业与更新改造的结合，充分发挥“土地级差地租”效益，新建了大量住宅。我国的城市更新呈现出房地产商业开发和“退二进三”去工业化的特征，城市更新规模明显增加。

**（三）探索期（2012—2019 年）**

2012 年，随着城镇化率正式突破 50%，我国正式进入城镇化“下半场”。2014 年《国家新型城镇化规划（2014—2020 年）》出台，以及 2015 年 12 月召开的中央城市工作会议，标志着我国城镇化发展开始从量的提高转变为质的提升，城市更新作为推动城市高质量发展、创造高品质生活的重要手段，在这样的战略性转型阶段也愈发受到关注。在这样的大背景下，北京、上海、广州、深圳等城市结合当地实际情况开始全面推进城市更新工作，一些城市开始在城市更新的机制和制度建设上探索突破。2015 年 2 月，广州市城市更新局率先挂牌成立，之后深圳、东莞、上海等城市相继成立城市更新实施机构，各地城市更新实施机构逐渐完善。

**（四）提速期（2020 年至今）**

2020 年 7 月，国务院办公厅《关于全面推进城镇老旧小区改造工作的指导意见》（国办发〔2020〕23 号）提出到“十四五”期末，结合各地实际，力争基本完成 2000 年底前建成的需改造城镇老旧小区改造任务；2021 年 3 月 12 日，《中华人民共和国国民经济和社会发展第十四个五年规划和二〇三五年远景目标纲要》正式提出“实施城市更新行动”，标志着城市更新行动正式上升为国家战略。

2021 年，全国共有三十余个省市累计出台百余条城市更新相关政策，政策类型从实施意见、专项规划到更新条例不断升级，2021 年 11 月 4 日，住房和城乡建设部办公厅发布《关于开展第一批城市更新试点工作的通知》，决定在北京等 21 个城市（区）开展第一批城市更新试点工作，探索形成可复制经验。在国家和地方政府的扶持和推动下，城市更新正式驶入规模化发展的“快车道”。

## 二、我国城市更新低碳推进政策

在城市建设向绿色低碳转型的大背景下，近年来城市更新低碳推进工作日渐受到重视，低碳绿色建筑设计、低影响海绵城市设计、低碳市政系统等具体技术也日益成熟。2016 年，住房和城乡建设部发布《关于开展既有建筑节能宜居改造项目储备工作的通知》，重点关注北方地区供暖以及夏热冬冷和夏热冬暖地区的建筑门窗及遮阳改造，鼓励采取以政府和社会资本合作（PPP）、合同能源管理等市场化机制推进改造工作；2017 年，住房和城乡建设部发布了《既有社区绿色化改造技术标准》JGJ/T 425—2017（简称《绿改标准》），提出以资源节约、环境友好、促进使用者身心健康为目标，以性能品质提升为结果的既有社区低碳改造计划。《绿改标准》覆盖统筹改造工程建设与后期运维的全过程周期，涉及社区规划与布局、环境质量、资源利用、交通与环卫设施、建筑性能和运营管理等方面；2019年出台的《城市旧居住区综合改造技术标准》T/CSUS 04—2019进一步明确了老旧小区改造的优选改造项目68项，拓展改造项目49项。这些项目覆盖了建筑本体改造、基本服务类和品质提升类市政基础设施及“新型基建”等建设。

“十四五”以来，城市更新成为国家战略，我国进入了既有建筑存量提质的新阶段。2020年我国明确提出实现“双碳目标”和加快推进城市更新行动计划，中央各部门频频发布相关政策，通过北大法宝数据库搜索，截至2022年9月，国家共发布与老旧小区低碳改造相关的行政法规及部门规章有10项。其中2020年7月国务院《关于全面推进城镇老旧小区改造工作的指导意见》（国办发〔2020〕23号）（以下简称23号文）为主要引导政策，节能减排、绿色消费和“双碳”等大政策文件也对低碳改造提出了发展建设意见。此外，住房和城乡建设部及国家发展改革委等主要牵头部门也出台了相关的科技发展规划文件和指导意见，主要围绕能源转型、绿色建筑和建筑节能等方面，对低碳改造提出了若干发展目标和鼓励措施（表1）。

**国家层面低碳改造相关政策汇总表　　表1**

| 出台时间与部门 | 名称 | 具体内容 |
| --- | --- | --- |
| 2020年7月20日<br>中共中央、国务院办公厅 | 《关于全面推进城镇老旧小区改造工作的指导意见》（国办发〔2020〕23号） | 结合城镇老旧小区改造，同步开展绿色社区创建<br>环境及配套设施改造建设、小区内建筑节能改造等 |
| 2021年9月22日<br>中共中央国务院 | 《关于完整准确全面贯彻新发展理念做好碳达峰碳中和工作的意见》 | 发展节能低碳建筑：推进城镇既有建筑和市政基础设施节能改造，提升建筑节能低碳水平，推进超低能耗、近零能耗、低碳建筑规模化发展<br>优化建筑用地结构：开展屋顶光伏行动<br>1. 加强城乡建设低碳转型，实施工程建设全过程绿色建造，加强建筑拆除规范管理。<br>2. 大力发展绿色建筑，促进既有建筑和市政基础设施节能低碳改造升级 |
| 2021年10月21日<br>中共中央办公厅、国务院 | 《关于推动城乡建设绿色发展的意见》 | 推进既有建筑绿色化改造并鼓励与城镇老旧小区改造同步实施<br>合理布局和建设电动汽车充换电站<br>推进城乡基础设施补短板和更新改造专项行动，提高基础设施绿色、智能、协同、安全水平 |
| 2020月10月<br>中共中央国务院 | 《中共中央关于制定国民经济和社会发展第十四个五年规划和二〇三五年远景目标的建议》 | 实施城市更新行动，推动城市空间结构优化和品质提升，“十四五”期间，要完成2000年底前建成的21.9万个城镇老旧小区改造 |

续表

| 出台时间与部门 | 名称 | 具体内容 |
| --- | --- | --- |
| 2021 年 10 月 24 日<br>中共中央国务院 | 《2030 年前碳达峰行动方案》 | 推进居住建筑节能改造，推动老旧供热管网等基础设施节能降碳改造<br>推进低碳交通运输体系建设：加快发展新能源和清洁能源车船，推广智能交通，推进铁路电气化改造，推动加氢站建设，促进船舶靠港使用岸电常态化。加快构建便利高效、适度超前的充换电网络体系 |
| 2022 年 1 月 18 日<br>国家发改委 | 《促进绿色消费实施方案》 | 推广绿色居住消费：加快发展绿色建造。推动绿色建筑、低碳建筑规模化发展，将节能环保要求纳入老旧小区改造 |
| 2022 年 3 月 17 日<br>住房和城乡建设部 | 《“十四五”建筑节能与绿色建筑发展规划》 | 到 2025 年，完成既有建筑节能改造面积 3.5 亿 $m^2$ 以上。在城镇老旧小区改造中，鼓励加强建筑节能改造，形成与小区公共环境整治、适老设施改造、基础设施和建筑使用功能提升改造统筹推进的节能、低碳、宜居综合改造模式<br>提升绿色建筑发展质量、提高新建建筑节能水平、加强既有建筑节能绿色改造<br>推动可再生能源应用、实施建筑电气化工程<br>推广新型绿色建造方式、促进绿色建材推广应用<br>推进区域建筑能源协同、推动绿色城市建设 |
| 2021 年 12 月 28 日<br>国务院 | 《“十四五”节能减排综合工作方案》 | 全面提高建筑节能标准，加快发展超低能耗建筑，积极推进既有建筑节能改造、建筑光伏一体化建设 |
| 2021 年 2 月 2 日<br>国务院 | 《国务院关于加快建立健全绿色低碳循环发展经济体系的指导意见（国发〔2021〕4 号）》 | 开展绿色社区创建行动，大力发展绿色建筑，建立绿色建筑统一标识制度，结合城镇老旧小区改造推动社区基础设施绿色化和既有建筑节能改造 |
| 2022 年 1 月 30 日<br>国家发改委 | 《国家发展改革委、国家能源局关于完善能源绿色低碳转型体制机制和政策措施的意见（发改能源〔2022〕206 号）》 | 提升建筑节能标准，推动超低能耗建筑、低碳建筑规模化发展，推进和支持既有建筑节能改造，积极推广使用绿色建材，健全建筑能耗限额管理制度 |

## 三、城市更新低碳推进面临问题

### （一）盈利模式不清晰，社会资本参与动力不足

在深化绿色发展内涵，倡导有机更新的发展背景下，城市更新理念发生了由“拆改留”向“留改拆”的转变，更新路径上“大拆大建”成为过去，“综合整治为

主，拆除重建为辅”将成为未来的主基调，拆除原有建筑物及设施，改变建筑物使用功能和土地权属都将受到严格监管，城市更新经营逻辑发生了重大变化。而与此同时，鉴于城市更新项目资金量大，公益属性强，比如历史文化保护、老旧小区微改造等纯投入类项目等通常投资与收益无法平衡，加上区域之间项目类型与数量的差异，有资金平衡相对较容易的城中村改造，也有资金平衡较难的工业厂房改造，不同区域在空间上割裂，无法统筹谋划，导致社会资本参与城市更新收益无法得到保障。因此，社会资本参与动力不足，导致目前城市更新资金来源过于单一，对财政依赖过重。

**（二）利益主体多元化，多方达成共识难**

城市更新低碳改造涉及政府、居民、社会资本多方利益主体，想要实现项目的良性循环和可持续发展，需要充分调动各方利益主体的积极性，尽可能满足各方需求，如何通过各方博弈实现各利益主体的平衡是目前面临的挑战之一。同时，就居民内部而言，每个个体均为一个利益主体，各主体诉求多样，改造意愿不统一，达成共识难度大。

**（三）涉及多部门协调，更新项目推进统筹难**

城市更新管理协同的困难还表现在政府相关职能部门之间缺乏内部的综合协调。城市更新管理包括土地征收、整备、出让、开发等多个流程，也涉及前期规划和后期运营等环节，需要自资、住建、发改、文物等多部门以及市、区、街道三级政府参与。目前横向、纵向的更新管理协同普遍存在一定问题，横向上，由于各个部门相互独立，导致重复审查审批、流程复杂烦琐的行政效率问题明显，纵向上各级政府“一刀切”、层层下指标现象仍普遍存在，未充分考虑城市各区域间经济、社会发展现状的不同，导致实施效果不甚理想。

**（四）政策标准和保障机制不完善**

随着城市和社会经济的快速发展，城市更新的实践需求也在不断变化，而政策的供给相对于需求而言往往存在滞后，目前现有城市更新政策已无法保障支撑城市更新实施的需求，尤其低碳改造的政策更是有待完善。总体来看，目前国家层面的更新低碳推进政策侧重宏观引导建议，对于具体的改造措施方面涉及有限，同时政策法规中的低碳改造激励及补贴措施几乎未提及，对于引导居民参与及实施主体构建等方面也涉及较少，在国家政策导向上引导低碳更新市场化仍处于起步阶段。

**（五）长效机制待建立，改造成效持续性弱**

目前，城市更新低碳推进暂未形成完善的运营机制，项目改造完成后，由于缺乏后续长期的维护管理机制，改造成果难以为继，部分工程出现反复改造现象，造成改造资金的重复投入。因此，需要构建良性运营机制，保证改造效果的长期持续性。

## 四、政策建议

### （一）资金来源由“政府投入”向“多元投资”转变

充分挖掘和整合等各类更新资金来源，探索并引入PPP、BOT、F＋EPC＋O等合作模式，通过财政补贴、各类专项资金、专项债、政策性融资、城市更新基金、居民和社会资本出资等多渠道的融资筹集更新资金，真正实现“居民出一点、政府出一点、社会出一点”的资金方案。

### （二）组织模式由“单一主体”向“多位统筹”转变

打破依靠政府主导的“单一主体”更新模式，积极推广共建共治共享模式，引入社会资本，鼓励公众参与，激发社会资本和社区居民的改造能动性。引导社会资本作为改造主体和后续运营及维护主体，通过明晰政府、居民、企业等多元主体的权责，建立多元主体的利益博弈模型，形成最佳的合作统筹模式，创新模式实现项目盈利。

### （三）改造范围由“单体建筑”向“成片开发”转变

打破单体建筑、单个小区寻找出路的孤立思维，探索更大范围内的资金平衡模式。一方面通过片区统筹，盘点更新资源，寻找可盈利的增值空间内容，从而进行多个更新项目的整体改造策划，通过“取长补短”的工作方式来实现改造项目整体的资金自平衡，降低融资难度，吸引社会资本的参与；另一方面通过片区综合改造规避单项改造不彻底带来的工程反复问题，真正实现居民生活品质提升和环境改善的目标。

### （四）开发模式由“单项改造”向“肥瘦搭配”转变

无论是单个低碳改造项目还是单个老旧小区改造，盈利空间都十分有限，许多项目都是以政府纯投入为主。转换更新思路，通过成片开发的模式，综合多项更新内容，将低碳改造等纯投入的项目与收益丰厚的项目联合打包推进，使得社会资本在低碳改造中的投入可以通过上述类型项目收回，通过“肥瘦搭配”实现整体的资金平衡。

### （五）政策导向由“专项指导”向“体系构建”转变

为实现低碳改造需求与政策供给的协同，各地政府应积极统筹相关部门，在主体确认、用地、规划、财政、实施流程等方面集成一批更新政策，并注重政策的连续性、衔接性与融合性，形成城市更新低碳推进系列文件，逐步打通城市更新低碳推进瓶颈堵点，探索政策创新路径。建议借鉴广州等城市更新先行城市“1＋N”的政策体系经验，扩大政策覆盖面、增强政策匹配度，逐步建立“核心政策＋多类配套政策＋瓶颈突破政策”整体体系，并完善细化操作指引与技术标准方面的配套政策，形成“法规＋管理＋操作指引＋技术标准”的指导性政策体系，更好地发挥政府在城市更新各环节的引导作用。

### （六）服务模式由“单一环节”向“全生命期”转变

将各单一服务环节打通，建立从“规划－策划－投资－建设－运营－维护”全过程服务模式，实现“全生命周期”的低碳改造和长效运营。

### 参考文献

［1］中华人民共和国中央人民政府网．国务院关于印发2030年前碳达峰行动方案的通知（国发〔2021〕23 号）［EB/OL］．（2021-10-26）［2022-06-23］．http://www.gov.cn/zhengce/content/2021-10/26/content_5644984.htm.

［2］中华人民共和国住房和城乡建设部．住房和城乡建设部关于在实施城市更新行动中防止大拆大建问题的通知（建科〔2021〕63 号）［EB/OL］．（2021-08-31）［2022-06-23］．https://www.mohurd.gov.cn/gongkai/fdzdgknr/zfhcxjsbwj/202108/20210831_761887.html.

［3］张杰，张弓，李旻华．从“拆改留”到“留改拆”：城市更新的低碳实施策略［J］.世界建筑，2022（8）：4-9.

［4］阳建强，陈月．1949—2019年中国城市更新的发展与回顾［J］．城市规划，2020，44（2）：9-19＋31.

［5］丁惠玲，孙之淳．社会资本参与城市更新的困境及对策研究［J］．现代商贸工业，2021，42（28）：9-10.

# 面向净零转型的森林资源管理方法与策略研究

杨佳杰
（中国建筑科学研究院有限公司）

人类文明一万多年的持续繁荣已经严重威胁到地球气候的稳定性，并正在对全球社会的未来发展施加负面影响。气候变化的物理表现及其造成的社会经济冲击在全球范围内越来越明显，并将继续以非线性方式恶化，直至人类社会成功适应不断变化的气候并实现净零转型。

然而我们目前仍未开发出净零转型的有效方案：温室气体排放量继续有增无减，不同部门在启动净零转型方面也准备不足。事实上，即使所有净零排放和国家气候承诺都得到履行，相关研究表明，全球变暖的升温幅度也很难控制在比工业化前水平高 1.5℃的范围内，引发全球气候变化灾难性影响的可能性正在累积，因此全球未来所需的各种变化中的一项关键要素便是向零碳社会的转型。

## 一、净零转型与森林资源管理的内在联系

实现净零排放意味着世界经济的根本性转变，即需要对产生全球碳排放的七种能源和土地利用系统进行重大变革：电力、工业、交通、建筑、农业、林业和其他土地利用，以及废物管理领域。根据 2019 年 IPCC 发布的关于气候变化与土地利用的特别报告 [1]，农业、林业和其他土地利用部门（AFOLU）产生的温室气体排放约占全球总量的 23%，且主要来自森林砍伐以及土壤、牲畜和养分管理产生的农业排放。在 2007—2016 年间，该部门占全球人类活动二氧化碳排放量的 13%、甲烷（$CH_4$）排放量的 44% 以及一氧化二氮（$N_2O$）排放量的 82%。

森林（林业）资源作为陆地规模最大的天然碳汇，在全球脱碳过程中发挥着至关重要的作用。促成森林碳预算的因素包括碳封存和其他投入以及排放和其他产出。热带雨林、北方森林、泥炭地、永久冻土林以及沿海和淡水森林湿地，均可以隔离和储存大量碳，它们还支持生物多样性，并提供多种环境、社会和经济效益，包括增强对气候变化的抵御能力和为农村社区提供生计。然而，每年约有 1000 万 $hm^2$ 的森林面积（大致相当于韩国的面积）被砍伐，以用于商业目的或自给农业 [2]。森林生态系统储存了超过 80% 的陆地碳和超过 70% 的土壤有机碳（SOC）[3]。2011 年，全球森林碳库估计为 861Pg，其中距离地表 1m 深的土壤构成了主要库存量（44%），其次是生物质（Biomass）（42%）、枯木（Dead wood）（8%）和枯枝落叶（Litter）

（5%）[4]。从 1990 年到 2015 年，全球森林碳储量减少了 13.6Pg；这一现象大部分发生在生物质和土壤中，且主要出现在热带森林地区[5]。然而这些估算可能并不足以说明森林资源在全球碳循环过程中发挥的作用。砍伐森林主要通过两种方式促成排放：首先，通过刀耕火种的森林砍伐、砍伐树木的分解、土壤扰动和森林退化，二氧化碳被释放到大气中；其次，森林未来的碳封存能力正在丧失。尽管测量森林砍伐的影响具有挑战性，而且树木吸收二氧化碳的速率差异很大（取决于物种、区位和大气中二氧化碳的浓度），但相关研究估计，一棵树在 30 年的时间里所积累的 60%—85% 的固碳量相当于树木被砍伐或烧毁时所释放的碳排放量，考虑到二次排放和因砍伐森林导致的碳封存的不确定性，总排放量可能会更高。减轻这些负面影响的唯一方法是减少森林砍伐率，重新种植被破坏的森林，并进行再造林。因此保护和恢复森林将有助于实现净零转型，而这项工作需要大量资本支出，以及各种治理和技术手段的支持。

## 二、森林生态系统的碳封存机制、气候减缓与气候适应方法

### （一）森林生态系统的碳封存机制

光合作用是植物利用阳光将营养物质转化为糖和碳水化合物的化学过程。二氧化碳是构建包含叶、根和茎的有机化学物质所必需的营养素之一。植物的所有部分——茎、枝叶和根——都含有碳，但每个部分的比例差异很大，这取决于植物种类和个体标本的年龄和生长模式。尽管如此，伴随着光合作用，二氧化碳被转化为生物质，从而减少了大气中的碳并将其隔离（储存）在地上和地下的植物组织（植被）中。

植物通过呼吸作用利用氧气维持生命并在此过程中释放二氧化碳，因此处于呼吸作用阶段（例如，在夜间和非热带气候的冬季）的森林会变为二氧化碳的净排放者，尽管它们通常是森林生命周期内的净碳汇。

当植被死亡时，碳会被释放到大气中。这一过程可能会通过火灾以及分解作用很快完成，对于草本植物，地上生物每年都会死亡并立即开始分解，但对于木本植物，部分地上生物会继续储存碳，直到植物死亡并分解。这就是森林生态系统碳循环的本质——植物生长时的净碳积累（封存），以及植物死亡时碳的释放。因此，森林中封存的碳会随着植被的生长、死亡和分解而不断变化。

除了被隔离在植被中，碳还被固封于森林土壤中。碳是土壤的有机含量，一般存在于地表和上层土壤层的部分分解的植被（腐殖质）中、分解植被的生物体（分解者）和细根中。土壤中的碳含量差异很大，具体取决于环境和区位历史。当地表分解者对死去的植被作出反应时，土壤碳量便会开始积累。随着根的生长（根生物量增加），碳也被“注入”到土壤中。随着植被的分解，土壤中的碳也会慢慢释放到大气中。目前，对土壤碳积累和分解速率的科学认识并不足以预测森林土壤中固碳量的变化。

### （二）森林的全生命周期

森林通常会经历生长和死亡、隔离和释放碳的全生命周期。无论生长发始于空旷的土地（几乎不存在现有植被，或已被自然灾害或人类活动清除），或者生长轨迹相对连续，大多数森林都是从基本上裸露的土地上开始生长的。伴随着树木和其他木本植物的繁衍，木本生物量逐渐增加，一年生植被（例如树叶和草本植物）的生长速度开始快于其分解速度，储存在土壤中的碳也会增加。商业可用木材的生产力通常呈“S”形曲线，其产量多年来以递增的速度增长，当达到平均年增量的顶点时（通常需要20至100年或更长时间，具体取决于土壤肥力），然后以递减的速度继续增长多年。从理论上讲，森林最终会变得“过度成熟”，树木死亡造成的商业量损失等于或超过剩余树木的额外增长[6]。

生产的可商业使用的木材和碳封存之间的关系在以下三个方面存在显著变化。首先，商业木材中碳的比例（与树皮、根、叶或针叶中的非商业生物量相比）因树种而异；部分树种（例如松树和其他针叶树）木材中的碳总量在商品木材中所占比例较大。其次，一棵树的商品木材中的碳比例无疑会随着时间而变化。最后，在森林中封存的大部分植物碳存在于其他植物中——树木、灌木、草和其他草本植物的非商业物种。分布在其他（非商业）植被中的碳储量在不同的森林间差异巨大。树木在其生命的最终阶段可能会经历砍伐、野火焚烧、被风暴吹倒或折断，或被昆虫害死或因疾病而死。死亡可能首先发生在森林中的某一棵树上，并以此为破口，进而影响某区域内的所有或大部分树木。碳释放到大气中的速度取决于树木死亡的原因、是否收获以供使用以及其他各种环境因素。如上所述，火灾会迅速分解生物质并将大量二氧化碳释放到大气中，而自然死亡和腐烂则可能需要数周到数十年才能将生物质完全分解，一部分碳被释放到土壤中，另一部分则直接被排放到大气中。

### （三）常见的森林类型

碳的封存和释放因森林种类而异。尽管如此，由于特定“生物群落”[7]（热带、温带和北方森林）中森林的相对相似性，因此对其特征的概括性描述是可行的。表1显示了几个主要生物群落类型的植被和土壤中封存的平均碳水平，以及所有生物群落的加权平均值[8]。

**各种生物群落类型的平均碳储量（单位：t/亩）**　　**表1**

| 生物群落 | 植物 | 土壤 | 合计 |
|---|---|---|---|
| 热带森林 | 329.4 | 335.5 | 664.9 |
| 温带森林 | 152.5 | 262.3 | 414.8 |
| 北方森林 | 176.9 | 933.3 | 1110.2 |
| 苔原 | 18.3 | 347.7 | 366 |
| 农田 | 6.1 | 219.6 | 225.7 |
| 热带稀树草原 | 79.3 | 317.2 | 396.5 |

续表

| 生物群落 | 植物 | 土壤 | 合计 |
|---|---|---|---|
| 温带草原 | 18.3 | 640.5 | 658.8 |
| 沙漠 / 半沙漠 | 6.1 | 115.9 | 122 |
| 湿地 | 115.9 | 1750.7 | 1866.6 |
| 加权平均 | 85.4 | 359.9 | 445.3 |

1. 热带森林

热带森林通常是指位于南北回归线之间的森林生态系统。一些热带森林相对干燥、空间开阔，但大多数热带森林降雨充沛，故也被称为湿润热带森林，这类属于经典的热带雨林。热带森林包含种类繁多的“硬木”树种，热带森林因其通常具有的高碳含量（平均每亩近 670t）而对全球碳封存十分重要（表 1）。潮湿热带森林近一半的碳储量被固封在植被中，这比任何其他生物群落的占比和规模都高。剩余的碳储量则广泛存在于热带森林土壤中。热带森林土壤的碳含量相对适中（与其他生物群落相比），因为死去的生物在温暖潮湿的条件下会迅速分解，并且矿物质会迅速从热带森林土壤中渗出。

2. 温带森林

温带森林通常位于中纬度地区——通常位于赤道以北 / 南约 50° 处（由于墨西哥湾暖流引起的大陆变暖，欧洲地区要略靠北一些）。温带森林种类繁多，包括硬木类型（例如，橡木 - 山核桃和枫木 - 山毛榉 - 桦木）、软木类型（例如，南方松、花旗松和山脊松），以及一些混合类型（例如，橡树松）。然而总体来看，温带森林的树种多样性远低于热带森林。

温带森林的碳含量通常也低于热带森林，平均每亩近 430t。超过三分之一的碳储存在植被中，近三分之二储存在土壤中。由于分解速度较慢，因此温带森林土壤（与热带森林土壤相比）的碳含量比例相对较高。大部分这类森林被用于出产商业木材产品，因此温带森林中使用的管理实践可以对全球森林系统的碳封存产生重大影响。

3. 北方森林

北方森林一般出现在温带森林以北，主要分布在阿拉斯加、加拿大、斯堪的纳维亚和俄罗斯地区（南半球唯一的北方森林位于新西兰的山顶和南美洲安第斯山脉的高处）。北方森林树种以针叶树为主——主要包括云杉、冷杉和落叶松，还有散落的桦树和白杨林。

北方森林通常比温带或热带森林含有更多的碳，平均每亩近 1100t。不到六分之一的北方森林碳储量存在于植被中。其余的 84% 则被固封于北方森林土壤中——大约是温带和热带森林的三倍，远高于湿地以外的任何其他生物群落[9]。由于夏季短且针叶林土壤的酸度高，两者都会抑制分解速度，因此北方森林土壤中的碳储量可以积累到很高的水平。北方森林土壤的高碳水平对于全球碳循环很重要，扰乱北方森林土壤的管理活动无疑会增加它们的碳释放速率。

**（四）森林生态系统的气候减缓与适应方法**

IPCC 呼吁在应对气候变化时采取适应和减缓两种思路，前者涉及调整自然或人类系统以响应实际或预期的气候负面影响，从而缓解冲击或利用有利机会；后者则主要指减少温室气体的来源或增加碳汇的人为干预[10]。这两种方法密不可分，气候减缓越有效，对气候适应方法的需求就越少，反之亦然[11]。

在净零转型的背景下，IPCC 将森林部门的气候减缓活动分为以下几类：① 避免因森林砍伐或森林退化而产生的排放；② 通过重新造林和植树造林固碳；③ 替代能源密集型材料或化石燃料[12]。森林气候适应旨在加强树木、森林和依赖森林的社区的适应能力。净零转型风险普遍存在，因此在工业化国家考虑适应是值得的。可持续森林管理（Sustainable Forest Management，SFM）在第 62/98 号决议的无法律约束力文书中被描述为“一个动态和不断发展的概念，旨在维护和提高所有类型森林的经济、社会和环境价值，以造福今世后代”[13]。因此，林业部门的气候适应是实现可持续森林管理的一项有条件的要求[14]。SFM 在气候适应中的重要性被认为是“超越森林”的收益，它使我们能够增强森林生态系统、相关产业和依赖这些森林资源的群体适应能力[15]。总体而言，可以通过提高森林的气候适应能力来实现森林气候减缓（表 2、表 3）。

**常见的森林生态系统气候减缓与适应方法　　表 2**

| 常见的森林生态系统气候减缓方法 | 常见的森林生态系统气候适应方法 |
|---|---|
| ➢ 植树造林 / 再造林<br>➢ 避免砍伐森林：减轻森林砍伐压力<br>➢ 森林管理<br>➢ 森林保育<br>➢ REDD +<br>➢ 都市森林<br>➢ 农林业综合系统<br>➢ 利用可再生能源进行森林经营（育苗和温室种植） | ➢ 增强韧性的森林管理<br>➢ 提高森林的适应能力<br>➢ 强化本地植物物种基因库<br>➢ 选择耐气候的树木<br>➢ 山区自然灾害、山洪、山体滑坡防治<br>➢ 基于生态系统的减灾方法<br>➢ 利用可再生能源种植树苗避免自然资源枯竭，例如地下水质量和地表补给<br>➢ 激发利益相关者的意识<br>➢ 提高其他部门的适应能力：社区、粮食安全、生计、生物多样性保护 |

**自然气候解决方案中涉及森林管理的协同收益　　表 3**

| 协同收益 | 避免砍伐森林 | | 再造林 | | 农业林业复合系统 | |
|---|---|---|---|---|---|---|
| 固碳 | 在避免碳排放和持续固碳方面具有高收益，特别是在湿润热带森林、高生物量的温带森林和大型温带林区 | 高 | 在固碳方面具有高收益；在树木生长速度和生物量高的湿润热带与温带地区可能拥有最高的收益。在本地树种具有较高可获得性，且收获后重新种植已成为既定做法的温带地区，固碳水平也相对较高 | 高 | 在增加现有农田内树木碳储量方面具有中等潜力，规模大致为避免砍伐森林和再造林的固碳潜力的三分之一 | 中 |

续表

| 协同收益 | 避免砍伐森林 | | 再造林 | | 农业林业复合系统 | |
|---|---|---|---|---|---|---|
| 物种多样性 | 在维护完整与互联的森林方面具有中高收益；在具有高度生物多样性的湿润和半干旱热带森林以及具有大量特有物种和／或森林损失比例高的区域，具有非常高的收益 | 高 | 在重新种植的次生林中迅速保护物种多样性的最终潜力很高，但随着森林的成熟，其收益通常需要几十年才能实现。在有大量特有物种的地区和森林损失比较高的地区，扩大现有森林规模的收益最高 | 高 | 在增加农田系统结构复杂性方面具有中等收益。所有生物群落都将收益，但在高物种多样性的热带地区和剩余森林面积比较低的地区收益更大 | 中 |
| 土壤健康 | 在通过物理缓冲高流量和防止山洪暴发，并通过林下植被和土壤动物维持土壤渗透，预防侵蚀方面具有高收益。随着预计极端降水事件数量和规模的增加，未来的效益可能会增加 | 高 | 在减小土壤压实度、增加水分入渗和加速土壤养分循环（植树造林与相应的凋落物养分回归）方面具有中等收益。减少水土流失的相关收益来自于减少土壤压实和增加入渗的努力 | 中 | 对土壤健康的贡献较小，但在减少侵蚀方面拥有潜力。相关收益将随着树木的数量和覆盖范围的增加而提升，但规模因区位而异 | 低 |
| 水质 | 在通过森林植被防止养分流失和维持氮磷养分方面具有高收益 | 高 | 由于较低的压实率、更多的水分入渗和缓冲径流，在重新种植的森林中，减少侵蚀和土壤流失具有高收益 | 高 | 对水质健康的贡献较小。如果树木种植在拥有高肥力的农田中，或树木集中种植在河流水道附近，那么树木可以帮助滞留更多养分，因此可能或有更高的收益 | 低 |

1. 森林生态系统的气候减缓方法

表 2 总结了森林生态系统常见的八种减缓方法。一些研究主张以更务实的方法在林业部门开展气候减措施，具体涉及从基于生态系统的角度对森林实践进行减缓管理 [16]，以及通过管理森林资源改善碳汇和生态系统服务 [17]，包括生计 [18]、景观保护 [19]，生态改善和农业效益 [20] 与生物多样性 [21] 等内容。另一些研究则强调在气候项目层面促进减缓方法的工具 [22]。与 REDD ＋研究类似，有学者还探讨了如何促进森林和资源以实现减缓目标，从而为其他不一定适应或与减缓相关的部门带来效益。在采用森林气候减缓方法时还应注意项目的整体评估以避免结果适得其反，例如在城市中种植树木可以隔离大气中的碳并有效缓解热岛效应，但选择不合适的树种则可能会降低生物多样性并引发人类健康问题 [23]。同样，如果在选择相关指标／参数时仅基于有限的视角，那么可能会破坏适应和减缓措施间的积极协同作用，例如相关研究揭示了农林业系统的各种预期收益，其中当然包括生产力的提高，但也包括增强适应能力的内容（即减缓温度升高）。此外，农林业中的遮阴树可以被用作木材、水果、薪柴和固氮，同时亦能增强本地农民的适应能力，因此认识到这些影响对于推动采取减缓措施很重要。

2. 森林生态系统的气候适应方法

林业部门关于适应的广泛观点使适应方法的总体情况较之减缓方法更加复杂，具体涉及以下三个目标：森林适应、适应灾害风险，以及适应以森林为生的社区和生态系统。森林资源的适应方法是项目或实践的重点目标下的从属措施（表2）。林业部门气候项目的批评者认为，强调碳封存的再造林实践忽视了提高的适应能力[24]。诚然，不同项目的目标也各不相同；然而，以适应为重点的方法具有使它们能够维持森林资源和加强生态系统服务的优势。所以，更多地关注适应方法可以成为本地林业管理者和以森林为生的群体寻求适应和减缓方法的有力工具[25]。具体的适应选项包括但不限于：抵抗病原体；管理食草动物以确保充分再生；鼓励林分层面、景观层面或两者兼有的物种和结构多样性；提供空间连续性并减少碎片化。森林灾害风险管理同样需要适应方法，而这些风险造成的损害阻碍了采用适应方法的进程，同时损害了生态系统服务[26]。森林管理中采用的减灾措施通常侧重于进行结构变化的工程选择，例如水库、堤坝、海堤和水坝。另一方面，在关注未来情景的同时进行气候适应的观点植根于基于生态系统的方法。在气候变化的背景下，除非考虑到减灾和适应之间的相互作用，否则会出现适应不良的现象进而导致这两个目标都无法实现，例如，为预防海啸而在海岸线上植树造林的做法引入了不适宜的物种，最终导致生态系统功能丧失和海啸破坏加剧。为了应对这一挑战，人们必须拥有基于生态系统方法的多目标森林。这种方法使我们能够解决适应和灾害风险管理之间的差异[17]。

森林生态系统在面对净零转型的挑战时应强调相关部门内部以及跨部门间的积极协同作用。一方面，这些好处被视为跨部门的协同效应。植树造林可以增强生态系统服务，还可以改善城市地区的生态环境[27]、农业生产力[28]和景观生态系统水平[19]。相比之下，在某些情况下，减缓方法有可能提高森林的适应能力，但很少有研究考察适应活动之间的负面相互作用。以适应气候变化为目的的森林管理可能会限制其他机会，例如用于农业和其他目的的土地利用，并忽视当地人民使用资源的权利[15]，而这可能会阻碍提升本地的气候韧性。所以需要从两个角度进一步探讨这些相互作用：适应方法和其他目标的整合，以及涵盖各个部门的适应做法。

## 三、森林资源管理可持续发展策略

### （一）加强生态工程建设

可通过三北防护林生态工程的建设、重点林业地区生态工程综合规划治理等加强生态工程建设，增加森林面积可以在一定程度上让森林碳汇能力获得提高，减少空气中二氧化碳的浓度，同时对保护森林生态环境，促进森林生态系统的平衡起到积极的促进作用。

### （二）科学合理地进行森林资源管理

科学合理地对森林资源进行管理可以提高森林碳汇能力，让森林获得可持续发展。我国人口众多，耕地也很多。大量增加森林面积显然不可能，种植树木的林地非常有限，对现有的森林资源进行科学合理的管理就成为必然。国家可以加强立法避免人为对森林的破坏，并通过先进的科学技术促进现有森林质量、数量的健康发展，提高并增强森林碳储存量能力，吸收二氧化碳，有效维系森林生态系统的平衡。

随着植树造林技术和森林整体管理水平的进一步提升，森林将更好地发挥出自身的作用来应对气候变暖等问题。同时，科学合理地对森林资源进行管理既能提高森林碳汇能力，也可以促进森林资源的可持续发展。

### （三）将自然、生态和经济因素有机结合

人与自然的和谐发展才是我们的最终目的，将自然、生态和经济因素有机结合可以充分发挥自然的优势，并促进森林的可持续发展，在一定程度上提高森林碳汇能力。首先，人类要在尊重自然规律的前提下利用森林资源，及时向人们科普有关森林碳汇的知识，在全社会形成保护森林、爱护大自然的共识，大力开展森林旅游，人与自然共同促进生态系统的平衡。其次，为了更快地提高森林碳汇能力，减少空气中二氧化碳的含量，国家可以进一步建设生态林地，增加森林面积，让森林的固碳能力充分应对工业中排放出的温室气体，实现碳排放中和目标，将环境污染减少到最小。由此可见，将自然，生态和经济因素有机结合可以有效提高森林碳汇能力，让人们在不违背自然规律且保证森林生态平衡的前提下，获取相应的经济利益，实现“绿水青山就是金山银山”的发展理念。

## 四、结论

在净零转型的背景下，可持续的森林资源管理实践通过将碳储存在生物质和产品中以及直接或间接替代化石燃料，在减少大气碳排放方面发挥关键作用。实施积极的森林管理制度可能导致的碳债取决于用于比较的基线，并且在对生产森林产品和替代化石燃料的生物质的森林景观的有效管理中得到缓解。森林碳预算评估的时间和空间范围能够极大地影响得出的结论，因为积极管理的碳效益通常在几年到几十年之间、从林分到景观之间不断增加。当积极管理提高森林活力并减少野火和其他干扰因素的可能性时，当森林产品市场的创造性经济激励措施足以帮助阻止森林向城市发展或向其他具有大量和永久性的土地用途转变时，也会产生大量但往往被忽视的碳效益影响。因此将适应和减缓方法纳入多部门气候政策可以实现对森林和其他资源的有效和协同治理。未来的相关研究可以聚焦于综合措施的复杂性，并在这些政策中强调可持续林业管理在实现适应和减缓目标方面所发挥的作用。

## 参考文献

[1] Yamanoshita M. IPCC Special Report on Climate Change and Land[M]. Institute for Global Environmental Strategies, 2019.

[ 2 ] FAO. The state of the world's forests 2020: Forests, biodiversity, and people, 2020.

[ 3 ] Batjes NH. Total carbon and nitrogen in the soils of the world. Eur J Soil Sci. 1996;47(2):151–63.

[ 4 ] Pan Y, Birdsey RA, Fang J, et al. A large and persistent carbon sink in the world's forests. Science. 2011; 333(6045): 988LP-993LP This paper provides relevant information about carbon sinks worldwide, based on forest inventory data and long-term ecosystem carbon studies.

[ 5 ] Köhl M, Lasco R, Cifuentes M, et al. Changes in forest production, biomass and carbon: results from the 2015 UN FAO Global Forest Resource Assessment. For Ecol Manag. 2015;352:21–34.

[ 6 ] Zhou G, Liu S, Li Z, et al. Old-growth forests can accumulate carbon in soils[J]. Science, 2006, 314(5804): 1417-1417.

[ 7 ] Chiras D D. Environmental science[M]. Jones & Bartlett Publishers, 2009.

[ 8 ] Watson R T, Noble I R, Bolin B, et al. Land use, land-use change and forestry: a special report of the Intergovernmental Panel on Climate Change[M]. Cambridge University Press, 2000.

[ 9 ] Sedjo R, Sohngen B. Carbon sequestration in forests and soils[J]. Annu. Rev. Resour. Econ., 2012, 4(1): 127-144.

[ 10 ] Albritton D L, Dokken D J. Climate change 2001: synthesis report[M]. Cambridge, UK: Cambridge University Press, 2001.

[ 11 ] Klein R J T, Schipper E L F, Dessai S. Integrating mitigation and adaptation into climate and development policy: three research questions[J]. Environmental science & policy, 2005, 8(6): 579-588.

[ 12 ] Pachauri R K, Allen M R, Barros V R, et al. Climate change 2014: synthesis report. Contribution of Working Groups Ⅰ, Ⅱ and Ⅲ to the fifth assessment report of the Intergovernmental Panel on Climate Change[M]. Ipcc, 2014.

[ 13 ] Assembly G. Resolution adopted by the General Assembly[J]. Agenda, 2002, 21(7).

[ 14 ] Locatelli B, Evans V, Wardell A, et al. Forests and climate change in Latin America: linking adaptation and mitigation[J]. Forests, 2011, 2(1): 431-450.

[ 15 ] Wang S. Wicked problems and metaforestry: Is the era of management over?[J]. The forestry chronicle, 2002, 78(4): 505-510.

[ 16 ] Wüstemann H, Bonn A, Albert C, et al. Synergies and trade-offs between nature conservation and climate policy: Insights from the "Natural Capital Germany–TEEB DE" study[J]. Ecosystem Services, 2017, 24: 187-199.

[ 17 ] Locatelli B, Imbach P, Wunder S. Synergies and trade-offs between ecosystem services in Costa Rica[J]. Environmental Conservation, 2014, 41(1): 27-36.

[ 18 ] Few R, Martin A, Gross-Camp N. Trade-offs in linking adaptation and mitigation in the forests of the Congo Basin[J]. Regional Environmental Change, 2017, 17(3): 851-863.

[ 19 ] Ingalls M L, Dwyer M B. Missing the forest for the trees? Navigating the trade-offs between mitigation and adaptation under REDD[J]. Climatic Change, 2016, 136(2): 353-366.

[ 20 ] Salvini G, Ligtenberg A, Van Paassen A, et al. REDD+ and climate smart agriculture in landscapes: A case study in Vietnam using companion modelling[J]. Journal of Environmental Management, 2016, 172: 58-70.

[ 21 ] Chia E L, Fobissie K, Kanninen M. Exploring opportunities for promoting synergies between climate change adaptation and mitigation in forest carbon initiatives[J]. Forests, 2016, 7(1): 24.

[ 22 ] Rahn E, Läderach P, Baca M, et al. Climate change adaptation, mitigation and livelihood benefits in coffee production: where are the synergies? [J]. Mitigation and Adaptation Strategies for Global Change, 2014, 19(8): 1119-1137.

[ 23 ] Salmond J A, Tadaki M, Vardoulakis S, et al. Health and climate related ecosystem services provided by street trees in the urban environment[J]. Environmental Health, 2016, 15(1): 95-111.

[ 24 ] McElwee P, Thi Nguyen V H, Nguyen D V, et al. Using REDD+ policy to facilitate climate adaptation at the local level: synergies and challenges in Vietnam[J]. Forests, 2016, 8(1): 11.

[ 25 ] Rayner J, Buck A, Katila P. Embracing complexity: meeting the challenges of international forest governance. A global assessment report[M]. IUFRO (International Union of Forestry Research Organizations) Secretariat, 2010.

[ 26 ] Schober A, Šimunović N, Darabant A, et al. Identifying sustainable forest management research narratives: a text mining approach[J]. Journal of Sustainable Forestry, 2018, 37(6): 537-554.

[ 27 ] Salmond J A, Tadaki M, Vardoulakis S, et al. Health and climate related ecosystem services provided by street trees in the urban environment[J]. Environmental Health, 2016, 15(1): 95-111.

[ 28 ] Lasco R D, Delfino R J P, Espaldon M L O. Agroforestry systems: helping smallholders adapt to climate risks while mitigating climate change[J]. Wiley Interdisciplinary Reviews: Climate Change, 2014, 5(6): 825-833.

# 第三篇　提高建筑能效篇

2020 年 9 月，习近平主席在第七十五届联合国大会上提出我国二氧化碳排放力争 2030 年前达到峰值，努力争取 2060 年前实现碳中和。2022 年 6 月，住房和城乡建设部、国家发展改革委印发《城乡建设领域碳达峰实施方案》，提出了 2030 年前城乡建设领域碳排放达到峰值的重要目标，由此建筑行业迈入“碳中和”时代，逐步向零能耗、零碳建筑发展。

根据《中国建筑能耗与碳排放研究报告（2022）》，2005—2019 年间，我国建筑全过程碳排放由 2005 年的 22.34 亿 t $CO_2$，上升到 2020 年的 50.8 亿 t $CO_2$，年复合增长率为 5.6%。2020 年全国建筑全过程碳排放总量占全国碳排放的比重为 50.9%。其中：建筑运行阶段碳排放 21.6 亿 t $CO_2$，占全国碳排放的比重为 21.7%。建筑作为我国“双碳”战略的重要领域，加快节能降碳技术发展，提升建筑能效水平是实现建筑绿色低碳转型的重要路径，也是建筑节能行业纵深发展的必然选择。

本篇将在“双碳”目标下，介绍绿色建筑及高性能围护结构的发展现状及建议，比较不同路径下实现建筑碳达峰的技术组合减碳潜力，明确高效机房对于提升建筑能效的重要作用。借此分享，与读者共同探讨建筑能效提升路径的多样性。

# 基于“双碳”目标下的绿色建筑发展现状和建议

孟　冲　朱荣鑫　李嘉耘
（中国建筑科学研究院有限公司）

为推动以二氧化碳为主的温室气体减排，2020年9月我国首次提出“双碳”目标，即在2030年之前达到碳排放峰值，努力争取在2060年前实现碳中和。“双碳”目标是我国生态文明建设和高质量可持续发展的重要战略安排，将推动全社会加速向绿色低碳转型。

与西方国家相比，我国碳达峰碳中和的任务十分紧迫，这给各行业带来了较大的节能减碳压力。2019年，中国建筑全过程碳排放总量占全国碳排放的比重达50.6%，其中运行阶段碳排放占全国碳排放的21.6%[1]。同时，我国既有建筑面积超过600亿$m^2$[2]，且由于建成年代标准低、维修不及时等原因，约有60%以上的建筑能效水平偏低，为碳减排带来了较大的压力。建筑行业能否实现碳达峰碳中和，对我国“双碳”目标的实现至关重要。绿色建筑对全寿命期内资源节约的要求与低碳发展要求相符，加强绿色建筑建设，可有效推动建筑碳排放尽早达峰，为实现“双碳”目标作出积极贡献。

## 一、绿色建筑内涵辨析

绿色建筑这一理念在1992年联合国环境与发展大会（UNCED）上首次提出。大会将一项联合国地方政府荣誉颁发给了美国奥斯汀州制定的绿色建筑发展计划。这一计划旨在提高社区的环境保护意识，营造符合环境利益的健康发展方式[3]。如今，随着可持续发展理念在全球范围内不断深化，国内外对绿色建筑的研究不断深入，其内涵也逐渐发展丰富。表1对国内外绿色建筑内涵进行了总结。

国内外绿色建筑内涵　　表1

| 国家／机构 | 绿色建筑内涵 |
|---|---|
| 世界绿色建筑委员会 | 绿色建筑是在设计、建造或运营过程中有利于气候和自然环境保护的建筑。绿色建筑保留了宝贵的自然资源，并改善了使用者的生活质量[4] |
| 英国 | 绿色建筑提供了低碳、健康、循环和恢复力、生物多样性等方面的解决方案，帮助建筑在全生命周期内对环境、社会和经济作出良好影响[5] |
| 美国 | 绿色建筑是整个生命周期中对环境负责且节约资源的建筑，包含对经济，实用，耐久性和舒适度的考虑，具有保护环境、维护使用者健康，提高员工生产力的作用[6] |

续表

| 国家 / 机构 | 绿色建筑内涵 |
|---|---|
| 澳大利亚 | 绿色建筑融合了可持续发展的原则，在不损害未来利益的情况下满足当前的需求，有效利用资源，为人们创造更健康的生活和工作环境 [7] |
| 德国 | 绿色建筑的核心是建筑节能、提高建筑功能和品质、增强居住和工作的舒适感 [8] |
| 中国 | 绿色建筑为在全寿命期内，节约资源、保护环境、减少污染，为人们提供健康、适用、高效的使用空间，最大限度地实现人与自然和谐共生的高质量建筑 [9] |

可以看出，国内外对绿色建筑基本内涵的定义虽不尽相同，但其内核都在于满足高质量可持续发展需求，在减少建筑对环境的负荷、节约资源的同时为人民群众提供更加优良的公共服务、更加优美的工作生活空间、更加完善的建筑使用功能，以达到人、建筑与环境的和谐共生。不同国家和地区绿色建筑评价标准中能源和低碳权重均为最高，将能源消耗和碳排放作为评价绿色建筑环境性能的重要指标。

## 二、我国绿色建筑现状和趋势

截至 2021 年，全国累计建成绿色建筑 85.91 亿 $m^2$，2021 年新增绿色建筑 23.62 亿 $m^2$，当年新增绿色建筑占年度新增建筑的比例达到 84.22%。在政策的引导下，未来我国绿色建筑创建行动持续展开，绿色建筑数量还将持增长，新建建筑中绿色建筑的比例和既有建筑绿色改造的比例也将持续提升。

“十四五”时期是开启全面建设社会主义现代化国家新征程的第一个五年，我国生态文明建设进入了绿色转型的关键时期。国务院及多部门发布了一系列重要政策，指引建筑向高质量、绿色化、低碳化的方向发展。2021 年 2 月，国务院在《关于加快建立健全绿色低碳循环发展经济体系的指导意见》中对城乡人居环境的绿色发展作出了要求。同年 5 月，住房和城乡建设部等 15 部门在《关于加强县城绿色低碳建设的意见》中强调了推动县城绿色低碳建设的重要意义，要求新建建筑普遍达到绿色建筑基本级。2021 年 10 月，中共中央办公厅、国务院办公厅联合印发了《关于推动城乡建设绿色发展的意见》，对全面推动城乡建设绿色发展作出了重要规划和系统部署，要求“加快转变城乡建设方式，促进经济社会发展全面绿色转型”，明确将“建设高品质绿色建筑”作为推动城乡建设绿色发展的重要内容之一。2022 年 3 月 11 日，住房和城乡建设部发布《“十四五”建筑节能与绿色建筑发展规划》，目标是到 2025 年，城镇新建建筑全面建成绿色建筑，建筑能源利用效率稳步提升，建筑用能结构逐步优化，建筑能耗和碳排放增长趋势得到有效控制，基本形成绿色、低碳、循环的建设发展方式，为城乡建设领域 2030 年前碳达峰奠定坚实基础。

## 三、绿色建筑减碳措施和效果

### （一）减碳措施

《温室气体核算体系（GHG Protocol）》对碳排放源的类型根据碳排放形式进行了分类，指出某一系统的碳排放包括系统的直接碳排放、间接碳排放和其他间接排放三部分[10]。对于建筑系统而言，直接碳排放即场地内直接能源消耗带来的碳排放或绿植碳汇，间接碳排放即建筑使用场地外能源带来的碳排放，其他间接碳排放即材料隐含碳排放。

本文对《绿色建筑评价标准》GB/T 50378—2019 和《既有建筑绿色改造评价标准》GB/T 51141—2015 条文中涉及的减碳措施按专业进行了梳理，并对其碳减排形式、碳源类型、量化方法及应用阶段进行了分析，详见表 2。

**《绿色建筑评价标准》GB/T 50378—2019 和《既有建筑绿色改造评价标准》GB/T 51141—2015 中碳减排相关措施　表 2**

| 专业 | 减碳技术指标 | 对应条文 | | 碳排放形式 | 碳源类型 | 量化方法 | 应用阶段 |
|---|---|---|---|---|---|---|---|
| | | GB/T 50378—2019 | GB/T 51141—2015 | | | | |
| 规划 | 便捷公共交通 | 6.1.2、6.2.1 | — | 间接／直接 | 化石燃料 | — | 运行 |
| | 建筑日照标准 | 8.1.1 | 4.1.3 | 间接 | 电力 | 计算照明碳减排 | 运行 |
| | 场地绿化 | 8.1.3、8.2.1、8.2.3、9.2.4 | 4.2.4 | 直接 | 碳汇 | 计算绿植碳汇 | 运行 |
| | 场地风环境 | 8.2.8 | 4.2.13 | 间接／直接 | 电力／化石燃料 | 计算暖通空调系统碳减排 | 运行 |
| | 热岛强度 | 8.1.2、8.2.9 | — | 间接／直接 | 电力／化石燃料 | 计算暖通空调系统碳减排 | 运行 |
| 建筑 | 建筑外门窗密封性 | 4.1.4、4.1.5 | — | 间接 | 电力 | — | 运行 |
| | 建筑适变性 | 4.2.6 | 4.2.8 | 隐含 | 材料 | — | 运行 |
| | 围护结构热工性能 | 5.1.7、7.1.1、7.2.4 | 4.1.5、4.2.10、11.2.2 | 间接／直接 | 电力／化石燃料 | 计算暖通空调系统碳减排 | 运行 |
| | 自然通风 | 5.2.9、5.2.10、7.1.1 | 4.2.9 | 间接 | 电力 | 计算暖通空调系统碳减排 | 运行 |
| | 可调节遮阳 | 5.2.11 | 4.2.9 | 间接／直接 | 电力／化石燃料 | 计算暖通空调系统碳减排 | 运行 |
| | 天然光利用 | 5.2.8、7.1.1 | 4.2.16、11.2.4 | 间接 | 电力 | 计算照明碳减排 | 运行 |
| | 建筑造型简约 | 7.1.9 | 4.2.7 | 隐含 | 材料 | 计算建材碳减排 | 施工 |

续表

| 专业 | 减碳技术指标 | 对应条文 | | 碳排放形式 | 碳源类型 | 量化方法 | 应用阶段 |
|---|---|---|---|---|---|---|---|
| | | GB/T 50378—2019 | GB/T 51141—2015 | | | | |
| 结构 | 主体结构和围护结构安全耐久 | 4.1.2 | 5.2.2、5.2.12 | 隐含 | 材料 | — | 运行 |
| | 节材结构改造节材技术 | — | 5.2.3 | 隐含 | 材料 | 计算建材碳减排 | 施工 |
| | 建筑抗震性能 | 4.2.1 | 5.2.11、11.2.6 | 隐含 | 材料 | — | 运行 |
| | 非结构构件连接牢固、建筑部品部件耐久性 | 4.1.4、4.1.5、4.2.7 | — | 隐含 | 材料 | — | 运行 |
| | 建筑结构规则 | 7.1.8 | — | 隐含 | 材料 | 计算建材碳减排 | 运行 |
| | 工业化结构体系与建筑构件 | 9.2.5 | 9.2.6 | 隐含 | 材料 | 计算建材碳减排 | 施工 |
| 建筑材料 | 建筑结构和加固防护材料耐久性 | 4.2.8 | 5.2.6、5.2.8 | 隐含 | 材料 | — | 施工 |
| | 装饰修建筑材料耐久性好、易维护 | 4.2.9 | 5.2.7 | 隐含 | 材料 | — | 施工 |
| | 高强建筑结构材料与构件 | 7.2.15 | 5.1.3、5.2.5 | 隐含 | 材料 | 计算建材碳减排 | 施工 |
| | 可再循环材料、可再利用材料及利废建材 | 7.2.17 | 5.2.9 | 隐含 | 材料 | 计算建材碳减排 | 施工 |
| | 选用绿色建材 | 7.2.18 | — | 隐含 | 材料 | 计算建材碳减排 | 施工 |
| | 建筑材料运输距离 | 7.1.10 | — | 隐含 | 材料 | 计算建材运输碳减排 | 施工 |
| | 预拌混凝土和砂浆 | 7.1.10 | 5.2.10 | 隐含 | 材料 | 计算建材碳减排 | 施工 |
| | 工业化内装部品 | 7.2.16 | — | 隐含 | 材料 | 计算建材碳减排 | 施工 |
| | 室内装饰装修方案 | — | 5.2.7 | 隐含 | 材料 | 计算建材碳减排 | 施工 |
| | 废弃场地、旧建筑以及原有构配件再利用 | 9.2.3 | 5.1.4 | 隐含 | 材料 | 计算建材碳减排 | 施工 |
| 暖通空调 | 节能诊断和负荷计算 | — | 6.1.1、6.1.2 | 间接/直接 | 电力/化石燃料 | 计算暖通空调系统碳减排 | 运行 |
| | 室内温度、湿度、新风量等参数 | 5.1.6、7.1.3 | 6.1.4 | 间接/直接 | 电力/化石燃料 | 计算暖通空调系统碳减排 | 运行 |
| | 热湿环境现场独立控制 | 5.1.8 | 6.2.7 | 间接/直接 | 电力/化石燃料 | — | 运行 |
| | 降低部分负荷、部分空间下供暖、空调能耗 | 7.1.2 | 6.2.3 | 间接/直接 | 电力/化石燃料 | 计算暖通空调系统碳减排 | 运行 |

续表

| 专业 | 减碳技术指标 | 对应条文 | | 碳排放形式 | 碳源类型 | 量化方法 | 应用阶段 |
|---|---|---|---|---|---|---|---|
| | | GB/T 50378—2019 | GB/T 51141—2015 | | | | |
| 暖通空调 | 提升冷、热源机组能效水平 | 7.2.5、9.2.1 | 6.2.1、11.2.2 | 间接/直接 | 电力/化石燃料 | 计算暖通空调系统碳减排 | 运行 |
| | 末端系统及输配系统能耗 | 7.2.6 | 6.2.2 | 间接 | 电力 | 计算暖通空调系统碳减排 | 运行 |
| | 降低建筑暖通空调系统能耗 | 7.2.8 | 6.2.12 | 间接/直接 | 电力/化石燃料 | 计算暖通空调系统碳减排 | 运行 |
| | 自然冷源 | — | 6.2.9 | 间接 | 电力 | 计算暖通空调系统碳减排 | 运行 |
| | 余热回收装置 | — | 6.2.10 | 间接/直接 | 电力 | 计算暖通空调系统碳减排 | 运行 |
| | 进一步降低建筑供暖空调系统能耗 | 9.2.1 | 11.2.12 | 间接/直接 | 电力/化石燃料 | 计算暖通空调系统碳减排 | 运行 |
| 电气 | 电动汽车充电桩 | 6.1.3 | — | 间接 | 电力 | — | 运行 |
| | 采用建筑设备自动监控系统 | 6.1.5 | 6.2.5 | 间接 | 电力 | — | 运行 |
| | 采用信息网络系统 | 6.1.6 | — | 间接 | 电力 | — | 运行 |
| | 用能分类、分级自动远传计量系统，数据统计和分析 | 6.2.6、7.1.5 | 6.2.4、8.2.1 | 间接 | 电力 | — | 运行 |
| | 设置用水计量装置，采用远传计量系统 | 6.2.8 | 7.2.3 | 间接 | 电力 | — | 运行 |
| | 智能化服务系统 | 6.2.9 | 8.2.11、11.2.7 | 间接 | 电力 | — | 运行 |
| | 主要功能房间的照明功率密度值，照明控制 | 7.1.4、7.2.7 | 8.1.2、8.1.6、8.2.8 | 间接 | 电力 | 计算照明碳减排 | 运行 |
| | 电梯节能措施 | 7.1.6 | 8.2.10 | 间接 | 电力 | 计算电梯碳减排 | 运行 |
| | 节能型电气设备及节能控制 | 7.2.7 | 8.1.5、8.2.2、8.2.4 | 间接 | 电力 | 计算设备碳减排 | 运行 |
| | 照明系统节能设计和产品 | — | 8.2.6、8.2.7 | 间接 | 电力 | 计算照明系统碳减排 | 运行 |
| | 照明系统节能 | 7.2.8 | 8.2.12、8.2.13、11.2.4 | 间接 | 电力 | 计算照明系统碳减排 | 运行 |
| | 可再生能源 | 7.2.9 | 6.2.11、8.2.9 | 间接/直接 | 电力/化石燃料 | 计算可再生能源碳减排 | 运行 |

续表

| 专业 | 减碳技术指标 | 对应条文 | | 碳排放形式 | 碳源类型 | 量化方法 | 应用阶段 |
|---|---|---|---|---|---|---|---|
| | | GB/T 50378—2019 | GB/T 51141—2015 | | | | |
| 给水排水 | 建筑用水量 | 6.2.11 | — | 间接 | 电力 | 计算用水碳减排 | 运行 |
| | 用水点压力 | 7.1.7 | 7.2.1 | 间接 | 电力 | 计算用水碳减排 | 运行 |
| | 减少管网漏损 | — | 7.2.2 | 间接 | 电力 | 计算用水碳减排 | 运行 |
| | 热水系统节水 | — | 7.2.4 | 间接/直接 | 电力/化石燃料 | 计算用水碳减排 | 运行 |
| | 水资源利用方案 | 7.1.7 | 7.1.1 | 间接 | 电力 | 计算用水碳减排 | 运行 |
| | 高用水效率等级的卫生器具 | 7.2.10 | 7.2.5、7.2.10、11.2.3 | 间接 | 电力 | 计算用水碳减排 | 运行 |
| | 绿化灌溉及空调冷却水系统节水 | 7.2.11 | 7.2.6、7.2.7 | 间接/直接 | 电力/化石燃料 | 计算用水碳减排 | 运行 |
| | 室外景观水体雨水补水，生态净水处理 | 7.2.12 | 7.2.9 | 间接 | 电力 | 计算用水碳减排 | 运行 |
| | 非传统水源 | 7.2.13 | 7.2.8 | 间接 | 电力 | 计算用水碳减排 | 运行 |
| 施工 | 土建工程与装修工程一体化设计及施工 | 4.1.3、7.2.14 | 5.2.4、9.2.7 | 隐含 | 材料 | — | 施工 |
| | 建材运输距离，采用预拌混凝土和预拌砂浆 | 7.1.10 | 5.2.10 | 隐含/直接 | 材料碳源/化石燃料 | 计算建材和运输碳减排 | 施工 |
| | 绿色施工和管理 | 9.2.8 | 9.2.4、9.2.5 | 间接/直接 | 材料/电力/化石燃料 | 计算施工碳减排 | 施工 |
| | 绿色拆除技术 | — | 9.2.3 | 隐含 | 材料 | — | 施工 |
| 管理 | 制定节约运行制度和材料归档 | 6.2.10 | 10.1.1、10.2.2、10.2.6 | 间接/直接 | 电力/化石燃料 | — | 运行 |
| | 节约运行 | 6.2.12 | 10.2.4、10.2.7、10.2.8、10.2.12、11.2.10 | 间接/直接 | 电力/化石燃料 | — | 运行 |
| | 绿色教育宣传和实践机制 | 6.2.13 | 10.2.5 | 间接/直接 | 电力/化石燃料 | — | 运行 |
| 其他 | 建筑碳排放计算分析 | 9.2.7 | 11.2.9 | — | 材料/电力/化石燃料 | 计算建筑总体碳减排 | 全寿命期 |
| | 金融服务和保险 | 9.2.9 | 11.2.10 | — | 材料/电力/化石燃料 | — | 全寿命期 |
| | 其他技术 | 9.2.10 | 11.2.13 | — | 材料/电力/化石燃料 | — | 全寿命期 |

综上，两部标准通过基本规定、控制项、评分项和创新项等多层次设置了碳减排相关要求，涉及规划、建筑、结构、暖通空调、电气、给水排水、室内设计、施工以及运营管理等多专业的碳减排措施。

**（二）减碳效果**

“进行建筑碳排放计算，采取措施降低单位建筑面积碳排放强度”一直是绿色建筑评价标准、既有建筑绿色改造评价标准所要求和鼓励的。在“双碳”目标确定前，已发布和实施的各类建筑节能、可持续生态建筑设计和评价标准中，《绿色建筑评价标准》GB/T 50378 是我国第一个关注并提出建筑碳排放要求的标准。建筑碳排放计算涵盖了建筑设计评价（预评价）和建筑运行评价两个阶段，在设计阶段的计算，可以帮助建筑设计人员优化设计策略和选材，而在运行阶段的计算，则能够为物业持有方和管理机构提供一个新的环保评价维度，从而优化设备运行和物业服务。通过绿色建筑标识评价，促进了建筑碳排放计算的实施和发展，为当下探讨绿色建筑整体减碳效果积累了可信的案例和数据。

1. 新建建筑

本文统计了 6 个采用 GB/T 50378—2019 评价获得绿色建筑标识的项目，包括居住建筑 3 个，以及交通建筑、学校建筑、办公建筑各 1 个，分别位于寒冷地区、夏热冬冷地区和严寒地区，总面积共计 41.43 万 $m^2$（表 3）。

经计算，6 个绿色建筑标识项目每年运行碳排放总量为 10906.08$tCO_2/a$，其中居住建筑每年碳排放为 3153.75$tCO_2/a$，单位面积年均碳排放为 14.13$kgCO_2/(m^2 \cdot a)$，比全国平均值的 29.02$kgCO_2/(m^2 \cdot a)$[11] 降低 51.3%；公共建筑每年碳排放为 7511.40$tCO_2/a$，单位面积年均碳排放为 29.90$kgCO_2/(m^2 \cdot a)$，比全国平均值的 60.78$kgCO_2/(m^2 \cdot a)$ 降低 50.8%。通过绿色技术应用，6 个项目碳排放均取得一定的降低，如表 3 所示。每年碳减排可达 3788.75$tCO_2$，其中居住建筑每年碳减排为 1607.70$tCO_2/a$，单位面积年均碳减排为 6.81$kgCO_2/(m^2 \cdot a)$；公共建筑每年碳减排为 2181.050$tCO_2/a$，单位面积年均碳减排为 22.86$kgCO_2/(m^2 \cdot a)$。

**GB/T 50378—2019 标识项目碳减排计算**　　**表 3**

| 编号 | 项目名称 | 建筑类型 | 星级 | 碳减排率 |
|---|---|---|---|---|
| 1 | 深圳蛇口邮轮中心 | 公共建筑 | 三星 | 20.00% |
| 2 | 中新生态城十二年制学校 | 公共建筑 | 三星 | 28.00% |
| 3 | 上海朗诗绿色中心 | 公共建筑 | 三星 | 22.00% |
| 4 | 上海市青浦区徐泾镇徐南路北侧 08-02 地块商品房项目 | 居住建筑 | 三星 | 44.98% |
| 5 | 南京丁家庄二期（含柳塘）地块保障性住房项目 | 居住建筑 | 三星 | 35.12% |
| 6 | 南京朗诗钟山绿郡花园 4-11 号 | 居住建筑 | 二星 | 17.30% |

2. 既有建筑

本文统计了采用GB/T 51141—2015评审的12个公共建筑绿色改造项目，包括商场、医院、办公等类型，设计标识10个、运行标识2个，总面积共计65.18万$m^2$。经计算，改造前12个公共建筑每年运行总碳排放为54131.21t$CO_2$/a，单位面积年均碳排放83.05kg$CO_2$/（$m^2$·a）；改造后，年均每年总碳排放为31434.05t$CO_2$/a，单位面积年均碳排放为48.23kg$CO_2$/（$m^2$·a）；每年碳减排总量为22697.16t$CO_2$/a，单位面积年均碳减排为34.82kg$CO_2$/（$m^2$·a）。因为既有建筑的建设年代、改造范围、基础条件等不一致，12个公共建筑项目的碳减排率从6.64%到65.00%，平均年均碳减排率为41.93%，如表4所示。

**GB/T 51141—2015标识项目碳减排计算** **表4**

| 编号 | 项目名称 | 星级 | 碳减排率 |
| --- | --- | --- | --- |
| 1 | 北京大兴大悦春风里 | 设计二星 | 26.14% |
| 2 | 麦德龙东莞商场 | 设计三星 | 21.00% |
| 3 | 广州海珠万达广场 | 设计一星 | 15.00% |
| 4 | 吉林大学中日联谊医院3号楼 | 设计一星 | 61.60% |
| 5 | 上海市胸科医院门急诊楼 | 设计一星 | 20.89% |
| 6 | 轻工业环境保护研究所办公楼 | 设计二星 | 15.10% |
| 7 | 兰州市建研大厦绿色智慧科研综合楼改造工程 | 设计三星 | 6.64% |
| 8 | 内蒙古规划院科研业务楼 | 设计三星 | 32.49% |
| 9 | 苏州供电公司劳动路生产管理用房 | 设计二星 | 12.51% |
| 10 | 宜昌建管大楼 | 设计二星 | 31.00% |
| 11 | 北京富凯大厦 | 运行二星 | 50.00% |
| 12 | 北京新盛大厦 | 运行二星 | 65.00% |

## 四、发展建议

1. 强化碳排放计算，引导低碳理念

目前，《绿色建筑评价标准》GB/T 50378—2019、《既有建筑绿色改造评价标准》GB/T 51141—2015均在修订，需要系统地建立基于设计阶段预评价和运行阶段评价的绿色建筑全生命周期碳排放计算方法，规范碳排放计算范围，提升条文的可操作性。同时，把碳排放计算分别设置为控制项、评分项和创新项，强化绿色建筑碳排放计算。

2. 提高绿色建筑的综合减碳能力，实施建筑领域碳达峰、碳中和行动

应构建绿色建筑低碳技术创新体系，提高绿色建筑的综合减碳能力。具体可包

括：增加可再生能源利用，降低建筑化石燃料供能占比；增加建筑电气化，减少建筑燃气、燃煤等一次能源的直接消耗；鼓励采用高效节能设备和系统，提升投资碳排放效益；鼓励建筑结合场地气候和地理环境、建筑类型和需求，深化被动式节能设计；鼓励相变蓄能围护结构在绿色建筑中的应用，提升建筑墙体保温、蓄热性能。

3. 提升运行维护的水平，充分发挥绿色技术效能

最新版《绿色建筑标识管理办法》要求获得绿色建筑标识的项目运营单位或业主应强化绿色建筑运行管理，在绿色建筑建设过程中可采取下列措施，有效降低运行碳排放。如：增设智能装置，并接入智慧运维平台，实现建筑的能源精细化管理；定期清洗用能设备、调整电梯等运行策略等，降低运行能耗；加强绿色教育，促进行为节能。

4. 加大对既有建筑关注，积极引导开展绿色改造

随着我国新建建筑增长速度放缓，既有建筑绿色改造将成为我国绿色建筑增长的新主力，也将成为我国建筑领域节能减碳的主力军。但是，因建设时期不同，造成建设标准、运行维护、经济水平、建材质量等不同，存在问题千差万别，在开展既有建筑绿色改造时将需要多部标准对其指导，如既有建筑现状评估，绿色改造设计、施工、检测、评价，竣工验收等。

5. 对现有标准体系梳理，丰富优化标准供给层次

绿色建筑涉及多个专业和领域，需要不同层级、专业领域的标准形成合力，共同推动其节能减碳。下一阶段，绿色建筑领域标准应深化标准化改革，建立国家标准、地方标准、团体标准立体化绿色建筑标准体系，充分发挥不同层级标准的作用，推动绿色建筑碳减排。此外，随着标准化改革的深入，绿色建筑领域的相关标准也应通过市场的筛选，淘汰使用率较低的标准，保留最有生命力的标准。

## 参考文献


[1] 中国建筑节能协会. 2021 中国建筑能耗与碳排放研究报告：省级建筑碳达峰形势评估[EB/OL]. https://mp.weixin.qq.com/s/tnzXNdft6Tk2Ca3QYtJT1Q

[2] 清华大学建筑节能研究中心. 中国建筑节能年度发展研究报告 2020 [M]. 北京：中国建筑工业出版社，2020：14-15.

[3] Douglas L S. Austin's green building program a tool for sustainable development Environmental and Conservation Services Department 206 East Ninth Street, Suite 17.102 Austin. Texas 78701 USA.

[4] WorldGBC. What is green building [EB/OL]. https://www.worldgbc.org/what-green-building.

[5] BreGroup. Breeam solutions [EB/OL]. https://bregroup.com/products/breeam/breeam-solutions/.

[6] U.S. Environmental Protection Agency, Green Building [EB/OL]. https://archive.epa.gov/greenbuilding/web/html/about.html.

[ 7 ] GBCA. What is green building? [EB/OL]. https://new.gbca.org.au/about/what-green-building/
[ 8 ] 张彦林，曾令荣，吴雪樵. 德国绿色建筑发展的几点思考［J］. 居业 2012，(6) 102-104.
[ 9 ] 绿色建筑评价标准：GB/T 50378—2019［S］. 北京：中国建筑工业出版社，2019.
[ 10 ] 世界可持续发展工商理事会，世界资源研究所. 温室气体核算体系［M］. 北京：经济科学出版社，2012.
[ 11 ] 中国建筑节能协会. 2020 中国建筑能耗与碳排放研究报告：建筑全过程碳排放核算与碳中和情景预测［EB/OL］. https://www.cabee.org/site/content/24021.html.

# 高性能外墙发展现状及展望

杨玉忠　孙立新　张昭瑞　杨寒羽　赵　矗　郭向勇
（中国建筑科学研究院有限公司　建科环能科技有限公司）

我国建筑节能发展始于20世纪80年代，其规划以建筑节能设计标准为依托，以80年代典型建筑为基准，逐步实现建筑节能率30%、50%、65%、75%的"四步走"。"十二五"以来，我国积极探索以超低能耗建筑、近零能耗建筑为代表的高性能建筑，经工程实践逐渐形成以国家标准《近零能耗建筑技术标准》GB/T 51350—2019[1]为核心的高性能建筑标准体系。2020年9月22日，习近平主席在第75届联合国大会强调：中国将提高国家自主贡献力度，采取更加有力的政策和措施，二氧化碳排放力争2030年前达到峰值，努力争取2060年前实现碳中和。我国建筑领域所面临的能耗总量和强度快速上升的趋势将会给未来的全社会用能总量控制和碳排放达峰带来巨大挑战。截至2018年，我国建筑规模总量约636亿$m^2$，建筑领域商品能耗9.93亿t标准煤，二氧化碳排放总量21.26亿t（图1）。

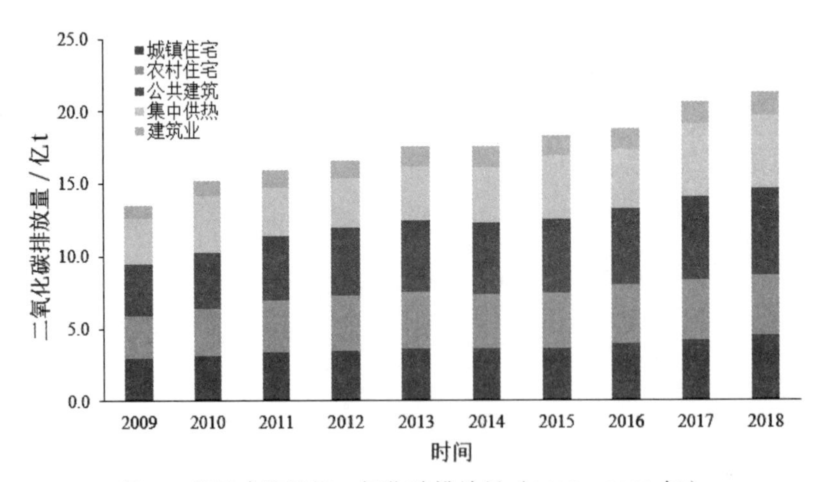


图1　我国建筑运行二氧化碳排放量（2009—2018年）

数据来源：根据能源排放因子及分品种能源消费总量测算得到，其中电力和集中供热归入间接排放。

2021年，《建筑节能与可再生能源利用通用规范》GB 55015—2021[2]颁布，要求新建居住建筑和公共建筑平均设计能耗水平应在2016年执行的节能设计标准的基础上分别降低30%和20%，碳排放强度平均降低40%。2022年6月30日，住房和城乡建设部、国家发展改革委《关于印发城乡建设领域碳达峰实施方案的通知》

文件中明确提出“2030 年前严寒、寒冷地区新建居住建筑本体达到 83% 节能要求，夏热冬冷、夏热冬暖、温和地区新建居住建筑本体达到 75% 节能要求，新建公共建筑本体达到 78% 节能要求。推动低碳建筑规模化发展，鼓励建设零碳建筑和近零能耗建筑”。“双碳”目标下，建筑节能降碳要求进一步提升，高性能建筑的推广和发展是我国实现“双碳”目标的重要途径。高性能外墙作为实现高性能建筑的核心关键和重要基础，直接影响“双碳”目标的实现。

## 一、发展现状

### （一）外墙性能指标与技术要求

随着建筑节能标准要求的不断提升和超低能耗、近零能耗建筑的逐步推广，近年来，对外墙的热工限值要求也有了显著提升。以近年来颁布的国家建筑节能相关标准中寒冷地区居住建筑外墙的传热系数限值最高要求为例，当建筑体形系数＞0.3 或层数≤ 3 时，热工性能要求变化如表 1 所示。

寒冷地区居住建筑外墙传热系数变化　　表 1

| 标准名称 | 发布时间 | 节能率 | 传热系数限值 /［W/（$m^2$ • K)］ |
|---|---|---|---|
| 《民用建筑节能设计标准（采暖居住建筑部分）》JGJ 26—95 | 1995 | 50% | 0.55 |
| 《严寒和寒冷地区居住建筑节能设计标准》JGJ 26—2010 | 2010 | 65% | 0.45 |
| 《严寒和寒冷地区居住建筑节能设计标准》JGJ 26—2018 | 2018 | 75% | 0.35 |
| 《建筑节能与可再生能源利用通用规范》GB 55015—2021 | 2021 | 75% | 0.35 |
| 《近零能耗建筑技术标准》GB/T 51350—2019 | 2019 | 90% | 0.15—0.20 |

为了保证近零能耗建筑的能耗指标要求，《近零能耗建筑技术标准》GB/T 51350—2019[1] 不仅提高了门窗的气密性要求，还增加了建筑气密性检测，要求建筑外墙气密层应连续并包围整个外墙，外墙应进行气密性专项设计并详细说明细部节点的气密性措施等，针对外墙、外门窗及其遮阳设施、屋面、地下室和地面的热桥也给出了详细的规定。

### （二）保温体系发展

1. 外保温系统发展现状

外保温系统起源于 20 世纪 40、50 年代的欧洲，经过 70 多年的工程实践，以 EPS、岩棉薄抹灰系统为主的外保温系统在欧洲得到了快速发展和广泛应用。现阶段，我国建筑外保温系统主要包括粘贴保温板薄抹灰外保温系统、胶粉聚苯颗粒保温浆料外保温系统、EPS 板现浇混凝土外保温系统、EPS 钢丝网架板现浇混凝土外保温系统、胶粉聚苯颗粒浆料贴砌 EPS 板外保温系统、现场喷涂硬泡聚氨酯外保温系统等 [3] 传统外保温系统以及近年来逐步推广的保温装饰一体板外保温系统 [4]。

目前，市场上主流系统主要为粘贴保温板薄抹灰外保温系统。根据2020年京津冀地区节能建筑保温系统类型分布的调研，常规节能建筑中粘贴保温板薄抹灰外保温系统的占市场的88%，而近零能耗建筑当中的薄抹灰外保温体系更高，占据了94%，如图2所示。可以看出，现阶段高性能建筑仍然在沿用传统节能建筑结构体系与保温体系的技术路线，以薄抹灰建筑保温系统为绝对主体，保温装饰一体板体系等新型构造体系相对应用较少。

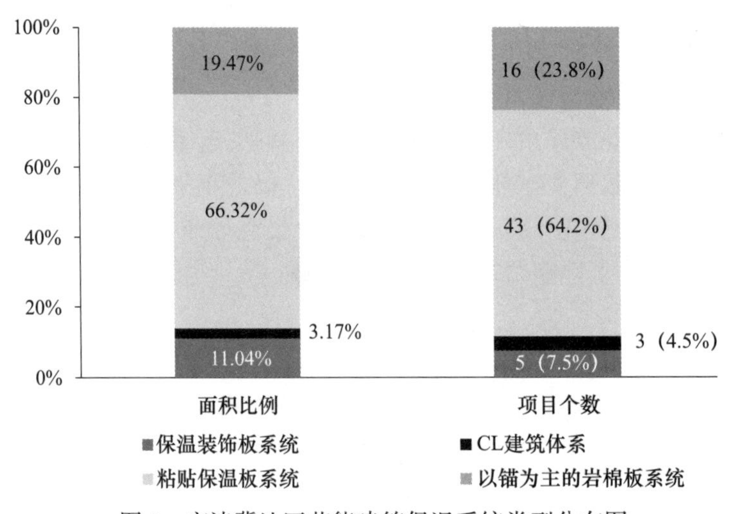


图2　京津冀地区节能建筑保温系统类型分布图

2. 内保温系统发展现状

内保温系统具有造价低且施工方便等特点，因此我国外墙保温工程初期主要采用保温浆料内保温系统。我国常用内保温系统有保温板薄抹灰保温系统、复合板内保温系统、保温砂浆内保温系统、喷涂硬泡聚氨酯内保温系统、保温材料龙骨固定内保温系统等[5]。由于内保温系统不利于彻底消除热桥，目前北方地区节能建筑中应用已经很少，在南方外墙热工性能要求不高的地区内保温系统还占一定市场份额。在高性能建筑当中，内保温系统应用也较为少见。

3. 保温结构一体化发展现状

保温结构一体化集保温功能与围护功能于一体，可实现保温系统与主体结构设计使用同寿命、耐火极限高、杜绝脱落等要求，符合国家建筑节能、墙体改革等建筑工业化政策，近年来逐渐在建筑中开始应用。保温结构一体化种类繁多，可根据构造方式大致分为现浇混凝土内置保温体系（三明治体系）、免拆模板厚抹灰保温体系、免拆模板薄抹灰保温体系等。

现浇混凝土内置保温体系，是以工厂制作的焊接钢丝网架保温板为保温层，两侧浇筑混凝土后形成的结构自保温墙体。该技术体系更成熟可靠，有行业标准《内置保温现浇混凝土复合剪力墙技术标准》JGJ/T 451—2018[6]可依，同时与《建筑设计防火规范》GB 50016—2014[7]更加契合。目前，该体系拉结件多为金属制品，热桥影响大，同时该体系的楼板、门窗洞口、挑板等位置易造成热桥，处理难度高。钢丝网架对混凝土流动性有较高要求，通常需选用自密实混凝土或细石混凝土。

免拆模板厚抹灰保温体系，是以外模复合保温板为永久性外模板，内侧浇筑混凝土，通过连接件将外模复合保温板与混凝土牢固连接在一起，外侧再做厚抹灰找平层（25mm 胶粉聚苯颗粒浆料或无机保温砂浆）、抗裂抹面层（内置耐碱玻纤网）所形成的复合墙体保温系统。该体系湿作业生产，工艺环节多，养护时间长，占地面积大，免拆模板存在拼缝过大、漏浆、破损等常见问题。胶粉聚苯颗粒或无机保温砂浆找平，质量不稳定，找平层易开裂甚至脱落。

免拆模板薄抹灰保温体系，是免拆模板厚抹灰的升级体系，以外模复合保温板（AB 板）为永久性外模板，内侧浇筑混凝土，通过连接件将外模复合保温板与混凝土牢固连接在一起，外侧只做抗裂抹面层（内置耐碱玻纤网）薄抹灰找平的复合墙体保温系统。同样存在湿作业生产，工艺环节多，养护时间长，占地面积大，以及免拆模板存在拼缝过大、漏浆、破损等常见问题。同时，薄抹灰找平，对模板施工要求较高。

随着保温结构一体化体系在工程实践中的不断应用，该体系也逐渐暴露出施工复杂、质量不易控制等缺点，且系统的安全性、热工性能和对火反应等缺乏体系性验证，有待深入研究。

**（三）保温材料发展现状**

目前，外墙中保温材料主要包括以下几种：

1）有机保温材料，如 EPS、XPS、PU、PF 等；

2）无机保温材料，如岩棉、玻璃棉、发泡陶瓷、发泡水泥等；

3）复合保温材料，如岩棉复合聚氨酯等。

2022 年欧洲外保温年会报告表明，欧洲外保温系统（ETICS）中保温材料主要为 EPS 和岩棉，其中法国占比为 78% 和 19%；德国占比为 48.6% 和 27.6%（图 3）。

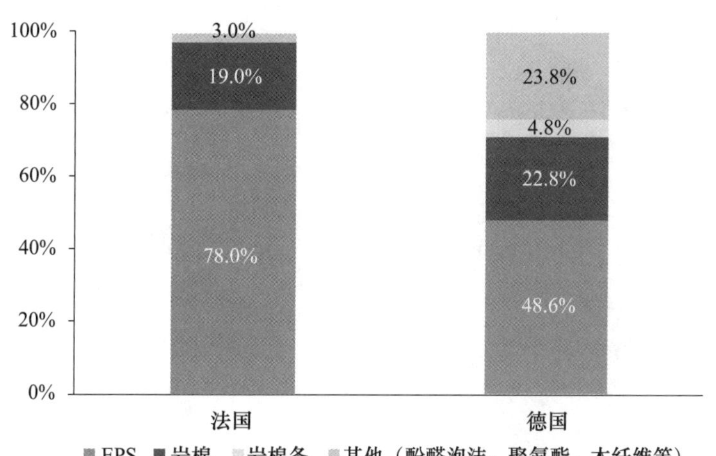


图 3　欧洲外保温系统常用保温材料

根据外保温系统与内保温系统销售分布的调研，我国外保温系统主要采用 EPS 系统和岩棉系统，分别占比 53% 和 32%，其余保温系统占 15%。在内保温系统中，B1 级挤塑板+纸面复合石膏板系统与 B1 级 039 级苯板+纸面复合石膏板系统为当前工程应用中主流系统，分别占比 52% 与 33%（图 4）。

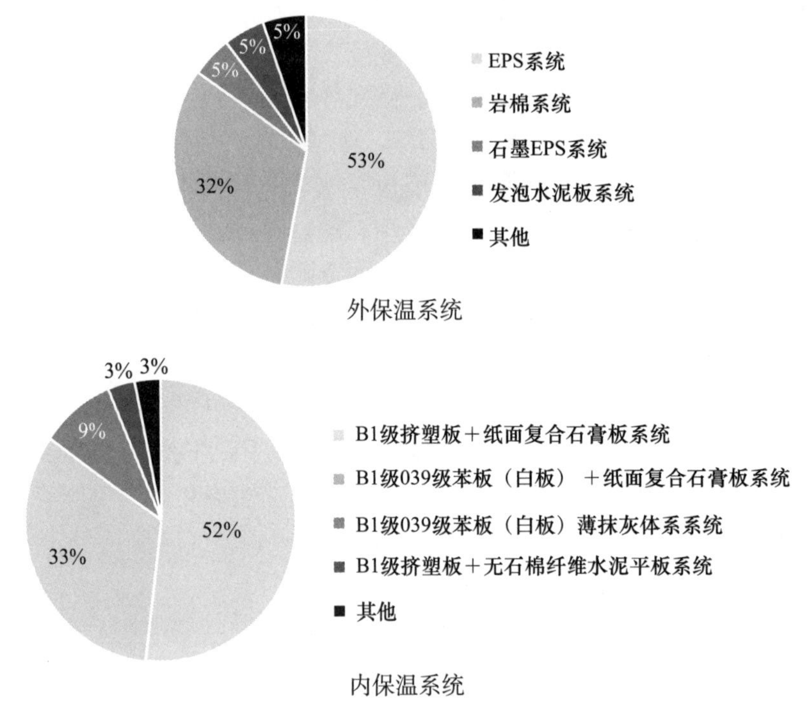


图 4　外保温系统与内保温系统常用保温材料

针对节能建筑中保温材料的使用情况，根据调研，京津冀地区节能建筑中 EPS 类仅占 15%，岩棉则占据了近 44%，挤塑板占 25%，其他材料占 16%（图 5）。

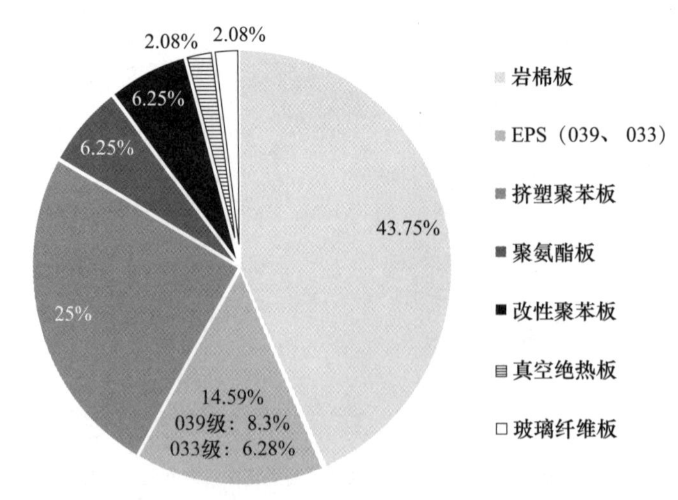


图 5　京津冀地区节能建筑保温材料类型分布

随着建筑节能要求的提高及防火要求的提升，工程中对于兼具更优防火性能和更低导热系数的保温材料需求更加迫切。近年来涌现了一批兼具防火和绝热的新型保温材料，真空绝热板（VIP）通过提高保温板内部真空度并充填绝热芯材实现保温绝热效果，该产品导热系数比传统保温材料降低一个数量级，可达 0.004W/（m·K）左右[8]。但在实际建筑工程中，产品中心区域与板边区域的性能差异、拼缝的热桥效应等对热工性能造成了明显的影响，且材料真空度衰减等耐久性、构造安全性问题还需进一步研究。此外，应用于航空航天等领域的气凝胶也成了新型建筑保温材料，该产品作为一种新型纳米多孔材料，具有低密度、阻燃、绝热等优点，平均温度 25℃下导热系数低于 0.025W/（m·K）[9]。当前，气凝胶在外墙保温工程的应用形式主要表现为气凝胶玻璃、气凝胶板材、气凝胶毡、气凝胶混凝土等。但在实际工程中，气凝胶毡厚度仅能达到 20mm，无法满足高性能外墙热工性能要求，适用构造及其安全性、节能性也需长期性、系统性研究和验证。

**（四）质量问题分析**

伴随着外墙保温体系的发展，一些问题也逐渐显露出来，尤其是近年外墙保温空鼓、脱落及失火事故时有发生，仅可查情况下，2018 年至 2020 年 8 月，全国外墙保温工程脱落问题达 500 多件。

外墙保温作为一个整体系统，导致脱落的原因复杂多样，是内外多种因素耦合共同作用的结果，并非单一因素作用造成，与设计、材料、施工三方面因素紧密相关。设计方面，由于行业标准和地方政策杂乱，良莠不齐，设计单位可能存在图集引用不当、缺乏节点细节设计以及饰面体系选择不当等问题。材料方面，由于保温系统涉及材料众多，材料的性能、品质多样，可能存在未按标准采购质量合格的材料以及选择不恰当保温材料等问题。施工方面，主要表现为施工工艺不按照规范执行，如基层不达标、粘结面积及厚度不足、锚栓使用不正确、网格布的铺网与搭接方式不对、防护面层处理不当、忽略细节部位施工、施工气候条件合不合理、压缩工期等。

**（五）政策现状**

2016 年，国家发展改革委、住房城乡建设部《关于印发城市适应气候变化行动方案的通知》文件首次明确提出“积极发展被动式超低能耗绿色建筑，通过采用高效高性能外墙保温系统和门窗，提高建筑气密性……”截至 2022 年 8 月，除香港、澳门特别行政区和台湾省外，我国其他一级行政区累计出台 285 项政策文件推动低能耗建筑发展，不同地区针对高性能外墙发展更是提出了多样的政策方向。北京市发布《北京市“十四五”时期住房和城乡建设科技发展规划》文件，提出开展高性能外墙材料创新研究，研发满足建筑更节能和更安全要求的一体化复合材料。天津市提出容积率奖励方案，明确被动式超低能耗建筑项目外墙外保温厚度超过 7cm 所增加的部分不计算建筑面积。重庆市拟出台标准《被动式低能耗建筑围护结构建筑构造》。

外墙保温工程中，薄抹灰外保温系统应用比例最大，但由于近年市场、材料、施工等原因，空鼓、脱落及失火事故时有发生。2017 年，河南省开封市发布《关于限制使用岩棉板薄抹灰外墙保温系统的通知》，明确限制使用岩棉板薄抹灰外墙外保温系统。2020 年，上海市《关于公布〈上海市禁止或者限制生产使用的用于建设工程的材料目录（第五批）〉的通知》明确提出“施工现场采用胶结剂或锚栓以及两种方式组合的施工工艺外墙外保温系统，禁止在新建、改建、扩建的建筑工程外墙外侧作为主体保温系统设计使用（保温装饰复合板除外）。”此外，重庆、湖南、河北以及河南开封等地也明确禁止或限制薄抹灰外墙外保温系统。

## 二、趋势分析

### （一）“双碳”目标对不同气候区高性能外墙的需求影响分析

外墙保温系统在我国建筑节能工作中发挥了重要的作用，因此建筑节能的未来仍将坚持被动节能措施优先原则。严寒寒冷地区重点应在最大化提升建筑外墙性能基础上，强调“高保温、高断热及高气密性”的要求。夏热冬冷地区、夏热冬暖地区、温和地区应首先最大限度合理控制保温隔热层厚度，以降低空调能耗为主，兼顾供暖能耗。充分利用自然通风、天然采光、遮阳与隔热措施，适度提高外墙保温及外围护结构气密性，最大幅度降低建筑终端用能需求。

“双碳”目标下，高性能外墙不仅应满足地域气候需求，更应考虑不同保温材料、保温系统、结构体系的碳排放差异，控制要点从能耗单核控制变为“能碳”双核控制。

从建筑全生命周期的角度，外墙碳排放应计入建材生产、建材运输、建造施工、拆除废弃过程中的碳排放与建筑使用过程中因节省运行能耗而减少的隐含碳排放，并应考虑不同保温系统的设计使用寿命对建筑全生命周期碳排放量产生的影响。

### （二）保温材料中 HBCD 阻燃剂禁限对工程应用的影响及发展趋势

HBCD 阻燃剂作为一种新型持久性有机污染物，具有持久性、长距离迁移性、生物蓄积性等特点，对人类和环境构成潜在的长期危害。2016 年 7 月，第十二届全国人大常委会第二十一次会议审议批准《〈关于持久性有机污染物的斯德哥尔摩公约〉新增列六溴环十二烷修正案》，明确规定 2021 年 12 月 25 日后禁用含 HBCD 阻燃剂的建筑保温材料。事实上，HBCD 阻燃剂广泛应用于有机保温材料，特别是我国主流保温材料 EPS 和 XPS 中。根据现有资料，EPS 和 XPS 的替代阻燃剂以溴系阻燃剂为主，主要为溴化聚合物和甲基八溴醚。其中溴化聚合物具有质量稳定、工艺稳定、热稳定性好、不存在生态毒性等优点，但成本高、生产工艺存在较大调整。甲基八溴醚成本较低、生产工艺调整较小且各厂家产品质量存在差异，一定程度影响工艺稳定性。HBCD 阻燃剂生产企业、应用企业转产过程中的工艺与技术问题和新型保温板材的产品技术性能还有待一一解决和验证。

### （三）高性能建筑外墙构造应用研发趋势

我国超低、近零能耗建筑经过近10年发展，形成国家标准《近零能耗建筑技术标准》GB/T 51350—2019[1]，逐步建立适合我国国情地域特点的技术体系。“十四五”期间，我国要进行近零能耗建筑的规模化发展，完成5000万 $m^2$ 以上的建设量。超低、近零能耗建筑和装配式建筑是我国建筑业发展的必然趋势，构筑具有安全耐久、保温隔热、防火防水等性能优异的装配式超低、近零能耗建筑外墙围护体系，是实现新型建筑工业化、实现建筑高质量发展以及“双碳”重大战略目标的重要途径。目前，装配式超低能耗建筑高性能外墙体系的研发及应用已涉及组成材料、制品、构造、体系等多方面，并向多功能化、集成化、新型建筑工业化方向发展。将超低、近零能耗建筑外墙节能体系与装配式外墙技术有效融合，是加速建筑节能与建筑结构领域的协同创新、实现装配式超低能耗建筑高质量发展的决定性途径。

## 三、发展建议

### （一）技术建议

国内外保温材料繁多，现已建立起系列产品及应用标准，并向高效保温兼顾不燃方向发展。装饰材料在国内外发展已趋于成熟，并向耐久及功能方向发展，其中辐射致制冷涂料已完成致制冷机理、实现途径研究，并向提高致制冷效率及耐久方向发展。保温连接件作为夹心制品重要构成材料，综合考虑其力学和保温性是该类产品研究方向。

### （二）管理建议

由于行业现状，目前我国建筑保温材料及体系品种类型整体繁多，外墙保温系统构造做法复杂多样，应根据保温体系特点，结合地域气候和产业条件及实际工程特点进行科学选择。现阶段外保温出现质量安全问题，虽有一部分是外保温系统自身的原因，但更多的是因为市场供应混乱、材料不达标、施工工艺不按照规范执行等原因，因此需组织研究和加强“工程供应安全自律办法”和“施工现场质量控制提升”等类似的措施，提升工程质量短板。

### （三）政策性建议

外墙保温尤其是薄抹灰外墙外保温系统技术经欧洲超过50年、我国超过30年的工程实践证明和验证，其标准体系完善，构造做法相对合理成熟，市场应用广泛。因此对薄抹灰保温外墙外保温系统应加快完善工程质量监测体系，避免“一刀切”情况的发生。针对新保温体系及材料，不应匆忙推广应用，需要进行基础性、科学性和系统性的研究，甚至包括产业产能等方面的全面评估，先小众示范再大众推广，避免新体系的不科学性和风险性。此外，完善行业标准、地方政策，有利于在设计阶段选择正确的保温体系，提高外墙的节能性与耐久性。

## 参考文献

[1] 中国建筑科学研究院有限公司．近零能耗建筑技术标准：GB/T 51350—2019．北京：中国建筑工业出版社，2019.

[2] 中华人民共和国住房和城乡建设部．建筑节能与可再生能源利用通用规范：GB 55015—2021．北京：中国建筑工业出版社，2022.

[3] 住房和城乡建设部科技与产业化发展中心．外墙外保温工程技术标准：JGJ 144—2019．北京：中国建筑工业出版社，2019：14-22.

[4] 中国建筑科学研究院有限公司．建筑外墙外保温装饰一体板：T/CECS 10104—2020．北京：中国标准质检出版社，2020.

[5] 中国建筑标准设计研究院．外墙内保温工程技术规程：JGJ/T 261—2011．北京：中国建筑工业出版社，2011：21-29.

[6] 郑州市第一建筑工程集团有限公司．内置保温现浇混凝土复合剪力墙技术标准：JGJ/T 451—2018．北京：中国建筑工业出版社，2018.

[7] 中华人民共和国住房和城乡建设部．建筑设计防火规范：GB 50016—2014（2018）．北京：中国计划出版社，2018.

[8] 中国建筑科学研究院．建筑用真空绝热板应用技术规程：JGJ/T 416—2017．北京：中国建筑工业出版社，2017：4.

[9] 南京玻璃纤维研究设计院有限公司．纳米孔气凝胶复合绝热制品：GB/T 34336—2017．北京：中国标准出版社，2017：3.

# 既有政策驱动下实现建筑碳达峰的不同技术组合减碳潜力预测比较研究

张时聪　王　珂　陈　曦　杨芯岩　徐　伟
（中国建筑科学研究院有限公司　建科环能科技有限公司）

2020 年 9 月，习近平主席提出我国二氧化碳排放力争 2030 年前达到峰值，努力争取 2060 年前实现碳中和。建筑部门的碳排放核算范围与控制目标是支撑建筑实现双碳目标的重要基础性工作。清华大学建筑节能中心提出了我国建筑能耗与碳排放的界定与核算方法 [1]。蔡伟光 [2] 分析了建筑碳排放核算体系对碳达峰、碳中和目标实现的必要性。潘毅群 [3] 等人分析了既有研究中的建筑碳排放计算模型，采用 CBCEM 模型提出了减碳路线及响应目标。徐伟 [4-6] 等人提出了我国建筑碳达峰和碳中和战略的目标与实现路径。随着减排目标逐渐清晰，越来越多的学者关注到技术措施和组合方式对建筑减碳的作用，包括新建建筑能效提升 [7]、低碳清洁取暖 [8]、可再生能源应用 [9, 10]、建筑节能改造 [11] 和合理控制建筑规模等。

上述研究大多基于假设情景，随着各部门相关减排政策不断出台，政策的执行将会对建筑运行碳排放产生不同程度的影响。本文建立了建筑部门主要政策减碳综合影响评估模型，量化了关键技术措施对碳排放量的影响，得出政策推动下的关键技术措施减碳潜力，并分析了技术情景组合下的峰值范围及减碳贡献。

## 一、建筑减碳政策分析

### （一）已出台政策文件

本文研究对象为建筑运行阶段全部碳排放，建筑运行阶段碳排放包含直接排放、间接电力排放与间接热力排放。表 1 给出了“双碳”目标提出后颁布的与建筑运行减碳相关的主要政策及其影响范围，政策主要分为顶层设计、能源规划和标准提升三种类型。顶层设计类主要为国家部委发布的指导性政策文件，大多提出技术方向，未给出明确指标。能源规划类文件由国家能源局发布，包括对电网的可再生能源装机规划及分布式光伏发展目标，对新建建筑、既有建筑的电力排放均会产生影响。

建筑减碳主要政策汇总表　　表 1

<table>
<tr><th rowspan="3">政策类型</th><th rowspan="3">主要文件 / 发文机构 / 发文日期</th><th rowspan="3">核心指标 / 技术措施</th><th colspan="6">碳排放影响范围</th><th rowspan="3">参考文献</th></tr>
<tr><th colspan="3">新建建筑碳排放</th><th colspan="3">既有建筑碳排放</th></tr>
<tr><th>直接排放</th><th>电力排放</th><th>热力排放</th><th>直接排放</th><th>电力排放</th><th>热力排放</th></tr>
<tr><td rowspan="5">顶层设计</td><td rowspan="5">政策文件 1：《中华人民共和国国民经济和社会发展第十四个五年规划和 2035 年远景目标纲要》/ 中央人民政府 /2021 年 3 月 12 日<br>政策文件 2：《关于完整准确全面贯彻新发展理念做好碳达峰碳中和工作的意见》/ 中共中央 国务院 /2021 年 9 月 22 日<br>政策文件 3：《2030 年前碳达峰行动方案》/ 国务院 /2021 年 10 月 26 日<br>政策文件 4：《"十四五" 建筑节能与绿色建筑发展规划》/ 住房和城乡建设部 /2022 年 3 月 11 日<br>政策文件 5：《减污降碳协同增效实施方案》/ 七部委联合印发 /2022 年 6 月 17 日<br>政策文件 6：《城乡建设领域碳达峰实施方案》/ 住房和城乡建设部、国家发展改革委 /2022 年 7 月 13 日</td><td>技术措施 1：超低能耗建筑推广</td><td>Y</td><td>Y</td><td>Y</td><td></td><td></td><td></td><td rowspan="5">[12-15]</td></tr>
<tr><td>技术措施 2：集中供暖热源转型</td><td></td><td></td><td>Y</td><td></td><td></td><td>Y</td></tr>
<tr><td>技术措施 3：光储直柔</td><td></td><td>Y</td><td></td><td></td><td>Y</td><td></td></tr>
<tr><td>技术措施 4：既有建筑节能改造</td><td></td><td></td><td></td><td>Y</td><td>Y</td><td>Y</td></tr>
<tr><td>技术措施 5：建筑电气化</td><td>Y</td><td>Y</td><td></td><td>Y</td><td>Y</td><td></td></tr>
<tr><td rowspan="3">能源规划</td><td>中国可再生能源发展有关情况发布会 / 能源局 /2022 年 1 月 28 日</td><td>2025 可再生能源装机占比超过 50%</td><td></td><td>Y</td><td></td><td></td><td>Y</td><td></td><td>[16]</td></tr>
<tr><td>《"十四五" 现代能源体系规划》/ 国家发展改革委、国家能源局 /2022 年 3 月 22 日</td><td>2025 非化石能源发电量比重达到 39%</td><td></td><td>Y</td><td></td><td></td><td>Y</td><td></td><td>[17]</td></tr>
<tr><td>《国家能源局综合司关于报送整县（市、区）屋顶分布式光伏开发试点方案的通知 / 能源局》/ 能源局 / 2021 年 6 月 20 日</td><td>党政机关屋顶总面积可铺设比例不低于 50%，学校、医院等不低于 40%，工业厂房不低于 30%，农村居民屋顶不低于 20%</td><td></td><td>Y</td><td></td><td></td><td>Y</td><td></td><td>[18]</td></tr>
<tr><td>标准提升</td><td>关于发布国家标准《建筑节能与可再生能源利用通用规范》的公告 / 住房和城乡建设部 /2021 年 9 月 8 日</td><td>2022 年 4 月 1 日起实施 GB 55015—2021，新建建筑碳排放强度平均降低 $7kgCO_2/(m^2 \cdot a)$</td><td>Y</td><td>Y</td><td>Y</td><td>Y</td><td>Y</td><td>Y</td><td>[19]</td></tr>
</table>

## （二）技术措施渗透率分析

### 1. 电碳因子降低

电碳因子受电网的清洁能源装机容量和发电量影响。2017—2021 年可再生能源发电量由 26.4% 增长至 29.8%，发电量远低于装机量占比的增长速度，主要因为可再生能源发电小时数远低于火电机组。按近五年增长速度预测作为基准情景，2025 年清洁能源装机量能够实现装机占比超过 50% 的目标，但发电比例不足 35%，2050 年达到 50%，与“双碳”目标提出前各研究机构对电网清洁化发展的预期一致[20-22]。

双碳新目标下，可再生能源将变为能源电力消费增量的主体，可再生能源装机占比提升的同时，利用小时数也会相应提高，《“十四五”现代能源体系规划》提出 2025 年非化石能源发电达到 39%。同时，目前电网规划目标中，最快为 2030 年可再生能源发电量占比达 50%。在双碳目标驱动下，本文考虑 2030 年发电量提升至 42%—50% 三种情况。

2. 节能标准提升

强制性节能标准通过降低建筑单位面积的用能需求来减少由能源消耗引起的碳排放。住房和城乡建设部于 2021 年发布国家标准《建筑节能与可再生能源利用通用规范》GB 55015—2021，标准已于 2022 年 4 月开始正式实施。由于我国建筑节能标准对于建筑能效数据口径有明确规定，计算标准提升带来的节能量需与现有标准口径保持一致。居住建筑能耗计算范围为建筑供暖和空调用能，公共建筑为供暖空调和照明用能。

3. 建筑光伏推进

《“十四五”建筑节能与绿色建筑发展规划》提出全国新增建筑太阳能光伏装机容量 0.5 亿 kW 以上。2021 年 6 月，国家能源局下发《国家能源局综合司关于报送整县（市、区）屋顶分布式光伏开发试点方案的通知 / 能源局》，将进一步推动建筑光伏应用。“十五五”末累计新增达到 1 亿—2 亿 kW 三种安装规模，年均装机为 12—25GW。

4. 超低能耗建筑推广

超低能耗建筑在中央系列文件中被列为城乡建设领域实现碳达峰的重要任务。根据《“十四五”建筑节能与绿色建筑发展规划》，将建成 0.5 亿 $m^2$ 超低 / 近零能耗建筑。同时考虑江苏省率先提出的 2025 年新建建筑全面按照超低能耗建筑设计建造的目标，将会带动长三角等地的爆发式增长，因此本文设置“十四五”期间建成 0.5 亿—2 亿 $m^2$ 超低 / 近零能耗建筑，“十五五”期间建成 2 亿—20 亿 $m^2$ 超低 / 近零能耗建筑。

5. 集中供暖热源转型

我国北方已有城镇集中供暖面积超过 150 亿 $m^2$，未来发展方向是由低碳甚至零碳能源替代燃煤和天然气。以热电联产和工业余热作为集中供热的清洁热源具有明显的经济优势，且能够保障供热效果和安全。根据《2030 年前碳达峰行动方案》，清洁供暖以推动热电联产及工业余热为主。

6. 既有建筑节能改造

我国“十二五”期间年均建筑节能改造量约 1.5 亿—2 亿 $m^2$，“十三五”时期约

3000 万—4000 万 $m^2$[21]，“十四五”规划提出截至 2025 年完成既有建筑节能改造 3.5 亿 $m^2$，预计 2022—2030 每年改造量达到 1 亿 $m^2$。

## 二、关键技术措施减碳潜力评估方法

### （一）计算模型

研究首先对已发布的主要政策进行分析，评估在不同政策执行力度下各项关键技术措施的减碳潜力，以“双碳”目标提出前的发展趋势与政策执行后的碳排放差值评估技术措施的影响作用，并基于各项技术的叠加效果，提出实现达峰目标的技术组合情景，量化分析综合影响下的峰值范围与各项技术措施减碳贡献（图 1）。

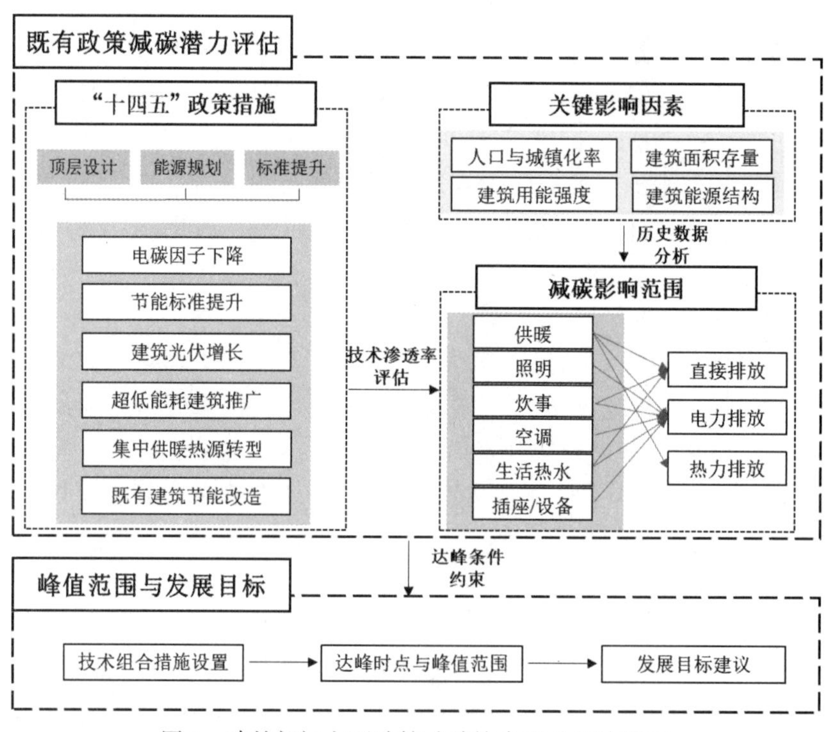


图 1　建筑部门主要政策减碳综合影响评估模型

### （二）基准情景

建筑部门的碳排放和人口与城镇化率、建筑面积、建筑用能强度、建筑用能结构的发展紧密相关。人口数量和分布是影响能源排放最基本、最核心的因素。本文人口数据的预测来自国家统计局第 7 次人口普查数据 [23] 和中国人民大学翟振武团队 [24] 的研究成果。建筑面积的未来发展规模基于前期研究成果 [5]，并根据最新数据对建筑面积存量模型进行修正。

建筑能耗强度与能源结构历史数据选自清华大学建筑节能研究中心编写的年度发展系列报告（2007—2021 年）[25]，历史数据分析见前期研究成果 [5]。建筑能耗强度的发展与建筑节能标准的实施具有较强相关性，我国建筑节能标准经历了从无到节能 65% 的跨越，既有建筑存量由采用不同节能标准建造的建筑组成，对未来各项终端用能的综合能耗强度应采用不同节能标准能耗强度指标与其在建筑存量中的比例加权平均计算。以统计年鉴中新建建筑面积的竣工量[26]与住房和城乡建设部给出的既有建筑拆除率[21]进行核算，我国节能建筑占比 61.38%。估算结果与《“十四五”建筑节能与绿色建筑发展规划》（63%）相近。各项终端用能的判断基于对历史数据趋势的分析和用能习惯综合进行设定，基准情景下建筑用电比例会逐渐提升，但不会实现全面电气化，对于北方供暖，能源以清洁燃煤转型为主（表 2）。

人口与建筑面积发展预测　　表 2

| | | 2020 | 2035 | 2060 | 参考文献 |
|---|---|---|---|---|---|
| 人口与城镇化率 | 人口数量 / 亿人 | 14.12 | 14.35 | 12.47 | [23] |
| | 城镇化率 /% | 63.39 | 72 | 80 | |
| 建筑面积 / 亿 $m^2$ | | 698 | 878 | 816 | [26] |

## 三、技术组合综合影响研究

### （一）达峰时点与峰值范围

本节以“双碳”目标提出后出台的各项政策为基础，以 2030 年前碳达峰为约束条件，提出不同技术组合情景。由于强制性节能标准提升、集中供暖热源转型、既有建筑节能改造的未来发展确定性较强，因此其 2030 年发展目标在不同技术组合情景中设定值相同，对其他措施，提出超低能耗建筑推广、建筑光伏推进与控制建筑规模三种主要技术措施组合情景（表 3）：

技术组合情景（2022—2030）　　表 3

| 技术情景 | 新建建筑规模 | 建筑光伏增长 | 超低能耗建筑推广 | 节能标准提升 | 集中供暖热源转型 | 既有建筑节能改造 |
|---|---|---|---|---|---|---|
| 组合 1 | 187 亿 $m^2$ | 1 亿 kW | 20 亿 $m^2$ | 2022 年新建建筑执行《建筑节能与可再生能源利用通用规范》GB 55015—2021，2032 年新建建筑执行超低能耗建筑标准 | 清洁热源比例超过 80%（热电联产、燃气供热、工业余热与各类热泵） | 每年完成既有建筑节能改造 1 亿 $m^2$ |
| 组合 2 | 187 亿 $m^2$ | 2 亿 kW | 2 亿 $m^2$ | | | |
| 组合 3 | 150 亿 $m^2$ | 1 亿 kW | 2 亿 $m^2$ | | | |

（1）技术组合情景 1：规模化推广超低能耗建筑，建成超低 / 近零能耗建筑 20 亿 $m^2$，建筑光伏装机 1 亿 kW。

（2）技术组合情景 2：加速光伏装机铺设，建筑光伏装机 2 亿 kW，建成超低能耗建筑 2 亿 $m^2$。

（3）技术组合情景 3：控制建筑规模，建筑光伏装机 2 亿 kW，建成超低能耗建筑 2 亿 $m^2$。

根据提升建筑部门自主贡献的原则，本节计算了上述三种技术情景组合方式在基准电网与本文提出的三种清洁电网情况下建筑部门达峰时点与峰值排放范围（图 2，图中各点表示不同组合下的达峰时间和峰值，并标注出所有组合情景下峰值上限和下限），达峰时间范围为 2026 年至 2032 年，峰值排放为 24.74 亿—27.41 亿 t $CO_2$，当电网维持基准发展时，建筑部门依靠建筑节能减排工作可将达峰时间控制在 2031—2032 年，在三种电碳因子降低的发展趋势下，碳排放达峰时间均可控制在 2030 年以前，且在同一电碳因子发展趋势下，三种技术组合情景碳排放峰值相差低于 2%，均可作为实现达峰目标的技术路径。

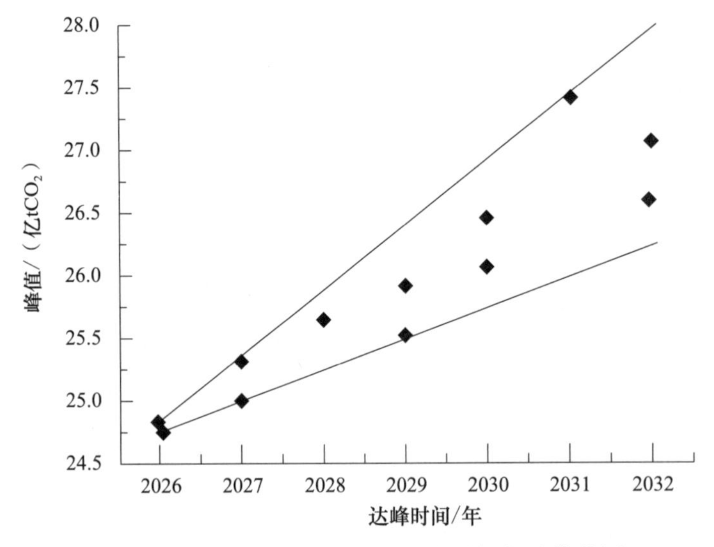


图 2　不同技术组合情景下的达峰时间与峰值范围

## （二）技术措施减碳贡献

图 3 给出了各项技术措施在上述 9 种能够满足达峰目标技术组合情景中的减碳贡献范围，其中强制性节能标准提升的贡献率最大，在不同电碳因子发展趋势、不同技术情景组合下，对 2030 年实现碳达峰目标的贡献率为 13.8%—27%，其后依次为建筑光伏推进、集中供暖热源转型、既有建筑节能改造和超低能耗建筑推广。

表 4 给出了 9 种情景下各技术的减碳贡献值，节能标准提升、建筑光伏推进、集中供暖热源转型、既有建筑节能改造和超低能耗建筑推广均为建筑部门节能减排工作，在 9 种技术组合情景下的建筑自主贡献分别为 42.5%—74.5%，对应电碳因子降低的贡献为 57.5%—25.5%。在三种电碳因子发展趋势下，技术组合情景 2 均为建筑部门自主减碳贡献最大的组合方式，主要因为建筑光伏的大面积铺设可以快速替代电力消耗产生的碳排放量。

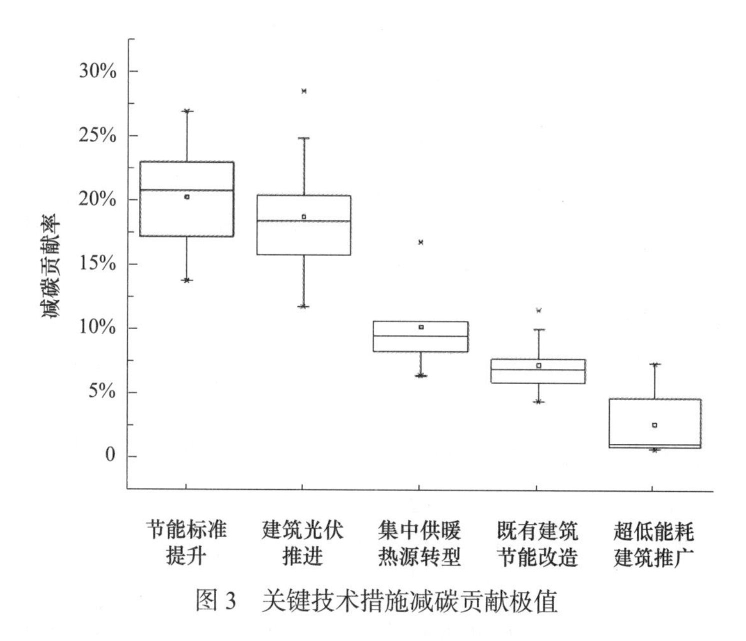


图 3　关键技术措施减碳贡献极值

关键技术措施减碳贡献　　表 4

| | 电碳因子发展情景 I | | | 电碳因子发展情景 II | | | 电碳因子发展情景 III | | |
|---|---|---|---|---|---|---|---|---|---|
| | 组合 1 | 组合 2 | 组合 3 | 组合 1 | 组合 2 | 组合 3 | 组合 1 | 组合 2 | 组合 3 |
| 节能标准提升 | 27.0% | 23.9% | 22.2% | 23.1% | 20.8% | 18.7% | 17.2% | 16.0% | 13.8% |
| 建筑光伏推进 | 18.5% | 28.6% | 20.4% | 15.8% | 25.0% | 17.3% | 11.8% | 19.2% | 12.7% |
| 集中供暖热源转型 | 10.6% | 9.5% | 16.8% | 9.1% | 8.3% | 14.2% | 6.8% | 6.4% | 10.5% |
| 既有建筑节能改造 | 6.9% | 11.5% | 7.6% | 5.9% | 10.0% | 6.5% | 4.4% | 7.7% | 4.8% |
| 超低能耗建筑推广 | 7.4% | 1.0% | 1.3% | 6.3% | 0.9% | 1.1% | 4.7% | 0.7% | 0.8% |
| 电碳因子降低 | 29.6% | 25.5% | 31.6% | 39.9% | 35.0% | 42.2% | 55.2% | 50.0% | 57.5% |

## 四、结论

本文分析了影响建筑碳排放的各项政策措施，形成了建筑部门主要政策减碳综合影响评估模型，量化了各项政策建筑碳排放的影响，得出以下主要结论：

（1）对应本文中提出的 9 种技术组合情景，达峰时间为 2026 至 2030 年，峰值范围为 24.74 亿—26.44 亿 t$CO_2$；以 2030 年达峰为目标，受电碳因子发展趋势的影响，建筑部门自主减碳贡献率为 42.5%—74.5%，对应电碳因子降低的贡献为 57.5%—25.5%。

（2）以“十四五”出台政策为基础、2030 年前碳达峰为约束，结合电碳因子下降趋势，建筑运行阶段碳排放峰值控制在 26.5 亿 t$CO_2$ 以下，主要发展目标包括：清洁供暖比例超过 80%，既有建筑节能改造 9 亿 $m^2$，建筑电气化比例超过 65%，加速推动超低能耗建筑与建筑光伏的规模化发展。

## 参考文献


[1] 胡姗，张洋，燕达，等. 中国建筑领域能耗与碳排放的界定与核算 [J]. 建筑科学，2020，36 (S2)：288-297.

[2] 蔡伟光. 完善建筑领域碳排放核算体系 [J]. 施工企业管理，2021 (12)：38-39.

[3] 潘毅群，梁育民，朱明亚. 碳中和目标背景下的建筑碳排放计算模型研究综述 [J]. 暖通空调，2021，51 (7)：37-48.

[4] 徐伟，倪江波，孙德宇，等. 我国建筑碳达峰与碳中和目标分解与路径辨析 [J]. 建筑科学，2021，37 (10)：1-8 + 23.

[5] 张时聪，王珂，杨芯岩，等. 建筑部门碳达峰碳中和排放控制目标研究 [J]. 建筑科学，2021，37 (8)：189-198.

[6] 中国建筑节能协会. 中国建筑能耗研究报告 2020 [J]. 建筑节能 (中英文)，2021，49 (2)：1-6.

[7] Shicong Zhang, Xinyan Yang, Wei Xu, et al. Contribution of nearly-zero energy buildings standards enforcement to achieve carbon neutral in urban area by 2060 [J]. Advances in Climate Change Research,2021, 12 (5): 734-743.

[8] 袁闪闪，陈潇君，杜艳春，等. 中国建筑领域 $CO_2$ 排放达峰路径研究 [J]. 环境科学研究，2022，35 (2)：394-404.

[9] 姚春妮，侯隆澍，马欣伯，等. 碳达峰目标下太阳能光热和浅层地热能建筑应用中长期发展目标预测研究 [J]. 建设科技，2021 (11)：36-38 + 43.

[10] 郝斌. 建筑“光储直柔”与零碳电力如影随形 [J]. 建筑，2021，23：27-29.

[11] 龙惟定，梁浩. 我国城市建筑碳达峰与碳中和路径探讨 [J]. 暖通空调，2021，51 (4)：1-17.

[12] 中华人民共和国国民经济和社会发展第十四个五年规划和 2035 年远景目标纲要 [EB/OL]. (2021-03-12) [2022-03-12]. http://www.gov.cn/xinwen/2021-03/13/content_5592681.htm.

[13] 关于完整准确全面贯彻新发展理念做好碳达峰碳中和工作的意见 [EB/OL]. (2021-09-22) [2022-03-22]. http://www.gov.cn/zhengce/2021-10/24/content_5644613.htm.

[14] 国务院印发《2030 年前碳达峰行动方案》[EB/OL]. (2021-10-26) [2022-02-22]. http://www.gov.cn/xinwen/2021-10/26/content_5645001.htm.

[15] “十四五”建筑节能与绿色建筑发展规划 [EB/OL]. (2022-03-01) [2022-03-22]. https://www.mohurd.gov.cn/gongkai/fdzdgknr/zfhcxjsbwj/202203/20220311_765109.html.

[16] 国家能源局. 国家能源局举行新闻发布会发布 2021 年可再生能源并网运行情况等并答问 [EB/OL]. (2022-01-28) [2022-03-22]. http://www.gov.cn/xinwen/2022-01/29/content_5671076.htm.

[17] 国家发展改革委，国家能源局. 关于印发《“十四五”现代能源体系规划》的通知 [EB/OL]. (2022) [2022]. https://www.ndrc.gov.cn/xxgk/zcfb/ghwb/202203/t20220322_1320016.

html?state=123&code=&state=123.

[ 18 ] 国家能源局. 国家能源局综合司关于公布整县（市、区）屋顶分布式光伏开发试点名单的通知 [ EB/OL ].（2021）[ 2022 ]. http://zfxxgk.nea.gov.cn/2021-09/08/c_1310186582.htm.

[ 19 ] 关于发布国家标准《建筑节能与可再生能源利用通用规范》的公告 [ EB/OL ].（2021-10-13）[ 2022-02-22 ]. https://www.mohurd.gov.cn/gongkai/fdzdgknr/zfhcxjsbwj/202110/20211013_762460.html.

[ 20 ] 清华大学建筑节能研究中心. 中国建筑节能年度发展研究报告 [ M ]. 北京：中国建筑工业出版社，2018.

[ 21 ] 梁俊强. 建筑领域碳达峰碳中和实施路径研究 [ M ]. 北京：中国建筑工业出版社，2021.

[ 22 ] 北极星风力发电网. 预计到 2025 年可再生能源发电量占全社会用电量比重将达 32% 左右 [ EB/OL ].（2019-11-26）[ 2022-03-22 ]. https://news.bjx.com.cn/html/20191128/1024445.shtml.

[ 23 ] 国家统计局. 第七次全国人口普查公报解读 [ EB/OL ].（2021-05-12）[ 2022-03-22 ]. http://www.stats.gov.cn/tjsj/sjjd/202105/t20210512_1817336.html.

[ 24 ] 翟振武，李龙，陈佳鞠. 全面两孩政策下的目标人群及新增出生人口估计 [ J ]. 人口研究，2016，40（4）：35-51.

[ 25 ] 清华大学建筑节能研究中心. 中国建筑节能年度发展研究报告 [ M ]. 北京：中国建筑工业出版社，2020.

[ 26 ] 国家统计局. 中国统计年鉴 [ M ]. 北京：中国统计出版社，2020.

# 高效空调制冷机房关键技术研究与发展思考

曹　勇　于晓龙　毛晓峰　丁天一　崔治国　岑　悦
（中国建筑科学研究院有限公司　建科环能科技有限公司）

2019 年 6 月，国家发展改革委、工业和信息化部、财政部等七部委联合印发《绿色高效制冷行动方案》，方案中提到要“大幅度提高制冷产品能效标准水平，主要制冷产品能效限值达到或超过发达国家能效准入要求，一级能效指标达到国际领先”。《方案》要求到 2030 年，大型公共建筑制冷能效提升 30%，制冷总体能效水平提升 25% 以上，绿色高效制冷产品市场占有率提高 40% 以上，实现年节电 4000 亿 kWh 左右。建设高效空调制冷机房，实施绿色高效制冷行动，是提高能效、推进生态文明建设的必然要求，也是扩大绿色消费、推动制冷产业转型升级高质量发展的有效举措，更是积极应对气候变化、深度参与全球环境治理的重要措施。

## 一、高效机房发展现状

近些年，高效空调制冷机房的概念在国内日渐得到认可，高效空调制冷机房的基本逻辑是绿色、节能、高效、精细化。空调制冷机房的高效化，对于减少能源资源消耗、推动城乡建设领域碳达峰碳中和具有重要的现实价值和意义，符合当前社会经济发展需要及趋势，是暖通空调行业转型升级的机遇与挑战。经过对我国各类建筑空调制冷机房现状的调研，发现我国制冷机房当前在发展过程中存在着一些严重的不足：

（1）能效水平长期处于较低水平。经过对包括办公、医院、地铁站、机场、商业综合体等众多项目的调研，绝大多数项目冷源系统全年能效比在 3.0 左右，能效水平极为低下，同国际能效领先水平相比亟须提高。

（2）关键技术发展面临重要瓶颈。因设计、建造、设备、运维等方面长期存在“系统匹配及协调性差”“数字化及智慧化技术程度低”“高效设备与系统整体集成性弱”“全过程高效机房标准体系缺失”等问题，导致制冷机房发展面临着瓶颈难题。

（3）标准化体系建设亟须完善。多年来，我国节能标准主要围绕着建筑整体制定，针对高效机房的专门标准一直较为欠缺，导致长期以来高效制冷机房发展“无法可依”。

目前有许多业内相关单位提出了具体的解决方案，并在实际项目中进行了应用。研究的热点多从制冷机房设备升级、系统优化设计、运行策略优化和控制策略优化几个方面入手，但目前这些解决方案多数仅研究了其中某一方面的技术，高效空调制冷机房的实现需要一整套从设计、建造到运维全过程的技术体系，并且需要完整的标准体系作为支撑[1]。

## （一）高效空调制冷机房标准体系建设

近年来，我国高效空调制冷机房发展迅猛，行业内急需系列相关的技术标准体系，以规范高效空调制冷机房行业的发展。如表1所示，针对高效制冷机房，已从设计、施工、调适、运维、检测、评价以及产品方面进行了全过程的标准编制。

高效空调制冷机房技术标准体系建设　　表1

| 方面 | 标准名称 |
| --- | --- |
| 总体技术评价 | 《高效空调制冷机房评价标准》T/CECS 1100—2022 |
| 技术规程 | 《高效制冷机房技术规程》T/CECS 1012—2022 |
| 一体化产品 | 《机电一体化装配式空调冷冻站》T/CECS 10102—2020 |
| 绿色建材 | 《绿色建材评价控制与计量设备》T/CECS 10063—2019 |
| 能效检测 | 《空调冷源系统能效检测标准》T/CECS 549—2018 |
| 绿色运维 | 《绿色建筑运行维护技术规范》JGJ/T 391—2016 |

在总体技术评价方面，2022年发布了《高效空调制冷机房评价标准》T/CECS 1100—2022，对高效空调制冷机房建设运维全流程标准化评价进行了规定，该标准可作为划分空调制冷机房冷源系统性能等级的评价工具。

在技术规程方面，编制并发布了《高效制冷机房技术规程》T/CECS 1012—2022，对高效空调制冷机房的定义、系统设计、设备与材料、施工与安装、调试与验收、运行与维护、运行评价等方面进行了详细的内容规范。

在一体化产品方面，《机电一体化装配式空调冷冻站》T/CECS 10102—2020于2020年发布，该标准对冷冻站内的设备及控制系统作了较为全面的规定，建立了机电一体化装配式空调冷冻站的体系，有效推动了建筑工业化中空调系统“集成化”和“一体化”及空调冷冻站机房的运行管理标准化。

在绿色建材应用方面，《绿色建材评价 控制与计量设备》T/CECS 10063—2019适用于控制与计量设备的绿色建材评价，评价的设备形式包括冷热量表、数字控制器、数字采集器和建筑能源监控系统，为高效空调制冷机房的控制与计量设备的评价提供了参考。

在系统能效检测方面，于2018年发布了《空调冷源系统能效检测标准》T/CECS 549—2018。该标准针对冷源系统，从测试工况、测试流程、数据处理等方面对空调冷源系统能效测试方法进行规定。

在绿色运维方面，编制了《绿色建筑运行维护技术规范》JGJ/T 391—2016，对新建、扩建和改建的绿色建筑的综合效能调适和交付、系统运行、设备设施维护、运行维护管理等方面作出了相应的要求。

## （二）高效空调制冷机房技术应用

1. 基于 BIM 的一体化空调机房设计

空调制冷机房设备数量多、管线密集而复杂，不仅有工艺专业的冷水管道、冷却水管道，还有大量强弱电线缆，管道与设备连接点多，管道附件多，合理排布各种管道是制冷机房设计的一项重要工作，占据机房设计工作量的 80% 以上。建筑信息化模型（BIM）技术在高效空调制冷机房设计中能够发挥重要的作用，BIM 技术可以直观地表达各管线的空间关系，为设计人员优化管线与附件布置提供有力支撑，有利于建筑专业进行平面布置，节约土建投资。BIM 技术的应用为进行管线流程优化、降低系统阻力提供了便利。设计人员可以在模型中方便、直观地调整管道流程、优化管道连接方式、优化附件布置，从而显著降低系统阻力，节约输送能耗，为实现高效空调制冷机房目标提供了有力支持[2]。

制冷机房 BIM 模型内置大量设备性能数据，包括冷水机组、水泵、冷却塔等主要设备的性能参数，弯头、阀门、过滤器等各类附件的技术参数。通过基于 BIM 的专业应用工具开发，可以进行 BIM 数据集成优化应用，将冷源系统作为一个整体进行优化，集成设备与系统性能数据、统筹优化设备选型，实现冷源系统能效最优。设计流程如图 1 所示，应用工具如图 2 所示。

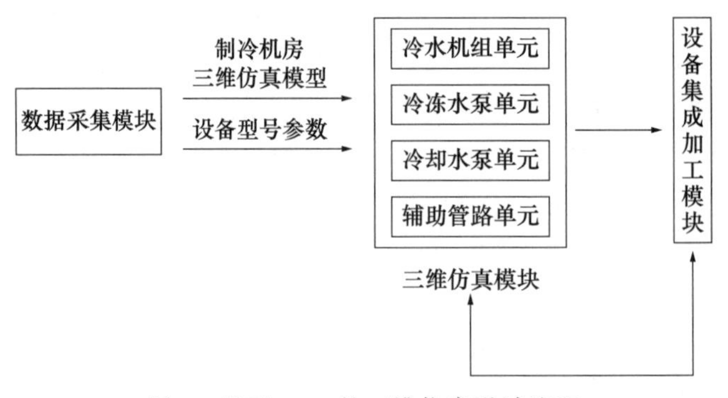


图 1　基于 BIM 的三维仿真设计流程

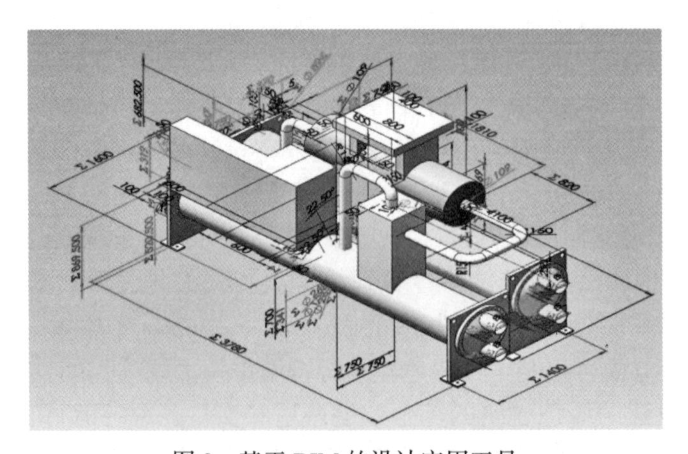

图 2　基于 BIM 的设计应用工具

BIM 技术应用为制冷机房集成建设提供了可能。通过标准化的模块设计和精细化的模块内部装配设计，可以将机房安装工程分解为若干标准化模块，标准化模块在工厂预制完成，现场仅需连接少量接口，极大减少现场安装工作量，大大提高施工安装效率，同时提高工程质量。

2. 机房无人值守自适应管控技术

针对传统控制中的智慧不足、智能控制落地难问题，目前正逐步推广应用基于数据驱动的空调系统自适应控制技术及装置，以控制硬件为载体，以智能控制软件为核心实现高效制冷机房的无人值守自适应控制，形成集多模块于一体的无人值守控制系统与装置。

自适应控制的控制起点为负荷预测算法，预测出的负荷将作为序列控制的依据，进而提前控制制冷机组的启停及加减载，避免了采用反馈调节的系统调控过程的剧烈变化，减少反馈响应带来的波动。启停或加减载控制执行完毕，系统运行过程中会使用优化反馈控制来调节系统的运行参数（如制冷机组出水温度、水泵频率等）来维持系统的稳定及节能。自适应控制策略的预测控制环节可以实现负荷变化前的预先调节，有效避免纯粹反馈调节带来的系统大的滞后性，相对而言，预测自适应控制策略更能保证“按需供能”，实现能源节约[3]。

无人值守控制系统中内置了监测、采集、存储、报警、分析、优化等多种功能模块，利用数据驱动全动态控制技术，实现运行监测、设备管控、自适应调节、自学习优化等功能，形成感知泛在、研判多维、指挥扁平、处置高效的智慧运维体系，技术应用架构如图 3 所示。

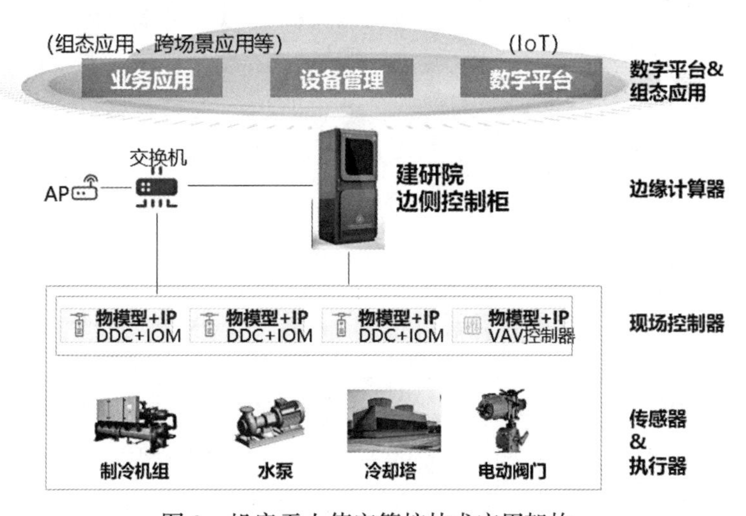


图 3　机房无人值守管控技术应用架构

3. 云边协同统一运维模式

采用“云－边－端”架构，在边缘侧对系统进行本地闭环控制，在云平台上对大量的机电系统或机房进行统一管理，实现系统的故障诊断和二次调优，最终实现系统的迭代升级和逐步优化。构建多方向的上层云服务，统筹一定区域内的建筑运维系统，实现纵向管理，横向对比的深度管控，进一步提高管理的科学性和可持续性。如图 4 所示，采用多网融合的方式，以边端无人值守实现智慧运维，以云端 AI 驱动实现服务输出，开创建筑能源系统运行服务新模式，为建筑领域双碳目标的实现提供支撑[4]。

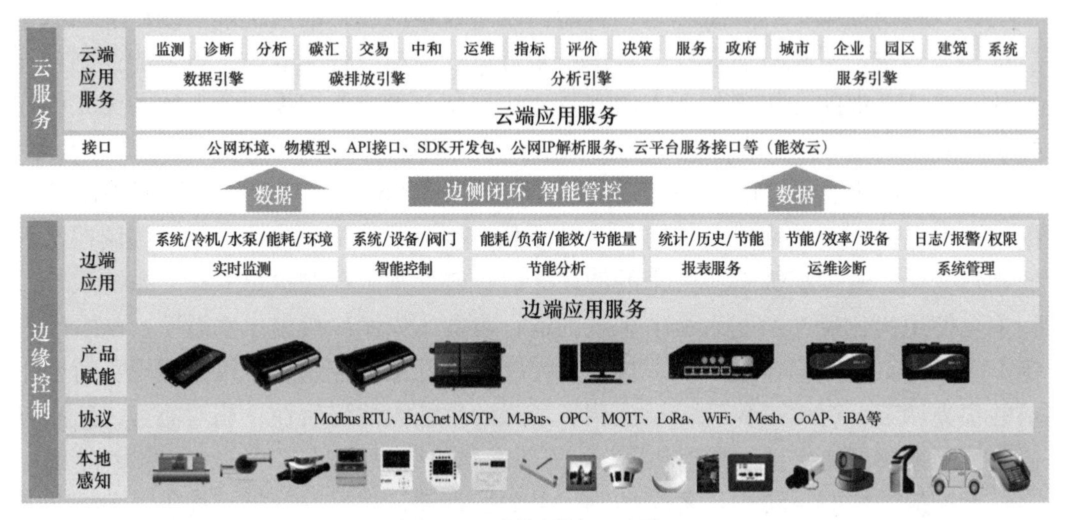

图 4　云边协同统一运维

在云服务侧，利用云上智能 AI 算法和大数据分析能力，全面发掘数据价值，打造建筑能源数据管理知识库，运用专家系统输出报表、分析结果和决策建议，优化控制策略，实现系统的全过程持续优化与升级。通过云服务模式，使数据在云端自由流动，将能效管理专家经验流程化、服务化，实现多建筑系统的统一运营；通过平台和应用的边云协同部署，实现多个系统的统一运营；通过融合系统管理的专家经验完成故障定界与诊断，实现系统的高效运维；通过 AI 训练和推理完成能效的智能调优，实现节能减碳。

## 二、趋势分析

### （一）基于高能效的性能优化设计技术

1. 细化建筑负荷设计

以机房数字孪生为核心理念，进一步构建系统负荷关联参数数据库。基于大量的数据积累，在建筑设计图纸和建模的基础上，通过 AI 智能算法计算不同建筑全寿命期的动态负荷特性曲线，对部分负荷分布特征进行分析。细化负荷设计示意如图 5 所示[5]。

2. 深化设备选型设计

数字孪生的高效空调制冷机房仿真优化设计系统，将进一步服务于空调制冷机房高效设备的选型和匹配工作、优化的设备及管路系统安装工作。

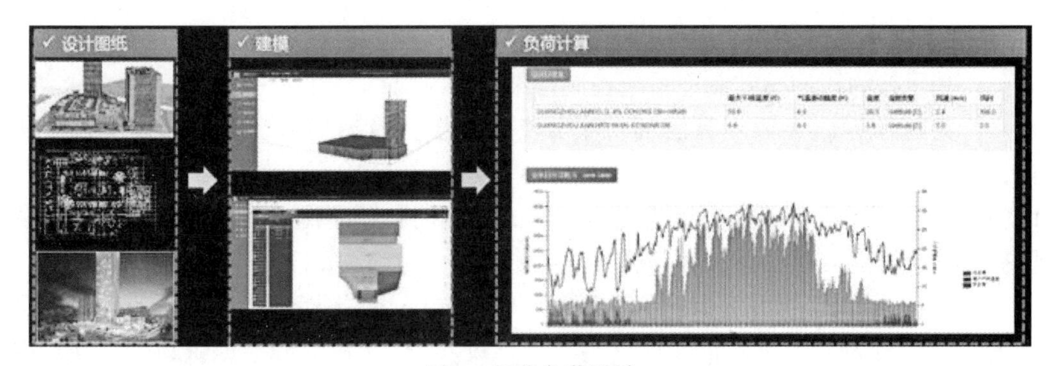


图 5　细化负荷设计

3. 优化输配系统设计

对系统进行详细水力计算，准确控制设备、阀组及管路压降，保证设备间水力平衡和系统管路水力平衡，降低空调冷水泵和冷却水泵的能耗值。

4. 强化系统模型设计

对空调制冷机房进行 BIM 建模，为机房管路阀组预制提供精准数据，为施工安装提供准确和直观的参考，减少现场施工及调整对系统压降的影响[6]。

**（二）基于装配式的高效并行建造技术**

1. 一体化协同设计

采用“工厂整体预制”，将传统的“串行”的工作模式，改变为“并行”的工作模式，将极大缩短现场的协调和安装周期。采用“模块化运输”和“现场拼装”，不但能够缩短现场安装时间，同时也使现场各专业之间的交叉作业工作量得到了有效降低，解决现场管理难度大的问题。

2. 标准化模数协调

基于 BIM 的模块化设计方法原理是建立在不同功能、不同专业的构件或组件基础之上，具体为：为完成建筑基于功能模块的设计，设计方根据户主提出的设计要求进行建筑方案设计，使方案具备为满足户主要求的相应建筑功能，建筑专业设计人员根据功能特征从模型库工程更容易地储存和读取每一个构件的信息；在满足相应的专业规范的前提条件下，按照一定的拓扑模型对已选择的与建筑相对应的结构、设备模型进行组合，完成各个专业的整体模型，并在 BIM 协同设计平台上将各专业模型组合形成整体模型，通过碰撞检测、相互协调及优化完成基于全专业的模型设计；根据整体模型成果，从深化构件库中选择构件，通过对建筑结构整体模型进行分解设计，完成基于生产、施工的模块设计[7, 8]。

3. 统一化标准建造

当前，国内对于统一化装配式空调制冷机房的探索方兴未艾，已经逐渐形成了涵盖检测、调适、运行、评价、产品等全流程标准，正在逐步完善高效空调制冷机房全过程标准体系。基于已有的标准体系，建设机电一体化装配式冷冻站，有效实现高效空调制冷机房智能建造集成，是当下的热点发展趋势[9]。

## （三）基于 AI 的智慧运维管控技术

1. 基于行为树的高效制冷系统控制框架

行为树作为人工智能算法的一个分支，由于其具有简单、灵活和模块化等优势，被广泛用于交互式应用软件中的智能交互对象 NPC 的行为决策。行为树可与诸多机器学习算法相结合，形成更高水平的智能控制模型框架与优化调控策略，从而提升系统智能控制的准确性与鲁棒性。

目前空调系统常用的启停控制与顺序控制方法已经不能够满足当下节能高效运行的需求，行为树的技术框架能够为空调系统实现 AI 智能调控提供新的思路。以行为树模型为基础，利用行为树模型中的节点模型，构建双层行为树控制模型。即：以系统为研究对象构建系统级的行为树控制模型，以设备为研究对象构建设备级的行为树控制模型，最终在系统级行为树控制模型框架下分别合成各子系统的设备级的行为树控制模型（图 6），从而形成完整的空调系统 AI 控制模型[10, 11, 12]。

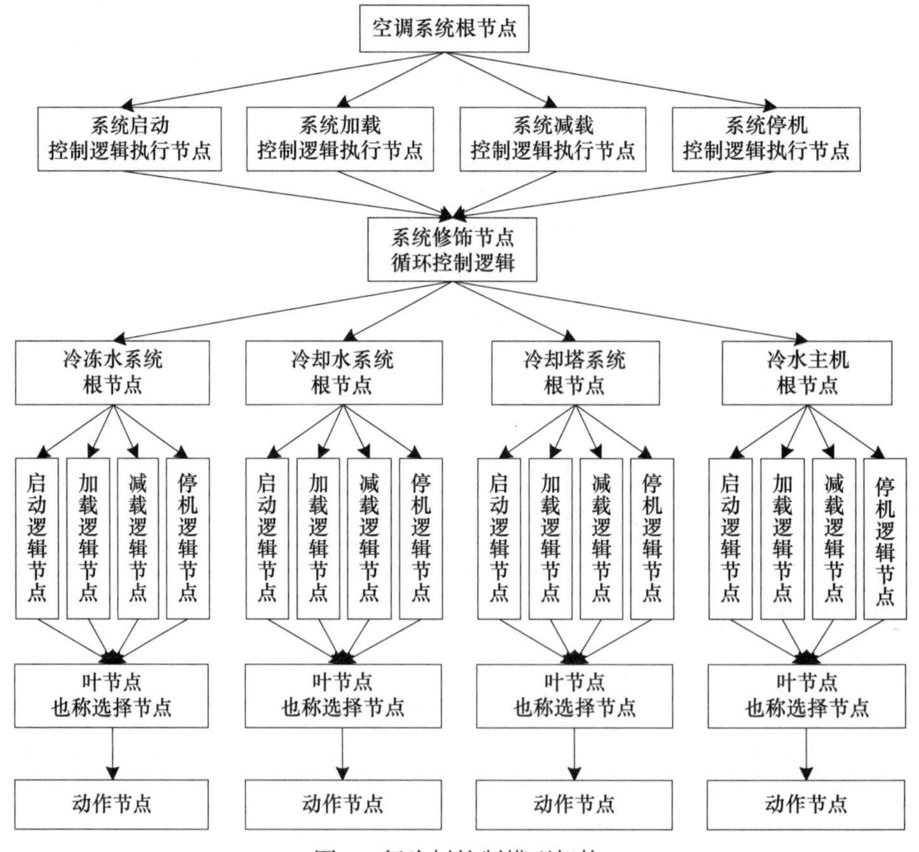


图 6　行为树控制模型架构

2. 基于数据挖掘的动态优化调控技术

空调制冷机房高效运行的关键在于系统运行和末端负荷的匹配程度，不仅要关注负荷数量变化的情况，也要关注负荷中潜热负荷的占比情况。数据挖掘技术为识别潜热负荷这种无法直接观测的参数提供了可行性解决方法，如图 7 所示为负荷特征识别模型。

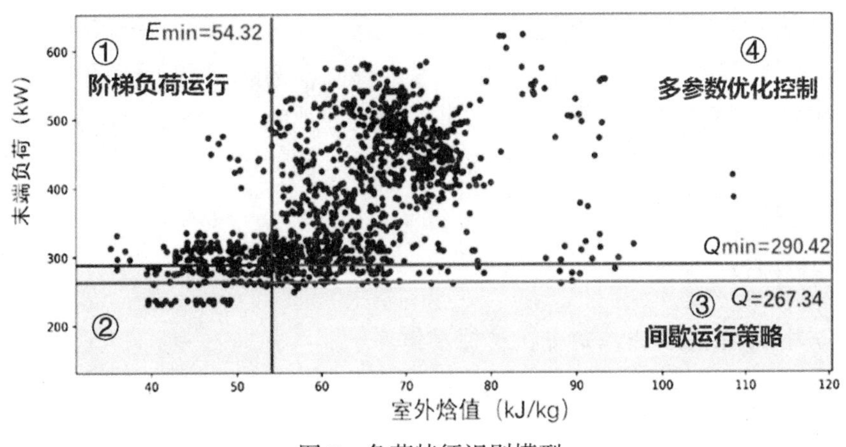


图 7　负荷特征识别模型

对于不同的负荷分区采用不同的优化方法，通过粒子群算法、关联规则挖掘方法、深度学习优化方法等实现系统运行的控制优化，并且结合负荷预测技术实现自适应预测控制 [13, 14]。

这种以负荷特征识别为基础、以制冷机房设备运行参数为要素、以系统整体运行能效为导向、以先进控制方法为手段的动态优化调控方法，能够从系统本身出发学习其中蕴含的模式、规律，挖掘系统最大的节能潜力，已经逐渐成为空调制冷机房高效化发展的趋势。

3. 数字孪生虚实交互运维技术

基于国产自主化软件 BIMBase 研发三维模型轻量化技术、BIM ＋ IOT 技术，针对现有 BIM 体系的缺陷，以及建成信息理论和逆向信息化技术的缺位，聚焦于“物理”现实状态的真实信息，将“物理”系统的反馈实时融入“信息”数据并使其与“物理”系统趋同，以期进一步实现“信息”对“物理”的模拟、预测及控制，实现数字孪生虚实交互运维技术的落地应用。

针对复杂数据处理，基于数据图谱构建的数据中台，提供接入数据的对象管理、事件管理、性能管理、架构管理等能力，同时面向业务应用场景，提供包括数据组件、设备模型库、系统模型库、2D 图标库、3D 模型库和 GIS 资源库等资源组件。数据中台与资源组件相结合为应用场景提供强大的数据支撑能力，构建万物可视的智慧运维应用，实现高效监控、有序管理和智能操控。赋能建筑能源系统的高质量管理 [15]。

4. 城市能效运营中心管理模式

城市能效运营中心的建设工作主要分为基础运营中心设施建设、运营中心平台环境研发、服务功能研发三个环节。从硬件设备到软件功能，从边侧到云端，充分考虑城市运营平台自身及配套生态环境需求，构建“云－网－边－端－用－智－安”深度融合的城市能效运营中心管理模式[16]。

运营中心设施建设环节以硬件设备及通信技术为基础，构建安全稳定云服务基本环境，实现底层基础建设，满足基础设施服务（IaaS）需要。运营中心平台环境研发环节以基本环境为载体，以计算机技术为基础，构建满足上层服务需要的集成高效开发环境，实现中层拓展建设，满足平台服务（PaaS）需要及配套生态服务需要。服务功能研发环节以开发环境为载体，以建筑低碳技术为基础，实现上层输出建设，满足软件应用服务（SaaS）需要。

## 三、发展建议

### （一）加快细化高效空调制冷机房标准体系

标准体系是引领行业发展的规范性文件，对于高效空调制冷机房来说，想要实现蓬勃、快速发展，必然要建立一套完整的、科学的、可执行的标准体系。尽管近年来已经逐渐形成了涵盖检测、调适、运行、评价、产品的全流程标准，一定程度地改善了国内外空调制冷机房标准不统一、不协调的现状，但是其中的部分标准约定的内容较为宽泛，没有形成专门针对高效空调制冷机房的全套标准体系建设成果。

因此随着高效空调制冷机房技术的发展，进一步细化、深化已有的标准体系是下一步技术发展的首要工作。如《高效空调制冷机房评价标准》T/CECS 1100—2022 中对制冷机房中运用的新技术进行了星级评价，但是缺乏对于每类新技术对应的系统建设规程与应用情况评价。在未来的发展中，建议从优化设计、标准建造、智慧运维三个方面细化完善标准体系，以实现高效建设与节能运行为首要目标，以技术先进和系统高效为评价准则，打造健全的高效空调制冷机房标准体系。

### （二）切实优化系统运行智慧高效管控技术

目前很多空调制冷机房的高效管控技术应用存在三个“单一”：单一设备的运行优化、单一环节的控制优化、单一先进技术的应用。具体来说存在以下问题：单一设备的运行优化仅能保障单个设备的高效运行，无法从全局的角度优化整个系统的能效；单一环节的控制优化仅考虑了部分运行工况，没有对所有可能出现的工况进行统筹考虑；单一先进技术的应用没有考虑到各类技术和不同系统场景之间的适应关系。另外市面上各类服务厂商技术水平参差不齐，智慧管控技术落地情况各不统一，甚至很多系统运行一段时间之后并不被本地运维人员认可，最终停止运行。

随着人工智能与各类智能算法的发展，越来越多的技术能够在暖通空调领域落地，空调制冷机房在高效管控的发展过程中要充分对比不同智能技术在不同系统场景中的适用性，选用合适的技术来保证系统全局的高效运行。通过智能算法与先进的控制技术，切实优化空调制冷机房系统的智慧运行，实现空调制冷机房的无人值守自适应管控。

**（三）加快筹建城市级高效机房运维中心**

对于多数制冷机房来说，实现机房的高效化运行主要途径是本地侧的控制系统，也就是边缘侧控制系统。这种分散式的管理模式会带来人员效率低下和运行水平参差不齐的问题，针对这种现状，国外已有较多企业开始建设基于云平台的运维中心，能够实现多个机房的统筹管理。如以西门子、施耐德、霍尼韦尔等为代表的外资企业，通常提供较为成熟的集成解决方案，但是国内在应用的过程中会遇到通信协议不开放、数据库不完全共享等技术壁垒。

在大数据技术、物联网技术和云平台技术等发展迅速的时代背景下，很多国内科技型企业逐渐具备了从 Iaas、Paas 到 Saas 的全方位云平台建设能力，为打造全国产化的城市级高效空调制冷机房运维中心带来了发展契机。在边缘侧有一定的调控效果的基础上，通过城市级运维中心对大量的制冷机房进行统一管理，利用 Saas 层应用实现横向深度对比分析，对各个制冷机房提出二次优化调控建议，实现系统的迭代升级和深度优化，进一步提高机房运维的高效性与科学性，从而实现城市整体的能效提升与智慧运维。

**（四）积极推进高效机房评价认证工作**

2022 年 7 月国家市场监督管理总局印发《“十四五”认证认可检验检测发展规划》，认证认可检验检测服务领域的不断拓展，在国民经济和社会发展各领域中得到广泛应用。在《国民经济和社会发展第十四个五年规划和 2035 年远景目标纲要》中针对实施制造强国、促进服务业繁荣发展、建设高标准市场体系、促进国际国内双循环、加快绿色转型发展等多个方面，明确了认证认可检验检测发展的目标任务。同时随着碳达峰与碳中和的国家战略实施，高效空调制冷机房作为建筑领域节能降碳的重要抓手之一，开展高效空调制冷机房的评价认证工作是一项适应我国新时期发展战略要求的举措，其建设规模、运行效果等将直接影响空调制冷系统运行能效。在此背景下，积极推进高效机房的评价认证工作，是落实评价考核机制的重要举措，也是大幅提升高效空调制冷机房标准化和规范化建设水平，促进机房建设和运维管理工作优化完善的有力抓手。因此建议未来在高效空调制冷机房建设中要逐步加大对机房的认证评价工作。

**参考文献**

[1] 韩成浩，李慧静. 浅谈国内外中央空调发展现状及发展趋势［J］. 吉林工程技术师范学院学报，2017，33（4）：88-90.

[2] 张彬. 基于 BIM 技术的建筑运营管理应用探索［D］. 成都：西南交通大学，2016.

[3] 毛晓峰，曹勇，崔治国等. 预测自适应控制技术在北京冬奥冰上项目训练基地的应用与实践［J］. 建筑科学，2022，38（4）：252-258. DOI:10.13614/j.cnki.11-1962/tu.2022.4.32.

[4] 孙跃. 大型央企云边协同建设方案及其借鉴意义分析［J］. 信息通信技术与政策，2022（3）：22-28.

［5］冯国强．高效制冷机房设计限值估算［J］．建筑监督检测与造价，2021，14（Z1）：39-42.
［6］李向东，于晓明，陈朝晖．集成式制冷机房设计与能效评价［J］．暖通空调，2021，51（S2）：36-42.
［7］张伟锐，邓玉辉，刘坡军，等．基于BIM技术的装配式高效制冷机房分析应用［J］．安装，2022（4）：72-74.
［8］刘镇，刘皓．BIM技术在装配式制冷机房智能化施工全过程中的应用［J］．施工技术（中英文），2021，50（24）：124-127.
［9］黄志鹏，赵思远，李逸骏，等．基于BIM的设备机房管道预制关键技术［J］．安装，2021（3）：12-15.
［10］张敬博，吕峒臻．基于进化行为树的智能体决策行为建模研究［J］．兵工自动化，2021，40（11）：92-96.
［11］刘瑞峰，王家胜，张灏龙，等．行为树技术的研究进展与应用［J］．计算机与现代化，2020（2）：76-82＋88.
［12］齐晓琳，吕闫，韩昳，等．基于智能体的非玩家角色智能模拟技术及在调控仿真培训中的应用［J］．现代电力，2020，37（4）：399-407.
［13］丁天一，曹勇，崔治国，等．基于数据挖掘的地铁站空调系统负荷拆分方法及控制效果验证［J］．暖通空调，2022，52（S1）：118-124.
［14］毛晓峰，曹勇，等．预测自适应控制技术在北京冬奥冰上项目训练基地的应用与实践［J］．建筑科学，2022，38（4）：252-258．DOI:10.13614.
［15］韩冬辰．面向数字孪生建筑的“信息－物理”交互策略研究［D］．清华大学，2020．DOI:10.27266.
［16］曹勇，崔治国，于晓龙．建筑智慧运营管理技术体系研究与应用［J］．建设科技，2020（16）：55-59.

# 第四篇 优化用能结构篇

2022 年，住房和城乡建设部、国家发展和改革委印发城乡建设领域碳达峰实施方案，方案要求 2030 年前，城乡建设领域碳排放达到峰值，力争到 2060 年前，城乡建设方式全面实现绿色低碳转型。优化城乡建设用能结构是方案的重要组成部分。相关要求包括推进建筑太阳能光伏一体化建设，在太阳能资源较丰富地区及有稳定热水需求的建筑中，积极推广太阳能光热建筑应用。因地制宜推进地热能、生物质能应用，推广空气源等各类电动热泵技术等。方案要求到 2025 年城镇建筑可再生能源替代率达到 8%。引导建筑供暖、生活热水、炊事等向电气化发展，到 2030 年建筑用电占建筑能耗比例超过 65%。

本篇汇总了近年来我国城乡建设用能结构调整方面的主要技术发展方向，对建筑光伏技术、低碳园区综合能源技术的发展进行了综述和发展，提出了清洁协同降碳背景下供热行业变革相关观点，对建筑电气化政策环境及电网友好型建筑指标体系进行了相关研究。在乡镇能源结构转型方面，对乡村能源基础设施低碳建设路径、农村居住建筑低碳改造和有机废弃物就地资源化处理技术进行了分析和介绍。

# 建筑光伏技术应用发展现状与展望

张昕宇　李博佳　边萌萌　王　敏　何　涛
（中国建筑科学研究院有限公司　建科环能科技有限公司）

应对气候变化，减少温室气体排放，是世界各国所面临的共同挑战，我国积极主动作为，提出2030年前碳达峰，2060年前碳中和的目标。建筑运行占我国碳排放的21%，建筑领域节能减排是实现双碳目标的重要方面，太阳能具有绿色、节能、零排放的优点，是建筑用能、农村农业用能等领域重要节能减排方式。随着国家标准《建筑节能与可再生能源利用通用规范》GB 55015—2021[1]的发布实施，建筑围护结构、机电设备性能要求进一步提高的同时，更好地利用太阳能等可再生能源满足建筑用能需求也成为建筑节能水平进一步发展提高的关键方式。

太阳能是建筑可再生能源应用的重要方式，2021年我国光伏发电新增装机功率54.88GWp，占全世界的32%[2]，伴随着成本快速下降，建筑光伏技术得到迅速发展，也成为建设领域实现双碳目标的重要技术路径。我国每年新建建筑面积约20亿$m^2$，按可安装面积为建筑面积的6%测算，每年新增分布式光伏发电系统装机容量可达18GWp，按年发电利用时数为1000h计算，每年将新增可再生能源发电量180亿kWh。建筑光伏与地面光伏电站不同，除发电以外还需考虑建筑功能、性能、安全等要求。随着技术发展，光伏与建筑结合形式由屋面简单附加安装向一体化应用方向迈进，发展出光伏屋面、光伏采光顶、光伏幕墙、光伏墙面、光伏遮阳等技术。但是相关技术研究与产品开发大多局限于光伏系统本身，而对建筑安全（例如高温起火）、节能（例如产能消纳）、功能（例如负荷与环境）等考虑较少，尚待进一步完善。

本文针对建筑光伏应用发展现状，对建筑光伏组件、光伏建筑集成设计技术、国内外相关标准规范及应用案例四方面的进展与成果进行了详细调研与分析，并提出了建筑光伏发展中需要进一步深入研究的关键技术与发展方向。

## 一、建筑光伏组件

### （一）太阳电池技术的发展

作为光伏发电系统中的核心部件，太阳电池近年来发展迅速，其光电转换效率不断提升，同时发电成本已经下降到较低的水平。截至2021年，各种太阳电池的最高光电转换效率及产业化光电转换效率如表1[3]所示。

各种太阳电池技术对比　　表 1

| 电池类型 | 最高效率 | 最高效率保持者 | 产业化效率 | 市场占有率 |
|---|---|---|---|---|
| 单晶硅 | 26.7% | 日本 Kaneka | 23.3% | 95.6% |
| 多晶硅 | 24.4% | 晶科能源（JinKo Solar） | 21.0% | |
| 非晶硅薄膜 | 14.0% | 日本产业技术综合研究所（AIST） | 12.5% | 4.4% |
| 铜铟镓硒 | 23.4% | Solar Frontier | 17.6% | |
| 碲化镉 | 22.1% | First Solar | 16.6% | |
| 新型光伏电池 | 钙钛矿 25.7% | 韩国蔚山国立科技研究所（UNIST） | — | — |

从表 1 可以看出，在各类太阳电池中，单晶硅电池技术发展最早，技术成熟度最高，目前国际上其最高光电转换效率为 26.7%。碲化镉（CdTe）电池、铜铟镓硒（CIGS）电池技术在近几年发展较快，光电转换效率不断上升，实验室光电转换效率分别达到了 22.1% 和 23.4%；与晶体硅电池相比，CdTe 薄膜电池、CIGS 薄膜电池具有弱光性好、温度系数低等优点，但整体效率较低。新型太阳电池中，发展最快的是钙钛矿电池，其光电转换效率从 2009 年的 3.8% 已提高到 2021 年的 25.7%；且组件可实现一定的透光度和可弯折度，便于实现光伏发电与建筑外围护结构的集成，但其量产化与稳定性是目前尚需解决的重要问题。

目前，我国光伏产业制造规模和应用规模全球领先，为进一步提升光伏产业的发展质量和效率，实现光伏智能创新驱动和持续健康发展，国家发展和改革委员会、国家能源局、财政部、工业和信息化部等部门陆续出台了《能效“领跑者”制度实施方案》、《智能光伏产业发展行动计划（2018—2020 年）》（工信部联电子〔2018〕68 号）和《光伏制造行业规范条件（2021 年本）》等相关文件。其中，《光伏制造行业规范条件（2021 年本）》对光伏产品提出了具体要求：多晶硅太阳电池和单晶硅太阳电池的平均光电转换效率分别不低于 19% 和 22.5%，硅基光伏组件、CIGS 薄膜组件、CdTe 薄膜组件及其他薄膜光伏组件的平均光电转换效率分别不低于 12%、15%、14%、14%。2021 年住房和城乡建设部发布国家标准《建筑节能与可再生能源利用通用规范》GB 55015—2021，其中对建筑光伏组件设计使用寿命规定应高于 25 年，系统中多晶硅、单晶硅、薄膜电池组件自系统运行之日起，一年内的衰减率应分别低于 2.5%、3% 和 5%，之后每年衰减应低于 0.7%[1]。

### （二）建筑用光伏组件的技术发展

除常规光伏组件外，专用于建筑光伏一体化的光伏产品不断发展，建材化和构件化组件不断涌现，如适合于瓦屋面的光伏瓦、适合于不规则建筑构造的柔性薄膜光伏组件、适合于幕墙和窗户采光需求的透光 / 半透光光伏组件，以及适应建筑美观需求的不同颜色的光伏组件等。

1. 屋顶与立面光伏组件

普通光伏组件可以安装在建筑屋顶和立面。由于光伏组件在工作时会产生热量，导致组件温度上升，因此为减少光伏组件发热对建筑负荷的不利影响，也减少组件升温导致的效率下降，在安装时组件一般与建筑外围护结构间保留一定空隙（图 1、图 2）。

图 1 坡屋顶安装的光伏组件（北京）

图 2 中建材玻璃生产车间外墙光伏发电系统（蚌埠）

2. 光伏瓦

建筑屋顶日照条件好，不易受到遮挡，可以充分接收太阳辐射，光伏瓦组件可以紧贴建筑屋顶结构安装，减少风力的不利影响，还可节约材料成本，有效利用屋面的复合功能（图 3）。

图 3 光伏瓦

3. 光伏幕墙

将光伏组件同玻璃幕墙集成化的光伏幕墙将光伏技术融入了玻璃幕墙，突破了传统玻璃幕墙单一的围护功能，把太阳光转化为电能，同时这种复合材料不多占用建筑面积，而且优美的外观具有特殊的装饰效果，更赋予建筑物鲜明的现代科技和时代特色（图 4）。

图 4　光伏幕墙

4. 光伏遮阳

将太阳能电池组件与遮阳装置构成多功能建筑构件，一物多用，既可有效利用空间，又可以提供能源，在美学与功能两方面都达到了完美的统一（图 5）。

图 5　光伏遮阳

## 二、光伏建筑集成设计技术

与常规地面电站相比，建筑光伏面临着太阳能资源与建筑负荷不同步，建筑与光伏间双向耦合影响等问题，需要全面考虑光伏对建筑功能、性能、安全的影响，国内外研究单位近年来对建筑光伏的光电热综合节能性能、动态仿真设计、直流供配电等开展了多方面研究。

### （一）建筑光伏光电热综合节能性能

光伏组件安装在建筑表面时，光伏组件发电的热效应产生的热能会影响建筑热环境及供暖空调能耗。西班牙 Technical University of Cartagena 对四种光伏技术（多晶硅、碲化镉、非晶硅和有机光伏电池）在建筑中应用的热性能进行了理论和实验研究，并修正了预测光伏组件温度的计算公式（如 NOCT 和 SNL），为建筑室内热环境预测提供了理论基础 [4]。中国建筑科学研究院通过模拟与实验相结合的方式研究了不同气候区自然通风的光伏墙体对建筑冷热负荷及光伏发电量的影响，结果表明自然通风条件下，合理的安装间距可以在提高光伏发电量的同时降低建筑的冷热负荷 [5]。湖南大学通过 CFD 模拟对建筑外墙采用铜铟镓硒（CIGS）光伏组件后建筑的冷热负荷进行了研究，发现夏季和冬季建筑负荷均有所降低 [6]。

### （二）动态仿真设计方法

随着建筑节能水平的提高，对于太阳能建筑应用的要求也在不断提升，从以往简单的热水应用，到追求更高的可再生能源利用率实现低碳目标，建筑太阳能系统需要更加精细化设计。与此同时，建筑用能特性变化、光伏产品能效提升都会影响到太阳能在建筑中供能潜力计算的准确性。因此，光伏系统的供能指标不应简单地以“资源量 × 固定的能效系数”计算，要考虑实际运行中负荷波动对系统效率的影响，通过动态耦合计算确定全年发电、消纳等指标，为建筑方案阶段的太阳能应用方式和规模选取提供更为科学、准确的依据。Hachem 等人用 Energyplus 软件建立了加拿大蒙特利尔不同层数的低能耗居住建筑模型，分析计算屋顶光伏系统与建筑用能的匹配关系，发现对于 3 层高的建筑，屋顶光伏系统可满足建筑 96% 的用能需求，但对于更高的建筑需要在建筑立面拓展安装面积 [7]。Zhang 等人对光伏＋电池系统建立了数学模型，并分析了不同容量配比下的自给率（SSR）和自耗率（SCR），给出了基于全寿命周期成本最优的系统容量估算方法，但是其并未考虑不同地区建筑负荷的变化情况 [8]。Salom 等人对零能耗建筑与光伏系统之间匹配关系作了大量研究，提出不同气候区、不同建筑类型须有相应的设计参考值，同时针对匹配关系优化建筑用能结构 [9]。刘常平建立了基于典型日的逐月光伏发电量计算方法，并针对我国不同气候区提出了近零能耗居住建筑中并网光伏系统贡献率 [10]。

### （三）直流供配电技术

除光伏发电、分布式储能直接降低建筑能耗外，建筑内直流供电的应用也是近十年来发达国家的研究热点。欧洲、美国、日本等国家已建立多项实验性直流供电建筑，对电压标准、安全性、能效分析、能源调度等进行了多方面研究。如美国劳伦斯伯克利实验室（LBNL）在某数据中心搭建了直流供电系统，证明电能传输效率提高约7%[11]。此外，特斯拉等创新企业也相继推出建筑蓄电池，对分布式蓄电技术起到了推动作用。我国在直流供电方面与国外发展水平相近，尚处于关键技术研究、示范工程建设阶段，深圳市建筑科学研究院建成了建筑面积6259m$^2$的直流供配电示范建筑——未来大厦，于2019年年底完工投入使用[12]。

## 三、国内外建筑光伏系统标准

### （一）国际标准

目前国际上与建筑光伏相关的国际标准主要有国际电工委员会IEC标准、欧盟EN标准和国际标准化组织ISO标准[13]，表2为相关的国际标准情况。按照适用范围主要分为两类：建筑光伏系统、建筑用光伏组件或材料。

**建筑光伏相关国际标准　　表2**

| 类别 | 标准名称 |
|---|---|
| 建筑光伏系统 | IEC 63092-2 Photovoltaics in buildings - Part 2: Requirements for building-integrated photovoltaic systems |
| | EN 50583-2 Photovoltaics in buildings BIPV systems |
| | IEC TR 63226 ED1 Managing risk related to photovoltaic (PV) systems on buildings |
| 建筑用光伏组件或材料 | IEC 63092-1 Photovoltaics in buildings - Part 1: Requirements for building-integrated photovoltaic modules |
| | EN 50583-1 Photovoltaics in buildings: BIPV modules |
| | ISO/TS 18178 Glass in building - Laminated solar photovoltaic glass for use in buildings |

**建筑光伏技术相关国内标准情况　　表3**

| 类别 | 标准名称 |
|---|---|
| 建筑光伏工程标准 | GB/T 36963—2018《光伏建筑一体化系统防雷技术规范》 |
| | GB/T 37655—2019《光伏与建筑一体化发电系统验收规范》 |
| | GB/T 50801—2013《可再生能源建筑应用工程评价标准》 |
| | GB/T 51368—2019《建筑光伏系统应用技术标准》 |
| | JGJ/T 264—2012《光伏建筑体一体化系统运行与维护规范》 |
| | CECS 418—2015《太阳能光伏发电系统与建筑一体化技术规程》 |
| 建筑光伏相关产品标准 | GB/T 37052—2018《光伏建筑一体化（BIPV）组件电池额定工作温度测试方法》 |
| | GB/T 37268—2018《建筑用光伏遮阳板》 |
| | GB/T 38388—2019《建筑光伏幕墙采光顶检测方法》 |

续表

| 类别 | 标准名称 |
| --- | --- |
| 建筑光伏相关产品标准 | GB 29551—2013《建筑用太阳能光伏夹层玻璃》 |
| | GB/T 29759—2013《建筑用太阳能光伏中空玻璃》 |
| | GB/T 38344—2019《建筑用太阳能光伏夹层玻璃的重测导则》 |
| | GB/T 19064—2003《家用太阳能光伏电源系统技术条件和试验方法》 |
| | GB/T 16895.32—2021《建筑电气装置　第 7-712 部分：特殊装置或场所的要求　太阳能光伏（PV）电源系统》 |
| | JG/T 465—2014《建筑光伏夹层玻璃用封边保护剂》 |
| | JG/T 492—2016《建筑用光伏构件通用技术要求》 |
| | JG/T 535—2017《建筑用柔性薄膜光伏组件》 |
| | JGJ/T 365—2015《太阳能光伏玻璃幕墙电气设计规范》 |
| | NB/T 10774—2021《村镇离网型光伏发电系统》 |
| | T/CECS 10093—2020《建筑光伏组件》 |
| | T/CECS 10094—2020《户用光伏发电系统》 |

国际电工委员会 IEC/TC 82 正式发布了 108 项现行标准，主要包含光伏组件及系统的测试、设计、技术规范及验收等方面。其中 IEC 61215 系列、IEC 61730 系列和 IEC 62446 系列等标准针对光伏组件或系统的电气性能，包含基础技术规范、安全性能及维护与验收等内容，组成了光伏组件或系统的基本性能要求及测试方法。IEC 63092-1、EN 50583-1 和 ISO/TS 18178，IEC 63092-1 和 EN 50583-1 均在光伏行业标准的基础上，针对建筑的应用特点给出了建筑光伏组件（BIPV 组件）的定义和分类，提出了机械阻力、传热系数、降噪、太阳得热系数机械载荷、光学性能及风雪荷载等性能要求。此外 EN 50583-2 还提出了根据光伏组件的安装位置及材料确定测试防火等级的方法，IEC TR 63226 主要针对建筑用光伏发电系统的风险管理。ISO/TS 18178 将太阳能光伏技术与建筑玻璃技术结合，探讨了太阳能光伏产品的电气、机械、耐候性能，以及建筑产品的安全性能等。

**（二）国内标准**

目前除《建筑节能与可再生能源利用通用规范》GB 55015—2021 规定了新建建筑应安装太阳能系统外，其余与建筑光伏系统直接相关的标准见表 3，包括国家、行业、团体标准，根据标准适用范围主要分为两类，一类为建筑光伏工程标准，一类为建筑光伏相关产品标准。

建筑光伏工程领域标准主要包括 GB/T 36963、GB/T 37655、GB/T 50801 和 GB/T 51368 等，标准内容涉及设计、施工安装、验收和运行维护等，要求光伏发电系统应满足建筑美观、光环境、防火等要求及功能需求，并符合建筑安全规定，同时建筑应为光伏组件接收到充足的日照创造条件，标准基本涵盖光电建筑的全部环节，但是关于建筑光伏发电系统发电潜力计算，供能用能平衡以及新型供配电系统设计没有明确的规定。

建筑光伏相关产品标准主要包括建筑光伏组件或材料（如 GB/T 37268、GB/T 29759、GB 29551、JG/T 492—2016 和 T/CECS 10093），建筑光伏发电系统（如 GB/T 19064、GB/T 16895.32 和 T/CECS 10094），建筑用光伏组件测试方法（如 GB/T 37052、GB/T 38388 和 GB/T 38344）。中国建筑科学研究院有限公司主编的 NB/T 10774—2021《村镇离网型光伏发电系统》、T/CECS 10093—2020《建筑光伏组件》和 T/CECS 10094—2020《户用光伏系统》，针对建筑的应用环境，提出了光伏组件及光伏发电系统在雨水渗透、结构变形、功率输出等方面的技术要求和试验方法，为保障建筑用光伏产品质量提供了依据。

综上，现行标准侧重于建筑光伏组件 / 光伏发电系统等，更多将光伏视为附属物考虑，而从建筑整体出发进行要求的标准较少；从标准内容来看，主要规范了建筑光伏中电气、结构、节能保温等内容，而对于光伏安装比例、综合评价方法等没有具体的规定，需进一步深入研究。国家标准《可再生能源建筑应用工程评价标准》GB/T 50801—2013 已开始局部修订工作，将对建筑光伏系统节能减排量评价方法和指标作出进一步规定。

## 四、建筑光伏技术应用案例

为总结建筑光伏技术最新发展情况，2021 年中国光伏行业协会光电建筑专业委员会经过征集、遴选和归纳整理，收集 109 项建筑光伏技术应用案例并编辑出版《中国光电建筑案例 2021》，涵盖了光伏技术在居住建筑、公共建筑、商业建筑、工业建筑、办公建筑以及其他应用典型案例，如图 6 所示。其中典型案例摘录如下：

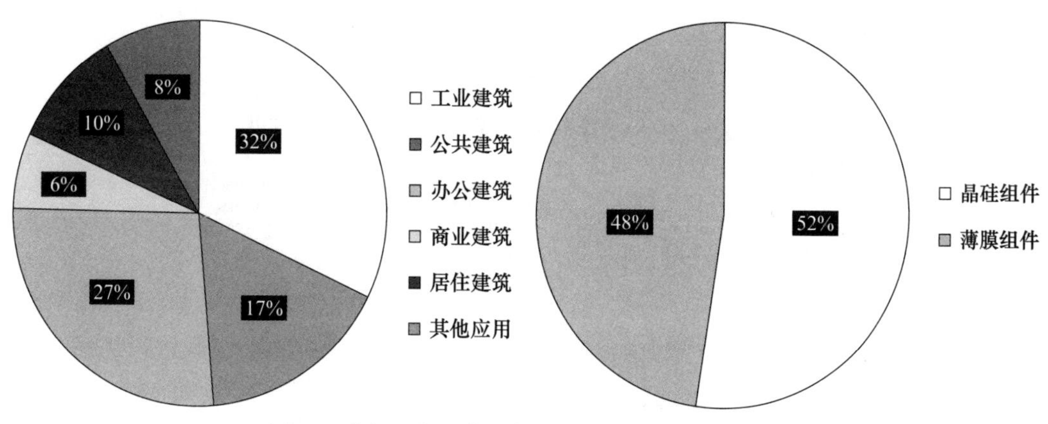


图 6 《中国光电建筑案例 2021》案例数量分布

### （一）中国建研院光电示范建筑

中国建研院光电示范建筑 2021 年建成，该建筑为办公建筑，以建筑与光伏深度融合、净零能耗、净零碳排放为目标，从传承历史文化、展现现代绿色技术的设计理念出发，将建筑与光伏有机融合，开展多类型建筑光伏一体化技术综合实验，示范太阳能零碳建筑技术路径。示范建筑预计可实现单位建筑面积年产能量67kWh，净产能量达20%，实现净零能耗和净零碳排放，引领建筑从用能迈向产能，助力城市绿色低碳新发展（图7）。

图7　中国建研院光电示范建筑

### （二）世界园艺博览会中国馆

世界园艺博览会中国馆是2019中国北京世界园艺博览会的标志性建筑，将1056块金黄色透光光伏组件与建筑玻璃屋顶融合在一起，展现其会呼吸、有生命的设计理念。系统总装机容量为70 kWp，年发电量为5万—6万kWh，就近汇入场馆内的配电系统，可提供场馆二层东、西两个展厅的普通照明用电（图8）。

图8　世界园艺博览会中国馆

### （三）国家能源集团BIPV中心

国家能源集团BIPV中心位于北京市昌平区未来科学城，建筑面积1054 $m^2$，采用914块铜铟镓硒光伏组件安装在建筑立面及屋顶，总装机容量88.9 kW，年产能约8万kWh，可满足建筑部分用能需求。为提高展示度及研究性，该项目采用了呼吸式光伏幕墙、可调节式光伏天窗系统、能源管控平台等多项技术（图9）。

图9　国家能源集团 BIPV 中心

### （四）大同未来能源展示馆

大同未来能源展示馆建成于2019年，总建筑面积2.8万$m^2$。大同未来能源展示馆以“绿建三星＋超低能耗认证＋健康建筑”为目标，通过建筑光伏一体化技术，采用薄膜发电玻璃安装在建筑上部及屋顶部分作为光伏幕墙和光伏采光顶，总装机容量917 kWp，年发电量可达123.54万kWh，配以带储能的直流微网技术提高可再生能源利用效率从而实现“零能耗”的建筑能耗目标（图10）。

图10　山西大同能源馆

## 五、结论与展望

如前所述，本文对建筑光伏组件、光伏建筑集成设计技术、国内外相关标准规范及应用案例四方面的进展与成果进行了分析，可以看出受益于我国光伏行业强大的制造实力和建筑行业的快速发展，无论是建筑光伏组件产品与系统，还是技术创新与标准规范等方面都得到了快速发展，涌现出一批优秀工程实例。通过对工程实践经验总结，目前建筑光伏应用过程中还存在着以下问题：

（1）不同安装位置和形式的光伏组件与建筑围护结构间光／电／热耦合作用复杂，新型建筑光伏一体化组件与构件的相关理论研究尚待深入研究；

（2）建筑光伏面临着太阳能资源与建筑负荷不同步，建筑与光伏间双向耦合影响等问题，传统设计方法未能全面考虑对建筑功能、性能、安全的影响，尚待优化提升，进一步完善相关标准；

（3）沿用地面光伏电站的评价方法容易导致建筑光伏重发电性能、轻建筑性能，需要综合光伏发电性能及建筑功能、安全、经济性、节能减碳等指标的评价方法，合理确定建筑光伏系统优化设计目标。

针对前述问题，在未来建筑光伏技术方面，需要对光伏建筑双向耦合影响下新型建筑光伏一体化组件与构件的光电热综合节能性能等方面开展深入研究，建立覆盖我国主要建筑类型与应用场景的设计技术与工具，进一步完善标准规范，支撑建筑光伏高速高质量发展，为建设领域实现双碳目标作出贡献。

## 参考文献

［1］中华人民共和国住房和城乡建设部．建筑节能与可再生能源利用通用规范：GB 55015—2021［S］．北京：中国建筑工业出版社，2022.

［2］王勃华．2021 年光伏行业发展回顾与 2022 年形势展望［R/OL］．［2022-02］．https://mp.weixin.qq.com/s/alKpYzt7fp8QDM50zN5Mrg.

［3］中国光伏行业协会．2021—2022 年中国光伏产业年度报告［R］．北京，2022.

［4］Toledo C, López-Vicente R, Abad J, et al. Thermal performance of PV modules as building elements: Analysis under real operating conditions of different technologies[J]. Energy & buildings, 2020, 223: 1-16.

［5］边萌萌．建筑外墙安装光伏组件综合节能性能研究［D］．北京：中国建筑科学研究院，2020.

［6］周宏敞，曹也，李志新，等．CIGS 光伏墙体散热及热利用的 CFD 模拟研究［J］．建筑学报，2019（S2）：80-83.

［7］Hachem C, Athienitis A, Fazio P. Energy performance enhancement in multistory residential buildings[J]. Applied energy, 2014 (116): 9-19.

［8］Zhang Y, Ma T, Campana PE, et al. A techno-economic sizing method for grid-connected household photovoltaic battery systems[J]. Applied Energy, 2020 (269): 115-116.

［9］Salom J, Marszal A J, Widén J, et al. Analysis of load match and grid interaction indicators in net zero energy buildings with simulated and monitored data[J]. Applied Energy, 2014, 136: 119-131.

［10］刘常平．中国零能耗居住建筑与光伏系统能源匹配特性研究［D］．西安：西安建筑科技大学，2020.

［11］Lawrence Berkeley National Laboratory. DC Power for improved data center efficiency[R]. Berkeley: LBNL, 2008.

[12] 李叶茂，李雨桐，郝斌，等. 低碳发展背景下的建筑“光储直柔”配用电系统关键技术分析 [J]. 供用电，2021，38（1）：32-38.
[13] 李淳伟，樊阳波，杨舸，等. 建筑用太阳能光伏玻璃应用及国际标准研究 [J]. 中国标准化，2020（S1）：169-174.

# 低碳园区综合能源技术的发展现状与展望

徐 伟 于 震 孙宗宇 李 骥 冯晓梅 乔 镖 路 菲
（中国建筑科学研究院有限公司 建科环能科技有限公司）

“2030年实现碳达峰，2060年实现碳中和”是我国向国际社会作出的庄严承诺，这一战略行动为能源领域低碳化转型指明了方向。在此背景下，提升能源利用效率、降低碳排放已成为能源发展中需要重点考虑的问题。园区是我国经济发展和碳排放的重要主体，低碳园区是统筹兼顾碳排放与可持续发展的重要方式[1]。低碳园区可再生能源占比的提高和能源需求类型的增加，导致系统多元负荷的耦合程度日益加深[2]。综合能源系统对满足园区多种能源需求、提高能源利用效率、促进可再生能源消纳具有重要意义[3-4]，是低碳园区的重要发展方向。

本文秉承“开展多能耦合、灵活用能的综合能源服务解决方案研究与低碳、零碳技术应用”精神，对低碳园区综合能源系统关键技术的发展现状进行综述和展望，以期突破园区太阳能、风能、地热能等综合能源的供给侧和需求侧能源平衡及协调互动技术，实现园区低碳化发展。

## 一、低碳园区综合能源系统定义、指标体系以及发展现状

### （一）低碳园区综合能源系统定义

低碳园区已经逐步从理论走向实践，但其具有不同的定义。美国可持续发展社区协会（Institute for Sustainable Communities，ISC）发布的《低碳园区发展指南》将低碳园区定义为：在满足社会经济环境协调发展的目标前提下，以系统产生最少的温室气体排放获得最大的社会经济产出，以实现土地、资源和能源的高效利用，以温室气体排放强度和总量作为核心管理目标的园区系统[5]。近年来我国积极推动园区绿色低碳转型，低碳园区、零碳园区等概念不断出现。深圳市《低碳园区评价指南》定义低碳园区为：根据低能耗、低污染、低排放原则，从建设规划、污染控制、节能减排、制度管理等方面采取措施，减少碳源，形成低碳排放发展模式的园区。目前低碳园区的定义尚不统一，但具有能源资源利用效率高，经济碳排放强度和碳排放总量低，可以达到土地、资源和能源的高效利用等基本特征[6]。综合能源系统具有多能互补和能源利用效率高等优点，低碳园区综合能源系统因而得到广泛关注。低碳园区通过建筑和能源的综合低碳利用构建综合能源系统（Integrated Energy System, IES），在一定的区域内利用先进的物理技术和创新的管理模式，整

合区域综合能源系统内部的煤炭、石油、天然气、电能、热能等多种能源，可以实现多种异质能源子系统之间的协调规划、优化运行、协同管理、交互响应和互补互济[7-9]。

**（二）低碳园区综合能源系统关键指标**

现有研究主要关注低碳园区碳排放和综合能源系统的运行情况，主要关键指标汇总如表 1。其中，能源利用指标反映低碳园区综合能源系统的能源利用水平的综合指标，包括综合能耗、一次能源利用率、系统㶲效率等[10]。第二大类环境友好指标主要包括碳排放量、可再生能源利用率和可再生能源渗透率等[11-13]。经济性指标定量计算系统的成本及收益[14-15]。第四大类可靠性指标反映系统是否有足够的能源容量提供给用户侧以满足用能需求。其中，供能不足期望表示系统在供能时负荷削减量的期望值；失负荷概率表示系统供能不能满足用户侧需求情况的概率[16]。灵活性指标反映综合能源系统对能源相互转换和相互补充的能力，以及能源网络相互支撑满足用能需求和供能调节的能力[17-18]。

低碳园区综合能源系统关键指标　　表 1

| 指标类型 | 指标名称 |
|---|---|
| 能源利用指标 | 综合能耗（kgce）、一次能源利用率（%）、系统㶲效率（%） |
| 环境友好指标 | 碳排放量（kg）、可再生能源利用率、可再生能源渗透率（%） |
| 经济性指标 | 投资成本（万元）、运行成本（万元）、投资回收期（年） |
| 可靠性指标 | 失负荷概率（%）、供能不足期望（kW） |
| 灵活性指标 | 需求侧互动性（—）、可再生能源波动支撑水平（%） |

**（三）低碳园区综合能源系统发展现状**

瑞士、美国、加拿大等许多国家积极建设低碳园区，综合能源系统也受到各国的重视。2003 年瑞士提出多种能源合理耦合的能源系统形式[19]。美国在 2007 年指出将电力和天然气系统综合设计的能源规划方向[20]。加拿大提出逐步构建可覆盖全国各区域的综合能源系统[21]。丹麦太阳能和风能社区是低碳公共住宅社区，综合能源系统包括太阳能光电、太阳能光热、风力发电、生物质炉等，降低区域碳排放[22]。我国工业和信息化部与国家发展改革委在 2013 年联合启动了低碳工业园区试点。第六届中国国际绿色创新发展大会推选出了 12 个“绿色低碳示范园区”[23]。我国也将综合能源服务纳入“十三五”和“十四五”规划，对于能源消费结构的转型、建设低碳高效的现代能源系统具有重要意义。

**（四）低碳园区综合能源系统关键技术难点**

然而，实现低碳园区综合能源系统的转型和推广，关键技术内容如图 1 所示，仍存在一系列的技术难题：（1）传统园区单一能源系统仿真研究较多，但低碳园区综合能源系统涉及多种能源形式和子系统，考虑能源利用、环境友好、经济性、运行可靠性、灵活性等性能的综合能源建模仿真平台欠缺，低碳园区综合能源系统规划和运行控制缺少科学有效的工具支撑；（2）低碳园区综合能源系统规划涉及多异质能源的协同，同时需要考虑经济性、可靠性等多重目标，较之传统园区构建模式和传统能源系统规划方法更加复杂，低碳园区构建模式和能源系统规划设计方法缺失；（3）低碳园区综合能源系统运行调度需要满足用户的综合性能源需求，同时涉及多种能源主体和能量流动的博弈，需要兼顾各个子系统的运行约束，能源系统运行控制更加困难。因此，本文围绕上述问题，对低碳园区综合能源系统建模仿真、规划设计和运行控制等核心关键技术进行综述介绍。

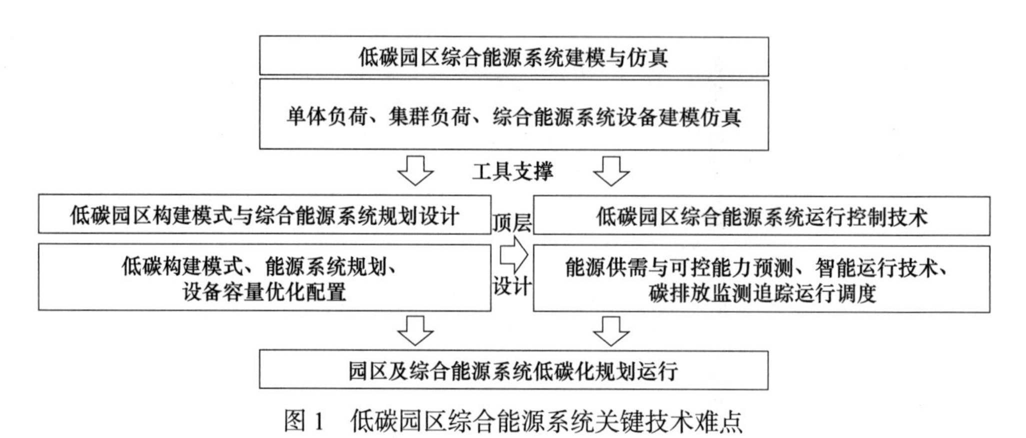

图 1　低碳园区综合能源系统关键技术难点

## 二、低碳园区综合能源系统建模与仿真

低碳园区负荷建模仿真的准确性影响综合能源系统的规划与运行。单体负荷动态建模仿真方法大多采用“正向模拟法”和“逆向模拟法”（数据驱动法）[24]。黑箱模型法是最常用的逆向模拟方法，需要建立用户负荷与室外参数、建筑物理特性等因素间的回归模型，包括基于统计方法和基于人工智能算法的建模方法。黑箱模型法仿真负荷简单直接，但是模型的各项系数没有物理意义，且十分依赖数据样本的质量[25]。正向模拟法直接对用户物理过程建立白箱模型，不需要大量的实测数据即可准确模拟用户的动态能源负荷。国内外已经开发了正向建模仿真的模拟平台，如 TRNSYS、DOE、EnergyPlus、DeST 等[24]。通过对区域内所有单体用户的能源负荷建模仿真，并对其求和整个区域的集群能源负荷[26]。此外，基于园区尺度能源消费等历史数据，利用统计学方法建立园区多种能源负荷模型（负荷密度法、时间序列法、回归分析法等）[27-29]，或者基于深度学习等智能算法，也可以实现集群负荷的建模仿真[30]。

低碳园区综合能源系统建模仿真需要考虑各子系统的物理特性以及耦合机制，系统主要包括电热冷气各类能源的能量生产、转换、存储、传输 4 大类设备[31-32]。其中，能量生产包括燃气锅炉、光伏发电等分布式发电、产热设备；能量转换单元包括热泵和电制冷机等，一般从高品位能向低品位能转变；能量存储单元包含电储能和冷热储能设备；能量传输单元一般由线路和管道构成，包括电网、气网、热网。现有研究大多研究综合能源系统及设备的物理特性，采用白箱模型法直接研究系统及设备的数学模型方法，实现综合能源系统动态仿真建模，方法流程如图 2 所示。可以直接采用动态仿真软件（如 TRNSYS）调用软件数据库中的设备模块，另外也可以对能源系统设备进行数学建模，两种方法都可以实现园区综合能源系统及所有设备在规划设计和运行阶段的动态仿真 [14, 33, 34]。

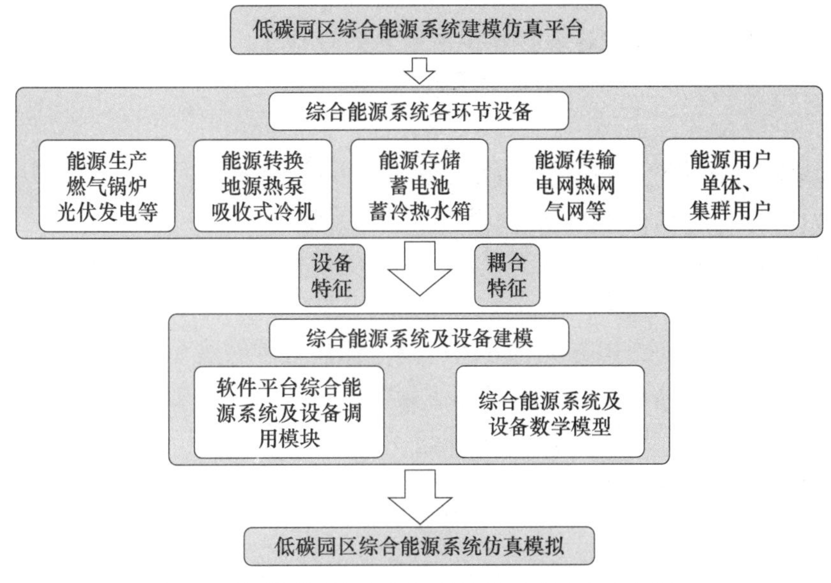


图 2　低碳园区综合能源系统动态建模仿真流程

## 三、低碳园区构建模式与综合能源系统规划设计

低碳园区的构建以实现低碳作为总体目标，以供需协同、多元匹配、因地制宜作为基本原则，科学规划能源方案，积极采用清洁能源，统筹兼顾碳排放与可持续发展，强调以人为本的资源环境绿色智慧布局，以形成低碳园区集群为最终发展目标 [35]。国内外已有部分绿色低碳园区的建设案例，低碳园区中建筑、能源等不同领域的碳排放核算方法不同，其构建过程应基于“资源环境 - 建筑需求 - 低碳健康”多维度框架，对可再生能源利用比例、供需匹配程度、建筑低碳水平、运行智慧化水平、植物碳汇等构建因素的碳排放贡献进行分析，提出适用于低碳园区的构建技术路径 [36]。

低碳园区的构建过程中，综合能源系统方案的规划设计很大程度上决定了园区可再生能源利用比例、供需匹配程度等关键因素，综合能源系统的能源类型、机房选址、系统配置、供能路由等规划设计结果，直接影响了能源系统的投资、碳排放、能效，进而决定了系统建设实施效果。因此，必须综合考虑用能建筑“低碳、智慧、舒适”等功能属性要求，对低碳园区综合能源系统进行集约化规划、精细化设计。

综合能源系统的能源方案选取过程中，应结合园区资源禀赋和建筑用能特征，开展规划期园区内冷、热、电、气负荷动态需求预测，并对用能需求和供能能力进行匹配分析，对不同类型可再生能源、传统能源、储能等能源方式的协同供能效果进行分析，确定综合能源系统总体方案[37]。能源机房布点选址工作应考虑时间、空间等多维度因素，结合园区内不同建筑用能动态特征和能源系统供能能力特性，针对多能源与多负荷耦合性将综合能源系统的能源生产、能源输配、能源存储、能源消纳过程进行动态分析，完成综合能源系统总体规划。

当综合能源系统的总体系统方案明确后，必须结合供需匹配特性、项目经济条件等因素，开展系统设备配置方案的优化设计。目前国内外使用较多的系统配置优化方法有线性规划分析、多目标非线性规划等方式，研究中使用的数学方法全面，研究成果较多，但是现有研究主要以某种特定类型的能源系统作为研究对象，且部分学者提出的优化模型和数学算法需要以大量的数据作为优化拟合的基础，在实际多能源系统项目中难以实现，难以在工程实践中得到灵活应用[38]。综合能源系统在系统优化过程中采用动态仿真优化方法可以快速高效地实现系统容量配置和设计参数的优化，通过建立综合能源系统动态仿真模型，并将优化数学方法引入模拟计算过程中，基于多影响因素进行系统容量配置的优化计算（图 3）。

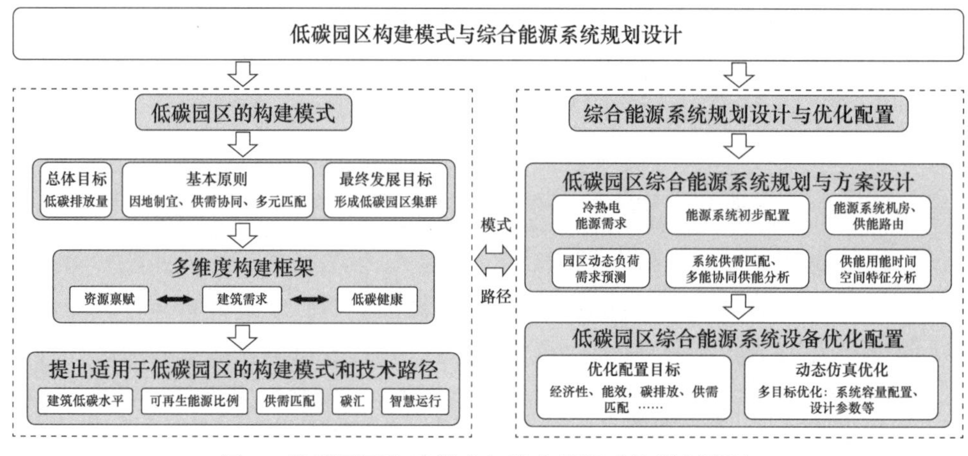


图 3　低碳园区构建模式与综合能源系统规划设计

## 四、低碳园区综合能源系统运行控制技术

低碳是综合能源系统运行控制的首要目标，智慧是实现综合能源系统高效运行的主要手段。如图 4 所示，低碳园区综合能源系统实现智慧运行，首先需要对园区用能需求进行动态预测，为系统的协同调度和策略制定提供基础数据，其次要基于多形态清洁能源、可控负荷、储能的耦合特性，实现协同运行控制和就地实时平衡，最后需要以降低碳排放为核心目标，开展碳排放量的核算和过程追踪，实现低碳园区综合能源系统的智慧运行。

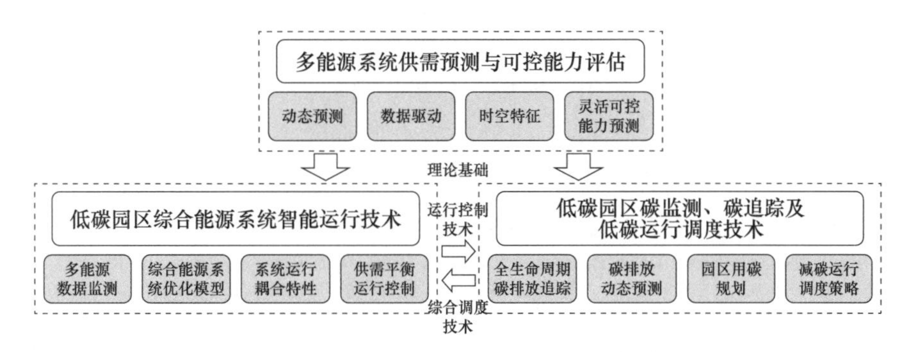


图 4　低碳园区能源系统运行控制技术

### （一）低碳园区多能源系统供需预测与可控能力评估技术

低碳园区能源系统供需预测通常采用数据驱动的模型，比如直接使用系统运行数据训练深度神经网络，从而建立控制变量与能耗的直接映射关系。模型预测控制（MPC）被广泛用于低碳园区能源系统供需预测。MPC 是基于预测过程，利用系统动态模型在线求解优化问题实现智能化控制，该预测控制方法通过动态规划优化算法的 MPC 控制器进行电力系统、传统供冷供热系统、储能和灵活负荷的调度控制，从而降低能耗和运营成本[39]。然而，低碳园区能源系统供需预测过度依赖基础数据和物理模型的准确性，实际工程中往往因电气、环境等多源大数据感知误差影响应用效果。低碳园区能源系统供需预测的逻辑图如图 5 所示，动态仿真模型预测和数据驱动预测模型相结合的方式，能够为低碳园区供需预测提供灵活协同的预测方法，其核心理念是在项目运行初期采用动态仿真模拟数据来扩充数据以驱动预测模型的数据量，并通过自学习不断对两种预测结果融合算法进行优化，提升供需预测准确程度。

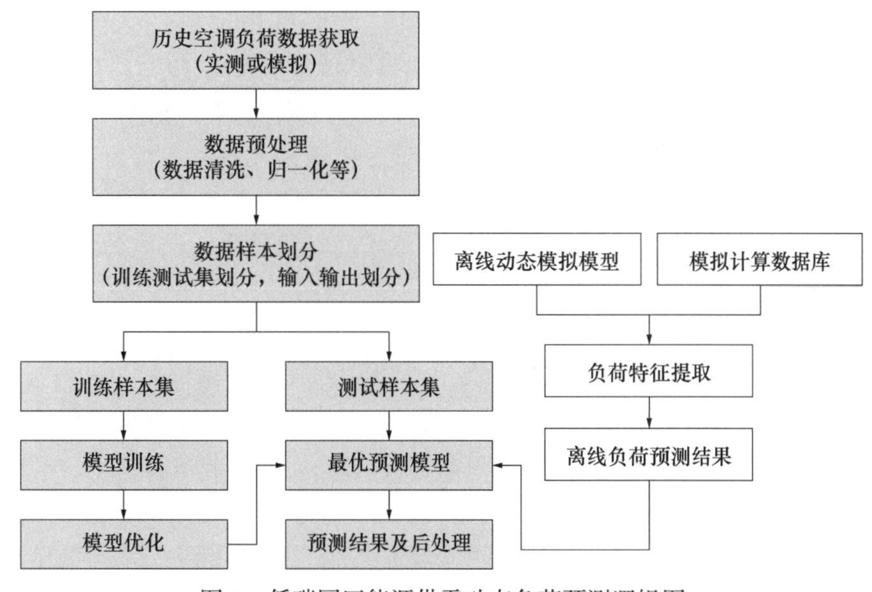


图 5　低碳园区能源供需动态负荷预测逻辑图

在低碳园区能源系统灵活负荷可控能力评估方面，通过确定研究对象和需求响应项目类型、基于用能特性的用户群聚类分析、分类需求响应项目参与率辨识等边界条件，完成需求响应潜力评估。一般来说，低碳园区能源系统灵活负荷可控能力评估可分为电力负荷调研、数据整理和分析、回归模型建立及响应能力预测等步骤，表 2 给出了部分国家和地区关于灵活负荷响应潜力分析结果[40, 41]。

灵活负荷可控能力评估　　表 2

| 国家及地区 | 研究对象 | 灵活负荷可控能力 |
|---|---|---|
| 美国 | 居民、工商业等建筑负荷 | 4%—20% |
| 德国 | 工商、居民、第三产业建筑负荷 | 7.8%—14.1% |
| 挪威 | 居民建筑负荷（家用电器） | 8.4% |
| 中国台湾 | 工商、居民建筑的空调负荷 | 41% |
| 中国江苏 | 居民、工商业等建筑负荷 | 1.4%—13.3% |

然而，负荷可控响应能力与电网运行工况、外界环境变化、用户用电消费心理、响应前用户用电状态等因素密切相关，由于各地区生活水平及用电习惯的差异，针对负荷在某一具体运行工况下的响应潜力评估研究还较为少见，同时缺乏对智能电网中灵活资源可控响应能力建模方法的相关研究。

### （二）低碳园区综合能源系统智能运行技术

基于多形态清洁能源利用的低碳园区能源系统运行优化控制，近年来一直是国际学术研究的热点，系统智能运行的核心目标是降低碳排放，提高可再生能源利用比例，充分发挥柔性负荷的灵活协同作用，开展电力系统柔性调度、冷热源系统优化协同，实现综合能源系统运行优化。

低碳园区综合能源系统的智能运行过程中，需要基于供需预测结果对各系统设备的控制策略进行优化。其中，电力系统柔性调度主要基于建立最优潮流优化模型，提升新能源就地消纳效果，评估柔性配电设备对配电网在能量损耗等方面的影响，并与冷热源系统的动态用电需求实时匹配，实现最大程度发挥可再生能源发电和蓄电设备的灵活性。有关冷热源系统优化调度，国内外学者多以物理模型为基础，通过优化冷热源设备、输配系统、蓄能系统的运行策略，与电力系统实现热电协同，降低碳排放和运行成本。

综合能源系统运行优化主要基于不同能流（电、热、气等）的物理特性，通过描述各个子系统（配电网、区域供热、气网等）的能量传输与子系统间的能量转化，建立对应的综合能源优化模型。对于包含光伏、风机、地源热泵等多形态清洁能源的综合能源系统，需要充分考虑低碳园区建筑用能需求变化、电动汽车、电池储能、相变储热 / 冷等灵活负荷，构建园区综合能源系统的智能化自适应运行控制技术，实现多形态清洁能源、可控负荷、储能的协同运行控制和就地实时平衡。

### （三）低碳园区碳监测、碳追踪及低碳运行调度技术

碳足迹是指企业机构、活动、产品或个人通过交通运输、食品生产和消费以及各类生产过程等引起的温室气体排放的集合。由于碳足迹直接影响了不同时间和空间的碳排放，因此可通过跟踪低碳园区中各个组成部分的碳足迹，监测与优化整个园区的碳排放。

碳足迹追踪主要依靠能耗监测和数据挖掘技术，以全生命周期的碳排放为对象，充分考虑园区本身和内外环境互动特性，构建不同领域碳排放量的核算方法，明确影响碳排放量变化的时间和空间因素，从材料生产、建造、运行、拆除等多时间尺度完成碳排放数据的定量监测和数据分析。

低碳园区综合能源系统的低碳运行调度，主要基于碳足迹数据挖掘和异常检测技术，建立以减碳为导向的调度模型，充分考虑需求响应等机制完成低碳调度策略优化，降低园区内部能源消耗所产生的直接碳排放，同时综合考虑园区内外碳足迹交互、植物碳汇等间接影响，真正地实现园区“源网荷储”运行调度综合碳排放最低。

但是，目前国内外研究多针对园区内部碳排放，未对园区内外碳交互进行动态考虑，难以真正实现园区综合碳排放的追踪管控。

## 五、典型示范工程

### （一）青岛国际资源配置中心低碳园区

项目位于山东省青岛市临港综合保税区（北片区），地上建筑面积 133 万 $m^2$，通过建设低碳智慧能源系统、低碳建筑，实现低碳园区发展示范。项目立足于园区低碳用能需求特性，从资源分析、供需匹配、方案规划、系统优化、控制策略等方面，对低碳能源系统全过程技术路径进行了探索和示范，详细技术路径见图 6。

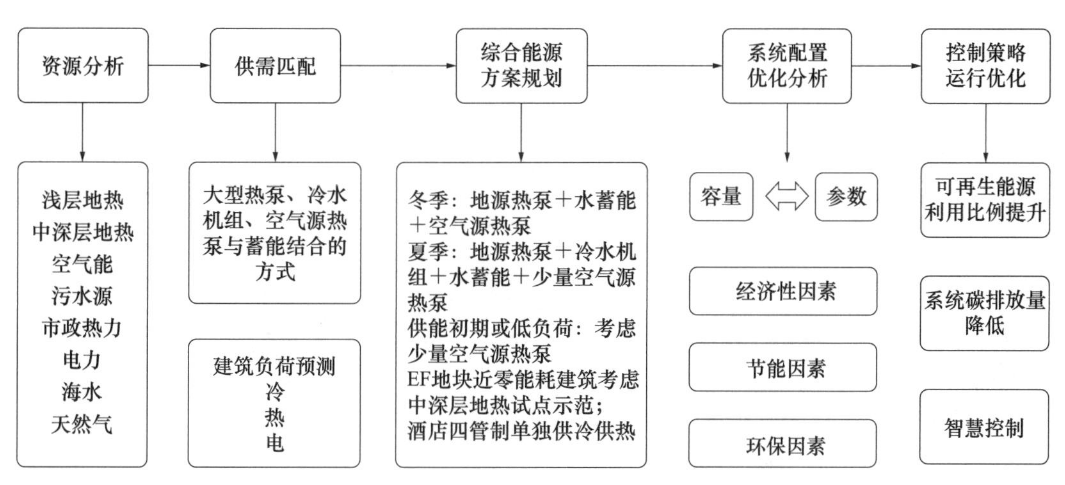

图 6　项目低碳能源系统全过程技术路径图

本项目利用太阳能、地热能、空气能等可再生能源，打造电、热、冷多能耦合的供能核心，综合能源系统结构见图 7。本项目通过对能源系统容量配置、设计参数和运行策略进行全面优化，优先利用浅层地热能、太阳能、空气能等可再生能源，能源系统综合可再生能源利用率达到 55.16%，供热需求全部采用可再生能源满足，系统全年热负荷承担情况见图 8。

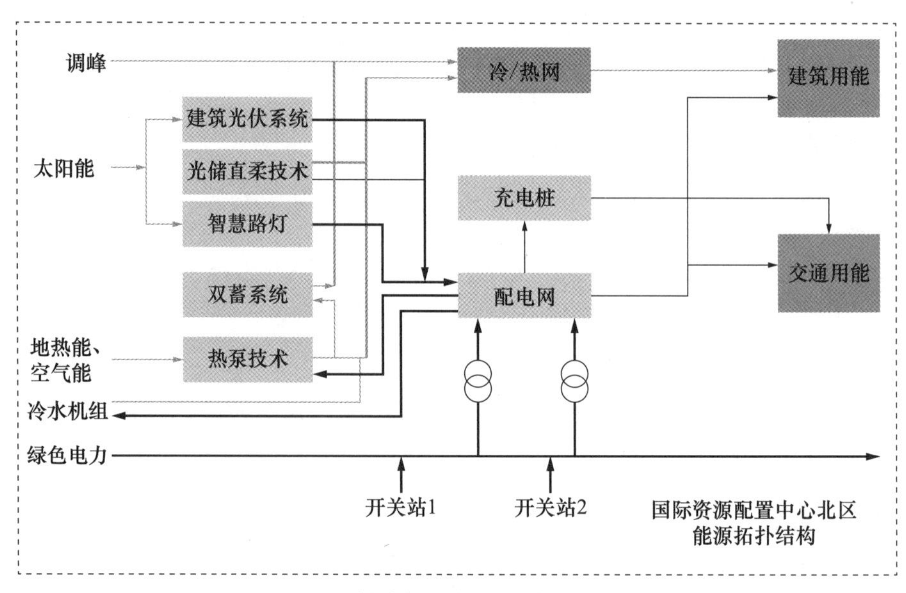


图 7　低碳智慧能源系统结构图

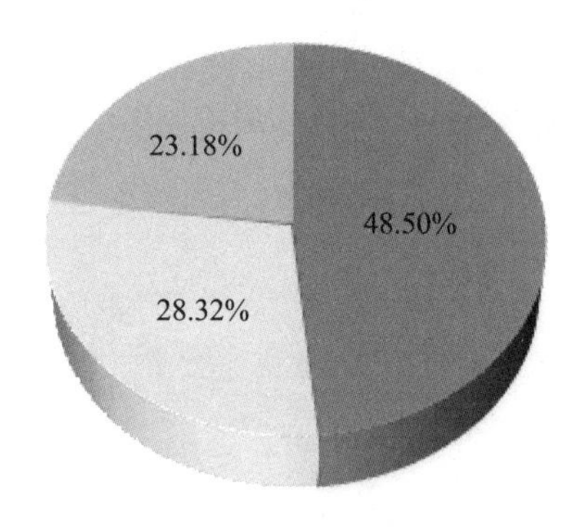


图 8　系统全年供热负荷承担比例情况

本项目通过综合能源低碳智慧耦合利用，提高了整体能效效率，减少了能源系统碳排放量，实现了低碳智慧能源系统全过程技术路线的综合示范，探索了园区迈向碳达峰、碳中和的重要途径。

### （二）济南国舜绿建低碳和钢智能科技示范零碳园区

济南国舜绿建低碳和钢智能科技示范零碳园区为山东省重大项目，规划总建筑面积约 13 万 $m^2$。项目设有 2.4MW 太阳能光伏，以打造零碳园区示范为目标，构建了热泵、光伏发电、储能一体化的综合能源系统，总体系统流程示意如图 9 所示。

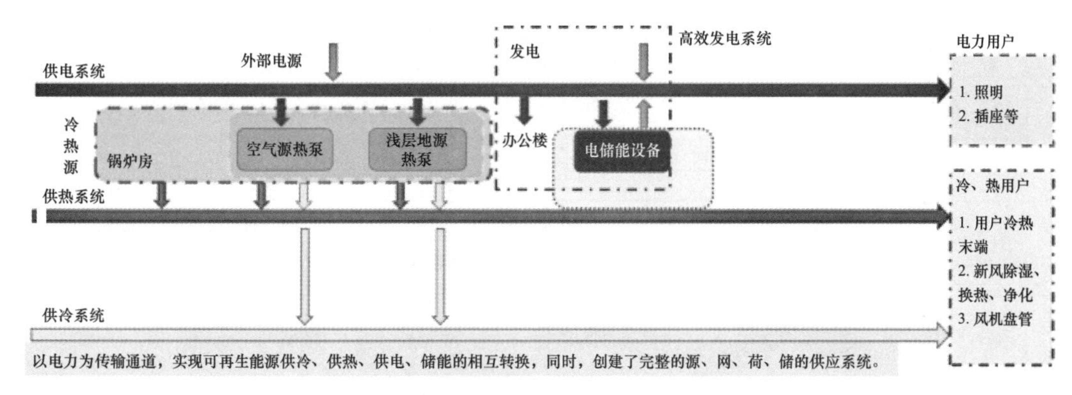


图 9　项目综合能源系统流程示意图

本项目重点开展了源网荷储协同运行相关技术的应用示范，通过构建园区源储荷柔性调节系统，在实现热电耦合运行的同时最大化利用可再生能源，园区综合可再生能源利用率达到 80% 以上，系统柔性调节框架图见图 10。

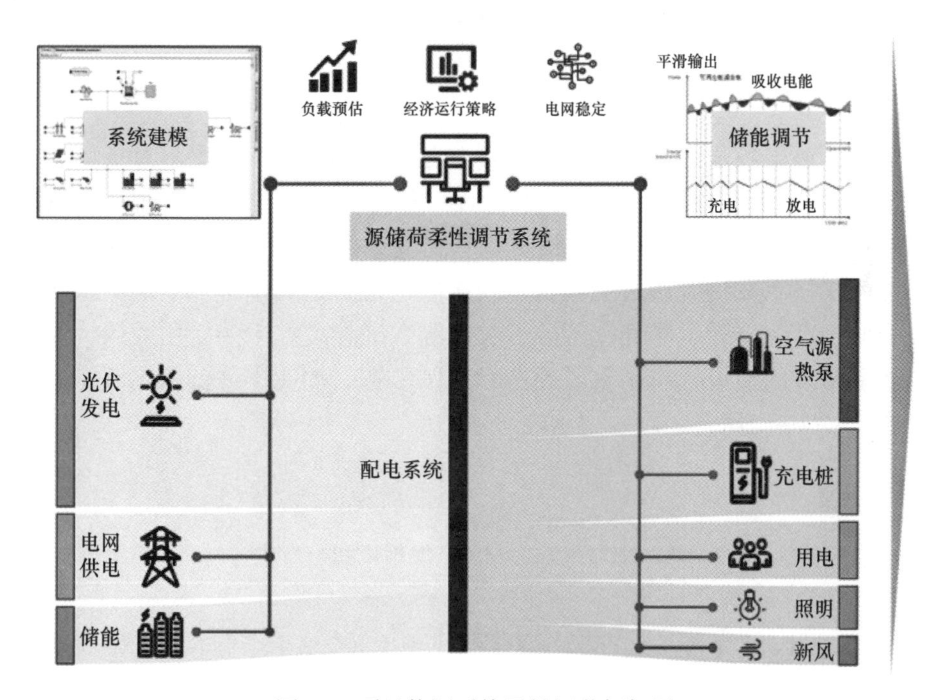


图 10　项目能源系统柔性调节框架图

项目采用全景感知及数字孪生等技术开发了覆盖多层级、多领域的低碳智慧综合能源系统运行管控平台，通过对园区供需预测、运行调度和碳管控手段，在未考虑碳汇等其他减碳措施的情况下，实现了园区能源和建筑领域全年单位面积碳排放量不超过 8kg $CO_2$/（$m^2$・a）的低碳目标，平台框架见图 11。本项目对综合能源系统柔性调度和智慧调控技术进行了应用示范，是低碳园区综合能源系统迈向零碳的重要探索。

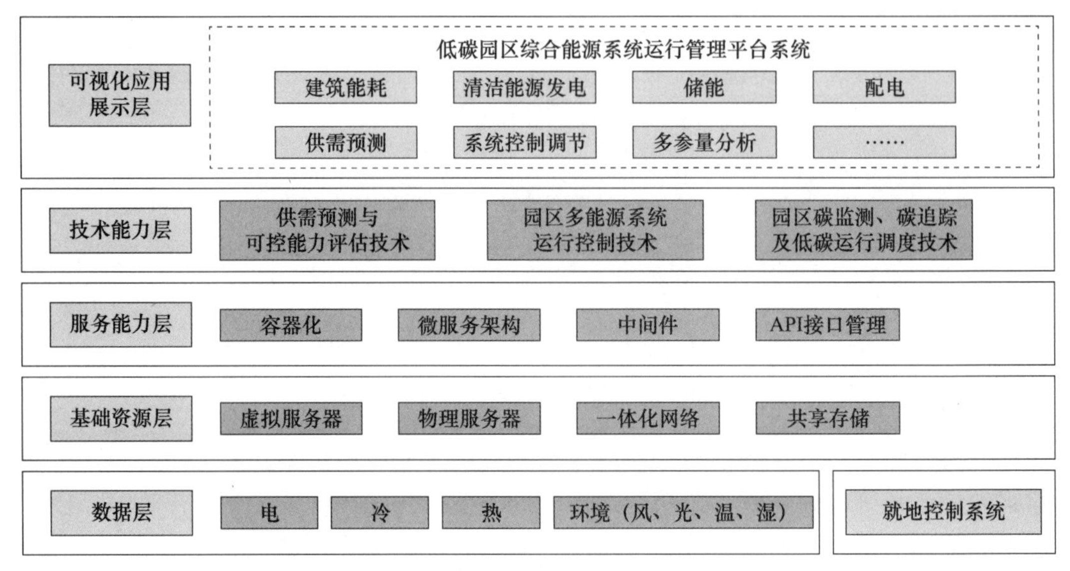


图 11 项目低碳智慧能源管控系统逻辑功能框架图

## 六、总结与展望

低碳园区对于我国区域经济转型升级、促进园区可持续发展具有重要意义。本文立足于低碳园区智慧高效发展目标，总结了低碳园区综合能源系统的关键技术指标和实施路径，并针对综合能源系统的建模仿真、系统规划设计、智能运行、碳足迹追踪等关键技术发展应用情况和现存问题进行了介绍。基于 2 个低碳园区综合能源系统的典型案例，展示了低碳园区综合能源系统相关技术的应用效果，为低碳园区综合能源系统的建设提供了重要理论和案例参考，加速推进低碳园区相关项目的实施落地。

## 参考文献

[1] 田金平，刘巍，臧娜，等. 中国生态工业园区发展现状与展望［J］. 生态学报，2016，36（22）：12.

[2] 李鹏，吴迪凡，李雨薇，等. 基于谈判博弈的多微网综合能源系统多目标联合优化配置［J］. 电网技术，2020，44（10）：9.

[3] Zhang W,Xu Y.Distributed optimal control for multiplemicrogrids in a distribution network[J]. IEEE Transactions on SmartGrid, 2019, 10 (4):3765-3779.

[4] Xu Q, Li L, Chen X, et al. Optimal economic dispatch of combinecooling, heating and power-type multi-microgrids consideringinteraction power among microgrids[J]. IET Smart Grid, 2019, 2 (3): 391-398.

[5] Institute for Sustainable Communities. Guide for Low Carbon Industrial Development Zones [R]. 2012.
[6] 深圳市市场监督管理局．低碳园区评价指南：SZDB/Z 308—2018［R］．2018.
[7] 杨冬锋，申怡然，姜超，等．基于区间线性规划的用户侧综合能源系统源－储配置方法［J］．电网技术，2022.
[8] 侯惠娜．综合能源系统容量优化配置及经济效益分析［D］．东北电力大学．
[9] 余晓丹，徐宪东，陈硕翼，等．综合能源系统与能源互联网简述［J］．电工技术学报，2016，31（1）：1-13.
[10] 陈柏森，廖清芬，刘涤尘，等．区域综合能源系统的综合评估指标与方法［J］．电力系统自动化，2018，42（4）：9.
[11] 曾鸣，刘英新，周鹏程，等．综合能源系统建模及效益评价体系综述与展望［J］．电网技术，2018，42（6）：12.
[12] 陈嘉鹏，汤乃云，汤华．考虑可再生能源利用率的风－光－气－储微能源网经济调度研究［J］．可再生能源，202038（1）70-75.
[13] 徐宝萍，徐稳龙．新区规划可再生能源利用率算法研究与探讨［J］．暖通空调，2013，43（10）：52-55.
[14] 周鹏程，吴南南，曾鸣．综合能源系统建模仿真规划调度及效益评价综述与展望［J］．山东电力技术，2018，45（11）：7-11.
[15] 中华人民共和国国家质量监督检验检疫总局，中国国家标准化管理委员会：GB/T 30716—2014 能量系统绩效评价通则［S］．北京：中国标准出版社，2014.
[16] 刘祥民．综合智慧能源的多元贡献［J］．能源，2020（9）：23-25.
[17] 曾博，杨雍琦，段金辉，等．新能源电力系统中需求侧响应关键问题及未来研究展望［J］．电力系统自动化，2015，39（17）：10-18.
[18] 吕智林，廖庞思，杨啸．计及需求侧响应的光伏微网群与主动配电网双层优化［J］．电力系统及其自动化学报，2021：1-14.
[19] Geidl M, Andersson G. Optimal power flow of multiple energy carriers[J]. 2007.
[20] Energy independence and security ACT of 2007 [EB/OL]. http://www.ferc.gov/eventcalendar/files/20050608125055-grid-2030.pdf.
[21] Combining our energies integrated energy systems for Canadian communities [EB/OL]. http://publications.gc.ca/collection 2009/parl/xc49-402-1-01.pdf.
[22] 徐士琴．绿色低碳园区的现状与展望［J］．上海节能，2019（6）：3.
[23] 全国信标委智慧城市工作标准组．零碳智慧园区白皮书［R］．2022.
[24] 潘毅群等．实用建筑能耗模拟手册［M］．北京：中国建筑工业出版社，2013.
[25] Blum D H, Arendt K, Rivalin L, et al. Practical factors of envelope model setup and their effects on the performance of model predictive control for building heating, ventilating, and air conditioning systems[J]. Applied Energy, 2019, 236:410-25.

［26］程浩忠，胡枭，王莉，等．区域综合能源系统规划研究综述［J］．电力系统自动化，2019，43（7）：12.

［27］Bianco V, Manca O, Nardini S. Electricity consumption forecasting in Italy using linear regression models[J]. Energy, 2009, 34 (9):1413-1421.

［28］Apadula F, Bassini A, Elli A, et al. Relationships between meteorological variables and monthly electricity demand[J]. Applied Energy, 2012, 98:346-356.

［29］Lin B, Liu H. China's building energy efficiency and urbanization[J]. Energy & Buildings, 2015, 86:356-365.

［30］孙庆凯，王小君，张义志，等．基于 LSTM 和多任务学习的综合能源系统多元负荷预测［J］．电力系统自动化，2021，45（5）：8.

［31］郑国太，李昊，赵宝国，等．基于供需能量平衡的用户侧综合能源系统电／热储能设备综合优化配置［J］．电力系统保护与控制，2018（1）：8-18.

［32］郭志星．区域综合能源系统的储能容量配置研究［D］．北京交通大学．

［33］黄子硕，何桂雄，闫华光，等．园区级综合能源系统优化模型功能综述及展望［J］．电力自动化设备，2020，40（1）：9.

［34］Fan G, Liu Z, Liu X, et al. Two-layer collaborative optimization for a renewable energy system combining electricity storage, hydrogen storage, and heat storage[J]. Energy, 2022, 259:125047.

［35］胡振宇．评价指标体系引导下的南京紫东低碳园区规划设计优化研究［J］．现代城市研究．2011（12）．

［36］周娟．低碳工业园区评价指标体系研究［D］．华中科技大学，2013.

［37］袁卫民．园区规划理论与案例［M］．北京：经济管理出版社，2013.

［38］Li Ji et al. Comprehensive evaluation system for optimal configuration of multi-energy systems[J]. Energy & Buildings, 2021, 252.

［39］Cox, Sam J., et al. "Real time optimal control of district cooling system with thermal energy storage using neural networks." Applied energy, 2019 (238): 466-480.

［40］李强．电力需求侧管理中可中断负荷的研究［D］．郑州：郑州大学，2007.

［41］孙伟卿，王承民，张焰．智能电网中的柔性负荷［J］．电力需求侧管理，2012，14（3）：10-13.

# 清洁协同降碳背景下供热行业变革思考

袁闪闪　徐　伟　曲世琳　张思思　王东旭　胡楚梅
（中国建筑科学研究院有限公司　建科环能科技有限公司）

截至2022年6月底，我国中央财政已累计对88个试点城市清洁取暖工作给予补贴，在此推动下，北方地区清洁取暖工作从“2＋26”重点城市快速向汾渭平原再向东北、西北延伸，北方地区清洁取暖率由2016年底的34%快速提升至2021年底的73.6%，供热热源快速清洁化[1]。供热系统碳排放约占建筑碳排放的30%，而供热系统直接排放占到建筑直接碳排放的60%，在已出台的国家“1＋N”碳达峰碳中和政策文件中，重点强调“积极推动严寒、寒冷地区清洁取暖”“因地制宜推进……清洁低碳供暖”[2]。由此可见，供热行业正面临持续清洁化背景下协同降碳的重要变革，这一变革将对我国供热行业产生深远影响，也必然会受到国家能源战略、建筑节能发展趋势、电力需求侧响应等因素的影响。本文基于此，探讨供热行业未来多源化、智能化、电力化等主要变革方向，为行业管理部门有关政策制定、行业企业低碳发展转型提供参考和借鉴。

## 一、取暖清洁化发展

近年来，我国热源结构实现快速清洁化。推进清洁取暖是重大的民生工程和民心工程，我国中央财政已累计投入859亿元用于支持88个试点城市开展清洁取暖工作，2016至2021年，北方地区清洁取暖率分别为34%、41%、50.7%、55%、65%、73.6%。热源清洁化对打赢蓝天保卫战和减少大气污染作出了重要贡献。来自生态环境部的数据显示，截至2021年底，仅京津冀及周边地区、汾渭平原就已累计完成农村生活和冬季取暖散煤替代2700万户左右，替代散煤超过6000万t，协同减少二氧化碳超过1亿t，$PM_{2.5}$浓度相比2016年分别下降了41%和32%，重污染天数分别减少66%和58%，散煤治理对空气质量改善贡献达到30%以上。

热源低碳化并未完全随清洁化同步发展。根据国家发展改革委等十部委联合印发的《关于印发北方地区冬季清洁取暖规划（2017—2021年）的通知》（发改能源〔2017〕2100号），清洁取暖利用方式中包括清洁化燃煤（超低排放），即达到超低排放的燃煤锅炉和燃煤热电联产均属于清洁取暖。国家发展改革委等五部委联合印发的《关于进一步做好清洁取暖工作的通知》（发改能源〔2019〕1778号），进一步明确燃煤热电联产集中供暖、大型燃煤锅炉（房）集中供暖成为清洁供暖方式的标准，其中，燃煤热电联产集中供暖，须实现超低排放；大型燃煤锅炉（房）集中供暖，重点地区（北京市、天津市、河北省、山西省、山东省、河南省、陕西省）须实现超低排放，非重点地区须实现达标排放（安装烟气排放自动监控设施），鼓励逐步达到超低排放。根据四部委联合组织的清洁取暖规划中期评估报告，清洁取暖总增加面积中约49%为清洁燃煤集中供暖。我国北方地区供热面积1/3在农村，2/3在城镇，各地实施情况显示，农村地区清洁取暖多数以煤改电、煤改气为主，然而城镇清洁取暖多数为集中供暖，以燃煤清洁化改造为主，根据中国城镇供热协会调研统计数据，2021年，我国城镇集中供热占比81.1%。在集中供热中，燃煤热电联产占比58.3%，燃煤锅炉占比15.5%，燃气锅炉占比19.3%。由此可见，我国热源结构仍是以煤为主，热源结构快速清洁化，但热源低碳化未同步发展。

## 二、供暖清洁协同降碳发展趋势分析

### （一）“双碳”战略推动供热热源大变革

清洁供暖主要是热源清洁化替代，其中包括超低排放的燃煤锅炉、燃煤热电联产、天然气等，但面向2060年零碳或近零碳供热，清洁热源不一定都低碳，清洁协同降碳，热源必将发生大变革已成为行业共识。但关于供热热源变革方向，却存在主要有两种观点，一种是以余热为主，约占70%—80%，辅以电动热泵，约占20%；另一种是余热和热泵基本相当，各占约50%。

如果是以余热为主，需要解决能源端吸收式热泵升温、跨季节储热、长距离输送、降低回水温度、改变收费方式等系列难题。钢铁厂、化工厂、数据中心等地，都会产生大量工艺降温用较高温度的冷却水，一般为40—80℃，这些余热是宝贵的供热热源，但是利用起来存在三个问题，一是这些地方基本都是全年运行，如果仅冬季供热使用，需要解决热量跨季节存储问题；二是这些余热源，一般都远离城市，想要给城镇集中供热使用，需要解决长距离输热问题；三是这些余热温度不适合直接给常规集中供热回水加热，需要通过吸收式热泵等方式实现余热升温；另外为保证长距离输热效率，需有效降低回水温度，实现大温差供热，同时由于降低了回水温度，跟热源端的结算方式也希望随之改变，从而降低余热利用的综合成本。以上几个关键问题中，吸收式热泵等技术较为成熟。最近几年，我国也在长距离输热方面取得了重要突破，如，太原（太古）大温差长输供热示范工程，作为山西省的一项重大民生和高难度工程，工程供热面积达7600万$m^2$，为太原市区总供热面积的三分之一。项目采用多项关键技术，单体供热规模7000余万$m^2$、输送距离全长70km、供热隧道15.7km（包含一段11.4km的特长隧道）、管网高差260m。继太原之后，石家庄、银川、长治、大同、呼和浩特、济南、郑州等城市都在因地制宜，根据自己的情况考虑进行长输大温差供热，有的已经建设完成正式投运，有的已经完成前期项目立项，有的正在前期论证。当然，长距离输热也面临一些难题。

一是投资高。相比于燃气锅炉代替燃煤锅炉，长输项目不仅要进行热源端的改造，还要对换热站里的设备进行改造、拆迁、整合，另外长输距离中可能要跨省市县，设施路由复杂，以上都使得长输项目投资较高。二是协调难度大。一方面，长输项目一般需要现有热力公司调整供热范围，部分供热公司经济利益受损，配合度低；另一方面，长输项目中电厂、热力公司结算价格尚无国家统一要求（均由双方商定），部分项目还涉及第三方管网建设和运营公司，形成多方认可的结算价格难度较大。三是建管水平要求高。长输项目建设难度大，水平要求高。另外，从太古项目三个供暖季的实际运行来看，长输项目要求更高等级的系统安全保护措施和应急预案、复杂的运行调度、大型设备的检修保养，对供热公司的管理水平要求高。值得关注的是，在跨季节储热方面，我国仍有较长的路需要走，特别是大规模跨季节储热，该方向的技术储备、试点经验、建设位置、推广机制等都存在一系列问题。另外，热源结构与电源结构息息相关，在2060电源结构仍不确定情况下，热源结构难以确定。

如果是余热和热泵为主，需要解决冬季电力装机容量和用户需求侧响应等难题。大规模发展热泵，必然对冬季电力发电量形成挑战，有必要认真研判我国2060年“零碳电源结构”。遗憾的是，就这一问题，并未达成共识。国家能源局局长章建华提到，根据有关研究机构初步测算，到2060年，我国非化石能源消费占比将由目前的16%左右提升到80%以上，非化石能源发电量占比将由目前的34%左右提高到90%以上，建成非化石能源为主体、安全可持续的能源供应体系[3]。中国工程院院士、华能集团董事长舒印彪在2021年中国电机工程学会年会上表示，根据中国工程院研究，到2060年，我国仍将保留一定比例的煤电和气电，装机容量约为7亿—8亿kW，发电量比重为10%左右，这一结果与章建华局长发言较为一致。然而，中国科学院院士、美国国家工程院外籍院士、中国电力科学研究院名誉院长周孝信在2022年6月的SNEC第十五届全球光伏大会上指出，煤电装机需在2025年后持续下降，2060年仅保留0.7亿kW，占全国装机总量的1%，发电量0.22亿kWh，占比约1.4%[4]。不过，行业普遍形成共识的是，热泵等电供暖占比将比当前大幅提升。目前，我国城镇集中供暖中，电供暖占比仅为1%左右。无论哪种观点，未来至少达到20%—50%。如此大规模的波动性负荷的接入，对我国电网安全形成冲击，要求建筑电供暖具有灵活性调节特性，借助建筑热惰性成为需求侧响应的重要用户。在住房和城乡建设部、国家发展改革委《关于印发城乡建设领域碳达峰实施方案的通知》（建标〔2022〕53号）中，已明确建筑用电灵活性调节控制的有关要求，“探索建筑用电设备智能群控技术，在满足用电需求前提下，合理调配用电负荷，实现电力少增容、不增容。”

### （二）热源结构调整要求管网互联互通

无论余热和热泵在热源结构中占比有多少，核能、地热能、太阳能等多种热源供热将成为热源结构调整的必然趋势。而热源多源化，必然存在能源品质和量值上的不平衡，加强管网的互联互通，是保障多种热源稳定供热的重要措施。目前，不少城市已经意识到互联互通的重要性，正在大力开展建设，如呼和浩特市计划利用三年时间完成153km热网互联互通工程，以实现供热“全市一张网”，目前已完成64km，基本实现市内热电厂与大型热源厂之间热网互联互通，热源统一调配，互为补充[5]。当然，也要看到，管网互联互通对供热公司的运营调度水平提出了更高要求，以确保不同热源之间能够高效节能运行。

### （三）更高水平节能建筑推动城镇供暖分散化和电力化

面向更高水平节能建筑，传统集中供热将不再具有压倒性优势，供暖分散化、分散电力化将成为新趋势。回顾建筑节能发展趋势，我国从1986年发布第一部建筑节能标准《民用建筑节能设计标准》JGJ 26—85开始，以节能标准为抓手，自北向南发展，由城镇到农村，由居住到公建，由新建到既有，大力推动建筑节能工作。截至2020年底，全国城镇累计建成节能建筑面积超过238亿$m^2$，节能建筑占城镇民用建筑面积比例超过63%，累计完成超低、近零能耗建筑面积近0.1亿$m^2$。目前，城镇建筑节能执行全文强制国家标准《建筑节能与可再生能源利用通用规范》GB 55015—2021，其中严寒、寒冷地区城镇居住建筑平均节能率为75%，公共建筑平均节能率为72%。研究测算显示，在寒冷地区，当居住建筑平均节能率达到75%时，即使分散的直热式电暖器供暖，加上智能化的群控策略，也将比集中供热具有明显的成本优势。更进一步，分散的电力化供暖，不再有传统集中热面临的一系列收费难、调节难、个性难、维保难、计量难、投诉多等问题，转而成为电费易收取、自由灵活可控、个性易满足、轻修小维保的局面，供热计量和用户投诉问题更是一举破解。随着我国建筑节能水平的进一步提升，这种分散化的电供暖优势将更加突出。从政策导向来看，《城乡建设领域碳达峰行动方案》已明确要求，2030年前严寒、寒冷地区新建居住建筑本体达到83%节能要求，新建公共建筑本体达到78%节能要求，鼓励建设零碳建筑和近零能耗建筑，其中，明确提到，引导寒冷地区达到超低能耗的建筑不再采用市政集中供暖。当然，供暖分散化和电力化，也将面临供热行业一次新的变革，涉及供暖设施的大量更新改造、电供暖设备的智能升级、传统供热公司经营模式转变和资产处理等。

### （四）碳资源管理将成为智慧供热系统新模块

碳资源管理需求激增，碳资源管理将成为智慧供热系统的重要模块。碳交易将成为促进供热系统节能降碳的新动力。供热系统，一方面可通过调整热源结构形成降碳量，另一方面也可通过节能措施降低能耗形成降碳量，降碳潜力巨大，未来如能通过形成减碳量开展碳交易，将进一步提高供热企业节能降耗、低碳转型工作积极性。而形成碳交易的前提，是碳资源的可监测、可报告、可核查，这就要求供热企业能够将碳资源智能化、数字化地管理起来。近年来，智慧供热系统发展迅速，如河北省已建成了省级供热大数据信息平台，覆盖全省313家供热企业、1198座热源、16736座热力站和21862个集中供热居民小区。结合智慧供热信息平台，可将碳资源管理迅速监管起来，为碳交易、碳指标考核等提供重要支撑。

## 三、发展建议

清洁协同降碳背景下，供热行业迎来大变革已成为必然趋势。建议政府主管部门、行业技术产品机构、供热公司等上下联动、协调互动，实现供热行业的高质量清洁低碳转型，确保群众更好地温暖过冬。

一是，建议政府主管部门积极出台引导政策。在面临不确定性时，政府主管部门应加强研判，在变革方向、推广技术、安全底线等方面，充分发挥政策的引导作用，避免行业走弯路、走错路，避免因无法平稳过渡而造成人民群众财产的重大损失。

二是，建议行业加速新技术新产品研发试点。无论哪种热源结构变革方式，新技术新产品都成为当下迫切需求。建议行业加速对新技术新产品的研发和试点试验力度，尽快找到适合我国零碳供热的系统解决方案和配套技术产品，为行业低碳变革转型提供技术支撑。

三是，建议供热公司积极转型，避免落伍淘汰。清洁化的变革，对供热公司来说主要是增加了环保成本，但清洁协同降碳背景下的变革，对供热公司来说可能是一次重新洗牌。高耗能高排放企业的生存环境将变得异常艰难，不转型不进步，企业可能面临淘汰破产，建议供热公司迅速调整心态，积极面对变革，通过转型实现更高质量发展。

## 参考文献

[1] 国家能源局. 保障能源安全　推进绿色转型［EB/OL］. http://www.nea.gov.cn/2022-07/29/c_1310647945.htm，2012-7-29.

[2] 国务院. 国务院关于印发 2030 年前碳达峰行动方案的通知［EB/OL］. http://www.gov.cn/zhengce/content/2021-10/26/content_5644984.htm，2021-10-26.

[3] 国家能源局. 推动能源低碳转型和高质量发展——访国家能源局党组书记、局长章建华［EB/OL］. http://www.nea.gov.cn/2021-06/09/c_139997971.htm，2021-6-9.

[4] 中国电力网. 华能董事长舒印彪：2060 年煤电气电装机容量 7 亿—8 亿千瓦［EB/OL］. https://sc.starrypower.cn/newspost/B7C9F3B735744BF6A3DA34D33CEE432D，2021-12-17.

[5] 正北方网. 呼和浩特供热“全市一张网”建设：100 公里管网实现互联互通［EB/OL］. https://baijiahao.baidu.com/s?id=1715447047043682611&wfr=spider&for=pc，2021-11-4.

# 建筑电气化政策环境及电网友好型建筑指标体系研究

曲世琳　袁闪闪　张思思

（中国建筑科学研究院有限公司　建科环能科技有限公司）

建筑领域是全社会能源消耗和碳排放的重要组成。建筑作为人民群众工作和生活的主要空间载体，是我国能源消耗的三大领域之一[1]，也是我国重要的 $CO_2$ 排放源。随着城镇化快速推进和产业结构深度调整，城乡建设领域碳排放量及其占全社会碳排放总量比例还将进一步提高。

国家出台相关政策引领建筑领域电气化发展。2022 年 3 月和 2022 年 6 月住房和城乡建设部相继出台了《"十四五" 建筑节能与绿色建筑发展规划》和《城乡建设领域碳达峰实施方案》。系列政策明确提出优化城市建筑用能结构，引导建筑供暖、生活热水、炊事等向电气化发展，推动智能微电网、"光储直柔"、蓄冷蓄热、负荷灵活调节、虚拟电厂等技术应用，引领建筑用能优先消纳可再生能源电力，主动参与电力需求侧响应。

发展电网友好型建筑是缓解电力负荷峰值增加和峰谷差加剧的重要技术手段之一。随着我国交通、建筑、市政供暖等领域明确电气化发展作为各行业实施减排的重要措施，国家电力系统的供电可靠性面临着前所未有的挑战。发展电网友好型建筑是建筑领域缓解由于建筑电气化发展带来电网压力的有效途径。加强建筑柔性用能、提高建筑可再生能源应用比例、实现建筑电网友好等是建筑领域"双碳"目标实现的重要技术手段。基于此，本文分析了目前我国建筑电气化发展的政策环境，分析了不同类型建筑负荷特点，给出了电网友好型建筑的指标体系，为电网友好型建筑的发展提供参考和借鉴。

## 一、建筑电气化发展相关政策及建议

### （一）相关政策现状

2022 年 3 月 11 日，住房和城乡建设部发布《"十四五" 建筑节能与绿色建筑发展规划》（以下简称"规划"）。"规划"明确了"十四五"时期建筑节能与绿色建筑发展的 9 项重点任务，其中推动可再生能源应用、实施建筑电气化工程、推进区域建筑能源协同等任务均与电网友好型建筑建设密切相关。"规划"还明确提出了建筑领域未来 5 年城镇建筑可再生能源替代率达到 8%、建筑能耗中电力消费比例超过 55%、全国新增建筑太阳能光伏装机容量 0.5 亿 kW 以上等目标。

2022年6月30日，住房和城乡建设部发布了《城乡建设领域碳达峰实施方案》（以下简称“方案”）。“方案”作为国内建筑领域碳达峰行动指引，明确2030年前城乡建设领域碳排放达到峰值，力争2060年前城乡建设方式全面实现绿色低碳转型的目标，并提出了19项城乡建设领域碳达峰工作的具体措施。“方案”提出，全面推进建筑太阳能光伏一体化建设，到2025年新建公共机构建筑、新建厂房屋顶光伏覆盖率力争达到50%；引导建筑供暖、生活热水、炊事等向电气化发展，到2030年建筑用电占建筑能耗比例超过65%；推动开展新建公共建筑全面电气化，到2030年电气化比例达到20%。

### （二）政策环境中鼓励建筑电气化发展技术措施

“规划”和“方案”给出了国家层面建筑领域实现碳达峰的重要技术措施，并分提出明确的目标和时间节点。

在建筑用电比例方面，“规划”中要求“十四五”期间建筑能耗中电力消费比例超过55%。“方案”中要求到2030年，建筑用电占建筑能耗比例超过65%。不难看出，在未来的8年期间，国家将持续鼓励并支持建筑领域电气化持续发展。

在建筑技术措施方面，两文件提出推动智能微电网、“光储直柔”、蓄冷蓄热、负荷灵活调节、虚拟电厂等技术应用，优先消纳可再生能源电力，主动参与电力需求侧响应；探索建筑用电设备智能群控技术，在满足用电需求前提下，合理调配用电负荷，实现电力少增容、不增容。

建筑领域电气化发展，势必会对城市电网的供电能力、供电稳定性提出挑战。为降低电气化发展对城市电网带来的压力，从建筑本体出发，探索柔性用电技术，建设并发展电网友好型建筑势在必行。

## 二、电网友好内涵及电网友好型建筑指标体系

### （一）电网友好内涵

“电网友好”一词最早由瑞典教授Thiringer于2002年提出[2]。随着大规模波动式能源集中并网，高密度、高渗透率的分布式电源广泛应用，使电力系统不确定、不可控的因素增多，“电网友好”概念越来越受到重视[3]。

电网友好指“电网友好发电技术”与“电网友好用电技术”[4]。电网友好用电技术主要用于改善负荷的时间特性、频率特性、电压特性，从而提高电力系统在不同时间尺度下的平衡能力，同时降低或改善对电能质量的不利影响[5]。

城市电网供电侧、输变电侧及用电侧负荷示意图，如图1所示。其中，$Q_1$为发电侧负荷、$Q_2$为输变电侧负荷、$Q_3$为输变电侧负荷损失、$Q_4$为用电负荷。电力系统中，电源和负荷是维持系统瞬时平衡的主体，保持发电量、送电量、用电量之间的负荷相对平衡是电网友好的目标。图1中，$Q_1$发电侧负荷，包括日负荷、年最大负荷等。日负荷、年最大负荷示意图如图2所示。

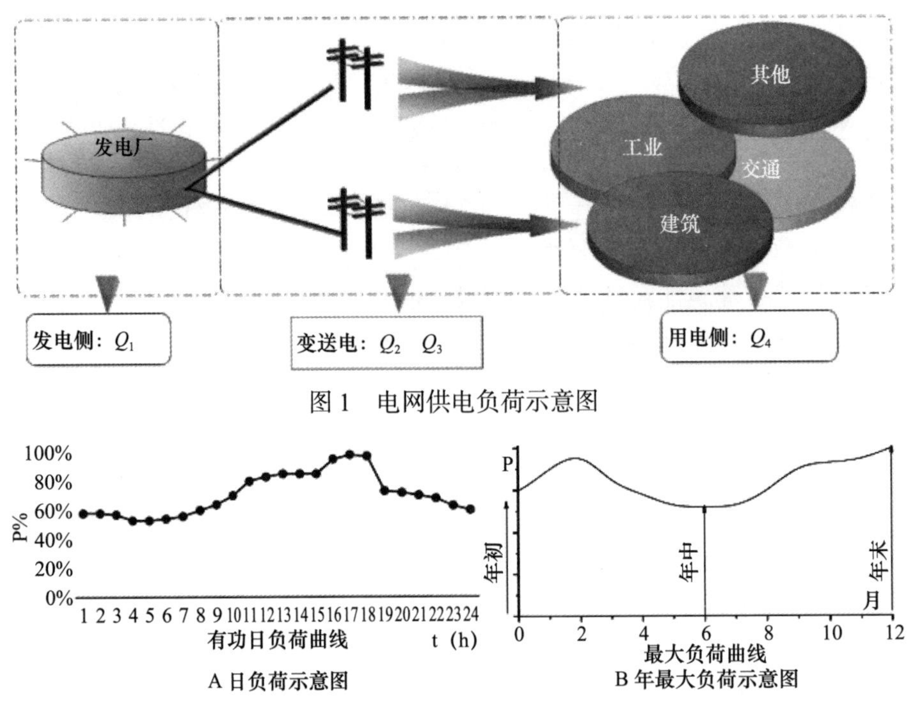


图 1　电网供电负荷示意图

图 2　发电侧负荷日负荷与年最大负荷示意图

$Q_4$ 用电负荷，为所有用户用电负荷，如公式（1）所示。

$$Q_4 = \sum_{i=1}^{n} Q_i \tag{1}$$

其中，$i$ 为用户种类，包括工业用户、商业用户与民用用户等。

### （二）“柔性用电”是电网友好型建筑重要特征

建筑作为电网中的用电大户，建筑负荷能否与电网负荷保持良好的响应是决定电网友好程度的主要因素。

由于用电负荷与用户的用电特性密切相关，用电负荷的影响因素较多，因此要求用电行业供电负荷尽可能响应用电负荷，保持电网的供电可靠性与高效性。电网各用电负荷影响因素示意图，如图 3 所示。

由图 3 可知，电网服务用户主要包括工业用户、商业用户和民用用户。不同类型的用户用电负荷变化规律和影响因素各异。首先，传统民用建筑和商业建筑总体负荷特性表现为同时使用系数变化大、不同时间段负荷变化显著、季节性变化显著。随着建筑冬（夏）季供暖（冷）电负荷需求的增大，可以想象电网总负荷将呈现上移趋势，瞬时最大功率数值增加对城市电网供电可靠性提出挑战。其次，重工业用户和轻工业用户日负荷曲线变化稳定，负荷值大小主要受工业产量等因素影响。因此，发展电网友好型的居住建筑和商业建筑，提高其柔性用电水平将成为提高城市电网供电可靠性的重中之重。

为增加建筑用电柔性、提高建筑电网友好水平，众多学者也从技术上提出了相应的解决手段。

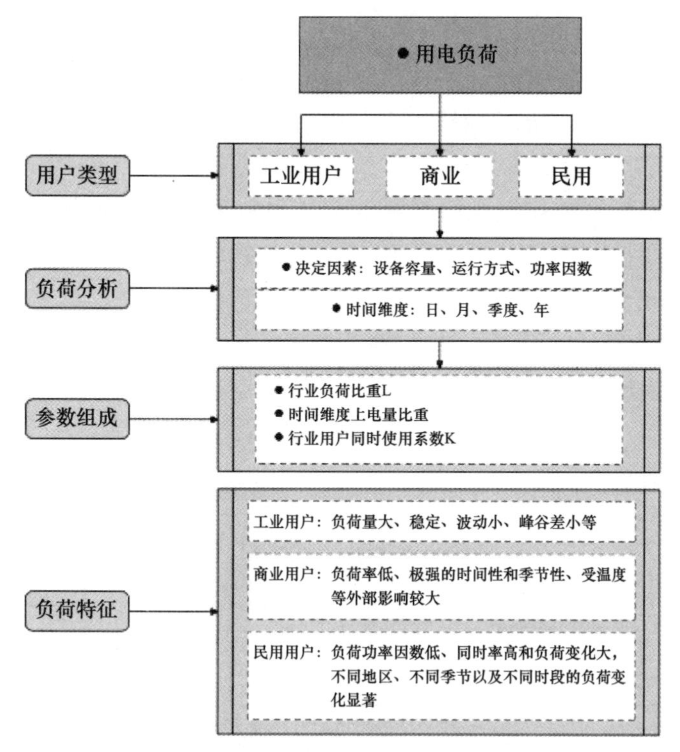


图 3　负荷侧影响因素示意图

文献［5］提出了“光储直柔”概念。建议将建筑从传统能源系统中仅是负载转变为未来整个能源系统中具有可再生能源生产、自身用能、能量调蓄功能“三位一体”的复合体，也是建筑面向构建未来低碳能源系统应当发挥的重要作用。文献［6］给出了电网友好型净零能耗建筑实施的关键技术要点，包括通过被动式建筑节能技术和高效主动式建筑节能技术，最大幅度降低建筑终端用能需求和能耗；充分利用场地内可再生能源资源最大幅度降低建筑的常规能源消耗量；合理配置可再生能源和储能系统容量，使用电负荷变得更加平稳，成为电网友好型建筑的负载。文献［7］在考虑建筑热惰性的前提下，以电网容量为约束，提出城市换热站电制热补热优化配置方法。文献［8］分析不同外墙热惰性的最佳蓄热温度及蓄热时间的变化规律，研究通过合理利用建筑热惰性，在保证舒适度的情况下建筑自身调控对用电时间进行调节。

因此，在可再生能源推广应用尤其是光电建筑的发展阶段，建筑应尽可能地实现柔性用电。通过建筑用能、产能及储能等技术手段，以响应电网供电负荷为目标，智能调节建筑用电负荷。

### （三）电网友好型建筑指标体系

电网友好型建筑指标体系由评价指标与技术指标组成。定义评价指标为 $\varphi(t)$，即建筑电网实时需求负荷 $Q_{ab}(t)$ 和电网中实时建筑供电负荷 $Q_{GL}(t)$ 的比值，如公式 2 所示。$\varphi(t)$ 值越趋向于 1，建筑电网友好程度越高。

$$\varphi(t)=\frac{Q_{ab}(t)}{Q_{GL}(t)} \tag{2}$$

技术指标体系是与评价指标技术上相关的参数集，包括建筑负荷 $Q_b(t)$、建筑产能 $Q_{GS}(t)$、建筑蓄能量 $Q_{BS}(t)$ 和建筑柔性调控负荷 $Q_{AD}(t)$ 等。建筑负荷技术指标集由建筑设备能效、建筑供能系统效率、建筑可再生能源应用比例、建筑用电柔性程度、建筑围护结构热工性能、建筑被动节能设计参数值等组成。建筑产能技术指标集由建筑光伏面积、光伏产电量、光伏发电量与建筑需电量比值、光伏发电量与建筑需电量时域对比值等组成。建筑蓄能指标集由蓄能容量、蓄能响应速度、蓄能调节能力等组成。柔性负荷指标代表了建筑需求侧的负荷调节能力，指标集由舒适度柔性、分布式能源柔性调节、充电桩用电柔性调节等组成。电网友好型建筑指标体系如图 4 所示。

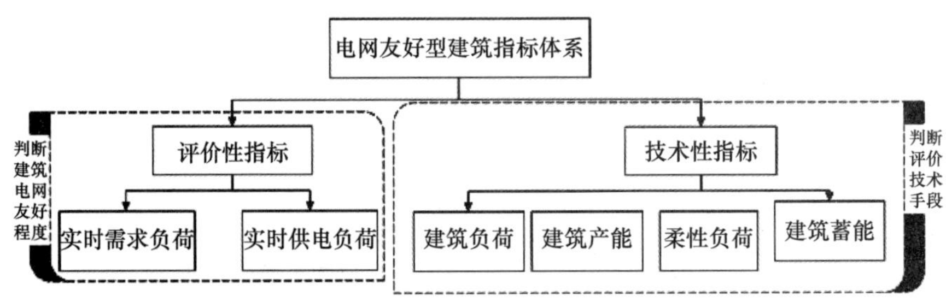


图 4　电网友好型建筑指标体系

建筑电网实时需求负荷 $Q_{ab}(t)$ 数值上是建筑负荷 $Q_b(t)$ 与建筑产能 $Q_{GS}(t)$、建筑蓄能量 $Q_{BS}(t)$ 差值（蓄能时，取“+”；释能时，取“−”）和建筑柔性调控负荷 $Q_{AD}(t)$ 的和，如公式 3 所示。

$$Q_{ab}(t)=Q_b(t)-Q_{GS}(t)\pm Q_{BS}(t)+Q_{AD}(t) \tag{3}$$

## 三、电网友好型建筑发展建议

为更好挖掘电网友好型建筑潜力，作者分析了相关学者提出的各项技术措施，提出以下四点发展建议：

### （一）降低建筑电力需求，增加建筑可再生能源利用率

依托高性能建筑的节能低碳技术手段，通过高性能围护结构、建筑遮阳、自然通风等方式最大程度地降低建筑供暖供冷需求，利用现有太阳能光伏＋储电的园区微电网，在保证室内舒适度的前提下降低建筑能耗。

充分利用太阳能光伏、水地源热泵、空气源热泵、蓄冷蓄热等可再生能源技术，提高建筑可再生能源利用率。

### （二）提高建筑供能可靠性，通过蓄能设计增加建筑用电柔性

以蓄能技术为调节手段，合理配置可再生能源、常规能源以及蓄能系统设计容量。通过蓄热装置将冷热联供系统的不同能源形成实现互联互通。通过蓄热技术不

仅可以提高不同能流下各子系统的可靠性，同时可降低建筑用电峰值时对城市电网的冲击压力。

**（三）开拓新型供配电系统，通过智能化赋能建筑电网友好**

开拓柔性直流微电网技术，直流微电网可更高效可靠地吸纳、调节风光等分布式可再生能源发电系统、储能单元、电动汽车及其他直流用电负荷，是实现主动式配电网的一种有效方式，使传统电网向智能电网过渡。

集合建筑的数字赋能，综合冷热源系统、可再生能源微网、智慧用能、综合管理等发展需求，建设智慧化的监控、管理、运营平台，提升项目智慧化水平，解决目前建筑中各个子系统形成的信息孤岛问题。

**（四）基于评价指标体系，明晰评价指标与技术指标的内在关联**

建筑电气化是未来建筑领域实现碳中和的主要技术手段之一，为提高建筑电网友好水平，在电网友好型建筑规划设计过程中，应明确各项技术指标的量化值，并给出各技术指标对评价指标的权重。评价应从平衡建筑用能量、电网供能量以及合理储能量等方面出发开展综合分析。

## 参考文献


［1］袁闪闪，陈潇君，杜艳春，等. 中国建筑领域 $CO_2$ 排放达峰路径研究［J］. 环境科学研究，2022，35（2）：394-404.

［2］THIRINGER T. Grid-friendly connection of constant-speed wind turbines using external resistors[J]. IEEE Power Engineering Review, 2002, 22 (10):57-58.

［3］薛晨，黎灿兵，曹一家，等. 智能电网中的电网友好技术概述及展望［J］. 电力系统自动化，2011，35（15）：102-107.

［4］刘璐. 电网友好型空调与农村典型微网系统容量的匹配和优化［D］. 北京交通大学，2018.

［5］刘晓华，张涛，刘效辰，等. “光储直柔”建筑新型能源系统发展现状与研究展望［J］. 暖通空调，2022，52（08）：1-9+82.

［6］孙冬梅，郝斌，李雨桐. 电网友好型净零能耗建筑的思考［J］. 建设科技，2019（24）：6.

［7］张思瑞，李昊，张庆，等. 考虑配电网容量约束和建筑热惰性的城市换热站电制热补热优化配置方法［J/OL］. 现代电力：1-10［2022-09-17］.

［8］姜镀辉，崔红社，杨佳林，等. 建筑热惰性对辐射供暖系统蓄热策略影响研究［J］. 建筑热能通风空调，2018，37（12）：38-40+10.

# 乡村能源基础设施低碳建设路径探讨

尹　波　李晓萍　张成昱　李以通
（中国建筑科学研究院有限公司）

2020年，习近平主席在第七十五届联合国大会发表重要讲话，提出二氧化碳排放力争于2030年前达到峰值，努力争取2060年前实现碳中和，这是我国第一次在全球正式场合提出碳中和计划时间表，“双碳”目标为我国能源绿色低碳转型发展提出了行动纲领。早在2018年，中共中央、国务院发布《乡村振兴战略规划（2018—2022年）》，提出构建农村现代能源体系，包括优化农村能源供给结构和完善能源基础设施网络。2022年，中共中央办公厅、国务院办公厅印发《乡村建设行动实施方案》，提出实施乡村清洁能源建设工程，发展太阳能、风能、水能、地热能、生物质能等清洁能源，在条件适宜地区探索建设多能互补的分布式低碳综合能源网络。在乡村振兴战略等一系列政策的推动下，我国乡村能源基础设施蓬勃发展，但仍有大部分乡村地区采用燃煤、薪柴等传统能源形式，清洁能源利用率低，同时在清洁能源推广利用中存在投资运行费用高、技术选用盲目混乱、可持续性差等问题。本文综合考虑乡村资源条件、能源消费结构、经济水平、政府政策等多方面因素，分析乡村能源基础设施建设存在的问题、发展趋势和建设需求，提出乡村能源基础设施低碳建设路径，从而推动乡村实现绿色低碳发展。

## 一、乡村能源基础设施建设现状

### （一）乡村能源供给与消费结构现状

1. 乡村经济快速发展，用能强度持续增加

《2021年城乡建设统计年鉴》[1]显示，截至2021年，我国共有村庄236.3万个，2001—2021年，村庄户籍人口从8.06亿人缓慢减少至7.92亿人，村庄年末实有住宅建筑面积从199.1亿$m^2$增长至267.3亿$m^2$，人均住宅建筑面积从25.0$m^2$/人增长至34.6$m^2$/人，农村居民生活条件和居住质量均有所提升。近年来，随着农村电力普及率和农村收入水平的提高，农村家电数量不断增加，农村户均电耗呈快速增长趋势。例如，2001年全国农村居民平均每百户空调器拥有台数仅为16台/百户，2021年增长至89台/百户，不仅带来空调用电量的增长，也导致了夏季农村用电负荷尖峰的增长。随着北方地区“煤改电”工作的开展和推进，北方地区冬季供暖用电量和用电尖峰也出现了显著增长。据统计[2]，2020年农村住宅的商品能

耗为 2.29 亿 tce，占全国当年建筑总能耗的 22%。从 2010 年到 2020 年，农村户均商品能耗缓慢增加，在农村人口和户数缓慢减小的情况下，农村商品能耗基本稳定（图 1）。农村住宅碳排放量为 5.1 亿 $tCO_2$（图 2），单位建筑面积的碳排放强度为 22.5kg $CO_2/m^2$，由于农村住宅电气化水平低，燃煤比例高，所以单位建筑面积的碳排放强度高于城镇住宅。在乡村经济快速发展的背景下，乡村地区在节能降碳方面具有巨大潜力。

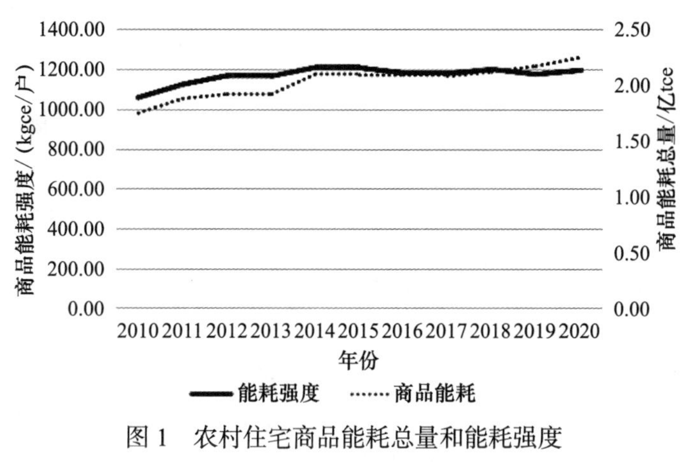


图 1　农村住宅商品能耗总量和能耗强度

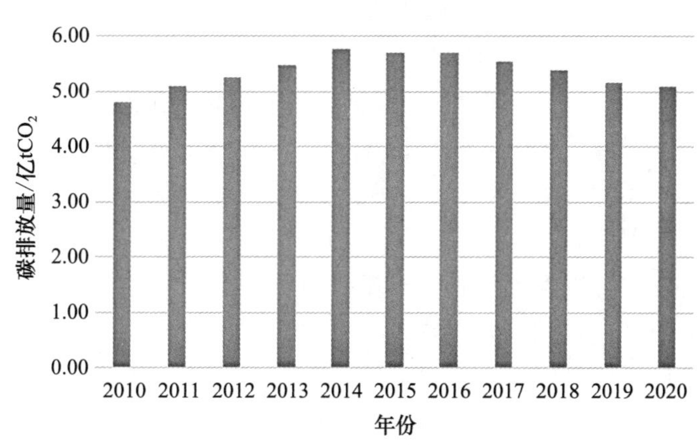


图 2　农村住宅碳排放量

2. 乡村能源基础设施不断完善，清洁能源应用占比提升

我国乡村主要能源消费种类包括电力、煤炭、液化石油气、天然气和生物质能（秸秆、薪柴）等，主要用于炊事、供暖、降温、照明、生活热水、家电等（图 3）。“十三五”末期，我国乡村居民生活终端消费 16475.36 万 tce，能源消费结构如图 4 所示 [3]，可以看出煤炭在农村能源消费中仍占据主要地位。近年来，国家不断加强农村清洁低碳能源项目建设，提高农村地区能源供给能力，截至 2020 年 [4]，全国农村建设户用沼气池 3007.7 万户，沼气工程 93481 处，太阳能热水器 8420.7 万 $m^2$，太阳房 1822.3 万 $m^2$，太阳灶 170.62 万台。随着清洁能源的应用，农村能源消费结构也在发生变化，清洁能源占比从 2012 年的 13.2% 提升至目前的 20% 以上。2023

年 3 月 15 日，国家能源局、生态环境部、农业农村部、国家乡村振兴局联合印发《农村能源革命试点县建设方案》，提出到 2025 年，试点县可再生能源在一次能源消费总量占比超过 30%，在一次能源消费增量中占比超过 60%。可以看出，乡村清洁能源应用力度不断加大，能源基础设施建设也在不断提档升级。

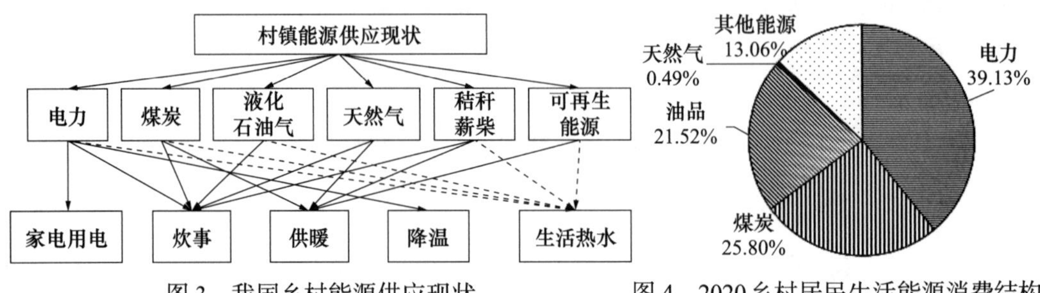


图 3　我国乡村能源供应现状　　　　图 4　2020 乡村居民生活能源消费结构

### （二）乡村能源基础设施建设存在的问题

1. 乡村能源消费结构粗放，清洁能源利用潜力有待深挖

我国乡村能源消费结构正处于由传统能源向清洁高效能源转变过程中，传统能源应用占比仍然较高。据不完全统计，我国 1.6 亿户农村居民家庭中，采取分散供暖模式的约有 9300 万户，其中燃煤供暖约 6600 万户，散煤使用量约 2 亿—3 亿 t，占煤炭终端消费量的 10%。民用供暖炊事炉具保有量约 1.2 亿台，近 80% 的居民使用低效炉具，燃用劣质、高硫烟煤。散煤直燃低空直排造成的污染是达标排放量的 10—20 倍，占燃煤排放量的 50% 以上，所形成的 $PM_{2.5}$ 占燃煤排放量的 36% 以上[5]，造成严重的环境污染。因此，乡村能源消费结构转型亟须加快进度，清洁能源应用潜力需要深入挖掘。

2. 能源利用技术与当地资源特性匹配性有待提升

虽然我国不断推进乡村清洁能源利用工作，但由于清洁能源利用方式与区域特点不匹配、设备初投资高、运行费用高等问题，能源技术应用可持续性较差，部分地区出现清洁能源“弃用”现象。如一些村庄“煤改气”之后，出现“气荒”，气源保障难度不断增大；“煤改气”或“煤改电”后供暖成本增加，如无政府补贴后，供暖成本可达原来的 2—3 倍，导致大量村民因成本高而重新选择烧煤。同时，《中国乡村振兴综合调查研究报告 2021》[6] 显示，农村 60 岁及以上人口的比重达到了 20.04%，人口老龄化严峻，并向空巢化、独居化、高龄化转变，能源基础设施建设不仅要考虑普通村民的使用和操作能力，尤其需要考虑老年人的实际情况，使用便捷性还需提升。目前，乡村能源技术选用与当地的资源条件、经济水平和使用习惯的结合度还有很大不足。

3. 乡村能源基础设施投融资机制有待健全

乡村能源基础设施投资规模大、运维成本高、经济效益低，如在清洁取暖改造工作中，“煤改电”和“煤改气”改造任务大，现阶段建设资金来源主要依赖政府投入，基础设施建设、设备购置及运维成本均严重依赖政府财政补贴。根据国家能源局数据统计，“十三五”期间，中央财政分三批、累计投入493亿元支持北方地区43个城市开展清洁取暖试点，通过完善资金与价格支持政策，有效降低了取暖成本。但由于清洁能源改造面积不断加大、改造数量不断增加，造成政府财政负担不断加重，补贴难以持续的问题凸显。投融资机制直接关系到清洁能源应用的长效性和可持续性，仅靠国有资本难以推动农村能源系统可持续发展。

## 二、乡村能源基础设施发展趋势与建设需求分析

### （一）“双碳”目标对乡村构建清洁高效的能源供应系统提出更高需求

“双碳”目标的提出，为乡村清洁能源利用带来发展机遇，亟须增加清洁能源供给，扩大清洁能源消费，推进乡村能源技术革命，提升智能化用能水平，建立经济可持续的清洁能源开发利用模式，在《乡村建设行动实施方案》《城乡建设领域碳达峰实施方案》等政策的指导下，按照先立后破、农民可承受、发展可持续的要求，实现能源的清洁、高效、低碳、绿色、可持续发展。

### （二）乡村振兴战略为乡村能源消费结构优化指明方向

乡村振兴战略提出“产业兴旺、生态宜居、乡风文明、治理有效、生活富裕”20字方针，其中，“产业兴旺”要求加强农村能源基础设施建设，提升能源供应效率和安全稳定性，以适应现代化农村生产方式，满足乡村生产用能需求；“生态宜居”要求优化乡村能源消费结构，加强乡村能源清洁高效利用，推动清洁能源的开发和利用，减少环境污染，提升乡村生产生活环境。乡村振兴战略对乡村能源消费结构优化作出了明确部署，清洁能源利用占比亟须提升。

### （三）“新基建”为乡村现代化能源基础设施建设带来新契机

新基建为能源互联网构建、能源综合利用、现代能源体系构建等提供了技术支撑和平台基础。2021年9月，国家能源局综合司公布整县（市、区）屋顶分布式光伏开发试点名单676个，试点要求农村居民屋顶总面积可安装光伏发电比例不低于20%。2021年10月，风电伙伴行动计划提出：“十四五”期间，在全国100个县，优选5000个村，安装1万台风机，总装机规模达到5000万kW，为5000个村集体带来稳定持久收益，惠及农村人口300万以上。因此，亟须以乡村优势资源为依托，构建新能源综合利用模式，聚焦“光伏＋”产业、“风电＋”产业等，探索“农光一体”“渔光一体”“林光一体”等分布式发电发展模式，助力乡村能源结构转型和产业发展。

## 三、乡村能源基础设施低碳建设路径

乡村能源清洁高效利用是现代能源体系的重要组成部分，是助力“双碳”目标、推进乡村振兴战略的重要抓手。加快乡村能源清洁高效利用刻不容缓，需要从加强顶层规划、提升技术适应性、健全管理模式三个方面，实现乡村能源基础设施低碳发展。

### （一）加强乡村清洁能源基础设施建设顶层规划

一是结合我国“双碳”发展战略和能源转型要求，深入挖掘乡村太阳能、生物质能、风能等优势能源应用潜力，从能源端研究乡村清洁能源分布特性，构建清洁能源资源分区，为乡村清洁能源基底条件判断提供依据。二是统筹乡村清洁能源集中开发优势和末端村民分散用能需求，建立覆盖多清洁能源类型、统筹能源集中开发与分散利用的“从源到端”的乡村能源利用模式，提出基于区域资源特性的分布式能源供应策略。三是围绕乡村资源空间分布特性，系统规划乡村能源基础设施建设工作，提升能源资源配置能力，确保能源基础设施建设具有可持续性。

### （二）提升乡村清洁能源基础设施技术适应性

一是综合考虑乡村管理者、环境管理者、村民等不同对象的需求，基于乡村用能关键影响因素和需求特性分析，建议从资源适用性、经济性、环境友好性以及技术匹配性等方面，深刻剖析各类能源技术成熟度、服务规模、污染物排放量、投资运行维护费用以及回收期等关键因素，建立乡村能源基础设施技术适应性评价指标体系，提出契合乡村用能特性的技术适用性评价方法。二是以能源清洁高效利用为目标，针对太阳能光伏发电、生物质颗粒加工厂、沼气站、风力发电等集中式能源利用技术，以及太阳能热水器、太阳灶、生物质颗粒炉具等户用能源设备的特点，建立与乡村清洁能源开发潜力、经济发展态势、用能需求相匹配的能源利用技术体系，指导乡村能源基础设施建设。

### （三）建立多元化乡村清洁能源基础设施运维管理模式

一是充分考虑乡村发展特点和居民生活需求，将“智慧”与绿色低碳发展相结合，建立太阳能光伏发电等分布式能源基础设施智慧管理平台，推进能源应用信息化、智慧化管理。二是针对生物质能、太阳能等清洁能源利用技术产品，创新投融资模式，出台相应的补贴政策，探索针对不同地区的清洁能源推广激励机制。三是提升农村居民节能减排意识，加强清洁能源应用宣传和培训，提高对烟煤等传统能源危害性认知，加速清洁能源转型进程。

## 参考文献

[1] 住房和城乡建设部. 2021年城乡建设统计年鉴[M]. 2021.

[2] 清华大学建筑节能研究中心. 中国建筑节能年度发展研究报告2022[M]. 北京：中国建筑工业出版社，2021.

[3] 国家统计局能源统计司. 中国能源统计年鉴2020[M]. 北京：中国统计出版社，2021.

[4] 国家统计局农村社会经济调查司. 中国农村统计年鉴2022[M]. 北京：中国统计出版社，2022.

[5] 中国农村能源行业协会节能炉具专业委员会和中国炉具网. 中国采暖炉具行业发展报告2016[M]. 2016.

[6] 魏后凯等. 中国乡村振兴综合调查研究报告2021[M]. 北京：中国社会科学出版社，2021.

# 农村居住建筑低碳改造技术路径建议

邓琴琴
（中国建筑科学研究院有限公司　建科环能科技有限公司）

随着我国城镇化的发展，农村地区已从30年前解决有其居、居其定的局面转变为居其适、居其安等生态文明发展的需求。我国农村的发展一直是我国建设发展进步的重中之重。当前城乡区域发展和居民生活水平差距显著缩小，但相对城市而言，农村建筑节能发展进程缓慢。面对我国碳达峰、碳中和目标，推动乡村振兴，以生态文明建设为依托，以绿色发展新理念为指导，建设绿色乡村成为必然选择，具有重要的现实意义。

由于国情特殊，我国村镇住宅总量巨大，根据《中国建筑节能年度发展研究报告（2023）》等数据测算显示，2021年农房建筑面积约226亿$m^2$，约占全国建筑面积33.3%。绝大部分农村地区特别是北方农村地区建筑围护结构热工性能较差，供暖设备简陋、热效率低，造成建筑能耗大、室内温度低等问题。

2017年开始，中央财政开始实施支持北方地区清洁取暖试点政策[1]，既推进清洁能源供暖替代散煤，又同步开展既有建筑节能改造。但实施过程中农房节能改造量仍相对较少。因此，为实现我国碳达峰、碳中和的目标，对农房进行节能低碳改造技术路径研究和规范应用迫在眉睫。

## 一、发展现状

### （一）国内发展现状

随着我国建筑节能和绿色建筑工作的深入开展，北方供暖地区陆续开展既有建筑节能改造，建筑能效水平逐年提高，建筑节能工作开始从新建建筑向既有建筑、从常规能源向可再生能源、从城市向农村不断过渡和拓展。但农村地区经济发展水平与日益落后的居住条件间的矛盾也逐渐凸显，特别是北方地区农房冬季的供暖条件和室内舒适度相对较差，难以满足新时期条件下农户对农房的居住和生活要求，在农村可持续发展、农房节能改造和能源利用等方面面临挑战。近几年，我国从政策层面和技术层面不断在推进农村相关工作。

1. 政策层面

自2006年开始，北京市实施了农房抗震节能改造工作。2006到2010年，农房改造被列为北京市社会主义新农村建设“三起来”工程中“暖起来”工程的一项重要措施。2011 到 2013 年，通过“以奖代补”等措施，完成 20 万户农房节能改造，并确定补助标准。2014 年后，制定了《北京市农民住宅抗震节能改造工程建设规划（2014—2017 年）》（京新农办函〔2014〕2 号）等系列指导文件，有序稳步推动工作。截至 2018 年底，已累计完成农房改造 100 余万户，为北京市在 2018 年实现平原地区散煤清零、农村清洁取暖奠定了基础，同时也为全国推广农村建筑节能改造积累了经验。

2009 年，结合农村危房改造、可再生能源建筑应用示范等专项工作，住房和城乡建设部开始积极探索农房节能改造的技术路径，在“三北”地区开展了农房建筑节能改造试点[2]，至今已连续开展多年，在经济条件较好省市已建设了一批示范项目。2017 年 5 月，国家明确给予中央财政政策[1]，支持“热源侧”和“用户侧”清洁取暖改造，重点针对城区及城郊，并积极带动农村地区。截至 2022 年，累计支持 5 批 88 个城市开展清洁取暖，覆盖了北方 15 个省（自治区、直辖市），相关资金重点支持农村地区“煤改电”“煤改气”以及农村建筑节能改造等。

2019 年 2 月 2 日发布的《住房和城乡建设部办公厅关于开展农村住房建设试点工作的通知》（建办村〔2019〕11 号）[3] 提出“到 2022 年，多数县（市、区、旗）建成示范农房，试点经验得到推广应用，农房设计服务、工匠培训管理等农房建设管理机制初步健全，到 2035 年，农房建设普遍有管理，农民居住条件和乡村风貌普遍改善，农民基本住上适应新的生活方式的宜居型农房”。2020 年 10 月 29 日，中国共产党第十九届中央委员会第五次全体会议通过的《中共中央关于制定国民经济和社会发展第十四个五年规划和二〇三五年远景目标的建议》明确提出实施乡村建设行动和城市更新行动，完善乡村基础设施，提升农房建设质量[4]。2022 年 6 月 30 日，住房和城乡建设部、发展改革委联合印发《城乡建设领域碳达峰实施方案》（建标〔2022〕53 号），提出“引导新建农房执行《农村居住建筑节能设计标准》等相关标准；在北方地区冬季清洁取暖项目中积极推进农房节能改造，提高常住房间舒适性，改造后实现整体能效提升 30% 以上”。因此，农村居住建筑节能工作已成为当前我国建筑节能工作的重点之一。

2. 技术层面

在技术标准方面，2013 年发布我国首部农村建筑节能方面的国家标准《农村居住建筑节能设计标准》GB/T 50824[5]，该标准根据不同气候区的建筑要求给出了满足节能标准的技术措施。其主要规定了建筑节能设计室内热环境参数、建筑布局和节能设计、围护结构保温隔热、供暖通风系统、照明及可再生能源利用等内容，适用于农村新建、改建和扩建的居住建筑节能设计，保证严寒和寒冷地区农村居住建筑在规定限值下相比同一地区基准农村居住建筑节能率达到 50% 及以上。该标准已列入《城乡建设领域碳达峰实施方案》（建标〔2022〕53 号）中，目前已启动局部修订工作。

北京、河北、安徽、山东、四川、浙江、上海、江苏、广西等省先后印发了符合本省市（区）农村环境现状的农房规划、设计和建设技术导则，主要从场地选择、建筑设计、建筑材料、结构设计、节能保温、给水排水等方面进行了相关规定和指导。在农村建筑节能改造标准方面，河南省、山东省、陕西省和河北省等先后制定相关标准，比如 2018 年河南省发布了《河南省既有农房能效提升技术导则》（试行）[6]；2019 年山东省发布了《山东省农村既有居住建筑围护结构节能改造技术导则》JD 14—046—2019[7] 等，2019 年《陕西省关中地区农村既有居住建筑节能改造实施方案（2019—2021 年）》（陕建科发〔2019〕1014 号）文件发布；2020 年河北省发布了《河北省绿色农房建设与节能改造技术指南》，有效推动了当地农村建筑节能改造进程。其中《山东省农村既有居住建筑围护结构节能改造技术导则》对山东省农村既有居住建筑的节能评估、外墙、外门窗及檐廊、屋面等围护结构节能改造和验收提出了具体要求，适用于山东省 2 层及以下农村既有居住建筑围护结构节能改造工程。在综合考虑当地经济发展水平的前提下，提出了改造后宜实现能效提升 30% 以上的要求；《河南省既有农房能效提升技术导则》（试行）规定了节能诊断、能效提升方案、工程验收评估等内容，通过采取围护结构保温措施和清洁能源技术，来提高室内舒适度，实现既有农房建筑能效提升，总体原则是对于河南省既有农房改造项目，改造部分的性能或效果应满足现行国家农村节能标准的要求，且综合建筑能效提升水平不低于 30%。

根据《建筑节能与绿色建筑发展“十三五”规划》，截至 2015 年底，住房和城乡建设部在严寒及寒冷地区实施农村危房建筑节能改造约 117.6 万户。“十三五”期间，农村地区累计完成散煤替代约 2500 万户，秋冬供暖季节控制质量得到显著改善。以北方地区冬季清洁取暖城市为依托，探索不同形式的技术路径和相关支持政策，总结出经济型农房节能保温方案、“菜单式”节能保温优选方案并在河南鹤壁、山东济南商河等地实施。基于在北京市、河南省、山东省 500 多户典型农宅、十余种改造技术方案的长期效果测试结果表明，改造后室内平均温度升高 5—8℃，综合节能率达到 30%—50%。

在此背景下，中国工程建设标准化协会团体标准《严寒和寒冷地区农村居住建筑节能改造技术规程》T/CECS 741—2020[8] 于 2020 年 8 月 10 日发布，2021 年 1 月 1 日起正式实施，主要围绕外墙、外门窗、屋面、地面等围护结构、空气源热泵、太阳能光伏利用、太阳能光热利用、生物质炉具热水、多能互补系统等供暖系统、供暖供冷末端设备和采光与照明等技术内容进行了规定。适用于严寒和寒冷地区农村居住建筑节能改造的诊断、设计、施工及验收。

**（二）国外发展现状**

从 20 世纪六七十年代起，部分发达国家就开始了农村居住环境方面的研究，虽各国具体做法不一，但核心思想是针对各农村不同的人文、地理条件及经济状况提出不同的更新措施。具体到农房单体的新建与改造上，发达国家得益于建筑技术的发展，在工程实践方面均取得了大量成果。从出台的技术标准来看，国外没有严格区分城市标准和农村标准，且国外建筑节能改造工作要早于我国建筑节能改造。

围护结构改造要求方面，一般既有建筑改造时国外对其要求采用限值法或规定性方法，且围护结构传热系数普遍比我国要求严格，保温形式方面要求因地制宜，也不完全限定外墙外保温的改造方法，改造后保温材料厚度普遍相比我国要厚；部分国家建筑室内温度的要求更低。比如德国《建筑节能条例》对既有建筑改造围护结构的要求采用了限值法。德国根据室温不低于19℃和介于12—19℃之间将建筑分为两大类，对每种围护结构列出不同的改造措施，尤其是外窗按用途又分为五大类以及特殊情况三类[9]。

在建筑设备系统和可再生能源利用方面，国外对可再生能源和非可再生能源的比例值要求较为具体。我国在农村地区推行可再生能源利用技术目前尚处在起步阶段。

### （三）存在问题

我国农村建筑节能工作虽取得一定进展，绿色节能农房建设也得到试点推广，农村建筑用能结构持续优化。但传统农房仍普遍缺乏节能措施，取暖方式落后且污染严重，冬季室内温度较低，舒适性差，可再生能源利用率低，农房使用功能和抗震结构安全欠佳，严重制约着农村地区人民对美好生活的向往和追求。农村建筑节能标准体系方面，虽国家和地方已出台相关技术标准或导则，但技术适用范围有所不同，特别是农房节能改造对室内环境参数的要求和功能提升等综合改造方面尚需因地制宜。目前农村建筑节能技术标准指导实际工作也尚显不足，应用实施层面尚无监管，大多数农房建设或改造都是自建、自用和自行管理，制约着农村建筑节能改造效果的保障。

## 二、趋势与挑战

### （一）对农房建筑节能低碳水平的要求不断提升

自2020年9月习近平主席提出我国2030年前碳达峰与2060年前碳中和目标以来，城市建筑节能水平已逐步从节能建筑、超低能耗建筑、近零能耗建筑向零碳建筑水平发展，而对农房节能减碳要求势必会越来越高。而目前北方地区仍有80%以上农房普遍缺乏节能措施，取暖方式落后且污染严重，冬季室内温度较低，舒适性差，可再生能源利用率低，农房使用功能和抗震结构安全欠佳。而农村地区人民对美好生活的向往和农房建造品质追求也在不断提升，需要加大农村既有建筑节能改造工作推广力度。2021年6月8日，住房和城乡建设部、农业农村部、国家乡村振兴局等发布的《关于加快农房和村庄建设现代化的指导意见》中也提出要提升农房设计建造水平，因地制宜解决日照间距、保温供暖、通风采光等问题，促进节能减排，并推动农村用能革新，推广应用太阳能光热、光伏等技术和产品，推动村民日常照明、炊事、供暖制冷等用能绿色低碳转型。可以看出，改善农房居住条件和居住环境、提升农房建造水平，仍将是未来重要发展趋势之一。

### （二）不断优化农村能源结构、加大农村可再生能源利用率

2021年5月25日，住房和城乡建设部等15部门发布的《关于加强县城绿色低碳建设的意见》（建村〔2021〕45号）中明确了构建县城绿色低碳能源体系，推广分散式风电、分布式光伏、智能光伏等清洁能源应用。2021年6月20日，国家能源局综合司印发《关于报送整县（市、区）屋顶分布式光伏开发试点方案的通知》，在全国组织开展了整县（市、区）推进屋顶分布式光伏开发试点工作。农村具有相对较大的可利用屋顶面积，充分利用屋顶面积，发展屋顶＋太阳能光伏等技术，不断提升可再生能源利用率，也是未来发展趋势。

### （三）开展农村建筑节能改造任务量重、经济压力大

根据开封、济宁、潍坊、泰安、洛阳等18个清洁取暖城市发布的实施计划，上述试点城市农村既有建筑已完成或计划完成的节能改造比例平均约为8%，覆盖比例较少，农村地区待节能改造的既有农房建筑体量依然较大。同时，根据2018年开展的“三北”地区农村居住建筑形式和建筑面积调查结果来看，“三北”地区农村既有居住建筑以平房为主，约54%农房建筑面积在80—150m$^2$之间，单户建筑面积普遍较大，需要针对农房冬季实际使用情况进行精细化、经济型节能保温改造。由于总量大、基础薄弱，农村全部要达到既有建筑节能改造能效提升30%以上目标，总资金需求较大。

## 三、发展建议

现有最新政策和技术背景表明农房节能低碳改造发展趋势和需求已形成，但相关技术路线和评价方法尚不明确。需立足农房基本现状、当地经济条件和发展水平，坚持因地制宜、技术成熟、经济节能、施工安全、施工难度可承受、尊重农民意愿的原则，制定“双碳”目标下合理的农房节能低碳改造与功能提升等综合改造技术路线，形成绿色低碳农房改造技术体系；通过围护结构节能低碳改造、用能系统设备能效提升、可再生能源利用及功能提升等综合改造技术集成应用，推动宜居性农房的高质量发展与建设，有效推动乡村振兴战略工作。

### （一）加快推出农村既有建筑节能改造策略

重点提高常住房间舒适性，因地制宜、一户一策，对农房屋面、外门窗、外墙、地面等围护结构采用“经济型”“菜单式”优化改造，合理控制改造成本，提高建筑能效。实施农房节能改造前后的改造效果应开展测试评估，重点评估房屋安全和绿色节能性能，改造后北方地区农房整体能效提升应不低于30%。鼓励结合结构加固、抗震改造同步实施农房节能改造，在保障住房安全性的同时降低能耗和农户采暖支出，提高农房节能水平。鼓励实施建筑结构、功能、节能和风貌综合提升改造。

### （二）推广农房适宜绿色低碳改造技术

加强农房绿色低碳改造技术创新和集成。鼓励就地取材和利用乡土材料。遴选

先进适用节能低碳工艺、技术和装备，制定发布建材行业鼓励推广应用的技术和产品目录。将农房绿色低碳改造技术相关部品、部件列为产业结构调整指导目录鼓励类，明确将农房绿色低碳改造建设等内容列入节能环保产业的重要内容。

### （三）完善农村建筑节能标准规范

制定和修订农房节能相关标准规范，引导新建农房普遍执行现行国家标准《农村居住建筑节能设计标准》GB/T 50824，鼓励既有农房参考《严寒和寒冷地区农村居住建筑节能改造技术规程》T/CECS 741 等相关标准，并推动现行国家标准《建筑节能与再生能源利用通用规范》GB 55015 在农村地区实施。各地要因地制宜编制出台符合当地实际情况的农村既有建筑节能改造技术指南。

### （四）创新农村建筑节能政策工具

加大中央财政转移支付和中央预算内资金对农村既有建筑节能改造示范项目建设支持力度，鼓励引导地方政府出台财政、税收等方面支持政策。在农村建筑领域大力发展绿色金融，创新发展绿色信贷、绿色保险、绿色债券等绿色金融产品，推动绿色金融和农村绿色建筑协同发展。

### （五）全面提升农村建筑节能改造管理能力

将农村建筑绿色低碳节能改造相关内容纳入建立乡村建设评价指标体系。建立农村建筑绿色低碳节能改造设计、审批、施工、验收、使用等全过程管理制度，确保农房绿色低碳节能性能和质量安全。加强乡村建设工匠、农房建设管理和技术人员培训，普及绿色低碳节能改造知识和技术。

### （六）加强宣传引导

通过不同基层组织间的默契配合和协同发力，深入现场，耐心细致开展入村宣传、入户宣传，让农户能切身认识和感受到农房节能改造的好处，充分调动农户积极性，引导更多的农户积极支持和参与到农村既有建筑节能改造工作中来，形成农村既有建筑节能改造良好氛围，助力农村建筑节能和双碳目标的实现。

## 参考文献

［1］财政部，住房城乡建设部，环境保护部，国家能源局．关于开展中央财政支持北方地区冬季清洁取暖试点工作的通知［EB/OL］．（2017-5-20）［2022-04-20］．http://www.gov.cn/xinwen/2017-05/20/content_5195490.htm.

［2］住房城乡建设部，发展改革委，财政部．关于 2009 年扩大农村危房改造试点的指导意见［J］．中华人民共和国国务院公报，2009，（25）：20-23.

［3］住房和城乡建设部办公厅．《住房和城乡建设部办公厅关于开展农村住房建设试点工作的通知》（建办村〔2019〕11 号）［EB/OL］．（2019-02-04）［2022-04-20］．http://www.gov.cn/xinwen/2019-02/04/content_5363829.htm.

［4］《中共中央关于制定国民经济和社会发展第十四个五年规划和二〇三五年远景目标的建议》［EB/OL］．（2020-11-03）［2022-04-20］．http://www.gov.cn/zhengce/2020-11/03/

content_5556991.htm.
[5] 农村居住建筑节能设计标准：GB/T 50824—2013 [S]. 北京：中国建筑工业出版社，2012.
[6] 付梦菲，常建国，梁传志，等.《河南省既有农房能效提升技术导则（试行）》编制解读 [J]. 建设科技，2019（10）：61-64.
[7] 山东省农村既有居住建筑围护结构节能改造技术导则：JD 14—046—2019 [S].
[8] 严寒和寒冷地区农村居住建筑节能改造技术规程：T/CECS 741—2020 [S]. 北京：中国建筑工业出版社，2020.
[9] 徐伟. 国际建筑节能标准研究 [M]. 北京：中国建筑工业出版社，2012.

# 农村有机废弃物就地资源化处理技术模式探讨

马文生　王　让　孙　硕　储顺周　方　方
（中国建筑科学研究院有限公司　建科环能科技有限公司）

农村有机废弃物通常是村民生活、庭院生产、村庄绿化等产生的有机废弃物的统称，主要包括家庭厨余垃圾、散养畜禽粪便、村庄绿化垃圾和农业秸秆等[1]。农村有机废弃物的主要特征是来源多样、产生分散、资源利用。“来源多样”表现为废弃物种类多、差别大，包括厨余垃圾、畜禽粪便、绿植垃圾等，废弃物的含水率、密度、尺寸、内部结构等物理性质和化学成分均差别较大，且通常会混入其他无机废弃物；“产生分散”表现为产生点位多，运输距离长，收集成本高；“资源利用”表现为有机废弃物的有机质、氮、磷、钾等元素含量丰富，可以通过饲料化、昆虫养殖、厌氧发酵、好氧堆肥等方式，转化为有机肥料或绿色能源等资源化产物，实现资源回收利用。

我国农村林田土地资源丰富，村庄农田和村落中的小菜园、小果园，为农村有机废弃物资源化产物的就近消纳利用提供了必要场所。因此，农村有机废弃物宜充分利用农村地区消纳途径和环境容量，根据居住密度、运输距离、交通条件和周边环境，因地制宜采用就地资源化处理模式，就近回用周边园林田地。

## 一、发展现状

### （一）政策制度

在法律层面，2020年修订的《中华人民共和国固体废物污染环境防治法》第四十六条明确规定，国家鼓励农村生活垃圾源头减量，城乡接合部、人口密集区以外的其他农村地区，应当因地制宜，就近就地利用或者妥善处理生活垃圾。

在政策层面，《农村人居环境整治提升五年行动方案（2021—2025年）》明确提出要协同推进农村有机生活垃圾、厕所粪污、农业生产有机废弃物资源化处理利用，以乡镇或行政村为单位建设一批区域农村有机废弃物综合处置利用设施；2022年中央一号文件指出，要推进生活垃圾源头分类减量，加强村庄有机废弃物综合处置利用设施建设；《关于进一步加强农村生活垃圾收运处置体系建设管理的通知》提出要抓好农村生活垃圾源头分类和资源化利用，加强易腐烂垃圾就地处理和资源化利用；《乡村建设行动实施方案》明确提出，完善县乡村三级设施和服务，推动农村生活垃圾分类减量与资源化处理利用，建设一批区域农村有机废弃物综合处置利用设施。

### （二）典型案例

根据农业农村部、国家乡村振兴局印发的《农村有机废弃物资源化利用典型技术模式与案例》，农村有机废弃物资源化利用技术模式主要包括 4 种技术模式，评选出 7 个典型案例 [2]。如表 1 所示。

农村有机废弃物资源化利用典型案例表　　表 1

| 技术模式 | 典型案例 | 主要处理对象 | 技术类型 |
|---|---|---|---|
| 反应器堆肥 | 浙江省衢州市衢江区 | 厨余垃圾 | 卧式滚筒反应器 |
| | 广东省珠海市斗门区 | 厨余垃圾 | 箱式反应器 |
| 静态堆肥 | 福建省南平市光泽县 | 厨余垃圾、蘑菇渣 | 多层竖向堆肥装置 |
| | 山东省日照市东港区 | 厨余垃圾、农作物秸秆 | 静态堆沤装置 |
| 厌氧发酵 | 甘肃省武威市凉州区 | 畜禽粪污、农作物秸秆、厨余垃圾 | 干式厌氧发酵 |
| | 江苏省徐州市睢宁县 | 畜禽粪污、农作物秸秆、厨余垃圾 | 湿式厌氧发酵 |
| 蚯蚓养殖 | 天津市静海区 | 畜禽粪污、农作物秸秆、厨余垃圾 | 食腐虫类饲养 |

此外，2016 年 12 月住房和城乡建设部在《关于推广金华市农村生活垃圾分类和资源化利用经验的通知》，重点推荐了阳光堆肥房技术模式。阳光堆肥房属于一种太阳能增温强化的静态好氧堆肥技术，具有能耗低、易维护的特点，可以有效处理居民厨余垃圾和部分农作物秸秆，产出有机肥料，在开展垃圾分类的农村地区得到较为广泛的应用 [3]。

### （三）存在问题

1. 政策支持不充分

我国农村有机废弃物资源化处理设施的建设仍处于起步阶段，除浙江省部分开展农村生活垃圾分类较早的县市已经形成了规模化的建设布局，其他地区由于尚未系统化推进生活垃圾分类，大多地区尚未建设或仅仅处于试点示范建设阶段。尽管国家政策文件中多次提到推进农村有机废弃物资源化处理设施建设，但并未明确建设任务和考核指标，大多地方部门尚未意识到设施建设的必要性和重要意义。此外，缺乏专项资金支持也是制约农村有机废弃物资源化处理设施建设的关键因素。

2. 规划布局欠合理

农村有机废弃物资源化处理设施缺乏科学的规划引领，缺乏对辐射范围、功能协同、产物去向等事项的深入调查研究，从而导致后续运行管理和经济效益受到非常大的影响。在用地方面，设施建设用地非常紧张，大多村庄规划没有预留专门的建设用地，基于处理设施的邻避效应，实际选址难度非常大。此外，用地审批程序模糊，农村有机废弃物资源化处理设施的用地性质不明确，大部分地区没有明确设施建设是否适用于简易审批手续。

3. 标准规范不完善

农村有机废弃物资源化处理设施缺乏权威的标准规范指导和约束，导致市场上的设备鱼龙混杂，工艺设计指标取值随意，关键设备选型偏离实际需求。此外，处理设备缺乏生产制造标准约束，处理设施缺乏建造图集指导，导致设施设备各项参数五花八门。例如，在处理效率方面，部分堆肥设备自称“24 小时”完成堆肥，不符合“高温堆肥持续时间不应少于 5 天”的规范条文要求。在设计参数方面，部分堆肥设备的设计通风量远远超过物料好氧堆肥的常规需氧量，造成能耗浪费。

## 二、技术模式

### （一）反应器堆肥

反应器堆肥是指以好氧堆肥技术为核心的一体化堆肥机，主要类型包括滚筒式堆肥机、序批式堆肥箱等[4]。反应器堆肥通常需要添加微生物菌剂以提高堆肥效率。

反应器堆肥具有以下特点：① 处理效率高。通常可以在 24h 内将物料温度迅速升温至高温堆肥温度（50—70℃），并维持高温堆肥温度 5—7d，实现有机物的降解和病原体的杀灭，高效完成初级堆肥（高温堆肥）阶段；② 堆肥品质高。反应器堆肥一般配有搅拌桨叶和主动曝气装置，可以实现物料的翻动、搅拌，确保物料反应均匀、供氧充足，物料堆肥品质有保障。③ 环境制约小。反应器堆肥通常配置加热装置，可以克服寒冷、潮湿等不利气候环境制约，有效保障物料高温堆肥阶段的温度和时间。④ 运行成本高。由于反应器堆肥的搅拌器、曝气机均需要较高的电耗，一般处理规模为 $5m^3$/ 天的设备运行功率在 20kW 左右，且微生物菌剂的投加量较大，必然带来较高的运行成本。⑤ 堆肥不彻底。反应器堆肥由于设备容积有限，部分设备完成高温堆肥阶段后便开始出料，但此时的物料含水率仍然较高，且含有大量的难分解有机物和植物毒素，需要进入腐熟阶段进一步分解才能达到稳定的状态。⑥ 反应器堆肥适用于垃圾分类、运行管护等条件较好的农村地区。

反应器堆肥优化设计要点：① 节能降耗设计。一是做好设备的保温设计，采用保温性能更高的保温材料，做好热桥处理，避免热量过度散失；二是结合实际处理能力和功能需求，合理精准选择电机、鼓风机规格，避免装机功率过大；三是探索热量回收利用，通过热回收交换器，实现高温废气的热量回收。② 重复利用微生物菌剂。微生物菌剂的使用成本占总运行成本的 15% 以上，在新鲜物料中适当掺混正在堆肥的物料，可以有效利用附着在物料表面的微生物。③ 配套物料腐熟场所。反应器堆肥设备产出的物料一般尚未完全腐熟，具有一定的植物毒性，可配套设置简易的腐熟场地，做好通风、防雨设计，持续进行静态堆肥。

### （二）静态堆肥技术

静态堆肥一般是指在简易堆肥设施或堆肥场地进行的好氧堆肥，堆肥过程中通常不需要频繁翻动、搅拌，可以适当添加微生物菌剂以提高堆肥效率[5]。

静态堆肥具有以下特点：① 设施简单易推广。静态堆肥多采用堆肥垛、堆肥池、堆肥箱、堆肥房等作为堆肥设施或堆肥场地，通常仅需做好场地硬化和通风排水，造价低、易推广。② 运行能耗低。静态堆肥多采用自然通风、定期翻堆保障堆肥过程的需氧量，在采用间歇式机械通风时则一般不再需要翻堆，故运行能耗相对较低。③ 静态堆肥设施简单、能耗较低，适用于经济欠发达地区的小规模处理设施。

静态堆肥优化设计要点：① 强化通风效果。优先采用自然通风的方式，加强太阳能烟囱和被动式强化通风技术的应用，适当增高排气管高度，必要时采用机械通风作为供氧保障；此外，要重点优化布气方式，科学系统布设通风管道和通风口，做好通风口防堵塞、防渗水设计，确保布气均匀，避免堆体存在局部厌氧环境。② 提高保温效果。对于不翻堆的静态堆肥设施，表层堆体普遍难以达到高温堆肥的温度，尤其在北方寒冷地区，做好外部围护、提高保温效果尤为关键。③ 做好原料预处理。一方面要对厨余垃圾、尾菜等进行粉碎处理，粉碎后的物料直径不宜小于2cm，另一方面，要适当添加农业秸秆作为堆肥辅料，粉碎后的秸秆长度不宜小于5cm，以便疏松堆层结构，强化通气效果，调节堆体碳氮比。

### （三）厌氧发酵技术

厌氧发酵是指有机物质在厌氧条件下，通过各类厌氧微生物如甲烷菌的分解代谢，最终形成以甲烷为主要成分的可燃性混合气体的过程[6]。

厌氧发酵技术具有以下特点：① 原料要求低。厌氧发酵可以处理各种种类、各种状态的有机废弃物，可实现液体、固体协同处理，基本无需对发酵原料进行预处理；② 易操作管理。与好氧处理相比，厌氧发酵处理不需要通风动力，设施简单，运行成本低；③ 处理周期长。厌氧发酵的处理周期普遍较长，导致单位处理能力的空间需求较高，占地面积普遍较大。④ 厌氧发酵技术适用于较大规模的有机垃圾、畜禽粪便、农业秸秆等多源有机废弃物协同处理，多采用区域集中处理模式。

厌氧发酵优化设计要点：提高厌氧发酵技术的设备化、智能化和集成化能力，提高运行管理和沼气利用的便捷性。

### （四）食腐虫类饲养技术

食腐虫类饲养技术是指通过蚯蚓、黑水虻等食腐虫类的摄食代谢过程，将有机废弃物代谢转化为昆虫虫体和粪便。昆虫虫体可以作为鱼禽养殖饲料，昆虫粪便通常作为作物种植的有机肥料。

食腐虫类饲养技术具有以下特点：① 产物附加值较高。昆虫虫体是畜禽水产养殖的理想饲料，市场广阔、经济效益高；② 转化效率高。食腐虫类的养殖周期约为30d，1kg 幼虫生命周期内约可处理 10t 废弃物，95% 以上的有机废弃物均可实现代谢转化；③ 环境要求高，需严格控制养殖环境的温度和湿度，否则将严重影响虫类代谢效率。

食腐虫类饲养技术优化设计要点：做好养殖环境调控，提高养殖房、养殖箱的环境温湿度调节能力，合理利用温湿度监测和智能调控系统，保障养殖环境适宜。

## 三、发展展望

### （一）多源有机废弃物协同处理

农村有机废弃物包括家庭厨余垃圾、散养畜禽粪便、村庄绿化垃圾和农业秸秆等，属性上都属于有机废弃物，进行多源有机废弃物协同处理是可行且经济的。现有有机废弃物处理设施的协同利用，如有机肥加工厂、畜禽粪污综合处理厂、农业废弃物处理站等，实现多源有机废弃物的协同处理，统筹考虑处理产物去向，是提高设施设备的综合利用效率的重要途径，也是农村有机废弃物资源化处理规划建设应该考虑的重要方面。

### （二）清洁化、自动化、设备化

开展农村有机废弃物资源化是改善农村人居环境、建设美丽乡村的重要内容，干净卫生、无明显臭味、不污染环境是处理设施运行必然要求。农村有机废弃物资源化处理流程较为冗长、技术相对复杂，提高设施运行自动化程度是规避农村技术人才短缺问题，避免管理人员直接接触废弃物的有效途径。此外，农村建设用地日趋紧张，选址困难已成现实难题，建材和用工成本骤增，推进农村有机废弃物资源化设施的集约化、设备化是降低工程综合投资的重要手段。

## 四、发展建议

（1）编好专项规划。建议加快研究编制县域农村有机废弃物资源化处理专项规划，紧密衔接村庄规划，重点结合农村生活垃圾分类和畜禽污染治理工作，统筹考虑有机废弃物种类和来源，坚持因地制宜、分类治理、经济实用、易于推广、监管并重、长效运行的原则，系统制定农村有机废弃物资源化处理设施的规划布局，科学确定适用技术工艺，明确年度工作任务。

（2）完善标准规范。建议加快建立农村有机废弃物标准体系，启动农村有机废弃物资源化处理设施建设、设备生产、运行维护、产物质量等方面的标准制（修）订工作，同时开展农村有机废弃物资源化与利用的效果评价标准。

（3）做好技术支撑。总体来看，我国农村有机废弃物资源化处理技术和示范工程仍然较为缺乏，尤其是目前以厨余垃圾、厕所粪污、农业秸秆等多源有机废弃物为处理对象的相关技术。建议结合不同区域的气候条件和有机废弃物产出特性，分区域开展技术研发和工程示范，做好案例推广和运行评价，加快培育具有科技实力和标准化设备生产能力的优秀企业。

## 参考文献

[1] 宫渤海，庞立习，黄修国. 农村有机废弃物收集管理模式探讨 [J]. 环境卫生工程，2015，

23（3）：68-69.

[2] 农业农村部办公厅，国家乡村振兴局综合司. 农业农村部办公厅 国家乡村振兴局综合司关于印发《农村有机废弃物资源化利用典型技术模式与案例》的通知[EB/OL].（2022-01-26）[2022-02-22]. http://www.shsys.moa.gov.cn/mlxcjs/202202/t20220222_6389266.htm.

[3] 马文生，储顺周，王让，等. 基于TRNSYS的阳光堆肥房数值模拟研究[J]. 建设科技，2021（15）：28-31.

[4] 蒯伟，徐艳，李厚禹，等. 易腐垃圾处理技术及其效果研究进展[J]. 农业资源与环境学报，2022，39（2）：356-363.

[5] 何品晶. 农村厨余垃圾处理的特征性技术：问题及改进途径[J]. 科技导报，2021，39（23）：88-93.

[6] 罗宝芳. 城市固体废弃物处理及资源化利用途径[J]. 资源节约与环保，2022（5）：80-83.

# 第五篇　数字化支撑篇

“双碳”目标对城乡建设方式全面实现绿色低碳转型提出了新的要求，建筑业迫切需要树立新发展思路。当前“双碳”目标实现与数字中国建设、质量强国建设同步发展，BIM、物联网、大数据、云计算、人工智能等新一代信息技术在建筑业源头减碳、过程降碳中的创新应用将起到关键的支撑作用。因此，通过数字技术在建筑业绿色低碳发展过程中的创新引领，推动数字化与绿色低碳化的协同发展，对达成建筑业“双碳”目标的实现具有重要意义。

数字技术在建筑业绿色低碳转型过程中有广泛的价值呈现，包括规划设计、运行监测、能效管控等各个方面。本篇介绍了基于数字技术在建筑全生命周期碳排放计算，项目级、企业级的碳排放监测管理、建筑能效智能管控，城镇集中供热智慧化等方面的技术发展与实践案例。这些内容结合了新一代信息技术手段，从全过程、多角度介绍了当前数字技术支撑“双碳”目标的最新成果并提出了相关的发展建议。希望通过本篇内容，为数字技术与“双碳”融合提供借鉴。

# 基于BIM的建筑全生命期碳排放计算方法与软件探索

刘剑涛　陈金亚　张永炜　刘　平
（中国建筑科学研究院有限公司　北京构力科技有限公司）

当前关于建筑领域的碳排放研究较多，但对于建筑全生命期碳排放计算，仍然存在一些问题，如不同场景下的碳排放计算边界不清晰，基础数据难以获取，核算和预测工具缺乏，计算项过多、可操作性不强，无法对建筑全生命期的碳排放进行较准确计算和预测等。BIM技术可较大程度还原建筑真实情况，实现建筑不同专业的信息资源采集、共享。因此，有必要结合BIM技术探索适用更多场景的碳排放计算方法，建立各阶段碳排放模型信息架构，实现科学、高效的全生命期碳排放计算。研发符合建筑全生命期碳排放分析要求、操作简便、计算结果合理可靠的建筑碳排放计算软件，对减少建筑能源消耗，助力建筑行业实现“双碳”目标具有重大意义。

## 一、建筑碳排放标准体系与相关政策

目前国内与碳排放相关的主要标准分为两大类，分别为计算计量类的标准、提供限值用于实际工程判定类的标准。其中，已在执行的计算计量类标准主要为国标《建筑碳排放计算标准》GB/T 51366—2019、中国工程建设标准化协会标准《建筑碳排放计量标准》CECS 374—2014；提供限值用于实际工程判定类的标准主要为国标《绿色建筑评价标准》GB/T 50378—2019及其体系下的地方标准，以及2022年4月1日起正式执行的《建筑节能与可再生能源利用通用规范》GB 55015—2021。其中，《建筑节能与可再生能源利用通用规范》GB 55015—2021对建筑碳排放计算和强度提出的强制性要求如下[1]：

“2.0.3　新建的居住和公共建筑碳排放强度应分别在2016年执行的节能设计标准的基础上平均降低40%，碳排放强度平均降低$7kgCO_2/(m^2 \cdot a)$以上；

2.0.5　新建、扩建和改建建筑以及既有建筑节能改造均应进行建筑节能设计。建设项目可行性研究报告、建设方案和初步设计文件应包含建筑能耗、可再生能源利用及建筑碳排放分析报告。施工图设计文件应明确建筑节能措施及可再生能源利用系统运营管理的技术要求。”

另外，随着建筑行业碳排放研究逐渐成熟，我国也陆续启动了《零碳建筑技术标准》《工业化建筑施工阶段碳排放计算标准》等标准的编制。

## 二、BIM 技术的发展情况

BIM 技术是建筑业数字化转型核心技术，是智能建造二维升三维的关键，也是数字化工程建设的“高级芯片”，可以成为促进建筑工业化、建筑信息化的桥梁。目前，BIM 技术在国外建筑行业应用较为广泛，近年来，住房和城乡建设部持续将 BIM 设定为重点工作，BIM 技术在建筑领域的理论研究与实践应用都逐渐深入，建筑行业应用也在不断增加。

然而，过去 BIM 技术长期以来严重依赖欧美 BIM 软件，相关数据很容易被他人获取泄漏，信息安全的风险在不断加大，在一定程度上制约了我国工程和软件企业创新引领能力的提高。通过采用自主可控的 BIM 技术，建立基于自主 BIM 技术的数字化应用体系，将对保障建筑行业的可持续高质量发展和工程数据安全具有重大意义。

北京构力科技有限公司基于 32 年自主图形技术的积累，近年来承担了国家自主 BIM 平台软件重大攻坚项目，于 2021 年推出国内首款完全自主知识产权的 BIM 平台软件——BIMBase 系统，解决了中国工程建设长期以来缺失自主 BIM 三维图形平台，国产 BIM 软件无“芯”的“卡脖子”关键技术问题，实现了关键核心技术自主可控，为工程建设行业提供了数字化基础平台。2021 年 5 月，BIMBase 系统入选国务院国资委国企科技创新十大成果，BIMBase 建模软件作为基础工业软件列入国资委《中央企业科技创新成果推荐目录（2020 年版）》。BIMBase 目前已在建筑、电力、交通、石化等行业推广应用，将为行业数字化转型和数据安全提供有力保障（图 1）。

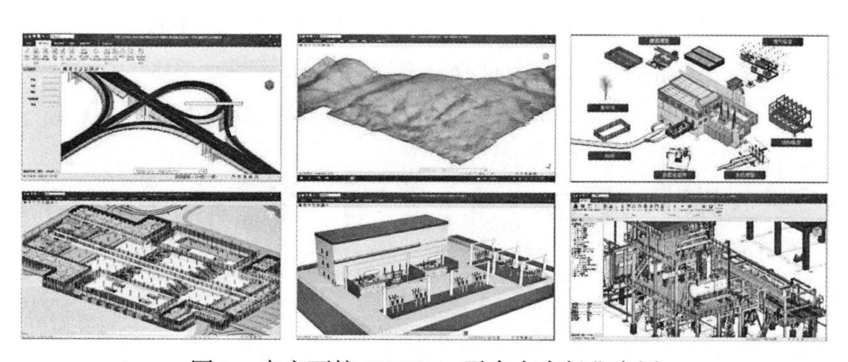

图 1　自主可控 BIMBase 平台在多行业应用

## 三、建筑全生命期碳排放计算对 BIM 的需求

为工程落地应用，本文主要分析《建筑碳排放计算标准》GB/T 51366—2019 体系下碳排放计算对 BIM 的需求。根据该标准要求，对建筑全生命期进行碳排放划分，分为建材生产及运输阶段、施工建造阶段、建筑运行阶段、建筑拆除阶段，并

需考虑可再生能源等减碳措施、绿植碳汇等。

应用BIM技术可建立涵盖建筑全生命期的信息库，利用BIM模型可以生成建材及部品部件工程量清单，为建材生产及运输、施工建造和拆除阶段的碳排放计算提供全面而详尽的数据基础；另外，BIM模型涵盖建筑、结构、水暖电等多专业的综合数据，结合能耗模拟计算能力可以在设计阶段预测建筑的综合能耗，或是在建筑运维阶段进行能耗监测，为建筑全生命期中碳排放量最大的运行阶段提供有效可信的数据支撑。同时，考虑到BIM理念的多专业协同能力，通过BIM技术可实现建筑项目各阶段、各专业间信息集成和共享，为建筑碳排放预测提供全生命期信息基础[2]。

## 四、基于BIM的建筑全生命期碳排放计算软件的研发思路

### （一）建立BIM编码与碳排放计算的对应关系

BIM技术应用的一个重要保障是信息的流畅传递与交互，为实现信息的有效传递，建筑工程中建设资源、建设进程与建设成果等对象的分类与BIM编码的统一是关键，该分类与BIM编码应该在建筑工程全生命期的信息应用中保持一致和统一。比如国家标准《建筑信息模型分类和编码标准》GB/T 51269对建材分类与BIM编码进行了规定，可以作为建筑全生命期信息模型应用的基础[3]。

通过BIM编码，可以实现碳排放计算与BIM模型数据的互认互通问题，指导碳排放软件在设计开发时，根据统一的编码规则完成BIM模型数据的获取，实现碳排放软件的低成本与高效能的开发，加快打造基于BIM模型的建筑全生命期碳排放软件，有助于我国BIM技术在碳排放业务领域的应用。

### （二）BIMBase数字化基础平台

BIMBase具有完全自主知识产权的BIM三维图形引擎P3D，重点突破了大体量几何图形的优化存储与显示、几何造型复杂度与扩展性、BIM几何信息与非几何信息的关联等核心技术，支持基于BIM三维图形平台的应用开发（图2）。

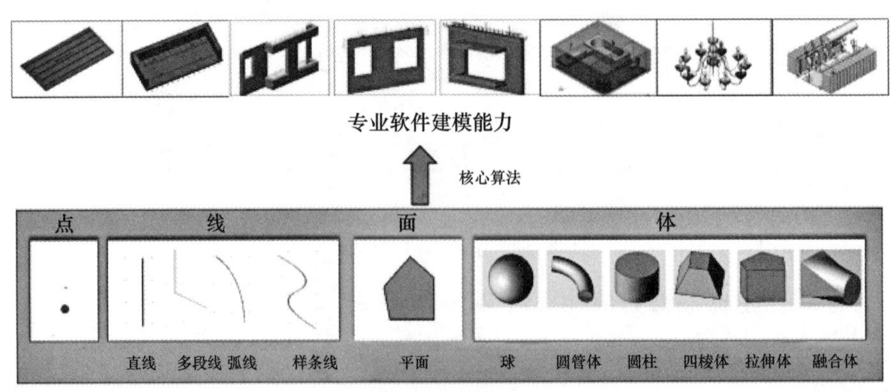


图2　BIMBase建模能力（一）

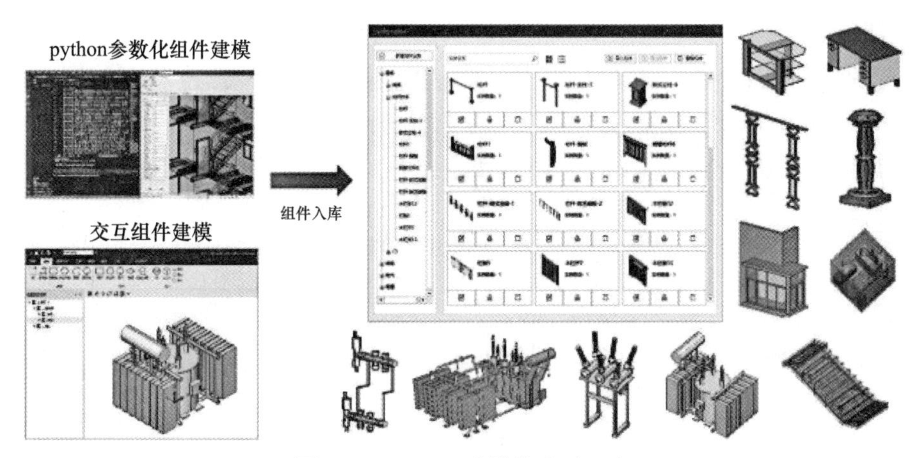


图 2　BIMBase 建模能力（二）

基于 BIMBase 平台的建模软件和设计软件，通过平台的一体化数据库存储，建立构件级的关联关系，为碳排放业务相关的软件研发提供了良好的数据模型基础。

**（三）基于 BIMBase 平台的建筑碳排放计算软件 PKPM-CES 的研发**

1. 基于 BIM 理念的三层模型架构

基于 BIMBase 平台的建筑碳排放计算软件 PKPM-CES 采用多源异构数据融合技术，对图形平台、专业分析与计算内核进行封装，建立用户模型、分析模型、计算模型三层模型架构，PKPM-CES 建立了一个符合国内建筑行业特点的碳排放计算模型和计算方式，在具备相应数据的条件下，可以快速进行建筑碳排放分析。根据碳排放计算结果，对建筑全生命期进行碳减排决策，为设计师将绿色低碳理念融入建筑设计提供重要助力（图 3）。

基于BIMBase的建筑碳排放软件
主要用户
设计院
业主
政府及管理部门
应用软件
建筑碳排放计算软件
PKPM-CES
数据平台
用户模型
分析模型
计算模型
建材及设备生产运输碳排放计算模型
建筑本体建材各分项计算模型
1 建筑本体建筑材料
2 常规设备（暖通照明等、电梯、给排水设备等）.
3 自定义
设备设施计算模型
1 根据行业特性，与生产和工艺有关的各类设备
2 自定义
施工和设备安装碳排放计算模型
建筑本体建造计算模型
1 基础施工
2 主体施工
3 自定义
设备安装计算模型
1 根据行业特性，与生产和工艺有关的各类设备
2 自定义
运行维护阶段碳排放计算模型
建筑综合能耗计算模型
1 暖通能耗
2 照明能耗
3 热水能耗
4 电梯能耗
5 办公设备能耗
6 自定义
设备及工艺能耗计算模型
1 根据行业特性，与生产和工艺有关的各类设备能耗
2 温室气体泄漏等
3 自定义
碳汇及减碳措施计算模型
减碳措施各分项计算模型
1 光伏发电
2 风能发电
3 其它可再生能源...
4 自定义
碳汇各分项计算模型
1 乔木碳汇
2 灌木碳汇
3 草地碳汇
4 自定义.
拆除及回收阶段碳排放计算模型
建筑本体拆除回收计算模型
1 金属、玻璃等
2 保温材料
3 混凝土
4 填充用的材料
5 各种常规给排水、暖通、办公设备等
6 自定义
设备拆除回收计算模型
1 根据行业特性，与生产和工艺有关的各类设备
2 自定义
图形平台
几何引擎
显示渲染引擎
数据引擎
协同工作
……
BIMBase

图 3　建筑碳排放软件 PKPM-CES

2. 基于 BIMBase 平台的建筑碳排放计算软件功能介绍

建筑碳排放计算软件 PKPM-CES 基于 BIMBase 研发，符合《建筑节能与可再生能源利用通用规范》GB 55015—2021、《建筑碳排放计算标准》GB/T 51366—2019 的要求，可以提供适应国内建筑行业的碳排放因子数据库，支持建筑全生命期碳排放计算（图 4）。

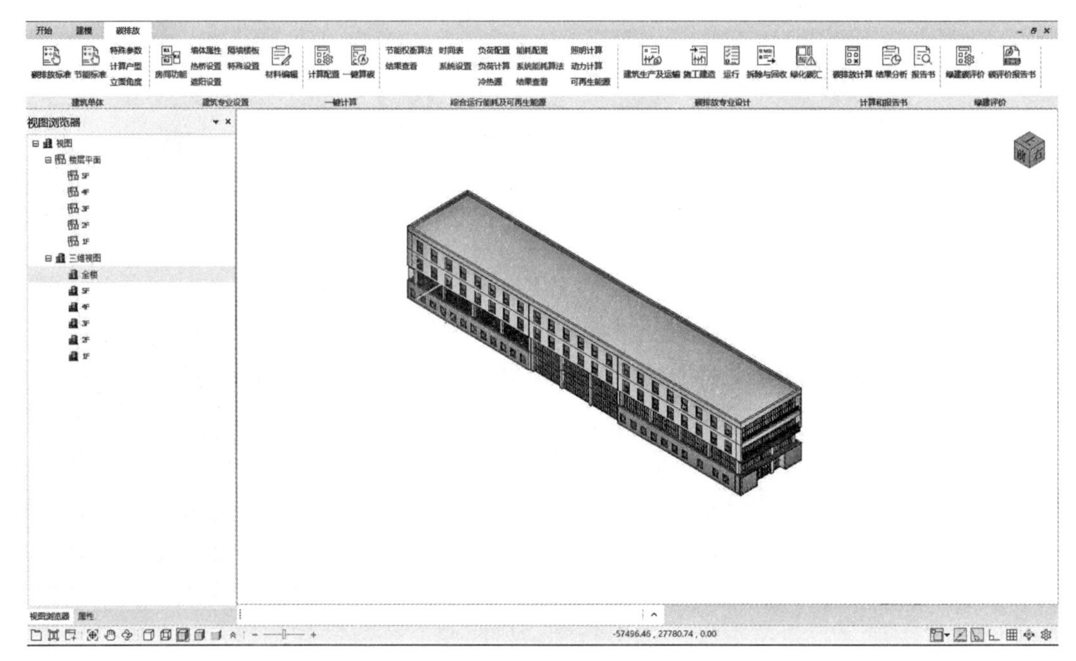

图 4 软件主界面

（1）建筑全生命期碳排放因子数据库

碳排放因子是将能源与材料消耗量和二氧化碳排放相对应的系数，用于量化建筑物不同阶段相关活动的碳排放，是碳排放计算的基础。在全生命期中需要用到的碳因子种类较多，软件根据《建筑碳排放计算标准》GB/T 51366—2019、《建筑全生命期的碳足迹》等标准及著作，并与相关碳认证机构合作，建立了建筑全生命期碳排放因子库。包括建筑材料生产因子库、运输碳排放因子库、施工工艺碳排放因子库、能源碳排放因子库、电网碳排因子库、植物固碳因子库等（图 5）。

（2）建材生产与运输阶段碳排放计算 [4]

建材生产与运输阶段的碳排放需要统计建材种类、建材用量、建材生产碳排放因子、运输方式及运输碳排放因子等数据，软件可以根据 BIM 模型获取建筑模型中的建材种类、建材用量，匹配建材生产碳排放因子库，计算得到建材生产碳排放量，同时提供运输方式、运输距离等设置，如图 6 所示。

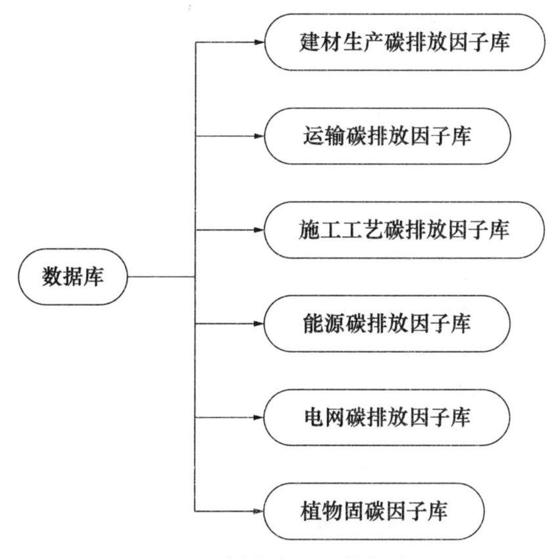


图 5　碳排放因子数据库

专业设计

建材生产及运输（物化阶段，隐含碳）
- 推荐-按面积估算主要材料
- 推荐-导入其他软件主要材料
- 完全从模型读取

| | 生产阶段 | | | | | 运输阶段 | | | | |
|---|---|---|---|---|---|---|---|---|---|---|---|
| | 建材名称 | 用量 | 单位 | 生产因子 ($tCO_2e$/用量) | 碳排放量 (t)(实时) | 运输方式 | 运输因子 [$tCO_2e$/(t·km)] | 运输距离(km) | 碳排放量 (t)(实时) | 材料寿命 (年) | 总碳排放量 (t)(实时) |
| 1 | 石灰水泥砂浆 | 4623.12 | $m^3$ | 0.7302 | 3375.80 | 轻型汽油货车运输（载... | 3.34×10^(-4) | 500.00 | 1312.50 | 全生命周期 | 4688.30 |
| 2 | 加气混凝土砌块B06 | 28953.41 | $m^3$ | 0.25 | 7238.35 | 轻型汽油货车运输（载... | 3.34×10^(-4) | 500.00 | 2901.13 | 全生命周期 | 10139.49 |
| 3 | 钢筋混凝土 | 3896.37 | $m^3$ | 0.295 | 1149.43 | 轻型汽油货车运输（载... | 3.34×10^(-4) | 40.00 | 130.14 | 全生命周期 | 1279.57 |
| 4 | 隔热金属型材多腔密封Kf=... | 174.39 | $m^2$ | 0.254 | 44.29 | 轻型汽油货车运输（载... | 3.34×10^(-4) | 500.00 | 5.50 | 全生命周期 | 49.80 |
| 5 | 6透明+12空气+6透明 | 20.93 | t | 2.84 | 59.43 | 轻型汽油货车运输（载... | 3.34×10^(-4) | 500.00 | 3.49 | 全生命周期 | 62.93 |
| 6 | 木（塑料）框单层实体门 | 234.46 | $m^2$ | 0.254 | 59.55 | 轻型汽油货车运输（载... | 3.34×10^(-4) | 500.00 | 7.40 | 全生命周期 | 66.95 |
| 7 | 水泥砂浆 | 976.02 | $m^3$ | 0.7302 | 712.69 | 轻型汽油货车运输（载... | 3.34×10^(-4) | 500.00 | 293.39 | 全生命周期 | 1006.08 |
| 8 | 水泥抹面 | 4.96 | t | 0.735 | 3.65 | 轻型汽油货车运输（载... | 3.34×10^(-4) | 500.00 | 0.83 | 全生命周期 | 4.47 |
| 9 | 细石混凝土 | 6.63 | $m^3$ | 0.295 | 1.96 | 轻型汽油货车运输（载... | 3.34×10^(-4) | 40.00 | 0.22 | 全生命周期 | 2.18 |
| 10 | 防水层 | 0.50 | t | 0.9514 | 0.47 | 轻型汽油货车运输（载... | 3.34×10^(-4) | 500.00 | 0.08 | 全生命周期 | 0.55 |
| 11 | 防水卷材 | 0.14 | t | 0.9514 | 0.13 | 轻型汽油货车运输（载... | 3.34×10^(-4) | 500.00 | 0.02 | 全生命周期 | 0.16 |
| 12 | 轻集料混凝土 | 1.43 | t | 0.126 | 0.18 | 轻型汽油货车运输（载... | 3.34×10^(-4) | 40.00 | 0.02 | 全生命周期 | 0.20 |
| | 合计 | -- | -- | -- | 12645.94 | -- | -- | -- | 4654.74 | -- | 17300.68 |

+ 新增自定义材料　× 删除材料　○ 还原初始值　锁定数据　□ 考虑可再生建筑废料回收，并将减排量从建筑碳排放中扣除

确定　取消

图 6　建材生产与运输界面

（3）建筑建造阶段碳排放计算

建造阶段的碳排放主要来源于完成各分部分项工程施工产生的碳排放和各项措施项目实施工程产生的碳排放。软件可从 BIM 施工模型中获取工程现场的施工数据，包括分部分项工程及其工程量、施工机械台班等数据，匹配施工机械碳排放因子（图 7）。

（4）建筑运行阶段碳排放计算

建筑运行阶段碳排放量可通过能耗模拟，分析暖通空调、生活热水、照明及电梯等常规设备能耗，从而进一步计算其碳排放量；对于某些建筑专用设备产生的碳排放，软件也提供了自定义功能；另外，软件也支持计算可再生能源在建筑运行期间的减碳量（图 8）。

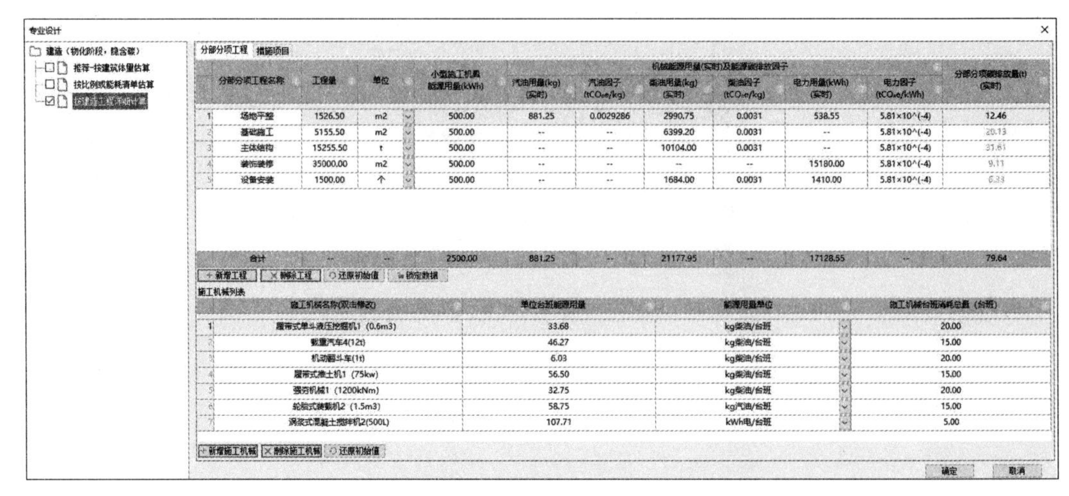


图 7　建造阶段界面

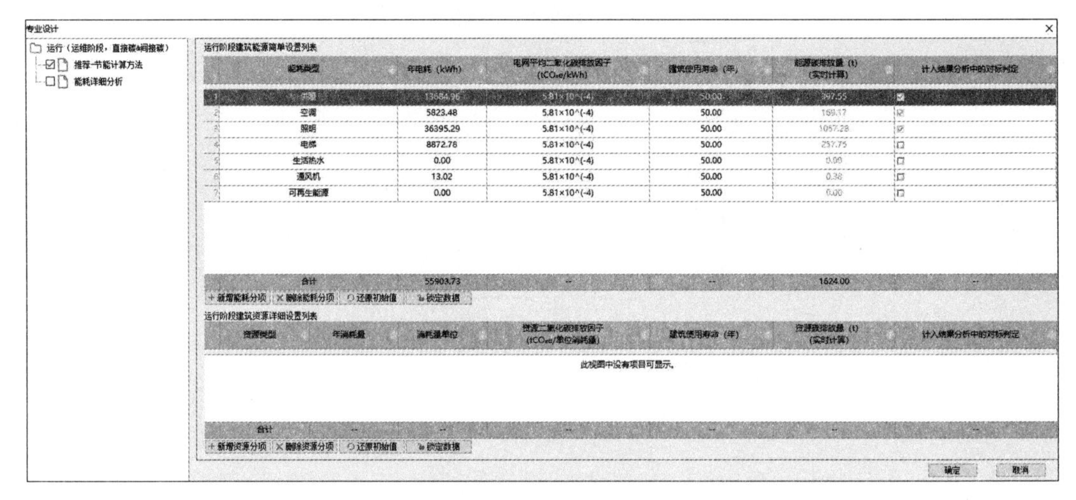


图 8　运行阶段界面

（5）建筑拆除阶段计算

建筑拆除阶段碳排放量主要来源于人工拆除和使用小型机具机械拆除使用的机械设备消耗的各种能源动力产生的碳排放。软件结合 BIM 模型，获取拆除阶段的各项施工数据，包括工程量、施工机械台班等数据，匹配施工机械碳排放因子（图 9）。

（6）绿植碳汇计算

绿化、植被可从空气中吸收并存储二氧化碳，在建筑项目范围内可有效减少二氧化碳量。软件可结合场地 BIM 模型，获取绿化面积、绿植种类等信息，匹配植物固碳因子数据库。

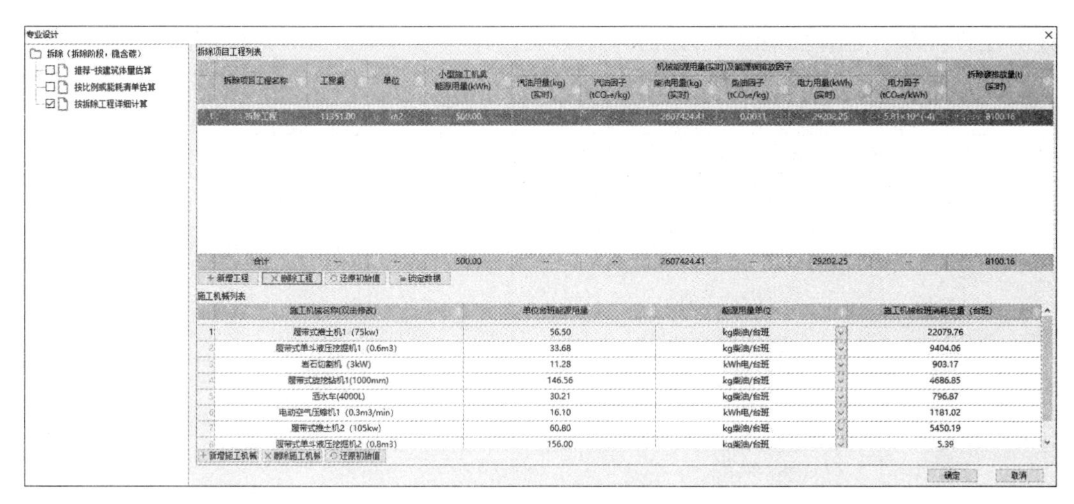


图 9　拆除阶段界面

3. 支持行业内对本项目进行二次开发的能力

建筑碳排放计算软件 PKPM-CES 是基于 BIMBase 平台所开发的一款专业计算软件。由于 BIMBase 平台具备二次开发能力，PKPM-CES 也具备了作为专业计算内核支持扩展开发的条件（图 10）。

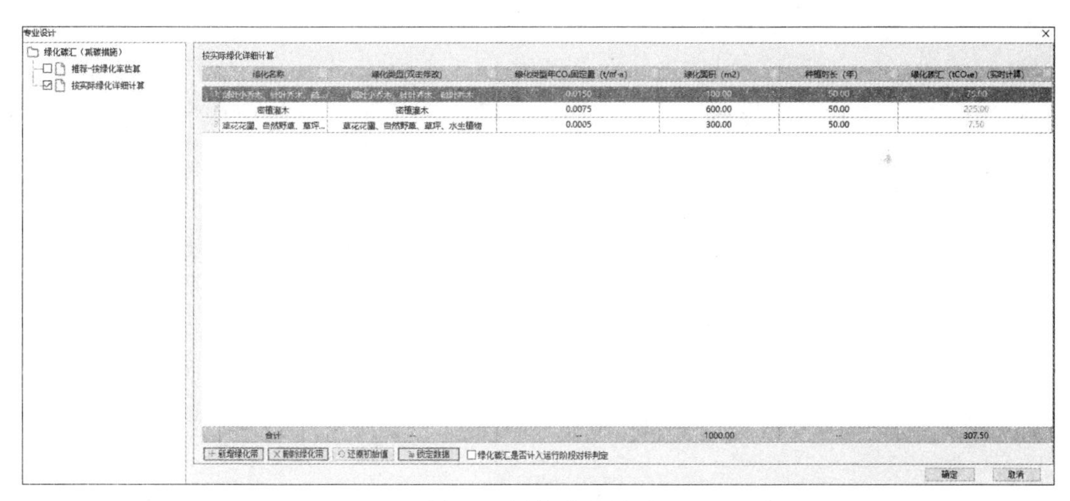


图 10　绿植碳汇界面

从数据上，PKPM-CES 的设计初衷是兼容不同精度数据的一款软件，拥有用户模型、分析模型、计算模型三个层次，具备各阶段针对不同数据精度“粗算”和“细算”的能力。在分析过程中，碳排放软件对来源各异的数据进行了统一的处理，在分析模型的基础上进行碳排放计算，大大提升了计算的准确性。从程序上，PKPM-CES 是一组软件开发套件，提供了设置计算数据、碳排放计算以及输出结果等功能相关需要的类定义和函数。

碳排放由数据导入模块（GpCEGlobal）、专业设计模块（GpCEProfessionalDesign）、

数据计算模块（GpCEDataControl）、报告书输出模块（GpCEReport）组成（表1）。

**PKPM-CES 接口介绍**　　表1

| 模块 | 接口名称 | 接口功能 |
|---|---|---|
| 数据导入模块 | SetMaterialsList() | 设置本项目的材料数据 |
| | SetEngineeringInfos() | 设置本项目的建造、拆除数据 |
| | SetGreenList() | 设置本项目的绿化碳汇数据 |
| | SetOperationResult() | 设置本项目的运行数据 |
| | CalMaterials() | 从用户模型计算出建材阶段数据 |
| | CalOperationResult() | 从用户模型计算出运行阶段数据 |
| 专业设计模块 | ShowProfessionDesign() | 打开碳排放专业设计界面，展示各个阶段碳排放数据 |
| 数据计算模块 | CalResult() | 计算当前项目的碳排放结果 |
| | ExportResult() | 导出当前项目碳排放计算结果 |
| 报告书输出模块 | CreateCEReport() | 生成碳排放计算报告书 |

## 五、结论

本文对基于BIM的建筑全生命期碳排放计算方法进行了研究，介绍了基于BIM的建筑全生命期碳排放计算软件PKPM-CES的研发思路。基于BIM的建筑全生命期碳排放计算方法与软件实现，对于推动我国建筑全生命期碳排放规范化计算，减少建筑全生命期的能源消耗以及降低碳排放量，促进建筑行业实现“双碳”目标具有重大意义。

## 参考文献


[1] 中华人民共和国住房和城乡建设部．建筑节能与可再生能源利用通用规范：GB 55015—2021［S］．北京：中国建筑出版传媒有限公司，2021.

[2] 李骁．绿色BIM在国内建筑全生命周期应用前景分析［J］．土木建筑工程信息技术，2012（2）：52-57.

[3] 中华人民共和国住房和城乡建设部．建筑信息模型分类和编码标准：GB/T 51269［S］．北京：中国建筑工业出版社，2017.

[4] 中华人民共和国住房和城乡建设部．建筑碳排放计算标准：GB/T 51366—2019［S］．北京：中国建筑工业出版社，2019.

# 城镇集中供热智慧化发展现状、问题及趋势分析

吴春玲　付　强　许　娜　朱龙虎　万学志
（中国建筑科学研究院有限公司）

国家统计局数据显示，截至2021年，全国城市集中供热面积达到106亿$m^2$，管道总长度超46.1万km，集中供热规模仍在逐年扩大[1]。城镇集中供热作为一项重要的基础服务保障系统，在“互联网＋”、物联网、大数据等新一代信息化技术的带动下，正向“智慧化”方向迅速发展。

我国在城镇智慧供热方面的研究起步较晚，近几年城镇智慧供热又在信息技术发展的带动下迅速发展，众多企业为抢占市场先机纷纷开展智慧供热相关业务，使得城镇智慧供热系统的建设与应用出现良莠不齐的情况，发挥效用难达预期。本文聚焦城镇集中供热智慧化发展现状，结合技术原理分析其发展过程中存在的典型问题，分析发展需求与趋势，并提出发展建议，以期为城镇智慧供热的健康有序发展提供参考。

## 一、发展现状

### （一）政策推动措施

2015年7月，国务院发布的《关于积极推进“互联网＋”行动的指导意见》中将“互联网＋”智慧能源列为重点行动之一，将推进智慧能源发展上升为国家战略，为智慧供热的发展指明了总方向。2016年国家发展改革委、能源局印发的《能源生产和消费革命战略（2016—2030年）》中指出，要全面建设“互联网＋”智慧能源，促进能源与现代信息技术深度融合，推动了供热行业智慧化发展进程。2017年，国家发展改革委等部门联合印发的《北方地区冬季清洁取暖规划（2017—2021年）》中指出，要加快供热系统升级，利用先进的信息通信技术和互联网平台的优势，实现与传统供热行业的融合，加强在线水力优化和基于负荷预测的动态调控，推进供热企业管理的规范化、供热系统运行的高效化和用户服务多样化、便捷化，提升供热的现代化水平，这为智慧供热的发展提出了更为具体的技术要求。

自《中华人民共和国国民经济和社会发展第十四个五年规划和2035年远景目标纲要》发布以来，打造系统完备、高效实用、智能绿色、安全可靠的现代化基础设施体系，加快传统基础设施数字化改造的要求已被纳入各级政府工作纲要及各地供热专项规划当中。在新发展要求下，供热行业必须顺应时代潮流，响应政策要

求，秉承“绿色、低碳、智慧、节能”的发展理念，积极向智慧化方向转型发展，提升服务能力与运转效率，提升人民的幸福感与获得感。

### （二）发展应用现状

智慧供热是在我国全面推进能源生产与消费革命，大力发展清洁供热，积极发展智慧能源等多重背景下应运而生的[2]。目前，我国智慧供热研究正处于快速发展阶段，相关的概念、技术措施等不断更新演化，应用范围也在逐步扩大。

2019年6月，中国城镇供热协会编著的《中国供热蓝皮书——城镇智慧供热》正式出版，对智慧供热的理念、技术与价值，有了系统的总结与梳理。之后几年间，河北、黑龙江、山东潍坊等地陆续出台智慧供热相关地方标准，为智慧供热系统的设计、施工、运行管理等提供标准与指导工具[3-5]。此外，为填补智慧供热领域国标与行标的空白，智慧供热相关团体标准如《城镇智慧供热系统技术规程》也正在加紧编制当中，促进了智慧供热行业的规范化及健康发展。

在提质增效与节能降碳双重压力下，供热企业对于能够提升供热运行效率、提升管理成效、提高服务水平的智慧供热系统也有更高的热情。北京、天津、石家庄、太原、长春等地在近些年间陆续进行了大量的智慧供热建设，部分城市已经建成了城市级的智慧供热系统，智慧供热已经助力越来越多的地区提升了供热服务品质，增强居民幸福感。

### （三）存在问题分析

智慧供热迅速发展的同时，由于老旧设备设施基础条件差、技术发展不充分、应用规则不统一等，不可避免地存在一些问题。

1. 既有供热系统的“亚健康”状态影响智慧供热的建设与发展

供热系统能够健康运行是智慧供热实现的前提。目前，新建供热系统在建设时都会同步实施智慧供热相关内容，或能够具备较好的基础条件。但既有的供热系统由于建设年代经济技术水平等因素限制，往往存在较多问题，除设备管网老化等因素外，不具备必要的调节阀门、设备选型不合理、热源无合理调节装置等也对智慧供热相关内容的建设形成阻碍。因此，智慧供热的建设与发展绝不是一刀切式地盲目推进，无论何种条件都采用一个模式安装监测与控制设备，而是应结合供热系统自身的更新改造工作，统一标准或目标，分批次循序推进，最终达到系统整体性能的提升。

2. 智慧供热建设水平参差不齐，智慧化程度不一

我国在城镇智慧供热方面的研究起步较晚，对智慧供热的内涵和外延还缺乏完整与准确的认识，但近几年在信息技术发展的带动下，众多企业为抢占市场先机纷纷开展智慧供热业务，使得城镇智慧供热系统的建设与应用良莠不齐，出现较为混乱的场面，部分智慧供热空有虚名，没有发挥实际作用，智慧供热不“智慧”成为一种普遍现象。智慧供热绝不是简单的对供热信息的监测与展示，而是要对信息数据进行分析处理并在运行上予以智慧决策支持，是有“大脑”的系统。要解决这一

问题，就必须建立智慧供热相关标准，规范智慧供热系统的建设，去伪存真，提高建设成效。

3. 大量数据未得到有效利用，数据价值挖掘不足

城镇智慧供热系统监测采集的数据量非常大，为智慧供热运行、管理等提供基础数据支撑。然而，在实际使用过程中，采集到的数据应用场景非常有限，部分数据仅用于系统报警功能，未能有效发挥数据价值。从系统自身角度考虑，数据应用可以实现对供热系统的合理分析，指导设备与管网运行；从供热行业角度考虑，通过对不同工况下的供热系统数据进行全面分析和处理，可形成更高级别的供热控制决策理论和行业运行指导方案。从这两个方面出发，智慧供热任重而道远。

## 二、趋势分析

总体而言，在“双碳”及人民对美好生活向往的双重要求下，城镇集中供热的智慧化发展已经成为行业发展需要与必然趋势，经过近些年逐步的探索与研究，发展趋势逐步明朗。供热“智慧化”不是简单的大屏可视化展示，也不是技术的堆砌，而是以底层“源—网—站—端”物联网采集为基础，以基于新型技术并搭载智慧化供热平台的供热云中心为“大脑”，与供热实际需求充分结合，切实解决供热运行中出现的问题，提升供热系统运行效率与服务效果。智慧化供热整体技术框架如图1所示。

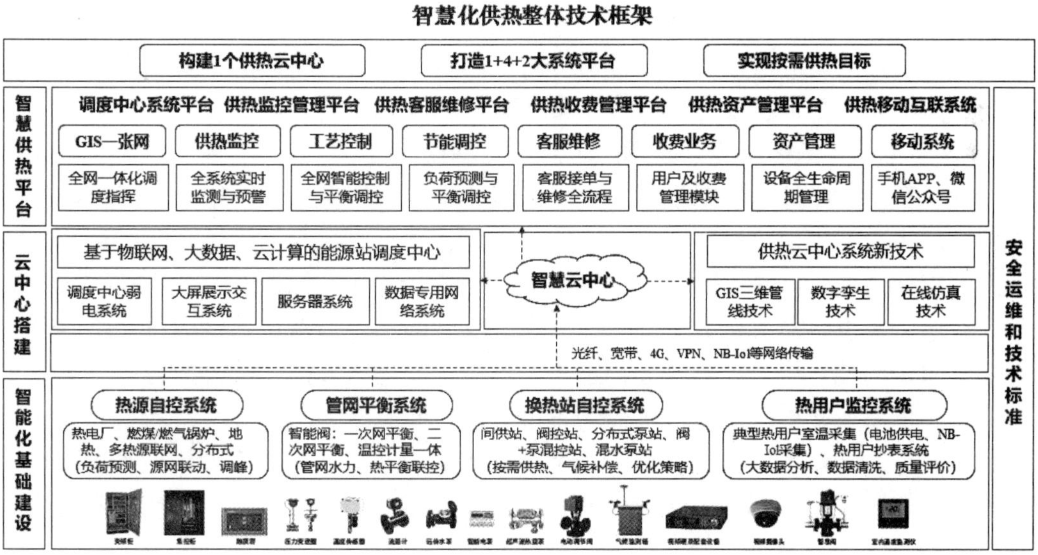

智慧化供热整体技术框架

构建1个供热云中心
打造1+4+2大系统平台
实现按需供热目标
智慧供热平台
调度中心系统平台 供热监控管理平台 供热客服维修平台 供热收费管理平台 供热资产管理平台 供热移动互联系统
GIS一张网 供热监控 工艺控制 节能调控 客服维修 收费业务 资产管理 移动系统
全网一体化调度指挥 全系统实时监测与预警 全网智能控制与平衡调控 负荷预测与平衡调控 客服接单与维修全流程 用户及收费管理模块 设备全生命周期管理 手机APP、微信公众号
云中心搭建
基于物联网、大数据、云计算的能源站调度中心
调度中心弱电系统 大屏展示交互系统 服务器系统 数据专用网络系统
智慧云中心
供热云中心系统新技术
GIS三维管线技术 数字孪生技术 在线仿真技术
光纤、宽带、4G、VPN、NB-IoT等网络传输
智能化基础建设
热源自控系统
热电厂、燃煤/燃气锅炉、地热、多热源联网、分布式（负荷预测、源网联动、调峰）
管网平衡系统
智能阀：一次网平衡、二次网平衡、温控计量一体（管网水力、热平衡联控）
换热站自控系统
间供站、阀控站、分布式泵站、阀+泵混控站、混水泵站（按需供热、气候补偿、优化策略）
热用户监控系统
典型热用户室温采集（电池供电、NB-IoT采集）、热用户抄表系统（大数据分析、数据清洗、质量评价）
安全运维和技术标准

图1 智慧化供热整体技术框架

其中，应用在智慧供热中的新型技术如GIS技术、数字孪生技术、在线仿真技术等，为智慧化供热带来了新升级、新发展。

### （一）基于GIS技术的热网基础信息系统

在智慧供热中，地理信息系统（GIS）作为一个开放的开发平台，能兼容和连

接如经营收费、客户服务、热网监控、生产调度、设备巡检、热计量等系统，使企业形成一个完整的、统一的信息化管理系统，能够重点解决管理层决策指挥需求，将并行的、分散的中层管理子系统群整合为一个有机的、有序的整体，彻底解决供热企业信息化建设的薄弱环节。

GIS 系统的建设遵循“统一平台、统一标准、共建共享”的原则，以需求为导向，以业务为核心，依托现有条件和已有资源，采取“统一规划、分期建设、循序渐进，逐步完善”的方式，最终实现集数据和应用于一体的 GIS 三维管线监测系统，实现信息充分共享，全面提升各个业务主体的协同处理能力，具备以下功能[6]：

（1）整理供热系统中管网和设备的大量资料，建立管网和设备的图形数据库，使企业更加清晰地掌握管网、设备、换热站、能源站的各种信息，能够直接利用 CAD 竣工图或竣工测量成果更新图形数据库。

（2）实现资料的信息共享，在地图上能够随时浏览检索管网相关信息，辅助运维人员快速定位管网；在工程施工以及抢修时，能够生成管网现场图，为日常维修工作提供帮助。

（3）提高事故分析的响应及决策能力，使用系统爆管分析，定位速度快、准确性高，迅速查询到周围的管网、设备信息和连通性，大大加快供热公司对爆管等运行事故的处理速度，减少损失和影响。

（4）通过与收费系统、客服系统、热网监控系统、生产调度系统、设备系统、巡检系统进行数据对接，实现基于 GIS 地图的各业务系统数据的整合展现以及大数据分析，辅助供热企业进行整体管理及决策。

### （二）基于“数字孪生”技术的智慧供热平台

数字孪生是以计算机图形学和人工智能为基础，将供热系统中的管网及设备在虚拟空间中动态模拟仿真，通过数字化的手段达到在虚拟空间中对实际供热系统展示、监控和仿真的目的，反映相应实体管网的全生命周期过程。

对于智慧供热而言，数字孪生技术结合物联网和大数据技术，通过采集供热系统中有限的温度、压力、热量等物理传感器指标的动态数据，并且融合各类业务系统数据，借助大样本库，通过机器学习拟合出一些原本无法直接测量的指标，支持系统决策。对供热系统内设备进行全网智能控制与平衡调控，实现供热系统“源－网－站－端”的运行数据和能耗数据的全过程监控。预测气候变化提前调节负荷输出参数和系统运行参数，实现对全网系统的实时监测、远程调度、统一指挥，在满足供热用户热量需求的情况下达到安全稳定运行、节能降耗的目的。

数字孪生技术基于时间、空间、数据等多个维度，为各类报警事件建立阈值触发规则，自动监控报警事件的发展状态，对来自不同管网系统的报警信息进行关联分析，结合预警模型进行可视化风险研判，并达到分级预警响应的目的。数字孪生可以借助在线模拟仿真技术和机器学习在虚拟空间内进行建模分析，实现对当前状态的评估、对过去发生问题的诊断，以及对未来趋势的预测，并得出分析的结果，模拟各种可能性，提供更全面的决策支持。数字孪生技术是物理系统与信息技术融合的重要应用形式，以数据和模型为基础，实现物理系统的智慧化运行管理[7-8]。

### （三）基于在线仿真的供热运行调控技术

供热系统的在线仿真是根据供热系统各处的设备及设施基础资料，通过水力、热力工况建模，并结合实时监测的运行数据，以其作为边界条件，对水力、热力工况模型进行实时计算求解，从而对供热系统的运行调节及热源调度优化提供决策支持[9]。

在线仿真的计算过程主要包括仿真模型合理性判别、平衡方程的联立、方程的数值求解、仿真结果的呈现、仿真模型参数辨识、优化调节的决策支持、故障诊断及故障工况应急的决策支持等。

通过在线仿真技术实现管网拓扑结构的解析，并根据几何信息、物理信息建立热源、换热站等热网关键站点，以及水泵、阀门、板换等热网关键设备的数学模型，有效识别管道阻抗、管道热损系数等设备物性参数，充分考虑系统的模块化设计及轻耦合，在技术层面保证系统的稳定性与可靠性。

通过在线仿真技术进行管网水力工况仿真，计算管网各个位置的流量、压力分布数值，根据计算结果获得水压分布云图、流量分布云图、最不利热力站、水压图等水力工况分析结果，计算管网各个位置的温度分布数值，并根据计算结果获得温度分布云图、热力衰减、管网热损等热力分析结果，对供热系统运行调度进行优化。

## 三、实际案例分析

以天津市宝坻区智慧供热项目为例，城区原有供热以燃煤锅炉为主，改造前存在供热能耗高于天津市平均水平，运行管理较为粗放，多数运行管理环节依靠人工完成等问题，难以满足企业发展需要。2020 年，宝坻整个城区开展了清洁供暖及智慧化改造工作，将原有燃煤锅炉供热改造为热电联产＋燃气锅炉调峰供热的方式，建设了天津第一条跨区域、长距离、大管径的长输供热管线，对 211 座换热站进行了智慧化提升改造，建设了智慧供热平台，整体实现了“一城一网、多源协同”的清洁低碳、智慧高效供热系统。

通过对宝坻城区进行智慧化改造，将先进的物联网、云计算、大数据、移动互联和 AI 人工智能等技术与供热系统进行高度集成，实现了环网动态监控与平衡在线调节。平台的整体建设采用了“一中心、四平台”的总体框架，以“供热调度指挥中心”为城区的供热大脑，所有的调度、调控均由调度中心发出；建设有供热监控系统平台、客服维修系统平台、设备运维管理系统平台和供热项目管理系统平台四大平台，实现从供热运行调度到供热服务管理的全方位提升，满足新供热形势下需求，实现“精准供热、按需供热”，如图 2 所示。

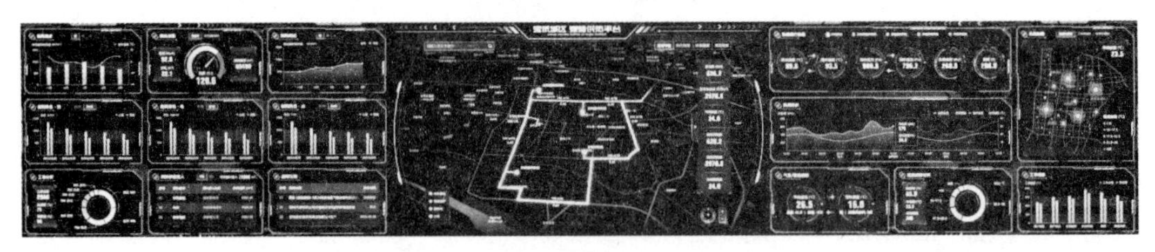

图 2 宝坻智慧供热平台界面

智慧供热提升主要围绕供热全过程实现全方位管理，即事前重点监测、预测、告警，事中基于数字化预案的多机构协同指挥，事后基于溯源的信息收集、整合、分析、评估。经过整个系统的智慧化提升，宝坻城区供热单位面积热耗降低 14.7%，电耗降低 40.9%，水耗降低 51.9%，万平方米工单量降低 22.3%，节能效益显著并且大幅提高了供热服务水平，树立了“解政府痛点、保民生供热”的公益型社会形象。

## 四、总结与展望

城镇集中供热智慧化发展已经是新时代背景下供热行业发展的必然趋势，也是提质增效、节能降碳的必然要求。今后，以新一代信息化技术为基础的先进智慧供热技术将逐渐成熟，智慧供热技术体系将逐步完善，城镇集中供热的智慧化发展也将更加健康有序，为供热行业发展注入新的动力。

## 参考文献

[1] 国家统计局. 中国统计年鉴 2022 [M]. 北京：中国统计出版社，2022.

[2] 中国城镇供热协会. 中国供热蓝皮书 2019：城镇智慧供热 [M]. 北京：中国建筑工业出版社，2019：15-18.

[3] 河北省住房和城乡建设厅 . 城市智慧供热技术标准：DB 13(J)/T8375—2020. 北京：中国建材工业出版社，2019.

[4] 黑龙江省住房和城乡建设厅. 黑龙江省城镇智慧供热技术规程：DB23/T2745—2020.

[5] 潍坊市市场监督管理局. 智慧供热系统建设技术规范：DB3707/T033—2021.

[6] 于立凯. 建筑智慧运营管理体系研究与应用 [J]. 陶瓷，2020（11）：2.

[7] 洪方驰，王叶飞，孙海龙，等. 基于数字孪生模型的工业供热系统调度平台 [J]. 煤气与热力，2020，40（5）：6.

[8] 钟崴，郑立军，俞自涛，等. 基于“数字孪生”的智慧供热技术路线 [J]. 华电技术，2020，42（11）：5.

[9] 卢刚，王雅然，由世俊. 供热系统动态建模及系统辨识研究 [J]. 区域供热，2021（1）：7.

# 建筑能效云推动建筑运维数字化转型升级

曹 勇 崔治国 李嘉劼 岑 悦 毛晓峰 于晓龙 张 亮
（中国建筑科学研究院有限公司 建科环能科技有限公司）

2021年，我国常住人口城镇化率达到64.72%，城镇化已迈入新建与维护并重、以存量为主的阶段，城镇建筑也从大规模建设向精细运维、品质提升和绿色低碳转型升级。长期以来城镇化重建设轻运维，导致安全事故多发、运行效能低、检测维修时效性差，运维管理水平亟待提升。随着技术发展，物联网、大数据、云计算、人工智能、5G等新一代信息技术极大推动了建筑领域沉浸式全场景智慧实现，为解决运维问题提供了崭新途径。为此，国家“十四五”规划和2035年远景目标纲要首次提出全面提升城市品质，明确要求推进城市数字化转型、提升智慧化水平。

## 一、建筑运维发展现状

### （一）传统运维现状与不足

建筑运维管理的对象主要为建筑本体及建筑设备，运维管理的基本目的是保持建筑本体及设备设施处于良好、安全、稳定的运行状态及保障安全、健康、舒适的人居环境。近年来随着“双碳”战略的推进，减少建筑运行阶段的能耗，降低碳排放水平逐渐成为建筑运维管理的一项重要目标。因此当前形势特点下，建筑的运维管理可分为以下几个方面：空间管理、安全管理、资产管理、设备管理及能耗管理（图1）[1]。

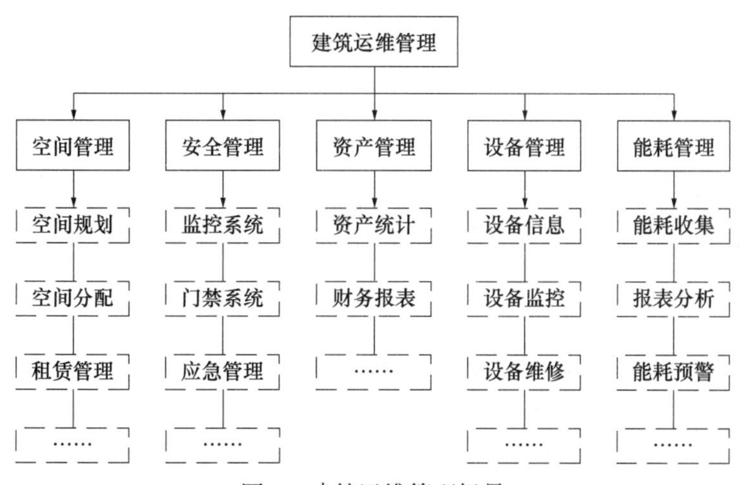

图1 建筑运维管理场景

建筑运维管理阶段占据建筑全生命期的大部分时间，运维管理难度随着建筑功能及体量的不同形成差异。我国建筑行业发展初期，建筑运维水平较低，以粗放式运维为主。但随着业主和住户对于服务要求的提高及技术的变革，建筑特别是公共建筑运维管理的关注度不断提升，建筑运维逐渐由粗放式运维向精细化运维发展。当前建筑运维管理整体位于初期阶段，建筑运维管理尚未形成相应的战略管理理念[2]，现有运维管理方式和技术手段相对单一，运维过程中存在诸多问题，难以满足精细化运维需求。建筑运维管理的不足主要体现在以下几个方面[1-4]：

（1）运维管理效率低下

建筑在设计、建造、运维阶段均产生海量数据，各个阶段资料信息分散、共享交互受限，缺乏完整的结构化数据库，难以在建筑全生命周期范围内流通。同时由于各阶段数据类型、格式差异大，纸质记录不便于查询，增加了建筑运维管理的整体难度。

传统运维方式以人工运维为主，各项运维数据由运维人员手动记录，容易发生错记、漏记、记录损坏的问题，降低运维工作效率和记录准确度。同时纸质记录处理难度大、不易翻阅，当发生应急需要时难以精准定位历史信息。

（2）运维管理人员专业能力缺乏

建筑运维内容较多，涉及电气、暖通、给水排水等多种专业。当前以人工运维为主的传统运维模式下，运维人员能力带来的问题较为突出，具体表现为：① 专业人员匮乏，具备综合专业知识的交叉人才较少，运维成本有限的情况下难以招到足够的专业运维人员。② 运维人员能力断层，经验丰富的运维人员较少，绝大多数运维人员缺乏经验，且传承困难。③ 人员精力有限，运维内容多，人员精力不够聚焦。

（3）运维管理理念落后

国内建筑运维管理理念尚未体系化，运用新兴技术的比例较低。管理仍以事后维修的方式为主，预防性运维较少。运维主要目标仍停留在维持基本的安全稳定，与“双碳”战略下的低能耗运维理念相差较远。

**（二）数字化运维转型与需求**

海量建筑的运维是城镇可持续发展的重要内容，如何保障海量建筑和基础设施高效运营是社会和行业亟须解决的关键问题。随着第四次工业革命推进，以物联网、大数据、云计算、人工智能、5G等为代表的数字化、智能化技术快速发展，为解决建筑运维中的问题带来了新的契机[5]。

数字化技术与建筑运维管理需求的契合度较高。利用物联网技术可建立建筑数字化运维监管系统，实现由人力监管到传感器、计算机等软硬件自动监管的转变。利用云计算技术可建立建筑数字化运维平台，在云计算的基础上进一步使用人工智能等技术，实现由人为判断决策到智能或智慧运维的转变。数字化技术将有效解决运维信息化问题、人力资源配置问题等带来的运维困难，全面提高建筑运维的整体效率。

## 二、建筑能效云关键技术

### （一）“端—边—网—云—智”技术架构

随着建筑运维重要性的提高，建筑运行阶段对运维质量的需求逐步提升，应用场景与新兴技术的不断涌现。本地边缘侧控制的架构无法满足更加复杂运维策略的计算需要，软件和智慧化信息技术架构亦从“云—边—端”的传统架构，升级为“端—边—网—云—智”的新型智慧化架构。“端—边—网—云—智”新一代技术架构是构成建筑能效云服务生态的重要基础，其中的“端”指智能物联设备终端，“边”指边缘计算，“网”指以5G为代表的数据传输网络，“云”指云计算，“智”指行业智能解决方案[6]。

（1）端—智能终端能力：构筑建筑能效系统全连接的智能终端服务，可将多种智能算法能力和各主流物联网终端和设备结合，实现万物智联。

（2）边—边缘计算能力：提供高性能的边缘计算服务器与应用平台，可快速部署、迁移、管理算法模型，满足建筑能效管理的不同场景和项目规模的场景建设。

（3）网—网络数据传输能力：支持建筑能效系统与5G等各路网络传输接口，提供低延时、高速率的数据网络传输。

（4）云—云计算能力：具备多云融合的云计算能力，可实现多云管理环境下的云智一体，以规模化算法落地创新释放云上数据潜能。

（5）智—智能分析能力：提供针对建筑能源系统的全产业场景的智能算法解决方案，依托自研的算法框架实现规模化智能算法落地，并通过智能算法开发定制与智能场景专属创建，赋能产业智能化升级（图2）。

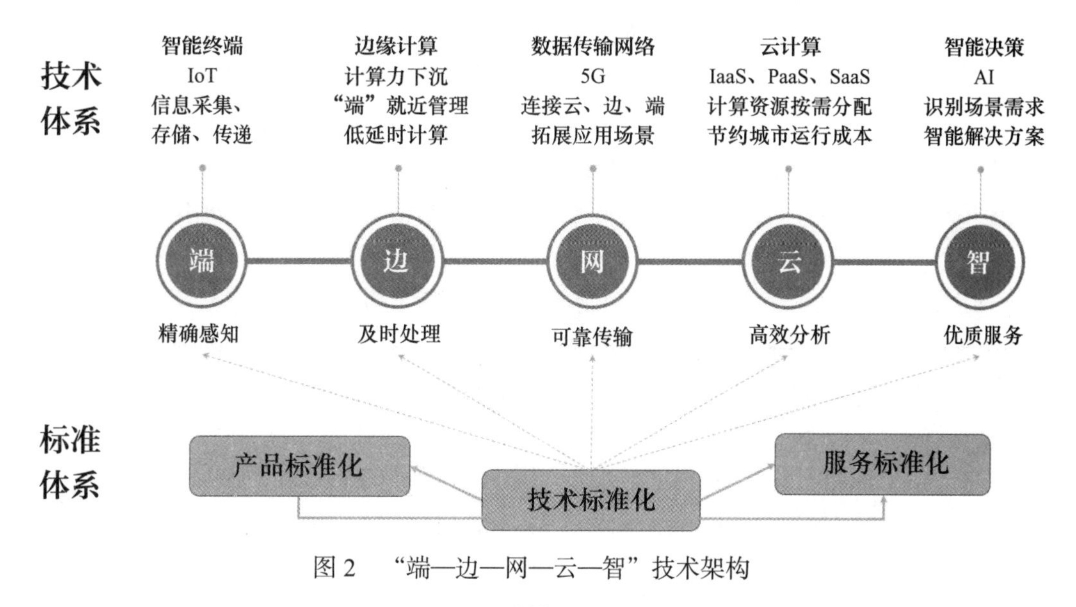


图2　“端—边—网—云—智”技术架构

### （二）基于预测自适应的边缘侧智能管控

边缘计算与人工智能这两种高速发展的新技术之间存在着彼此赋能的巨大潜力。从边缘计算赋能人工智能的维度，针对深度学习模型在网络边缘侧的部署，提出了基于边端协同的深度学习按需加速框架；通过协同优化模型分割和模型精简策略，实现时延约束下的高精度模型推理。从人工智能赋能边缘计算的维度，针对边缘计算的精细化管控需求，提出了基于预测技术的边缘服务协同机制和基于多变量构建模型下的自适应调控方法。

在建筑能效云技术体系建设中聚焦预测自适应调控技术，提出基于预测自适应的边缘侧智慧管控模式。预测自适应技术就是将预测控制和反馈控制结合的自适应节能控制技术：预测控制过程为通过实时负荷预测来控制建筑能源系统的工况和负荷分配，反馈控制过程为通过实时监测和反馈的参数，对系统运行设备和参数进行调整，保障系统时刻处于最优运行状态。预测自适应控制策略的预测控制环节可以实现负荷变化前的预先调节，有效避免纯粹反馈调节带来的系统大的滞后性，相对而言，预测自适应控制策略更能保证“按需供能”，实现能源节约。

在控制算法与逻辑方面：① 在预测控制环节，采用建筑能效云技术团队自研的负荷预测算法，即基于实际运行数据，采用机器学习算法开展中短期负荷预测。预测控制的逻辑为：建筑能源系统供能满足预测的下一时刻的负荷需要，能源系统在不同的搭配情况下效率不同，优化过程中考虑各设备的负荷和能耗情况，尽可能保证下一时刻运行的系统整体处在运行效率较高的负荷区间，提高整体运行效率。② 反馈控制环节中，采用动态追踪的方法来调整部分参数设定值，以维持末端环境舒适稳定为前提，通过实时监测末端温度与设定范围的偏差来调节出水温度，通过实时监测供回水压差与设定压差的偏差来调节水泵频率，同时更新系统实际运行负荷率进一步提高预测的准确性[7,8]。

### （三）基于新型 IP 协议的网络通信

建筑运维过程中，不可避免面临各种各样的网络组网隅传输。在建筑中各个系统有多个通信协议应用，如 OPC、LonWorks、Profibus、Modbus、BACnet、Zigbee、oBIXbix 等。目前建筑用通信协议有以下固有缺点：① 不同的仪表、设备、子系统的通信协议多种多样，形成了“七国八制”的基本格局，在实际应用中不能实现有效统一，客观上给应用造成了诸多不便；② 不同协议遵守的数据编码、数据格式不同，协议之间不能互联互通，造成了数据采集、通信和集成的壁垒；③ 协议异构导致软件生态封闭，初期部署和后期运维成本较高；④ 上述这些协议都是国外大学、研究机构或者公司企业制定而成，逐渐形成了技术知识产权壁垒，不利于国内开展相关的应用。

TCP/IP 在过去 50 年中在全球部署与实践方面取得了很大的成功，成为世界上应用最广泛的通信协议。但是，现有 TCP/IP 定长地址及单一拓扑寻址模式，无法灵活适配各种类型的介质和各种 IoT 物联终端，限制了其在建筑内的广泛应用。新型 IP 协议应运而生，在继承现有 IP 能力的基础上，提供了可变长、多语义的灵活编址和路由技术，解决了原有定长地址及单一拓扑寻址模式导致的问题，可按需适配不同类型的 IoT 终端和不同传输介质，实现异构网络的三层统一互联。由于全网三层互联打破了原有的封闭总线架构，可能带来潜在的安全风险，所以 UIP 的设计充分考虑了网络整体安全可信问题，提供了三层完善的、轻量的安全验证和加密能力，确保全网安全可信。新型 IP 协议的诸多特性，使其在楼宇自控系统、现场控制器、嵌入式控制设备等方面得到广泛应用，成为建筑智能化系统、楼宇控制器等领域最重要的新兴通信协议[9]（图 3）。

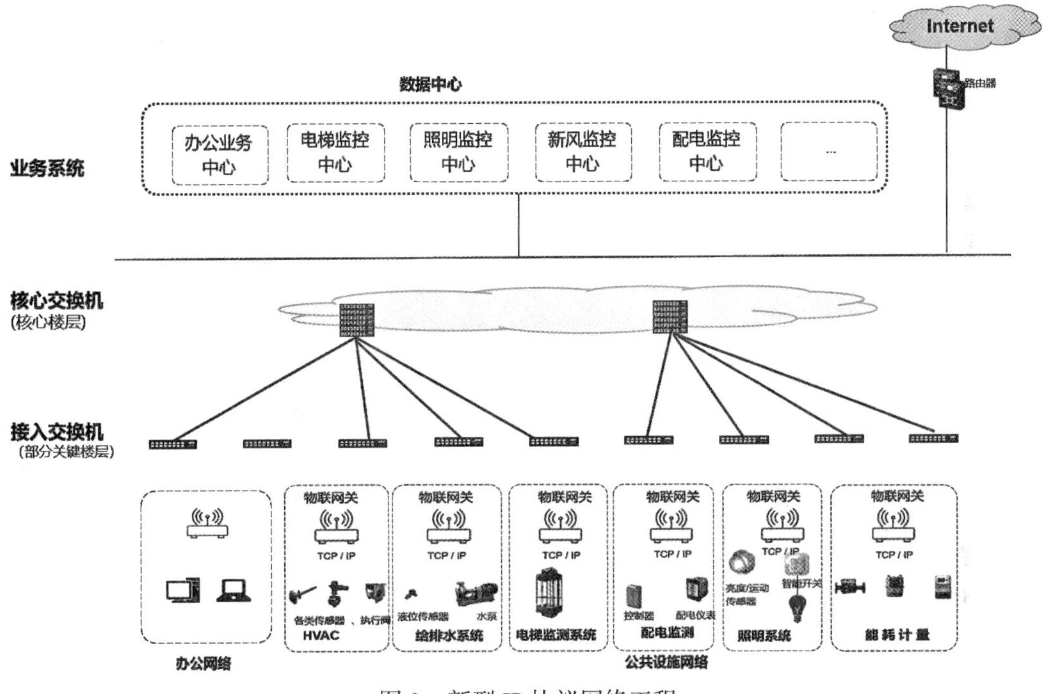


图 3　新型 IP 协议网络工程

### （四）基于物模型的数据融合

建筑数字化运维是以设备互联、数据融合为基础，实现建筑内各设备、平台之间的互联互通，满足建筑设备的统一接入、统一管理并开放接口，实现数据共享和控制联动。如果没有建筑物模型信息标准，各类设备厂商现行的各自私有协议或者小团体私有标准开发设备的数据接口，增加了设备厂商、设备软件厂商、物联网平台厂商、应用厂商等各厂商之间的交互难度，私有接口无法被其他厂商识别，造成所有厂商都需要增加数据转换适配工作，极大地浪费社会资源，增加行业成本。

针对建筑运维过程中涉及多种设备，且设备来自不同的设备厂商，因此需要定义一套统一的智能设备信息模型，消除业务中智能设备数据间的差异，使得数据在设备与设备，设备与开放平台，平台与平台间传输都是统一的，并提供设备间互联互通能力。

为了实现建筑数字化运维，结合建筑设备的信息模型结构定义一套完整的物联网智能设备在交互过程中的描述标准，包含物的档案、状态信息以及物模型的三要素，即属性（Property）、服务（又称行为或者命令）、事件（Event）。每一类智能设备的三要素还可以归类为必选（required）与可选（optional），以使得智能设备的状态数据和操控功能在行业用户终端（物联网设备控制设备等）上进行呈现以及更新，方便行业用户对智能设备作出相应的控制，也有助于智能设备之间的互通[10]。

基于建筑物模型信息结构，可以构建设备厂商、设备软件厂商、物联网平台厂商、应用开发商等厂商的统一数据标准，促进产业链各厂商聚焦业务，以低成本的方式实现互联互通并且高效地发挥数据的价值。同时通过建筑物模型标准可以牵引建筑数字化产业规范化发展，解决建筑数字化转型的瓶颈和痛点。

**（五）基于智能算法的云端智慧管理与决策**

针对建筑运维，尤其是建筑能源系统，通过构建数字化的控制运维平台，实现建筑能源系统全自动无人值守、可自学习的智能控制运维。这是实现系统高效、节能、稳定的重要手段。基于智能算法的云端智慧管理与决策不仅可以实现基本的控制和运维。这还可以根据业主的需要，输出相应的智慧管理与决策功能，以简洁清晰、具有科技感的方式将系统运行现状、控制现状和相关报表呈现给运维人员。

利用数据驱动全动态控制技术，实现运行监测、设备管控、自适应调节、自学习优化等功能，形成感知泛在、研判多维、指挥扁平、处置高效的智慧运维体系，致力于提质增效，降低运维技术门槛，打造边缘侧自适应无人值守智慧运维模式，形成深层次、多维度、全覆盖的闭环管控系统，最大程度保证并实现系统的智慧、稳定、高效、绿色运行。

在云服务侧，利用云上智能算法和大数据分析能力，全面发掘数据价值，打造建筑数据管理知识库，运用专家系统输出报表、分析结果和决策建议，优化控制策略，实现系统的全过程持续优化与升级。

通过云服务模式，让数据在云端自由流动，将能效管理专家经验流程化、服务化，实现多建筑系统的统一运营；融合专家经验和智能算法实现故障自动诊断与智能调优，达成系统高效运营和节能减碳目标，践行智慧建筑领域绿色低碳数字产业升级新使命。通过平台和应用的边云协同部署，实现建筑内多个系统的统一运营；通过融合系统管理的专家经验完成故障定界与诊断，实现建筑内运行系统的高效运维；通过算法训练和推理完成能效的智能调优，实现建筑的节能减碳。赋能建筑能源系统能效提升，引领运维模式变革，推进建筑领域碳达峰和碳中和的目标实现。

## 三、运维数字化转型发展建议

### （一）“安全、能效、碳排放”耦合的运维新目标

在运维方面，国内外开展了大量建筑自动化监测与控制系统建设，如楼宇自控系统、安全监测、环境监测等。目前国内外学者主要还是聚焦在对特定结构、特定场景的运维，给出了一些特定解决方案，但是多场景、多结构的研究却鲜有提及，在未来，随着人类对美好生活需求的提升，面向“安全、效能、环境”的全场景运维需求将成为运维新目标。

在运维新目标下，智慧运维通过定义全局一致的云侧运维数据标准，开展质量校核、密级约定、加密算法、交互权限准则等运维数据质量与安全管理，建立运维数据轻量化治理理论与体系标准；构建安全耐久、节能高效、环境友好多目标全寿命期运维性态表征通用指标体系，建立多维性态指标与全寿命目标的映射关系；研发面向安全、效能、环境的多维度运维性态指标识别深度学习模型与快速诊断方法，实现基于大数据和云计算的运维性能动态评价与快速预测。

### （二）“感—识—决—控”融合的智慧运维智能体

建筑运维涉及感知、识别、决策、管控多个阶段，每个阶段之间互相依托、不可割裂。通过智能体技术打通“感—识—决—控”全链条，是未来智慧运维的核心途径。运维智能体是智慧运维的集大成者，是“能够与环境交互的、可计算的、可进化的智能系统”。

构建运维智能体，基于“物理（自然环境和建成环境）—社会（人及人的活动）—信息（物理空间和社会空间对象的状态特征数据及其信息流）”三度空间理论框架与数字全息原理，实现建筑物理与社会空间特征的信息空间表达方法，建立物理、社会空间的全息数字模型，探明信息空间对物理、社会空间对象状态的调控机制，建立建筑运维全过程物理、社会空间与信息空间的双向映射方法。针对典型运维场景，需要明确建筑物理空间状态变化与信息空间性态指标感知识别结果的对应关系，揭示运维决策与管控大模型对物理空间状态的作用机制，揭示智慧运维数据模型的物理机制。在此基础上，基于数字孪生及机器学习等基础理论，得到建筑运维全寿命期安全、效能与环境指标的变化机制及规律，揭示建筑与市政公用设施在运维全寿命期内面向安全耐久、节能高效及环境友好的智能调节机制，构建提出基于“物理—社会—信息”三度空间理论框架下面向安全、效能与环境的建筑智慧运维智能体[11,12]。

### （三）以“国有云”为核心的自主可控服务新模式

当前，我国大多数行业正处于从传统生产模式向数字化、网络化、智能化转变的新发展阶段，行业转型升级进程不断加速。在推进“双碳”目标的大背景下，低碳化、节能化也将成为行业高质量发展的必然趋势。在此背景下，数字化转型成为行业未来创新发展的重要抓手，通过数字化平台赋能，不仅有助于提高全社会的发展效率，还可以有效降低碳排放，促进碳达峰、碳中和目标的实现（图 4）。

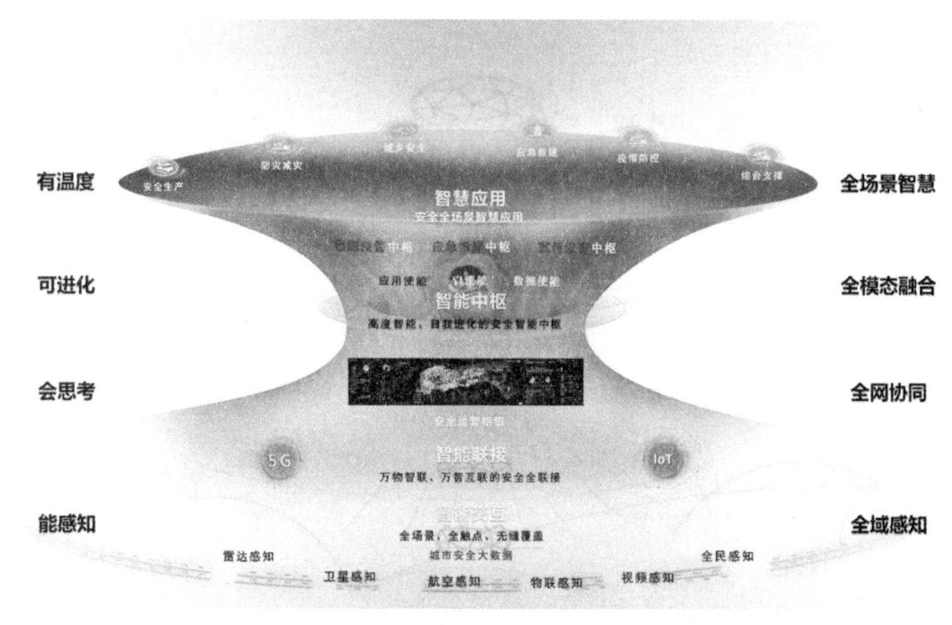


图 4　智慧运维智能体

目前国内外已有较多企业开始建设建筑能源管理云平台并有一定的成果，如以西门子、施耐德为代表的外资企业，通常提供集成解决方案，如 SIMATIE 服务平台、EcoStruxur Grid。这些国外的大型电气智能化企业，如江森自控、西门子、施耐德等在建筑系统的智能化应用领域开展了大量的应用和实践工作，在一些技术方向逐渐也形成了一些技术壁垒，对国家、行业的信息安全造成了卡脖子瓶颈。

随着国务院国资委深化专业化整合，提出将引入多家中央企业战略投资者打造“国家云”公司，统筹开展科技创新、设施建设和安全防护体系部署，加快构建推动云原创技术生态。以“国有云”为核心的自主可控服务新模式将成为行业发展新方向。

“国有云”建筑运维平台将采用自主研发的平台架构、智能算法，充分运用国产技术，定向研发基于我国国情、满足于我国建筑“双碳”及“数字化”需要、联通产业上下游的 SaaS 服务体系。建设以多元信息为基础、国有云设施为底座、国产自主技术为核心，满足建筑智慧与低碳运维为总目标的建筑行业服务需求。

## 参考文献

[1] 万元虹．基于 BIM 技术的建筑运维管理系统应用研究［D］．沈阳：沈阳建筑大学，2021.

[2] 李晨超．基于设施管理的公共建筑运维管理研究［D］．沈阳：沈阳建筑大学，2020.

[3] 张彬．基于 BIM 技术的建筑运营管理应用探索［D］．成都：西南交通大学，2016.

[4] 吴楠．BIM 技术在公共建筑的运维管理应用研究［D］．北京：北京建筑大学，2017.

[5] 杨静，李大鹏，岳清瑞，等．建筑与基础设施全寿命周期智能化的研究现状及关键科学问题［J］．中国科学基金，2021，35（4）：620-626.

［6］王宇平．面向智能楼宇的云边协同管理组件设计与应用［D］．杭州：浙江大学，2022.

［7］崔治国．基于数据挖掘技术的空调系统管控方法研究［D］．北京：中国建筑科学研究院，2018.

［8］曹勇，毛晓峰，崔治国，等．一种空调系统的无人值守机房控制系统及方法［P］．中国，发明专利，CN201810906798.4. 2018:1-17.

［9］郑秀丽，蒋胜，王闯．NewIP：开拓未来数据网络的新连接和新能力［J］．电信科学，2019，35（9）：2-11.

［10］什么是物模型．https://help.aliyun.com/document_detail/73727.html.

［11］智能体白皮书．https://max.book118.com/html/2022/0131/5331142030004141.shtm.

［12］席磊，王昱昊，陈宋宋，等．面向综合能源系统的多智能体协同 AGC 策略［J］．电机与控制学报，2022，26（4）：77-88.

# 数字建造与新型建筑工业化的协同构建

朱礼敏　姜　立　艾明星
（中国建筑科学研究院有限公司　中建研科技股份有限公司）

众所周知，建筑业是国民经济的支柱产业，为我国经济持续健康发展提供了有力支撑。为了推动建筑业高质量发展，需要推动数字建造和新型建筑工业化基础共性技术和关键核心技术的研发，并应加大数字建造在工程建设各环节应用，最终形成涵盖设计、生产加工、施工装配、运营全生命周期产业链融合一体的产业体系。

其中，数字建造是指信息化、数字化与工程建造过程高度融合的创新建造方式，主要体现在设计过程的建模与仿真智能化；施工过程的技术与装备数字化；管理过程的物联网应用数字化；运维过程的大数据服务数字化。新型建筑工业化是指通过新一代信息技术驱动，以工程全寿命期系统化集成设计、精益化生产施工为主要手段，整合工程全产业链、价值链和创新链，实现工程建设高效益、高质量、低消耗、低排放的建筑工业化[1]。二者融合发展对于提升工程质量安全、效益和品质，实现我国建筑业转型升级和高质量发展意义重大。

## 一、数字建造与建筑工业化的发展现状

### （一）国家政策导向

为推进建筑工业化、数字化、智能化升级，加快建造方式转变，2020 年 7 月住房和城乡建设部等十三部门联合印发了《关于推动智能建造与建筑工业化协同发展的指导意见》（建市〔2020〕60 号），2022 年 1 月住房和城乡建设部发布了《“十四五”建筑业发展规划》，均明确提出要加快智能建造与新型建筑工业化协同构建，完善智能建造政策和产业体系。

### （二）行业现状

目前，全球建筑业的发展均呈现智能建造态势，智能建造技术将在建设工程全寿命周期起到至关重要的作用，其主要包括 BIM 技术、物联网技术、人工智能技术等。

1. BIM 技术

近年来，很多国家已明确强制工程建设项目必须应用 BIM 技术（表 1），其中美国、北欧等国家开展 BIM 技术应用的时间较早，英国、新加坡、韩国等近年也

实现了部分或全部建设项目应用 BIM 技术。

我国的 BIM 技术应用虽然起步较晚，但发展迅速，2016 年住房和城乡建设部发布了第一部 BIM 技术应用的工程建设标准《建筑信息模型应用统一标准》GB/T 51212—2016。近年来 BIM 技术在我国建设项目深化设计、辅助施工、族库建立及可视化控制等方面发挥了巨大的作用。

**国外 BIM 应用情况** **表 1**

| 国家 | 年份 | 政府规定 |
|---|---|---|
| 美国 | 2007 | 所有重要项目通过 BIM 进行空间规划 |
| 英国 | 2016 | 实现 3D-BIM 全面协同，且全部文件以信息化管理 |
| 韩国 | 2016 | 实现全部公共设施项目使用 BIM 技术 |
| 新加坡 | 2015 | 建筑面积大于 5000$m^2$ 的项目均须提交 BIM 模型 |
| 北欧 | 2007 | 强制要求建筑设计部分使用 BIM |

2. 物联网技术

物联网是新一代信息技术的重要组成部分，即物物相连的互联网，应用到建筑业可实现建筑物与部品构件、人与物、物与物之间的信息交互。物联网技术由美国最先提出，表 2 为几个国家物联网的大致发展情况。

**国外物联网技术发展情况** **表 2**

| 国家 | 年份 | 发展情况 |
|---|---|---|
| 美国 | 2009 | 《2025 年对美国利益潜在影响的关键技术报告》中，把物联网列为六种关键技术之一 |
| | 2016 | 发布《保障物联网安全的战略原则》 |
| 欧盟 | 2014—2017 | 投资 1.92 亿欧元重点发展智慧农业、智慧城市、逆向物流、智慧水资源管理和智能电网等 |
| 日本 | 2017 | 构建物联网社会，开始着手商业模式布局 |
| 韩国 | 2016 | 物联网市场规模达到 5.3 万亿韩元，成为全世界物联网设备普及率最高的国家 |

2012 年，我国开始将物联网技术引入建筑行业，将其列为我国重点规划的战略性新兴产业之一，2013 年 2 月国务院发布了《关于推进物联网有序健康发展的指导意见》(国发〔2013〕7 号)，部署安全可控的物联网发展格局，同时以专项资金扶持及人才优待等手段刺激物联网技术的发展，至 2020 年已初步形成物联网创新技术体系。

3. 人工智能技术

目前，人工智能技术在建筑业已有一定程度的应用，包括利用人工神经网络进行建筑结构健康检测；应用人工智能机械手臂进行施工安装；利用人工智能系统对项目全周期进行管理等。以德国、美国及英国为代表的人工智能技术走在世界前列（表3）。

国外人工智能发展情况　　表3

| 国家 | 年份 | 发展情况 |
|---|---|---|
| 德国 | 2012 | 推行“工业4.0计划”，以服务机器人为重点加快智能机器人的开发和应用 |
| 美国 | 2015 | 发布《国家人工智能研究和发展战略计划》《人工智能、自动化与经济报告》 |
| 英国 | 2017 | 发布《促进英国人工智能产业发展》 |

我国自“十三五”规划以来高度重视人工智能技术，2017年12月工业和信息化部发布了《促进新一代人工智能产业发展三年行动计划（2018—2020年）》（工信部科〔2017〕315号），以新一代人工智能技术的产业化和集成应用为重点，推动人工智能和建筑产业深度融合，有望在“十四五”期间得到飞速发展。

### （三）存在主要问题

目前，我国建筑业仍然存在生产方式粗放、劳动效率不高、能源资源消耗较大、环境污染严重等主要问题。特别是在近几年，建筑业传统建造方式受到较大冲击，迫切需要通过加快数字化转型，推动数字建造与建筑工业化协同构建，走出一条内涵集约式高质量发展新路。

## 二、数字建造与新型建筑工业化协同构建的主要任务

### （一）完善数字建造政策和产业体系

实施数字建造试点示范城市创建行动，总结推广可复制政策机制。加强基础共性和关键核心技术研发，构建先进适用的数字建造标准体系。培育数字建造产业基地，形成涵盖科研、设计、生产加工、施工装配、运营等全产业链融合一体的数字建造产业体系。

### （二）夯实标准化和数字化基础

完善模数协调、构件选型等标准，建立标准部品部件库，推广少规格、多组合设计方法，实现标准化和多样化统一。加快推进BIM技术的集成应用，协同设计、生产、施工各环节，推动工程建设全过程数字化成果交付和应用。

### （三）推广数字化协同设计

鼓励设计企业建立数字化协同设计平台，推进建筑、结构、设备管线、装修等一体化集成设计。完善施工图设计文件编制深度要求，提升精细化设计水平。研发利用参数化、生成式设计软件，探索人工数字技术在设计中的应用。

### （四）大力发展装配式建筑

构建装配式建筑标准化设计和生产体系，推动生产和施工数字化升级，提高装配式建筑综合效益。完善适用于不同建筑类型的装配式混凝土结构体系，加大高性能混凝土、高强钢筋和消能减震、预应力技术集成应用。完善钢结构建筑标准体

系，推动建立钢结构住宅通用技术体系，以标准化为主线引导上下游产业链协同发展。大力推广应用装配式建筑，培育一批装配式建筑生产基地。

装配式建筑的结构系统、外围护系统、设备与管线系统以及内装系统均应进行集成设计，提升标准化、工业化水平，具体要求如下：（1）引导结构系统采用功能复合度高的部件，推进优化部件规格，满足部件加工、运输、堆放、安装的尺寸和重量要求；（2）加强外围护系统设计的模数化、标准化程度，研发集结构、防火、防水、耐候、保温（隔热）、装饰一体化的外围护构件[2]；（3）提高设备与管线系统的集成化程度，实施管线分离方式，鼓励采用建筑信息模型技术进行碰撞检查[3]；（4）积极推进装配化装修方式，推广干式工法、一体化装修技术，推广集成化模块化建筑部品，促进装配化装修与装配式建筑深度融合。

### （五）打造建筑产业互联网平台

加大建筑产业互联网平台基础共性技术攻关力度，编制关键技术标准。开展建筑产业互联网平台建设试点，探索适合不同应用场景的系统解决方案，培育一批行业级、企业级、项目级建筑产业互联网平台，建设政府监管平台。

## 三、数字建造与新型建筑工业化协同构建的未来趋势

### （一）新智造技术促使建筑工业化产业升级

在工业化建筑产业形成过程中，通过信息模型（BIM）、互联网、物联网、大数据、云计算、移动通信、人工智能、区块链等新技术驱动，以工程全寿命期系统化集成设计、精益化生产施工为主要手段，可逐步建立以标准部品为基础的专业化、规模化、信息化的生态体系。

### （二）建立互联网思维的管理平台及模式

数字建造和建筑工业化共性技术的研发，可将标准化、数字化、智能化、网络化相结合，围绕数字设计、智能生产、智能施工，构建先进适用的智能建造及建筑工业化项目级、企业级、政府级、市场级平台。探索适用于数字建造与建筑工业化协同发展的互联网思维的组织流程和管理模式[4]。

### （三）以工业化、数字化的方式最终实现绿色化

以节约资源、保护环境为核心，实行工程建设项目全生命周期内的绿色建造，制定绿色建造行动计划，建立绿色建造标准、技术、建设、管理、评价、人才培训等体系，绿色化、工业化、数字化为手段促进产业化升级。

### （四）钢结构工业化建筑技术体系大有可为

以绿色化、数字化为产业导向，大力推进钢结构工业化建筑试点工作，树立全新绿色建造产品意识，推广应用成熟的钢结构住宅技术体系，完善产链配套，解决“三板”瓶颈问题，实现标准化设计、工厂化生产、装配化施工、一体化装修、信息化管理、数字化应用。

## 四、数字建造与新型建筑工业化协同构建的发展建议

### （一）政策管理机制

政府引导与市场推动相结合。加强组织领导和政策支持，更好发挥政府在顶层设计、规划布局、政策制定、平台建设等方面的引导作用，形成有利于建筑工业化与数字建造发展的环境。充分发挥市场在资源配置中的决定性作用，构建公平有效的市场竞争体系，拉动数字建造市场需求。以示范试点项目为牵引，推进数字建造集成示范应用，形成可复制可推广的数字建造政策体系、发展路径和监管模式[5]。

### （二）创新技术保障

准确把握新一轮科技革命和产业变革趋势，加大技术研发和产业化支持力度，通过新型建筑工业化领域的科技创新，全面提升数字建造水平。

以数字化、工业化深度融合为导向，深入开展科技创新，鼓励扶持自主创新技术研发，掌握数字建造关键核心技术，完善产业链条，形成数字建造创新体系，促进数字建造向更高质量、更优品质、更快效率发展[6]。

### （三）实施路径

按照全生命周期各环节主要技术路径有以下几个方面：

1. 数字化协同设计

持续大力推广自主可控的BIM建模、数字设计、协同设计和AI设计等技术和应用，提高设计效率。引导设计单位采用BIM正向设计，优化设计流程，支撑不同专业间以及设计与生产、施工的数据交换和信息共享。提升基于BIM技术的建筑环境性能分析与集成化设计分析能力，实现集成技术的最优化设计。

2. 积极推广数字生产

基于BIM设计信息，通过物联网和数字技术推动生产设备在线联动，建设工业化建筑构件数字生产线，通过数字化装备和机器人的广泛应用，实现少人甚至无人化生产，实现自动划线、自动布置模具、全自动养护等功能。

3. 全面推行智慧施工

全面推行高标准智慧工地建设。研究编制智慧工地认证标准规范，开展智慧工地申报、验收与认定工作。鼓励支持建筑机器人研发应用，鼓励采用自动化施工器械、数字移动终端等相关设备，提升施工质量和效率，降低安全风险。推动绿色建造与数字建造融合发展，通过工业化的策划、设计、施工和交付运营全过程一体化协同，全面提高工程建设资源利用效率，实现工业化建筑效益最大化。

4. 持续推进智慧运维建设

在工业化建筑已经建设完成的项目中，指导业主单位建立基于BIM的智慧建筑设备机电系统管理和调控协同策略，建立完善的智慧建筑运维技术体系。通过集成一体化监测、人工数字、图像识别及大数据分析等技术，建立楼宇智慧运维系统。

5. 统筹搭建建筑产业互联网平台

通过搭建工业化建筑产业互联网平台，培育一批行业级、企业级、项目级平台，打通项目建设全流程信息通道，实现全过程、全要素、全参与方的互联互通，形成全产业链融合一体的数字建造产业体系。对工业化建筑工程建设项目实施建造全过程一体化协同工作和信息管理，将设计、生产、施工、运维信息等与BIM关联，并开放政府实施监管端口。

## 五、数字建造与新型建筑工业化协同构建的实践案例

工业化建筑工程项目作为建筑业生产和经营活动的业务原点，其全要素、全过程、全参与方的升级是项目成功的关键，通过数字建造，将打造“软件＋数据”的数字生产线，推动工程建造过程从传统的实体建造，转变为全数字化虚拟建造和工业化实体建造，实现设计、生产、施工、运维一体化。下面以某一工程项目为例进行说明。

### （一）项目概况

浙江省丽水市城西公租房及安置房项目位于丽水市消防支队西北侧（图1），新建住宅23幢，预制率为21%。此项目为中国建筑科学研究院有限公司牵头承担的国家“十三五”重点研发计划项目“基于BIM的预制装配建筑体系应用技术”，从设计阶段运用国内自主开发的BIM平台进行协同设计，并运用BIM模型串联工程生产、施工环节，获得了浙江省标准化工地、创优工程（丽水市九龙杯）的项目奖励。

项目效果图

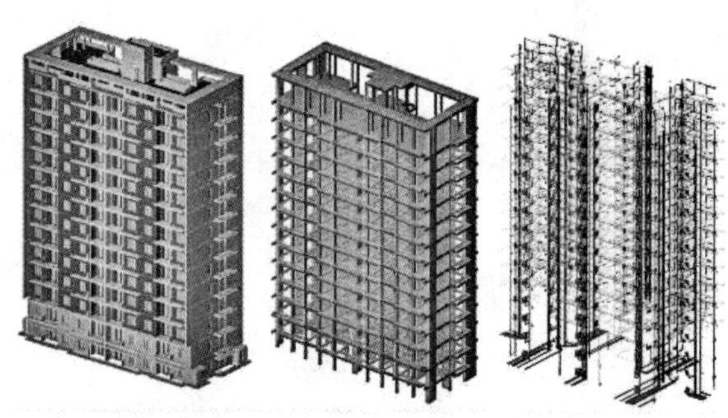

基于国内自主BIM平台的全专业协同设计

图1　采用自主BIM平台完成预制工业化建筑全过程BIM示范应用

### （二）项目亮点——应用BIM软件协同设计

在设计阶段，利用“基于自主BIM平台的工业化建筑分析设计商品化软件（PKPM-PC）”的自由设计功能与部件库，进行项目建筑、结构、机电建模以及细节化设计、结构计算、深化设计、碰撞检测、预制率统计等，实现了工业化建筑的标准化设计，满足了建筑工业化、信息化所亟需的多专业协同设计要求，提高了设计质量与效率（图2）。

建筑、结构、机电等专业协同设计　　基于 BIM 深化设计

预制构件自动拆分　　自动生成的构件加工详图　　材料清单和预制构件清单

图 2　应用 BIM 协同设计

在生产阶段，通过“基于 BIM 的工业化建筑构件工厂生产管理系统”功能的应用，实现与设计数据自动对接，实现构件生产的精细化管理（图 3）。

1. 设计院出图　3. 构件厂按拆分后的BIM模型进行加工　5. 运输构件至项目现场　7. 安装构件

设计图纸 ➡ BIM模型 ➡ 加工制作 ➡ 工厂堆放 ➡ 道路运输 ➡ 现场堆放 ➡ 现场安装 ➡ 安装完成

2. 建模后按构件进行模型拆分　4. 构件在构件厂进行堆放　6. 构件在项目现场堆放　8. 项目验收

全过程示范技术路线设计 /PC 构件全生命周期管理思路设计

图 3　生产阶段示范应用

在运输和施工阶段，通过“基于BIM和物联网的工业化建筑智能施工安装系统”功能的应用，包括项目进度管理、工序管理、芯片ID构件管理等，实现运输、施工阶段精细化管理（图4）。

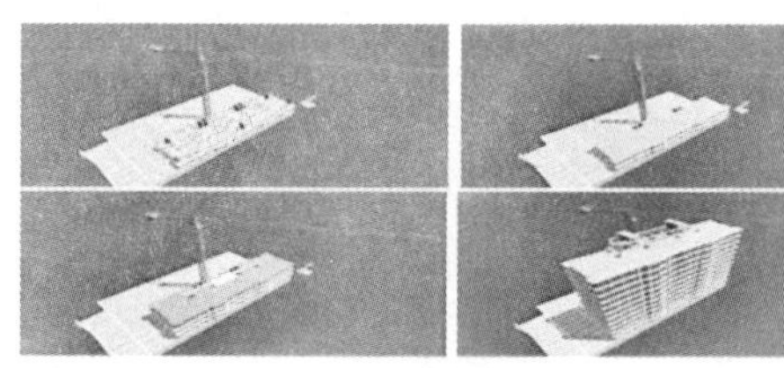

施工模拟

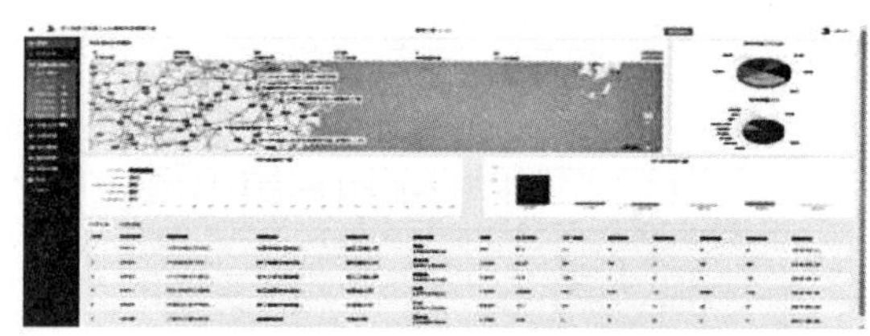

浙江省建工集团工业化建筑项目管理平台

手持终端

北斗定位

平台移动端

图4 运输、施工阶段示范应用

### （三）应用效果

本项目应用了“十三五”国家重点研发项目“基于BIM的预制工业化建筑体系应用技术”自主研发的BIM平台和工业化建筑等研究成果，提升设计效率30%至40%，减少项目风险、降低构件成本、优化库存、提高工厂生产效率和应变能力、优化施工现场管控流程、提高施工质量，解决了基于BIM的工业化建筑设计、生产、运输和施工各环节中的关键问题，建立了完整的基于BIM的预制工业化建筑全流程集成应用体系。通过此项目的全过程示范应用，使科技成果有效转移转化，促进预制工业化建筑BIM应用产业化。

## 参考文献

[1] 刘占省，刘诗楠，赵玉红，等. 智能建造技术发展现状与未来趋势［J］. 建筑技术，2019，50（7）：772-779.

[2] 吴大江. BIM技术在装配式建筑中的一体化集成应用［J］. 建筑结构，2019，49（24）：98-101.

[3] 顾光辉. 工厂化施工在铁路站房装饰工程中的应用及对策［C］. //2010铁路客站建设管理研讨会论文集. 2010：396-399.

[4] 十三部委发文：推动智能建造与建筑工业化协同发展［J］. 城市开发，2020（14）：76-78.

[5] 混凝土与水泥制品行业“十三五”发展规划［J］. 混凝土世界，2016（8）：8-17.

[6] 吴中岱. 物联网实现智慧航运［C］. // 上海市航海学会2010年学术年会论文集. 2010：196-198.

# 第六篇　绿色建造篇

国务院印发的《2030 年前碳达峰行动方案》提出，要推广绿色低碳建材和绿色建造方式。2021 年 9 月 22 日，中共中央、国务院联合印发的《关于完整准确全面贯彻新发展理念做好碳达峰碳中和工作的意见》提出，要“实施工程建设全过程绿色建造”。“双碳”目标下，绿色建造成为建筑行业达成目标的核心。

绿色建造统筹考虑建筑工程质量、安全、效率、环保、生态等要素，赋予建造活动绿色化、工业化、信息化、集约化和产业化的属性特征，是推动建筑业全面落实国家碳达峰碳中和战略的关键措施。本篇以绿色建造与创新发展为指引，围绕超限高层建筑及空间结构低碳发展思考、智能建造的绿色化衍生路径、既有建筑改造中的“双碳”目标、混凝土材料的低碳变革、建筑垃圾循环利用、能源桩技术的发展创新等展开讨论，梳理现状并探讨未来的绿色建造发展方向，为建设美丽中国、共建美丽世界建言献策。

# 我国超限高层建筑结构设计绿色低碳发展现状及展望

王翠坤　陈才华　崔明哲
（中国建筑科学研究院有限公司）

高层和超高层建筑作为城市标志性建筑，既代表着建筑结构技术的发展水平，也是推动建筑结构技术进步的重要力量。近年来，我国的高层建筑取得了世界瞩目的成就，据世界高层建筑与都市人居学会（CTBUH）统计（图 1），截至 2022 年底，我国大陆地区建成 250m 以上高层建筑的数量已达 264 栋，在世界最高 100 栋建筑中占据 46 席，这表明我国已成为世界高层建筑发展的中心，高层建筑结构设计、建造水平已居世界领先位置。

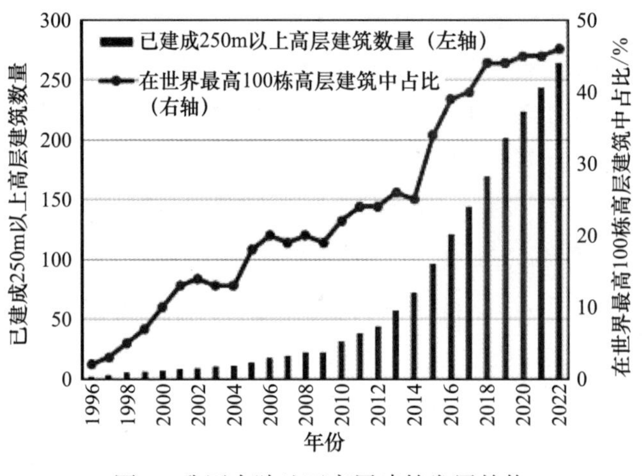


图 1　我国大陆地区高层建筑发展趋势

然而，长期以来，我国建筑业存在工业化、信息化水平较低，生产方式粗放、劳动效率不高、能源资源消耗较大、科技创新能力不足等问题[1]。当前，我国正处于城镇化的战略转型期，对发展质量更加重视。碳中和、碳达峰“双碳”目标的提出，对建筑行业的绿色低碳发展提出了更高的要求。

中国建筑节能协会统计，2020 年全国建筑全过程碳排放占全国碳排放比重达 50.9%，其中建材生产及建筑施工环节的碳排放占建筑全过程碳排放的 57.4%（图 2）[2]，这两个环节与建筑结构设计息息相关。超限高层建筑作为建筑行业的引领性、示范性项目，发挥超限高层建筑结构设计在建筑全过程中的协同作用，对引导建筑全产业链实现节能降耗、绿色低碳发展具有重要意义。

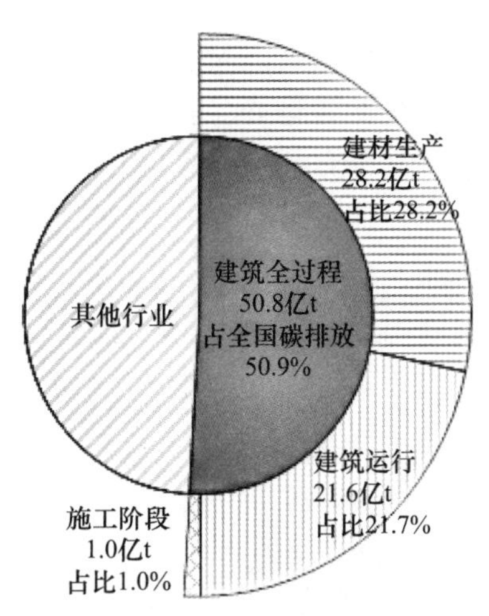


图 2　2020 年中国建筑全过程 $CO_2$ 排放量

本文对超限高层建筑结构设计绿色低碳发展中新技术、新方法的应用进行了综述，并对未来高层建筑结构绿色低碳设计发展中应重点关注的方向进行了展望，以期对广大建筑结构工程人员和科研人员有所启示，推动建筑行业转型升级，实现可持续、高质量发展。

## 一、高层建筑结构设计绿色低碳发展现状

建筑材料生产在建筑全过程碳排放中占比过半，因此在高层建筑结构设计中实现绿色低碳的主要方向是减少材料用量：首先，通过合理的结构体系选择、精确的分析方法、结构优化技术的应用，在体系设计的层面实现材料的高效利用；其次，通过结构材料本身的高强、高性能化，以较少的材料用量承担较大的荷载；然后，通过抗震抗风设计中应用减隔震（振）等新技术，减小结构设计考虑的荷载效应，对实现结构方案节材有重要意义。此外，在方案审查方面，利用 BIM 平台进行数字化审查，减少审查过程中的资源消耗，实现建筑结构设计过程的绿色低碳。

### （一）结构设计分析方法

超限高层建筑结构通过概念设计，选择合理结构方案，高效发挥建筑材料的结构性能，减少材料用量，是实现绿色低碳的重要途径。随着建筑高度的增加，结构体系从常规的框架、剪力墙、框剪等体系向框筒、巨型框架、筒中筒等效率更高、抗侧能力更强的体系转变，结构材料也可根据强度与刚度特性、材料自重和造价等因素在钢筋混凝土、钢材与组合结构之间选择。在结构体系层面的优化和创新，可节约资源和提高结构性能，产生良好的社会效益。

精确完善的结构设计分析程序，使复杂高层建筑结构设计走向精细化，为实现绿色低碳的结构设计提供了重要工具。由此可以充分了解结构性能并指导材料或构件在结构体系中的合理布置，将“好钢用在刀刃上”。近年来随着计算机技术飞速

发展，结构计算分析能力也极大提升，呈现出从静力向动力、从弹性向弹塑性、从简化到直接、从整体到精细的发展趋势。在分析方法方面，考虑施工模拟、混凝土收缩徐变长期效应、防连续倒塌等的一系列专项分析使得我们对建筑结构有更加深入完善的了解与把握。目前国产非线性结构分析软件（图3）的精度和效率已达到或接近国外通用有限元软件，而在与规范结合性、操作便利性方面则更具优势，已广泛应用于复杂高层建筑分析设计，为契合我国建筑结构设计阶段的绿色低碳发展奠定了基础。

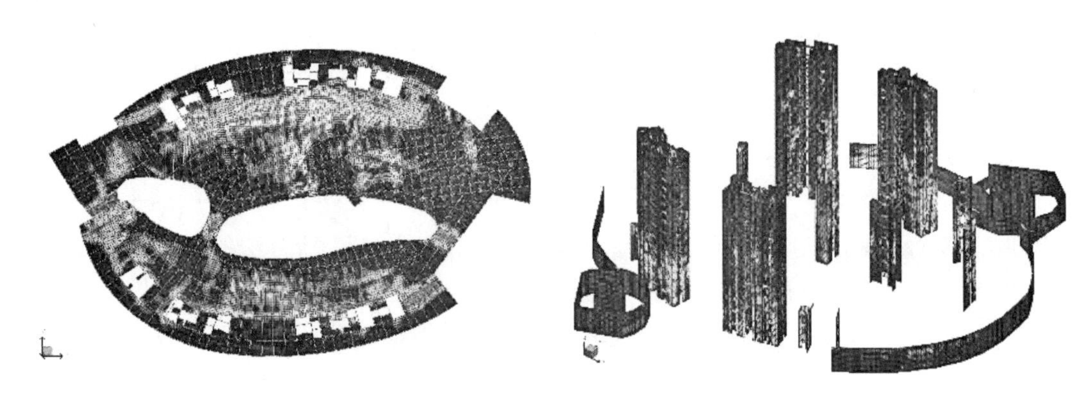

图3　国产结构分析软件

**（二）结构优化技术**

超限高层建筑投资较高，结构优化技术对于节约资源、实现绿色低碳意义重大。结构设计中的优化范围涵盖了从地下到地上、从方案到构件、从体系到材料等多个层次。例如，在采用桩基的超限高层设计中，通过考虑地基－基础－上部结构共同作用的变刚度调平理念可以有效控制基础沉降差异并减少结构次应力，降低桩基与基础结构造价，亦可因地制宜地采用后注浆工艺提高单桩承载力。在城市核心地带施工场地受限时，为节约用地并减少周边环境影响，可采用逆作或顺逆结合的施工方法。由于高层建筑的荷载层层累积，在上部建筑中采用轻质隔墙，隔墙材料减重对于抗侧体系、楼面体系和基础体系的优化均有明显效果。

超限高层建筑结构体系的优化涉及体系选取、水平及竖向构件布置，以及加强层的数量确定与分布等方面，以寻求材料最佳布置形式，提高利用效率，减少资源消耗为目标。随着优化算法发展及其与有限元理论结合，拓扑优化技术及遗传算法、粒子群算法等智能优化算法也逐渐应用到实际工程中。拓扑优化技术在深圳中信金融中心[3]等超高层建筑的体系优化设计中应用，有效提升了结构效率（图4）。

随着编程技术日益简化并可视化，数字化、参数化的建模方式已逐渐应用于复杂超限高层建筑设计中（图5），为方案比选和调整创造了极大便利。目前，主流结构分析软件逐渐向用户开放了应用程序编程接口（API），结构工程师可以自行设定目标函数、约束条件和迭代准则，实现对结构方案的自动优化，是实现建筑绿色化与低碳化的重要手段之一。

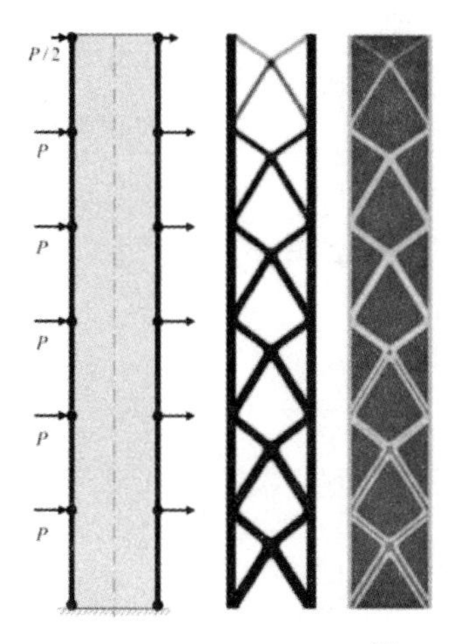


图 4 结构拓扑优化[3]

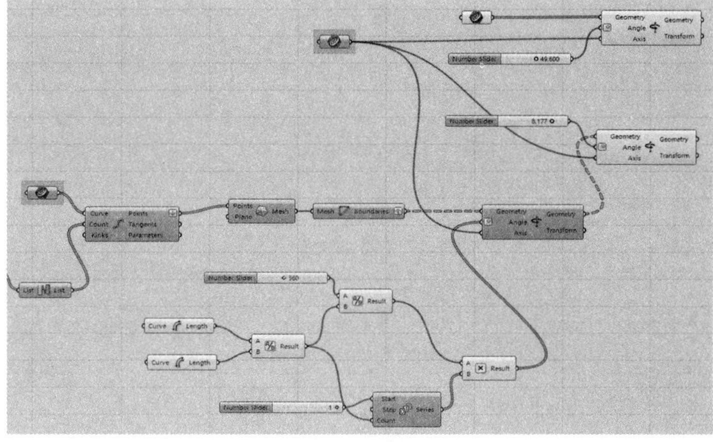

图 5 参数化结构建模方式

### （三）高强材料应用

高强度建筑材料有利于减小结构构件的尺寸，减轻结构的自重，改善结构抗震性能。美国、日本及欧洲等发达国家和地区对高强材料的使用较国内更早，且已经形成了比较完善的标准规范体系，例如早在 1988 开始施工的美国西雅图双联广场大厦，其钢管柱内混凝土的设计强度已达 98MPa[4]；欧洲钢结构规范针对 S460～S700 高强钢，在原有普通钢材钢结构设计规范中增加了补充条款[5]。

随着我国超限高层项目设计和建造水平的不断提高，高强混凝土、高强钢材、高强钢筋等材料已在部分项目受力复杂的关键构件中有所应用，例如广州东塔的低层钢管混凝土柱、低层钢板混凝土组合剪力墙使用了 C80 高强混凝土[6]，广州广商中心的带状桁架部分弦杆使用了 Q460GJ 高强钢材[7]，天津中信城市广场 7 号楼加强层剪力墙纵筋使用了 HRB500 高强钢筋等[8]。表 1 总结了部分使用高强材料的项目。

高强材料在高层建筑中的大量应用，减少了高层建筑的资源需求，从源头上减少了混凝土、钢材等建材生产、运输及建筑建造过程中的碳排放；同时显著提高了结构性能，延长结构服役寿命，可有效减少建筑更新改造过程中的碳排放。

**高强材料应用典型案例　　表 1**

| 项目名称 | 使用的高强材料 |
| --- | --- |
| 广州东塔 | C80 |
| 重庆“嘉陵帆影”二期 | C80 |
| 汉国城市商业中心 | C80 |
| 广州保利国际广场 | C80 |

续表

| 项目名称 | 使用的高强材料 |
| --- | --- |
| 广州西塔 | C90、C80 |
| 深圳京基金融中心 | C80、Q420GJ |
| 沈阳远吉大厦 | C100 |
| 沈阳皇朝万鑫大厦 | C100 |
| 沈阳金廊超高层塔楼 | Q420GJ |
| 银川绿地中心双塔结构 | Q420GJC |
| 保利未来科技城北区超高层 | Q420GJ |
| 中国银联业务运营中心大楼 | Q420GJC |
| 兰州红楼时代广场 | Q420GJC |
| 深圳冠泽金融中心 | Q420GJC |
| 广州广商中心 | Q460GJ |
| 中央电视台（CCTV）新主楼 | Q460 |
| 天津中信城市广场 7 号楼 | HRB500 |
| 济南西部会展中心 | HRB500 |

### （四）结构抗震抗风新技术

高层建筑结构对地震、风荷载等动力荷载较为敏感，应对动力荷载的手段从传统的“抗”发展为“抗”“减”“隔”多元化，关注点也从保证结构安全底线转为更加注重结构性能的提升。

对于体型较大、受力复杂的超限高层建筑，传统的抗震设计往往需要较大的构件截面以控制结构的变形，但在增大体系刚度的同时，也使结构所受地震作用有所提高，给结构设计造成困难。汶川地震以来，消能减震技术和隔震技术在我国迅速发展和推广应用，通过附加阻尼、控制结构损伤部位、增大体系周期等方式，有效减小主体结构的地震反应，使结构设计更加经济合理。

消能减震技术和隔震技术在设计方法[9-11]和规范标准[12, 13]方面逐渐完善，在高层建筑中的工程实践也更加普遍（图 6），但目前，消能减震技术在高层和超高层建筑中的应用已较为广泛，代表性的有应用黏滞阻尼伸臂桁架的西安中国国际丝路中心、采用防屈曲支撑和连梁阻尼器的乌鲁木齐宝能城、采用防屈曲支撑和黏滞阻尼器的昆明春之眼、采用黏滞阻尼墙的京东智慧城 9 号楼等；由于风荷载下变形控制的要求和隔震支座抗拉能力的限制，隔震技术在超高层建筑中应用则受到一定限制，多用于在高烈度区、高宽比不大的高层建筑，较为典型的有西昌医院[14]等医院建筑和部分地铁上盖建筑[15]等。

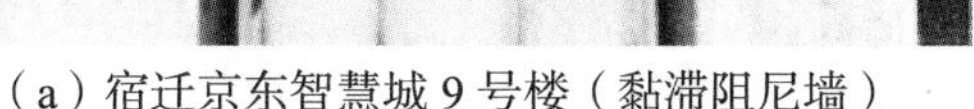

（a）宿迁京东智慧城 9 号楼（黏滞阻尼墙）　　（b）川投西昌医院（橡胶隔震支座）

图 6　减隔震技术应用案例

风灾是一种影响广泛、破坏力强的自然灾害，对高层建筑的抗风设计和正常使用舒适度控制带来挑战。近年来，我国高层建筑抗风设计在风荷载效应研究、风振响应控制和围护结构设计等方面取得重要进展。风荷载效应研究方面，结合 GIS 技术对历史登陆台风的统计建立了台风数据库[16]，通过蒙特卡洛模拟产生模拟的台风风场；通过风洞试验获取建筑表面风荷载分布，已在超高层建筑抗风设计中得到广泛应用[17, 18]。风振响应控制方面，基于空气动力学原理进行体型优化，有效减小结构的气动荷载；在高层建筑上部安装调谐质量阻尼器（TMD）、调谐液体阻尼器（TLD）等消能装置，可实现对结构风振加速度的有效控制。高层建筑幕墙、门窗等围护结构的抗风设计逐渐受到重视，在幕墙连接件的精细分析[19]和风荷载作用下幕墙坠落的模拟分析[20]方面建立了相对完整的分析方法。

结构抗震抗风新技术的应用，可有效控制结构在强震、强风等极端荷载下的响应，提高结构的安全性，保障人民生命财产安全。

### （五）数字化、智能化审图技术

传统的图纸审查方式主要依靠人工，效率较低、耗时长；超限高层建筑由于通常采用性能化设计，不同构件性能目标不同导致需要多个计算模型的结果进行包络设计，因此图纸审查的工作量更大，通常只能选取一定比例或典型、重要构件进行抽检。2019 年以来，响应国务院工程建设项目审批制度改革的要求，在住房城乡建设部的统筹规划下，施工图审查方面技术创新活跃，目前已有多家公司开发的施工图审查系统在实际工程中应用，提高了图纸审查的效率和正确率。同时，智能化审图技术也逐渐得到应用，通过针对电子设计图纸结合结构计算模型或结算计算文件，实现 DWG 文件的图素识别、图纸和模型一致性检查、结构整体指标检查、构件配筋审查以及主要结构设计规范中的强制性和非强制性条文自动审查等功能，可显著提高超限高层建筑施工图审查的效率和正确率，减少人员和时间消耗。

### （六）当前存在的不足

尽管我国超限高层建筑结构设计在体系设计和分析、结构优化、高强材料及新技术应用、技术审查体系等方面取得了一定进步，推动了结构设计的绿色低碳发展，但仍存在一些不足，主要体现在：超限高层建筑结构设计中“重设计、轻运维”的现象广泛存在，全生命周期设计的理念尚未得到广泛接受；基于性能的设计方法为复杂超限高层建筑的结构设计提供了新的选项，但该方法出现时间较短，工程人员对其概念和含义认识不清，在工程实践中常以“加型钢”等形式简单对待，造成了一定的材料浪费；再生材料、高性能结构材料的推广较为缓慢，材料生产、供应和工程应用环节仍存在一定障碍；结构设计和工程建造上下游环节存在一定脱节现象，设计建造一体化技术有待进一步发展完善；结构设计整体数字化、智能化水平不高，结构方案优选仍依赖设计人员的经验；结构绿色低碳评价指标体系尚未建立，对建筑结构工程从业人员缺乏明确指导。

## 二、高层建筑结构设计绿色低碳发展展望

针对当前超限高层建筑结构设计中存在的问题，提出未来工作的方向，供高层建筑结构设计工程和科研人员参考。

### （一）基于全生命周期的韧性设计理念

自 20 世纪 90 年代以来，“韧性”（resilience，另译作“可恢复性”）概念成为国际防灾减灾领域研究的新方向。Bruneau 等定义的韧性的主要目标包括减少受灾损失和灾后快速恢复两方面的内涵[21]。将韧性的设计理念贯穿于高层建筑的全生命周期，有利于提升高层建筑应对不确定性灾害风险和灾后恢复的能力，实现全生命周期的绿色低碳。

对于新建高层建筑，韧性设计理念要求在建筑规划设计之初，就要结合全周期运行维护的需求，对其服役期内灾害风险进行系统评估，对高层建筑的防灾减灾和灾后恢复的能力进行针对性设计，采用高性能、高耐久、易更换的结构和非结构构件，以减少建筑的运维和灾后恢复中的碳排放；对于既有高层建筑，在运维过程中应适时开展建筑的韧性评估，有针对性地对结构和功能进行适应性改造，提升建筑的安全性和耐久性，以使其满足新的使用要求，延长既有建筑的生命周期，避免“大拆大建”式的更新改造。

### （二）基于性能的结构设计方法

自基于性能的结构设计概念提出以来，虽经多年发展，仍未形成统一的设计理论框架，这与性能要求个性化、实现方式多样化、实践效果难以检验评价有关。当前我国规范中的性能化设计是基于强度进行构件设计并进行罕遇地震下的变形验算，这与传统抗震设计方法类似因而易于为工程师接受，但其理论仍有待完善发展。目前已有改进方法被提出，如基于预设屈服模式的复杂结构设计方法等，未来有待建立更为合理的性能化设计框架，地震反应谱（如位移谱）需进一步完善以便

为采用直接基于位移的性能化设计方法提供条件。同时，根据建筑功能与业主诉求差异，需要有更为明确的性能水准说明和性能评估手段。

随着我国经济快速发展，对重要建筑物的设防标准有所提高，如《建筑隔震设计标准》GB/T 51408—2021 中已将极大震列入设防要求。可以预见对结构体系的性能将会提出更高要求，在此趋势下，高层复杂建筑中将会更多采用减隔震技术，而应用摇摆、自复位、可更换和附加耗能装置的可恢复功能防震结构体系也将得到推广。针对此类结构体系的基于性能的结构设计方法需进一步研究。

**（三）再生材料及高性能材料推广应用**

将再生材料用于建筑是建筑行业的热门发展方向，再生材料的应用可减少生态环境的破坏，促进社会的可持续发展，具有巨大的发展前景。再生骨料混凝土可以使废弃混凝土再利用、减少天然沙石的开采。目前，针对再生骨料混凝土构件受力性能、抗震性能、抗火性能及长期工作性能等研究已逐渐成熟，技术标准日益完善[22]。2018 年我国颁布《再生混凝土结构技术标准》JGJ/T 443—2018，规范了再生混凝土材料在高层建筑中的应用。木材作为绿色的可再生建筑材料，其低碳、环保的优势是传统建筑材料不能比拟的。随着工程木材的发展，正交胶合木等高性能木材的工程应用，国外已有高层纯木结构、木混合结构的应用实践[23]。我国于 2017 年颁布国家标准《多高层木结构建筑技术标准》GB/T 51226—2017，有利于木结构推广应用。

高性能材料具有节能、环保、易于施工等优势，超限高层建筑结构复杂程度的增加与性能要求的提升都将推动高性能材料的推广和应用。近年来，我国在高强钢材冶炼、高强混凝土配制与泵送等关键技术均取得重大突破，为高性能材料的普及和推广打下了坚实的基础。除此之外，纤维增强混凝土、不锈钢、铝合金等高性能材料的研究和应用已涉及桥梁、大跨度结构等工程领域。未来需要加强高性能材料构件和结构体系在超限高层建筑中的应用研究，并形成完善的规范和标准，推动高强高性能材料在高层建筑结构中的推广。

**（四）设计与建造一体化**

设计建造一体化要求在设计和建造全过程统筹兼顾、信息互通，实现协同设计，有效减少专业间矛盾造成的资源浪费，应用信息化技术改革建筑业传统的生产方式，促进绿色建造技术发展。

设计与建造一体化的核心是 BIM 技术。在设计阶段，应推广应用 BIM 技术进行深化设计，用“所见即所得”的三维建模特性，使结构工程师对超限高层建筑中的复杂部位构件关系形成清晰认识，减少设计中的错误；利用数据流进行设计和施工过程的高效沟通，实现对施工工艺的整体考虑，降低施工的困难。施工阶段，基于 BIM 技术积极打造“智慧建造工地”。提前通过模拟施工分析，识别施工过程的重难点；建立施工过程管理信息平台，对施工过程现场进行高效集约化管理，提高资源利用效率，减少资源浪费。

未来应进一步发挥BIM技术核心作用，以三维数字技术为基础，建立工程项目全生命周期协同互用的信息模型和平台，同时继续研发应用自主可控的BIM技术与软件，加快推动新一代信息技术与建筑工业化技术协同发展，在建造全过程加大BIM、互联网、物联网、大数据、云计算、移动通信、人工智能、区块链等新技术的集成与创新应用，推进建筑业的绿色低碳和可持续发展。

### （五）人工智能技术

随着信息技术的不断发展，人工智能技术成为新一轮科技革命和产业变革的核心技术，开启了“第四次工业革命”。2012年，德国推行了以“智能工厂”为重心的“工业4.0计划”；此后，英国、法国、美国等发达国家均发布了人工智能发展战略。我国自2015年起，先后颁布了《中国制造2025》《积极推进“互联网+”行动的指导意见》《“十三五”国家战略性新兴产业发展规划》《新一代人工智能发展规划》等政策，大力推进人工智能技术在国内的发展。

目前，人工智能技术在建筑业的应用已有初步尝试，利用人工智能的机器学习和深度学习算法，通过对现有资料数据进行学习，可解决如结构选型、结构拓扑优化等设计问题，也可以在运维阶段实现结构健康状态的实时监测评估。未来在高层和超高层建筑从规划、设计、建造到运维的全生命周期中，积极发展应用人工智能技术，并推动人工智能技术与其他关键技术如BIM、物联网、大数据等深度融合，将推动我国土木工程进一步向安全长寿、绿色低碳的方向可持续发展。

### （六）结构绿色评价指标体系建设

我国《绿色建筑评价标准》GB/T 50378—2019[24]中规定了从安全耐久、健康舒适、生活便利、资源节约、环境宜居等维度对建筑整体的绿色性能进行评价的标准，建立了绿色建筑的评价框架。其中对结构的要求包括基于性能的抗震设计和高强及再生材料应用等，这些内容无法全面体现结构行业技术进步对建筑绿色低碳的推动作用。

未来应着眼于高层建筑结构的全生命周期，建立涵盖设计、施工、运维、更新改造等全过程的结构绿色评价指标体系，着重研究建筑结构全过程碳排放计算方法，重点推广高性能绿色建材应用、智慧化建造方式、全生命周期防灾减灾等技术，以减少建筑结构的资源消耗，提升建筑结构的节能减碳性能。

## 三、结语

我国的超限高层建筑已初步呈现绿色低碳转型的发展趋势，但整体仍存在大体量、高碳排、达峰难的问题。在碳中和、碳达峰“双碳”目标的背景下，超限高层建筑结构设计人员应进一步提高对绿色低碳的重视，通过加强技术创新，推进新材料、新技术、新体系的应用，提高工业化、智能化、绿色化水平，实现全生命周期绿色化协同设计，助力超限高层建筑结构节能降耗，实现建筑行业的绿色低碳发展。

## 参考文献


［1］加快建筑业转型　推动高质量发展：住房和城乡建设部建筑市场监管司副司长廖玉平解读《指导意见》［J］. 工程建设标准化，2020（8）：12-14.

［2］中国建筑节能协会建筑能耗碳排专委会. 2022 中国建筑能耗与碳排放研究报告［R］. 2022.

［3］BEGHINI Alessandro, MATHIAS Neville, SARKISIAN Mark，等. 深圳中信金融中心项目结构体系优化设计［J］. 建筑结构学报，2016，37（S1）：158-164.DOI:10.14006/j.jzjgxb.2016.S1.023.

［4］蔺喜强，霍亮，张涛，等. 超高层建筑中高性能结构材料的应用进展［J］. 建筑科学，2015，31（7）：103-108.

［5］邱林波，刘毅，侯兆新，等. 高强结构钢在建筑中的应用研究现状［J］. 工业建筑，2014，44（3）：1-5.

［6］侯胜利，刘永策，赵宏. 广州东塔内嵌双层钢板高强混凝土组合剪力墙的设计与施工［J］. 建筑结构，2017，47（14）：74-79.

［7］陈晋，张凯任，邓•朗奇，等. 广州广商中心超高层偏置筒体复杂钢结构设计［J］. 建筑结构，2019，49（13）：13-21.

［8］齐麟，孙荣来，黄兆纬，等. 基于性能的天津中信城市广场 7 号楼超限高层结构抗震分析［J］. 建筑结构，2017，47（24）：26-30.

［9］尚庆学，张锡朋，陈曦，王涛. 基于位移型阻尼器力学模型的消能减震设计方法［J］. 建筑结构学报，2022，43（7）：62-71.DOI:10.14006/j.jzjgxb.2020.0610.

［10］薛彦涛，程小燕. 基于性能的建筑消能减震加固设计方法研究［J］. 结构工程师，2020，36（6）：165-174.DOI:10.15935/j.cnki.jggcs.2020.06.022.

［11］陈华霆，谭平. 非线性基础隔震结构复振型反应谱设计方法［J］. 建筑结构学报，2022，43（2）：1-12.DOI:10.14006/j.jzjgxb.2020.0597.

［12］建筑消能减震技术规程：JGJ 297—2013［S］.

［13］建筑隔震设计标准：GB/T 51408—2021［S］.

［14］吴小宾，彭志桢，曹莉，等. 9 度区某复杂高层隔震结构设计［J］. 建筑结构，2021，51（3）：77-82+61.DOI:10.19701/j.jzjg.2021.03.013.

［15］朱怡，朱黎明，张敏. 某地铁车辆段上盖结构隔震设计［J］. 建筑结构，2022，52（7）：136-140+85.DOI:10.19701/j.jzjg.SZY2124.

［16］赖宝帮. 基于台风相似性的台风灾害损失估计方法研究［D］. 哈尔滨工业大学，2020. DOI:10.27061/d.cnki.ghgdu.2020.002897.

［17］赵昕，丁洁民，孙华华，等. 上海中心大厦结构抗风设计［J］. 建筑结构学报，2011，32（7）：1-7.DOI:10.14006/j.jzjgxb.2011.07.002.

［18］周子杰，石碧青，谢壮宁. 某群体超高建筑的尾流激励效应及其减缓策略［J/OL］. 土木工程学报：1-8.［2022-05-31］. DOI:10.15951/j.tmgcxb.21090856.

［19］刘军进，李建辉，李滇，等．玻璃幕墙明框咬合扣盖分离力三种预测方法对比分析［J］．建筑科学，2020，36（11）：9-15.DOI:10.13614/j.cnki.11-1962/tu.2020.11.002.

［20］任重翠，刘军进，李建辉，等．风荷载与地震作用耦合下超高层建筑的结构损伤与玻璃幕墙坠落研究［J/OL］．建筑结构学报：1-13．［2022-05-31］．DOI:10.14006/j.jzjgxb.2021.0152.

［21］Bruneau M, Chang S E, Eguchi R T, et al. A Framework to Quantitatively Assess and Enhance the Seismic Resilience of Communities[J]. Earthquake Spectra, 2003 19 (4):733-752.

［22］曹万林，肖建庄，叶涛萍，等．钢筋再生混凝土结构研究进展及其工程应用［J］．建筑结构学报，2020，41（12）：1-16.

［23］何敏娟，孙晓峰．现代多高层木建筑的结构形式与特点［J］．建设科技，2019（17）：59-63.

［24］绿色建筑评价标准：GB/T 50378—2019［S］.

# “双碳”目标下空间结构高质量发展的思考

赵鹏飞　刘　枫　薛　雯
（中国建筑科学研究院有限公司）

建筑是人类生活的主要场所，因此，建筑业是一个国家不可或缺的重要产业，对国家 GDP 的贡献不可小觑。但是建筑在建造和使用的过程中会消耗大量的资源与能源。2021 年底，中国建筑节能协会能耗专委会发布的《中国建筑能耗研究报告（2021）》中指出，2019 年全国建筑全过程能耗总量为 22.33 亿 t 标准煤，碳排放总量为 49.97 亿 t $CO_2$，占全国碳排放的比重为 49.97%。预计到 2025 年，我国建筑能耗所占能源消耗总量的比例将超越交通、农业、工业等其他行业成为第一耗能产业。由此可见，建筑业面临着巨大的双碳挑战。

在双碳目标的要求下，建筑不仅应向低碳甚至零耗能的方向转变，更需要在理论研究、设计、建造施工、使用运维和拆除全生命周期中持续绿色理念。

空间结构具有装配程度高、标准化程度高、容易拆解利用等绿色属性。具体表现为：从受力性能角度，空间结构传力途径简捷，重量轻、刚度大、抗震性能好、材料利用率高；从加工安装角度，杆件和节点便于定型化、商品化、可在工厂中成批生产，有利于提高生产效率，施工安装简便，具有很高的装配式特征；从使用角度，空间结构布置灵活，有利于吊顶、管道和设备的安装，节省建筑空间且方便实现良好的透光性等。

以上绿色属性说明，空间结构能够在实现双碳目标的道路上有所作为，但空间结构在“双碳”目标下发展仍存在有待研究的问题：

（1）降低建筑材料消耗，大力推广应用高强高性能材料，走节约型发展道路，实现可持续发展；

（2）空间结构的设计应正确合理地运用不同的计算理论和程序方法，做到精准模拟结构的受力性态，且必须主动与施工紧密配合，在注重结构受力的合理性的同时兼顾各环节碳排放量等因素；

（3）加强空间结构施工和安装技术的研究，在保证结构安装质量的同时，实现安装支撑、脚手架等临设用量的节约；

（4）研究钢结构大气腐蚀、局部腐蚀、应力腐蚀的类型和锈蚀机理，探索方便且高效的腐蚀部位识别技术和防腐新技术新措施，使得既有空间结构体系焕发新的生命力；

（5）深入研究在使用寿命周期中，维修加固措施及其实施时间的选择对空间结构可靠性的影响，以最小的成本实现合理的维修加固；

（6）既有空间结构拆除整体方案设计，应符合工程可持续发展理念，施工方案宜采用绿色施工技术，最终完善建筑全生命周期理论，使其拓展成闭合的循环发展生命周期。

以下就其中几个方面进行讨论。

## 一、材料

### （一）钢材

空间结构采用高强度钢材一方面能够减小构件尺寸和结构重量，减少焊接工作量和焊接材料用量，减少防锈防火涂层的用量，减少施工工作量和运输安装成本；另一方面，减小构件尺寸能够给空间结构创造更大的使用净空间，焊缝数量和厚度的减小能够提高结构使用寿命，涂层用量的减少能够降低资源的消耗和资源开采对环境的破坏。

当空间结构中高强材料利用率较低时，将导致材料的消耗、工作量的增加和成本的上升，不利于降低二氧化碳的排放。增加高强度钢材的使用必然是空间结构设计和建造领域未来的一个重要发展方向。

### （二）其他材料

除钢材在工程中被广泛应用外，各种以铝合金、膜材、木材等轻质材料作为建筑材料的空间结构相继得到大面积推广。世界最大单口径射电望远镜 FAST 的反射面由 4450 块空间铝合金网架结构的反射面单元组成，以实现毫米级指向跟踪。北京奥运会场馆“鸟巢”和“水立方”采用 ETFE（乙烯与四氟乙烯共聚物）膜材在具备优良保温、隔热、隔声性能的同时充分利用自然光热和雨水以实现自清洁和节省能源。天府农博主展馆采取世界首创的钢木混合空腹桁架拱，既实现了结构的高强度，其建筑又与自然环境融为一体。这些材料不论是用在主结构还是围护结构上，都能够在材料用量、运维等环节减少碳排量。

另外，以 CFRP 平行板索为代表的碳纤维材料已在空间结构中得到应用，2022 年建成的三亚体育场是 CFRP 碳纤维索在大型体育场建设中的首次应用，这种轻质、高强、耐腐蚀的材料进一步拓展了空间结构的材料版图，也进一步扩大了空间结构节能减排的潜力。

## 二、设计

### （一）优化结构形态

空间结构有别于多高层结构的一个特点是其形态与结构效率息息相关，研究形与态两者的关系，可找到合理、自然、高效的结构拓扑关系[1]。典型代表包括索结构、膜结构、薄壳结构等。结构设计必须与建筑设计紧密配合，二者良性互动，实现结构形状、边界条件、荷载分布等因素的有机融合，实现结构效率的提升，同时有意识地改变结构的受力性态，增加结构的膜力效应，减少弯矩效应。

### （二）提高分析方法的精度

结构工程师应摒弃尽量增大安全储备的设计惯性。空间结构的新形式多，受荷复杂，不论是静力分析还是动力分析都应进一步精细化模型与荷载分布，准确模拟约束条件，应大力提倡在深入研究结构受力机理的基础上，探索效率更高、结果更为可靠的计算分析与设计方法。

近年来，一些科研单位在部分工作中取得进展[2,3]，如目前已实现较为完备的适用于空间结构的弹塑性分析方法及软件；在超长结构的抗震分析方面，除了传统的时程分析方法，考虑多种地震动空间效应及耦合效应的多维多点反应谱[4]已得到较为完善的研究，成果在多个项目中得到应用，有力提升了空间结构的计算分析水平。

在分析设计方法方面，需要研究的工作还有很多，如完善的空间结构减隔震计算分析方法、基于性态的空间结构设计方法、功能可恢复性的抗震设计方法和风雪耦合作用的模拟方法等。

### （三）设计与施工应紧密配合

建筑设计与建筑施工之间必须相互了解、相互协调，并通过有效的沟通互动达到最终的共赢结果。现阶段国内空间结构设计、施工环节较之以前有了更紧密的联系，但基本上还是在工序衔接方面，尚未达到水乳交融的程度。空间结构设计理论随着双碳目标的要求将在深度和广度上不断发展，将设计、制造、施工环节围绕质量和需求形成环状关系，通过 BIM 技术实现设计与施工方案的实时交互和逼真模拟，进而对已有的施工方案进行验证、优化和完善，预知在实际施工过程中可能碰到的问题，优化施工方案，合理配置施工资源，避免资源浪费，并减少返工，节省施工成本，加快施工进度，控制施工质量，达到提高建筑施工效率的目的。

## 三、建造

新一轮科技革命，为产业变革与升级提供了历史性机遇。全球主要工业化国家均因地制宜地制定了以智能制造为核心的制造业变革战略，我国建筑业也迫切需要制定工业化与信息化相融合的智能建造发展战略。

所谓智能建造，是新一代信息技术与工程建造融合形成的工程建造创新模式，智能建造不仅是工程建造技术的变革创新，更将从产品形态、建造方式、经营理念、市场形态以及行业管理等方面重塑建筑业。

智能建造结合了全生命周期和精益建造理念。空间结构装配式属性强，标准化程度高，在智能建造上较之其他结构形式应走得更快、更远。借此东风，实现空间结构的工厂化生产、模块配置、装配化施工、一体化装修，助力“双碳”目标实现。

以施工阶段为例，学者提出了适合空间结构采用的、基于数字孪生的装配式建筑施工方法[5]。从施工构件、施工设备、施工环境三个层面，通过人工建模、物联网和设备采集信息的方法，将现实物理世界的物理实体映射到虚拟数字世界中，构建出虚拟实体，生成孪生数据。把孪生数据与BIM模型进行结合，得到面向装配式施工的数字孪生模型。最后利用机器学习算法、简单逻辑算法等对数字孪生模型中的构件位置、施工参数等信息进行分析、通过智能设备把分析结果传达给施工人员，实现构件运输存放优化、施工过程安全风险管理、安装过程质量控制等服务功能。

事实上，在空间结构领域大力发展智能建造，继而推动建筑产业变革，是一个复杂而艰巨的历史性征程，当前还面临着诸多的认知误区和实践挑战，需要“政、产、学、研”各界人士不断解放思想、提升认知、群策群力、协同攻关、积极实践，持续推动我国空间结构建造高质量发展，推动我国不断向全球工程建造强国迈进。

## 四、防腐与维护

空间结构最常使用的材料为钢材，而钢材受大气中水分、氧和其他污染物的作用易被腐蚀。除环境的侵蚀外，材料的老化、构件的疲劳效应与突变效应等因素的耦合作用将不可避免地导致空间结构体系的损伤积累和抗力衰减，极端情况下还会引发灾难性的突发事件，比如湖南耒阳电厂大型储煤库空间结构使用5年后由于使用和环境腐蚀等原因发生倒塌事故，可见空间结构的防腐工程具有重大意义。随着城市化进程的加快和环保呼声的日益高涨，传统的涂料化工子产业也在向着节能环保的目标迈进，找到适合中国涂料产业的“低碳经济路线图”势在必行。

空间结构的绿色防腐主要包括使用绿色低碳防腐涂料和使用自带防腐性质的材料。2020年国家标准化管理委员会公布7项新VOC国家强制标准，针对VOC高风险的物料涂料的测试方法及含量限值进行规范，进一步推动了涂料“低碳”的发展趋势。绿色低碳防腐涂料涂成膜后可通过以下作用来防止金属腐蚀：（1）屏蔽作用，隔离水、氧、电解质直接与金属接触；（2）缓蚀作用，延缓钢铁腐蚀；（3）阴极保护作用，涂料中含有铝银浆，作为牺牲阳极，钢材成为阴极得到保护。此外，需推进自带防腐性质的材料的使用，如不锈钢材料或在表层镀不锈钢的材料、铝材、耐候钢以及推进膜结构的使用。

应该看到，对于量大面广的中小跨度网架结构，防腐处理措施与上述要求还有距离。这里既有经济因素的考量，也有对防腐与低碳关系认识不清的原因。建议相关政府部门与企业加大防腐环节对“双碳”目标贡献的宣传，设计单位应主动选择绿色低碳防腐涂料。

## 五、加固与拆除

### （一）既有空间结构的评估及加固改造

对我国大量老旧大跨度结构建筑进行加固和合理改造利用能够节省社会资源，减少结构拆除数量。我国目前存在一批建于20世纪50年代的体育场馆，这些场馆的使用年数至今已近70年，而当时的建设条件往往不能达到现行技术标准的要求。同时，从可持续发展和资源节约的角度出发，部分场馆存在赛后利用和再改造问题，比如奥运会场馆为举办冬奥会进行了一系列改造[6]。

针对以上问题，我国已陆续开展了既有大跨度公共建筑的可持续利用、结构性能评估与加固技术等研究工作[7]。在“双碳”目标指引下，空间结构加固改造的要义是“以最小的碳排放实现最大的结构效率”。从这个角度看，应用预应力技术使建筑结构获得与荷载效应相反的内力，从而改变建筑结构内力的分布情况的做法，应优先予以考虑。原因在于其基本不改变建筑布局，而且利用高强材料充分发掘了既有空间结构的工作潜力，且现场热加工焊接较少。

另外，空间结构在城市中往往担负着应急避难场所的重要功能。因此，在既有空间结构的加固改造方面，应在研究安全性、适用性、耐久性的基础上，充分考虑空间结构的城市功能，兼顾其保障城市韧性的特殊作用，开展基于防连续倒塌性能等方面的研究工作，以进一步增强、扩展既有空间结构的使用功能。

### （二）绿色拆除方法

空间结构本身具有可回收利用的优势，能够实现废旧钢材资源的综合利用，并保护环境。但相比于建造技术的迅速发展，空间结构拆除受限于对施工规划以及对建筑构配件损伤等问题的忽视，普遍存在拆除过程粗糙、资源化不足等问题。这些问题的产生，不但会浪费资源，更与“双碳”目标背道而驰，而且存在着巨大的安全隐患。

为此，建议遵循有规划、有预案、有步骤的“三阶段九过程”[8]有序化原则：

（1）拆除前阶段：六个过程，包含充分事前现场勘探；对建筑物状态及损伤鉴定；形成绿色拆除预案；通过建筑信息模型等数字化工具将目标建筑分解，编制详细的建筑材料及钢构件拆解清单；绿色拆除预案应包括工装设计、拆除顺序、施工培训、构配件分段及设备的选型、分解清单及再利用策略；

（2）拆除过程阶段：两个过程，包含“有序化的拆除施工及过程监测及控制”，结合内力重分布、抗连续倒塌等理论，对包括温度、振动、风速等在内的各种环境因素进行监测，充分考虑应变及变形的风险；

（3）拆除后阶段：一个过程，通过动态堆场的规划、资源化分类、二维码使用等完成拆除物的管理及成果评估。

此外，需大力开展空间结构绿色拆除专项研究，力争在设备、方法、分析等方面取得显著突破。

## 六、围护体系

空间结构的围护体系属于非承重构件，是建筑的重要组成部分。其主要功能是围护内部结构构件和抵抗外界水平力，需具备轻质、高强、保温隔热性能好、安全、耐久、经济适用等特点。

空间结构的外墙围护体系主要采用构件工厂预制化生产、现场装配式安装的建造方法。一般由新型节能环保板材组成，常见有预制装配式轻质墙板、预制现场装配式轻钢龙骨复合墙板、预制装配式三明治夹芯复合墙板等类型。空间结构的屋盖围护体系采用的材料主要有玻璃、膜材、金属板等。

近年来各高校、科研院所、设计和施工企业指出在建设过程中实现主体结构和围护结构一体化能够降低资源消耗并提高结构的整体性、保温性能和使用寿命，并在试验研究和工程实践中积累了一定的经验[9]。太阳能光电建筑一体化和各类复合一体化外墙板的研究工作技术优势彰显，是实现节能建材、建造绿色建筑、推进建筑产业工业化和现代化的基础之一[10]。随着建筑体系和功能朝着大型化和复杂化方向发展，主体和围护结构的一体化设计及施工面临着更大的挑战。

同时，外围护结构在尽可能少投入主动能源的条件下维持内环境的稳定舒适方面起着重要作用，如何将美学和保温隔热性能并行，解决外围护结构的构造热桥及不均匀传热，避免湿汽在外围护结构内部聚集影响建筑寿命，还需加强理论分析和关键技术研究。

## 七、展望

### （一）提升技术水平和绿色建造体系

在各高校和科研院所中加强对绿色空间结构的研究与开发，以及相关技术人员的培训，从而提升工程建设质量，延长建筑寿命，满足我国未来空间结构市场的技术需求和人才需求。推进围护结构一体化、机电系统一体化、内装系统一体化等绿色化与工业化融合的技术体系。

### （二）完善标准体系，为空间结构发展保驾护航

国标、行标、团标应该明确各自定位、互为支撑、互为补充、协调统一。

应进一步完善空间结构标准体系的建设，结合国内外空间结构体系的建设经验，编制空间结构的绿色建造技术标准，为推动空间结构健康绿色发展奠定基础。作为大国，同时要积极参与空间结构的标准国际化工作，推动我国空间结构标准走出去。

### （三）推动科技成果转化，促进行业高质量发展

未来在基础理论、应用技术研究的引领下，促进科技创新与空间结构行业发展相融合，推动企业与行业协会、高校、科研院所合作，加大科技成果集成创新力度并促进成果转化，形成全面发展布局，逐步落实碳达峰、碳中和目标任务，推动空

间结构的绿色转型和高质量发展。

## 参考文献

[1] 王俊，宋涛，赵基达，等. 中国空间结构的创新与实践［J］. 建筑科学，2018，34（9）：1-11.
[2] 薛素铎，张毅刚，曹资，等. 中国空间结构三十年抗震研究的发展和展望［J］. 工业建筑，2013，43（6）：105-116.
[3] 赵基达，钱基宏，宋涛，等. 我国空间结构技术进展与关键技术研究［J］. 建筑结构，2011，41（11）：57-63.
[4] 赵鹏飞，叶昌杰，刘枫，等. 考虑多种耦合效应的多维多点反应谱研究［J］. 建筑结构学报，2020，41（5）：190-197.
[5] 刘占省，张安山，邢泽众，等. 基于数字孪生的智能建造五维模型及关键方法研究［C］// 中国土木工程学会 2020 年学术年会论文集，2020：119-131.
[6] 邵韦平，陈晓民. 冬奥北京赛区场馆改造与建设的科技创新［J］. 世界建筑，2022（6）：22-31.
[7] 赵基达. 既有大跨度屋盖结构加固改造的几个思考［C］// 第十七届空间结构学术会议论文集，2018：626-632.
[8] 曾亮，肖建庄，丁陶，等. 钢结构绿色拆除基本原则与实例验证［J］. 结构工程师，2021，37（3）：167-175.
[9] 冯俊，马昕煦，葛杰，等. 围护结构与功能材料一体化外墙板的研究与应用［J］. 建筑结构，2021，51（S2）：1228-1232.
[10] 任刚，赵旭东，金虹，等. 太阳能建筑围护结构模块的能耗及效益分析［J］. 工业建筑，2018，48（1）：212-217.

# 智能建造的绿色化衍生路径探索和实践

王良平　肖　婧

（中国建筑科学研究院有限公司　北京构力科技有限公司）

近年来，气候变化问题越来越突出，重大自然灾害频频发生，威胁着人类赖以生存的生态系统，各国均肩负减少温室气体排放的时代任务。为有效构建人类命运共同体与责任共同体，我国提出碳达峰、碳中和目标。各行各业积极调整能源与产业结构，将生态环境保护与减碳降耗互促推进。在这幅双碳图谱中，碳排放占比过半的建筑业，转型发展不容忽视。

2020 年住房城乡建设部等十三部门联合发布《关于推动智能建造和建筑工业化协同发展的指导意见》，明确提出到 2025 年，我国智能建造与建筑工业化协同发展的政策体系和产业体系基本建立，推动形成一批智能建造龙头企业。到 2035 年，我国智能建造与建筑工业化协同发展取得显著进展，企业创新能力大幅提升，产业整体优势明显增强，“中国建造”核心竞争力世界领先，建筑工业化全面实现，进入智能建造世界强国行列。

《国家国民经济和社会发展第十四个五年规划和二〇三五年远景目标》指出：发展智能建造、推广绿色建材、装配式建筑和钢结构住宅，建设低碳城市。推进双碳目标下的智能建造，已成为建筑业转型升级的重要战略举措。本文将从技术融合、衍生路径及工程实践的角度，探索与简析智能建造与绿色发展的共进方案。

## 一、双碳目标下的智能建造理念更新与技术融合

2021 年碳达峰和碳中和首次被写入政府工作报告，国家对环保的重视上升到了新的高度。2022 年的政府工作报告指出，要推进绿色低碳技术研发和推广应用，建设绿色制造和服务体系。“双碳”目标与中国建造整体水平紧密相关，建造技术的优化升级直接决定着建筑业实现“双碳”目标的进程。然而，纵观当前建筑建造的行业现状，基础设施老化、人口老龄化、行业利润率低、研发投入力度弱、技术人才与劳动力短缺、核心技术和标准体系匮乏。这一系列问题与低能耗、低污染、可持续的时代发展战略相违背，倒逼建筑行业“绿色”升级，这是行业发展现状中最现实、最迫切的问题。

2022 年 3 月 5 日，国务院总理李克强在政府工作报告中指出，须大力发展以绿

色化、智能化、工业化为代表的新型建造方式，推进智能建造与绿色产业的交叉融合，借助 BIM、5G、AI、物联网、云计算、大数据等先进的信息技术，实现全产业链数据集成，为全生命周期管理提供支持，进而实现对生产环节、建材消耗、建造过程的精准可控，提升资源利用效率，减少建筑垃圾的产生，大幅降低能耗、物耗和水耗水平，加快淘汰落后装备设备和技术，推动中国建造优化升级，推动建筑业高质量发展，助力“双碳”目标的达成。

## 二、智能建造绿色化衍生路径探索

### （一）“双碳”目标要素解析

实施“双碳”目标是一项复杂、艰巨且需持续进行的任务，需紧抓智能建造“全生命期、全过程、全参与方”的工程特质，在顶层设计中重视科技革新，大力发展新型、绿色建造形式，多措并举，确保双碳目标的如期实现。

强化绿色智能建造科技创新的战略支撑作用。聚焦“双碳”，建立绿色智能建造技术“研发 - 应用 - 保障”体系，以前瞻性、应用性视角，接轨国际，部署低碳、零碳、负碳核心技术及关联产品的研究与应用，围绕新型建造方式、清洁能源、节能环保、碳捕集与封存利用、绿色施工等方向，着力突破，拓展智能建造的碳减实施路径。开展碳排放定量化研究。制定智能建造全过程碳排放总量控制指标及量化实施机制，鼓励减量化产品研发与措施推广，分阶段制定减量化目标和能效提升目标。

促进全产业链优势资源有效集成。优化产业链、供应链发展环境，培育全生命期绿色智能建造整体服务提供商，推行全产业链、全过程、全生命期一体化绿色智能管控理念，加速产业链现代化转型。通过项目—企业—行业 / 联盟—政府等分层管控角色，形成“科研—咨询—设计—生产—施工—运维”全流程、全要素、全参与方一体化融合的绿色智能建造平台，鼓励多参与方跨领域合作、多学科交叉融合，逐步整合绿色智能建造资源。

营造绿色智能建造实施环境。建立绿色智能建造科研、技术标准与应用实施体系，强化智能建造相关碳减产品的研发与应用推广理念。保障新型建造方式资源投入，加快在数字科技、智能装备、建筑垃圾、低碳建材、绿色建筑等重点领域的技术、产品、装备和产业战略布局。建立新型建造方式平台体系，打造创新研究平台、产业集成平台、成果应用推广平台。

### （二）创建一体化绿色智能建造产业体系

1. 绿色设计

设计理念：就地取材，合理选用获得绿色建材评价认证标识、可循环利用的建筑材料和产品，统筹确定各类建材、设备的使用年限；推进楼宇自动化控制、墙体自保温、浅层地能、风能、太阳能光热及光电、余热资源、地源热泵、中水回收利用、光导光纤照明、建筑垃圾源头管控、废弃物回收利用等绿色技术；优选装配式模式，宜实现部品部件、内外装饰装修、围护结构和机电管线的一体化集成等。

设计方式：完善部品部件库，推进 BIM 数字化、标准化、集成化设计理念；宜采用 BIM 正向设计，优化设计流程，践行全专业协同设计机制，生产、施工、运维前置参与、统筹管理；强化设计方案技术论证与多维比选，严控变更所引生的绿色性能劣化；借助 AI 技术，按预设规则自动完成方案设计与 BIM 智能化图纸校审，智能化提升工程设计品质；推进“策划—出图”全过程标准化流程，提升多专业协同工作能力，降低返工消耗与维护成本；构建设计数据知识库与行业级、企业级数字资产，强化核心竞争力。

2. 绿色生产

制造方式：利用物联网与设备监控技术，以数控设备为基础，以 BIM 模型为驱动部署并打通自动化、智能化生产线，清楚掌握产销流程，提高生产过程的可控性，减少生产线上人工的干预，即时正确采集生产线数据，合理编排生产计划与进度，实现以数字为基础的敏捷制造。

品控方式：集成 MES、QMS、ERP、SCM 等系统，对接自动化设备数据，对生产环节的计划、执行、检查、处理、决策进行监督管理，全程数据可追溯，流向可查、责任可追。① 物流：监控并记录车辆运行状态与轨迹，对停车超时、轨迹偏差、车速异常等情况实时报警，问题订单可及时溯源车辆历史轨迹与停靠记录；② 执行：读取生产设备数据与生产监控视频，智能化掌握订单执行进度与质量情况，辅助完成订单风险评估；③ 质量：借助条码识别技术，记录物料与产品的物流信息，每道工序完成后及时加载产品检验结果、问题处理记录、执行人信息等过程数据，为采、销、生产过程中的物资物流、产品质量、销售窜货等问题的追踪处理提供支撑资料。

3. 绿色施工

积极采用工业化、智能化建造方式，加强绿色施工新技术、新材料、新工艺、新设备应用。完成传统施工工艺、技术措施的绿色化升级，从“四节一环保”的总体目标出发，衍生出扬尘、噪声、光污染、有害气体控制、水污染控制及水资源综合利用、固废建筑垃圾综合利用、标准定型化可回收临时设施、节能临时设施等多方位的绿色措施，源头减量、过程控制、循环利用。

根据项目需求和参建方情况推选智慧工地系统，推动现场工作精细化、标准化、线上化、智能化水平，将人、机、料、法、环五大建造要素与 BIM、大数据、云计算、物联网、移动通信等数字化技术充分融合，实现信息互通共享、工作协同、智能决策与风险预控。推广使用建筑机器人进行材料搬运、打磨、铺墙地砖、钢筋加工、喷涂、高空焊接等工作。实时采集和监控塔式起重机、施工升降机等工程现场危大设备设施的运行数据，降低安全风险。项目履约情况自动追踪，深化建筑业“放管服”改革，着力强化事中—事后监管，加快推进“互联网＋监管”进程。

4. 绿色运营

运维交付：实现从实体建筑交付向实体建筑＋数字孪生建筑双交付模式的升级过渡。

运维方式：借助智能化设备设施与物联网，对维保业务进行智能化升级，缩减维保业务需求响应周期，实现重要建筑设施实时报警、前期智能化问题预判与固化问题的无人化处理，减少人工投入，提升运维品质。

5. 绿色监管

健全建筑能耗统计、数据监测与计量体系。强化以能耗数据为导向的推进机制，进一步完善建筑能耗统计报表制度，明确各相关部门和用能单位定期报送建筑能耗数据的具体要求。建立科学合理的数据收集、分析及发布机制，辅助以法律政策、制度保障、资金支持，以提升全员共建的积极性与责任感。制定统计人员培训教材和工作指引手册，发挥部门联动协同作用，有效提升建筑能耗数据统计、监测与计算质量。

构建城乡建设各领域、各层级碳排放核算标准体系。建立健全碳排放核算方法和标准体系，明确构件级、项目级、企业级、行业级、城市级碳排放核算标准与报告标准。

搭建城乡建设领域碳排放数据共享机制。构建统一的建筑能耗能效数据平台，建立碳排放数据库，推动能耗监测、能效测评、能耗统计等相关统计监测数据信息的深度融合与适度共享，提升建筑能耗数据的透明度与应用效率。

**（三）培育自成长、良性循环的智能建造产业生态圈**

1. 构建跨行业多方协作机制

加强政策引导与支持，构建跨行业多方协作机制。在顶层设计上，构建集设计、生产、物流、施工、运维等多领域参与方于一体的联合攻关团队与协作机制；加大对智能建造关键技术研究、基础软硬件开发、智能系统和设备研制、项目应用示范等的支持力度；加强跨部门、跨层级统筹协调，推动解决智能建造发展的瓶颈问题。

2. 鼓励自主创新，推进平台研发

加强技术攻艰与平台研发。鼓励底层平台自主研发，加强“产—学—研—用”多维合作；明确分期发展战略，协同前后端软件与硬件共同发展，强化数字化技术、人工智能和创新施工设备的深度融合。

3. 创建并维护绿色智能建造产业知识库，做好产业发展的数字化档案

创建并维护绿色智能建造产业知识库，分级、分类做好绿色智能建造科研标准、咨询方案、工程案例、创新示范等方向的数字化存档，为项目过程管控、指标审核、资料调档提供数字化支撑。

4. 搭建绿色智能建造产业交流平台，促进产业技术更新与交叉融合

创建绿色智能建造产业交流平台，将全产业链资源集中整合、灵活适配，鼓励

并推进跨领域、跨阶段技术攻艰与工程协作，激发对瓶颈问题的跨学科思考。

5. 注重绿色智能建造产业的大数据积累，逐年迭代数据分析需求

创建并维护绿色智能建造产业行业数据库，结合业务需求与行业拓展，逐年更新数据应用需求，形成“数据—决策—更新”的大数据自成长体系。

6. 加快绿色智能建造产业人才培养，强化产—学—研合作与跨领域互联

制定绿色智能建造产业人才培养方案。鼓励并引导高校教师从事智能建造方面的研究，与智能建造企业技术互联，以实际需求为导向，确立专业目标与教学方案，使人才培养与国家战略、行业目标、企业需求深度结合。

组建高质量教学团队，鼓励产—学—研合作与跨学科教学，打破行业间知识壁垒，落实复合型人才培养。组织一批有研究基础、学科积累丰富的高校教师、掌握丰富工程经验的领域专家、企业人才投入到智能建造的研究与教学活动中，编制理论与实践双兼顾的优质教材。

在学生、企业间形成良好的双选机制，为优秀毕业生提供优质就业机会，并为智能建造企业提前培养、高质输出合格人才。

7. 拓展绿色智能建造产业成果输出形式，激活产业生态体系的循环生命力

各级政府通过推广自动化、智能化的建造模式赋能龙头企业，鼓励建设主体开展智能建造创新示范应用，重点评估分析智能建造实施难点及项目效益。构建国际化创新合作机制，加强国际交流，营造健康、包容的发展环境。

支持建筑企业参与高新技术企业认定，申请自主知识产权专利，推进企业工程研究中心建设，加大对建筑人才梯队的培养力度。

推进智慧建造的科研化、技术化、产品化、标准化、规范化、流程化成果输出，提升绿色智能建造企业的工作性价比，以技术革新降低成本投入，以管理升级提升参与收益，以良性收支支撑新一轮合作研发，最大化激活行业、企业绿色智能建造产业的循环生命力。

8. 构筑绿色智能建造产业生态圈

打造绿色智能建造产业生态圈，以“政策支持、需求驱动、技术引领、产业协同”等关键要素为支撑，打通产业链、供应链、服务链上下游企业，打造共生的智能建造企业绿色化转型生态圈。

## 三、智能建造绿色化工程实践

以某水利工程建设项目为例，结合项目特点，以 BIM 技术为核心，充分利用 GIS、电子签章、大数据、人工智能等技术，通过开发质量管理、安全管理、进度管理、投资管理等应用系统，辅助各级行政主管部门全面、动态、实时把控建设项目的质量、进度、安全、投资情况，实现工程建设的可视化、集成化、协同化管理，极大程度降本增效，全面提升水利工程建设项目绿色化、精细化、安全化、智能化管理水平（图 1）。

图 1　某水利项目 BIM 技术管理平台

### （一）横、纵交织的多级联动绿色建管格局

协调推进政府监管与工程建设绿色智能化转型进程，基本形成市、区县水行政主管部门和项目法人多级联动的水利工程“绿色智慧建管”格局。面向自动汇集、上下联动、无缝对接的工程数据与横向到边、纵向到底的管理决策，打造主管部门核心业务全过程覆盖的多层级管理体系，将水利工程绿色智能化管控理念分层引导、逐级渗透。基于 BIM 技术实现水利工程建设核心要素及关键环节的绿色智能化管控，促进建设管理和决策方式的绿色升级。

### （二）创新示范赋能绿色智能化水利工程建设

分步推进政府监管绿色化、智能化创新示范应用在重庆市水利建设领域的实施落地。结合 BIM 绿色智能试点项目的实际情况，选择 5 个典型的一般及重大危险源作为水利工程施工安全风险预警审核元素，推进水利工程施工质量 BIM 审查系统的应用示范，以风险预判降低过程返工与资源消耗，将绿色化理念转化为工程人员可控指标，让绿色智能化工程技术可推广、可复制。

## 四、小结

党的二十大报告提出：“推动战略性新兴产业融合集群发展”、“加快发展方式绿色转型”、“发展绿色低碳产业”。创建良好的绿色化智能建造政策支撑体系，提供涵盖全过程、全要素、全参与方的一体化绿色智能建造赋能平台，重视并加速绿色智能建造技术的产业集成与成果转化，必将带动建筑工程节能减排、绿色低碳的发展进程。

## 参考文献

［1］廖玉平. 加快建筑业转型推动高质量发展——《关于推动智能建造与建筑工业化协同发展的指导意见》解读［J］. 住宅产业，2020（9）：10-11.

［2］刘占省，刘诗楠，赵玉红，等. 智能建造技术发展现状与未来趋势［J］. 建筑技术，2019，

50（7）：772-779.
［3］刘亮，谢根. 大数据智能制造在建造业应用与发展对策研究［J］. 科技管理研究，2019，39（8）：103-109.
［4］白水秀，鲁能，李双媛. 双碳目标提出的背景、挑战、机遇及实现路径［J］. 中国经济评论，2021（5）：10-13.
［5］李张怡，刘金硕. 双碳目标下绿色发展和对策研究［J］. 西南金融，2021（10）：55-56.

# 既有建筑低碳化改造实施路径研究

史铁花　唐曹明　毋剑平　沈文昊　王　寰　杨　光
（中国建筑科学研究院有限公司　中建研科技股份有限公司）

2021 年 10 月，国务院印发《2030 年前碳达峰行动方案》，行动方案之一为城乡建设碳达峰行动，提出加快提升建筑能效水平，加快推进居住建筑和公共建筑节能改造。2022 年 3 月，住房和城乡建设部印发《“十四五”建筑节能与绿色建筑发展规划》提出，要加强既有建筑节能绿色改造，一方面提高既有居住建筑节能水平，另一方面推动既有公共建筑节能绿色化改造。随着我国双碳目标的提出，建设领域正在积极推进绿色低碳举措，并在新建建筑中得到了有效实施，但目前我国尚有大量未采取节能等措施的老旧建筑存在，其现状运行和管理维护在实现“双碳”目标方面仍有很大的提升空间，因而大力推进城镇既有建筑的节能改造，并在既有建筑加固综合改造及后期运营维护的全过程进行有效控制和管理，提升节能低碳水平是目前既有建筑需要解决的重要问题。本文从建筑、结构加固改造、机电系统、运行维护及可再生能源利用方面阐述了既有建筑实现低碳水平显著提升的路径和具体措施。

## 一、我国既有建筑碳排放现状

当前，我国既有建筑存量大、能耗高、寿命短、问题突出，主要体现在以下几个方面：

（1）存量大。经第一次全国自然灾害综合风险普查[1, 2]，2022 年我国建筑面积总量约 1200 亿 $m^2$，其中城镇房屋（含住宅与非住宅）建筑面积约占一半，存量较大。

（2）能耗高。据统计，我国建筑能耗占社会总能耗的 30% 以上，《建筑节能与绿色建筑发展“十三五”规划》中指出，我国城镇既有建筑中仍有约 60% 的不节能建筑，能源利用效率低。

（3）寿命短。因规划不合理、建设标准低等问题，我国建筑平均寿命约为 30 年[3]，对尚可利用的建筑拆除重建，不仅会造成生态环境破坏，也是对能源资源的极大浪费。

（4）问题突出。除能耗外，我国既有建筑还存在结构安全失效、功能退化严重，管网老化，停车、雨水、电信等基础设施缺乏，绿地率不达标、绿化管理差，室内环境质量差等突出问题。

既有建筑能耗主要是指在运行，即供暖、通风、空调、照明、炊事、生活热水以及其他服务功能中所产生的能源消耗。能源构成主要为天然气、煤、电等，其中化石能源占比较大。公共建筑的用能需求增长，是能耗强度不断增大的主因，住宅建筑随着居民经济收入的增长和生活质量的不断提高，保障室内舒适度所付出的能源消费量也不断增加[4]。

我国建筑领域二氧化碳排放总量从 2009 年的 13.54 亿标准煤增长到 2018 年的 21.26 亿标准煤，增长约 57.02%，建筑领域用能形势严峻。

我国既有建筑的碳排放有如下特点：

**（一）公共建筑、城镇居住建筑占比相当，农村居住建筑紧随其后**

既有公共建筑的用能需求增长，是碳排放不断增大的主因，尤其是近年来一些大体量大规模集中系统的高档商业建筑，单位面积电耗都在 $100kWh/m^2$ 以上。随着居民经济收入的增长和生活质量的不断提高，住宅建筑，包括农村居住建筑，为保障室内舒适度所付出的能源消费量也不断增加[5]，碳排放水涨船高。

2018 年全国建筑运行阶段碳排放公共建筑、城镇居住建筑和农村居住建筑分别占 37%、42%、21%，如图 1 所示。

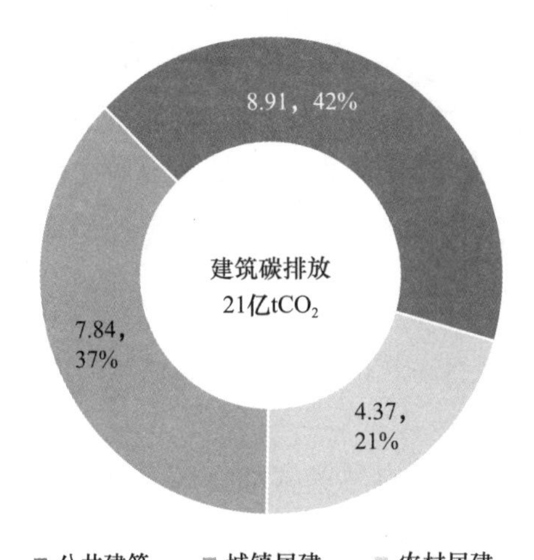


图 1 全国各类既有建筑碳排放占比

数据来源：中国建筑节能协会发布《中国建筑能耗研究报告 2020》

**（二）碳排放增速放缓，整体仍处于缓慢增长**

全国建筑碳排放在“十一五”期间平稳增长，年均增速为 7.4%。“十二五”期间，2011 和 2012 年出现异常值，年均增速略放缓为 7.0%。“十三五”期间得益于节能减排政策，增速明显放缓，为 3.1%，如图 2 所示。建筑围护结构保温在建筑节能中起到了至关重要的作用。既有居住建筑，尤其在 2004 年以前设计建成的一些老旧小区，其保温体系都较为薄弱，甚至没有达到 50% 节能率的要求，由此带来更多的空调及采暖能耗。目前我国城镇基本上已普及生活热水，少部分采用太阳能提供生活热水，基本上多数采取燃气和电热水器获取生活热水，全国获取生活热水而排放的 $CO_2$ 约为 0.8 亿 t，约占全国 $CO_2$ 排放量的 1%。另外机电系统能效低，是既有建筑碳排放持续增长的关键原因。

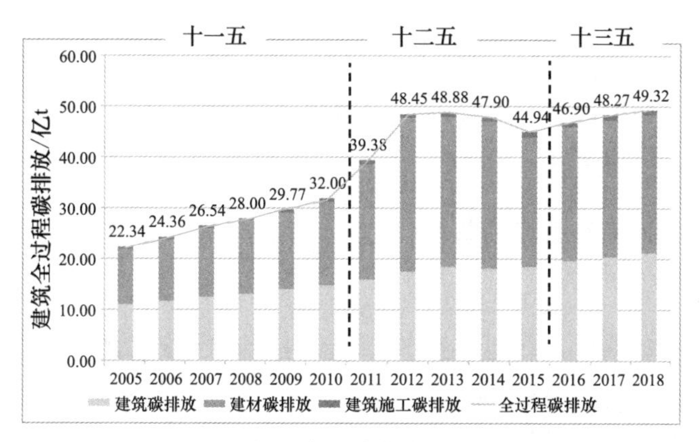


图 2　全国建筑碳排放变动趋势

数据来源：中国建筑节能协会发布《中国建筑能耗研究报告 2020》

### （三）建筑运行能耗“重心南移”

2000—2018 年间，夏热冬冷地区建筑能耗占比提高 6%，北方供暖地区建筑能耗占比下降了 8%，如图 3 所示，表明既有建筑改造时，在强调北方供暖地区保温的同时，应特别加强夏热冬冷地区隔热措施的采用。

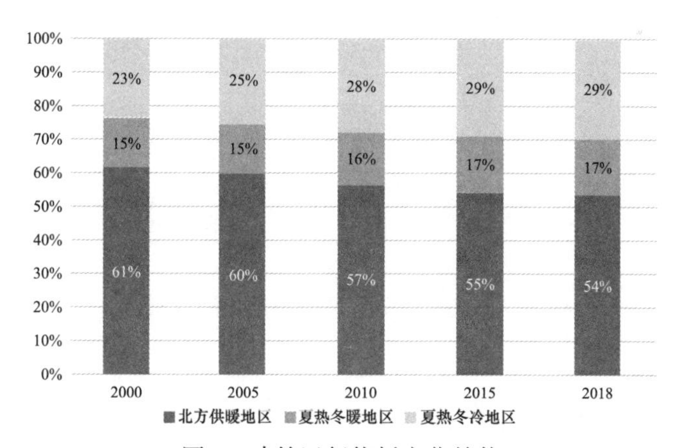


图 3　建筑运行能耗变化趋势

数据来源：中国建筑节能协会发布《中国建筑能耗研究报告 2020》

## 二、既有建筑改造面临的形势

2020 年 9 月，习近平主席在第七十五届联合国大会一般性辩论上承诺，中国二氧化碳排放力争于 2030 年前达到峰值，努力争取 2060 年前实现碳中和（简称“30・60”目标）。这意味着中国更新和强化了在《巴黎协定》下对国际社会承诺的自主贡献目标，表达了中国推进全球应对气候变化进程的决心。2021年10月，国务院印发《2030年前碳达峰行动方案》，其中主要的行动提出加快提升建筑能效水平，加快推进居住建筑和公共建筑节能改造。部分省市也相继提出了建筑部门的能耗总量控制目标，建筑部门的节能减排工作逐渐从以措施控制为主向以措施控制、总量与强度控制并重，即能耗“双控”目标转变。低碳发展是建筑节能在碳排放方面的必然结果，节能是“因”，低碳是“果”，既有建筑改造将在实现节能目标的基础上以低碳化为结果导向，在满足人民日益增长的美好生活需要的同时，合理约束建筑用能及碳排放增长速度。

## 三、既有建筑低碳改造实施路径

既有建筑改造前，应进行能耗现状调查即节能诊断，找出建筑能耗的薄弱环节，从而便于有针对性地进行低碳改造。既有建筑绿色改造决策的制定是一个多目标动态优化过程。首先应对建筑物理条件、功能性能、节能水平、室内环境等建筑实际现状进行经济效益、环境效益和社会效益预评估，根据业主期望和投资成本制定初步技术方案，经充分论证获得业主认可，达到节能目标后制定详细的改造技术实施方案。节能目标与低碳目标可进行转化，并在改造方案和措施优化的过程中以碳排放强度计算为目标导向。既有建筑低碳改造优化流程如图4所示。

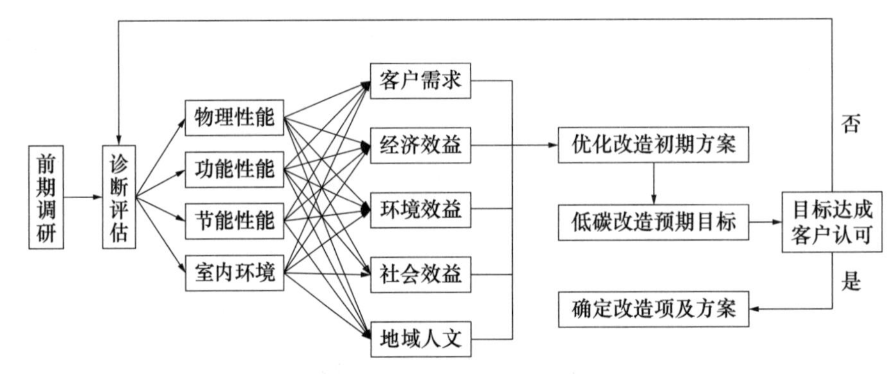


图4 既有建筑低碳改造优化流程图

### （一）建筑方面

既有建筑低碳改造不同于节能改造，应加强低碳改造理念，秉承“被动优先，主动优化”的设计原则。改造时可在平面布局、空间组织和细部设计方面进行优化，优先考虑自然通风、天然采光、高性能保温隔热围护系统等被动式技术，降低建筑后续使用过程中的能量消耗。同时注意改造施工过程中，建筑材料利旧和施工工法，降低施工过程能耗，提升既有建筑改造过程中的节能低碳水平。

优化空间布局。既有建筑改造，特别是公共建筑，往往伴随新的使用功能。使用功能改变，需要重新组织内部空间关系，在建筑内部设置中庭、边庭等将各部分有机串联，互动统一，在获得丰富空间同时获得良好的自然通风采光效果。

提升外墙性能。增设保温材料和更换节能门窗，严寒寒冷地区，除传统的粘贴保温板薄抹灰的改造方法外，还可以运用保温装饰一体化板，降低施工难度，保证施工质量同时缩短施工工期。夏热地区则更侧重外墙隔热性能，外墙涂刷热反射隔热涂料，构造简单、施工便捷、经济性好。公共建筑改造通常伴随着改善原来建筑形象的需求，因此可在原有建筑外墙外侧附加一层通风外墙，形成双层墙体系统，提升外墙通风隔热性能[6]。

重视屋面改造。改造过程中，除了改善屋面节能外，还可在结构承载力允许情况下，考虑屋面种植，可营造屋顶微气候，提供集观赏、休憩、活动于一体的活动空间，打造宜居环境。结合景观设计，可在屋面合适部位设置光导管或者开设天窗，改善建筑内部的采光条件，降低照明能耗。或者在改造建筑屋面设置光伏组件，形成覆盖屋面的太阳能光伏阵列，变被动隔绝太阳能为主动利用太阳能，做到提升建筑节能低碳水平。

使用绿色建材。改造过程中考虑现状情况，合理利旧，避免重复性拆改。新增隔墙采用装配式轻质隔墙，避免使用水泥砂浆类产品砌筑，减少湿作业。不得不拆除的废弃物，合理利用，例如砌块、砖石等简单处理后用作室外场地垫层材料。利用原有建筑独具特色的建筑素材，重新运用到改造后建筑的装饰中，改造前后建筑交相辉映，保留记忆的同时提升既有建筑改造的绿色建造水平。

### （二）结构加固及改造

贯彻低碳理念，统筹加固方案。尽量选择对既有建筑扰动小的加固改造方案[7]。在确保既有建筑结构安全的前提下，优化加固方案，避免和减少碳排放，如可采用提高综合抗震能力的方法，避免和减少由于局部抗震构造措施不足而进行的构件拆除加固；也可利用改变结构体系的方式避免对所有构件都逐一加固；还可采用消能减震或隔振等措施减少对原建筑的大量扰动。

选择符合低碳要求的加固材料。加固材料的选择[8]，应严格控制质量，采用无污染、轻质高强、可重复利用、绿色环保等的材料，如钢材、钢丝绳网片－聚合物砂浆、可替换减隔震构件等。

充分挖掘既有结构构件潜力。避免和减少大拆大改，减少加固工程量。对原有损伤的结构构件尽可能修补，减少构件拆除重新浇筑的工作量，例如对存在裂缝的梁、板构件，可根据不同材料及裂缝的种类和大小按不同方法进行修补；对钢筋外露锈蚀的情况考虑除锈及涂刷渗透型阻锈剂等，使原有损伤构件经过处理后仍能正常工作。

尽量避免对地基基础的开挖加固。充分考虑已有的地基基础承载能力，按照相关技术标准，考虑长期荷载作用下地基土压密而产生的地基承载力提高作用，避免对地基基础部分的不必要加固。

杜绝加固野蛮施工。在施工过程中强调安全、环保的施工方法，禁止对原结构野蛮施工。确因建筑功能需要在原结构上开洞的，采用静力切割技术（该技术采用多种国内先进的金刚石锯切工具组合进行切割，用流动的水进行冷却，是一种无振动、无污染、高效率，绿色环保的新工艺）。

### （三）机电设备改造

公共建筑机电设备低碳改造措施主要包括采用高效机房、建筑用能电气化以及采用节能照明等。

采用高效机房。既有公共建筑低碳改造方案中，高效机房常规包含三大重要组成部分：高效的制冷设备、水路系统节能优化、智能控制系统。通过对机房系统的改造，实现系统运行高效、安全和稳定。将中央空调的机房设备，包括冷水机组、冷冻水泵、冷却水泵、冷却塔、管道阀门、控制系统等设备，进行系统性、智能性、集成性优化设计，使资源达到充分共享，实现集中、高效、便利的管理，确保整个制冷机房整体运行后效率始终处于最高水平。

建筑用能电气化。公共建筑用能电气化是实现零碳、低碳运行的最佳途径之一：一方面，取消化石类燃料的燃烧，可以将直接碳排放降为零；另一方面，可以依托建筑节能和电力碳排放因子下降，降低运行过程的间接碳排放。生活热水可采用太阳能和空气源热泵生产，在既有建筑改造中也易于实施，推广难度较小。冬季供暖是公共建筑低碳改造中较大的挑战，北方地区改造中可换用具有烟气余热回收技术的燃气锅炉，提升锅炉效率；南方地区可换用高效空气源热泵，提供冬季热源。炊事活动中，电炒锅器具现在也可以满足炊事要求，且热效率更高，经济性比燃气炉具更好。

采用照明节能技术。照明与各类设备用能占到我国建筑运行总能耗的 20% 以上，也是建筑低碳改造的重要实施方向。照明节能的主要措施分为照明光源节能、照明控制节能及充分利用天然光。照明光源节能主要采用高光效的 LED 光源，设计中应在满足照度的前提下，采用高效 LED 光源，降低 LPD 值，减少照明能耗。照明控制节能主要采用智能照明技术等。走廊、楼梯间、门厅、电梯厅、停车场等场所，无人主动关注照明的开关，可采用就地感应控制，包括红外、雷达、声波等探测器的自动控制装置。大型公共建筑的公用照明区域，根据建筑空间形式和空间功能进行分区分组，当空间无人时，通过调节降低照度实现节能。此外，也可采用集中控制或智能控制系统，促进场所安全及节能。在合同能源管理市场化改造模式下，LED 灯具改造因为动态投资回收期最短，经济性好，平均年节能率可达 15% 左右，而最受业主欢迎；其次则是电梯能量反馈装置改造和建筑运行管理。

### （四）运行维护

对建筑内的主要运行用能设备进行统筹和自动控制，是既有建筑节能改造的最有效措施。

建筑能源管理系统。包含建筑设备系统的能耗监测、建筑空气质量的监测、设备系统能耗统计和分析、建筑分项能耗统计和分析及设备系统智能诊断等功能，通过对数据的监测和分析，可及时发现问题并提出改进措施，实现建筑能耗的分项计量、分区计量、分时计量和实时监测，可协助业主综合提高建筑的能源使用效率。

中央空调智能控制系统。采用先进的计算机技术、控制技术、系统集成技术和变频调速技术，实现中央空调系统运行的智能控制，在保障空调效果舒适性的前提下，最大限度地减少空调系统的能源浪费，可达到最佳节能的目的。楼宇自控系统可根据末端多种需求实时调节供应设备的使用时间及工况调节，延长设备使用寿命，提高系统运行效率，降低能源资源消耗。

**（五）再生资源利用**

既有建筑在可再生能源利用方面，可用光伏、光热、空气源等，主要考虑太阳能光伏发电系统、太阳能热水系统，以及高效空气源热泵系统。

太阳能光伏系统。太阳能光伏发电按安装类型可分为以下两种：建筑安装光伏 BAPV 和建筑集成光伏 BIPV。BAPV 为附着在建筑物上的太阳能光伏发电系统，也称为“安装型”太阳能光伏建筑。它的主要功能是发电，与建筑物功能不发生冲突，不破坏或削弱原有建筑物的功能。BIPV 为光伏建筑一体化，是与建筑物同时设计、施工和安装，并与建筑物完美结合的太阳能光伏发电系统，既具有发电功能，又具有建筑构件和建筑材料的功能，可以提升建筑物的美感。对于 3 层以下的既有建筑，屋顶光伏可以满足住宅小区的日用电量甚至还要富余，对于 10 层以上的建筑，屋顶光伏满足生活热水加热和公共区域用电需求，这两部分约占小区总用电量的 40%。而对于 30 层以上的高层住宅屋顶光伏仅仅能满足公共区域用电需求，占小区总用电量的 15%[9]。

太阳能热水系统。太阳能光热在建筑领域的主要应用形式为太阳能热水器。将太阳能转化为热能并传导给水箱中的水，为建筑提供生活热水。若仅太阳能光热制备生活热水无法满足使用需求，可搭配空气源热泵辅热、燃气辅热或电辅热使用。对于既有建筑，可用于低层住宅和热水集中且需求量大而稳定的公共建筑，例如医院、酒店。

空气源热泵技术。常用热泵技术包括空气源热泵系统、地（水）源热泵系统、复合热泵系统等，既有公共建筑低碳改造项目一般由于场地的限制，后两者系统使用的可能性较小。空气源热泵是以空气中的热量为能量来源，通过压缩机将空气中的热量转移到热媒介中，实现热能品位的提升，以满足供热需求。

## 四、结语

综上所述，我国目前有相当数量的既有建筑需要进行节能低碳改造，当前应该按照《2030 年前碳达峰行动方案》和《“十四五”建筑节能与绿色建筑发展规划》要求，加快居住建筑和公共建筑节能改造，大力推进城镇既有建筑及其配套市政设施的改造，从建筑节能、结构加固、机电设备更新、再生资源利用等专业的改造方案入手，研究并推动标准化装配式构件部件在建筑改造中的应用，并在实施过程中履行绿色低碳，更要注重后期既有建筑运行和管理维护过程中的有效管理和节能措施，推进重点用能设备节能增效，推动超低能耗建筑、近零能耗建筑发展，全面提升管理能力，提升城镇建筑和基础设施运行管理智能化水平，加快提升建筑能效水平，推进我国双碳目标的尽早实现。

## 参考文献

[1] 史铁花. 房屋抗震设防普查助力自然灾害防治“九大重点工程”[J]. 工程建设标准化，2020（5）：13-15.

[2] 史铁花，王翠坤，朱立新. 承灾体调查中的房屋建筑调查[J]. 城市与减灾，2021（2）：24-29.

[3] 陈志诚. 新建设：现代物业（上旬刊），2011（3）：24-25.

[4] 清华大学建筑节能研究中心. 中国建筑节能年度发展研究报告 2022：公共建筑专题[M]. 北京：中国建筑工业出版社，2022：13.

[5] 邹瑜，郎四维，徐伟，等. 中国建筑节能标准发展历程及展望[J]. 建筑科学，2016：1-5.

[6] 周建民，于洪波，陈阳，等. 既有建筑绿色化改造特点方法与实例[J]. 建设科技，2013（13）：34-37.

[7] 程绍革，史铁花，戴国莹. 现有建筑抗震加固的基本规定[J]. 建筑结构，2011（2）：128-131.

[8] 唐曹明，杨韬，聂祺. 国家博物馆老馆结构加固改造中绿色理念的实施[J]. 工业建筑，2014（4）：152-156+161.

[9] 清华大学建筑节能研究中心. 中国建筑节能年度发展研究报告 2021：城镇住宅专题[M]. 北京：中国建筑工业出版社，2021（9）：240.

# 混凝土原材料的变革与绿色低碳发展

周永祥　冷发光　关青锋　王　晶　夏京亮　高　超　王祖琦　贺　阳
（中国建筑科学研究院有限公司）

目前全世界每年消耗混凝土材料超过 50 亿 $m^3$（中国占 60% 以上），是人类社会用量最大的建筑材料 [1]。考古发现，在距今 5000 年的大地湾遗址发现了由料礓石和砂石混凝而成的礓石混凝土，大地湾其他房址也大量存在这样的混凝土地面，这说明混凝土技术已被当时的大地湾人熟练掌握和广泛使用 [2]。古代混凝土通常以黏土、石灰、石膏、火山灰为主要胶凝材料，其特点是硬化慢、强度低、资源少、质量可控性差 [3]。从 19 世纪硅酸盐水泥问世以来，混凝土获得了极大的发展，特别是以水灰比定则为基础的配合比设计方法确定后，减水剂为代表的化学外加剂的使用，以及由此带来的大掺量矿物掺合料的规模化应用，使得现代混凝土技术得到了长足发展 [4]。

新中国成立以后，我国混凝土业经历了 70 多年的发展历程，从新中国成立初期采用“一包水泥、一车黄砂、二车石子”的简单粗放方法生产混凝土，到 20 世纪 50—70 年代一度兴盛的预制混凝土制品，再到 90 年代以来迅猛发展的预拌混凝土，我国混凝土行业和混凝土技术均获得了迅速和巨大的发展。

近年来，中国已发展成为全球最大的混凝土生产与应用国，积累了丰富的工程技术和实践经验。据中国混凝土网统计（图 1），2020 年我国商品混凝土总产量为 28.99 亿 $m^3$，较上一年同比增长 5.47%。我国的混凝土及其工程建设技术处于世界先进水平，不但在国内建设了港珠澳大桥等诸多举世瞩目的世界级工程，并且为“一带一路”国家和地区的工程建设提供了混凝土技术支持。

进入 20 世纪以来，基于成本控制及固废综合利用等要求，新型矿物掺合料、机制砂、再生骨料等新材料或可替代材料得到研究和应用，引发了混凝土配制技术、质量控制技术等一系列变革，也促使业内从关注材料本身转向关注工程环境、关注人居环境和社会环境。我国自 2020 年以来持续推进“双碳”战略，致力于 2030 年达到碳达峰目标。作为建筑业中使用最广泛的材料，水泥混凝土的生产和使用对建筑业碳排放影响巨大。因此，在可持续发展和“双碳”理念下，绿色低碳发展是混凝土行业的必然方向，也是混凝土原材料变革与创新的落脚点。为了提高对混凝土材料发展现状、问题及变革方向的认识，本文结合工程实践和标准化经验，从混凝土材料中粉体和骨料两大核心组分的发展历史出发，概括其构成组分类型及演进方向，并阐述目前技术发展对于混凝土材料生产低碳化的意义。

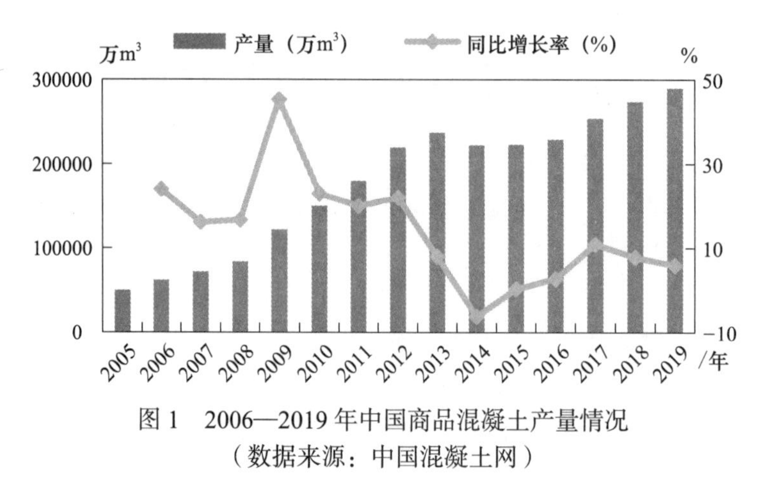


图1　2006—2019年中国商品混凝土产量情况
（数据来源：中国混凝土网）

## 一、混凝土粉体材料的发展与变革

传统的结构用混凝土只有四组分：水泥、砂子、石子和水。在使用以减水剂为代表的化学外加剂和矿物掺合料后，现代混凝土确立了以六组分为常规的原材料构成。

混凝土的粉体材料最早是单一的水泥，而现代混凝土的重大特征之一是粉体材料多元化。进入21世纪后，随着粉煤灰和粒化高炉矿渣粉替换部分水泥的研究与应用发展，复合胶凝材料体系的技术与经济优越性已得到充分论证，而且水泥取代物的范围已经从传统的粉煤灰和矿渣粉拓展至其他类火山灰材料与惰性填料，逐渐形成矿物掺合料组分概念，最终构成区别于以往的现代高性能混凝土材料。目前，水泥和矿物掺合料构成混凝土的粉体材料主体，其中的矿物掺合料大致呈现如下发展趋势：

（1）工业废渣种类不断扩展：早期规模化应用的是以粉煤灰、矿渣粉为代表的活性矿物掺合料，随着优质矿物掺合料日渐稀缺，钢渣、钒钛矿渣、磷渣、镍铁渣、锰渣和铜渣等冶炼渣等得到不同程度的开发和利用。除钢渣在全国分布较为普遍外，其余渣种多分布在局部地区。作为混凝土掺合料使用的工业废渣种类不断向低品质方向扩展的趋势明显。

（2）向天然矿物材料扩展：天然矿物粉体材料在混凝土中的应用以天然岩石粉为主，其中，石灰石粉和天然火山灰质材料最具有代表性，铁尾矿粉、铅锌尾矿粉、天然石材锯泥也有不同程度的应用。天然岩石粉一方面来源于机制砂中的石粉，一方面来自于粉磨加工后的掺合料，前者一般较粗，通常计入砂中；后者相对较细，一般计入胶凝材料中。不同的天然岩石粉在混凝土外加剂作用下表现出不同的差异性（表1），因此，应根据天然岩石粉的特性确定合理的使用量和使用方法。

不同类型岩石粉在不同减水剂作用下的流动度比　　表 1

| 减水剂种类 | 水胶比 | 玄武岩石粉 | 花岗岩石粉 | 石灰石粉 |
|---|---|---|---|---|
| 聚羧酸减水剂 | 0.35 | 96% | 79% | 105% |
| 萘系减水剂 | 0.40 | 93% | 90% | 101% |
| 脂肪族减水剂 | 0.40 | 95% | 92% | 101% |

近二十年来，天然矿物材料的广泛应用，拓展了胶凝材料组分的内涵，混凝土中以粉体材料替代胶凝材料的概念呼之欲出。事实上，工程实践中已有人员使用水粉比替代水胶比作为混凝土配合比的重要参数[5]。低活性／惰性粉体材料的加入，不仅可有效减少水泥用量，降低水化热，有利于抑制混凝土收缩开裂[6,7]，还可有效改善拌合物和易性，降低混凝土的生产成本[8]。应当注意，不同种类的天然岩石粉，性能差异大，特别是与外加剂的相容性问题突出[9]。另外，对于冻融环境或可能存在碳硫硅钙石反应破坏的服役环境，应注意天然岩石粉的种类和掺量。

（3）复合化发展：掺合料复合化的内涵，不仅是简单地将两种或者几种掺合料混合，而是需要考虑活性组分与惰性组分的搭配、微颗粒的级配分布、多种组分的耦合协同效应，以及低品质与高品质资源的搭配利用问题[10,11]。通过复合化技术，发挥多种掺合料的协同作用，可实现多种资源的综合利用，保障材料供给，同时可以解决某些混凝土本身的技术性问题[12]。因此，复合掺合料是解决材料性能和资源供给问题的必然选择。

（4）超细化发展：水泥颗粒的平均粒径 D50 一般为 10—20μm[13]。掺合料的颗粒如小于水泥，可以有效填充水泥空隙，对粉体材料的级配起到优化作用。同时，掺合料细度提高，还能激活其活性（表 2）。实践证明，粉磨后的粉煤灰、矿渣粉、磷渣粉平均粒径如达到 2—3μm，其活性可以大幅度提高[14,15]。因此，超细化是提升掺合料性能和应用价值的一个重要发展方向。当然，粉体材料的超细化需与能耗成本取得一个合理的平衡，同时需要注意不同粉体材料在超细化过程中表面性能的差异，如粉磨导致需水量迅速增加，则不宜采用超细化技术。

超细矿渣粉、超细粉煤灰的技术性能　　表 2

| 样品 | 平均粒径／μm | 比表面积／($m^2$/kg) | 流动度比／% | 需水量比／% | 活性指数／% | | |
|---|---|---|---|---|---|---|---|
| | | | | | 3d | 7d | 28d |
| 超细矿渣粉 | 3.4 | 1120 | 101 | — | 105 | 130 | 150 |
| 超细粉煤灰 | — | 668 | — | 94 | 81 | 86 | 104 |

注：测试活性指数时，超细矿渣粉掺量为 50%，超细粉煤灰掺量为 30%。

现代混凝土的另一个重大特征是粉体材料的多尺度化。不同粉体材料的颗粒尺寸存在明显差异，例如水泥、粉煤灰、矿渣粉的比表面积通常为 300—500$m^2$/kg，超细矿渣粉和超细石灰石粉为 600—1000$m^2$/kg，超细粉煤灰为 800—2000$m^2$/kg，偏高岭土和硅灰可大于 10000m$^2$/kg。利用不同掺合料颗粒的多尺度特征进行合理的搭配，可以获得更好的粉体颗粒级配，有效改善浆体的流动性和强度[16,17]。

## 二、混凝土骨料的发展与变革

除了粉体材料，结构混凝土另一重要组分当属砂石骨料。混凝土骨料占水泥混凝土体积的 60%—75%，作为刚性骨架，限制着胶凝材料在水化凝结过程中的体积变形，为混凝土材料提供了较大的强度和弹性模量。混凝土骨料大致经历了如下几个发展阶段：

### （一）天然骨料

最典型的天然骨料是卵石、河砂或者海砂。在很长一段时间内，优质天然骨料（例如河砂）容易获取，且一般具有良好的粒形、较高的强度、较低的吸水率等特性，因此，河砂曾是混凝土细骨料的主要来源。陆架周边的海砂实际上大多是陆源砂，即河砂被河流搬运入海而成为海砂。除了氯离子和贝壳含量，海砂与河砂并无本质的区别，净化后的海砂仍然是混凝土良好的细骨料[18]。其余的天然骨料如特细砂、风积砂、荒漠砂，整体技术指标并不好，很难单独用于混凝土[19,20]，但通过与其他砂种的混合搭配，仍然可以部分作为混凝土骨料使用。

### （二）机制骨料

卵石在混凝土材料发展早期就被碎石逐步取代，机制砂取代河砂则是近些年才大规模出现。天然砂资源日益匮乏，环保政策收紧，关于河砂禁采和限采的措施进一步促使混凝土用砂转向机制砂。据不完全统计，经过近 6—7 年的过渡时期，目前我国混凝土用砂已有 70%—80% 属于机制砂。近几年，由于河砂向机制砂转变的过渡时期较短，机制砂供给侧产能不足，市场用砂缺口较大，导致建设用砂的价格快速上涨，且一直在高位徘徊[21]。

机制砂的技术特征及其在混凝土中的应用技术，是近些年行业的焦点问题。机制砂的技术指标体系中，最为关键的是三个指标：级配、粒形和石粉含量。行业标准《高性能混凝土用骨料》JG/T 568—2019 对高品质机制砂的技术指标作出了若干创新性的规定，提出分级筛余替代累计筛余、石粉 MB 值替代机制砂 MB 值、石粉流动度比、机制砂需水量比等机制砂新的技术指标体系。从技术层面看，机制砂中含有的石粉打破了骨料与粉体材料的界线，深刻影响了混凝土传统的配合比设计方法、组成和性能[22]。

### （三）废弃物骨料

废弃物骨料中最为大家熟知的是利用建筑垃圾制造的再生骨料。再生骨料的研究和应用是近十几年来混凝土行业的一个热点。再生骨料从再生粗骨料、再生细骨料、再生砂粉到再生微粉，已经建立了较为系统的标准体系。然而，再生骨料在混凝土行业的规模化、常态化应用，目前还存有若干瓶颈，例如有的地方尚未形成闭合的“产废－处置－终端用户”产业链，上下游尚未建立良性互动，产品质量的稳定性难题也向技术人员和管理方提出了挑战。

除此之外，某些工业冶炼渣如铬铁渣、硅锰渣、高钛重矿渣、电炉镍铁渣等，具有活性低且粉磨难度大的特点。活性低则作为粉体材料价值小，易磨性差则会大幅度增加粉磨成本。因此，这些渣种不适宜作为粉体材料使用，更适合作为混凝土骨料，而作为混凝土骨料使用的前提是这些冶炼渣必须具有良好的体积安定性和化学稳定性。近年来，不少地方盲目把钢渣作为骨料用于水泥混凝土中，后期膨胀引起建筑质量事故频出[23]。因此，严禁钢渣骨料用于水泥混凝土已经是现阶段的行业共识。而上述铬铁渣、硅锰渣、高钛重矿渣、电炉镍铁渣等一般没有体积安定性问题，通过碱骨料试验方法，也进一步证明其化学稳定性良好[24]。2021 年，由中国建筑科学研究院有限公司编制完成的中国工程建设标准化协会标准《冶炼渣骨料应用技术规程》对于促进符合要求的冶炼渣骨料在混凝土中的应用具有开创性意义。废弃物骨料是对天然骨料和机制骨料的补充，在消纳工业废弃物的同时，有望缓解天然砂石短缺和成本高涨的困境。

### （四）人造骨料

天然骨料、机制骨料和废弃物骨料，其生产过程主要通过筛分、机械破碎等物理方法，骨料的强度、密度、孔隙结构、表面性质等本质属性无法实现人为设计和控制。过去数十年来，人们不断尝试利用造粒工艺将具有特定化学成分的粉状材料制成粒状材料——人造骨料[25]。人造骨料由于原材料来源广泛，具有高度的性能设计空间，可为混凝土特殊性能的实现提供有力支撑。

烧结陶粒是人们最为熟知的人造骨料，其筒压强度、密度、吸水率、软化系数、颗粒大小等技术指标均可以根据需要进行人为设计和控制。陶粒虽然有诸多技术优势，但因为价格明显高于普通砂石，且难以满足结构混凝土关于骨料强度、弹性模量、施工均匀性方面的要求，故在结构混凝土中应用很少[26]。轻质陶粒更多是作为非结构材料使用，以发挥其轻质、保温、隔声等特殊性能优势。

陶粒烧结温度超过 1000℃，能耗大，碳排放量高，因此，传统的陶粒烧结工艺在生产上也受到限制。合理利用煤矸石、污泥等含有一定热值的废弃物，既可有效消纳固废，还能降低生产能耗和成本，是一条正确而可行的途径[27]。烧结陶粒在结构混凝土中的广泛应用，须以较低的市场价格为基础。

除了高温烧结骨料，冷黏合骨料凭借工艺简单、节能环保等优势得到积极的发展。冷黏合骨料采用水泥和富含 $SiO_2$、$Al_2O_3$ 的粉煤灰、淤泥、硅粉等固体废弃物，添加其他填料后造粒，在常温下养护下制成[28]。冷黏合骨料实际上是利用了水泥等高活性无机胶凝材料对惰性材料进行胶结固化，在常温条件下胶凝材料一般水化反应时间长，强度较低。通常也采用蒸汽养护（不高于 80℃）以提高生产效率，其本质是加速胶凝材料的水化，这种情况基本上可以归为冷黏合骨料。冷黏合骨料的主要问题是水泥等活性材料用量较高，而低活性固废利用率低，成品综合性能不良。目前的产品质量还不适宜用于结构混凝土。

不同于烧结骨料和冷黏合骨料，南京理工大学崔崇教授[29,30]提出水热合成工艺制备骨料的方法。该方法采用适当比例的钙质原料与硅质原料，经配料、成球与包壳等工艺制成球形颗粒，在蒸压条件下（气压约1MPa，温度180—240℃），形成以托贝莫来石为主要成分的骨料[31,32]，其筒压强度高达26MPa，表观密度为1850—2050kg/m$^3$，可制备出28d抗压强度高达74MPa的次轻混凝土[33]。

该方法的生产原材料十分广泛，硅质原料可以是粉煤灰、炉渣、尾矿、石材锯泥甚至是渣土、泥浆等$SiO_2$含量较高的低品质固废，钙质原料则可以采用钢渣、电石渣、碱渣、白泥渣等。水热合成工艺既拓展了原材料的多元化，又避免了烧结的高能耗，生产能耗大幅度降低，甚至还可以利用钢厂、电厂的余热，生产过程中也无废水、废气、废渣排放。

蒸压工艺制成的骨料，筒压强度高，但表观密度大，用于轻骨料混凝土并没有特别优势，更适合用于普通结构混凝土中[34]。考虑到普通结构混凝土对强度、弹性模量、长期收缩、徐变等性能的要求，也不宜大量使用，而是以一定比例（如骨料体积的10%—30%）置换普通砂石。如此既利用了这种骨料的粒形（接近正球形）、颗粒级配（可控制在2—10mm）等特征优势，作为混凝土骨料的改良组分，又能维持普通混凝土的结构性能参数基本不变。

经系统研究发现，如在每立方米混凝土中掺入蒸压骨料150—200kg，同时降低混凝土单方用水量10—20kg，水泥用量可降低30—60kg；利用这种骨料的粒形和级配改善效应，可保证混凝土拌和物性能良好（图2），混凝土的强度、弹性模量可以维持不变或略有提高（图3）；蒸压骨料的表观密度为1850—2050kg/m$^3$，在混凝土中不容易分层，保证了混凝土的匀质性（图4）；其他性能也有不同程度的改善。对于低水胶比的高强混凝土，蒸压骨料饱水后加入，其良好的内养护作用可以有效降低混凝土的自收缩（图4）。鉴于蒸压骨料在砂浆和混凝土中具有较多的特殊功能，可将此类骨料称之为蒸压硅酸盐功能骨料（简称功能骨料）（图5）。

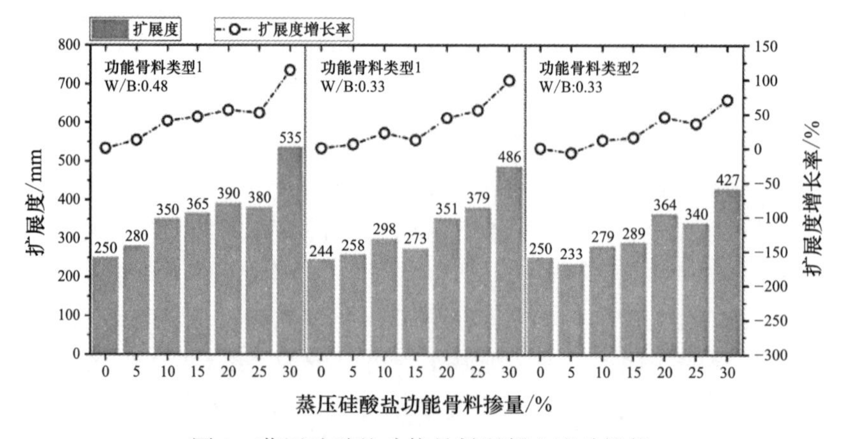


图2　蒸压硅酸盐功能骨料混凝土流动性能

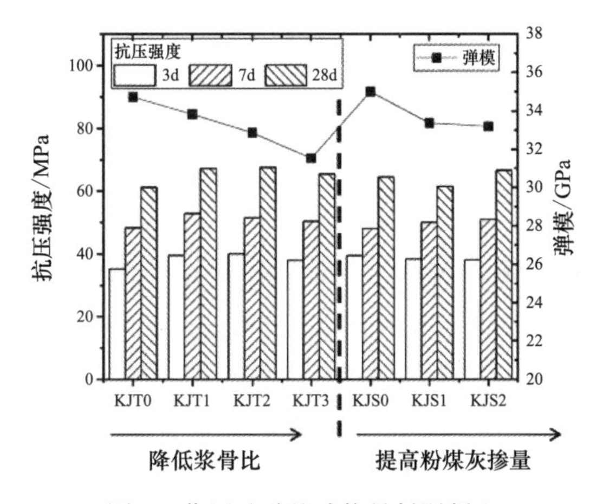


图 3　蒸压硅酸盐功能骨料混凝土抗压强度和弹模

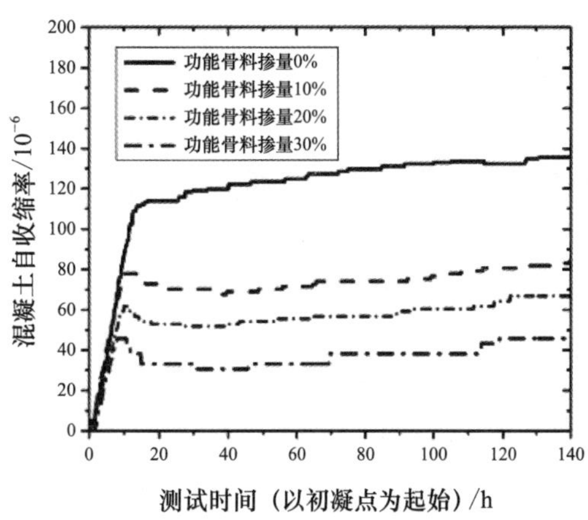


图 4　蒸压硅酸盐功能骨料混凝土自收缩率（$W/B = 0.33$，波纹管法）

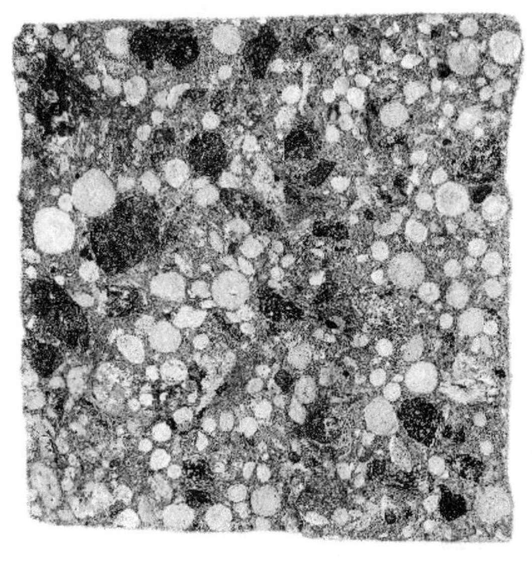

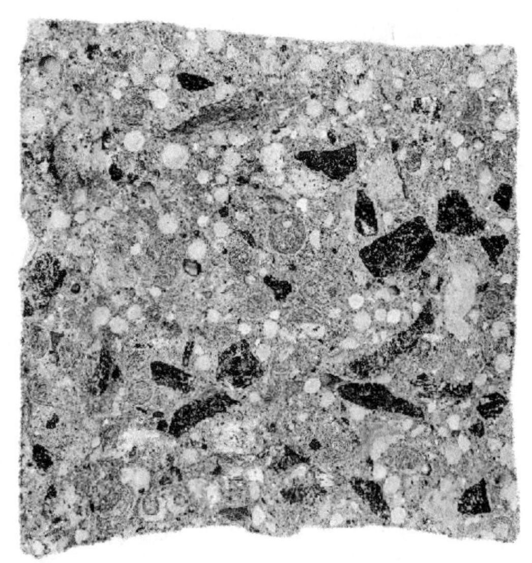

图 5　掺加功能骨料混凝土的断面

蒸压硅酸盐功能骨料用于普通结构混凝土，具有显著改善混凝土综合性能的技术优势，在高强混凝土、超高泵送混凝土、自密实混凝土、自养护混凝土、自防水混凝土、高抗裂混凝土、钢管混凝土等方面具有广阔的应用前景，还能为海绵城市、导电混凝土、吸波（隐身）混凝土等特种混凝土提供定制化的功能骨料。因此，我们认为，这种功能骨料有望成为普通混凝土原材料构成中除水泥、砂、石、水、外加剂和掺合料之外的第七组分。从这个角度上考虑，我国巨大的混凝土消耗量，将为蒸压硅酸盐功能骨料提供 2—4 亿 t/ 年的利用空间，也为前端消纳多种低品质固废创造了良好的渠道，具有显著的技术、经济和环保等多重潜在效益。

## 三、混凝土的绿色低碳发展

通常认为，混凝土结构碳排放来源主要是混凝土材料、钢材的生产制备（75%—85%），其余来源则包括运输（10%—20%）、施工过程（5%—10%）等[35]。混凝土材料的绿色低碳发展应从全寿命周期角度出发，从原材料、混凝土生产、混凝土施工到拆除全链条进行考虑。在混凝土材料中，水泥是隐含碳排放量占比最大的原材料[36]。如何减少生产水泥的能耗和碳排放量，是水泥生产环节的重点任务。纵观从20世纪初至今的发展时段，水泥生产经历了低温到高温煅烧，低钙至高钙的演变特征，相应出现了混凝土早期强度提升、建筑建造速度提升等现象，然而却带来了混凝土结构开裂、耐久性下降和能耗上升等问题。当下国内外水泥行业已从高性能、高钙水泥转而追求低钙、低能耗和高抗裂等[37]。瑞士相关学者[38]提出的LC3新型水泥体系借助石灰石粉、煅烧黏土在硅酸盐体系下发生的复杂水化反应，提供了良好的胶凝性能，并降低了胶凝材料的煅烧温度，可实现30%左右的碳减排量[38]。国内的中国建材总院致力于开发低煅烧温度和低钙的高贝利特水泥（即低热水泥），目前武汉理工大学[39]正持续推进碳矿化新型低碳胶凝材料的研发，尝试以低钙型硅酸钙为原材料，设计制备以碳酸钙为强度源的建筑材料。

混凝土生产环节则需要深入研究如何减少单方混凝土的水泥用量，这是混凝土绿色低碳发展最直接、最有效的途径。如前文所述，使用矿物掺合料取代部分水泥制备不同强度等级混凝土已成为行业共识，而矿物掺合料的超细化、复合化从而实现功能化，则为复合胶凝材料在提高混凝土耐久、低碳、绿色方面注入新内涵。表3显示了超细复合掺合料对混凝土耐久性提升的同时，大幅度改善了拌合物的工作性（倒筒时间降低最为显著），为盐渍土这种强腐蚀条件下的高耐久桩基混凝土施工创造了条件。

天津盐渍土地区某桩基混凝土配合比试验　　表3

| 编号 | 水胶比 | 胶材/kg | 水泥/kg | 矿粉/kg | 粉煤灰/kg | 功能材料/kg | 砂/kg | 碎石/kg | 水/kg | 扩展度/mm | 倒筒时间/s | 56d抗压强度/MPa | 56d电通量/C |
|---|---|---|---|---|---|---|---|---|---|---|---|---|---|
| JZ1 | 0.44 | 400 | 200 | 120 | 80 | / | 825 | 1016 | 175 | 510 | 35 | 54.7 | 527 |
| JZ2 | 0.44 | 400 | 200 | 100 | 60 | 超细复合掺合料40 | 825 | 1016 | 175 | 570 | 9 | 55.8 | 440 |
| JZ3 | 0.40 | 435 | 218 | 131 | 87 | / | 788 | 1012 | 170 | 610 | 44 | 59.3 | 856 |
| JZ4 | 0.40 | 435 | 218 | 109 | 65 | 超细复合掺合料44 | 788 | 1012 | 170 | 620 | 9 | 61.6 | 353 |
| JZ5 | 0.40 | 435 | 218 | 109 | 65 | 市售防腐阻锈剂44 | 788 | 1012 | 170 | 580 | 61 | 61.1 | 451 |

减少水泥用量的另一关键是优化骨料体系，从而实现浆骨比的下降——在最紧密堆积状态下，骨料体系内部颗粒之间需要填充的孔隙体积最少，即对浆体需求量最低，对水泥需求量最小。从可压缩堆积理论出发[40]，引入细骨料形状参数和颗粒堆积间距系数，优化二元复合骨料体系，提高了混凝土材料的力学性能，使混凝土材料、钢筋用量得以减少，进而实现碳减排。目前使用的机制砂石或再生骨料多为棱角状，在紧密堆积下流动性较差，此时掺入部分适宜级配的球形功能骨料可以有效优化骨料体系，在不影响力学性能前提下，突破最紧密堆积与流动性之间的矛盾关系。在有效降低浆骨比的基础上，使用品质优良（不仅仅是活性）的矿物掺合料，并对胶凝材料粉体颗粒作出优化，也将进一步降低水泥用量，改善混凝土性能。

## 四、结语

近二十年来，原材料的变革和可替代材料的不断出现，给混凝土配制技术和质量控制带来了新的问题和挑战。新种类的固废以及惰性/低活性掺合料的应用，拓展了胶凝材料的范围和内涵。超细化和复合化成为掺合料未来发展的主要方向之一。河砂向机制砂的转变，深刻影响了混凝土的配合比设计方法和技术性能。废弃物骨料是自然资源的有益补充，人造功能骨料作为第七组分能够显著改善混凝土综合性能，将深刻改变我国混凝土技术体系，同时为低品质固废的高附加值利用开辟了一条新途径，具有极大的发展前景。以骨料体系和粉体材料体系的优化为前提，实现单方混凝土水泥用量的降低，同时提升混凝土材料和结构的耐久性，合理利用碳化养护技术，实现废弃混凝土的再生循环利用，是混凝土绿色低碳发展的主要路径。

## 参考文献

[1] 缪昌文，穆松．“双碳”目标下水泥基材料绿色低碳路径思考与展望［J］．未来城市设计与运营，2022（2）：10-16.

[2] 张力刚．试论大地湾遗址在中国史前考古上的六大之最［J］．丝绸之路，2014（18）：16-19.

[3] 吴中伟，廉慧珍．高性能混凝土［M］．北京：中国铁道出版社，1999.

[4] Mehta P. Kumar, Monteiro Paulo J.M. Concrete: microstructure, properties, and materials[M]. McGraw-Hill Education, 2014.

[5] 李化建，黄法礼，程冠之，等．水粉比对自密实混凝土剪切变形行为的影响［J］．建筑材料学报，2017，20（1）：30-35.

[6] 苗苗，雪凯旺，苗芳，等．石灰石粉对水泥浆体水化特性及流变性能的影响［J］．湖南大学学报（自然科学版），2018，45（12）：90-96.

[7] 何伟，周予启，王强．铜渣粉作为混凝土掺合料的研究进展［J］．材料导报，2018，32（23）：4125-4134.

[ 8 ] 史才军，王德辉，贾煌飞，等. 石灰石粉在水泥基材料中的作用及对其耐久性的影响 [ J ]. 硅酸盐学报，2017，45 ( 11 )：1582-1593.

[ 9 ] 孙茹茹，王振，黄法礼，等. 不同岩性石粉－水泥复合胶凝材料性能研究 [ J ]. 材料导报，2021 ( S1 vo 35 )：211-215.

[ 10 ] Lothenbach B, Scrivener K, Hooton R D. Supplementary cementitious materials[J]. Cement and Concrete Research, 2011, 41 (12): 1244-1256.

[ 11 ] Shi C, Jiménez A F, Palomo A. New cements for the 21st century: The pursuit of an alternative to Portland cement[J]. Cement and Concrete Research, 2011, 41 ( 7 ) : 750-763.

[ 12 ] 陈改新，纪国晋，雷爱中，等. 多元胶凝粉体复合效应的研究 [ J ]. 硅酸盐学报，2004 ( 3 )：351-357.

[ 13 ] 蔡文举. 水泥颗粒级配分析的实践 [ J ]. 水泥技术，2019 ( 5 )：56-58.

[ 14 ] Zhou Y, Zhang Z. Effect of fineness on the pozzolanic reaction kinetics of slag in composite binders: Experiment and modelling[J]. Construction and Building Materials, 2021, 273: 121695.

[ 15 ] Liu Y, Zhang Z, Hou G, et al. Preparation of sustainable and green cement-based composite binders with high-volume steel slag powder and ultrafine blast furnace slag powder[J]. Journal of Cleaner Production, 2021, 289: 125133.

[ 16 ] Jittin V, Bahurudeen A. Evaluation of rheological and durability characteristics of sugarcane bagasse ash and rice husk ash based binary and ternary cementitious system[J]. Construction and Building Materials, 2022, 317: 125965.

[ 17 ] Fernández Á, García Calvo J L, Alonso M C. Ordinary Portland Cement composition for the optimization of the synergies of supplementary cementitious materials of ternary binders in hydration processes[J]. Cement and Concrete Composites, 2018, 89: 238-250.

[ 18 ] 周永祥，关青锋，冷发光，等. 海砂中有害离子的释出行为 [ J ]. 工业建筑，2021，51 ( 5 )：168-172.

[ 19 ] 王娜，李斌. 撒哈拉沙漠砂高强度混凝土配合比设计及研究 [ J ]. 混凝土，2014 ( 1 )：139-142+146.

[ 20 ] 刘海峰，马菊荣，付杰，等. 沙漠砂混凝土力学性能研究 [ J ]. 混凝土，2015 ( 9 )：80-83+86.

[ 21 ] 庄淑蓉，Aurora T，陈睿山，等. 中国砂石资源利用的现状、问题与解决对策研究 [ J ]. 华东师范大学学报 ( 自然科学版 )，2022 ( 3 )：137-147.

[ 22 ] 李家和，张保生，王云东，等. 石灰岩高石粉含量机制砂混凝土配合比设计及性能研究 [ J ]. 硅酸盐通报，2018，37 ( 11 )：3641-3645+3651.

[ 23 ] 王强. 将钢渣用作混凝土骨料要非常慎重 [ J ]. 混凝土世界，2016 ( 2 )：90-91.

[ 24 ] 周永祥，贺阳，刘晨，等. 高碳铬铁渣用作混凝土粗骨料的探索性研究 [ J ]. 新型建筑材料，2021，48 ( 1 )：6-9.

[ 25 ] 楚英杰，王爱国，孙道胜，等. 骨料特性影响混凝土体积稳定性的研究进展 [ J ]. 材料导

报，2022，36（5）：112-121.

［26］刘云鹏，申培亮，何永佳，等．特种骨料混凝土的研究进展［J］．硅酸盐通报，2021，40（9）：2831-2855.

［27］李宇，刘月明．我国冶金固废大宗利用技术的研究进展及趋势［J］．工程科学学报，2021，43（12）：1713-1724.

［28］Tajra F, Elrahman M A, Stephan D. The production and properties of cold-bonded aggregate and its applications in concrete: A review[J]. Construction and Building Materials, 2019, 225: 29-43.

［29］杨秀丽，崔崇，崔晓昱，等．高性能人造硅酸盐骨料及其混凝土的性能研究［J］．科技导报，2014，32（23）：50-54.

［30］Ma H, Cui C, Li X, et al. Study of high performance autoclaved shell-aggregate from propylene oxide sludge[J]. Construction and Building Materials, 2011, 25（7）: 3030-3037.

［31］崔崇，王冬云，崔晓昱，等．轻质高强硅酸盐陶粒混凝土［P］．2020-04-14.

［32］Wang D, Cui C, Chen X-F, et al. Characteristics of autoclaved lightweight aggregates with quartz tailings and its effect on the mechanical properties of concrete[J]. Construction and Building Materials, 2020, 262: 120110.

［33］Tang G Q, Cui X Y, Gu M J,等. Preparation of load-bearing carbide slag shell-aggregate and research of its properties[J]. China Chlor－Alkali, 2017, (7): 41-44.

［34］马海龙，崔崇，孙章鳌．不同矿物类型硅质材料壳层陶粒及其混凝土性能［J］．南京理工大学学报，2012，36（1）：165-170.

［35］Xia B, Ding T, Xiao J. Life cycle assessment of concrete structures with reuse and recycling strategies: A novel framework and case study[J]. Waste Management, 2020, 105: 268-278.

［36］肖建庄，夏冰，肖绪文，等．混凝土结构低碳设计理论前瞻［J］．科学通报，1-14.

［37］徐永模，陈玉．低碳环保要求下的水泥混凝土创新［J］．混凝土世界，2019（3）：32-37.

［38］Scrivener K, Martirena F, Bishnoi S, et al. Calcined clay limestone cements (LC3）[J]. Cement and Concrete Research, 2018, 114: 49-56.

［39］穆元冬．硅酸钙矿物碳酸化固化机理及其材料性能提升机制研究［D］．武汉理工大学，2019.

［40］王雪艳，刘明辉，刘萱，等．沙漠砂＋机制砂混凝土力学性能及碳排放研究［J］．土木工程学报，2022，55（2）：23-30.

# 建筑垃圾资源化循环再生利用现状及技术发展

黄　靖　曹力强　申和庆　李慧群
（中国建筑科学研究院有限公司　中建研科技股份有限公司）

2020年9月，在美国召开的第75届联合国大会上，习近平发表重要讲话，提出中国力争于2030年和2060年前分别实现“碳达峰”、“碳中和”的“双碳”目标，表明了中国政府改善全球环境的决心。建筑业作为碳排放量前三的行业之一，碳排放量久居高位的建材生产环节及建筑垃圾处理环节的节能减排刻不容缓；建筑业原材料天然砂石资源接近枯竭，中国多地出现“砂石荒”现象，建筑业必须寻找可替代的原材料。面临环境污染和资源短缺的双重压力，发展建筑垃圾资源循环产业可以有效缓解当前的困境。

随着我国社会主义现代化进程加速，各地城市建设如火如荼，建筑垃圾产生量随之上升，据住房和城乡建设部提供的测算数据，我国城市建筑垃圾年产生量已超过20亿吨[1]。除此之外，现有的建筑垃圾存量巨大，因此，建筑垃圾的合理化处置就成为亟须解决的问题。本文总结了国内外建筑垃圾资源化利用技术特点，分析了建筑垃圾在资源化利用过程中存在的问题，提出了今后建筑固废资源化利用的发展方向及技术提升策略，从而实现建筑垃圾的减量化、资源化、无害化和规模化利用的目标。

## 一、发展现状

### 1. 建筑垃圾的基本概念

建筑垃圾是工程渣土、工程泥浆、工程垃圾、拆除垃圾和装修垃圾等的总称。包括新建、扩建、改建和拆除各类建筑物、构筑物、管网等以及居民装饰装修房屋过程中所产生的弃土、弃料及其他废弃物，不包括经检验、鉴定为危险废物的建筑垃圾[2]。按产生源分类，建筑垃圾可分为工程渣土、装修垃圾、拆迁垃圾、工程泥浆等；按组成成分分类，建筑垃圾中可分为渣土、混凝土块、碎石块、砖瓦碎块、废砂浆、泥浆、废塑料、废金属、废竹木等。通过一定的技术方法和手段将建筑垃圾进行回收、处理、再生产，进而制备成可利用的建筑制品，从而实现建筑资源的绿色循环利用。

### 2. 建筑垃圾资源化循环再生利用的政策环境

“十二五”以来，我国相继出台多项建筑垃圾资源化相关政策法规。2011年，国家发展和改革委员会印发了《“十二五”资源综合利用指导意见》[3] 和《大宗固体废物综合利用实施方案》（发改环资〔2011〕2919 号）[4]；2013 年，国务院下发了《循环经济发展战略及近期行动计划》[5]，国家发展和改革委员会、住房和城乡建设部共同发布了《绿色建筑行动方案》（国办发〔2013〕1 号）；2016年，中共中央、国务院下发了《关于进一步加强城市规划建设管理工作的若干意见》[6]，工业和信息化部、住房和城乡建设部印发了《建筑垃圾资源化利用行业规范条件》《建筑垃圾资源化利用行业规范条件公告管理暂行办法》；2017 年，国家发展和改革委员会发布了《循环经济发展评价指标体系（2017 年版）》[7]；2018 年初，住房和城乡建设部印发了《关于开展建筑垃圾治理试点工作的通知》（建城函〔2018〕65 号）[8]；2020 年，住房城乡建设部发布了《关于推进建筑垃圾减量化的指导意见》（建质〔2020〕46 号）[9]；2021 年，国家发展改革委印发了《关于印发“十四五”循环经济发展规划的通知》[10]，全面致力于建筑垃圾的减量化、资源化、规模化和产业化利用。

随着政策的出台，全国各地兴建或规划兴建了一批建筑垃圾资源化处理厂。2018 年，我国共有建筑垃圾处理厂 800 多处，其中规范化建筑垃圾处理设施占建筑垃圾处理厂总数的 28%，已建成投产和在建的建筑垃圾年处置能力在 100 万 t 以上的生产线仅有 70 条左右，总资源化利用量不足 1 亿 t，但“十三五”期间我国建筑垃圾资源化利用已经迈出了坚实的一步，为今后提高建筑垃圾资源化利用水平打下了基础 [11]。

3. 技术发展现状

建筑垃圾资源化再生利用按利用程度一般分为低级利用、中级利用以及高级利用。实践操作中通常把作为回填土使用或用于道路基层材料应用的垃圾资源分为低级利用；破碎后加工成骨料，对其进行资源化利用制成建筑用砖、砌块等制品为中级；利用还原成水泥、沥青、高纯度骨料资源化利用等归属于高级利用 [12]。

从建筑垃圾资源化利用率来看，德国、荷兰、美国、日本、新加坡等发达国家的建筑垃圾的资源化利用率已经达到 90% 以上，而国内即使自 2018 开展城市试点以来，按国外同口径测算，35 个城市（区）资源化利用率也仅约 50%，虽比试点前提高 15 个百分点 [13]，但仍远远低于国际水平。发达国家的高资源化率主要得益于有较完善的建筑垃圾处理系统，如一些针对性的措施、政策和法律等，而且国外建筑垃圾产生量更少、产生时间更为分散，在进行拆除时，有严格的分类和流程管理。世界部分国家建筑垃圾资源化再利用率见表 1。

**世界部分国家建筑垃圾资源化再利用率　　单位：%　　表 1**

| 日本 | 德国 | 美国 | 英国 | 韩国 | 丹麦 | 荷兰 | 巴西 | 中国 |
| --- | --- | --- | --- | --- | --- | --- | --- | --- |
| 98 | 90 | 70 | 80 | 97 | 94 | 98 | 6 | 5 |

（1）国内外建筑垃圾预处理技术现状

目前国内已有较为成熟的建筑垃圾资源化处置生产工艺流程，已建成数十条年处理量在百万吨级的工厂。但国内建筑固废资源化利用的研究起步较晚，技术和装备研发水平和能力还相对较低，国内自主品牌仍存在破碎、分筛等机械设备科技含量低，维护和操作不够智能，故障率高等问题。此外，我国建筑垃圾处置技术上，以简易的破碎、筛分为主。除了在废料来源相对纯净的情况下，可以得到品质较好的再生骨料；对于砖混凝土混合的废料，后期难以进行精细分选。

国外发达国家将建筑垃圾资源化利用作为长期国家战略，通过法律保障、政府支持及先进技术开发与应用，实现建筑垃圾的资源化利用。德国、芬兰等国家依托其矿山机械基础，形成了成熟的建筑垃圾处理工艺及成套装备。目前世界上最大的建筑垃圾处理厂就位于德国，该厂每小时可生产1200吨建筑垃圾再生材料。与德国相比，日本建筑垃圾资源化利用细化程度更高，设备所属功能也更为先进和专业。

（2）国内外建筑垃圾综合再生产品技术现状

国内建筑垃圾处理工艺相对单一、资源化利用占比较低、利用途径多为再生骨料和砌块，做填埋处理与路基铺设的占比较大，还原成水泥、沥青等高级利用方式只停留在实验室阶段，未能在社会进行普及。目前建筑固废处理技术的研究热点见表2。

目前建筑固废处理技术的研究热点　　表2

| 固废种类 | 研究热点 |
|---|---|
| 混凝土、砖瓦类 | 混凝土、砖瓦类的再生处理：再生骨料无机混合料、道路用再生级配骨料、再生骨料砖、再生骨料混凝土和砂浆 |
| 沥青类 | 沥青类再生处理：就地热再生设备、厂（场）拌热再生设备、就地冷再生设备 |
| 废金属 | 保级还原和利用 |
| 废木材 | 废木材再生处理：热解、水解、能源生产及新材料制造，将废木材再生和低碳经济相结合，力争到2030年我国木质固废回收率达到80% |
| 废塑料 | 废塑料再生处理：废塑料的单纯再生利用、废塑料的复合再生利用（废旧塑料制成再生粒子、包装材料、建筑材料） |
| 废玻璃 | 利用废玻璃制造高塑性黏土或还原利用 |
| 废橡胶 | 将橡胶与炭黑一起在废轮胎中碳化 |

① 再生微粉的资源化利用。建筑垃圾再生微粉建筑垃圾经过处理可以用作再生混凝土中的细集料，具有优异的火山灰活性和微骨料填充效应，可以提高强度、密实性等。

② 再生骨料的资源化利用。再生骨料的资源化利用途径主要包含再生混凝土、

再生砌体材料和路基材料。

a. 再生混凝土

利用建筑垃圾筛分后的骨料部分或全部取代混凝土中的砂、石配制成的混凝土，称为再生混凝土。目前建筑垃圾大部分被用来制备再生混凝土。再生混凝土的力学性能研究比较多，可配置出满足相应标准的产品，但是对于耐久性研究仍处于初级阶段。混凝土再生骨料可以消耗大量的建筑垃圾，相关加工行业在政策的催动下虽然取得了较快的发展，但限于技术更新缓慢，行业发展程度依旧较低。

b. 再生砌体材料

目前建筑垃圾还经常被用来做再生砌体材料。建筑垃圾制备砌体材料的掺量可以达到 100%。建筑垃圾制砖伴随着技术的更新实现了建筑垃圾资源化利用价值的提升，但受限于其规模，其建筑垃圾消耗量较小。

c. 路基材料

道路基层中应用较多的是废旧混凝土再生骨料和砖块再生骨料，在利用方式上可分直接用于基层材料和部分替代天然骨料。

③ 工程弃土的资源化利用

目前，工程弃土的利用现状主要包括固化技术、弃土免烧砖、弃土烧结砖等。其中，弃土免烧砖是在原免烧砖的基础上，将部分原料替换成弃土或者污泥，制成免烧砖，作为新型环保墙面或者路面材料。此技术近年来在应用中取得了显著的成效。

④ 其他材料资源化应用

建筑固废中的有机高分子类固废，主要包括拆旧建筑中的废塑料、废木材、废橡胶和废纺织纤维等。这部分建筑固废主要来源于拆旧建筑中的废旧门窗、管材、装饰物和家具等[14,15]。

4. 技术标准现状

我国对建筑垃圾再生研究的起步较晚，但因建筑垃圾处理的紧迫性使我国这些年在建筑垃圾再生研究领域的步伐加快，陆续颁布了不少技术规范，主要的国家规范见表 3。标准主要围绕建筑垃圾处置技术、固定式建筑垃圾再生处置厂、再生产品、再生产品应用技术进行规定。

近年来，建筑垃圾资源化日益受到重视，有不少行业协会自主制定和发布了团体标准，团体标准的出台反映了再生产品的市场需求，全国团体标准信息平台上可以查询到的团体标准有 12 项，主要涉及再生产品、再生产品应用技术规范和建筑垃圾处置技术，浙江省和广东省出台的团体标准较多。此外，各地方也颁布了相关标准，其大都是再生产品施工技术规范、应用技术规范，对再生产品进行规定的较少（表 3）。各类标准在不同领域的分布情况如图 1 所示。

国家现行主要规范　　表 3

| 时间（年） | 规范 / 规程名称 | 部门 |
|---|---|---|
| 2010 | GB/T 25177—2010　混凝土用再生粗骨料 | 中华人民共和国<br>国家质量监督检验检疫总局 |
| 2010 | GB/T 25176—2010　混凝土和砂浆用再生粗骨料 | 中华人民共和国<br>国家质量监督检验检疫总局 |
| 2011 | JGJ/T 240—2011　再生骨料应用技术规程 | 中华人民共和国住房和城乡建设部 |
| 2012 | CJT 400—2012　再生骨料地面砖和透水砖 | 中华人民共和国住房和城乡建设部 |
| 2012 | GB/T 50743—2012　工程施工废弃物再生利用技术规范 | 中华人民共和国<br>国家质量监督检验检疫总局 |
| 2014 | JC/T 2281—2014　道路用建筑垃圾再生骨料无机混合料 | 中华人民共和国工业和信息化部 |
| 2016 | CJJ/T 253—2016　再生骨料透水混凝土应用技术规程 | 中华人民共和国住房和城乡建设部 |
| 2016 | SB/T 11177—2016　废混凝土再生技术规范 | 中华人民共和国商务部 |
| 2016 | JGT 505—2016　建筑垃圾再生骨料实心砖 | 中华人民共和国住房和城乡建设部 |
| 2018 | GBT 51322—2018　建筑废弃物再生工厂设计标 | 中华人民共和国<br>国家质量监督检验检疫总局 |
| 2018 | JGJ/T 443—2018　再生混凝土结构技术标准 | 中华人民共和国住房和城乡建设部 |
| 2019 | JGJ/T 468—2019　再生混合混凝土组合结构技术标准 | 中华人民共和国住房和城乡建设部 |
| 2019 | JCT 2548—2019　建筑固废再生砂粉 | 中华人民共和国工业和信息化部 |
| 2019 | CJJ/T 134—2019　建筑垃圾处理技术标准 | 中华人民共和国住房和城乡建设部 |
| 2019 | JC/T 2546—2019　固定式建筑垃圾处置技术规程 | 中华人民共和国工业和信息化部 |
| 2020 | JG/T 573—2020　混凝土和砂浆用再生微粉 | 中华人民共和国住房和城乡建设部 |
| 2021 | JTG/T 2321—2021　公路工程利用建筑垃圾技术规范 | 中华人民共和国交通运输部 |

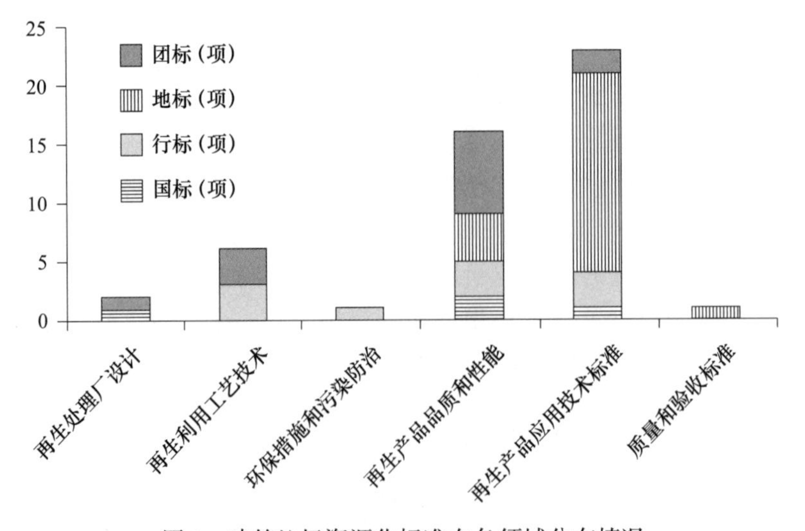


图 1　建筑垃圾资源化标准在各领域分布情况

## 二、存在问题

我国建筑垃圾资源化利用起步较晚，相关法律法规正在逐步完善，除了世界各国都存在的共性问题外，我国建筑垃圾资源化利用还具有自己的特点，包括以下方面：

1. 源头减量化控制较弱，垃圾排放量较大

目前，西方国家建筑垃圾的资源化率已超过 90%，有的国家建筑垃圾资源化率已经达到约 97%，建筑垃圾再生利用率约 70%。参照发达国家经验，源头减量是减少建筑垃圾重要的政策和技术手段，但目前我国在政策法规上仅提倡源头减量化，无具体要求和规定。我国对建筑垃圾管理和再利用研究的速度比较慢，建筑技术设备措施相对滞后，没有对建筑垃圾在源头上进行有效控制，建筑垃圾再利用量和再利用速度滞后于建筑垃圾的增长量和增长速度，建筑垃圾资源化率不足 10%。此外，城市建设过程中缺少长远规划，建筑未到使用年限拆除现象普遍存在。

2. 建筑垃圾处理及资源化利用技术水平落后

目前我国建筑垃圾资源化利用方面的相关技术还不成熟，研究偏向理论，缺乏实践经验，没有全面、主导性的应用研究，研究内容容易重复，技术点分散。与发达国家相比，我国相关装备制造水平相对落后，在能耗、加工效率、噪声、耐用程度、自动化程度、智能水平、集料加工质量等方面均有差距。设备落后，导致绝大部分建筑垃圾未经处理就被直接运往郊外或乡村采用露天堆放或简单填埋的方式进行处理，既浪费资源，增加成本，又污染环境。同时，施工管理、施工工艺技术落后、施工人员环保意识不强也是产生大量建筑垃圾的主要原因。

3. 建筑垃圾分类未很好实施

建筑垃圾原料复杂，目前我国还没有统一明确的分类标准，甚至有建筑垃圾与生活垃圾混装情况，造成后续分拣、处置程序复杂，难度过大，建筑废弃物处置产品成本增加。虽然有的城市采取分类垃圾箱，但利用程度不高。

4. 建筑垃圾处置产业链不完善

建筑垃圾处置社会全产业链不完善，收集、运输、分拣、利用环节脱节。建筑垃圾运输市场地域竞争明显、秩序不规范；运输企业鱼龙混杂、良莠不齐。建筑垃圾的堆存方面，建筑垃圾排放量的大幅增加使得建筑垃圾处置场地相对缺乏。一方面，建筑垃圾的再利用率较低，还留存大量的建筑垃圾无法处理；另一方面，建筑垃圾的再生产品的堆存场地也较为缺乏。因此，建筑垃圾产生、资源化利用、产品应用环节还未完全打通，处置企业经常处于“生产吃不饱、产品卖不出”的尴尬境地，很多企业难以为继。

5. 资源化成本较高，再生产品市场竞争力弱

由于我国建筑垃圾再利用领域的研究起步较晚，相关技术、设备及产品研发水平较为落后，建筑垃圾资源化生产率低而成本高，导致建筑垃圾再生产品生产企业

利润微薄。建筑垃圾资源化利用需要花费大量的人力、物力，很多石料丰富地区的再生材料的价格与同类产品相比没有优势，市场竞争力不足。

6. 建筑废弃物产品认可度不高

在建筑垃圾生产加工中，建筑垃圾的来源、杂物筛选、破碎设备选择、粉磨时间、筛分机械的选择等对再生骨料性能均有影响，国内再生骨料产品质量参差不齐，再生产品在高等级应用中的范围受限，产品质量的波动最终影响市场的接受度。社会认可度不高，有抵触情绪，认为垃圾制作出来的产品质量不可靠而拒绝使用。

7. 管理体系不够完善

建筑垃圾再利用涉及许多利益主体，包括政府相关部门、建设单位、施工单位、再生产品生产企业及其竞争者，以及社会公众等。我国目前缺乏建筑垃圾处理的管理监督机制，法律法规还不够健全，执行力度不够。建筑垃圾的管理涉及规划国土部门、建设部门、城管综合执法部门、交警部门、运输部门以及公安部门等，各部门之间沟通协调不力，也导致建筑垃圾治理的低效和混乱。

## 三、趋势分析

建筑垃圾资源化循环再生利用的趋势分析主要从产生量、建筑垃圾综合利用方式、经济社会效益、再生利用技术等方面进行。

### （一）建筑垃圾产生量预测分析

近年来，随着工业化、城市化进程的加速，建筑业也同时快速发展，相伴而产生的建筑垃圾日益增多。据住房和城乡建设部提供的测算数据，我国城市建筑垃圾年产生量超过 20 亿 t，是生活垃圾产生量的 8 倍左右，约占城市固体废物总量的 40%[13]。

### （二）建筑垃圾综合利用方式

1. 再生产品种类

目前我国建筑垃圾综合利用主要用于生产粗骨料、再生细骨料、再生微粉、再生园林土等为代表的中间产品，以及再生砖、再生预拌混凝土、再生混凝土制品、再生复合筑路材料等再生系列终端产品，目前可以做到各种产品的性能指标和关键技术指标均高于现行国家、行业标准，能够达到国际先进水平。

2. 再生产品应用

建筑垃圾再生材料应用广泛，如再生混凝土、砂浆、砌块、砖、板材等应用于建筑工程；再生透水混凝土、透水砖、无机混合料、级配碎石、回填材料等应用于市政交通工程；再生骨料作为渗蓄材料用于海绵城市建设领域；再生混凝土制品用于地下管廊等。

未来建筑垃圾应根据建筑垃圾产生量，合理确定建筑垃圾综合利用方式，既要保证其实现规模消纳，又要提高其附加值，以提高建筑垃圾资源化利用水平。

### （三）经济和社会效益

建筑垃圾的回收利用价值巨大，据推算，每利用1亿t建筑垃圾可以生产标砖243亿块、混合料3600万t，减少占地1.5万亩，节煤270万t，减排二氧化碳130万t，新增产值84.6亿元[16]。以每年建筑垃圾产生量20亿t，按照每吨处理费用30元测算，全国建筑垃圾每年处置空间有600亿元。以建筑垃圾再生材料生产路面砖为例，使用再生料与天然料比较，每平方米路面砖节约1.31元，生产100万$m^2$路面砖，使用再生料比天然料节约131万元，不仅更环保，生产成本也明显降低，对于实现“双碳”目标和经济效益具有重要意义[17]。

### （四）建筑垃圾资源化技术趋势分析

目前，我国建筑固废资源化利用技术的研发还处于起步阶段，关键技术还有待突破，以促进研究成果产业转化。

（1）改善建筑物的节能效率。建筑物节能设计主要针对建筑物围护结构，包括墙体保温功能设计、屋面节能设计、窗户保温设计。

（2）提高建筑垃圾减量化处理技术。采用新工艺、新技术、新设备，加强建筑垃圾源头管控，减少工程建设过程中的建筑垃圾排放，实行建筑垃圾分类管控和再利用。

（3）加强BIM技术应用。BIM技术在工程造价全过程管理中，通过对建筑及基础设施的物理特性和功能特性进行数字化表达以及对建筑物施工过程进行模拟等，使施工单位大致了解项目的施工成本，并采取措施对成本进行控制，从而满足建筑经济性的要求。

（4）大力推广装配式建筑技术。有效减少建筑垃圾排放，节约水泥砂浆用量，节省木材以及降低水资源消耗。

（5）精细化管理绿色建筑增量成本。在规划、设计、施工、运营等全寿命周期阶段，通过跟踪绿色建筑绿色技术引入、应用所新增的作业行为和过程，全面了解项目增量成本，并 针对这些增量成本进行精细化管理。

## 四、发展建议

建筑物和建筑材料的全生命周期包括材料生产、建筑物的建造、运营使用、拆除以及建筑垃圾处理处置等阶段。因此，建筑垃圾资源化利用技术的提升策略，应该从源头设计、拆除过程控制、再生利用和政策保障等4个方面着手。

### （一）源头绿色设计是提升建筑垃圾资源化利用的基础

所有的建筑物均有使用寿命的限制，所以建筑物最终都会被拆除成为建筑垃圾。因此，从源头削减的角度出发，设计和构建可拆卸的装配式建筑物，应用绿色轻质的建筑材料。

### （二）拆除过程控制是提升建筑固废资源化利用的前提

传统的建筑物拆除目前大多采用爆破或机械力摧毁方式，效率较高但简单粗暴，一些有寿命冗余的门、窗或其他建筑制件均同时被毁坏，这给后续的循环利用造成困难。因此，① 发展无损拆解技术，在建筑物主体爆破或摧毁前，将部分具有寿命冗余的建筑制件进行无损拆解，使其使用性能不受损害，是实现其拆除后直接利用的前提；② 开发分类分离技术与装备，提高含有复杂成分建筑固废的精细化分类分拣程度，是降低建筑固废循环利用成本的有效手段。为此，应积极研发、引进振动筛分、电磁筛分、可燃物回转式分选、比重差分选、不燃物精细分选等先进分选设备，将视觉神经网络、物联网等先进技术应用于分选流程，减少分选阶段的开销，提高分拣效率，以提升分拣率和精细化程度。

**（三）突破再利用环节的关键技术与装备是提升建筑固废资源化利用的关键**

为促进建筑固废的资源化利用，提高固废资源化产业对建筑固废的消纳能力，同时形成市场化的产业链，需要在建筑固废资源化利用关键技术与装备方面有所突破。① 开发生产附加值高、市场认可度高、适用范围广的建筑固废资源化产品，扩展基于建筑固废再生建材的应用领域；② 通过技术开发和技术集成，设计出高效率的建筑固废再生建材生产装备，提高再生建材的生产效率。这是实现建筑建材资源化利用的关键。

**（四）建立更加完善的、科学的法律法规及行业规范是提升建筑固废资源化利用的保障**

建立更加完善的、科学的法律法规及行业规范。可以借鉴国外城市的成功经验，不断完善我国建筑垃圾的管理模式、法律规章、机制措施等。这是建筑建材资源化利用的有力保障。

## 参考文献


[1] 中华人民共和国中央人民政府. 我国推进建筑垃圾治理和资源化利用. 2021-12-09. http://www.gov.cn/xinwen/2021-12/09/content_5659650.htm.

[2] 中华人民共和国住房城乡建设部. 建筑垃圾处理技术标准：CJJ/T 134—2019 [S/OL]. 北京：中国建工业出版社出版，2019：3-29. [2021-3-25]. http://www.mohurd.gov.cn/wjfb/2019.10/t20191012_242186.html.

[3] 中华人民共和国生态环境部. 国家发展改革委关于印发“十二五”资源综合利用指导意见和大宗固体废物综合利用实施方案的通知. 2011-12-30.https://www.mee.gov.cn/ywgz/fgbz/gz/201112/t20111230_222026.shtml.

[4] 国家能源局. 关于印发“十二五”资源综合利用指导意见和大宗固体废物综合利用实施方案的通知. 2011-12-30. http://www.nea.gov.cn/2011-12/30/c_131335362.htm.

[5] 中华人民共和国中央人民政府. 国务院关于印发循环经济发展战略及近期行动计划的通知：2013-02-05. http://www.gov.cn/zwgk/2013-02/05/content_2327562.htm.

[6] 中华人民共和国中央人民政府. 中共中央国务院印发《关于进一步加强城市规划建设管理工作的若干意见》. 2016-02-06. http://www.gov.cn/gongbao/content/2016/content_5051277.

htm.
［7］中华人民共和国中央人民政府．发展改革委关于印发《循环经济发展评价指标体系（2017年版）》的通知．2017-01-12．http://www.gov.cn/xinwen/2017-01/12/content_5159234.htm.
［8］中华人民共和国住房和城乡建设部．住房和城乡建设部《关于开展建筑垃圾治理试点工作的通知》（建城函［2018］65号）通知．2018-03-23.
［9］中华人民共和国住房和城乡建设部．住房城乡建设部发布了《关于推进建筑垃圾减量化的指导意见》（建质〔2020〕46号）．2020-05-08.
［10］中华人民共和国住房和城乡建设部．国家发展改革委《关于印发“十四五”循环经济发展规划的通知》（发改环资〔2021〕969号）．2021-07-01.http://www.gov.cn/zhengce/zhengceku/2021-07/07/content_5623077.htm.
［11］曹元辉，王胜杰，王勇等．我国建筑垃圾综合利用现状及未来发展趋势［J］．中国建材，2021（9）：118-121.
［12］徐进财，李静，娄广辉．建筑垃圾的源头减量化及资源化利用研究［J］．河南科技，2021，40（33）：6.
［13］中华人民共和国中央人民政府．我国推进建筑垃圾治理和资源化利用．2021-12-09.http://www.gov.cn/xinwen/2021-12/09/content_5659650.htm.
［14］郝粼波．浅析装修废物预处理技术应用及其在我国的发展［J］．环境卫生工程，2020，28（4）：95-98，104.
［15］姬敏，伊佳雨，曹长林，等．建筑固废资源化处置技术的难点分析及提升策略［J］．福建师范大学学报：自然科学版，2022，38（1）：8.
［16］全国人民代表大会．建筑垃圾资源化利用亟须专项立法．2020-09-24.http://www.npc.gov.cn/npc/c30834/202009/b6685c3a43a74ce99433cbfb5a020f05.shtml.
［17］王威威，刘宗辉．建筑固废资源化利用技术及其应用研究［J］．城市住宅，2019，26（3）：148-149.

# 能源桩技术在我国浅层地热能开发利用中的发展与创新

吴春秋　杜风雷
（中国建筑科学研究院有限公司　建研地基基础工程有限责任公司）

我国浅层地热能资源丰富，储存量相当于每年 95 亿 t 标准煤。与其他可再生能源相比，浅层地热能具有储量大、分布广、利用率高、应用成本低的特点，同时不受季节、气候、昼夜温度变化等外界因素的干扰，是一种极具竞争力的可再生能源。2021 年 9 月，国家能源局发布的《关于促进地热能开发利用的若干意见》提出：到 2025 年，地热能供暖（制冷）面积比 2020 年增加 50%；到 2035 年，地热能供暖（制冷）面积力争比 2025 年翻一番[1]。可以预见，在碳中和、碳达峰战略背景下，浅层地热能的开发与利用具有巨大的应用前景。

地源热泵技术是开发浅层地热能的传统技术。随着地源热泵技术的进一步发展，一种新型的埋管方法——桩埋管应运而生。该项技术将工程桩作为换热器，形成与周围岩土体进行热交换的复合结构，即本文的研究对象“能源桩”。能源桩具有很好的技术优势和经济效益，但在我国的发展还不足，存在专业融合、标准示范等方面的短板。本文介绍了国内国外能源桩技术的发展现状，并阐述分析了我国能源桩领域的工程实践、最新研究成果以及发展趋势，提出了在我国城乡建设领域发展应用能源桩的系列建议。

## 一、能源桩在浅层地热能开发利用中的技术特点

### （一）能源桩的基本技术原理

作为利用浅层地热能的常规技术，地源热泵地下换热器（管）一般埋置在 200m 深度范围内的土体中。热泵系统通过传热介质从土体中提取能量与室内空气进行能量交换，从而实现供热制冷。不同于地源热泵钻孔埋管，能源桩将换热管按照一定的规则预先布置在工程桩钢筋笼内，随工程桩施工而埋置于桩体内，利用工程桩与周围岩土体进行热交换，形成浅层地热能开发利用中的一级回路系统，承载外部荷载的同时充当暖通系统的换热器，实现“一桩两用”的功能，如图 1 所示。相比于传统的地源热泵，能源桩具有两个明显优势，一是换热管的埋设无需在专门的场地钻孔，节省了一级回路系统的施工费用和用地成本；二是因混凝土良好的导

热性能及更大的换热截面积，相对于传统地埋管，能源桩具有更好的换热性能和效率。

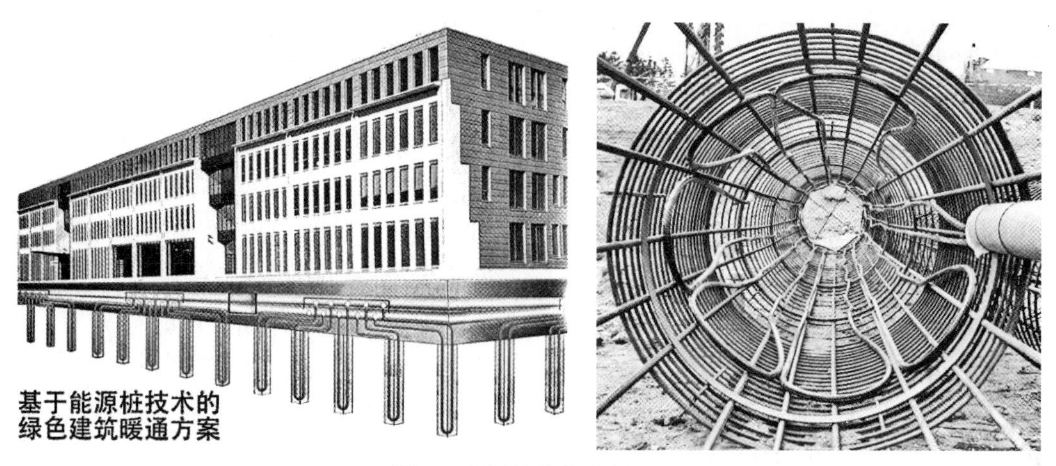


图 1 能源桩的技术原理

## （二）能源桩技术涉及多学科融合

能源桩作为特殊用途的工程桩，具有承担外部荷载并与周围岩土体进行热交换的双重作用。在温度 - 荷载联合作用下，能源桩与普通桩的受力性能明显不同，服役状态下能源桩传热和热力耦合的研究是一个复杂的，高度非线性的流—固—热—力耦合的多学科交叉问题，涉及岩土、建筑、结构和暖通等多专业知识。能源桩的双重“身份”，导致不同专业的关注点不同。结构专业重视温度荷载对桩基承载特性和服役性能的不利影响和长期劣化风险；而暖通专业关心能源桩作为地源热泵系统一级回路热交换器的换热能力和效率。

## （三）能源桩的传热特性不同于传统的地源热泵

能源桩作为浅层地热能开发利用的一级回路系统，其传热性能和效率是国内外学者最为关心的问题；同时也是支持和优化热泵系统设计的基础，对能源桩供能系统的性能评估和经济性评价至关重要。在能源桩发展初期，国内外众多学者对能源桩传热分析的理论和方法大多建立在传统地埋管技术基础之上。相对于地埋管技术，能源桩在传热特性上既有相通之处，也存在明显的区别。尤其是超长大直径能源桩，换热管空间排布、桩体自身热容、传热边界条件等与地埋管存在显著差异。因此必须结合现有理论，对能源桩传热特性做深入的研究分析，而不能将地埋管理论和经验完全照搬到能源桩上，国内外学者也一直致力于能源桩传热理论模型的改进和优化。

能源桩从地下提取或释放的热量取决于桩基几何尺寸、换热管配置、管内介质的导热系数、比热和流速、出入水口温差、桩土热物性、群桩效应等。已有研究和经验表明普通能源桩换热能力在 20—75W/m 之间，每年可提取地热能 100—150kWh/m。如果桩径较大且桩周土体具有较好的导热性（例如饱和砂土），能源桩的热传递能力和效率将会更优。

### （四）能源桩对周围环境的影响不容忽视

在浅层地热开发之初，人们主要关注热泵系统设计施工、运行管理、经济效益和系统能耗等方面，而很少考虑其对地质环境的影响。随着地热能不断被开发利用，部分工程出现了一些地质环境问题，例如冷热对接、热污染和地面沉降等。超长大直径能源桩具有更优的换热性能和效率，投入使用后容易过度开发浅层地热能。因此，其传热特性和运行引起的地质环境问题需要得到足够的重视和研究。

能源桩热力耦合响应是岩土和结构工程师们共同关注的重点。与传统工程桩不同，能源桩在承受外部荷载的同时，还要承担与周围岩土体热交换的任务。能源桩热力耦合特性关乎该项技术的可行性和安全性，国内外对此进行了大量的研究。已有研究成果表明在能源桩与周围岩土体进行热交换的过程中，由温度引起的附加热应力甚至比外部荷载引起的桩身应力还大，因此在能源桩结构响应问题研究中，不能忽视温度荷载引起的桩身力学性能的变化。

## 二、能源桩技术在国内外的发展现状

### （一）能源桩技术在国外的发展应用

1984 年，奥地利技术人员将预制混凝土桩与嵌入式热交换回路联合应用并首次提出了能源桩的概念，而后逐渐推广到瑞士和德国[2]。在工程应用方面，能源桩在奥地利应用最为广泛，且应用场景也比较丰富，其中较为著名的是维也纳市中心的 Uniqa Tower[3]。瑞士政府也鼓励各种形式的地热能开发利用，例如苏黎世机场设计了 315 根能源桩。其他较为知名的能源桩工程还有：德国法兰克福 200m 高的 Main Tower（392 根），德国慕尼黑机场大楼（500 根左右），英国伦敦的 The One New Change Building（192 根）等工程[4]。对于能源桩经济性的评估，Pahud 和 Hubbuch 根据实际工程测算，发现能源桩代替普通桩的投资回收期低于 8 年，不仅节约了建设资金，也减少了能源消耗。由于能源桩的先天优势，2000 年以来，世界各地能源桩地源热泵系统的应用发展迅速。能源桩在瑞士、奥地利、英国、日本、美国等发达国家已得到广泛应用，同时伴有各国能源桩相关规范的产生。

### （二）能源桩技术在我国的发展应用

能源桩在我国的研究及应用相比发达国家要晚，仍处于探索阶段。2017 年在清华大学召开了第一届全国能源地下结构与工程学术研讨会，讨论了近年来我国能源地下结构工程领域的应用经验和最新研究成果。2018 年，行业标准《桩基地热能利用技术标准》JGJ/T 438—2018 的正式实施[5]标志着我国具有能源桩推广应用的科学依据。2021 年 12 月，中国岩石力学与工程学会能源地下结构与工程专业委员会成立大会在深圳顺利召开，为包括能源桩在内的能源地下结构相关科研及工程技术人员提供了一个广泛交流的平台，从而进一步推动了能源地下结构相关理论发展及工程应用。近年来我国科研工作者和工程技术人员对能源桩技术的研究取得了一系列成果，也有少量的应用探索，例如天津梅江综合办公楼、南京朗诗国际街区（1200 根）、上海世博轴（6000 多根）以及上海自然博物馆（570 根）等。尽管如此，在浅层地热能开发中能源桩所占比例仍然很低，能源桩地源热泵系统基本被作为辅助热交换系统。

**（三）能源桩的应用与推广**

能源桩的载体可以是基础工程桩和基坑支护桩。采用基础工程桩时，工程桩既承担荷载，又与周边土体实施热交换，实现一桩两用。采用基坑支护桩时，可以继续发挥基坑工程施工结束后支护桩的利用价值，实现“临时工的转正”，变废为宝。近年来，基于能源桩的基本原理，出现了在隧道结构和基础筏板内埋设换热管的工程案例，逐步发展形成了能源隧道、能源筏板相关技术，构成了基于能源地下结构地源热泵系统一级回路的组合技术，如图 2 所示。

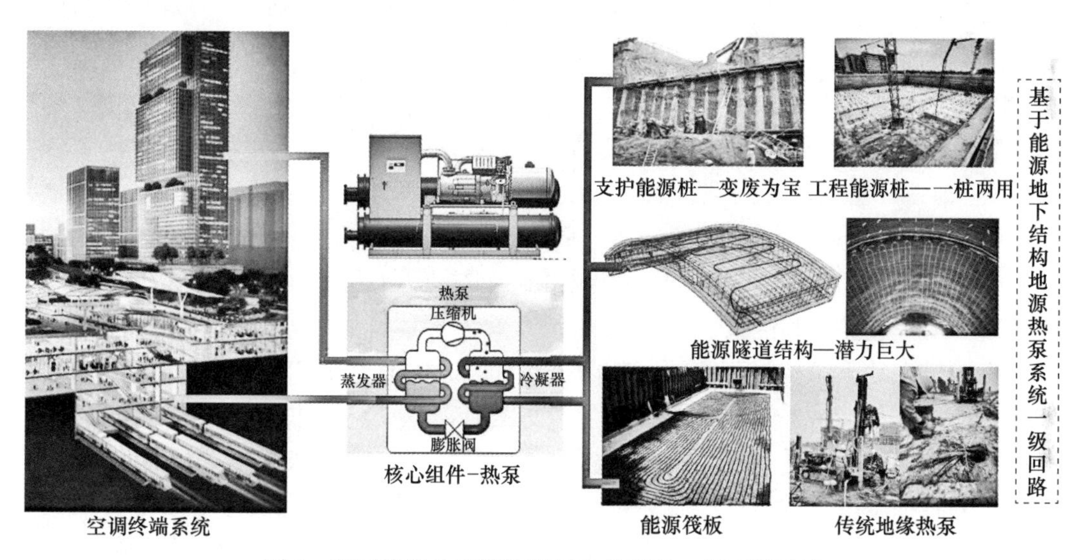


图 2　基于能源地下结构浅层地热开发一级回路系统

在施工工艺方面，现浇混凝土能源桩应用最为普遍。在日本，现浇混凝土能源桩已成为大型建筑物能源桩系统的首选。一般将高密度聚乙烯 PE 管在地面上与钢筋笼相连接，然后插入事先完成的钻孔中，最后灌注预拌混凝土，这样就完成了现浇混凝土能源桩的制作。现浇混凝土能源桩由于涉及大量的现场作业工序，各个环节的失误都可能会影响到能源桩的整体工作性能，所以近些年预制钢筋混凝土能源桩开始占据优势。随着桩基技术发展，也陆续出现了以 CFG 桩 [6]、大直径管桩 [7] 和静钻根植桩 [8] 为载体的新型能源桩技术。

**（四）能源桩技术的创新实践**

在能源桩技术研究方面，我国工程师紧跟发展趋势、锁定技术前沿，在浅层地热能开发技术领域持续创新，贡献中国工程师的解决方案及智慧结晶。以下为近年来中国建筑科学研究院相关研发团队围绕能源桩技术所作的探索与创新。

（1）超长大直径能源桩

国外能源桩主要集中在20—40m长的常规桩基，随着我国大型基础设施的建设，超长大直径桩不断得到应用。超长大直径能源桩因更大的影响范围，必然具有更高换热能力和效率。基于此，建研院—清华大学—中海油联合策划并实施了超长大直径能源桩（桩长53m，桩径1.2m）关键技术研究，开展了包括设计方法、施工技术、传热及热力耦合试验等专题研究，并开展了工程化应用技术攻关，为超长大直径能源桩落地应用提供理论依据和技术保障，研究成果经专家鉴定达到国际先进水平（图3）。

图3　超长大直径能源桩应用

（2）能源支护桩和抗拔桩

支护桩在地下结构施工期间起临时支护作用，一旦基坑回填，即完成使命成为土体中的“固体废弃物”。因保守设计或工程水文地质条件的变化，建筑基础抗拔桩在服役期多处于受压状态。此外，城市传统地源热泵常因缺乏埋管空间而丧失可行性。为最大限度地开发工程桩的应用潜力，有必要将传统支护桩和抗拔桩升级改造为能源桩，使其在不损害承载能力的同时充当地源热泵地下热交换器。基于雄安超算云项目，中国建研院科研团队组织实施了支护桩和抗拔桩现场测试，提出了采用土钉墙高放坡＋支护能源桩基坑支护方案，不仅节约工程造价费用，也大大加快了施工进度。针对抗拔能源桩，解决了防水节点、管道路由等技术难题，为重视地热能开发的雄安做出了积极贡献（图4）。

（3）地下LNG储罐温控技术

LNG储罐内存有 −162℃液态天然气，目前在我国均为地上罐（高桩承台）。由于地下储罐受力合理、抗震性好、安全稳定，我国加强了对地下罐的科研攻关和工程化应用。目前在南部沿海规划了多座地下罐，但此地为亚热带区域，室内常年有制冷需求，常规地源热泵并不适用。同时地下罐一大痛点是储罐周围的岩土体遭受低温作用后，周边岩土体会产生冻胀破坏。综合考虑上述矛盾，中国建研院研究团队创新了能源地下结构的形式，拓展其应用范围，提出利用能源桩和地连墙系统，通过热泵系统带走地下罐周边冷量，解决冻胀问题的同时充分利用冗余冷量，对周边办公楼和设备机房进行降温，实现冷量的“变废为宝，一举两得”。目前相关的技术正在进行攻关（图 5）。

图 4　雄安超算云项目支护与抗拔能源桩

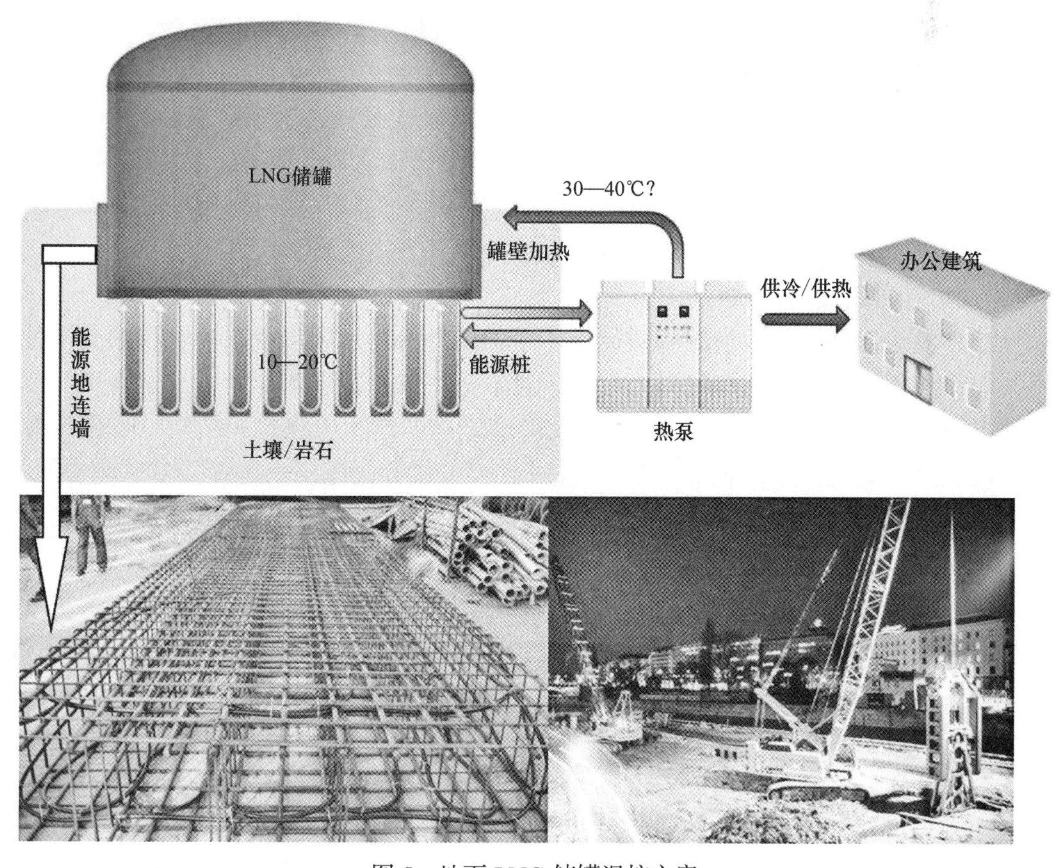


图 5　地下 LNG 储罐温控方案

## 三、发展展望与建议

能源桩的研究与应用已有近 40 年的历史，在国外应用较多，但国内工程应用仍十分有限。一方面是因能源桩作为特殊形式的工程桩，在温度 - 荷载联合作用下，其传热及承载工作原理涉及岩土、建筑、结构和暖通等多专业知识，另一方面，我国勘察、设计、施工和运维相对独立，缺乏包含能源桩和配套上部暖通系统设计施工于一体的标准规范，两方面的原因影响了该技术在我国的推广应用。以下从政策导向、技术研发、标准规范几个方面提出相关建议，以期推动能源桩技术在我国的推广应用。

**（一）政策导向的建议**

“双碳”战略下浅层地热能具有巨大的实际需求和应用前景，能源桩技术经济优势明显，可用于开发浅层地热能，政府应做好引导、培育工作。

1. 应继续加大对包括地热能在内的可再生能源开发利用的支持力度。鼓励各类建设单位利用自有建设用地发展可再生能源和建设分布式能源设施，完善地热能与风能、太阳能等能源资源协同开发机制，可借鉴风能、太阳能等发展模式，根据资源类别制定不同的补贴标准。发挥考核指挥棒作用，强化用能单位节能低碳指标考核，推动企业加大能源技术创新投入，推广应用包括能源桩在内的新技术。

2. 做好示范引领。规划实施一批标志性的能源桩研发和示范项目，形成可复制推广的技术和商业经验。坚持“产学研用”，发挥能源领域国家重点实验室作用，并在交叉领域开拓学科生长点，形成创新性技术并培养复合型高层次创新人才。

3. 在资金投入方面，应积极探索能源供应的体制机制，探索以市场化方式吸引社会资本投入，大力推广能源合同管理商业模式，促进对地热能的开发利用。

**（二）技术研发的建议**

1. 需要建立多学科融合的协同创新体系。能源桩是一项涉及众多学科的交叉技术，应形成以国家战略科技力量为引领、企业为主体、市场为导向、产学研用深度融合的能源技术创新体系。在技术开发中应坚持“岩土—建筑—结构—暖通”等多学科交叉，研究其中的核心科学问题，“勘察—设计—施工—运维”多专业协同，攻关地热能开发利用关键技术，开发地热能利用“动态监测—实时分析—智能调整—及时维护”等全过程一体化系统与设备。

2. 需要突破制约应用的核心关键技术。在使用过程中，能源桩桩身结构、桩—土界面以及地基土在温度场—应力场耦合作用下的行为十分复杂，目前能源桩的设计仍处在以经验为主设计的阶段，或以传统的钻孔埋管地源热泵传热模型为参照。要全面了解能源桩传热及热力耦合特性，进而指导工程实践，仍有很多问题有待深入研究和完善。需要重点研究的内容有：承载状态下能源桩的热力耦合性能、超大直径能源桩的传热模型、不同地层条件下能源桩的传热特性、能源桩的耐久性、能源桩配套的热泵系统等暖通系统以及广义能源桩如能源地连墙、能源隧道的相关技术研究。

**（三）标准规范的建议**

目前国内缺乏能源桩相关完整的技术体系，已发布的能源桩相关规范只有行业标准《桩基地热能利用技术标准》JGJ/T 438—2018，该标准焦点集中在桩基埋管部分，较少涉及终端的空调暖通系统，缺少资源分析和后评价等内容，对能源桩技术在中国落地应用推动不足。

1. 开展对涉及能源桩技术应用的标准体系研究，形成包括资源分析、设计、施工、检测、运维、后评价、造价预算等在内的标准框架，开展行业共性、基础性、公益性技术研究，尽快编制完成支撑能源桩推广应用的标准规范。

2. 在总结示范工程经验的基础上，不断吸收最新的研究成果，编制指导工程技术人员设计与施工的应用指南。

## 四、结语

在“碳达峰、碳中和”的国家战略背景下，浅层地热能的开发利用具有巨大的实际需求和应用空间。随着技术的改进、经验的积累、相关标准规范的配套，基于能源桩的绿色低碳节能技术一定能得到进一步发展和应用。同时，随着能源桩用于浅层地热能的开发利用，也必将促进岩土工程专业低碳转型，促进建筑业高质量发展，服务国家战略。

## 参考文献


［1］国家能源局：关于促进地热能开发利用的若干意见（国能发新能规〔2021〕43号）［Z］. 北京.

［2］Brandl H. Energy foundations and other thermo-active ground structures[J]. Geotechnique, 2006, 56 (2): 81-122.

［3］Akrouch G A, Sánchez M, Briaud J L. Thermo-mechanical behavior of energy piles in high plasticity clays[J]. Acta Geotechnica, 2014, 9 (3): 399-412.

［4］郭浩然. 能源桩热－力学结构响应及传热强化特性研究［D］. 北京科技大学, 2019.

［5］中华人民共和国行业标准. 桩基地热能利用技术标准：JGJ/T 438—2018［S］. 北京：中国建筑工业出版社，2018.

［6］You S, Cheng X, Guo H, et al. Experimental study on structural response of CFG energy piles[J]. Applied Thermal Engineering, 2016, 96: 640-651.

［7］刘汉龙，孔纲强，吴宏伟. 能量桩工程应用研究进展及PCC能量桩技术开发［J］. 岩土工程学报，2014，36（1）：6.

［8］方鹏飞，张日红，娄扬，等. 静钻根植能源桩技术及其应用［J］. 深圳大学学报（理工版），2022，39（1）：9.

# 第七篇 标准规范篇

标准是创新成果转化为生产力的桥梁和纽带，是推进创新驱动必由之路。在新时代中国特色社会主义建设时期，党中央、国务院高度重视标准化工作。习近平总书记指出，加强标准化工作，实施标准化战略，是一项重要和紧迫的任务，对经济社会发展具有长远的意义。

中共中央、国务院印发《国家标准化发展纲要》提出建立健全碳达峰、碳中和标准是完善绿色发展标准化保障的重要工作。市场监管总局等 16 部委《贯彻实施〈国家标准化发展纲要〉行动计划》、住房和城乡建设部《住房和城乡建设领域贯彻落实〈国家标准化发展纲要〉工作方案》分别提出实施碳达峰碳中和标准化提升工程，建立城乡建设领域绿色低碳发展标准体系，健全绿色建筑标准体系，健全建筑节能标准体系。应当坚定不移地锚定“双碳”发展目标，持续提升绿色建筑标准，通过绿色低碳标准引导构建低碳生产生活与行为方式，引领建筑业高质量发展。

本篇根据“双碳”领域标准化工作发展及重要标准编制情况，选取了强制性工程建设规范《建筑节能与可再生能源利用通用规范》《建筑环境通用规范》以及推荐性国家标准《近零能耗建筑技术标准》《建筑碳排放计算标准》等四项重要国家标准，对标准主要内容、创新点及实施情况进行了解读和分析。

# 强制性工程建设规范<br>《建筑节能与可再生能源利用通用规范》解读

徐　伟　邹　瑜　张　婧　陈　曦　赵建平　宋　波　何　涛　宋业辉
（中国建筑科学研究院有限公司　建科环能科技有限公司）

## 一、编制背景

2015 年，国务院印发了《深化标准化工作改革方案》，明确要求整合精简强制性标准，并明确提出“坚持国际接轨、适合国情”的改革原则，拉开了标准改革的序幕。2016 年住房和城乡建设部印发了《深化工程建设标准化工作改革的意见》，提出“改革强制性标准。加快制定全文强制性标准，逐步用全文强制性标准取代现行标准中分散的强制性条文”。强制性工程建设规范是为适应国际技术法规与技术标准通行规则，深化工程建设标准化工作改革，取代现行标准中分散的强制性条文的技术法规类文件。《建筑节能与可再生能源利用通用规范》GB 55015—2021（以下简称《节能规范》）是我国在建筑节能领域首次发布的全文强制性工程建设规范，于 2021 年 9 月 8 日发布，并于 2022 年 4 月 1 日实施。

2020 年，习近平主席提出力争 2030 年前实现碳达峰、2060 年前实现碳中和的战略目标，事关中华民族永续发展和构建人类命运共同体。建筑节能作为实现碳达峰、碳中和目标的关键支撑，是重要抓手，也是推动产业结构调整优化的重要举措。《节能规范》是为落实国家节能减排战略、实现碳达峰碳中和目标，对工程建设项目建筑节能与可再生能源利用的通用性底线要求。其发布实施对构建清洁低碳、安全高效的能源体系，加快发展清洁能源和新能源，提高能源利用效率，营造良好的室内环境，满足经济社会高质量发展，实现碳中和具有重要意义。

## 二、技术内容

### （一）编写原则

1. 工程的底线要求

强制性工程建设规范分为项目规范和通用规范两大类。《节能规范》作为通用规范，是以节能目标和节能技术措施为主要内容的强制性国家标准，是各类建筑工程项目必须严格执行的“技术法规”之一。

2. 覆盖工程建设全过程

《节能规范》按照工程建设全过程维度进行编写，即对设计、施工、验收、运行维护等均进行了规定。

3. 适用范围及定位

《节能规范》适用于所有新建、扩建和改建的民用建筑及工业建筑，也适用于既有建筑节能改造。不适用于无供暖空调要求的工业建筑，且不适用于战争、自然灾害等不可抗条件。它作为法规类强制性规范，是工程专业技术人员必须遵守的技术准则，也是工程监管的重要依据。

**（二）编制思路**

《节能规范》分为目标层和支撑层，其中目标层包括节能总目标和性能目标两部分。总目标定性表述，是以保证生活和生产所必需的室内环境参数和使用功能为前提，提高建筑设备及系统的能源利用效率，降低建筑的用能需求。量化总目标给出了总的节能率、平均能耗及碳排放强度，并通过性能目标进行实现，确保可操作、可实施、可监管。性能目标针对各个气候区的建筑和围护结构、供暖通风与空调、电气、给水排水及燃气等几个部分给出了性能要求，包括体型系数、窗墙面积比、传热系数及热阻、冷机能效指标等。支撑层则按照新建建筑设计、既有建筑改造设计、可再生能源应用设计、施工调试及验收、运行管理等部分相应给出了具体技术措施支撑目标层。

**（三）主要内容**

《节能规范》涵盖了从设计到运行的全过程要求，涉及建筑及建筑热工性能、暖通空调、给水排水、燃气等多个专业，标准框架详见图 1。

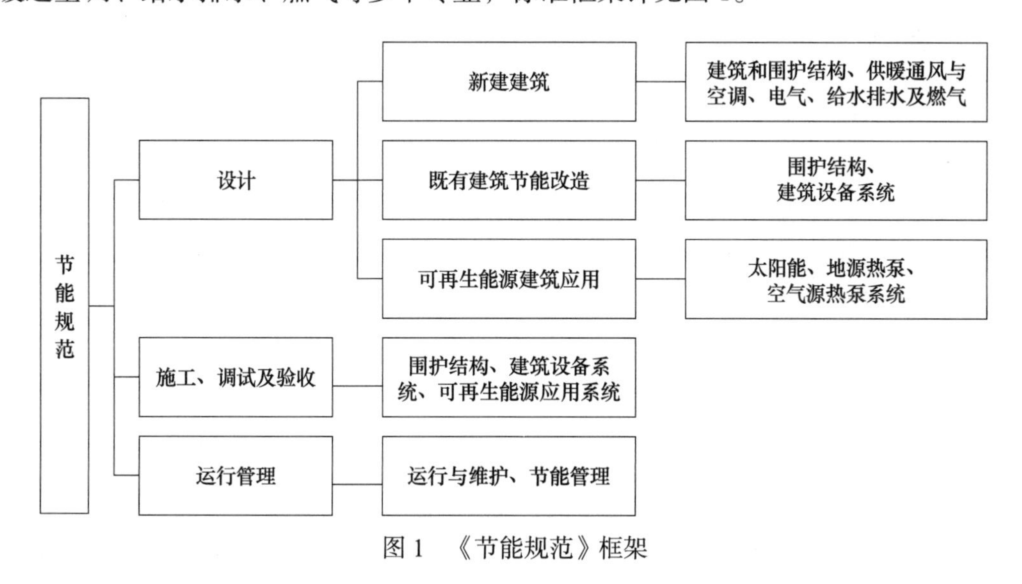


图 1　《节能规范》框架

1. 总目标

根据国家节能减排整体战略及住房和城乡建设部《建筑节能与绿色建筑发展

“十三五”规划》（建科〔2017〕53 号）的目标，以及碳达峰、碳中和的要求，结合行业发展及建筑部件和用能设备的情况，经综合优化分析，最终确定了节能目标，即以 2016 年执行标准为基准，在此基础上居住建筑和公共建筑分别再降低 30% 和 20%。同时，新建的居住和公共建筑碳排放强度应分别在 2016 年执行的节能设计标准的基础上平均降低 40%，碳排放强度平均降低 $7kgCO_2/（m^2·a）$以上。

2. 性能指标

将总目标细化为性能指标，主要包括：

（1）建筑设计及围护结构热工性能：各类型建筑体型系数、各朝向窗墙面积比、通风开口面积、各类型建筑非透光部位传热系数 / 热阻、各类型建筑透光部位传热系数（SHGC）、权衡判断基本要求、空气渗透量。

（2）供暖通风与空调：各气候区 HVAC 各类冷机、房间空调器性能要求、锅炉 / 燃气热水炉 / 热泵热效率、风机水泵性能要求。

（3）电气：各场所照明功率密度。

（4）给水排水及燃气：户式燃气热水器、供暖热水炉、热泵热水机、电热水器、燃气灶具等的性能要求。

（5）可再生能源应用：太阳能热利用系统集热效率、地源热泵机组能效、空气源热泵性能要求。

（6）施工、调试及验收：系统及材料的性能要求。

（7）运行管理：公共建筑室内设定温度。

3. 支撑技术措施

支撑技术措施从新建建筑节能设计、既有建筑节能诊断设计、可再生能源建筑应用设计、施工调试及验收、运行管理五个方面进行了规定，以实现性能指标的要求，从而达到节能总目标。

（1）新建建筑节能设计

新建建筑从技术支撑措施方面对建筑采光、参数计算方法、气候设计、遮阳措施提出要求，对保温系统工程相关措施提出要求；针对暖通、电气、给水排水和燃气系统几个方面规定了能源方案、监测计量及智能控制、余热回收等具体技术措施对分解后的性能目标进行支撑。

（2）既有建筑节能改造设计

既有建筑节能改造规定了安全性评估、节能诊断内容、能量计量、室温调控、监测控制等内容。

（3）可再生能源建筑应用设计

可再生能源建筑应用设计，主要包括太阳能系统、地源热泵系统、空气源热泵系统三部分，强调了可再生能源的利用应统筹规划、根据资源条件进行适宜性分析。太阳能系统包括防过热及防坠落等安全性要求、监测参数等规定；地源热泵包括场地勘测、现场岩土热响应试验、全年动态负荷及吸排热量计算、耐腐蚀及防冻措施和监测与控制相关内容；空气源热泵包括融霜时间、防冻措施、安装措施等。

（4）施工、调试及验收

通过进场检验、施工过程、资料核验、节能评估对整个施工调试及验收进行质量控制，主要包括围护结构、设备部件、可再生能源系统三部分。在围护结构方面规定了复验内容及要求、耐候性试验等节能工程施工要求，对密封、防潮、热桥、保温措施等也进行了规定。在建筑设备部件及可再生能源系统方面，规范规定了相关的复验要求，热计量、能量回收、通风机和空调机组以及空调、供暖系统冷热源和辅助设备等设备调试，以及抽水试验和回灌试验要求。

（5）运行管理

运行管理阶段涵盖运行维护和节能管理。运行针对设立节能管理与运行制度及方案、操作规程的制定、水力平衡调试、季节切换以及优化运行等内容进行了规定。节能管理包括对计量及能耗统计、能量计量、能效标识等内容作出了规定，开展能耗比对等，以保证节能目标的顺利实施。

**（四）与国外标准比对**

编制组主要基于英国和澳大利亚两国的建筑法规体系，分析了建筑法规和通用规范的架构体系、建筑技术法规的内容以及管理方式。英国和澳大利亚的建筑技术法规体系架构一般按法律效力分为两个大层次：法律条例和技术法规。前者主要是管理层面，明确总体要求和社会各部门权责，后者主要在操作层面给出具体技术规定，有的还会延伸扩充到技术标准。与我国目前正在形成的体系相对照如表1所示。

**国内外建筑法律法规及标准体系情况　　表1**

| 层次 | 类别 | 国别 | | |
|---|---|---|---|---|
| | | 澳大利亚 | 英国 | 中国 |
| 法律层面 | 法律 | 建筑法令 | 建筑法、苏格兰建筑法、地方立法 | 建筑法、节约能源法、可再生能源法 |
| | 条例 | 建筑条例 | — | 民用建筑节能条例、公共机构节能管理条例 |
| 技术法规 | 性能化技术法规 | 建筑技术法规 | 建筑条例、苏格兰建筑条例、北爱尔兰建筑条例、核准文件 | 正在研编的建筑技术法规体系（现行强制性条文） |
| 支撑技术法规的标准 | 技术标准 | 建筑技术标准 | 建筑标准（EN,BSI） | 工程建设标准 |

我国是世界上对建筑全行业有强制节能要求的少数国家之一，编制组对全球建筑节能强制法规执行情况进行了调研。《规范》的技术条文充分借鉴了美国、英国、丹麦及德国等国家和我国台湾地区的技术法规和标准规范，并在内容架构、要素构成以及技术指标等方面开展了对比研究。

内容架构上，《节能规范》以工程建设全过程为主线，以节能目标为核心，采用“性能指标+技术措施”的基本架构，与美国建筑节能标准架构体系基本一致。但美国标准是各州政府自愿采纳、自愿强制，因而标准本身更侧重技术内容，对应用对象和实施范围不作明确限制。《节能规范》为通用规范，以专业通用技术为主要对象，因此以工程建设各环节为一级目录，更便于执行。

要素构成上，本规范在基础性规定（气候区划、节能目标、建筑分类）、合规判定（计算方法、计算参数、计算软件的功能、判定指标）、建筑本体要求（建筑设计、围护结构热工性能、气密性）、用能系统要求（冷热源选择及能效、供暖空调系统、通风、照明、给水排水、燃气）、可再生能源的建筑利用、工程建设环节（设计、施工、改造、调适、运行监控）等要素构成上与美国、日本、英国等国家基本一致。不同的是，建设环节中强调的施工质量控制环节，在国外同类体系中很少提及。

技术指标上，在新建建筑围护结构的热工性能方面，我国新建居住建筑主要围护结构的热工性能与气候接近国家（地区）相比，在不同气候区和不同围护结构部位互有高低，整体水平基本持平。新建公共建筑围护结构与美国同气候区相比，屋面及外墙热工性能均优于美国，外窗的性能要求水平相当。用能系统方面，主要空调冷源设备中定频水冷机组性能系数（*COP*）要求总体与美国 ASHREA 90.1—2013 标准的要求相当，目前美国大约 15 个州采用该版标准作为州建筑节能强制性技术法规；对大型变频冷水机组部分负荷性能系数（IPLV）要求数值（中美标准的具体工况不同，因此可比性不强）总体落后于美国最新的 2019 版标准 20% 左右，但目前美国仅大约 5 个州采用该版标准作为州建筑节能强制性技术法规。美国建筑强制性法规的采纳以州政府为主导，除上述 20 个州外，22 个州目前采纳 2010 版及更低版本的标准作为州建筑节能强制性技术法规，另有 7 个中部州及阿拉斯加州不设置建筑节能强制性法规。照明节能方面，照明系统的能效水平与美国能源之星的标准相近，照明功率密度限值总体上严于美国 ASHREA 90.1—2016 和新加坡 Greenmark 标准。可再生能源利用方面，太阳能热利用系统中的关键设备、太阳能集热器设计使用寿命与欧美国家的集热器使用寿命年限一致；地源热泵系统提出的吸排热量平衡指标、施工安装水压试验安全要求，要高于德国标准 VDI 4640 相关要求。

## 三、标准特点

### （一）特点

《节能规范》不仅是国家工程建设的底线要求，同时还需要紧密结合国家节能降碳战略部署及安排，具有以下特点：

（1）具有关联国家节能减排计划与国际义务的特殊性，是落实国家节能减排政策，实现“双碳”目标的重要抓手。2018 年国务院印发《打赢蓝天保卫战三年行动计划》，生态文明建设也被纳入了执政党行动纲领。中国已作出承诺，$CO_2$ 排放在

2030年左右达到峰值并争取尽早达峰。规范整体节能目标及具体技术指标和限值的确定需要与住房和城乡建设部建筑节能与绿色建筑发展规划相衔接。

（2）以整体节能量化目标为导向。根据国家建筑节能整体目标要求，综合建筑节能技术水平及可再生能源利用发展趋势，确定了新建民用建筑节能率提升目标、平均能耗指标及平均碳排放强度，为节能政策制定与评估、节能规划以及地方节能标准制定提供了量化指标。

（3）多专业协作。首先，规范涉及规划、建筑设计、建筑热工、暖通空调、给水排水、电气、燃气、可再生能源应用等多个专业的全过程。其次，规范的编制是一个复杂的从调研分析到目标确立再到分解计算的过程，各种节能措施带来的节能效益会相互影响，不是简单的节能量的叠加。

### （二）创新点

1. 明确了不同地区不同类型建筑节能目标——相对能耗水平

随着节能技术和节能率的提高，建筑节能专业领域的不断扩充，按照行业习惯的以20世纪80年代为基准的节能率已经很难科学反映建筑节能的提升水平，故此次制定《节能规范》时，新建建筑设计节能目标以2016年新建建筑为基准。其中居住建筑全年供暖空调设计总能耗降低30%；公共建筑全年供暖、通风、空调和照明的设计总能耗降低20%。

2. 首次提出了标准工况下建筑能耗量化指标——平均绝对能耗指标

居住建筑按全国11个气候子区典型城市参数计算得出供暖空调耗电量；公共建筑按七种建筑模型、分五个建筑热工一级气候区分别计算得出供暖空调照明总耗电量。表示满足本规范节能设计要求的项目达到的平均能耗水平，可作为节能标准的定量研究和中央、地方节能政策制定的重要参照依据。

3. 优化确定了性能提升的幅度——节能目标的分解落实

根据前述确定的节能目标进行量化和细化，通过优化计算确定规定性指标。将节能目标按照建筑形体设计、围护结构性能、用能系统性能三大方面进行分解，确定具体的技术指标。

4. 完善了合规判定方法——指标＋性能化

规范的围护结构热工性能设计采用了限值指标＋性能化等效设计（权衡判断）的双路径合规性判定的方式。后者有“门槛值”作为权衡判断底线指标，根据规范中规定的标准工况计算设计建筑用能水平，总体不高于符合围护结构限值指标的参照建筑用能水平，即可判定为围护结构热工性能设计合规。

## 四、结语

自20世纪80年代，以建筑节能标准为先导，我国建筑节能工作取得了举世瞩目的成果，尤其在降低公共建筑能耗和严寒寒冷地区居住建筑供暖能耗、提高可再生能源建筑应用的比例等领域取得了显著的成效，建筑节能工作减缓了我国建筑碳排放总量随城镇建设发展而持续高速增长的趋势。随着中国“双碳”目标的正式提出，建筑领域节能减排已成为我国应对气候变化工作的重要组成部分。

《节能规范》具有多专业协作，具有以整体节能量化目标为导向，关联国家节能减排计划、“双碳”目标与国际义务的特殊性。规范的发布和实施全面提升了建筑节能水平，突出了可再生能源的利用，对接了尽早实现碳达峰及降低峰值的工作要求，同时也是保障能源安全，推动煤炭清洁高效利用，发展可再生能源的具体体现，对推动城乡建设高质量发展，满足人民日益增长的美好生活需要，全面建成小康社会，具有重要现实意义。

# 强制性工程建设规范《建筑环境通用规范》解读

邹　瑜　徐　伟　王东旭　林　杰　赵建平　董　宏　曹　阳
（中国建筑科学研究院有限公司建筑环境与能源研究院；建科环能科技有限公司）

## 一、编制背景

2016 年住房和城乡建设部印发了《深化工程建设标准化工作改革的意见》，提出改革强制性标准，加快制定全文强制工程建设规范，逐步用全文强制工程建设规范取代现行标准中分散的强制性条文。明确“加大标准供给侧改革，完善标准体制机制，建立新型标准体系”的工作思路，确定“标准体制适应经济社会发展需要，标准管理制度完善、运行高效，标准体系协调统一、支撑有力”的改革目标。

依据住房和城乡建设部《关于印发〈2017 年工程建设标准规范制订、修订计划〉的通知》（建标〔2016〕248 号）、《关于印发〈2019 年工程建设标准规范制订修订计划〉的通知》（建标〔2019〕8 号）的要求，编制组开展了《建筑环境通用规范》GB 55016—2021（以下简称《环境规范》）研编和编制各项工作，从建筑声环境、建筑光环境、建筑热工、室内空气质量四个维度，明确了控制性指标，以及相应设计、检测与验收的基本要求，实现建筑环境全过程闭合管理。

编制组开展了对现行建筑环境领域相关标准规范强制性条文、非强制性条文梳理和甄别，国内相关法律法规、政策文件研究，国外相关法规和标准研究等专题研究，同时对建筑声环境、建筑光环境、建筑热工和室内空气质量方面技术指标和控制限值提升进行了研究，有力支撑了标准编制工作。

## 二、技术内容

### （一）框架结构

根据住房和城乡建设部关于城乡建设部分技术规范编制的要求，《环境规范》作为通用技术类规范，以提高人居环境水平，满足人体健康所需声光热环境和室内空气质量要求为总体目标，适用于新建、改建和扩建民用建筑，以及工业建筑中的辅助办公建筑。

《环境规范》框架结构见图 1，分为目标层和支撑层。

（1）目标层包括总目标、分项目标和主要技术指标。主要技术指标有：

声环境：民用建筑主要功能房间室内噪声、振动限值等；

光环境：采光技术指标（采光系数、采光均匀度等），照明技术指标（照度、照度均匀度等）等；

建筑热工：内表面温度、湿度允许增量等；

室内空气质量：7类室内污染物浓度（氡、甲醛、氨、苯、甲苯、二甲苯、TVOC）等。

（2）支撑层主要分设计、检测与验收两大环节，提出各专业应采取的技术措施，保证性能目标的实现。

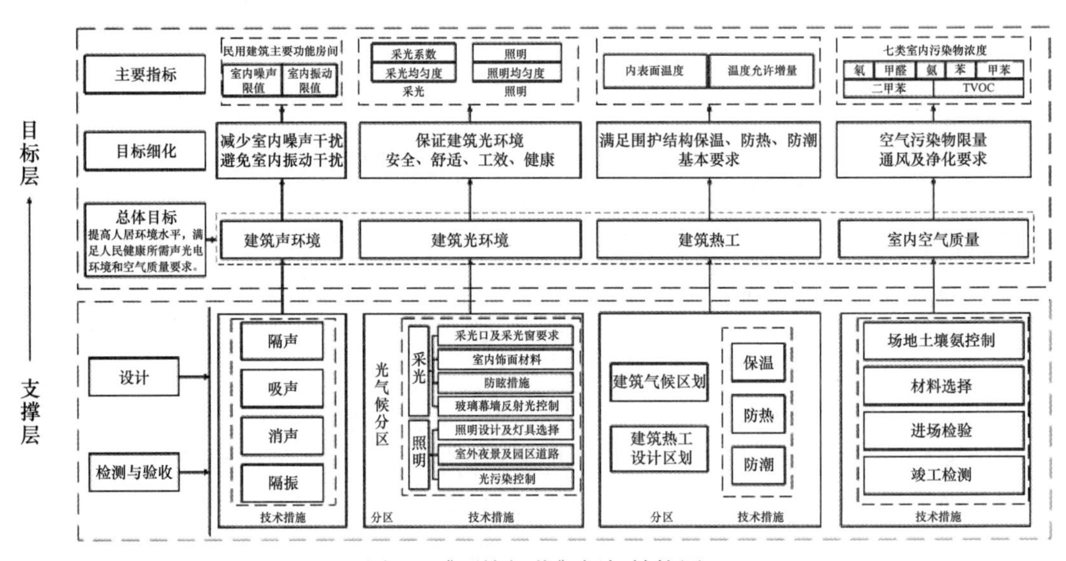


图1 《环境规范》框架结构图

### （二）性能要求

响应国家高质量发展、绿色发展需求，《环境规范》从各专业特点出发，结合我国当前发展水平，在不低于现行标准规范基础上，对各专业性能提出了高质量要求。

（1）建筑声环境包括主要功能房间噪声限值和主要功能房间振动限值；

（2）建筑光环境包括采光技术指标（采光系数、采光均匀度、反射比、颜色透射指数、日照时数、幕墙反射光等），照明技术指标（照度、照度均匀度、统一眩光值、颜色质量、光生物安全、频闪、紫外线相对含量、光污染限值等）；

（3）建筑热工包括热工性能（保温、隔热、防潮性能），温差（围护结构内表面温度与室内空气温度等），温度（热桥内表面等），湿度（保温材料的湿度允许增量等）；

（4）室内空气质量包括民用建筑室内7类污染物浓度（氡、甲醛、氨、苯、甲苯、二甲苯、TVOC）限值，场地土壤氡浓度限量，无机非金属建筑主体材料、装饰装修材料的放射性限量。

### （三）技术措施

为保证建筑工程能够达到各项环境指标的要求，《环境规范》规定了建筑环境设计、检测与验收的通用技术要求。

1. 设计

建筑声环境包括隔声设计（噪声敏感房间、有噪声源房间隔声设计要求、管线穿过有隔声要求的墙或楼板密封隔声要求），吸声设计（应根据不同建筑的类型与用途，采取相应的技术措施控制混响时间、降低噪声、提高语言清晰度和消除音质缺陷），消声设计（通风、空调系统），隔振设计（噪声敏感建筑或设有对噪声与振动敏感用房的建筑物的隔振设计要求）。

建筑光环境包括光环境设计计算，采光设计（应以采光系数为评价指标，采光等级、光气候分区、采光均匀度、日照、反射光控制等设计要求），照明设计（室内照明设置、灯具选择、眩光控制、光源特性、备用照明、安全照明、室外夜景照明、园区道路照明等设计要求）。

建筑热工包括分气候区控制（严寒、寒冷地区建筑设计必须满足冬季保温要求，夏热冬暖、夏热冬冷地区建筑设计必须满足隔热要求），保温设计（非透光外围护结构内表面温度与室内空气温度差值限值），防热设计（外墙和屋面内表面最高温度），防潮设计（热桥部位表面结露验算、保温材料重量湿度允许增量、防止雨水和冰雪融化水侵入室内）。

室内空气质量包括场地土壤氡浓度控制（建筑选址），有害物质释放量（建筑主体、节能工程材料、装饰装修材料），通风和净化。

2. 检测与验收

建筑声环境包括声学工程施工过程中、竣工验收时，应根据建筑类型及声学功能要求进行竣工声学检测，竣工声学检测应包括主要功能房间的室内噪声级、隔声性能及混响时间等指标。

建筑光环境包括竣工验收时，应根据建筑类型及使用功能要求对采光、照明进行检测，采光测量项目应包括采光系数和采光均匀度，照明测量应对室内照明、室外公共区域照明、应急照明进行检测。

建筑热工包括冬季建筑非透光围护结构内表面温度的检验应在供暖系统正常运行后进行，检测持续时间不应少于 72h，监测数据应逐时记录，夏季建筑非透光围护结构内表面温度应取内表面所有测点相应时刻检测结果的平均值；围护结构中保温材料重量湿度检测时，样品应从经过一个供暖期后建筑围护结构中取出制作，含水率检测应根据材料特点按不同产品标准规定的检测方法进行检测。

室内空气质量包括材料进厂检验（无机非金属材料、人造木板及其制品、涂料、处理剂、胶粘剂等），竣工验收（室内空气污染物检测；幼儿园、学校教室、学生宿舍、老年人照料房屋设施室内装饰装修验收时，室内空气中氡、甲醛、氨、苯、甲苯、二甲苯、TVOC 的抽检量不得少于房间总数的 50%，且不得少于 20 间；当房间总数不大于 20 间时，应全数检测）。

**（四）主要指标与国外技术法规和标准比对**

建筑声环境方面，《环境规范》规定睡眠类房间夜间建筑物外部噪声源传播至睡眠类房间室内的噪声限值为 30dB（A），建筑物内部建筑设备传播至睡眠类房间室内的噪声限值为 33dB（A），与日本、美国、英国标准一致，在数值上略低于世界卫生组织（WHO）推荐的不大于 30dB（A）限值。但是，WHO 和《环境规范》采用的测试条件不同，WHO 指标是指整个昼间（16h）或整个夜间（8h）时段的等效声级值，《环境规范》指标是选择较不利的时段进行测量的值，因此《环境规范》指标测量值低于 WHO 测量值。此外，WHO 指标值是在室外环境噪声水平满足 WHO 指南推荐值（卧室外墙外 1m 处夜间等效声级不超过 45dB）的前提下推荐的，《环境规范》的相关限值指标并没有对室外环境噪声值的限制，从这个角度上来说，本规范规定的夜间低限标准限值和 WHO 的推荐值处在同等水平。

建筑光环境方面，采光等级是根据光气候区划提出相应采光要求，国外采光规范没有相关光气候区划，因此内容更具有针对性；灯具光生物安全指标高于国际电工委员会（IEC）灯具安全标准的要求，且《环境规范》具体规定了适用于不同场所的光生物安全要求；《环境规范》率先给出了频闪指标的定量指标，并规定了儿童及青少年长时间学习或活动的场所选用灯具的频闪效应可视度（SVM）不应大于 1.0，而欧盟《光与照明—工作场所照明 第 1 部分 室内工作场所》EN 12464-1（2019 版）仅给出了该评价指标，暂无具体数值要求；光污染指标与国际照明委员会（CIE）光污染指标要求水平相当。

建筑热工方面，建筑热工设计区划与美国、英国、德国、澳大利亚等国家规范的建筑气候区划一致，《环境规范》增加了针对建筑设计的气候区划规定。在保温设计方面，美国、德国等国家是对热阻（或传热系数）进行限定，《环境规范》则对围护结构的内表面温度提出要求，直接与人体热舒适挂钩。在隔热设计方面，欧美发达国家重点关注空调房间的隔热性能，《环境规范》则针对国内自然通风房间和空调房间并存的实际情况，对自然通风房间和空调房间分别提出不同的外墙和屋面内表面最高温度限值。

室内空气质量方面，我国室内氡浓度限值标准要求 150Bq/m$^3$ 宽于 WHO 标准的 100Bq/m$^3$，主要是因为《环境规范》检测要求与 WHO 不同：我国规定自然通风房屋的氡检测需对外门窗封闭 24h 后进行，而 WHO 检测没有限定对外门窗封闭等要求；Ⅰ类民用建筑工程甲醛限量值标准 0.07mg/m$^3$ 要求略严于 WHO 标准的 0.10mg/m$^3$，因为 WHO 限值包含活动家具产生的甲醛污染，根据《中国室内环境概况调查与研究》，活动家具对室内甲醛污染的贡献率统计值约为 30%，所以《环境规范》甲醛限值水平与 WHO 标准相当。其他室内污染物指标国外没有明确规定。

## 三、特点和亮点

1. 特点

多学科集成。建筑声、光、热及空气质量各章节内容相对独立，且要求、体量不同；《环境规范》作为建筑环境通用要求与其他项目规范、通用规范内容交叉多。

衔接和落实相关管理规定。建筑声环境、室内空气质量与环保、卫生部门相关联，建筑光环境与城市照明管理相关联，需要与国家现行管理规定做好衔接和落实。

大口径通用性环境要求。在规定建筑室内环境指标同时兼顾室外环境，规范的内容不适用于生产工艺用房的建筑热工、防爆防火、通风除尘要求。

全过程闭合。尽量做到性能要求与技术措施、检测、验收的对应，可实施、可检查。

2. 亮点

以功能需求为目标，提出了按睡眠、日常生活等分类的通用性室内声环境指标；强调了天然光和人工照明的复合影响，优化了光环境设计流程；关注儿童、青少年视觉健康，根据视觉特性，其长时间活动场所采用光源的光生物安全要求严于成年人活动场所；将建筑气候区划和建筑热工设计区划作为强制性条文，以强调气候区划对建筑设计的适应性，明确了建筑热工设计计算及性能检测基本要求，保证设计质量；明确了室内空气污染物控制措施实施顺序，除控制选址、建筑主体和装修材料，必须与通风措施相结合的强制性要求，并提出竣工验收环节的控制要求。

## 四、结束语

《环境规范》涉及社会公众生活和身体健康，是建筑环境设计及验收的底线控制要求，也是建筑节能设计以及绿色建筑设计的主要基础。《环境规范》的编制和发布，将有助于推动相关行业的技术进步和发展；有助于创造优良的人居环境，提升人们的居住、生活质量，为进一步改善民生、保障人民群众的身体健康作出贡献。

# 国家标准《近零能耗建筑技术标准》解读

徐 伟 张时聪 于 震 陈 曦 孙德宇
（中国建筑科学研究院有限公司 建科环能科技有限公司）

## 一、编制背景

推动建筑物不断迈向零能耗零碳是全球节能减排和应对气候变化的重要技术途径。2010 年，欧盟修订《建筑能效指令》，要求在 2020 年 12 月 31 日后，所有新建建筑达到近零能耗；2008 年，美国能源部提出到 2025 年新建居住建筑达到零能耗并可大范围推广，到 2050 年所有公共建筑达到净零能耗；2014 年，韩国发布《应对气候变化的零能耗建筑行动计划》，提出到 2025 年全面实现零能耗建筑的目标；2015 年联合国气候变化大会首次提出到 2050 年建筑物实现碳中和的发展目标。迈向超低能耗、近零能耗、零能耗是国际建筑节能发展的大趋势，世界各国都积极响应和推动实施。

我国建筑节能到 2015 年底已经完成了“30-50-65”三步节能发展战略，超低、近零能耗建筑试点自“十二五”初期起步，探索了适应我国气候特征、能源结构、室内环境、生活习惯等方面的自主技术路线；住房和城乡建设部《建筑节能与绿色建筑发展“十三五”规划》提出：积极开展超低能耗建筑、近零能耗建筑建设示范，提炼规划、设计、施工、运行维护等环节共性关键技术，引领节能标准提升进程，到 2020 年，建设超低能耗、近零能耗建筑示范项目 1000 万 $m^2$ 以上。

项目组深入开展基础性研究，总结试点项目经验，对标国际发展，形成标准化工程技术体系，将大幅降低建筑能源消耗，明显提升建筑室内热舒适水平，根本转变建筑供暖方式，对我国建筑节能工作迈向更高质量更低能耗、实现清洁供暖具有重大支撑作用。

## 二、技术内容

### （一）近零能耗建筑技术路径与指标

项目组在文献研究、实际调研、优化理论及工具开发、典型建筑模型研究基础上，确定了我国不同气候区不同类型的近零能耗建筑技术路线，创新性地提出了多目标多参数能耗和室内环境控制理论，并开发了近零能耗建筑优化工具平台；为适应我国气候条件、建筑特征、居民习惯，建立了体现国内现阶段最高技术发展水平的近零能耗建筑技术指标体系，并开展了适宜性研究。主要内容如下：

1. 我国特殊气候条件下的近零能耗建筑技术路线

项目组建立被动优先、主动优化、充分利用可再生能源的技术路线，在以供暖为主的北方地区，强调适应气候特征的建筑设计、高保温性能的围护结构、适当采用遮阳技术提高建筑能效，在以供冷为主的南方地区，强调建筑方案的优化设计，充分利用气候资源，采用高性能的季节性遮阳、高性能的冷源系统，利用可再生能源系统的技术路线，针对我国雨热同期、部分地区高温高湿地区的冷负荷，规定了室内潜热控制和自然通风技术措施，解决了潜热负荷的控制和处理技术难题。最终构建我国被动式近零能耗建筑技术路线和指标体系。

2. 特有居民习惯和建筑特征下近零能耗建筑室内环境要求和使用模式

通过对比目前国际上发达国家所采用的室内环境相关标准，分析热舒适评价指标对室内参数确定的指导意义，对比不同标准对于室内环境参数设定的依据和出发点，结合同类型地区基于舒适性的室内环境参数实测调研结果，确定适合于我国资源条件及发展趋势的近零能耗建筑室内环境参数。提出符合我国用能特点的建筑使用模式设置，包括空调使用强度及开启时间、人员、照明及通风时间表，采用群集系数代表部分负荷特性，并在建筑能耗模拟模型中建立了相应的运行模式。

研究表明近零能耗建筑使用被动式技术在所有的气候区都能够营造健康和舒适的室内环境，它通过供暖系统保证冬季室内温度不低于20℃，在过渡季，通过高性能的外墙和外窗遮阳系统保证室内温度在20—26℃之间波动，在夏季，当室外温度低于28℃、相对湿度低于70%时，通过自然通风保证室内舒适的室内环境，当室外温度高于28℃或相对湿度高于70%时以及其他室外环境不适宜自然通风的情况下，主动供冷系统将会启动，使室内温度≤26℃，相对湿度≤60%。

3. 多参数经济与技术双目标约束下近零能耗建筑技术指标

研究建立了适用于近零能耗建筑的多目标多参数优化分析方法及平台，提出了适用于我国气候特点、能源结构、建筑形式及人员使用需求的中国近零能耗建筑技术体系，涵盖超低能耗、近零能耗、零能耗建筑的能效指标，及不同气候区推荐的围护结构等关键性能参数。其中能效指标是判别建筑是否达到近零能耗建筑标准的约束性指标，能效指标中能耗的范围为供暖、通风、空调、照明、生活热水、电梯系统的能耗和可再生能源利用量。能效指标包括建筑能耗综合值、可再生能源利用率和建筑本体性能指标三部分，三者需要同时满足要求。建筑能耗综合值是表征建筑总体能效的指标，其中包括了可再生能源的贡献；建筑本体性能指标是指除利用可再生能源发电外，建筑围护结构、能源系统等能效提升要求。

对居住建筑，最大限度利用被动式技术降低建筑能量需求，是实现近零能耗目标的最有效途径，同时，高性能外墙、外窗等被动式技术在提高建筑能效的同时，还可以大幅度提高建筑质量和寿命，改善居住环境。为此，以供暖年耗热量、供冷年耗冷量以及建筑气密性指标为约束，保证围护结构的高性能。在此基础上，再通过提高能源系统效率和可再生能源的利用进一步降低能耗，最终满足建筑综合能耗值指标，照明、通风、生活热水和电梯的能耗在建筑能耗综合值中体现，不作分项能耗限值要求。

对公共建筑，由于建筑功能复杂、用能特征差异大，不同气候区不同类型建筑实现近零能耗的技术路线侧重点也不同。设计过程中，应充分利用建筑方案和设计中的被动式措施降低建筑的负荷，例如在以空调为主的气候区采用利于通风的建筑形式，在以供暖为主的气候区采用紧凑的建筑形式；因地制宜利用遮阳装置和采光性能优异的遮阳型玻璃，在不影响使用和舒适度的前提下，适度增加不需要供暖和空调室内室外过渡区域和公共区域的面积等。由于不同气候区不同类型的公共建筑能耗强度差别很大，分气候区和建筑类型约束绝对能耗强度，在实际执行过程中缺乏可操作性，也不便于近零能耗建筑的推广，沿用我国公共建筑节能设计标准中相对节能率计算方法，通过设定基准建筑，以建筑综合节能率作为近零能耗建筑的约束性指标，避免了能效指标过于复杂的问题，并提高了能效指标的适用性和有效性。其中，建筑本体节能率是用来约束建筑本体应达到的性能要求，避免过度利用可再生能源补偿低能效建筑以达到近零能耗建筑的可能性。

建筑关键性能参数指标将为建筑设计、施工、产品部品企业技术人员提供参考依据。研究解决了近零能耗建筑能耗、室内环境参数、围护结构性能、经济性、设备性能等多参数的最优化问题。基于优化分析结果，结合我国建筑技术的发展水平和产业支撑能力，研究建立了我国不同气候区近零能耗建筑约束性技术指标。在此基础上，对能耗目标进行分解，提出了不同气候区推荐的围护结构等关键性能参数。

近零能耗居住建筑的能效指标应符合表 1 的规定。

**近零能耗居住建筑能效指标** **表 1**

<table>
<tr><td colspan="2">建筑能耗综合值</td><td colspan="5">≤ 55 kWh/（m$^2$·a）或≤ 6.8 kgce/（m$^2$·a）</td></tr>
<tr><td rowspan="4">建筑本体性能指标</td><td rowspan="2">供暖年耗热量/[kWh/（m$^2$·a）]</td><td>严寒地区</td><td>寒冷地区</td><td>夏热冬冷地区</td><td>温和地区</td><td>夏热冬暖地区</td></tr>
<tr><td>≤ 18</td><td>≤ 15</td><td colspan="2">≤ 8</td><td>≤ 5</td></tr>
<tr><td>供冷年耗冷量/[kWh/（m$^2$·a）]</td><td colspan="5">$\leq 3 + 1.5 \times WDH_{20} + 2.0 \times DDH_{28}$</td></tr>
<tr><td>建筑气密性/（换气次数 $N_{50}$）</td><td colspan="2">≤ 0.6</td><td colspan="3">≤ 1.0</td></tr>
<tr><td colspan="2">可再生能源利用率/%</td><td colspan="5">≥ 10%</td></tr>
</table>

注：1. 建筑本体性能指标中的照明、生活热水、电梯系统能耗通过建筑能耗综合值进行约束，不作分项限值要求；

2. 本表适用于居住建筑中的住宅类建筑，表中 m$^2$ 为套内使用面积；

3. $WDH_{20}$（Wet-bulb degree hours 20）为一年中室外湿球温度高于 20℃时刻的湿球温度与 20℃差值的逐时累计值（单位：kWh，千瓦时）；

4. $DDH_{28}$（（Dry-bulb degree hours 28）为一年中室外干球温度高于 28℃时刻的干球温度与 28℃差值的逐时累计值（单位：kWh，千瓦时）。

近零能耗公共建筑能效指标应符合表 2 的规定。

近零能耗公共建筑能效指标　　表 2

<table>
<tr><td colspan="2">建筑综合节能率 /%</td><td colspan="5">≥ 60%</td></tr>
<tr><td rowspan="3">建筑本体性能指标</td><td rowspan="2">建筑本体节能率 /%</td><td>严寒地区</td><td>寒冷地区</td><td>夏热冬冷地区</td><td>夏热冬暖地区</td><td>温和地区</td></tr>
<tr><td colspan="2">≥ 30%</td><td colspan="3">≥ 20%</td></tr>
<tr><td>建筑气密性 / 换气次数 $N_{50}$</td><td colspan="2">≤ 1.0</td><td colspan="3">——</td></tr>
<tr><td colspan="2">可再生能源利用率 /%</td><td colspan="5">≥ 10%</td></tr>
</table>

### （二）近零能耗建筑设计方法

在进行近零能耗建筑规划和设计时，应充分利用当地自然资源和场地现有条件，减少建筑能耗，利用自然采光、被动太阳得热、遮阳、围护结构保温隔热等措施，多角度全面考虑建筑关键要素的选择，使用建筑性能模拟软件定量评估，综合功能和美学的因素，实现经济、实用、美观和节能的多目标优化。设计流程各阶段任务见图 1 所示。

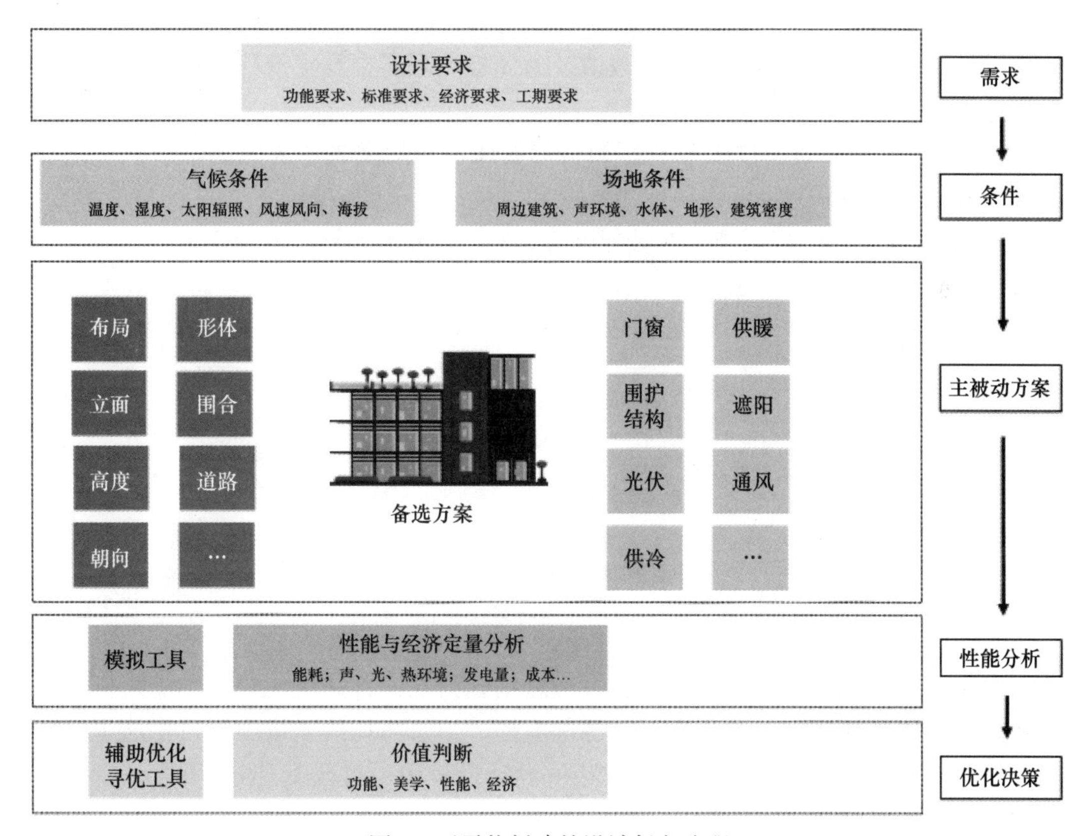


图 1　近零能耗建筑设计任务流程

对于近零能耗建筑设计方法，并不需要一些刻板的技术指导，将基于单独案例得到的方法套用于近零能耗建筑的性能化设计中去有一定困难，基于能耗指标的性能化设计需要的是能够凝练建筑设计要点的通用性强、引导性强的方法和完整设计流程的指导。

为推进建筑节能，协助指导近零能耗建筑设计，编制组分析总结国内外现有相关文献与典型案例，依据目标函数的不同，考虑建筑所在地气候特点和差异，提炼出适用于近零能耗建筑通用的三种设计方法：关键参数限额法、双向交叉平衡法以及经济环境决策法。对各种建筑及不同气候类型下设计近零能耗建筑的要点、流程及步骤给出指导。

1. 关键参数限额法

关键参数限额法即以减小建筑耗能为导向，充分利用气候特征和自然条件，严格控制建筑关键元素（外墙、屋面、外窗的传热系数、气密性）指标，结合高效新风热回收技术，基本满足用户舒适条件的设计方法。这种方法对可再生能源资源的依赖性不强，无需过多模拟计算，实质上是对现有节能标准控制指标的提升，应用此种方法旨在使建筑具备达到近零能耗建筑的潜力。应用关键参数限额法达到超低能耗有 3 个主要技术特征（图 2）：

1）围护结构热工性能提高和建筑整体气密性提高。外墙、屋面、外窗、楼板这些围护结构的传热系数须达规定数值，由此极大限度提高建筑保温隔热性能以及气密性。

2）充分利用被动式技术节能。如自然通风、自然采光、太阳能辐射和室内非供暖热源的利用，显著降低建筑能源需求和对机械系统的依赖。

3）高效新风热回收系统。有效保障室内空气质量和热环境。

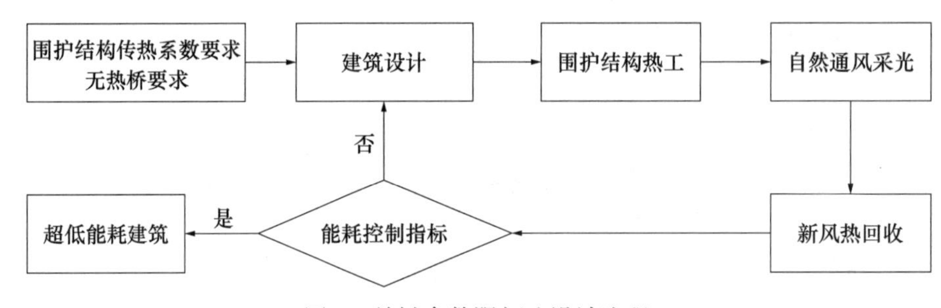


图 2　关键参数限额法设计流程

2. 双向交叉平衡法

双向交叉平衡法即以能耗指标、舒适度指标为导向，在优化建筑围护结构和高效新风热回收的同时，考虑可再生能源的应用，建筑消耗的能量由可再生能源来提供，从而达到能量供需平衡的设计方法。设计过程中通过改变建筑朝向、窗墙比，将建筑本身围护结构与系统设备、可再生能源与高效能源有效组合。通过可再生能源达到建筑能源供需的平衡，充分满足用户的舒适要求。

应用双向交叉平衡法达到超低能耗有 3 个主要技术特征：

1）充分优化被动设计手段。调节建筑体形系数、内外遮阳、自然通风和自然采光等，严格把控建筑围护结构参数限值，最大限度减少建筑对化石燃料的需求。

2）主动优化提高系统性能。利用新型技术和设备提高能效，如节能灯具、变频风机或水泵等的应用。

3）合理利用可再生能源。建筑需求的能量尽可能多的来源于太阳能、风能、浅层地热能、生物质能等可再生能源。该方法流程图见图 3。

3. 环境经济决策法

环境经济决策法即以能耗、舒适度和经济性 3 个指标为导向，通过对建筑本身围护结构的优化，以及有效利用周围环境以及可再生能源，考虑经济可行性因素，不断优化建筑设计方法，直到找出使建筑物各项指标满足设计条件的设计方法。该方法将 3 个指标平行考虑，需要循环迭代的计算和定量的分析，在最优化目标函数的同时满足业主和用户的需求。应用环境经济决策法达到超低能耗有 3 个主要技术特征：

1）同时满足 3 项设计指标。建筑设计初期要同时设定能耗指标、经济性指标和环境优化指标，围绕这 3 项指标进行设计。

2）充分主动优化设计。循环迭代优化，得到单个参数的最优取值，系统设计方案及运行方案。

3）经济可行性分析。决策节能与投资的关系，选择合适方案。其流程图如图 4 所示。

**（三）近零能耗建筑专用合规判定工具开发**

标准编制组对国内外现有建筑能耗计算理论及工具进行了研究和梳理，对 ISO 13790《建筑物的能源性能——空间供暖和制冷用能的计算》（*Energy performance of buildings - Calculation of energy use for space heating and cooling*）中建筑冷热负荷计算方法在我国的应用进行了研究，对自然通风、热桥、间歇负荷计算、供暖空调系统的计算方法以及照明生活热水、可再生能源的计算理论进行了系统研究，建立了基于国际标准，符合我国国情，对接我国建筑标准体系的近零能耗建筑能耗计算和评价理论，并形成了技术文档。

通过研究，课题开发了涵盖建筑冷热负荷、供暖空调系统能耗、生活热水能耗、照明系统能耗、可再生能源系统能耗的建筑能耗软件，能够完整计算建筑的能源消耗。课题立足于行业需求，学习国际发达国家的成熟经验，针对我国国情，开发具有自主知识产权的快速、准确、易用的近零能耗建筑设计与评价工具（爱必宜超低能耗建筑设计与认证软件）。

软件基于国际标准 ISO 13790，结合我国国情建立了完整的建筑冷热负荷、冷热源能耗、输配系统能耗、照明及生活热水能耗和可再生能源系统能耗的计算方法和理论（图 5）。

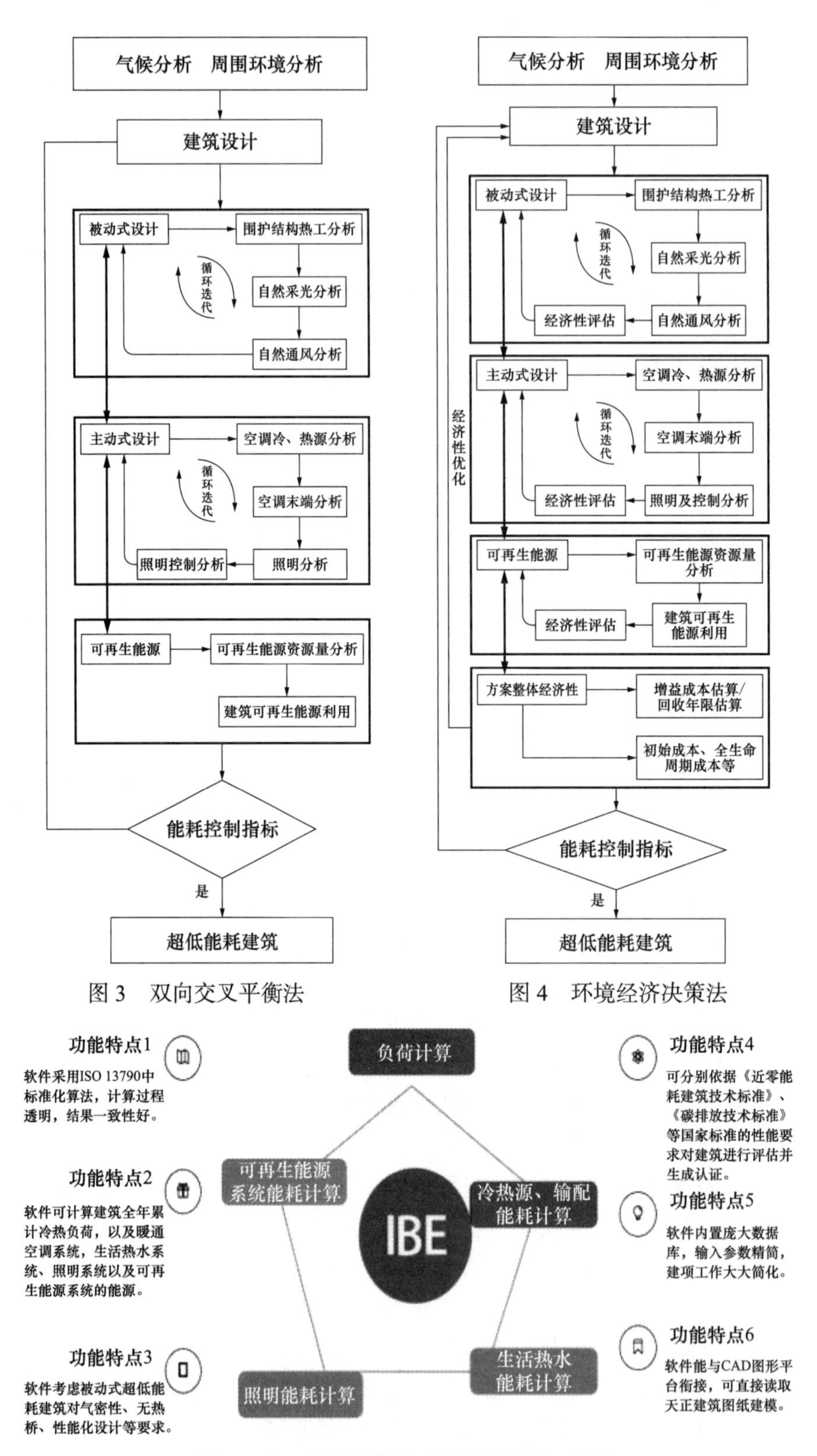


图 3 双向交叉平衡法

图 4 环境经济决策法

图 5 爱必宜超低能耗建筑设计与认证软件

改进了 ISO 13790 中外窗辐射得热计算方法；建立了采用自然采光和智能控制的照明系统能耗计算方法以及采用气密性测试结果计算常压下建筑冷风渗透量的方法，研究结果具有创新性。采用 ISO 13790 逐月计算方法，一个完整的计算周期里包含 12 个计算点，极大地缩短了工程计算时间，计算时长减少 90% 以上，计算稳定速度快。

建立了涵盖不同类型建筑室内参数、内热设置、围护结构及能源系统参数与运行模式等数据的基础数据库，并与计算方法整合，解决了建筑能耗计算中部分输入数据难以准确获得的难题，与国际公认的动态能耗计算软件 TRNSYS（版本：V16.01）计算结果的对比表明，案例的计算负荷误差在 8% 以内，具有良好的一致性和准确性。

所开发软件完全具有自主知识产权，采用 C++ 编写并预留了批处理、后处理以及 CAD 图形平台接口，具有良好的可拓展性，为大规模工程应用和衍生产品的开发提供了基础。所开发软件能够计算建筑全年累计冷热负荷，暖通空调、生活热水、照明以及可再生能源系统的能耗，基本覆盖建筑运行阶段所有用能产能系统。填补了我国工程建筑能耗快速计算软件的空白，软件具有快速、易用、准确的优势，为我国近零能耗建筑的推广提供了基础工具，具有显著的社会效益。

## 三、标准特点

创新点 1:《标准》建立了我国近零能耗建筑定义和技术指标体系。首次定义了超低能耗建筑、近零能耗建筑、零能耗建筑，明确了其时间空间边界、室内环境条件和能耗限值，创新性地提出了建筑能耗综合值、建筑本体节能率、建筑综合节能率、可再生能源利用率指标及其计算方法，并根据我国气象条件和建筑使用特点，首次在能耗计算中纳入了自然通风、建筑气密性的综合影响，形成了不同气候区、不同建筑类型差异化的技术指标体系，较国内现行标准大幅提升，整体上达到了国际先进水平。

创新点 2:《标准》构建了近零能耗建筑基础数据库，开发建筑能耗计算新方法及专用软件。建立了适合我国国情的室内环境、内部热量、围护结构、能源系统等参数及多种运行模式的近零能耗建筑基础数据库，解决了建筑能耗计算中关键输入数据难以确定的技术难题；修正完善了国际标准 ISO 52016《建筑物的能源性能 供暖和制冷、内部温度、显热负荷和潜热负荷的能源需求》（*Energy performance of building energy needs for heating and cooling, internal temperature and sensible and latent heat loads*）中外窗辐射得热计算方法；提出自然采光和智能控制照明系统能耗计算方法和通过标准化气密性测试数据推算常压下建筑冷风渗透量的新方法；开发了具有完整自主知识产权的建筑冷热负荷和供暖空调、生活热水、照明电梯、可再生能源等系统的 IBE 建筑能耗计算软件，具有快速、准确、易用的特点，计算时长减少 90%，误差控制在 8% 以内。

创新点 3:《标准》形成了近零能耗建筑设计、施工、检测与评价技术应用体系。提出近零能耗建筑的性能化设计模式，从节能措施约束转变为能耗目标控制；构建了不同气候区实现近零能耗目标的技术路径、性能参数及措施方法；提出了围护结构无热桥处理及建筑气密性关键节点标准化施工工艺，为实现近零能耗建筑精细化建造奠定了基础；首次提出了建筑整体气密性、新风热回收机组现场检测方法，经多项示范工程检测验证并编制专项标准。

## 四、结语

《标准》实施以来，已由第三方机构作为依据完成近零能耗建筑测评标识项目30个，建筑面积120万$m^2$。《标准》指导北京、上海、河北、山东、河南、江苏等地方标准的编制，夏热冬暖地区《岭南特色超低能耗建筑技术指南》也已颁布实施。《标准》发布之后，编制组在全国10个省市开展标准宣贯和技术交流，累计参会人数超过2500人次。2019年全国近零能耗建筑大会，参会人数突破1000人。2020年新冠疫情期间，标准编制组通过凤凰网房产专栏开设10期“超低能耗建筑系列公益直播”，45位专家对标准和示范项目进行解读，累计点击量突破100万次，形成广泛社会影响。

《标准》的颁布实施是贯彻党中央国务院关于加强节能减排和提升节能标准要求的具体体现，是开展建筑节能标准国际对标的需要，是建筑节能行业发展的需求导向，将为我国2030年碳达峰、2060年碳中和总目标下建筑领域积极迈向零碳零能耗，提供技术支撑。

# 国家标准《建筑碳排放计算标准》解读

徐　伟　张时聪　王建军
（中国建筑科学研究院有限公司　中国建筑技术集团有限公司）

## 一、编制背景

2007 年 6 月，《中国应对气候变化国家方案》明确提出研究发达国家发展低碳经济的政策和制度体系，分析中国低碳经济发展的可能途径与潜力，研究促进中国低碳经济发展的体制、机制和管理模式；研究隐含能源进出口与温室气体排放的关系，综合评价全球应对气候变化行动对制造业国际转移和分工的影响。2009 年 9 月在联合国召开的气候变化峰会上，胡锦涛主席代表中国政府向国际社会表明了中方在气候变化问题上的原则立场，明确提出了我国应对气候变化将采取的重大举措。2009 年 11 月 26 日，我国正式对外宣布控制温室气体排放的行动目标，决定到 2020 年单位国内生产总值二氧化碳排放强度比 2005 年下降 40%—45%。

将建筑物碳排放作为建筑节能的衡量指标，不仅能体现建筑减少的能耗，还能体现使用可再生能源和清洁能源的减排效果。在我国现行的建筑节能标准体系中存在以下问题：

一是衡量建筑物在设计过程中是否节能的主要手段是判断建筑物的围护结构以及能源系统的各项指标是否达标，并没有对建筑物的碳排放做出要求，急需增加暖通空调系统形式和可再生能源建筑应用系统的相关评价方法和要求，采用更为直接的定量指标来评估使用不同建筑能源系统带来的节能降碳效果。

二是绿色建筑评价中碳排放评价缺少量化方法。近年来，全球范围内绿色建筑迅猛发展，我国绿色建筑在政府的强有力推动和行业的不懈努力下，正在步入快速发展阶段，但是目前我国绿色建筑评价标准体系中对绿色建筑的碳排放并无明确的要求。通过计算建筑物碳排放，综合评估绿色建筑中建筑围护结构、暖通空调系统、生活热水、照明等各项部分的降碳性能，将建筑物碳排放这一指标纳入评价体系中，对推进我国绿色建筑评价体系由定性到定量发展具有重要意义。

三是低碳建筑与社区计算方法缺失，社区的碳排放包含建筑物、公共园林、社区内交通、社区照明以及部分市政设施等产生的碳排放和碳汇效应，但社区的核心是建筑，低碳社区概念的核心是建筑物的低碳，因此急需构建建筑碳排放计算方法。

本标准聚焦以上政策需求，为统一中国建筑物进行碳排放计算时的计算边界和计算方法，从推动建筑节能继续发展，量化评价绿色建筑，积极响应低碳建筑与社区方面入手，开展研究与标准编制工作。此项目具有积极推动我国低碳经济的发展、落实国家碳排放和减排政策实施的实际意义，可基于此研究内容，逐步建立建筑物碳排放计算相关数据库，进而开发与建筑设计相结合的建筑物碳排放计算软件，用于在建筑物设计阶段对不同设计方案的全生命周期碳排放进行比较分析，也可对建筑物运行、改造等过程中不同方案的碳排放进行比较。

## 二、技术内容

### （一）主要思路

标准化建筑碳排放计算方法能够直观准确地体现建筑节能减排效果，为政策制定提供技术支撑。研究按照“按阶段进行，按需求选用”的编制原则，构建适用于新建、扩建和改建的建筑全寿命周期的碳排放计算方法。

《标准》从全寿命周期的角度，将建筑的运行、建造及拆除、建材生产及运输阶段的碳排放计算边界进行协调，并将3个阶段的计算结果汇总，最终涵盖全生命周期的建筑物碳排放。通过引入建筑物使用一次能源的概念，将建筑物的能耗和可再生能源应用统一折算为一次能源，再过引入主要能源碳排放计算因子，最终将一次能源换算为碳排放，使得建筑物的节能减排效果更为直观。在此基础之上，开发建筑碳排放专用计算软件，采用国际标准化组织标准ISO 13790并结合中国建筑特点开发了针对建筑设计阶段能耗、性能指标计算及方案评估的IBE建筑碳排放计算软件，建筑物碳排放计算方法（工具）可以在建筑节能、绿色建筑、低碳建筑和建筑领域CDM中发挥重要作用。

### （二）主要内容

本标准主要包括建筑物运行阶段碳排放计算、建造及拆除阶段碳排放计算、建材生产及运输阶段碳排放计算方法。附录为主要能源碳排放因子、建筑物使用特征、常用施工机械台班燃料动力用量、建材碳排放因子、建材运输碳排放因子。

1. 运行阶段

建筑物运行阶段的碳排放计算可分为暖通空调系统的能量消耗、生活热水系统的能量消耗、照明系统的能量消耗、可再生能源系统的能量消耗4部分，研究分别提出4部分的计算方法，再将不同能源类型的能量消耗及碳排放进行分类汇总。暖通空调系统的能量消耗计算分为暖通空调系统供热系统能量消耗、暖通空调系统供冷系统能量消耗和辅助设备的能量消耗。生活热水系统的能量消耗按照生活热水系统的系统形式、设备效率、使用方式等计算。照明系统的能量消耗按照建筑分区的功能、照明系统的类型、照明设备的效率、使用策略等计算。对于可再生能源系统的能量消耗应分别计算不同系统的能量消耗。

2. 建造及拆除阶段

研究从确定建筑物建造过程碳排放的计算边界入手，提出建筑物建造过程碳排放计算模型。将建筑建造过程碳排放分解为基础工程、结构工程、装修工程、安装工程、场内运输和施工临设等六个部分，提出以基础定额中的单位工程量的台班消耗量和施工机械台班费用定额中的单位台班能源消耗量为基准的建造过程碳排放计算模型。

3. 建材生产及运输

研究构建了建筑的各类建材及运输阶段的碳排放计算方法，并选择不同案例进行计算比较，最终确定建材碳排放计算边界为建材生产及运输。针对不同建材的碳排放量进行比较，最终确定所选主要建筑材料的总重量不应低于建筑中所耗建材总重量的 95%，重量比小于 0.1% 的建筑材料可不予计算。

## 三、标准特点

创新点 1:《标准》建立了以建筑红线为边界、包含建筑物全生命周期的碳排放计算方法。统一了位于建设工程规划许可证中建筑红线证的物理边界，明确了为该建筑物提供服务的能量转换与输送系统的计算范围；构建了包含建筑材料生产及运输、建造及拆除、建筑物运行三个阶段的全寿命周期边界；通过引入建筑物碳排放概念，提出了将建筑物的建材、能耗和可再生能源应用统一折算为碳排放的计算方法，以建筑节能标准为基础，使得建筑物的节能减排效果更加直观，引导建筑物在设计阶段考虑其全生命周期节能减碳。

创新点 2:《标准》构建了建筑物使用相对普遍和通用的 10 种建材碳排放数据库，涵盖全部建材碳排放量 95%。将建材碳排放划分为建材的生产、运输、建材的维护更换和建材拆除后的处理等四个过程，建立了从原材料获取到制成成品的全过程所用全部建筑材料生成二氧化碳量的建材数据库，包括主体结构材料、围护结构材料、粗装修用材料，如水泥、混凝土、钢材、墙体材料、保温材料、玻璃、铝型材、瓷砖、石材等。

创新点 3：首次提出碳排放计算因子的概念，规范建筑碳排放的计算，形成可用于设计阶段和建成后的通用标准化建筑物碳排放计算流程。通过标准计算方法与计算因子规范建筑碳排放计算，采用能源碳排放因子、建筑材料碳排放因子和建材运输碳排放因子，量化建筑节能、绿色建材能够带来的二氧化碳减少量；建筑物碳排放计算方法可用于设计阶段的方案比对，或在建筑物建造后对碳排放量进行核算。

## 四、结语

2020 年 9 月 22 日，习近平总书记在第 75 届联大一般性辩论上宣布，中国将提高国家自主贡献力度，二氧化碳排放力争于 2030 年前达到峰值，努力争取 2060 年前实现“碳中和”。2030 年“碳达峰”与 2060 年“碳中和”的目标明确了我国绿色低碳发展的时间表和路线图，我国遏制温室气体排放快速增长的工作已取得积极进展，下一步还将对标新的达峰目标开展一系列工作，包括研究提出更有力度的约束性指标、开展二氧化碳排放达峰行动计划、加快推进全国碳排放交易市场建设等一系列工作安排。

本标准颁布实施，为2030年“碳达峰”与2060年“碳中和”的目标中的建筑碳排放计算核算、推动建筑节能与绿色建筑高质量发展，迈向零碳建筑、零碳社区，提供了强有力的技术支撑。

# 第八篇　行业创新篇

绿色低碳发展是我国经济社会发展全面转型的复杂工程和长期任务，创新是实现“双碳”目标的根本出路。习近平总书记指出“实现‘双碳’目标是一场广泛而深刻的变革，也是一项长期任务，既要坚定不移，又要科学有序推进”。实现碳达峰碳中和，不可能毕其功于一役，不可能一蹴而就，而创新是攻坚克难、解决所有问题的最关键因素。要在推进经济社会高质量发展的同时实现“双碳”目标，必须向科技要答案，必须靠创新出奇招。

建筑领域作为降碳的关键组成部分，“双碳”目标提出以来，积极探索，以交易促发展，撬金融做杠杆，引机场做先行，不断在核算体系、认证方法、交易机制、金融推动、高排先行等方面创新探索和实践，争取早日实现碳达峰。本篇以建筑行业创新探索为指引，从建筑领域“减排交易机制设计、围护结构碳排核算、排放因子云服务、碳保险构思、绿色金融发展、绿色建材产品认证、双碳机场评价”等七个方面展开介绍，描述行业创新行动，统筹建筑领域有效协同“发展和减排、整体和局部、政府和市场”的关系，凝聚行业促进低碳转型升级的缩影。

# 建筑领域碳交易机制与制度设计研究

孙德宇　姜凌菲　徐　伟　于　震
（中国建筑科学研究院有限公司　建科环能科技有限公司）

建筑运行阶段产生的碳排放约占我国碳排放的21%[1]，且随着城镇化进程的高速推进与人民生活水平日益提高，国内的建筑规模不断扩大，建筑行业的能耗需求和碳排放量仍将刚性增长，建筑节能面临着巨大的挑战。碳交易将碳排放权作为商品进行交易，通过市场激励手段督促各方完成减排目标，是一项低成本控制碳排放的政策工具。我国碳市场于2021年7月16日正式启动线上交易，首批仅纳入发电行业[2]。目前建筑领域的碳排放仍缺乏行之有效的市场控制手段。为此，探索建立建筑领域的减排交易机制，可激励减排潜力大、成本低的建筑多减排，同时为减排潜力小、成本高的建筑提供实现零排放的补充方式。此举一方面可加大减排力度，实现建筑领域碳减排的引领作用；另一方面能够兼顾经济发展和节能减碳，发挥市场机制的资源配置作用，降低建筑领域综合减排成本，促进行业转型升级。

本文将梳理国际建筑领域碳交易的制度和发展情况，分析国内建筑碳交易试点的发展，探讨我国建筑碳交易框架设计的技术路径和可行性，推动建筑领域碳交易制度和碳市场的建设。

## 一、国外建筑碳交易市场发展情况

国际上主要国家和城市的碳交易涉及领域如图1所示[3]。从图中可见，日本和韩国明确在建筑领域开展了碳交易，美国、德国、新西兰将建筑行业上游排放源行业纳入了碳交易，中国在北京、上海和深圳开展了建筑碳交易的试点。

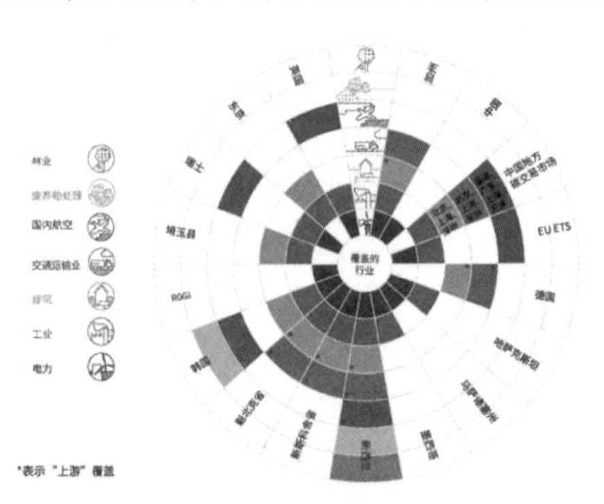


图1　国际主要国家和城市的碳交易领域分布图[3]

由于日本和韩国明确在建筑领域开展了碳交易，本节将对两国的碳排放交易市场进行介绍和分析。

1. 日本建筑碳交易市场

日本东京都总量控制体系于2010年实行，是第一个以城市为单位将建筑楼宇等商业排放源作为碳排放总量控制对象的交易体系。东京都总量控制交易体系的控制对象包括：每年消耗150万L标准油（约1700t标准煤）以上的大型建筑、设施、工厂等，共计纳入建筑设施1100个、工厂300个，这个交易体系几乎包含了东京所有的建筑。

日本东京都总量控制交易体系是一种总量体系交易模式，配额总量根据“自下而上”的方式将每个设施的排放上限汇总得到，依据此总限额来确定排放权的分配总量，再以一定的分配方式将排放权分配给各个受控企业，最后企业按照所获得配额进行交易。

日本东京碳交易体系按照历史法分配配额，分为三段履约期，根据建筑类别的强制减排系数，确定下一个履约期建筑的碳排放配额。第一履约期（2010—2014年）配额分配量相比基准年减排6%—8%，第二履约期（2015—2019年）减少15%—17%，第三履约期（2020—2024年）减少25%—27%。

日本东京碳交易体系实行MRV监控、报告、核查机制。同时，日本东京碳交易体系允许4种抵消机制，包括中小型设施减排额度、可再生能源减排额度、东京都外部减排额度以及来自埼玉县ETS的减排额度。

东京碳交易体系建立以来，运行效果良好。一是顺利实现了减排目标，第一履约期排放总量下降25%，第二履约期排放总量下降27%，远超设定的减排目标；二是参与实体的履约率提高，从实施的第一年64%之后提升到了96%的履约率。图2[4]展示了1990—2018年以来，日本温室气体排放量的变化情况。

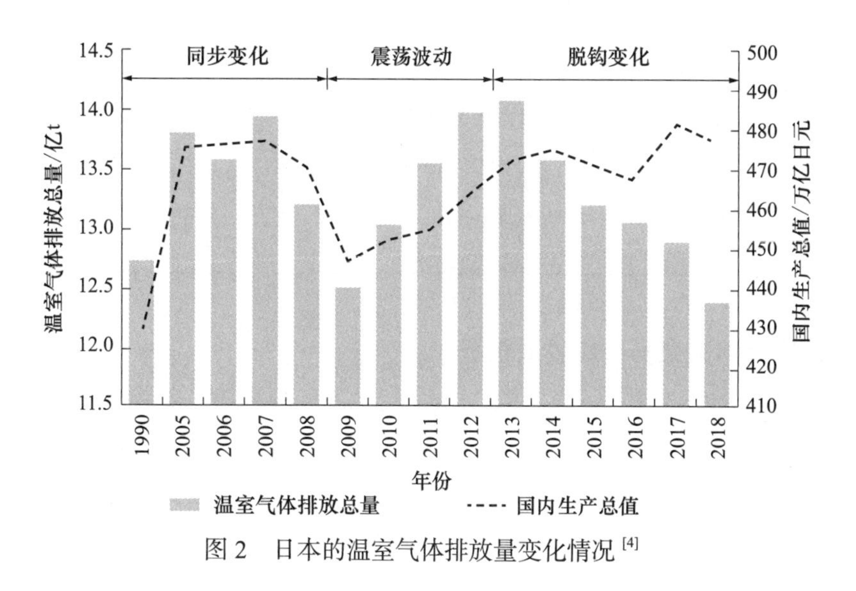


图2　日本的温室气体排放量变化情况[4]

2. 韩国建筑碳交易市场

韩国碳交易市场是东亚首个国家级碳市场，是仅次于欧盟的第二大碳市场，覆盖行业广泛，纳入气体多达6种。韩国碳交易市场的控制行业为电力、工业、航空、建筑及废弃物，纳入门槛要求为年度碳排放量超过 12.5 万 t $CO_2$/年的公司和超过 2.5 万 t $CO_2$/a 的工厂。

韩国碳交易市场 2018—2020 年的配额总量设定为 54.8 万 t $CO_2$/年。配额业务允许储存，预借只能在一个交易阶段内进行。韩国碳交易市场允许国内清洁发展机制项目（CDM）信用和国内认证项目信用两种抵消机制。

在市场稳定方面，韩国政府和分配委员会分别负责拍卖储备配额和设立分配委员会实施稳定价格措施，并相应地详细规定了拍卖最低价格的计算方法、采取稳定价格措施的情形和具体措施。2019 年韩国碳市场引入拍卖，同时指定两家银行充当市商，允许利用政府的储备配额，通过这种碳金融方式促进市场流动性，稳定碳价格。2010 年至 2019 年期间，纳管建筑企业数量从 41 家增至 94 家，近三年间建筑业单位能耗产生的温室气体排放量逐渐降低 [5]。

3. 总结分析及经验借鉴

表 1 对日本和韩国的建筑碳交易市场进行了总结对比。

日本和韩国建筑碳市场体系　　表 1

| 国家 | 日本东京都 | 韩国 |
|---|---|---|
| 覆盖行业 | 工业、建筑 | 电力、工业、航空、建筑、废弃物 |
| 涉及气体 | $CO_2$ | $CO_2$、$CH_4$、$N_2O$、PFCs、HFCs、$SF_6$ |
| 纳入门槛 | 能耗超过 150 万 L 标准油当量 / 年 | 公司：12.5 万 t $CO_2$/年；工厂：2.5 万 t $CO_2$/年 |
| 总量设定 | 2020—2024 年：比基准年减排 27% 或 25% | 2018—2020 年：54.8 万 t $CO_2$/年 |
| 交易机制 | （1）抵消机制：中小型设施减排额度、可再生能源减排额度、东京都外部减排额度以及来自埼玉县 ETS 的减排额度；<br>（2）配额业务：允许储存，严禁预借；<br>（3）市场稳定措施：政府出售碳抵消信用 | （1）抵消机制：国内清洁发展机制项目（CDM）信用和国内认证项目信用<br>（2）配额业务：允许储存，预借只允许一个交易阶段内进行<br>（3）市场稳定措施：定期市场拍卖、委员会动用储备配额、限制跨期储存抵消和设置价格界限 |

## 二、国内建筑碳交易市场发展情况

目前，我国已在北京、上海、深圳开展了建筑碳交易试点，在天津将建筑行业上游排放源行业纳入了碳交易，各城市碳交易市场的主要发展情况如表 2 所示。

国内建筑碳交易市场发展情况 表2

| 城市 | 北京 | 上海 | 深圳 | 天津 |
| --- | --- | --- | --- | --- |
| 覆盖行业 | 电力、热力、水泥、石化、其他行业、服务业（含建筑业）和交通运输业 | 工业行业：钢铁、石化、化工、有色、电力、建材、纺织、造纸、橡胶、化纤；非工业行业：航空、港口、机场、铁路、商业、宾馆、金融 | 电力、水务以及电子设备制造业等工业行业和建筑 | 电力、热力、钢铁、化工、石化、油气开采和建筑（主要以上游覆盖排放源为主） |
| 纳入门槛 | 2015年≥5000t二氧化碳当量 | 工业行业：≥20000t二氧化碳当量；非工业行业：≥10000t二氧化碳当量 | 企业：≥3000t二氧化碳当量；大型公共建筑20000m$^2$及10000m$^2$以上的国家机关办公建筑 | ≥20000t二氧化碳当量 |
| 总量设定 | 5000万t等效二氧化碳（2018年） | 1.58亿t二氧化碳（2019年） | 试点市场总量3145万t（除建筑） | 1.6亿—1.7亿t二氧化碳（2014年） |
| 覆盖量 | 碳市场覆盖全市总排放量的45% | 碳市场覆盖全市总排放量的57% | 碳市场覆盖全市总排放量的40% | 碳市场覆盖全市总排放量的50%—60% |
| 交易机制 | （1）大部分参与祖父法进行配额分配，新增及发电行业采用基准法进行分配<br>（2）实验跨区域交易机制，与天津、内蒙古、陕西、山东签署了跨区域交易框架协议 | （1）实验远期碳配额机制<br>（2）提出碳回购、碳基金、碳信托、CCER质押贷款、绿色债券和碳保证金交易<br>（3）发电、供热、电网行业采用基准法，其余行业采用祖父法 | （1）水、能源、燃气行业使用历史基准线法，港口和交通采用祖父法<br>（2）实验跨区域交易机制，与包头市签署《碳交易体系建设战略合作备忘录》 | 钢铁、石化、化工、油气生产、航空行业采用祖父法，供热、发电、造纸、建筑材料行业采用基准法<br>未设置违约经济惩罚，但违约会失去优惠的财政支持和其他国家扶持政策 |
| 其他 | 北京是唯一设立底价（20元人民币）和顶价（150元人民币）作为价格保障机制的试点 | — | 全国第一个碳交易试点<br>全国最活跃的市场 | — |

## 三、建筑碳交易的关键问题与难点分析

碳排放交易机制目前在我国建筑节能领域尚未大规模应用，其原因主要在于以下几点：一是建筑项目周期长，项目交易费用高，程序复杂，绝大多数单体建筑的节能量较少，碳减排交易额度较小，获得收益也较少；二是基础数据较差，数据不全、精确性不高，导致建筑碳交易配额制定比较困难；三是适用于建筑类的方法学较少，方法应用有极大的局限性，不适合中国国情，而开发新的方法学审批周期长，花费大。目前我国建筑领域碳交易的制度、法律体系尚未完善，试点间缺乏链接机制，碳交易试点间的发展程度不均衡。

同时，由于各个行业的碳排放减排成本差异巨大，建筑节能尤其是零碳建筑领域的减排成本一般远远高于工业领域。据相关研究测算，建筑部门的平均年度减碳成本（运营阶段）为 1604 元 /t [6]，远高于现已纳入全国碳市场的发电行业的 158 元 /t [7]。可以预见，若建筑部门一并纳入全国碳市场，减排成本的较大差异，会在一定程度上延缓建筑部门碳减排进度。

## 四、我国建筑碳交易框架设计

为保障建筑碳交易市场的顺畅高效运行，需要加快建立相关机制与制度，推动建筑碳市场运行。结合中国建筑的节能降碳发展现状，本文主要从碳交易范围、配额分配、监测报告核查机制、监管和激励机制角度进行了框架设计。

1. 建筑碳交易范围

（1）在建筑领域进行交易，暂不混合其他行业

结合上一节的关键问题与难点分析，建筑减碳成本高于发电等行业，为真正到达建筑领域的节能减排，应在建筑本领域内部进行交易，暂不宜掺杂混合其他行业。

（2）以公共建筑为突破口，各类建筑按序分阶段纳入碳交易体系

根据各类建筑的复杂性，按照先公建、后居建，先大型、后一般，由少到多、逐步扩充，逐步扩大参与碳交易的建筑范围。可按照以下三个阶段进行设置：

第一阶段：纳入大型公共建筑，包括政府机关办公建筑以及其他大型公共建筑。公共建筑碳排放强度远远高于全国及其他居住建筑强度水平，有较大减排空间。在初期阶段，结合能效标识的推行，对大型公共建筑实施碳排放总量限制，是整个建筑碳交易框架中的主要构成。

第二阶段：逐步纳入中小型商业和旅游类公共建筑，具体包括商场、超市、酒店、宾馆等。该类建筑能耗较大且存在一定节能潜力，同时建筑的产权或责任者单一明确，具备参与碳交易的基本条件。为保护商业和旅游业的发展，可暂时不对其设置强制减排目标，而是从行业角度进行自愿减排交易，待过渡期结束、时机成熟时，再将该部分建筑转入强制区承担硬性减排任务。

第三阶段：对于其他中小型公共建筑和城镇居民住宅，具备条件时可以考虑最后纳入。该类建筑一般都存在产权分散或是使用者分散的情形，单个业主的能耗需求不一，产生的总能耗量也无法有效控制。因此，强制总量控制和自愿减排交易对该类型建筑均不适合，反而可以尝试基于项目的清洁发展机制，通过将零散的减排活动进行打包，对节能项目进行总体的规划和设计，从而提高居住建筑和小型公共建筑的能源使用效率，使公众更广泛地参与到温室气体减排中。因此可为其他中小型公共建筑和城镇住宅单独划定一个自愿区，作为建筑碳交易框架的一部分发挥作用。

2. 建筑碳交易配额分配机制

建筑碳交易配额总量设定与分配需考虑行业发展阶段。现阶段建筑行业碳排放

仍刚性增长，宜采用强度控制，根据“自上而下”与“自下而上”结合方式确定强度降幅目标，强度目标的设定应服务于建筑行业碳达峰目标。待建筑行业实现碳达峰后，可由强度控制转为总量控制，实现配额总量逐年下降。

同时，由于新建建筑和既有建筑具有不同的特征，因此应进行分置控制，充分考虑其自身特性，选择不同的交易模式。对于新建建筑，其节能措施较易实现，实施成本较低，涉及的利益相关者较少，建议采用基准线模式，即通过建筑节能标准定义新建建筑的能耗基准线，鼓励开发商通过实施更高的能效标准获取减排信用额，减排额可以在市场上出售；对于既有建筑，由于其自身的种类多样性、计量复杂性、利益相关者不确定性，建议以历史强度为主，把排放量达到一定强度的高耗能建筑纳入碳交易体系，为每个参与交易的建筑分配排放上限，排放量超过上限的建筑业主需要在碳市场购买排放权抵消其超额排放的部分，排放量低于上限的建筑业主可以把剩余的碳排放权在市场出售。未来，配额分配建议以免费分配为主，逐步引入拍卖模式，并扩大比例。

3. 建筑碳交易监测报告核查（MRV）机制

为确保超额减排量真实可信，应建立并完善建筑碳交易的 MRV 机制。

首先，需建立起建筑碳排放权注册登记和交易机构及系统，作为建筑碳交易的平台。建筑应开展完善的碳排放监测工作，按年度编制碳排放报告，以年度二氧化碳减排预测量进行交易，在下一年度规定的期限前采用实际核查量进行最终交易。企业或建筑项目的年度碳排放报告应当定期公开，接受社会监督，涉及国家秘密和商业秘密的除外。

第三方核查机构每年对建筑项目开展核查，第三方机构应当根据生态环境部制定的温室气体排放核算与报告技术规范，编制该减排项目上一年度的二氧化碳排放报告，确定最终实现的“超额减排量”，并以此作为交易的依据，并将报告报至交易系统托管机构。第三方机构应对温室气体排放报告的真实性、完整性、准确性负责。

目前，建筑领域的碳排放核算已经具备初步条件。《建筑碳排放计算标准》GB/T 51366—2019 明确了适用于新建、扩建和改建的民用建筑的运行、建造及拆除、建材生产及运输阶段的碳排放计算方法。2022 年 4 月 1 日起实施的《建筑节能与可再生能源利用通用规范》GB 55015—2021 中，将建筑碳排放计算作为强制要求。在后续的零碳建筑、建筑碳计量监测等相关标准中，需进一步明确碳排放量的核算方法，明确使用“超额减排量”的限制条件，如建筑应当达到的最低减排水平，“超额减排量”的使用比例等。

4. 建筑碳交易监管和激励机制

政府实施监管和激励机制可以促进碳交易主体进行减排和履约交易，应从加强政府监管、提高履约收益、降低监管成本等方面建设相应的监管机制。

（1）将建筑领域碳交易与信用体系挂钩

政府可以将建筑领域碳交易与信用体系进行紧密联系。通过信用体系直接与控排单位利益挂钩，通过信用平台可将其失信信息公示，从而达到监督效果。

（2）将政府办公建筑碳减排量纳入行政绩效考核

加强政府机关办公建筑节能减排方面的考核，将碳减排目标的完成情况纳入其行政绩效考核指标中，督促政府机关办公建筑重视能耗现状，对耗能严重的部分实施必要的节能改造，加大节能意识的宣传和交易，鼓励政府机关办公人员积极养成良好的用能习惯，提升政府办公建筑的节能减排效果。

（3）健全建筑能耗信息披露及公示制度

健全建筑能耗信息披露及公示制度，要求将企业的能源利用信息作为企业年报的一部分进行定期公布，该种方式将便于投资者及政府部门进行相关信息的搜集，同时还可以避免或尽可能减少非传统信息披露手段下传递碳信息的削弱程度。

（4）实行建筑碳排放限额及超限额加价

对于大型公共建筑及中小型商业和旅游类公共建筑，当其碳排放超过指定的配额之下，可以考虑层级加价的做法进行经济约束。超定额加价制度是建立在能耗合理水平即能耗定额既定的基础上，对超出部分实行阶梯层级式加价，即超过能耗定额越多，对应的单位碳排放权的价格也就越高，如此高耗能行为的负面激励就会凸显。

（5）降低交易手续费用，为减排碳交易主体提供税收优惠

为降低交易成本，提高企业的实际受益，可适当降低交易手续费用，允许同一区域内公共建筑群碳交易主体或同一产权所有者的多栋建筑作为整体进行碳交易，节约政府的管理成本，从而减免碳交易主体的交易费用。为积极参与碳减排和交易的公共建筑主体提供税收优惠，鼓励碳排放权的市场流通，推动市场发展成熟，逐步实现真正的碳交易市场化机制。

## 五、总结

本文通过梳理国内外建筑领域碳交易的发展情况，提出了适宜我国现状的建筑碳交易框架，从交易范围和机制设计的方面展开了阐述。本文建立了建筑碳交易机制的初步框架，后续将围绕此框架开展更加深入的研究，提出更具落地性的建议举措，推动建筑领域碳交易制度和碳市场的建设，促进建筑领域绿色金融市场的发展，加快全社会低成本地实现“双碳”目标。

## 参考文献

[1] 清华大学建筑节能研究中心．中国建筑节能年度发展研究报告 2022（公共建筑专题）[R]．2021．

[2] 全国碳排放权交易市场上线交易正式启动 [N]．人民日报．2021-7-17（3）．

[3] 世界银行，国际碳行动伙伴组织．碳排放权交易实践手册：设计与实施 [R]．2021．

[4] 高伟俊，王坦，王贺．日本建筑碳中和发展状况与对策 [J]．暖通空调，2022，52（3）：

39-43，52.
[5] 单良，骆亚卓，廖翠程，等. 国内外碳交易实践及对我国建筑业碳市场建设的启示 [J]. 建筑经济，2021，42（9）：5-9.
[6] 杨璐，杨秀，刘惠，等. 中国建筑部门二氧化碳减排技术及成本研究 [J]. 环境工程，2021，39（10）：47-55.
[7] 廖夏伟，谭清良，张雯，等. 中国发电行业生命周期温室气体减排潜力及成本分析 [J]. 北京大学学报（自然科学版），2013，49（5）：885-891.

# 建筑外围护结构碳排放评价现状及趋势分析——以幕墙为例

于　震　张喜臣　郑秀春　胡乃冬　张素丽　谭世友
（中国建筑科学研究院有限公司　建科环能科技有限公司）

作为建筑的必要组成部分，外围护结构在建筑正常运行过程中，发挥着遮风挡雨、通风采光、保温隔热、隔声降噪及防火防盗等功能。而且，作为建筑物最表观的构造，通常是人们对建筑的唯一印象。尤其是作为公共建筑和超高层建筑的围护系统，玻璃幕墙因其轻质美观、形式多样等优点，具有不可替代的位置。但是，相比于主体结构最低 50 年的使用寿命，设计使用年限最多 25 年的建筑幕墙，意味着至少需要一次改造，活动过程涉及拆除、废物处理及安装新的幕墙体系。而且，作为现阶段玻璃幕墙必备的铝合金钢型材框架及硅酸盐玻璃面板，都属于高碳排放水平材料。建筑围护结构也是建筑耗能的主要通道。据资料统计，建筑外围护结构占建筑总能耗的 50%。尤其是建筑幕墙等围护结构，由于热传导、热辐射及对流造成的能耗在建筑总能耗中所占的比例约为 72%[1]，严重影响建筑运营期间的碳排放水平。因此，建筑幕墙的碳排放研究，应分析围护系统使用寿命、材料的全生命周期碳排放水平，以及建筑低能耗运营等技术环节，确定关键影响要素，并据此提出明确的评价方法。本文以玻璃幕墙为例，围绕以上几个关键技术环节，通过介绍建筑幕墙碳排放水平及其评价方法研究现状，分析了现阶段研究及评价工作存在的主要问题，并对问题解决路径及后期发展方向提出建议。

## 一、发展现状

### （一）建筑幕墙碳排放水平研究现状

自 2015 年巴黎协定以来，世界各国纷纷努力开展建筑碳排放水平研究工作。据国际能源署研究报告表明，2019 年度建筑能耗与之前几乎保持相同的水平，占社会总能耗的 35%；碳排放达到了 38%，其中运营 $CO_2$ 碳排放占比为 28%，建造 $CO_2$ 碳排放占比为 10% [2]，也间接支撑了其他学者的研究成果 [3][4]。根据清华大学建筑节能研究中心研究结果，2019 年我国建筑能耗占全社会总能耗的 33%；建筑相关的 $CO_2$ 排放占比约 38%，其中运营排放占比为 22%，建造排放占比为 16% [5]。比较可以看出，我国建筑能耗水平和总碳排放水平均与全球接近，但是运营和建造的碳排放占比与国际社会差别较大。Mic Patterson 认为建造的隐含碳比例应高达 28%[6]，远远高于公布的 10%。这一结果也一定程度支撑了我国公布的建筑碳排放比例 16% 高于国际社会 10% 的合理性。尽管更加真实的数据有待进一步研究完善，但建筑运营和建造的总碳排放水平超过 30% 的结论，是得到国际社会公认的，不容忽视。

建筑幕墙对碳排放的贡献，以建造中的隐含碳排放为主。根据世界可持续发展商业理事会 [7] 及 Lefteris Siamopoulos 研究估计 [8]，建筑外围护结构的隐含碳排放占比，约为建筑建造总碳排放的 10%—31%。建筑幕墙需随建筑主体形式而呈现不同构造在建造过程中的材料用量需要具体工程加以确定，因此隐含碳排放水平也因项目不同而不同。玻璃幕墙通常包括铝合金型材框架、中空钢化玻璃面板以及密封材料等。根据美国能源部 [3] 的大概估计，一般铝合金框架玻璃幕墙的隐含能量为 734.5kWh/$m^2$，相应的隐含 $CO_2$ 排放量为 322.7kg/$m^2$。Azari 和 Kim[9] 对不同框架材料、相同规格尺寸的玻璃幕墙系统进行比较，碳排放水平由低到高依次为木框架、钢框架及铝合金型材框架幕墙系统。同时强调，在分析评价建筑幕墙碳排放水平时，应基于构造系统满足相同性能的前提下进行，排放水平低但用量大的材料，其实际隐含碳排放水平未必有优势。

建筑幕墙隐含碳排放水平高低，除应考虑材料生产过程的隐含碳排放水平，尚应综合考虑所用材料的寿命周期长短及可回收率高低。延长建筑幕墙系统的使用寿命，意味着减少维修或翻新的次数，相当于抵消了材料再生产及改造施工过程中产生的排放。目前，建筑幕墙的设计使用寿命为 25 年，主要受限于框架材料的表面耐腐蚀水平、中空玻璃面板密封胶老化年限、开启部位五金系统耐疲劳性能等因素。尤其是作为密封材料或结构连接功能的有机密封材料，其使用寿命行业普遍认可的年限是 10—25 年不等，直接决定了建筑幕墙系统的寿命。不过随着技术的发展，国际社会已经对密封材料使用寿命实现 50 年的目标进行了研究，并取得了突破性成果 [10]。鉴于当前的工程实践及技术水平，对建筑幕墙用材料要求与系统同寿命，即至少满足 25 年的要求，具有现实可行性，可以直接大幅度降低建筑幕墙因使用寿命原因而增加的碳排放水平。

建筑幕墙用材料的可回收再利用效率的高低，体现在原生材料的生产数量多少，是影响建筑幕墙隐含碳排放水平的另一个主要因素。玻璃幕墙框架以铝合金型材为主，其全生命周期内，90% 以上排放源自于矿石到铝锭的生产环节，表面防腐处理环节占 5% 左右。玻璃面板的全生命周期内碳排放，主要是矿砂到原片浮法玻璃生产环节的能源消耗，占 80%，钢化深加工过程占 15%，其余为中空组装过程的排放。据统计 [11]，铝型材回收率达到 50% 时，可减少 42% 生产过程碳排放；回收率达到 90% 时，可减少 75% 生产过程碳排放。而我国 2019 年的废平板玻璃产量为 986.7 万 t，回收量为 591.6 万 t，回收率将近 60%，高于国际水平的 35%。但遗憾的是，由于玻璃生产过程中，矿砂到玻璃液过程的碳排放数据缺失，因而无法估算出玻璃回收后对碳排放降低的贡献。

除了隐含碳排放，建筑幕墙在使用阶段基本不造成直接的运营碳排放，但其节能性能对建筑运营碳排放的影响却不容忽视。国际能源机构[12]认为，改善建筑围护结构性能的节能潜力是巨大的。在全球范围内，高性能建筑建设和现有建筑围护结构的深度能源改造所带来的节能潜力，超过了 2015 年 G20 国家最终消耗的所有能源，或到 2060 年的累计节能约 330 EJ。因此，提升建筑幕墙系统自身的节能性能，或者赋予系统额外的产能功能，如引入光伏技术等，均可以提升建筑幕墙在运营阶段对建筑整体实现低碳排放的贡献。我国于 2021 年发布实施了全文强制性通用规范《建筑节能与可再生能源利用通用规范》GB 55015—2021，其中要求新建的居住和公共建筑碳排放强度应分别在 2016 年执行的节能设计标准基础上平均降低 40%，碳排放强度平均降低 $7kgCO_2/(m^2 \cdot a)$ 以上[13]。为了保障建筑碳排放强度实现这一目标，能耗占比达 50% 以上的建筑幕墙系统节能性能提升至关重要。

建筑幕墙对建筑运营能耗的影响，主要由透光部位的面积占比、热工性能及透光能力等特性决定，且这些特性对建筑能耗的影响与工程所在地气候特征息息相关。应用于不同气候区的建筑幕墙，合理的窗墙比、传热系数、太阳得热系数、可见光透射比及必要的遮阳措施，可以极大降低建筑能耗，反之，单位外表面面积能耗可为常规外墙的 3—4 倍[14]。研究表明[15]，所有气候区的建筑幕墙，限制其窗墙比可以显著降低建筑能耗，而可见光透射比对建筑能耗的影响则均不明显。以制冷能耗为主的气候区，太阳得热系数对建筑能耗的影响，较传热系数明显，因此应尽量降低太阳得热系数，同时适当宽限传热系数的要求；以取暖能耗为主的气候区，太阳得热系数及传热系数对建筑能耗影响同样显著，取值越低越利于能耗降低。

**（二）建筑幕墙材料碳排放水平研究现状**

建筑外围护结构的框架材料，包括木材、铝、PVC、木铝、玻璃纤维等，其生产过程及其碳排放水平，国内外相关学者作了研究[16, 17]。其中，作为玻璃幕墙使用最为广泛的框架材料，铝材生产是一个极其耗能的过程。生产 1t 铝，需要开采 2.9t 铝土矿获取 1.93t 氧化铝，即 1t 铝材需要 5.6t 矿石，消耗 14500kWh 的能量[18]。根据惠灵顿维多利亚大学建筑资源中心的研究，铝的隐含能量高达 227MJ/kg[19]。而铝金属成为玻璃幕墙用铝型材，尚需经过复杂的挤压工序完成，造成 $11131.04kgCO_2e/t$ 的碳排放[20]。

钢化玻璃作为玻璃幕墙的面板材料，除了原材料开采过程中产生 $CO_2$ 排放，其生产过程，包括原片玻璃制造及二次深加工钢化处理，都会用到天然气或燃油，导致 $CO_2$ 的排放。根据惠灵顿维多利亚大学建筑资源中心的研究[18]，钢化玻璃的隐含能量为 26.2MJ/kg。与其他传统围护材料相比，这是相当高的，如砖 2.5MJ/kg，石头 6.8MJ/kg，混凝土砖 0.97MJ/kg，木材 2.0MJ/kg。

玻璃幕墙用量较大的另外一种材料是密封胶，主要包括硅酮结构密封胶、耐候密封胶及中空玻璃二道密封胶。标准的硅酮密封胶产品，碳排放强度在 $10CO_2e/kg$，

±2.5kg$CO_2$e 的不确定度[21]。据评估，与生产过程中释放的二氧化碳相比，硅胶在使用寿命结束前的平均效益大约高出 9 倍。在中空玻璃中使用硅树脂的应用甚至显示出超过 27 倍的效益[22]。当然，对于一些特殊产品，如 Dow 的硅酮结构密封胶、耐候密封胶及中空玻璃二道密封胶，可以分别达到 3.7kg$CO_2$/$m^2$、6.1kg$CO_2$/$m^2$、7.6kg$CO_2$/$m^2$ 的水平[23]。

建筑幕墙种类较多，即使是用量最大的玻璃幕墙，其构造形式也极其多样化，采用的材料种类和用量也不尽相同。《建筑碳排放计算标准》GB/T 51366—2019 是我国第一本相关碳排放计算的国家标准，其中对建筑运行阶段碳排放计算、建造和拆除阶段碳排放计算，以及建材生产及运输阶段碳排放计算作了具体的规定。该标准针对建筑幕墙领域尽管给出了部分相关材料的碳排放因子，但对于全面指导建筑幕墙用材料的碳排放水平评价，尚需相关研究工作的持续深入。结合目前正在编制的中国工程建设标准化协会 CECS 团体标准《建筑幕墙碳排放计算标准》的相关研究工作，本文针对典型铝合金框架玻璃幕墙系统，经行业调研、数据收集及标准参考，分析整理了单位面积主要材料的用量及其碳排放因子数据供行业参考，如表 1 所示。

**某玻璃幕墙单位面积用主要材料及其碳排放因子数据表　　表 1**

| 材料名称 | 技术参数 | 材料用量 | 碳排放因子 | 数据来源 |
|---|---|---|---|---|
| 铝合金型材 | 穿条隔热铝合金型材、粉末喷涂 | 10kg/$m^2$ | 20.3kg$CO_2$e/kg | 行业经验数据 |
| 中空玻璃 1 | 10 双银 Low-E＋12A＋10 钢化中空玻璃－均质处理 | 0.36$m^2$/$m^2$ | 57.9kg$CO_2$e/$m^2$ | 行业经验数据 |
| 中空玻璃 2 | 6 双银 Low-E＋12A＋6 钢化中空玻璃－均质处理 | 0.64$m^2$/$m^2$ | 34.7kg$CO_2$e/$m^2$ | 行业经验数据 |
| 铝板 1 | 2mm 铝板、粉末喷涂 | 0.29$m^2$/$m^2$ | 159.6kg$CO_2$e/$m^2$ | 行业经验数据 |
| 防火保温棉 | 100mm 保温岩棉、密度 100kg/$m^3$ | 2.90kg/$m^2$ | 1.98kg$CO_2$e/kg | GB/T 51366 |
| 钢加工件 | 热浸镀锌钢加工件 | 0.9kg/$m^2$ | 2.4kg$CO_2$e/kg | GB/T 51366 |
| 密封材料 1 | 三元乙丙胶条 | 1.6kg/$m^2$ | 2.67kg$CO_2$e/kg | 行业经验数据 |
| 密封材料 2 | 硅硐密封胶 | 1.8kg/$m^2$ | 2.91kg$CO_2$e/kg | 行业经验数据 |
| 紧固件 | 不锈钢紧固件 | 0.15kg/$m^2$ | 6.8kg$CO_2$e/kg | 行业经验数据 |
| 辅助材料 | 聚乙烯泡沫棒 | 0.04kg/$m^2$ | 2.81kg$CO_2$e/kg | GB/T 51366 |

### （三）建筑幕墙碳排放评价方法研究现状

目前，国内外尚无建筑幕墙碳排放评价的统一方法，包括建筑幕墙系统自身的隐含碳排放水平及其对建筑整体运营碳排放贡献水平。BS EN 15978、BS EN 15804、ISO 14040 等系列标准，为建筑物的环境影响评估提供了指导。《环境管理 生命周

期评价　原则与框架》GB/T 24040—2008 等同于 ISO 14040，将碳排放评价分为 4 个步骤：目的和范围确定、生命周期清单分析（LCI）、生命周期影响评价（LCIA）和生命周期解释。这些通用性的评价方法标准，在具体应用于建筑幕墙碳排放评价上，尚需进行具体的细化和界定。国内相关机构不同程度地开展了针对建筑幕墙碳排放评价方法的研究，但截至目前尚未形成正式的文件予以公布。

根据现阶段的研究水平，从全生命期角度，建筑幕墙的隐含碳排放评价包括了材料生产、运输、施工安装、使用维修、改造拆除、处置回收等阶段：

（1）材料生产阶段，包括玻璃、型材、五金、密封材料的原料和加工制造。该部分是建筑幕墙系统的隐含碳排放的主要来源，占建筑幕墙全生命周期内最大份额的碳排放；

（2）运输阶段，包括材料及构件运输至施工场地；

（3）施工安装阶段，包括材料的现场组装、工厂组装及安装到主体结构的过程；

（4）使用维护阶段，该过程建筑幕墙系统主要发挥其对建筑物整体的保温、隔热、采光、遮阳等功能，间接影响建筑的运营碳排放，也无隐含碳排放产生；

（5）改造拆除阶段，该过程包括日常维修和更新改造过程；

（6）处置回收阶段，包括拆除后的废弃材料的运输、分拣、回收再循环利用、不可回收废弃处理等。

建筑幕墙对建筑整体运营碳排放贡献水平的评价研究，目前国内外尚属空白。尽管已经明确建筑幕墙的节能性能对于建筑运营碳排放的重要影响，但目前的认知仅限于提升节能指标可以降低建筑能耗，定量性的评价方法欠缺。同时，提升节能性能降低建筑碳排放水平的同时，是否必然增加建筑幕墙隐含碳排放的水平，以及增加的程度及两者的平衡关系等，都存在研究的空间。可以说，建筑外围护结构的碳排放评价体系非常复杂，既要考虑自身的隐含碳排放，又要兼顾建筑运营碳排放的水平，进而协同建筑整体实现碳排放目标的最优路径。

**（四）存在问题分析**

首先，相关材料碳排放因子基础数据库严重缺失。建筑幕墙作为工程属性鲜明的建筑围护结构，其碳评价活动往往需要根据具体的项目开展。由于建筑幕墙用主要材料，包括玻璃、型材、五金和密封材料等原材料的碳排放因子数据库不完善，导致在选择时缺乏依据，而采用通用的数据又缺乏准确性。即使是部分原材料的生产环节碳排放因子已知，但影响评价的其他环节，比如加工、制作、组装等过程数据缺失，同样会导致结果不准确。再有就是考虑到回收再利用对于平衡原材料的碳排放水平影响极大，可回收再利用率数据不足，在最终评价时导致结果偏大，比如回收铝的使用，其所占能耗仅为原生铝的 5% 左右。

其次，碳排放水平计算及评价方法不统一。尽管目前建筑类相关的规范标准提出了指导性的原则和方法，但是针对建筑幕墙的碳排放专用标准体系尚未建立。除了不同种类建筑幕墙材料的隐含碳排放水平存在差异，实际工程项目中，建筑幕墙构造形式多样而导致施工安装工艺、维护保养等过程各不相同，其碳排放评价存在必然的复杂性。而且，缺少统一的评价技术情况下，不同评价机构和人员出具的评价结果，或数据收集不科学，或评价环节不全面，或计算依据来源不同等，导致评价结果不具备客观可比性。

再有，隐含碳排放与建筑运营碳排放的相关性有待研究。建筑幕墙的碳排放评价，既要考虑其自身隐含碳排放，又要顾及其对建筑整体运营碳排放的影响。众所周知，建筑围护结构是建筑能耗的主要途径，建筑门窗占建筑总能耗的40%以上，而建筑幕墙最大占比可以达到80%。因此，在采取措施降低隐含碳排放水平的同时，如何保证建筑运营碳排放不增加或进一步降低，或者说如何避免降低运营排放而导致隐含排放的增加，找到两者之间的最佳碳排放平衡点，是目前行业认知较薄弱的区域，有待后续工作的深入探索。

## 二、趋势分析

### （一）建筑幕墙低碳技术发展趋势

1. 优化材料选择

建筑幕墙碳排放评价工作的深入开展，势必会带动自身隐含碳排放水平低、可回收再利用效率高、使用寿命长的材料发展。隐含碳排放水平低的材料，比如竹、木植物类等框架材料自身具备的碳存储，具有极大的减碳优势。传统框架材料，如铝合金、钢型材等，自身具有与建筑同寿命的特性和可回收利用的优势，如果提升表面防腐处理技术，可以使得其优势得到充分发挥。玻璃作为目前玻璃幕墙面板不可替代的材料，自身也具有长周期使用寿命的特性，在碳排放优势发挥上，需要解决组装中空玻璃的密封材料抗老化技术提升，以及原片玻璃回收再利用工艺技术完善。

建筑幕墙设计及其材料选择，已于2020年纳入绿色建材评价体系。评价体系从资源属性、能源属性、环境属性及品质属性等方面，对相关设计指标和材料指标提出了评价要求，包括装配率、材料可回收利用率、产品碳足迹评价、使用寿命等方面，在行业内推广和引导绿色建材的应用广度和深度。

2. 革新构造型式

改进建筑幕墙构造型式，在保障性能不降低的前提下，合理降低其碳排放水平。建筑幕墙构造体系，以框架、面板及密封构造组成，其中尤其以框架和面板的材料占比最多。不顾及碳排放水平高低，而仅以提升性能为目标的框架和面板构造型式，势必会被兼顾碳排放水平和性能指标的新构造型式替代。比如复合材料的框架系统、热镜玻璃面板等新型构造的部件或产品，均可以在碳排放和性能之间有更好的平衡。同时，通过构造的创新设计，大力发展标准化、模块化、装配化的构件，在提升品质、保障性能稳定、降低建筑整体运营碳排放的同时，可以减轻施工安装和维修拆除过程的工作强度及周期，进而进一步降低碳排放水平。

3. 改进设计方法

以功能需求和性能要求为目标，推进性能化设计方法。我国目前的建筑幕墙技术标准体系，仍遵循传统的处理方式与设计理念，材料用量过剩，性能冗余度高，相对保守。比如幕墙框架和面板强度设计按不利部位考虑，致使底层和高层的构造及材料相同；强制性规定材料的构造参数，限制了新技术、新工艺、新材料的应用；对不同地域的建筑幕墙性能要求不加以区分，导致部分指标过度冗余等。在降低碳排放的政策指引下，应鼓励采用性能化的设计方法，针对不同的项目特征及需求，量体裁衣，系统设计，保障性能的同时降低材料用量，真正做到节能节材降碳。

**（二）建筑幕墙碳排放评价方法发展趋势**

1. 清晰评价目标和范围

建筑幕墙作为工程产品，其评价目标及范围相对比较复杂。目前相关的碳排放评价经验不足，但随着研究工作的不断进行，针对各类构造形式的建筑幕墙的评价范围、系统边界及功能单位的确定等技术，将逐步清晰。

2. 完善全生命周期清单

随着评价工作的开展，全生命周期清单，包括生产阶段各类材料的能耗水平，以及加工、运输、安装、拆除、处置等各个阶段的碳排放因子的数据库的建立和完善，是必然的趋势。

3. 统一碳排放计算评价方法

在不断完善系统边界、功能单位以及碳排放因子库的基础上，碳排放评价结果的正确性和一致性，也会相应提升。评价结果的表达也会逐步形成相对一致的形式，指导工程实践应用。

## 三、发展建议

（1）制定建筑幕墙领域的碳排放长期规划。在我国“碳达峰、碳中和”的战略目标下，建筑幕墙领域应基于自身行业发展水平和技术特征，制定相应的时间节点，逐步完善碳排放评价工作，在为建筑低碳运营提供技术支撑的同时，也为降低全社会碳排放水平作出应有的贡献。

（2）推广绿色低碳建材的应用。通过完善建筑幕墙用材料的绿色评价体系，进一步引导和推进绿色建材在建筑幕墙领域的应用广度和深度，降低建筑幕墙隐含碳排放水平，并为建筑运营阶段的能耗降低提供技术保障。

（3）推动碳排放标准体系建设。通过开展相关基础课题研究，完善和扩充相关碳排放因子数据库，制定切实符合不同形式和类别的建筑幕墙的碳排放评价计算标准。

（4）鼓励技术创新。依据具体项目的功能需求，采用性能化的设计方法，指导建筑幕墙的材料选择、构造设计、性能设计及质量评价，落实节能节材的绿色发展理念。

## 参考文献

[1] 寇玉德，徐勤．浅析建筑幕墙热循环测试，2009年全国铝门窗幕墙行业年会论文，2009：250-260.

[2] United Nations Environment Programme (2020). 2020 Global Status Report for Buildings and Construction: Towards a zero-emissions, efficient and resilient buildings and construction sector. Nairobi. (Source: IEA. 2020 Global Status Report for Buildings and Construction. Prepared by Dr. Ian Hamilton and Dr. Harry Kennard, Oliver Rapf, Dr. Judit Kockat, Dr. Sheikh Zuhaib, Thibaut Abergel, Michael Oppermann, Martina Otto, Sophie Loran, Irene Fagotto, Nora Steurer and Natacha Nass. All rights reserved)

[3] Kibert, C. Sustainable construction: Green building design and delivery. John Wiley & Sons, US. 2008.

[4] DOE, Buildings Energy Data Book, US Department Of Energy, 2011. http://buildingsdatabook.eren.doe.gov/ChapterIntro1.aspx.

[5] 清华大学建筑节能研究中心．中国建筑节能年度发展研究报告2021［M］．北京：中国建筑工业出版社，2021：第1章.

[6] Mic Patterson. Material Matters: Embodied Carbon Considerations Impacting Design Practices for Facade Systems, Buildings, and Urban Habitat, October 29, 2018. https://www.facadetectonics.org/articles/material-matters.

[7] Lefteris Siamopoulos, A Proposed Hierarchy for Embodied Carbon Reduction in Facades, August 24, 2021. https://www.makearchitects.com/zh/%E6%80%9D%E7%BB%B4/a-proposed-hierarchy-for-embodied-carbon-reduction-in-facades/.

[8] Teni Ladipo, Facing up to embodied carbon in façades, June 2022. https://www.cibsejournal.com/technical/facing-up-to-embodied-carbon-in-facades/.

[9] Rahman AZARI, Yong-Woo KIM. A Comparative Study on Environmental Life Cycle Impacts of Curtain Walls, Construction Research Congress 2012 © ASCE 2012, 1610-1619.

[10] Andreas T. Wolf, Christoph Recknagel, Norman Wenzel, Sigurd Sitte, Structural Silicone Glazing: Life Expectancy of more than 50 Years? May 22,2020. https://www.glassonweb.com/article/structural-silicone-glazing-life-expcctancy-more-50-years.

[11] 智研咨询．2022—2028年中国废玻璃行业竞争战略分析及市场需求预测报告．报告编号R980721．https://www.chyxx.com/industry/202111/984976.html.

[12] Richard Matheson, Functional façades help tackle building emissions, April 21, 2020. https://nickelinstitute.org/en/blog/2020/april/functional-facades-help-tackle-building-emissions/.

[13] 徐伟．建筑节能与可再生能源利用通用规范GB 55015—2021．北京：中国建筑出版传媒有限公司，2021.

[14] 江亿．我国建筑耗能状况及有效的节能途径．暖通空调HV&AC，2005，35（5）：30-40.

[ 15 ] Katherine, M. Dumez. Analysis of Energy Efficient Curtain Wall Design Considerations in Highrise Buildings [D]. 2017. University of Colorado, Department of Civil, Environmental, and Architectural Engineering. P195.

[ 16 ] Citherlet, S., Di Guglielmo, F., Gay, J. B.. Window and advanced glazing systems life cycle assessment. 2000. Energy and Buildings 32, 225–234.

[ 17 ] Salazar, J., Sowlati, T. Life cycle assessment of windows for the North American residential market: Case study, Scandinavian Journal of Forest Research.2008.23: 2, 121-132.

[ 18 ] BS Envi Tech. Draft Environmental Impact Assessment Report of Integrated Aluminium Complex by ANRAK Aluminium at Makavaripalemmandal,Visakhapatnam district, Andhra Pradesh. 2008. Hyderabad: ANRAK Aluminium.

[ 19 ] https://www.victoria.ac.nz/architecture/centres/cbpr/resources/pdfs/eecoefficients.pdf.

[ 20 ] 张艳姣．典型铝合金型材产品的碳足迹分析［D］.《中国建材科技》杂志金属及金属复合装饰材料专刊．2021：87-89.

[ 21 ] Bernd Brandt, Evelin Kletzer,Harald Pilz, Dariya Hadzhiyska,Peter Seizov. Siliconchemistry Carbon Balance: An Assessment of Greenhouse Gas Emissions and Reductions. Global Silicones Council. May, 2012.

[ 22 ] Markus Plettau. When Facades meet Carbon Neutral Silicones. February 7, 2022. https://igsmag.com/market-trends/environmental/when-facades-meet-carbon-neutral-silicones/.

[ 23 ] Valérie Hayez. Carbon Neutral Silicones in Façades – A window of opportunity. May 13, 2022. https://igsmag.com/features/carbon-neutral-silicones-in-facades-a-window-of-opportunity/.

# 基于智能云服务的建材碳排放因子数据库

张永炜　罗　峥　魏铭胜　沈翔森　程梦雨
（中国建筑科学研究院有限公司　北京构力科技有限公司）

2020 年 9 月 22 日，习近平主席在第七十五届联合国大会一般性辩论上代表中国对世界郑重承诺，使我国的双碳工作进入快车道。而工欲善其事必先利其器，针对双碳工作的落地有什么“器”要先行开展呢？碳排放计算模型与碳排放因子库是开展双碳的前置工作，也是基础保障。

本文通过介绍国内外碳排放因子库的搭建情况和存在的问题，重点介绍了中国建筑科学研究院北京构力科技有限公司搭建碳排放因子库的思路与碳排放因子数据收集、应用的框架，力求为后来者提供思路与范例。

## 一、建筑构件碳排放因子库发展现状与问题

随着“双碳”目标战略目标提出，碳排放成为各行业焦点话题，而建筑行业作为国家行业碳排放“大户”，《建筑节能与可再生能源利用通用规范》GB 55015—2021 的发布，更是将碳排放计算作为建筑设计的强制要求，因此注重建筑行业的减碳工作势在必行。加强建立碳排放数据库对建筑行业节能减排具有战略性意义。

### （一）国外碳排放因子库建设情况

目前国内外在碳排放数据研究方面均有一定进展，国外碳排放数据库发展时间长，数据内容丰富，计算方法完善。例如全球碳预算数据库（Global Carbon Budget，GCB）、美国能源信息署（Energy Information Administration，EIA）、《IPCC 国家温室气体清单指南》提供的 IPCC 排放因子数据库 EFDB、欧盟版 EFDB 等，但国外数据库提供数据均为所在地本土化数据，并不全适用于我国本土化技术发展水平。中科院院士吕达仁曾指出，如果引用发达国家所公布的碳排放因子会高估我们发展中国家碳排放量。我国排放因子比国际上认定的大约要低 10%—15%。以同样 1 亿 t 煤变成二氧化碳的数值为例，国内因子计算要比国际估计值低 10%—15%[1]。

### （二）国内碳排放因子库发展情况

相较国外碳排放因子，国内发展虽起步较晚，但发展速度快、国家重视程度高。国内目前可获取的碳排放因子主要有四大构成，即权威机构发布文件中的推荐值、实测值或采用质能平衡方法得到的实际值、组织机构建立的碳排放因子库及学者经验参考值。2022 年 8 月，国家发改委联合国家统计局和生态环境部发布了《关

于加快建立统一规范的碳排放统计核算体系实施方案》，国内碳排放因子库迎来了一个新的发展阶段。

建筑碳排放的发展相对较早，从2019年《建筑碳排放计算》GB/T 51366—2019发布开始，建筑碳排放的工作持续深入。目前，国内建筑碳排放因子具体来源于：《建筑碳排放计算》GB/T 51366—2019、《工业企业温室气体排放核算和报告通则》GB/T 32150—2015等标准、指南文件、厂商实测数据或者高校研究成果等。但随着建筑工程多阶段碳排放计算需求的扩展，针对碳排放因子空缺，研究其计算也至关重要，主流碳排放因子计算依据建筑产品碳足迹，核算标准包括国际标准化组织发布的《温室气体——产品碳足迹量化要求和指南》ISO 14067—2018、生命周期评价系列标准（包括《环境管理生命周期评价 要求与指南》GB/T 24044—2008、《环境管理生命周期评价原则与框架》GB/T 24040两项标准）。

**（三）我国建筑碳排放发展存在的困难**

碳排放因子数据作为碳排放量计算的底层数据，目前虽有多种途径可获取建材、能源、交通等碳排放因子，但随着工程碳计算需要，仍存在碳排放因子核算方法少、建筑构件碳排放因子成果少、构件碳排放因子推广及应用难等问题。具体如下：

1. 碳足迹模型缺失。碳因子计算主流方法《温室气体——产品碳足迹量化要求和指南》ISO 14067—2018，全生命周期法LCA法，虽然对产品碳足迹方法进行规定，但因建筑产品多元化，工艺过程复杂化，如何结合具体生产企业碳源活动分析，建立因地制宜的碳足迹模型亟须深化研究。

2. 建筑构件碳排放因子案例少，生产阶段碳排放统计困难。构件的原材料、半成品、成品等的加工生产种属繁多，制造装备、生产工艺等也差异很大，加上地区性能源结构也不同，同一种材料不同的生产地点，其产品的碳排放因子往往不尽相同。目前建筑构件碳排放因子可参考的案例少，且行业、企业、项目对碳核算需求迫切，健全建筑构件碳排放因子库对建筑行业实现绿色低碳建造、运行十分重要。

3. 建筑的碳排放因子的推广、应用困难。建筑碳排放因子多停留在静态数据，如何建立碳排放动态数据库，实现项目应用中各阶段数据互通，建立适用的碳排放因子库编码规则与编码体系，解决因工程量清单多元化，碳排放因子匹配应用难等关键问题是重点，以促进建筑行业摸清建筑碳排落实减碳措施。

## 二、建筑碳排放因子库的搭建

**（一）基于BIM的建筑信息模型分类和编码标准，建立适应建筑构件碳排放应用与软件开发的编码体系**

分类与编码的价值主要体现在两个方面，一是分门别类，二是便于应用。整个建筑碳排放因子库分类体系的搭建，需要满足将各类要素进行区分的潜在需求，只有清晰的划分才能进行相对精确的分项计量。同时，建筑碳排放客观上涵盖了建筑的全生命周期，以及建造和运维过程的全部场景。因此，在分类和编码策略上需要考虑的维度是“建筑全生命周期＋全场景”。既要包含建造阶段各类建筑材料的碳排放因子，也要囊括各类机电设备、施工机械的碳排放因子，还要涵盖相关的运输工具、消耗能源的碳排放因子，以及各色建筑参与人员和各个阶段产生的废弃物连带的碳排放因子等。

另外，编码体系上沿用 BIM 建筑信息模型分类和编码的思路，分类对象按层级依次分为一级类目“大类”、二级类目“中类”、三级类目“小类”、四级类目“细类”。

大类，可分为如下类别：建筑材料、施工机械、运输、机电设备、能源、绿色碳汇、人、废弃物处理等。

中类，建筑材料可分为：砌体、混凝土及砂浆、保温隔热材料、门窗、玻璃材料、金属、涂料、石材、木材、土壤、有机材料、无机材料、建筑板材、沥青、预制混凝土构件（PC）、钢结构构件（GI）等。

中类，施工机械可分为：土石方及筑路机械、打桩机械、起重机械、水平运输机械、垂直运输机械、混凝土及砂浆机械、加工机械、泵类机械、焊接机械、动力机械、地下工程机械、其他机械等。

中类，机电设备可分为：暖通空调系统设备、生活热水系统、照明系统、电梯系统、可再生能源系统、供电系统设备、供热系统设备、通信设备等。

中类，能源可分为：化石燃料、其他能源、电、热力、水等。

中类，绿色碳汇可分为：植物群体、绿地类型、植物种类等。

小类，保温材料可分为：岩棉、玻璃棉、泡沫材料、多孔聚合物等。

细类，泡沫材料可以分为：聚乙烯泡沫塑料、聚苯乙烯泡沫塑料、聚氨酯泡沫塑料、聚氯乙烯硬泡沫塑料、发泡水泥、泡沫玻璃等。

总的来说，通过以上碳排放因子的编码，实现不同品类对象数据的归类与统计，以便于碳排放计算的应用；通过对应用数据的收集、统计，可以分析不同品类对象的碳排放因子的数量级和界定其碳排放强度，为碳排放计算奠定数据基础。

### （二）建立建筑品类与参数管理流程

确定并建立碳排放因子分类体系和编码后，还无法真正解决在实际建筑工程和相关软件场景中有效应用的问题。建筑工程的建设有一个很大的特点是持续动态变化。第一，相关标准和规范的持续优化或调整；第二，绿色、低碳技术不断迭代进步；第三，使用建筑物的主体——人的需求也在不断地提高。因此，相关建筑材料或设备的工程应用需求也是一个动态过程。需要建立一套开放的、可扩容、可延展的建筑品类与参数管理体系。

这当中有三个重要的问题：

首先，建筑品类的分类体系需要为后续扩容留有余地，能够支持类别和编码的调整和增删。上方第一点表述的“树状四级分类体系”中，例如三级和四级奇数或偶数间隔编码，后续新增或调整的类别可在间隔中直接插入，也是一个不错的做法。

其次，事实上，一种建筑材料可以具备多个不同的功能，可以被应用在多个不同的建筑部位，不同的功能和不同的应用部位，其考量的参数是不同的。由此，我们可以总结出同一个材料不同的属性和参数。例如：基本属性、碳排放因子、物理属性、热工属性、声学属性、化学属性等。在建筑碳排放计算中，需要调用材料的碳排放因子；在建筑节能计算中，需要调用其热工属性及参数；在建筑饰面层使用时，需要考量其化学属性的耐酸、耐碱、防腐蚀和耐候性等。

最后，从管理体系的角度，我们还可以考虑结合相关属性，生成对应的功能分类，同时编制相应的编码。这是一个更加灵活的管理方法。例如：我们可以将建筑材料按功能整理出一个热工材料的分类，每一类热工材料赋予一个热工编码，而热工编码对应的都是热工属性。这样，在建筑工程的节能计算中，相关的材料和参数就可以被高效调用。同理，还可以根据需要制作声学材料分类和声学编码、饰面材料分类和饰面编码等，以适应各类个性化应用。

**（三）基于大数据建立分层级碳排放因子库**

1. 企业级碳排放因子库建设思路

单位产品在不同企业场景下，生产所产生的碳排放量有所不同，单位产品企业级碳排放量越少，表示该企业级碳排放因子越少，该企业节能效果越显著。因此关注企业级碳排放因子需重点关注该企业下单位产品碳足迹；目前产品碳足迹主要包括两个路径：从“摇篮”到“大门”、从“摇篮”到“坟墓”。但因产品使用主体多样性及产品流转不确定性，大多以从“摇篮”到“大门”边界分析单位产品碳排放量，特别要求时可分析全生命周期足迹碳。

针对企业碳排放因子核算流程主要包括：在确定单位产品基础上，首先分析该企业核算边界，主要从组织边界、时间边界、地理边界等进行确定，其次分析企业碳排放源及清单，细化分析其能源流、输入流及输出流；最后结合现有碳排放源对应的碳排放因子计算各专项碳排放量及碳排放总量；特别需注意，当产品原材料有碳排放因子时，可直接使用，并注明来源；当产品原材料因子无涉及时，可追溯对应厂商获取碳排放因子及各活动数据碳分析流程上；最终建立该企业产品碳排放因子；后续经过多企业产品碳排放因子沉淀，可获取同一类型企业平均碳排放因子，以推动建筑行业或者区域碳排放计算分析。

2. 行业级碳排放因子库建设思路

碳排放因子对于建筑全生命周期的影响是个宏大的命题，涉及建筑产业的方方面面，其中建材是不可忽视的大头。不同品类的材料在原料、生产流程、制造工艺等因素上存在差异，使得不同品类的碳排放因子差别较大，又受到地理因素与时间因素的影响，即便同一品类，在不同地区、不同时间下，碳排放因子也有所不同，这一数据对精确化设定碳排放因子阈值，指导行业发展极其重要。传统的方法无法动态获取这一数值，现在我们借助智能云平台，就可以将同一种材料在不同地点生产的碳排放因子上传至云端，随着材料数据的累计，便得到同一种材料的多个碳排放因子，这样既可统计出这个材料的平均碳排放因子，也使得获取这个材料的碳排放因子阈值成为可能。因此，智能云利用数据平台的能力对材料数据在不同维度上进行聚合，便可以获得灵活配置相应行业级碳排放动态因子库的能力。

（1）对品类的碳排放因子聚合

结合碳排放因子库的模型分类，我们可以选择在大中小细的分类层级上执行聚合操作，计算出目标层级下的所有产品碳排放因子的加权平均值，当材料数量较大、涉及厂商丰富时，这一数值可代表目标品类的行业平均值，作为该行业碳排放水平的平均参考值，对未进行测算的材料有一定参考作用，也可用于指导细分行业的碳排放目标值的制定，为更高层级的目标服务。

（2）对时间、空间的碳排放因子聚合

对于同一品类，其碳排放因子也在时间和空间维度上存在显著差异，如在不同省市，不同区域，不同季节，不同月份甚至不同年份内碳排放因子的情况都可作为研究关注的重点，借助碳排放因子库对数据的实时记录与历史沉淀，可轻易在用户感兴趣的维度上对材料的碳排放因子进行聚合，获得趋势变化图或比对图，便于进行行业分析。

3. 基于大数据分析的系统碳排放因子与系统组件碳排放因子关系探讨，即通过因子库与计算数据，逐步形成不同层级的对象的因子（如建筑、社区等）

在建筑工程建设和运维过程中，存在着大大小小各类材料系统、设备系统、建筑类型、功能社区等，在一个又一个建筑工程的碳排放计算后，数据逐步被沉淀下来，借助大数据统计分析，我们可以逐步得出每个类型的系统不同的碳排放强度，从而可以形成微观层面特定的建筑材料系统和机电设备系统，以及宏观层面特定建筑类型、特定功能社区的碳排放强度模型。

举例说明，微观层面的特定的建筑材料系统和机电设备系统，比如外墙保温系统、门窗系统、玻璃幕墙系统、空调与新风系统、电梯系统等。宏观层面的特定建筑类型，比如医院、学校、酒店、交通、博物馆、展览馆、购物中心等，通过成千上万的同一类型建筑工程建设和运维碳排放计算与统计，结合大数据对比分析，我们就可以得到比如医院这个类型的建筑碳排放因子大致是在哪个区间，这个区间的碳排放因子强度很可能与学校的不同，这样就形成了医院建筑的碳排放强度模型、学校建筑的碳排放强度模型、酒店建筑的碳排放强度模型等。

另外，在城市中也存在各类的功能社区，比如 CBD、教育社区、医疗社区、运动社区、购物社区、展览社区、交通社区等，往往因为一条步行街、一个学校、一座医院、一个运动馆、一个展览馆、一个交通枢纽等形成一个功能特色明显的社区，通过功能建筑与配套社区的建筑分布状态，结合大数据对比分析，我们也可以得到 CBD 社区的碳排放强度模型、医疗社区的碳排放强度模型、展览社区的碳排放强度模型等。

如此，我们在大数据的统计和分析支撑下，就可以探讨并找到系统碳排放因子与系统组件碳排放因子之间的关系，一定时间周期后便可以相对客观地回答某个建筑材料系统的碳排放强度，某个建筑类型的碳排放强度，以及某个功能社区的碳排放强度，并借以分析城市级的碳排放强度。

## 三、建筑碳排放因子库的数据收集

### （一）建筑碳排放因子主要来源分析

碳排放因子法作为碳排放计算重要方法之一，明确建筑各类型碳排放因子在建材产品、建筑项目层面碳计算均很重要。目前建筑行业碳排放因子数据收集主要来源于采用《建筑碳排放计算标准》GB/T 51366—2019、“十三五”项目出版书籍《建筑全生命周期的碳足迹》、中国电网企业温室气体排放核算方法与报告指南（试行）、《2006 年 IPCC 国家温室气体清单指南》、中国区域电网基准线排放因子等途径，但关于建材碳排放因子、设备等碳排放因子市场仍有欠缺。因此亟需加强碳排放因子库研究，集成建立适配建筑行业快速应用、持续推广的碳排放因子体系。

### （二）建立多渠道、多种方式的建筑碳排放数据集成系统以及与外部资源的合作

建筑工程从建造到运维的全生命周期当中，经历规划、设计、主体工程建设、装饰装修、投入使用进行运维、使用终止拆除等众多流程，涉及极大量的建筑材料和机电设备的使用，大量人员参与其中，相关要素的碳排放因子品类丰富且数量庞大，事实上由一个机构直接测量并提供出来是十分困难的。因此，以智能云为基础平台，整合建筑产业链当中各类检测、认证、研究等机构的碳排放因子库，建立多渠道、多种方式的建筑碳排放数据集成系统是一个优选的方案。

同时，还可以依托智能云的推送能力，与设计师的设计选型结合，帮助建材生产厂商优先将具有碳排放因子的材料与设计师的选型需求进行智能匹配，让这些厂商的材料通过设计师优先获得选型机会，进而吸引更多的建材生产厂商进行材料碳足迹认证，并将其碳排放因子上传至智能云。

此外，积极加强与外部组织机构合作，建立碳排放因子库生态，例如与装配式钢结构行业厂家合作，双方共创钢结构构件碳排放因子算法；与高校合作研究碳计算方法模型，协同其他行业专家进行可行性指导；与现有碳足迹认证、核算单位合作，不断增加因子库种类，优化碳排放因子库。

### （三）利用知识图谱建立支持多元异构数据的碳排因子库

建筑工程涉及的建材、设备种类繁多，同时在建筑全生命周期的不同阶段，建

材、设备的应用方式、组织结构、文字表达都有较大的差异；以及在不同的软件、信息系统中的表述都有所不同。即针对多元异构的建材、设备数据，如何建立通用碳排放因子库？如何让各阶段、各种软件采用最小代价准确获取所需的碳排放因子。

知识图谱的本质是一种语义网络，是基于图的数据结构，以图的方式存储知识并向用户返回经过加工和推理的知识。它由“节点”和“边”组成，节点表示现实世界中的“实体”，边表示实体之间的“关系”。知识图谱可以最有效、最直观地表达出实体间的关系。简单地说，就是把大量不同种类的信息连接在一起而得到一个关系网络，为人们提供从“关系”的角度分析问题的能力。

碳排放因子库的搭建充分利用了知识图谱建立的语义网络，将同一对象在不同环境下的表达内容建立节点与边的关系，从而将复杂、海量的辨识问题交给了算法，而碳排放因子库只需要建立、扩充一套标准的碳排放因子即可通过知识图谱为建筑全生命周期各个阶段的不同工具提供数据服务。当然要实现碳排放对象的语义网络离不开大量的表述碳排放对象的语料，通过 PKPM 绿色低碳系列软件多年积累的大数据库与持续发展的互联网应用服务，将获取海量数据作为语料持续训练语义网络。

## 四、建筑碳排放因子库的应用

### （一）建筑碳排放因子应用需求分析

为贯彻碳达峰碳中和工作的意见，实现项目建设各过程全面落实绿色低碳等要求，面向当前项目建设、产品生产、主管部门低碳管控等场景需求，解决“碳排放因子库欠缺”“实际项目匹配度、应用难”等问题。建筑碳排放因子应用时需结合当地特色碳源特征，明确碳排放因子库架构，建立集合市场多数据库且适配国内建筑行业、符合当地特色的通用性碳排放因子库，注重数据库动态化发展，实现设计院、生产厂家、管理部门等不同业务主体在设计预测、绿色生产管理、建造、运行管理等多场景下碳排放计算。

### （二）基于智能云推送的建筑全生命周期碳排放应用

如何帮助项目与符合项目要求的材料搭建桥梁，是碳排放因子库在实际应用中的发力点，也是对碳排放因子库实用性的测试。我们以中国建筑科学研究院的绿材在线为例，借以说明通过智能云推送来实现碳排放因子库的价值和工程应用。绿材在线作为碳排放因子库的载体，帮助材料供给方与需求方在线建立连接。绿材在线是一个集政策、信息、计算、沟通、运维于一体的材料信息服务平台，材料厂商在此平台上为材料需求方提供专业的产品及技术帮助，以达到营销自身材料的目的。平台持续整合上游需求方在项目中遇到的材料问题，并通过智能算法将材料厂商的产品向其进行推送，帮助质优价美的材料得到更多的曝光，让合适的项目找到质量和价格匹配度高的材料，以此提升该材料运营推广效率，具体如图 1 所示。

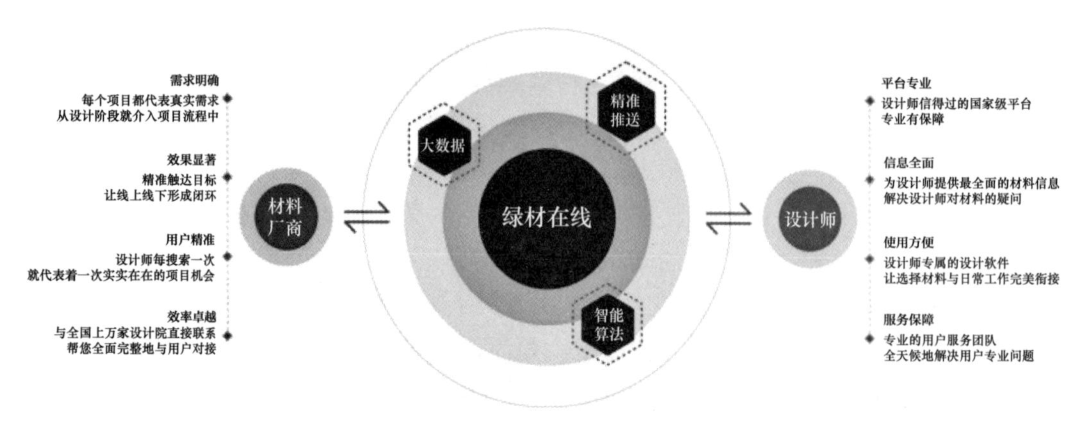


图1　作为碳排放因子库载体的绿材在线产品优势

绿材在线云推送基于材料需求方的项目类型、位置信息、项目阶段、碳排放政策要求，以及用户在使用产品时的行为信息（行为信息包括但不限于用户在访问/使用软件时的点击、关注、收藏、搜索、查询、浏览、交流、分享既选用的操作的相关记录），通过对上述信息进行自动分析与计算，根据计算结果从材料候选池中筛选出用户可能更感兴趣的材料进行推荐。同时，绿材在线云推送智能算法会根据用户在使用软件过程中的实际选用材料行为对推荐模型进行实时反馈，不断调整优化推荐结果，更好地向材料需求方提供合适项目的材料。

绿材在线云推送算法以项目所需材料的参数为基础，结合用户历史的点击、选用、分享、推荐、评论等行为数据，通过深度学习技术框架建立模型，预估用户对某个材料产生互动的概率，针对预估材料使用排序、打散、干预等机制与策略，再向需求方进行推荐。

推荐结果参考用户、地区、参数、行为四个维度作为样本进入机器学习模型里训练，训练的结果用于更新用户模型和推荐新的材料。

为了避免“材料茧房”问题的出现（材料需求方使用软件一段时间后仅收到单一类别材料或固定厂商材料的推送），绿建在线云推送专门设计了“材料探索”机制，一方面每次推荐都会将该地区热门材料类目按照一定比例进行推荐，另一方面会寻找与该用户相似度较高的用户，基于相似用户的历史选材偏好为该用户推荐目标材料从而保障用户可见材料的多样性。

在长期的业务实践中发现，基于算法的云推送相较于基于关键字的普通推送，在推荐成功率和推荐效果上都有明显的提升，也帮助材料厂商的材料在多场景下得到曝光，取得了不错的效果。

**（三）利用知识图谱为建立多层级碳排放监管系统提供数据支持**

在上文碳排放因子库搭建时，论述到通过大量的语料学习，建立建筑对象的语义网络，从而为不同阶段碳排放计算对象提供碳排放因子数据服务。同样在碳排放监管过程中也存在分析对象繁多，不同监管部门对监管对象的表述差异较大；不同监管层级的监管对象不同、深度不同、对象的表现也不同；在如此复杂的监管环境下，采用传统的对象、表单、流程管理的方式工作量是巨大的，而且需要协调、协同的工作量巨大，后期变更、维护的工作量也无法减少。故建立监管标准对象层级关系后，采用知识图谱建立语义网络；语料采集，先期采用人工收集整理，后期通过问答系统与专业系统实现自动收集、训练；从而建立多层级碳排放监管系统数据互通与应用。

## 五、总结与展望

双碳工作既是一件长期、艰巨的任务，又是一件利国、利民的大事，更是我们这一代人必须肩负的光荣使命。然而我国在碳排放因子库的建设方面刚刚起步，政策、行业与监管体系尚未健全，建材、产品等各类生产企业还未认识到碳排放因子的意义与价值，碳交易、碳金融还处于探索阶段。故建立基于智能云服务的碳排放因子数据库任重而道远。当然我们相信随着国家双碳工作的推进，各行业的碳排放工作纳入工作要求，监管、金融等机构的支持与保障，作为双碳工作的基础能力碳排放因子数据库将迅速发展、壮大。

## 参考文献

[1] 罗平滢．建筑施工碳排放因子研究［D］．广东工业大学，2016.
[2] 国家统计局．中国统计年鉴 2021［M］．北京：中国统计出版社．
[3] 住房和城乡建设部．建筑信息模型分类和编码标准：GB/T 51269［S］．北京：中国建筑工业出版社，2017.
[4] 住房和城乡建设部．建筑碳排放计算标准．GB/T 51366—2019［S］．北京：中国建筑工业出版社，2019.
[5] 李岳岩，陈静．建筑全生命周期的碳足迹［M］．北京：中国建筑工业出版社，2020.
[6] 广东省住房和城乡建设厅．建筑碳排放计算导则（试行）［S］，2021.
[7] 国家发改委．国家发改委改革委办公厅关于切实做好全国碳排放权交易市场启动重点工作的通知（发改办气候〔2016〕57 号文），2016.
[8] 国家发改委．中国水泥生产企业温室气体排放核算方法与报告指南（试行），2013.
[9] 国家发改委．中国平板玻璃生产企业温室气体排放核算方法与报告指南（试行），2013.
[10] 国家统计局．关于加快建立统一规范的碳排放统计核算体系实施方案，2022.

# 浅谈“双碳”目标下推动碳保险发展的思考

孙 舰
（中国建筑科学研究院有限公司）

随着近年来世界各国经济的高速增长，环境问题日益凸显，可持续发展已经成为国际社会的焦点问题。自2005年《京都议定书》生效以来，各国都加快了绿色低碳发展的步伐，大力推广低碳经济，同时积极探索碳交易方式。近年来，碳交易已逐渐成为金融市场的重要组成部分，作为碳金融市场的重要工具之一，我国碳保险正处于起步发展阶段。2016年，湖北碳排放权交易中心与平安保险湖北分公司签署了“碳保险”开发战略合作协议，确定了全国首个碳保险产品设计方案，着力打造碳金融新样本——“碳保险”。

2020年9月，习近平主席在第七十五届联合国大会一般性辩论上发表重要讲话，中国的二氧化碳排放力争于2030年前达到峰值，努力争取在2060年前实现碳中和。2020年12月召开的中央经济工作会议把做好碳达峰、碳中和工作作为重点任务之一，并将其纳入经济社会发展全局。2021年9月22日，中共中央、国务院发布《关于完整准确全面贯彻新发展理念做好碳达峰碳中和工作的意见》指出，积极发展绿色金融，有序推进绿色低碳金融产品和服务开发。2021年10月24日，国务院印发《2030年前碳达峰行动方案》明确提出，要“大力发展绿色贷款、绿色股权、绿色债券、绿色保险、绿色基金等金融工具”。不难看出，碳保险作为绿色金融的组成部分，在加快助推经济社会绿色低碳发展方面能够发挥独特作用。

## 一、碳保险的定义及作用

### （一）碳保险定义

碳保险是以《联合国气候变化框架公约》和《京都议定书》为前提，基于这两个国际条约对碳排放的安排而存在，或是保护在非京都规则中模拟京都规则而产生的碳金融活动的保险[1]。2022年4月证监会发布的《碳金融产品》JR/T0244—2022指出，碳保险是为了规避减排项目开发过程中的风险，确保项目减排量按期足额交付的担保工具。碳保险可以被界定为与碳信用、碳配额交易直接相关的金融产品[2]。

### （二）碳保险的作用

虽然近年来各行业都在探索节能减排技术，加速推动绿色低碳发展，但由于我国低碳行业还处于发展的初级阶段，资金投入不够，低碳技术体系尚不成熟，企业自身在节能减排方面还存在较大不确定性。而保险业作为风险管理者、承担者和投资者，能够利用自身长期资金基础雄厚的优势，帮助企业或组织解决减碳或碳交易过程中发生的风险事件，为碳排放市场的交易价格波动及交易过程提供保险 [2]，有效地降低碳市场风险，促进碳金融发展，助力实现碳中和目标。

## 二、国内外碳保险的发展实践

目前国际国内的碳保险服务主要针对的是交付风险，对碳排放权交易过程中可能发生的价格波动、信用危机、交易危机进行风险规避和担保 [3]，本文主要列举几类较为常见的保险类别。

### （一）碳清缴超额保险

碳清缴超额保险主要保障碳清缴过程中出现的风险事件，特别是针对部分企业未按时足额完成碳清缴引致的额外成本和风险进行保险 [4]。当控排企业清缴时的碳排放量超过年度的碳排放配额时，企业需要通过碳交易从市场中购买碳配额或利用碳信用抵消超额排放的部分，否则将要面临罚款以及其他行政处罚。保险公司通过实施碳清缴超额保险，对控排企业的超排成本进行一定额度的赔付，从经济上帮助控排企业完成碳清缴任务 [5]。2022 年 8 月，中国人保财险金华市分公司为浙江金华宁能热电有限公司承保了国内首单发电行业碳超额排放费用损失保险保单。

### （二）碳排放信用保险

碳排放信用保险重点保障企业在开展清洁发展机制（CDM）、新能源项目运营中的风险，可为其提供项目信用保险。一旦企业的碳信用在审批、认证和发售过程中产生风险，或新能源项目在开发过程中发生风险，保险公司将提供一定的补偿。这类保险能够极大促进企业参与减抵项目和碳排放交易。2006 年，美国国际集团与达信保险经纪公司合作推出了碳排放信贷担保，保障企业新能源项目运营中的风险，为其提供项目信用担保 [6]。2008 年，瑞士再保险公司为卢森堡政府提供担保和非担保认证的减排，帮助卢森堡利用这些信用额度来实现其《京都议定书》目标 [5]。

### （三）碳交易信用保险

碳交易信用保险是指以碳排放权交易过程中合同约定的排放权数量为保险标的，对买方或卖方因故不能完成交易时权利人受到的损失提供经济赔偿的一种担保性质的保险 [7]。2004 年联合国环境署、全球可持续发展项目（GSDP）和瑞士再保险公司推出了碳交易信用保险。由保险或再保险机构担任未来核证排减量（CER）的交付担保人，当根据商定的条款和条件当事方不履行核证减排量时，担保人承担担保责任。该保险主要针对合同签订后由于各方不能控制的情况而使合同丧失了订立时的基础进而各方得以免除合同义务的“合同落空”情形，例如政治风险、营业中断。

### （四）碳损失保险

碳损失保险主要对碳信用的持有企业发生风险事件，致使碳信用发生损失提供保障。投保人通过购买碳损失保险可获得一定额度的减排额，当条款事件触发后，保险公司向被保人提供同等数量的减排额[6]。澳大利亚承保机构斯蒂伍斯·艾格纽（Steeves Agnew）于2009年首次推出碳损失保险，保障因森林大火、雷击、冰雹、飞机坠毁或暴风雨而导致森林无法实现已核证减排量所产生的风险[5]，在条款事件被触发时根据投保者的要求为其提供等量且经核证的减排量[8]。

除上述几类保险外，还有许多其他类别的碳保险，如森林碳汇保险、碳捕获保险，针对用户的需求，保险公司也在不断推陈出新，设计合理的保险险种，促进碳金融市场加速发展。

## 三、我国碳保险发展面临的困难和问题

目前，我国碳保险相关的法律法规不多，只有《保险法》《中华人民共和国大气污染防治法》和《中华人民共和国环境保护法》[9]。2016年8月31日，中国人民银行、财政部、国家发展改革委、环境保护部、银监会、证监会、保监会印发《关于构建绿色金融体系的指导意见》，明确提出支持发展碳远期、碳掉期、碳期权、碳租赁、碳债券、碳资产证券化和碳基金等碳金融产品和衍生工具，推动建立环境权益交易市场。

随着2020年国家“双碳”目标的提出，绿色低碳发展要求的逐渐推广，一些支撑性政策也相继发布。2021年2月，国务院发布《关于加快建立健全绿色低碳循环发展经济体系的指导意见》，提出要大力发展绿色金融，发展绿色保险、发挥保险费率调节机制作用。2021年12月，生态环境部办公厅等九部门发布《关于开展气候投融资试点工作的通知》，鼓励试点地方金融机构在依法合规、风险可控前提下，稳妥有序探索开展包括碳基金、碳资产质押贷款、碳保险等碳金融服务。

目前，各行业都在积极推行低碳发展路径，作为“碳排放大户”的建筑业也在积极推行建筑低碳发展，探索包括“碳保险”在内的各种绿色金融手段的应用模式，这对于引导和激励建筑行业企业实现绿色低碳转型发展尤为重要。但是，碳保险在我国属于新兴领域，处于试点探索阶段，中国太保、平安保险等保险公司正在探索不同类别的碳保险产品，但在碳保险推广过程中还存在不少的难点和挑战，需要政府和社会共同解决。

1. 制度体系不够完善

从我国碳保险的立法现状来看，仅《环境保护法》将“鼓励投保环境污染责任保险”列入立法内容，其他碳保险产品缺少国家层面的法律支撑，未对相关企业是否投保形成制度约束，因此地方部门出台相关的试点推行办法或规章缺乏法律依据，开展碳保险试点工作面临无法可依的困境。此外，虽然目前有个别省市出台了指导意见或发展规划支持碳保险发展，但大部分停留在探索试点层面，仅对投保企

业给予保费补贴，缺乏给予税收优惠、建立专项基金等深层次的支持措施。

2. 行业数据支撑不够

目前我国碳市场运行年限较短，市场规模和行业覆盖范围有待扩大，且相关数据有待补充，保险机构在产品设计中面临着一定挑战。例如，现阶段我国企业碳信用数据不够完善，且碳信用价值中存在一些模糊成本，碳价值评估难度较高，使得建立在精算基础上的碳保险产品正面临着定价挑战。而丰富基础数据可以充分支持研究，助力碳保险产品的设计开发与创新升级。

3. 企业投保意愿不够强烈

目前，碳金融的保障机制及激励政策有待完善，碳资产的金融属性有待加强，外部激励力度也尚需加大，加之碳清缴超额的惩罚措施及试错成本较低，甚至低于企业开展低碳技术研发和管理的花费，导致各企业对于投保碳保险的意愿不够强烈。

## 四、推动我国碳保险发展的路径建议

### （一）完善制度体系，为碳保险应用奠定基础

碳保险是保险业中一个新兴的发展领域，新的保险标的、风险种类和诸多利益相关方对市场的规范发展提出了更高要求，亟须与之相配套的法律制度作为支撑。一是加快完善碳保险相关法律法规制度，在框架设计以及制度规范上结合我国国情与发达国家经验，基于现有研究继续完善碳保险市场机制、补贴政策、产品设计及法规建设等。二是加强关于确定碳保险合同标的价值相关准则的研究，不断完善碳保险制度保障碳融资、碳交付的功能，并对碳保险产品可能存在的特有风险出台针对性的管理政策，持续发挥碳保险的生态价值导向作用[10]。三是对碳交易进行监督，确保碳资产的交易及时规范。

### （二）强化数据支撑，形成行业间的联动

数字化发展是各行业转型升级的重要抓手，推动碳保险的发展，必须要强化数据支撑。一是加强与生态环保等相关部门及地方政府的合作，利用区块链、大数据等技术，加强碳排放相关数据的收集整合，建立基于各行业碳排放现状的数据平台，打通行业壁垒，加速信息融合，为加快推广碳保险提供数据基础。二是利用数字化手段提升“双碳”保险业务自动统计功能，在丰富的数据积累和全面的数据分析基础上，进一步完善定价模型和承保、理赔规则，设计具有差异的碳保险费率和碳保险产品，以满足多方位、多层次的碳保险需求，加快推动保险公司规模化发展碳保险业务。三是加快数字绿色保险转型，优化信息系统，梳理数字资产，实现信息化、线上化、智能化，赋能精准精细管理，持续打造标志性成果。

### （三）加强宣传推广，提高社会对碳保险的重视程度

目前，我国的碳金融交易市场尚处于探索与实践阶段，而碳保险市场也还未被人们所熟识。下一步，应加大对碳保险的推广力度，一是从推动“双碳”战略落地

的视角，引导企业积极节能减碳、践行绿色发展要求、坚定不移地落实国家战略。二是建立碳金融的保障机制及激励政策，强化碳资产的金融属性，创造基于碳金融的正向激励环境，对积极开展碳保险的企业给予一定的资金支持与政策优化，为碳保险的推广营造良好的氛围环境。三是加大对企业碳排放超标情况的惩罚力度，提高试错成本，促使企业为规避此类风险和影响而开展碳保险。

## 参考文献


[1] 李媛媛. 中国碳保险法律制度的构建 [J]. 中国人口·资源与环境，2015，25（2）：8.

[2] 中央财经大学绿色金融国际研究院. 全球视角下的创新型绿色保险产品综述. 2021.

[3] 马骏. 碳中和愿景下的绿色金融路线图 [J]. 2021.

[4] 骆嘉琪，杨鑫焱，余方平，等. 基于碳清缴超额保险的企业碳交付风险管理 [J]. 管理评论，2021，33（6）：12.

[5] 杨勇，汪玥，汪丽. 碳保险的发展、实践及启示 [J]. 金融纵横，2022（3）：7.

[6] 周洲，钱妍玲. 我国碳保险面临三大挑战，亟需配套法律支撑 [J]. 2022.

[7] 张妍. 我国发展碳保险的重要性及发展方向研究 [J]. 时代金融，2012（33）：132-133.

[8] 朱家贤. 气候融资背景下的中国碳金融创新与法律机制研究 [J]. 江苏大学学报（社会科学版），2013，15（1）：27-32.

[9] 蓝春锋，陈恺琪，崔嵘，等. “3060” 背景下我国碳保险发展路径研究 [J]. 保险理论与实践，2022（1）：11-28.

[10] 中央财经大学绿色金融国际研究院，碳保险产品发展概况及对策研究，2022.

# 绿色金融支持绿色建筑碳减排发展的模式探索

曹 博 张渤钰

（中国建筑科学研究院有限公司）

2022年7月，住房和城乡建设部、国家发展改革委联合印发《城乡建设领域碳达峰实施方案》，明确2025年城镇新建建筑全面执行绿色建筑标准，提出强化绿色金融支持，鼓励银行业金融机构创新信贷产品和服务，支持城乡建设领域节能降碳等。在“双碳”战略背景下，深化绿色建筑发展，推进建筑低碳、减排已成为必然趋势。根据住房和城乡建部数据推算，预计到“十四五”规划末期的2025年，我国绿色建筑市场总规模有望达6.5万亿，若每年建设4亿—6亿$m^2$，相应每年的开发投入需要3万亿—5万亿元[1]。这么大规模的投资需求，绿色金融将成为促进绿色建筑低碳发展的重要支撑。

## 一、绿色金融促进绿色建筑节能减排的发展现状

### （一）国外发展现状

发达国家已形成以市场化融资为主导的金融支持模式，对绿色建筑、低能耗建筑开发的资金支持大都通过金融机构实施。通过银行系统可确保资金投向，以优惠贷款方式满足项目建设资金需求，而不是事后补贴。绿色建筑及低能耗建筑发展得到了可靠的资金保障，发展迅速。

美国对购买绿色建筑的个人实行退税政策，美国俄勒冈州波特兰市设立鼓励发展绿色建筑的“碳综合税制”[2]。日本东京于2010年起实行了以建筑排放为主的碳交易体系，成为全球范围内以碳金融促进绿色建筑发展的先锋[3]。德国的建筑领域绿色信贷的优点在于每个人都能够获得资助，申请贷款的手续也非常简单，使得人人参与到建筑物环境保护中，既达到了节能减排的效果，也提高了社会公众的节能意识[4]。

### （二）我国发展现状

1. 支持绿色建筑碳减排的绿色金融激励政策不断出台

2021年2月8日，全国首批6支“碳中和债”在银行间市场成功发行，合计发行规模64亿元[5]，其中包括三星级绿色建筑，此次首支绿色建筑“碳中和债”，对绿色建筑发展是重大的利好。2021年3月，银行间市场交易商协会明确了“碳中和债”有关机制，募集资金范围包括：绿色建筑、超低能耗建筑、既有建筑节能改造

等。2021 年 11 月，人民银行制定了碳减排支持工具，其重点支持领域包括清洁能源、节能环保及碳减排技术三个领域，碳减排效益要求量化减排数据。

2. 地方逐步试点将绿色建筑减排量纳入碳市场

2021 年 9 月 17 日，重庆市印发了《重庆市“碳惠通”生态产品价值实现平台管理办法（试行）》的通知，明确提出将要建立重庆市“碳惠通”生态产品价值实现平台，“碳惠通”项目自愿减排量（以下简称“CQCER”）可以在该平台上进行交易，绿色建筑二氧化碳减排量也被纳入“碳惠通”项目中。2022 年 3 月 28 日，深圳发布《深圳经济特区绿色建筑条例》，是全国首部将工业建筑和民用建筑一并纳入立法调整范围的绿色建筑法规，并首次以立法形式规定了建筑领域碳排放控制目标和重点碳排放建筑名录。随着建筑行业“双碳”目标推进实施，会有越来越多的省市推出碳交易的平台，绿色建筑减排量市场化将成为未来发展趋势。

3. 绿色金融产品逐步提出碳减排要求

从当前的绿色金融市场分析，房地产只占其中很小一部分，而从其发行用途来看，投放绿色建筑市场的资金相对较少，没有成规模，因此碳排放权交易市场的建立，可为绿色金融支持绿色建筑低碳发展提供更多可能。其中，绿色债券支持范围最广，从绿色建筑、城市基础设施到生态城市；绿色信贷则支持绿色建筑、建筑节能、绿色生态城区建设，与绿色建筑发展形成有效联动；绿色保险在节能节水，绿色产业园区等方面有所创新，主要有绿色建筑性能责任保险、超低耗能建筑性保险、节能量保证险、光伏项目保险、风电保险及碳保险等；绿色基金侧重对城市基础设施的支持，属于资金来源广泛的金融产品，主要有 PPP 基金、私募股权基金等。在碳达峰碳中和政策下，2021 年开始发行的碳中和债对绿色建筑有了更高的要求，因为从绿色建筑的碳减排效益方面考虑，如果要达到碳中和债的要求，必须达到近零能耗建筑和超低能耗建筑标准，如果以绿色建筑发行碳中和债，标准会更高。

## 二、绿色金融推动绿色建筑碳减排方面存在的问题

经过十多年的发展，我国绿色建筑在标准体系、人才培养、产业联动方面具备了明显的技术和成本优势。迈入高质量发展阶段，绿色建筑已经成为建筑业“双碳”目标达成的最优路径之一，而以“碳减排”为核心的绿色金融产品，在推动绿色建筑减排量市场化方面还存在以下问题。

1. 支持绿色建筑低碳排放的绿色金融配套政策有待完善

随着国家对绿色建筑发展的重视，各级政府在绿色建筑领域出台大量的奖励办法和补贴政策，但在绿色建筑与绿色金融协同发展上并未形成一套独立、完整的实践指导政策体系，这就导致实际落实中难以明确具体的协同方式、工作任务及目标要求。根据金融监管部门现有政策分析，主要有通过再贷款支持绿色金融、通过宏观审慎评估体系考核激励银行增加绿色信贷，地方政府对绿色项目的贴息担保等都

在一定程度上调动了社会资本参与绿色投资的积极性，但激励的力度和覆盖范围仍然不足，对绿色建筑项目中的低碳、零碳投资缺乏特殊的激励，这些激励机制的设计也没有以投资或资产的碳足迹作为评价标准。

2. 绿色建筑碳排放信息披露水平不足

绿色建筑项目的碳排放信息披露是金融体系引导社会资金投向绿色产业的重要基础。目前，绿色建筑没有执行强制的披露政策，绿色低碳性能评估较为缺位，碳排放和碳足迹信息等未强制要求披露，这就增加了金融机构的顾虑；同时，多数金融机构缺乏采集、计算和评估碳排放和碳足迹信息的能力，金融机构如果不计算和披露其投资／贷款组合的环境风险敞口和碳足迹信息，就无法管理相关风险，不利于金融保险机构精准支持绿色建筑低碳、零碳发展。

3. 与碳足迹挂钩的绿色金融产品较少

从 2021 年开始，全国碳交易市场已经开始实行，而建筑行业尚未纳入，碳汇市场对金融的引导作用也没有在绿色建筑领域得到充分发展。同时，与碳足迹挂钩的绿色金融产品还很少，产品种类和投入量没有形成规模，碳市场和碳金融产品在配置金融资源中的作用还十分有限，支持绿色建筑低碳发展的金融工具研发也还处于探索阶段。

## 三、推动绿色金融创新发展的模式探索

1. 加速制定绿色建筑碳减排的政策体系

各级政府和住建主管部门、金融监管部门应按照碳中和目标，出台一系列专项政策文件，从标准、披露、激励和产品等维度系统性地完善配套制度，用以引导并规范金融机构支持建筑节能和绿色建筑低碳、零碳发展。一是构建完善的绿色金融政策体系和顶层制度框架，涵盖支持绿色建筑碳交易的法律法规及指引性文件等，引导并规范绿色建筑碳减排市场的发展；二是以碳中和为目标，修订完善绿色金融标准体系，建立绿色基金、绿色保险的界定标准[6]，以便金融机构、保险公司执行起来更有依据；三是完善支持绿色建筑碳减排的激励约束机制，出台对绿色建筑低碳、零碳投资方面的特殊激励，完善碳市场的监管机制，有效管理碳交易带来的风险。

2. 提高绿色建筑项目减碳的识别和管理效率

提高绿色建筑指标向绿色金融指标的可转换性，加大量化指标占比，帮助绿色金融有效识别和管理绿色建筑项目，促进绿色建筑发展。一是逐步建立、完善碳排放相关的信息披露要求，建立统一的环境信息披露标准，推动政府、金融机构和企业实现信息共享，为金融机构出台信贷政策提供数据支撑，更好地调动绿色金融对绿色建筑低碳、零碳发展的促进作用；二是明确碳减排支持工具的操作指引，围绕绿色建筑碳减排贷款，明确如何测算其带来的碳减排量，指导金融机构制定可操作和可追溯的测算方法和披露流程；三是搭建绿色建筑项目和绿色金融资金充分对接

的综合性平台，鼓励支持的第三方机构提供绿色金融风险分担、项目绿色认证、项目信息披露、融资方案设计等专业服务，供金融机构选择。

3. 发展基于碳排放权的绿色金融产品及服务模式

在低碳理念下引入碳排放交易，通过碳交易制度把绿色建筑带来的具体经济效益量化，吸引社会资本、金融资本进入绿色建筑领域，为绿色建筑低碳发展提供资金来源。一是开发与绿色建筑运作周期相匹配的绿色金融产品，将绿色保险、绿色信贷、绿色债券、绿色产业基金、碳金融等金融工具有效结合起来，发挥各自优势，形成联动合力；二是完善绿色金融产品服务体系，支持和鼓励金融机构向符合范围的绿色建筑产业提供全生命周期的金融服务；三是加快推广碳金融产品试点范围和应用，在先行试点绿色建筑性能保险、超低能耗建筑性能保险的基础上，逐步形成覆盖绿色建筑领域各环节、多主体、全流程的绿色建筑保险产品体系。

## 参考文献

[1] 王鑫，张鹏飞，建筑零碳化发展及建筑碳金融增益模式分析［J］. 绿色建筑，2022（3）.

[2] 赵建勋，林波荣，绿色建筑与绿色金融发展机制研究［J］. 动感（生态城市与绿色建筑），2011（1）：48-49.

[3] 张尧，陈洁民，王雪圣，日本碳交易体系的实践及启示［J］. 国际经济合作，2013（10）：34-37.

[4] 张扬，康艳兵，鼓励节能建筑的财税激励政策国际经验分析［J］. 节能与环保，2009（9）：17-20.

[5] http：//www. tanpaifang. com/tanzhaiquan/202102/0976625. html.

[6] 碳中和愿景下绿色金融路线图研究 中国金融学会绿色金融专业委员会课题组.

# 绿色建材产品认证技术体系构建及其应用

张晓然　路金波　吴波玲
（中国建筑科学研究院有限公司）

绿色建材是指在全生命周期内可减少对天然资源消耗和减轻对生态环境影响，具有节能、减排、安全、便利和可循环特征的建材产品。遵循产品认证制度的相关规定，我国建立了一套较为健全的绿色建材产品认证技术体系。通过推进绿色建材产品认证，培育绿色建材市场体系，增加绿色建材产品供给，提升绿色建材产品品质，将有利于促进建材工业与建筑业协同融合发展和转型升级，有利于改善居住环境、扩大内需，服务实现双循环新发展格局。

## 一、绿色建材产品认证工作背景与政策支撑

建筑领域的节能减排、低碳转型是我国实现“双碳”目标的关键一环。国际能源研究中心报告显示，从全球来看，建筑行业贡献了碳排放总量的 40%。中国建筑节能协会发布的《中国建筑能耗与碳排放研究报告（2022）》显示，2020 年中国建筑全过程能耗达到全国总量的 45.5%，碳排放量达到全国总量的 50.9%；建材生产阶段能耗占全国能源消耗总量的 22.3%，碳排放量占全国碳排放总量的 28.2%。建材行业绿色低碳发展是公认的降低建材生产阶段能源消耗和碳排放量的有效手段，大力发展、推广绿色建材对推动整个建筑行业节能降碳具有重要意义。

住房和城乡建设部印发的《“十四五”建筑节能与绿色建筑发展规划》提出要加大绿色建材产品和关键技术研发投入，政府投资工程率先采用绿色建材，显著提高城镇新建建筑中绿色建材应用比例。住房和城乡建设部、国家发展改革委联合印发的《城乡建设领域碳达峰实施方案》明确要优先选用获得绿色建材认证标识的建材产品，建立政府工程采购绿色建材机制，到 2030 年星级绿色建筑全面推广绿色建材。工业和信息化部、国家发展改革委、生态环境部联合印发的《工业领域碳达峰实施方案》中也明确提出加大城乡建设领域绿色低碳产品供给，加快推进绿色建材产品认证，开展绿色建材试点城市创建和绿色建材下乡行动，推动优先选用获得绿色建材认证标识的产品，促进绿色建材与绿色建筑协同发展。

综上所述，绿色建材在工程建设领域中扮演着越来越重要的角色，由国家相关部委共同推动的绿色建材评价认证工作自 2016 年启动以来，作为判定和鉴别绿色建材的官方认可手段，已在行业内达成广泛认知。我国绿色建材评价认证工作先后

经历了基础研究、评价实施、评价向认证过渡、认证全面开展等重要阶段。该项工作以一系列相关关键政策文件的出台实施为支撑，有力推动了每个重要阶段的具体工作，表1对关键政策文件进行了梳理。

**绿色建材评价、认证工作发展历程及关键政策文件汇总　　表1**

| 发展阶段 | 发文日期 | 发文单位 | 文件名称 |
|---|---|---|---|
| 评价工作阶段 | 2013.9 | 住房和城乡建设部、工业和信息化部 | 《住房城乡建设部办公厅 工业和信息化部办公厅关于成立绿色建材推广和应用协调组的通知》 |
| | 2014.5 | | 《绿色建材评价标识管理办法》 |
| | 2015.8 | | 《促进绿色建材生产和应用行动方案》 |
| | 2015.10 | | 《绿色建材评价标识管理办法实施细则》和《绿色建材评价技术导则（试行）》 |
| | 2016.3 | | 《关于加快开展绿色建材评价有关工作的通知》 |
| 评价向认证过渡阶段 | 2016.11 | 国务院办公厅 | 《关于建立统一的绿色产品标准、认证、标识体系的意见》 |
| | 2017.12 | 质检总局、住房和城乡建设部、工业和信息化部、国家认监委、国家标准委 | 《关于推动绿色建材产品标准、认证、标识工作的指导意见》 |
| | 2018.3 | 国家认监委 | 《国家认监委关于发布绿色产品认证标识的公告》 |
| | 2019.5 | 国家市场监督管理总局 | 《绿色产品标识使用管理办法》 |
| 认证工作启动开展阶段 | 2019.10 | 国家市场监督管理总局、住房和城乡建设部、工业和信息化部 | 《关于印发绿色建材产品认证实施方案的通知》 |
| | 2020.8 | | 《关于加快推进绿色建材产品认证及生产应用的通知》 |
| 认证工作推广阶段 | 2020.8 | 财政部、住房和城乡建设部 | 《关于政府采购支持绿色建材促进建筑品质提升试点工作的通知》 |
| | 2022.3 | 工业和信息化部、住房和城乡建设部、农业农村部、商务部、国家市场监督管理总局、国家乡村振兴局 | 《关于开展2022年绿色建材下乡活动的通知》 |

## 二、绿色建材产品认证技术体系构建

产品认证制度是指由依法取得产品认证资格的认证机构，依据有关的产品标准和/或技术要求，按照规定的程序对申请认证的产品进行工厂检查和产品检验等评价工作，对符合条件和要求的产品，在经过认证决定后，通过颁发认证证书和认证标志以证明该产品符合相应标准要求的制度。我国绿色建材产品认证遵循产品认证制度的一般规定，逐步建立并运行起一套相对健全的技术体系。

### （一）绿色建材产品认证技术体系的构成要素

绿色建材产品认证属于自愿性产品认证的范畴。《合格评定 产品、过程和服务认证机构要求》GB/T 27065 作为认证机构实施认证活动的通用准则，为绿色建材产品认证技术体系的构建提供了基础依据。绿色建材产品认证技术体系基本构成如图 1 所示。

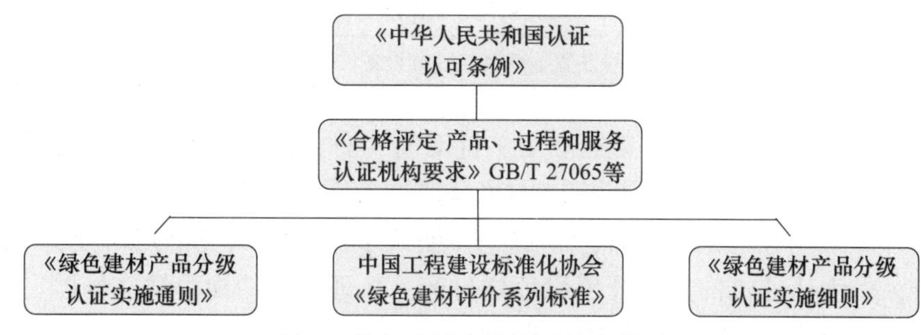


图 1　绿色建材产品认证技术体系

《绿色建材产品分级认证实施通则》作为开展绿色建材产品分级认证工作的纲领性文件，对认证模式、认证流程及时限、认证等级、认证依据标准、认证单元划分原则、认证申请基本要求、初始检查内容、产品抽样检验原则、认证结果的评价与批准、获证后的监督、扩大或缩小申请、认证证书和认证标识的使用要求、认证实施细则的基本要求以及绿色建材产品工厂保证能力检查等内容作了规定。绿色建材产品认证实施的基本认证模式为：初始检查＋产品抽样检验＋获证后监督，认证流程如图 2 所示。

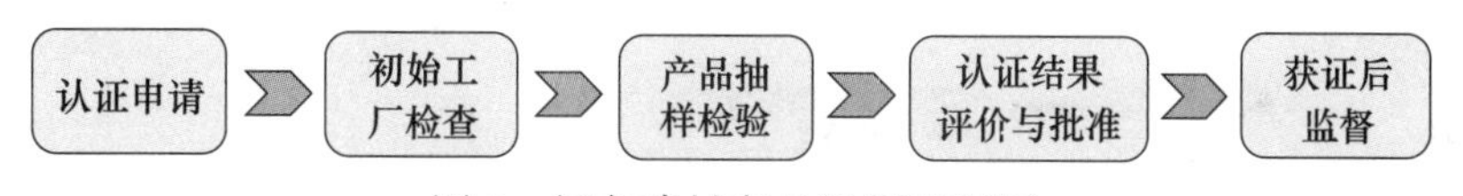


图 2　绿色建材产品认证流程图

《绿色建材评价系列标准》作为绿色建材产品分级认证的技术依据，将认证结果由低至高分为一星级、二星级和三星级。目前纳入绿色建材产品分级认证目录（第一批）并已实施绿色建材产品认证的产品共计 6 大类 51 种（表 2）。

**绿色建材产品分级认证目录（第一批）　　表 2**

| 产品大类 | 产品种类 |
|---|---|
| 围护结构及混凝土类（8 种） | 预制构件、钢结构房屋用钢构件、现代木结构用材、砌体材料、保温系统材料、预拌混凝土、预拌砂浆、混凝土外加剂、减水剂 |
| 门窗幕墙及装饰装修类（16 种） | 建筑门窗及配件、建筑幕墙、建筑节能玻璃、建筑遮阳产品、门窗幕墙用型材、钢质户门、金属复合装饰材料、建筑陶瓷、卫生洁具、无机装饰板材、石膏装饰材料、石材、镁质装饰材料、吊顶系统、集成墙面、纸面石膏板 |
| 防水密封及建筑涂料类（7 种） | 建筑密封胶、防水卷材、防水涂料、墙面涂料、反射隔热涂料、空气净化材料、树脂地坪材料 |
| 给排水及水处理设备类（9 种） | 水嘴、建筑用阀门、塑料管材管件、游泳池循环水处理设备、净水设备、软化设备、油脂分离器、中水处理设备、雨水处理设备 |

续表

| 产品大类 | 产品种类 |
|---|---|
| 暖通空调及太阳能利用与照明类（8 种） | 空气源热泵、地源热泵系统、新风净化系统、建筑用蓄能装置、光伏组件、LED 照明产品、采光系统、太阳能光伏发电系统 |
| 其他设备类（3 种） | 设备隔振降噪装置、控制与计量设备、机械式停车设备 |

《绿色建材产品分级认证实施细则》针对每一种具体的建材产品，依据通则的原则和要求制定，并由各认证机构向国家认监委备案后对外发布实施，强调科学性和可操作性。细则在通则的基础上，进一步明确了产品的认证单元划分、产品抽样检验要求，作为认证机构具体开展绿色建材产品认证工作的规范性文件。

**（二）《绿色建材评价系列标准》框架**

《绿色建材评价系列标准》是绿色建材产品认证技术体系的重要组成部分，建立了以产品全生命周期理念为基础的综合评价指标体系，替代原有环保、节能、节水、循环、低碳、再生、有机等独立评价指标。系列评价标准指标体系框架由一般要求和评价指标要求两部分构成，按照符合性评价方法设计，绿色建材产品应同时满足一般要求和评价指标要求。评价指标的设置遵循“代表性”、“适用性”、“兼容性”等原则 [1]。《绿色建材评价系列标准》框架及指标设置思路如图 3 所示。

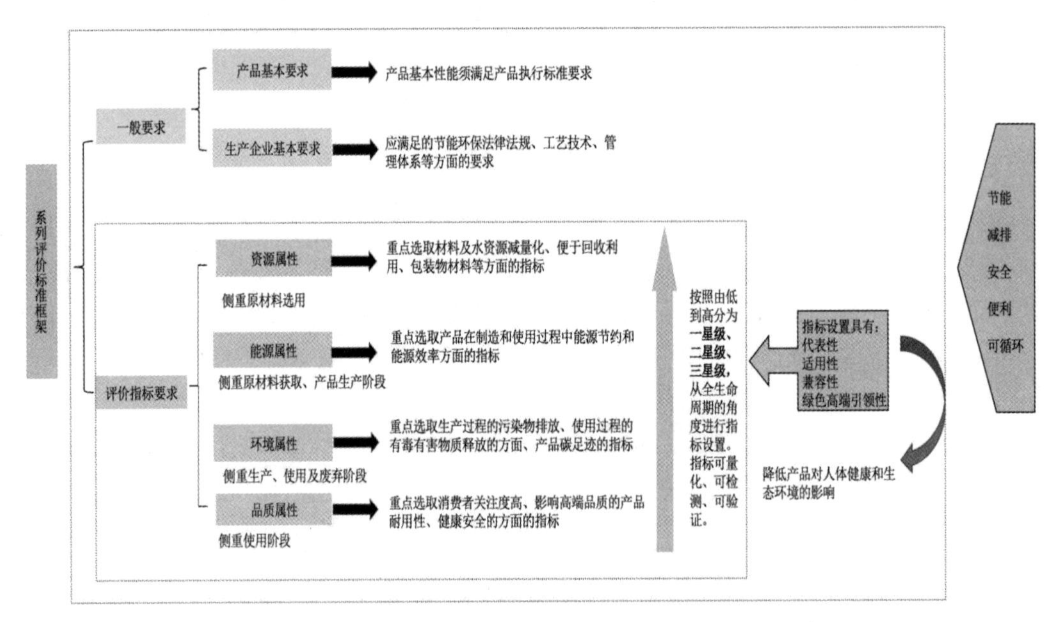


图 3 《绿色建材评价系列标准》框架及指标设置思路

《绿色建材评价系列标准》围绕建材产品全生命周期展开，不仅考虑绿色建材的产品质量、产品性能、成本等，还注重其在全生命周期内的资源利用、能源利用、环境影响、使用寿命、可维护性、回收再利用等。以非烧结类砌体材料（蒸压养护）产品为例，对绿色建材评价标准进行解读（表 3）。

**非烧结类砌体材料（蒸压养护）绿色建材评价标准解读　　表 3**

<table>
<tr><td colspan="3">一般要求（门槛要求）</td></tr>
<tr><td colspan="3">（1）对产品性能的要求：基本性能需满足产品执行标准的要求</td></tr>
<tr><td colspan="3">（2）对环保安全的要求：提升环境安全管理水平，确保 3 年内无重大环境污染事件和安全事故</td></tr>
<tr><td colspan="3">（3）对固废、危废管理的要求：一般固体废弃物、危险废物处置符合 GB 18599、GB 18597 的规定</td></tr>
<tr><td colspan="3">（4）对体系的要求：生产厂应建立并运行质量 / 环境管理体系，旨在使生产企业可以通过持续改进产品品质、提高顾客的满意程度进而提高企业的经济效益；使生产企业产品生产、应用每一个环节产生的环境影响最小化，并在原有基础上不断改进</td></tr>
<tr><td colspan="3">（5）对工艺的要求：生产企业应采用国家鼓励的先进技术工艺，不应使用国家或有关部门淘汰或禁止的技术、工艺、装备及相关物质</td></tr>
<tr><td colspan="3">评价指标要求（按照由低到高一星级、二星级、三星级进行指标设置）</td></tr>
<tr><td>一级指标</td><td>二级指标</td><td>指标说明</td></tr>
<tr><td>资源属性</td><td>固体废弃物掺加量</td><td>在确保产品品质的前提下，通过对生产企业在固体废弃物利用率方面提出要求，从而实现节约资源的目的</td></tr>
<tr><td rowspan="2">能源属性</td><td>原材料本地化程度</td><td>对原材料运输距离提出要求，尽可能就近取材，减少原材料运输环节能源消耗</td></tr>
<tr><td>单位产品综合能耗</td><td>该类产品生产企业能耗相对较大，管理水平参差不齐，多数企业对能源评估不重视，此项指标的提出对企业节能降耗可以起到督促作用</td></tr>
<tr><td rowspan="4">环境属性</td><td>产品环境影响和碳足迹</td><td>全面、客观地审视产品全生命周期过程中的环境影响程度与碳排放情况，引导企业在掌握自身真实碳排放情况的基础上，积极通过工艺革新等措施降低碳排放，最终实现绿色低碳发展</td></tr>
<tr><td>单位产品废水排放量</td><td>生产废水不允许外排，必须通过提升工艺实现生产废水循环使用不外排，以减少对环境的污染</td></tr>
<tr><td>生产过程产生废弃物回用率</td><td rowspan="2">通过对企业在生产过程中产生的废弃物如何利用以及在产品功能终结后是否可循环利用等方面提出要求，从而实现节约资源和减轻环境污染的目的</td></tr>
<tr><td>回收和再利用</td></tr>
<tr><td rowspan="4">品质属性</td><td>放射性核素限量</td><td>通过控制放射性核素限量，提升产品品质，为产品在使用环节健康、环保提供保障</td></tr>
<tr><td>可浸出重金属</td><td>掺加固体废弃物的砌体材料在堆放、施工等环节有可能会产生重金属危害，对生产和生活环境造成污染，因此对可浸出重金属提出要求</td></tr>
<tr><td>抗冻性 / 强度 / 密度</td><td>耐久性、力学性能是产品的关键性能指标，必须严格控制。抗冻性、强度、密度是互相制约的指标，对其同时提高要求，可以对该产品技术革新起到积极推动作用</td></tr>
<tr><td>保温性能（保温型）</td><td>对于保温型的砌体材料，保温性能是关键指标之一，通过该指标的约束，来提升产品节能水平</td></tr>
</table>

### （三）绿色建材产品认证实施技术操作要点

绿色建材产品认证实施过程中关键环节操作技术要点总结为以下几个方面：

（1）关于现场检查。资料技术评审符合要求或基本符合要求后，可安排现场检查，该部分围绕全生命周期进行展开，包括绿色建材产品认证工厂保证能力检查、产品一致性检查、绿色评价要求符合性验证三部分内容。

（2）关于产品抽样检验。产品抽样检验应由认证机构确定且具备 CMA 资质的实验室完成，可在现场检查前完成，也可与现场检查同时进行。如果认证委托人能就认证单元的产品提供同时满足以下规定的检验报告，认证机构可采信其作为该产品抽样检验的结果：

① 具备 CMA 资质的实验室出具的抽样检验报告；

② 报告中检验项目、技术要求、抽样方法、检验方法等符合绿色建材产品认证技术体系文件中相应等级的规定；

③ 检验报告的签发日期为现场检查日前 12 个月内。

（3）关于获证后监督。认证证书有效期为 5 年，证书的有效性通过定期监督来保持。原则上企业获证 6 个月后即可安排监督，每次监督时间间隔不超过 1 年。每次监督应覆盖所有生产企业（场所），并覆盖全部有效证书，对于上一次认证不符合项整改措施有效性验证、认证证书和标志使用情况、法律法规及其他要求的执行情况应重点关注。

以中国建筑科学研究院有限公司颁发的绿色建材产品认证证书为例对标识和证书做展示如图 4、图 5 所示。

图 4　绿色建材产品标识

中国绿色建材产品认证证书

证书编号：CABR-01(02)-(2021)-CGP-XXX

委托方名称：XXXXXXXXXXX
委托方地址：XXXXXXXXXXX
制造商名称：XXXXXXXXXXX
制造商地址：XXXXXXXXXXX
生产厂名称：XXXXXXXXXXX
生产厂地址：XXXXXXXXXXX
认 证 单 元：湿拌砂浆（湿拌普通抹灰砂浆）
产 品 名 称：见附件，证书附件是本证书的组成部分。
规 格 型 号：见附件，证书附件是本证书的组成部分。
认 证 模 式：初始检查+产品抽样检验+获证后监督
认 证 标 准：T/CECS 10031-2019《绿色建材评价 砌体材料》

上述产品符合 CNCA-CGP-13:2020《绿色建材产品分级认证实施通则》和 CABRCC/TD-GMB-07:2021《绿色建材产品分级认证实施细则 预拌砂浆》三星级的要求，特发此证。

发 证 机 构：中国建筑科学研究院有限公司认证中心

认证专用

批 准：

发 证 日 期：2021 年 X 月 X 日　　有 效 期 至　2026 年 X 月 X 日

本证书的有效性依据发证机构的定期监督确认获得保持。

图 5　绿色建材产品认证证书

绿色建材产品标识由三部分构成，分别是中国绿色产品标识（由中国绿色产品英文首字母“CGP”组合而成）、绿色建材星级标识、认证机构标识。证书信息可通过国家认监委网站进行查询验证。

## 三、绿色建材产品认证工作的推行与应用

### （一）绿色建材产品认证工作实施进展

1. 创建了政采引领、多举措激励的推广应用模式

在政府采购方面，财政部、住房和城乡建设部联合开展政府采购支持绿色建材促进建筑品质提升试点工作，试点城市政府带头从采购源头抓绿色建材应用，探索政府采购应用模式。试点城市强化规划设计招标引领，并制定符合地方特点的绿色建筑和绿色建材需求标准。截至 2022 年，绍兴等 6 个试点城市已在 200 余个试点工程项目中全面推开，涉及金额超千亿元。工业和信息化部等六部门在全国全面推进绿色建材下乡活动，在绿色建筑、装配式建筑、新型建筑工业化等工程建设项目中优先使用绿色建材，在政府投资工程中率先采用绿色建材，逐步提高城镇新建建筑中绿色建材应用比例。

2. 建立了服务行业、多属性集成的标准规范体系

国家市场监管总局发布国家标准绿色产品评价标准清单及认证目录，涉及卫生陶瓷等 7 类建材产品。由住房和城乡建设部科技与产业化发展中心作为主编单位，自 2017 年起，先后分批次立项中国工程建设标准化协会《绿色建材评价系列标准》近 200 项，目前已发布实施《绿色建材评价 预制构件》等 87 项。财政部、住房和城乡建设部通过政府采购支持绿色建材促进建筑品质提升试点工作，基于《绿色建材评价系列标准》编制发布了《绿色建筑和绿色建材政府采购基本要求》。全国各地方在已有《绿色建材评价系列标准》应用基础上进行延伸，形成了如《雄安新区绿色建材导则（试行）》、甘肃省地标《绿色建材评价标准》DB 62/T 3181—2020 等区域化的技术规范。

3. 多维度、多品类推动绿色建材应用，助力行业低碳发展

绿色建材评价认证实施过程中，将产品环境影响声明、碳足迹分析作为环境属性的关键评价技术指标引入，一方面可以全面、客观地审视建材产品全生命周期过程中的能源与环境问题，引导企业在掌握自身真实碳排放情况的基础上，积极通过工艺革新等措施降低碳排放，为建材企业持续改善工艺、改进质量提供内在支撑；另一方面，作为一种有效的市场促进机制，可为推动企业开展节能减排提供积极有效的外部动力，同时有利于引导社会公众使用低碳建材，激励企业低碳转型，以期更好地从消费端助力建材工业节能减排，实现长远绿色发展。

据统计，自 2021 年 5 月 1 日绿色建材产品认证全面实施以来至 2023 年 6 月底，全国获得资质的绿色建材产品认证机构 70 家，有效绿色建材产品认证证书 5059 张，覆盖预拌混凝土、预制构件、建筑门窗、砌体材料、预拌砂浆等 38 类建材产品，

可为多品类建材产品构建碳足迹数据库，开展低碳认证提供基础性的技术依据和数据支撑。

### （二）绿色建材产品认证面临的问题挑战

绿色建材产品认证工作近年来取得了长足的发展和进步，与此同时仍存在一些问题与挑战，主要体现在：

（1）具体推动性政策有待进一步细化落实。近年来国家层面和地方层面陆续出台了一系列政策支持绿色建材的发展，但实施效果并不明显。目前以需求引导类政策为主，实际推动过程中抓手不够，税费减免、工程造价、贴息贷款、财政补贴等实质性的经济激励缺乏。在政策实施方面，一些地区将绿色建材纳入招投标等建设环节实施管控，而规划类、土地类等前期政策导向不足，获证产品在市场流通等环节的事后抽查检查也有待加强，将绿色建材选用真正落实到施工阶段的监管力度还不够[2]。同时，已有鼓励性政策落地较慢，不足以大范围地调动生产企业积极性。

（2）实际开展认证工作的支持条件有待完善。如何规范认证市场并引导良性竞争，如何对认证机构的技术能力进行评估和监管以确保认证质量，如何培训、扩大认证队伍并向企业和社会进行宣贯以提高社会认知和采信等，都需要逐步去加强和落实。另外，目前获取绿色产品认证检查员资格的途径相对单一，市场需求逐渐扩大和检查员数量相对紧缺的结构性矛盾，在一定程度上会影响认证工作推进的效率。

（3）认证工作的技术支撑有待进一步改进提升。绿色建材产品认证的种类、覆盖面还不够广，尚不能满足绿色建筑发展的需求和相关建材生产企业的要求。已有技术标准体系中评价指标的设置以及认证实施规则的完整性、科学性和可操作性还需进一步完善。

（4）认证类别数量和区域覆盖的不均衡性有待改善。通过绿色建材产品认证的产品以传统建材围护结构与混凝土类居多，其他类别产品数量相对较少，甚至还有一些被纳入目录中的绿色建材产品尚未开展认证，呈现产品类别间的严重不平衡。另外，在国内一些欠发达地区，绿色建材产品认证工作发展缓慢甚至还未真正启动，区域间的发展差异明显，需要采取有力措施加以协调并逐步弥合差距。

## 四、绿色建材产品认证未来展望

加快绿色建材发展走绿色低碳之路，是建材行业贯彻新发展理念、实现未来可持续发展的必要环节，也是早日实现“双碳”目标的重要途径。同时，绿色建材也是建筑业绿色高质量发展的重要有机组成部分[3]，绿色建材产品认证作为建材工业和建筑业可持续发展的“通行证”作用将更加凸显。绿色建材产品认证工作任重而道远，未来还需进一步加强政策优化、落地实施、市场监管、宣传推广等工作力度，并需不断完善认证技术体系，以保障建材产品“绿色身份证”的有效性、可信度、含金量。

## 参考文献


[1] 国家绿色产品评价标准化总体组. 绿色产品评价通则：GB/T 33761—2017 [S]. 北京：中国标准出版社，2017：2.

[2] 杨紫岚，张鹏菲，陈凯璇，等. 节能技术在建筑中的应用现状及发展趋势分析 [J]. 广西城镇建设，2021 (4)：60-62.

[3] 张泽敏. 绿色环保建筑材料发展及应用 [J]. 信息记录材料，2020，21 (1)：14-16.

# 低碳机场评价标准及国际案例研究

张思思　曲世琳　袁闪闪　徐　伟　孙峙峰
（中国建筑科学研究院有限公司）

据联合国政府间气候变化委员会评估，机场碳排放源除飞机排放外，占比最高的是用电（热）排放，其次是地面保障车辆排放。本文系统研究国内外低碳机场评价标准，对美国ACA评价标准及我国民航协会《双碳机场评价标准》的评价边界、指标体系、评价方法进行详细剖析，结合我国《“十四五”民航绿色发展专项规划》提出的定量预期性指标，提出我国低碳机场建设指标体系及实施路径，助力我国低碳机场事业发展及民航领域双碳目标早日实现。

## 一、低碳机场建设政策与标准

### （一）政策要求

2021年10月24日，中共中央、国务院下发的《关于完整准确全面贯彻新发展理念做好碳达峰碳中和工作的意见》[1]（以下简称“意见”），作为碳达峰碳中和“1＋N”政策体系中的“1”，为碳达峰碳中和这项重大工作进行系统谋划、总体部署，意见发布意味着建立统一规范的碳排放统计核算体系有了具体的路线图。

为指导民航行业绿色、低碳、循环发展，2021年12月21日，民航局印发《“十四五”民航绿色发展专项规划》[2]（以下简称“规划”），自此，我国民航史上第一部以“绿色发展”命名的规划发布。规划以2025年和2035年为建设节点给出了民航领域近期绿色低碳发展目标。规划中26处提到低碳要求、5处提到可再生能源。建设要求明确给出了每客能耗、每客二氧化碳排放、每客水耗等共8个定量预期性指标。

### （二）国内外标准

1. 国外标准

目前世界范围内使用最广泛的机场碳排放认证为ACA认证，其全称为Airport Carbon Accreditation[3]（以下简称ACA认证），2009年由国际机场协会发布认证标准并组织实施（2021年进行修订，将评价等级由3星级认证扩展至4/4＋级），其目标是减少机场运营过程中的碳排放，最终实现碳中和。该评价体系在编写过程中温室气体范围划定及规划降碳目标设置主要参考IPCC《国家温室气体清单指南》[4]；碳核算边界及核算方法主要参考了ISO 14064—1《温室气体 第一部分：组织层面上对温室气体排放和清除的量化和报告的规范性指南》[5] 及 GHG Protocol《温室气体核算体系：企业核素与报告标准》[6]。ACA 机场碳排放评价体系在上述国际标准基础上，加入机场侧碳核算边界及飞行侧碳核算方法及降碳要求，为机场全域碳排放核算及碳中和实现提供参考依据。

2. 国内标准

为推动国内机场绿色低碳转型，机场协会发起国内双碳机场评价工作，2022 年 3 月《运输机场碳排放管理评价（“双碳机场”评价）管理办法（试行）》[7] 发布，正式启动国内双碳机场评价工作，该项评价从制度、行动、绩效三方面对机场进行低碳机场建设综合评价。

## 二、ACA 机场碳排放认证体系研究

### （一）ACA 认证碳排放核算边界

ACA 认证分为 4 个级别，为 1 级（量化）、2 级（减排）、3 级（优化）、4 级及 4＋级（中和），其要求逐级提高。ACA 认证碳核算边界以直接及间接碳排放分为 3 个核算边界，具体包括：

核算边界 1：由机场自有设备产生的直接碳排放，碳排放核算源包括属于机场的车辆及地面支援设备、场内废弃物处理、场内废水处理、场内发电、消防演习、锅炉、除冰物、制冷剂；

核算边界 2：机场外购的电、蒸汽、热能或制冷的间接碳排放；

核算边界 3：第三方运营商在机场内产生的间接碳排放，碳排放核算源包括飞机飞行、飞机地面移动、飞机辅助动力设备、第三方车辆及地面支援设备、乘客前往机场、员工通勤及出差、场外废弃物处理、场外污水处理、非道路施工车辆及设备、除冰物、制冷剂。

从上述 3 个核算范围来看，核算边界 1、2 均为机场法人边界内产生的碳排放量，核算边界 1 为机场排放源即设备自身使用一次能源产生的碳排放，核算边界 2 为机场外购二次能源折算后的碳排放，核算边界 3 为机场内除机场法人边界外的第三方运营商产生的各类碳排放。

从核算边界来看，国内机场碳核查核算边界并未计入 ACA 的核算边界 3 包含的飞机飞行、飞机地面移动产生的碳排放。参与 ACA 认证和机场均需出具碳足迹报告，报告机场碳核算边界、碳排放管理计划及目标等内容。

### （二）ACA4/4＋降碳总体目标

ACA4、4＋评价以 IPCC（联合国政府间气候变化委员会制定的《国家层面碳排放核算方法 2019》）给出的不同年份中远期降碳目标为评价依据。根据碳耗基准年碳排放量确定机场中远期降碳目标，以全球温升控制在 2℃内降碳目标为最低降碳目标约束值，碳耗基准年为机场正常运行 1 个完整年的碳耗数据，同时给出温升 1.5℃为推荐值的降碳目标。IPCC 不同温度模式下的中远期降碳目标值见表 1。

**IPCC 不同温度模式下的中远期降碳目标值　　表 1**

| 年份 | 目标年较基准年降碳目标（2℃路径） | 目标年较基准年降碳目标（1.5℃路径） |
|---|---|---|
| 2030 | 降碳 25% | 降碳 45% |
| 2035 | 降碳 34% | 降碳 59% |
| 2040 | 降碳 44% | 降碳 73% |
| 2045 | 降碳 53% | 降碳 86% |
| 2050 | 降碳 63% | 零排放 |

## （三）ACA 认证降碳实现路径

根据 ACA 认证的碳排放核算边界，ACA 机场降碳路径可分为能源侧、建筑侧、市政侧、交通侧、飞行侧降碳五大降碳领域，图 1 给出各领域降碳实现路径。需要指出的是，可通过飞行程序优化，跑滑系统优化，使用新能源辅助动力替换设备，提升飞行区照明系统使用效率等措施实现飞行侧降碳。

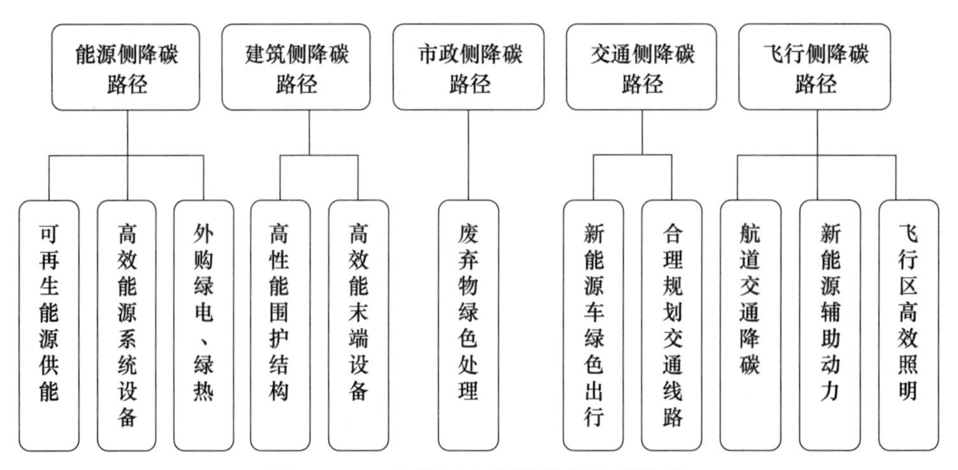


图 1　ACA 认证五大领域降碳实现路径

以 ACA 五大领域降碳路径方向为指引，构建机场降碳指标体系建议见表 2。

**ACA 五大降碳路径下的机场降碳指标体系构建　　表 2**

| 用能侧 | 一级指标 | 细化指标 |
|---|---|---|
| 能源侧 | 可再生能源供能 | 太阳能光伏 |
| | 高效能源系统设备 | 可再生能源供冷暖 |
| | 碳抵消 | 外购绿电、碳交易 |

续表

| 用能侧 | 一级指标 | 细化指标 |
| --- | --- | --- |
| 建筑侧 | 高效围护结构 | 高效围护结构外墙、外窗，降低热桥，提升气密性措施 |
| | 高效能末端设备 | 高换热效率末端设备 |
| 市政侧 | 废弃物绿色处理 | 水资源回收利用、垃圾回收利用 |
| 交通侧 | 新能源车绿色出行 | 提升新能源车占比 |
| | 合理规划交通路线 | 公共交通与机场有效衔接 |
| 飞行侧 | 航道交通 | 优化航道交通线路 |
| | 新能源辅助动力 | APU 替代设施 |
| | 飞行区高效照明 | 高效照明系统 |

## 三、国内双碳机场评价研究

2021 年以来，为落实国家“双碳”战略以及“四型机场”建设相关要求，特别是为《“十四五”民航绿色发展专项规划》中明确指出的“支持行业协会组织开展民航双碳企业评价”工作目标，机场协会发布的《“双碳机场”评价标准》为我国首部民用运输机场行业的首部碳排放管理能力评价标准。

“双碳机场”评价工作旨在通过建立“三方评价”机制，针对运输机场碳排放管理能力开展有效评价，进一步帮助机场以强化碳排放管理基础工作为起点，明确管理提升路径，引导带动国内运输机场不断提升行业绿色低碳发展理念，提高碳排放管理综合能力。同时，评价工作将充分发挥先进机场的模范带动作用，引导民用运输机场行业绿色发展转型升级，助力实现“双碳”目标。

### （一）标准评价方法解读

双碳机场评价分为五个级别，五星级最高，机场应在低级别评审通过基础上进行高评价级别的申报，评价结果实行动态管理，有效期三年，首次申请最高可从三星级开始申请，后续级别的申请将从有效星级申请保级或逐级升级。一星级将双碳机场建设工作定位为基础级，要求机场具备碳排放管理基本能力；二星级定位为提升级，要求机场建立碳排放管理机制、完成碳排放核查工作；三星级定位为优化级，要求机场建立完善的碳排放管理制度，具备采取有效管理和技术手段以实现碳减排的能力；四星级定位为先进级，要求机场减排力度进一步加大，碳排放管理达到行业先进水平；五星级定位为引领级，要求机场具有达成碳中和愿景的能力，碳排放管理达到国际领先水平。

双碳机场评价内容分为制度、行动、绩效三部分进行分项评价，各分项重点工作见图 2。

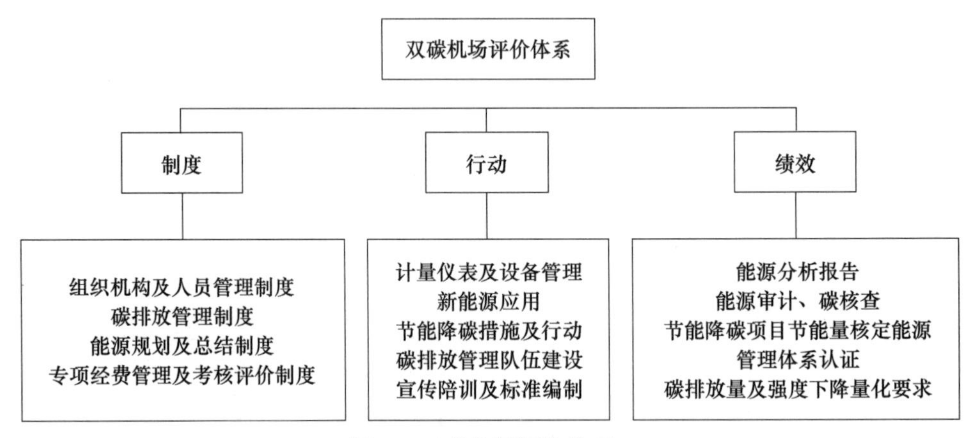

图 2　双碳机场评价体系

### （二）标准量化指标要求

可再生能源应用占比要求：在三星级及以上机场评价指标的行动评价中对可再生能源利用提出了明确要求，在机场申报三星级及以上评价时，可再生能源利用占比应逐年上升，至 2025 年可再生能源利用占比不宜低于 5%。

碳排放强度要求：三星级及以上机场评价指标的绩效评价中对机场的碳排放强度要优于行业平均水平的要求，以旅客吞吐量在 1000 万以上的机场为例，严寒地区碳排放强度平均值应低于 1.294kg$CO_2$/人，寒冷地区应低于 0.432kg$CO_2$/人，夏热冬冷地区应低于 0.363kg$CO_2$/人，夏热冬暖地区应低于 0.292kg$CO_2$/人，温和地区应低于 0.182kg$CO_2$/人。

## 四、国际低碳机场建设成功经验

### （一）首家获 ACA4＋认证的国际机场建设经验

该机场拥有 5 座航站楼、1288 英里的跑道、7400 万平方英尺的机场铺装路面和超过 5200 万平方英尺的办公、零售和商业用地，2020 年成为全球首个通过 ACA4＋级认证的机场。机场通过能源侧、建筑侧、其他用能方面实现全域节能降碳。其中，能源侧设置太阳能光伏，应用可再生甲烷及天然气；建筑侧应用围护结构及用能系统设备降碳技术；其他降碳措施包括登机口电力化、新能源车应用等。机场节能降碳排具体措施见图 3。

在各项措施中，机场的可再生天然气 RNG 利用为降碳亮点，机场在 2017 年施行了可再生天然气倡议行动，行动的主要内容为将机场车队使用的压缩天然气 CNG 转化为使用由当地的垃圾填埋气生产的 RNG。通过该行动，机场大幅度减少了其车队的碳排放。到 2020 年 6 月，机场车队 70% 的天然气来自 RNG，减少了将近 1.7 万 t 的 $CO_2$ 排放，帮助机场提前两年达到早先设立的 2020 年较 2010 年基准年每位旅客的碳排放减少 15% 的目标。

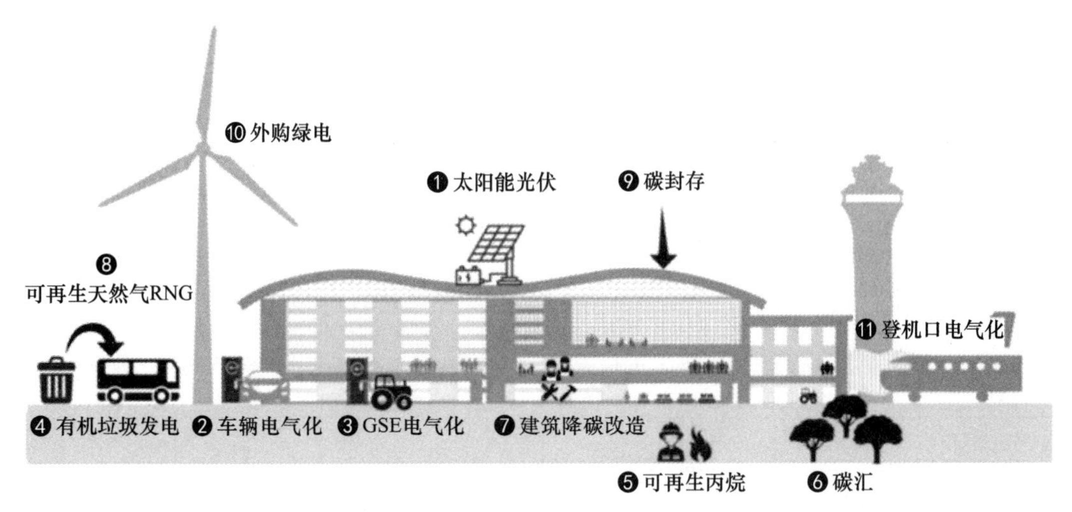

图 3　首个 ACA4＋机场节能降碳措施

机场提出在 2030 年实现净零碳排放。为实现该目标，机场计划投资建设以下项目：（1）投资新建可再生能源中央电厂，替代常规能源发电；（2）优化建筑用能结构，提升能源输送效率；（3）安装电动化地面支持设备和机场外侧车队的充电站；（4）继续 100% 外购绿电；（5）将可再生天然气的使用比例提升至 100%；（6）提升可持续航空燃料使用比例；（7）碳捕捉及封存技术。

**（二）国际低碳机场节能降碳技术措施**

为更好借鉴国际低碳机场的建设经验，现列举国际 12 个低碳机场案例[6]，分别给出各机场在建设过程中采用的节能降碳技术措施，其中 9 家机场已通过 ACA 碳排放认证，见表 3。

国际低碳机场节能降碳技术措施　表 3

| 机场所在城市及代号 | LAX 洛杉矶 | DFW 达拉斯 | SFO 旧金山 | ATL 亚特兰大 | PEK 北京 | HKG 香港 | PVG 上海 | LHR 伦敦 | SYD 悉尼 | SIN 新加坡 | NRT 东京 | ZRH 苏黎世 |
|---|---|---|---|---|---|---|---|---|---|---|---|---|
| ACA 认证情况 | 3 级 | 4+ 级 | 3 级 | / | / | 3 级 | / | 3 级 | 3 级 | 3 级 | 3 级 | 3 级 |
| 碳排放目标 | 2045 年实现零碳排放 | 2030 年实现净零碳排放 | 2025 年实现碳排放相比 1990 年下降 40%，2025 年下降 80% | / | / | 2019 年碳排放强度比 2015 年下降 3.6% | / | 2020 年实现碳中和，2025 年实现净零排放 | 2025 年实现碳中和 | 2030 年碳排放强度相比 2018 年下降 20% | 2050 年实现净零排放，且碳排放相比 2015 年下降 50% | 2050 年实现净零排放 |
| 车辆电动化 | √ | √ | √ | √ | √ | √ | √ | √ | √ | √ | √ | √ |
| 充电桩建设 | √ | √ | √ | √ | √ | √ | √ | √ | √ | √ | √ | √ |

续表

| 机场所在城市及代号 | LAX 洛杉矶 | DFW 达拉斯 | SFO 旧金山 | ATL 亚特兰大 | PEK 北京 | HKG 香港 | PVG 上海 | LHR 伦敦 | SYD 悉尼 | SIN 新加坡 | NRT 东京 | ZRH 苏黎世 |
|---|---|---|---|---|---|---|---|---|---|---|---|---|
| 建筑节能降碳 | √ | √ | √ | √ | √ | √ | √ | √ | √ | √ | √ | √ |
| 其他可替代燃料 | CNG、可再生RNG | 可再生丙烷和RNG | CNG | | | | | 氢能源 | | | CNG、氢能源 | |
| 低排放车辆 | √ | √ | √ | | √ | √ | √ | √ | √ | √ | √ | |
| APU新能源应用 | √ | √ | √ | | √ | √ | √ | √ | √ | √ | √ | √ |
| 交通流量优化 | √ | √ | √ | | | | | √ | √ | | | |
| 激励职员使用公共交通 | √ | | √ | √ | | | | √ | √ | | | |
| 低排放航空引擎 | | | | | | | | √ | √ | | √ | |
| 可持续航空燃油 | | | √ | | | | | | | | √ | √ |
| 碳汇 | | √ | √ | | | | √ | √ | | √ | | |
| 垃圾无害处理 | √ | √ | √ | √ | √ | √ | √ | | √ | √ | √ | |
| 有机废物再利用 | | √ | √ | | | √ | | √ | √ | √ | √ | √ |

从上述案例可以看出：（1）降碳目标方面，通过ACA认证的机场均提出了节能降碳目标，包括实现碳中和或零排放的年度目标，部分机场提出核算基准年较目标年碳排放量下降比例目标，ACA认证机场均提出在2050年前实现碳中和或净零排放；（2）陆侧交通及建筑用能方面，全部机场均使用一定比例的电动车辆并设置充电桩，采用建筑节能降碳措施；（3）空侧用能方面部分机场在飞行侧使用低排放航空引擎、可持续航空燃油等措施实现节能降碳；（4）80%以上机场应用辅助动力设施（APU）新能源替代、垃圾无害化处理措施。

## 五、低碳机场建设建议

借鉴国际经验及相关低碳机场建设标准，为推动我国低碳机场行业发展，现提出以下发展建议：（1）核算机场中长期降碳量化目标值，以实现机场碳中和为目标，在核定基准年能耗值基础上合理制定机场中长期分阶段降碳量化目标值；（2）分年度分阶段跟踪核算机场碳足迹，在某阶段未实现目标值时及时查找原因，合理优化规划实施方案；（3）制定低碳机场建设中长期规划，根据量化目标值，从机场整体能源规划、建筑用能、市政用能、交通用能、飞行侧用能等方面制定机场中长期发展规划；（4）按照机场低碳发展中长期规划，分阶段、分领域、分区域开展机场节能降碳建设及改造工作，实现低碳机场建设目标。

## 参考文献

[1] 关于完整准确全面贯彻新发展理念做好碳达峰碳中和工作的意见. http://www.gov.cn/zhengce/2021-10/24/content_5644613.htm.2021.10.24.

[2]“十四五”民航绿色发展专项规划. http://www.gov.cn/zhengce/zhengceku/2022-01/28/content_5670938.htm. 2021.12.21.

[3] 国际机场协会. Airport Carbon Accreditation：202.1

[4] 联合国大会. IPCC 国家温室气体清单指南：2019.

[5] ISO 14064-1 温室气体 第一部分：组织层面上对温室气体排放和清除的量化和报告的规范性指南：2008.

[6] 世界资源组织. GHG Protocol 温室气体核算体系：企业核素与报告标准：2012.

[7] 英环（上海）咨询有限公司. 机场排放管控和可持续发展的国际经验. 2021.

# 第九篇　实践应用篇

为了实现到 2060 年前，城乡建设方式全面实现绿色低碳转型，系统性变革全面实现，美好人居环境全面建成，城乡建设领域碳排放治理现代化全面实现，人民生活更加幸福的总体目标，全国各地开展低碳实践的积极性很高，创新动能充沛，技术进步加速。

中国建筑科学研究院有限公司在城乡建设碳达峰碳中和领域，积极支撑行业主管部门政策制订，大力开展关键技术和装备研发，促进行业共性技术发展，编制相关国家和行业标准，并开展了大量城市、区域和建筑尺度的双碳项目实践。

本篇介绍了中国建筑科学研究院有限公司近期的一系列双碳实践案例。在城乡低碳发展规划方面，介绍了海南省和天津市的建设领域双碳发展规划；在城市能源转型方面，介绍了河南省鹤壁市开展清洁低碳取暖工作；在零碳城区规划方面，探索了海口江东新区零碳新城建设路径；在低碳、零碳建筑方面，介绍了“十三五”期间重点研发专项“近零能耗建筑技术体系及关键技术开发”的 10 项近零能耗公共建筑的总体情况，以及中国建筑科学研究院有限公司光电建筑、雄安城市计算（超算云）中心等国内有较大影响力的最佳实践案例。

# 近零能耗公共建筑示范工程技术路线与应用

于　震　吕梦一　杨芯岩　吴剑林
（中国建筑科学研究院有限公司　建科环能科技有限公司）

2020 年，建筑运行碳排放已占到我国碳排放总量的 22%，对比发达国家，我国建筑运行碳排放占比还将持续上升，是未来碳排放增长的主要动力之一[1]。超低能耗、近零能耗建筑较 2016 年公共建筑能效水平可降低一次能源消耗 60%—75% 以上，较 2021 年发布的强制性工程建设规范《建筑节能与可再生能源利用通用规范》GB 55015—2021 可降低 40% 以上，可减少运行阶段 56.3% 和全寿命期 43.5% 碳排放。面向城镇建筑 2060 年碳中和目标，超低能耗、近零能耗建筑规模化发展的贡献率超过 50%[2]，将会在实现碳达峰碳中和的过程中发挥巨大作用。

我国地域广阔，有五大气候区，近零能耗建筑的建设应当与各气候区特点相契合，形成适合我国气候区和建筑类型的技术体系。"十三五"重点研发计划课题"公共建筑技术集成和示范工程研究"以项目研究成果为依托，结合典型气候区和公共建筑类型特点，开展近零能耗公共建筑技术的集成应用，通过工程示范和运行阶段测试评估，为近零能耗建筑的推广应用奠定基础。本文聚焦课题包含的 10 个公共建筑示范工程，从项目基本情况、项目技术路线、运行效果、能耗和碳排放实测数据等方面展开分析，以期为"十四五"期间更大规模地推广和建设近零能耗建筑提供技术参考。

## 一、示范项目基本情况

"十三五"期间，课题共完成 10 个示范工程的验收，面积 4.70 万 $m^2$，涵盖严寒、寒冷和夏热冬冷三个气候区，包括雄安新区、河南、甘肃等多个省市首个近零能耗建筑示范，应用于办公楼、酒店、学校、产业园等不同类型建筑。各示范工程基本情况如表 1 所示。

各示范工程基本情况　　表 1

| 项目名称 | 建筑面积 | 地点 | 气候区 | 示范意义 |
|---|---|---|---|---|
| 严寒 A | 1180$m^2$ | 吉林省长春市 | 严寒 | 吉林省超低能耗建筑示范工程；全国首批超低能耗建筑标志性项目；2019 年"中国好建筑" |
| 严寒 B | 4136$m^2$ | 吉林省长春市 | 严寒 | 吉林省目前最大的被动式超低能耗建筑；全省第一个超低能耗既有建筑改造项目 |

续表

| 项目名称 | 建筑面积 | 地点 | 气候区 | 示范意义 |
|---|---|---|---|---|
| 严寒 C | 5025.74m$^2$ | 黑龙江省哈尔滨市 | 严寒 | 严寒地区首个近零能耗厂房建筑 |
| 寒冷 A | 13050m$^2$ | 北京市 | 寒冷 | 荣获“北京市超低能耗建筑示范工程奖励资金” |
| 寒冷 B | 2270.01m$^2$ | 甘肃省兰州新区 | 寒冷 | 甘肃省首个近零能耗建筑 |
| 寒冷 C | 16263.7m$^2$ | 山东省威海市 | 寒冷 | 山东省省级超低能耗绿色建筑项目；获得“山东省省级建筑节能与绿色建筑发展专项资金”补贴 |
| 寒冷 D | 1515m$^2$ | 河南省郑州市 | 寒冷 | 中原地区首个近零能耗建筑；C21 国际温带节能建筑解决方案奖特别提名奖；中国好建筑示范项目 |
| 寒冷 E | 5113.96m$^2$ | 河北省保定市 | 寒冷 | 贯彻落实支持雄安新区建设的第一个超低能耗示范项目 |
| 夏热冬冷 A | 2283.45m$^2$ | 湖南省长沙市 | 夏热冬冷 | 湖南地区首个装配式近零能耗建筑 |
| 夏热冬冷 B | 3785m$^2$ | 江西省南昌市 | 夏热冬冷 | 夏热冬冷气候区针对学校和幼儿园类建筑的超低能耗建筑最佳实践 |

## 二、示范工程技术路线及实施效果

### （一）示范工程技术路线

1. 被动式设计方案

示范工程在方案优化阶段，以“被动优先”为原则，结合不同气候、环境、人文特征，根据各建筑使用功能要求，从以下方面重点优化：

主要房间避开冬季主导风向和夏季最大日射朝向；

项目外形规整简洁，趋于紧凑，没有过多的凹凸变化和装饰性构件。体形系数最小的达到 0.16；

在满足采光的前提下适当减小窗墙比，尤其是严寒、寒冷地区的东西向；

进行自然采光和自然通风优化，南立面设计通透开放，部分建筑设置了采光顶。

2. 高性能围护结构

近零能耗建筑采用保温隔热性能更高的围护结构，使得因围护结构传热产生的负荷达到较低水平，冬季仅需较少的得热就能维持较为舒适的室内温度，夏季可以降低室外向室内的传热，并通过围护结构惰性调节室内温度波动。

非透明围护结构方面，保温体系根据结构类型、材料保温隔热性能、耐火性能、安装方式、安全性能达标及成本等因素综合决定，并进行专项的围护结构保温、隔热和防潮设计。表 2 为示范工程的外墙保温材料及厚度。需要注意的是，示范工程作为近零能耗建筑的探索和尝试，部分建筑在设计时同时参考了国外的指标及技术体系。

示范工程非透明围护结构保温体系（外墙）　　表 2

| 示范工程 | 外墙保温材料 | 厚度<br>mm | 外墙传热系数设计值<br>W/（$m^2$・K） |
|---|---|---|---|
| 严寒 A | 岩棉＋石墨聚苯板 | 80＋140 | 0.10 |
| 严寒 B | 真空绝热板＋石墨聚苯板 | 20＋200 | 0.12 |
| 严寒 C | 石墨聚苯板 | 300 | 0.1 |
| 寒冷 A | 岩棉＋真空绝热板 | 55＋30 | 0.19 |
| 寒冷 B | 岩棉 | 150 | 0.21 |
| 寒冷 C | 岩棉 | 260 | 0.15 |
| 寒冷 D | 石墨聚苯板 | 150 | 0.23 |
| 寒冷 E | 岩棉 | 300 | 0.16 |
| 夏热冬冷 A | 硬泡聚氨酯保温（预制混凝土挂板） | 90 | 0.30 |
| 夏热冬冷 B | 岩棉 | 200 | 0.21 |

公共建筑由于体型较大，结构复杂，出于设计意图和造型考虑，一般采用较大面积的窗户或玻璃幕墙，因此透明围护结构的热工性能及气密性的好坏、遮阳措施的有无、窗墙比的大小都是影响建筑能耗高低的重要参数。

窗框型材、玻璃配置的组合很多，只要能满足相应气候区的能耗指标要求，且技术经济分析合理，均可选择使用。遮阳方面，遮阳构件形式多种，不同朝向、高度、位置应用的遮阳产品应有区分。示范工程结合微环境和室内光环境需求，具备条件的优先设计结构性遮阳，在此基础上增加活动式外遮阳。活动外遮阳具有调节方便，遮阳与调光功能相结合的优点，可根据太阳辐射强度和人员需求手动或者自动调节遮阳效果。表 3 为 10 幢示范工程的外窗 / 幕墙及遮阳设计情况。

示范工程透明围护结构参数及做法（外窗 / 幕墙及遮阳）　　表 3

| 示范工程 | 外窗 | 外窗 $K$ 值设计值<br>W/（$m^2$・K） | 遮阳 |
|---|---|---|---|
| 严寒 A | 铝木复合窗，玻璃配置：<br>三玻两腔双 Low-E 充氩气中空玻璃 | 0.8 | — |
| 严寒 B | 塑钢窗，玻璃配置：<br>5TLow-E＋16Ar＋5T＋16Ar＋5T | 0.88 | — |
| 严寒 C | 近零能耗专用窗 | 0.6 | — |
| 寒冷 A | 铝合金窗，玻璃配置：<br>5＋12＋5＋12＋5 单银 Low-E | 1.0 | 主要房间东、南、西立面设置可调节外遮阳百叶 |

续表

| 示范工程 | 外窗 | 外窗 $K$ 值设计值 W/（$m^2$·K） | 遮阳 |
|---|---|---|---|
| 寒冷 B | 铝包木 130 系列窗，玻璃配置：<br>5Low-E＋16Ar＋5＋16Ar＋5Low-E | 0.8 | — |
| 寒冷 C | 塑钢窗，玻璃配置：<br>6Low-E＋16Ar＋6Low-E＋16Ar＋6 | 1.0 | 东、西、南向设置可调节外遮阳卷帘 |
| 寒冷 D | 三玻两腔中空玻璃窗，玻璃配置：<br>5＋18Ar＋5＋18Ar＋5 | 1.08 | 东、西、南向设置可调节外遮阳百叶，屋顶天窗采用电动遮阳百叶 |
| 寒冷 E | 铝包木窗，玻璃配置：<br>5FT＋16TPS.Ar＋5Low-E＋16TPS.Ar＋5Low-E 加暖边 | 0.8 | 南向采用机翼型固定外遮阳，东、西向采用可调节外遮阳百叶 |
| 夏热冬冷 A | 被动式断热铝合金外门窗，玻璃配置：<br>5 双银 Low-E＋16Ar＋5 双银 Low-E＋16Ar＋5 | 1.0 | 东、西、南向设置可调节外遮阳 |
| 夏热冬冷 B | 铝包木框窗，玻璃配置：<br>5 超白＋15Ar＋5 超白＋15Ar＋5 超白 | 1.2 | 东、西、南向设置可调外遮阳 |

3. 高效能源系统

暖通空调系统能耗往往是公共建筑总能耗中占比最大的分项[4]，能源系统及设备效率的大幅提升是降低能耗的重要环节。近零能耗建筑多应用新风热回收技术、热泵技术、能源梯级利用、设备变频等一种或者多种技术组合，并使用高效照明系统和电气系统，减少机电系统用能，增加能源供给效率。

图 1、图 2 为示范工程采用的冷热源系统统计，可以看出，示范工程大多数未接入城市市政热网，以地源热泵、空气源热泵为主要供冷供热方式。10 幢建筑均设置了新风热回收系统。

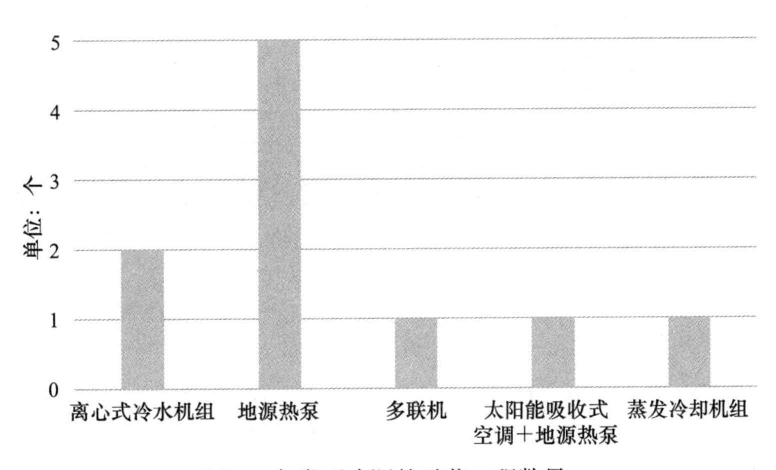


图 1　各类型冷源的示范工程数量

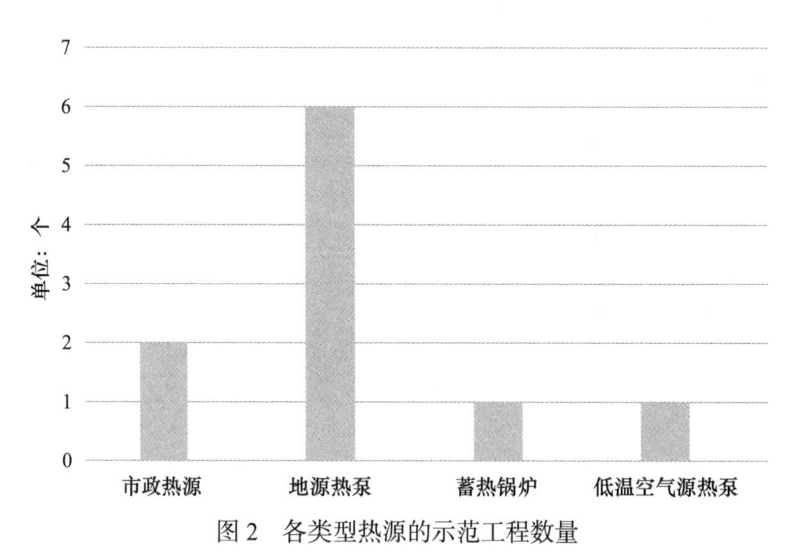


图 2　各类型热源的示范工程数量

4. 高气密性和无热桥设计

建筑的气密层由连续无断点的内抹面、防水、密封性的连接材料和构件共同构成。为了实现基于气密性指标进行的气密性设计，示范工程全部使用了防水隔汽膜、防水透气膜、气密性胶带、砂浆等气密性材料和气密性部品。图 3、图 4 展示了部分节点的气密处理做法。

图 3　各外窗室外侧防水透气膜粘贴

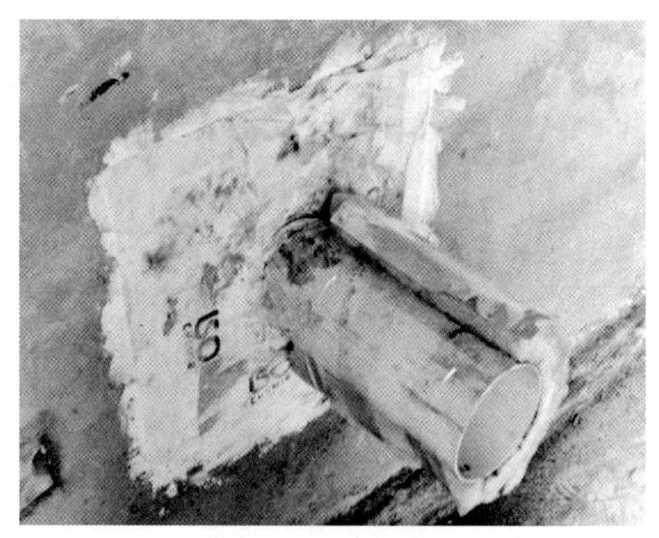

图 4　各穿外墙管道室内侧防水隔汽膜粘贴

根据建筑物的结构、类型特点及节点特性，示范工程对热桥部位进行了相应的无热桥设计。公共建筑需重点关注因钢结构、装配式结构产生的气密节点，以及装饰性构件、玻璃幕墙与主体结构连接或安装产生的热桥节点等。图 5 展示了示范工程针对钢结构穿屋面钢柱提供的热桥分析过程和处理做法。

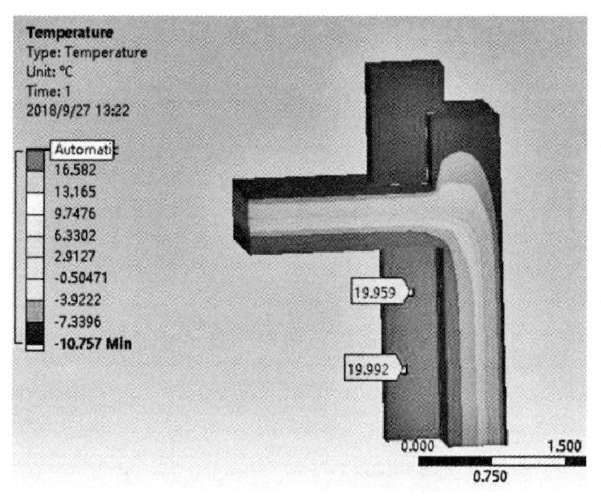

图 5　钢结构穿屋面钢柱热桥计算及处理

5. 可再生能源利用

建筑中常用的可再生能源包括空气能、风能、太阳能、地热能和生物质能等。

太阳能方面，太阳能热水系统、光伏发电系统应用技术最成熟和广泛，且已具备明显的经济价值。江苏、上海等多个省市的超低能耗设计导则中均提出住宅建筑宜设置太阳能热水系统，公共建筑也可利用太阳能热水系统提供建筑生活热水。全国分布式光伏的装机容量也呈现爆发式增长，10 幢示范工程中有一半项目设置了光伏发电系统，部分现场安装情况如图 6 所示。

图 6　部分示范项目建设的太阳能光伏发电系统和太阳能集热器系统

随着近零能耗建筑能耗强度的大幅度降低、可再生能源技术进步和产品成本下降，空气源热泵尤其是超低温空气源热泵供暖的大规模应用已经初具条件。地热能和生物质能的利用则需结合项目所在地的资源禀赋详细分析。本文中的示范工程大多数未接入市政热网系统，主要通过地源热泵技术开发利用了建筑周边的地热能。

**（二）示范工程实施效果**

课题组 2018—2020 年冬夏季分别对已建成示范工程及同类近零能耗建筑多次开展性能检测和监测，包括：整体气密性能、外围护结构热工性能、风管漏风量、室内热湿环境、室内声环境、建筑能耗、能源系统设备效率等。现场测试数据显示，示范工程的室内环境、围护结构性能均达到设计值，能源系统运转良好，10 幢建筑的气密性检测结果 $\eta_{50}$ 全部小于 0.6/h。

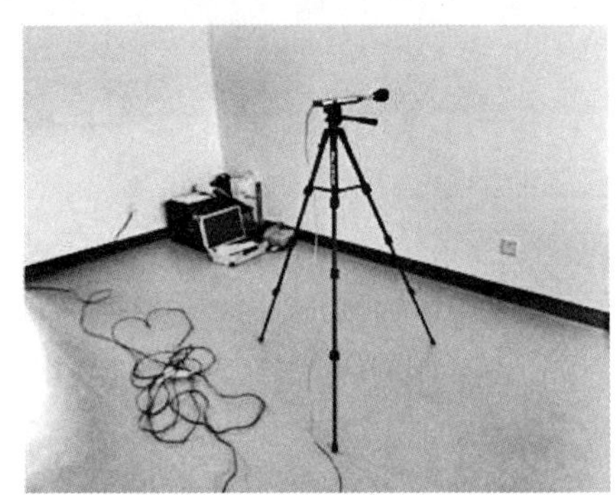
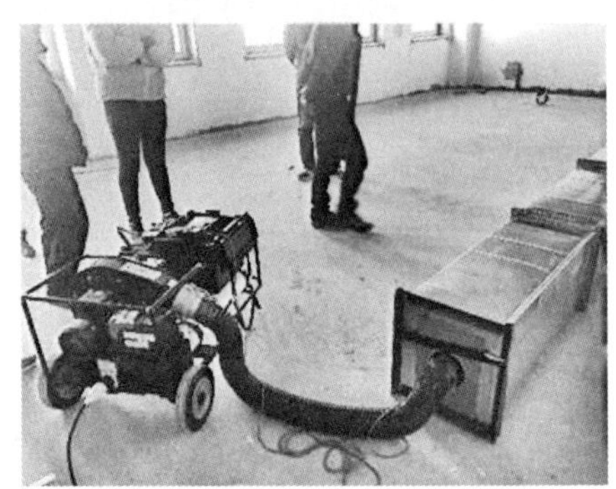

图 7 示范工程开展的部分现场检测工作

课题研究期间开发建立了近零能耗建筑实时数据监测平台和集中展示的在线案例库，对示范工程的能耗、室内温湿度等关键指标进行长期跟踪，10 幢示范工程的室内环境数据和运行能耗均通过了一个完整年的实时监测，全年能耗供暖能耗和非供暖能耗均小于《民用建筑能耗标准》引导值的一半，验证了近零能耗建筑的实际使用效果和近零能耗建筑技术有效性。

## 三、运行阶段能耗及碳排放分析

### （一）与基准建筑能耗的数据对比

示范工程的能耗比对基准为《民用建筑能耗标准》GB/T 51161—2016 同气候区同类建筑能耗目标值。表 4 和图 8 展示了 10 幢近零能耗建筑在一个完整年内的实测运行能耗数据。

结果可以看出，因各建筑的所在气候区、建筑形式、运行策略等不同因素影响，10 幢以办公功能为主的建筑运行能耗存在一定差异，但均保持了较低的能耗水平。实测全年能耗为 24.67—46.56kWh/（$m^2$ • a），建筑总节能率为 51.5%—77.3%，平均节能率 75.0%。其中 5 幢建筑结合自身条件采用了光伏发电系统，贡献了可再生能源发电量，如不考虑此部分发电贡献，10 幢示范工程的能耗降低率平均也可达到 62.5%，节能水平相比基准建筑明显提升。

近零能耗建筑对年运行阶段能耗的影响　　表 4

| 示范工程 | 基准建筑能耗（kWh/m²·a） | 不含可再生能源发电的实测能耗（kWh/m²·a） | 不含可再生能源发电的能耗变化率 | 光伏发电量（kWh/m²·a） | 总节能量（kWh/m²·a） | 总节能率 |
|---|---|---|---|---|---|---|
| 严寒 A | 104.50 | 38.36 | 63.3% | 31.86 | 98.00 | 93.8% |
| 严寒 B | 114.50 | 25.94 | 77.3% | — | 88.56 | 77.3% |
| 严寒 C | 114.50 | 46.56 | 59.3% | — | 67.94 | 59.3% |
| 寒冷 A | 90.50 | 39.67 | 56.2% | 2.50 | 53.33 | 58.9% |
| 寒冷 B | 92.00 | 32.9 | 64.2% | 27.80 | 86.90 | 94.5% |
| 寒冷 C | 68.00 | 24.67 | 63.7% | — | 43.33 | 63.7% |
| 寒冷 D | 79.00 | 23.02 | 70.9% | 4.35 | 60.33 | 76.4% |
| 寒冷 E | 74.00 | 31.71 | 57.2% | — | 42.29 | 57.2% |
| 夏热冬冷 A | 80.00 | 39.83 | 50.2% | 1.03 | 41.20 | 51.5% |
| 夏热冬冷 B | 80.00 | 29.9 | 62.6% | — | 50.10 | 62.6% |
| 平均 | 89.70 | 33.26 | 62.5% | 13.51 | 67.95 | 75.0% |

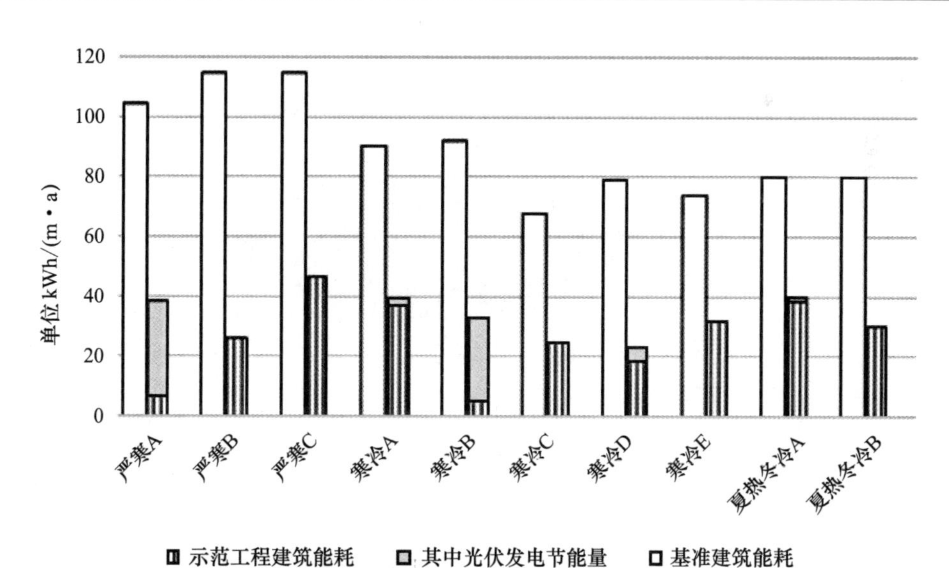


图 8　近零能耗建筑运行能耗分析

### （二）分项能耗分析

通过采用高效能源系统，示范工程实现了较高的电气化水平，能耗数据均为电耗，主要包含以下子项：空调能耗、照明能耗、插座能耗、生活热水能耗和电梯能耗。对具备分项计量数据的建筑进行分析，具体数据见表 5。空调能耗占比

58.8%—78.1%，照明和插座能耗占比 16.2%—40.0%，此三项在建筑能耗中的占比达到 90% 以上。照明能耗方面，各建筑单位面积此项能耗较为接近，基本都在 2.1—6.5kWh/($m^2$ · a) 附近。空调能耗方面，不同建筑略有差别，单位面积能耗最大的是 28.9kWh/($m^2$ · a)，最小的是 15.1kWh/($m^2$ · a)。电梯、生活热水的能耗占比都较小。

**近零能耗建筑分项能耗占比**　　**表 5**

| 示范工程名称 | 空调系统 | 照明 | 插座 | 电梯 | 生活热水 |
|---|---|---|---|---|---|
| 严寒 A | 75.3% | 17.1% | | — | 7.6% |
| 严寒 B | 70.1% | 15.3% | 14.4% | 0.2% | — |
| 严寒 C | 58.8% | 9.4% | 30.6% | — | 1.2% |
| 寒冷 B | 81.3% | 16.2% | | 2.5% | — |
| 寒冷 C | 78.1% | 21.9% | | — | — |
| 寒冷 D | 65.6% | 9.3% | 23.0% | — | — |
| 夏热冬冷 A | 72.0% | 12.3% | 14.3% | 1.4% | — |

从严寒、寒冷和夏热冬冷气候区公共建筑示范工程中各选取一例，分项占比情况如图 9—图 11 所示。

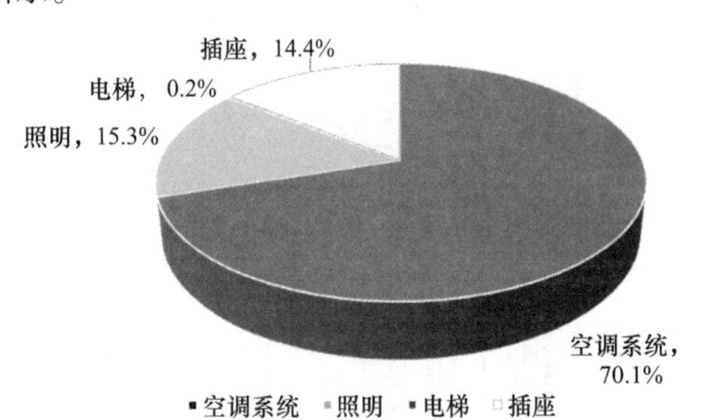

图 9　严寒 B 建筑分项能耗占比

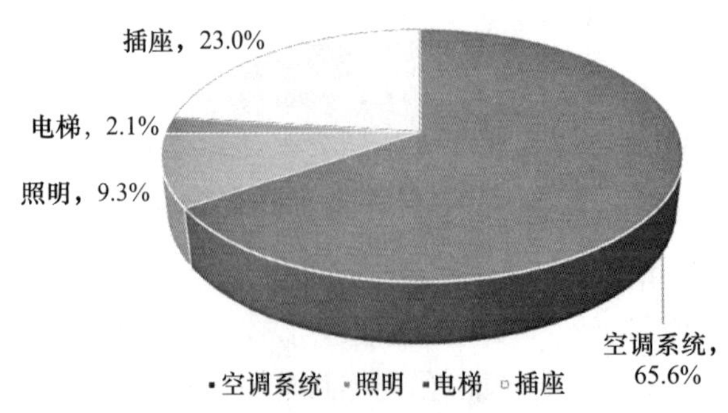

图 10　寒冷 D 建筑分项能耗占比

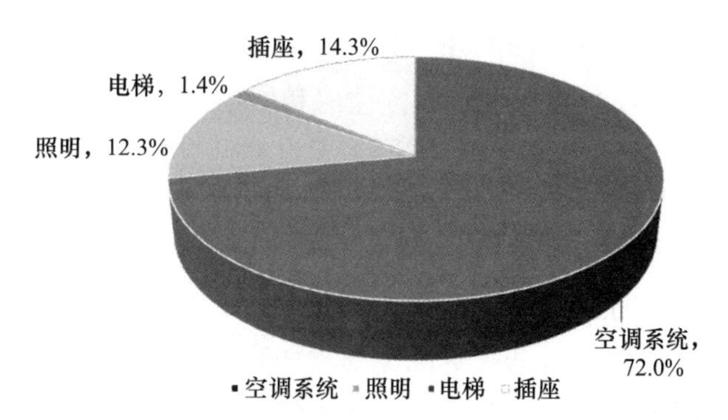


图 11　夏热冬冷 A 建筑分项能耗占比

## （三）近零能耗建筑技术的减碳能力

结合能耗数据，课题所在项目组进一步分析了近零能耗建筑相比基准建筑的减碳能力，结果如图 12 所示。

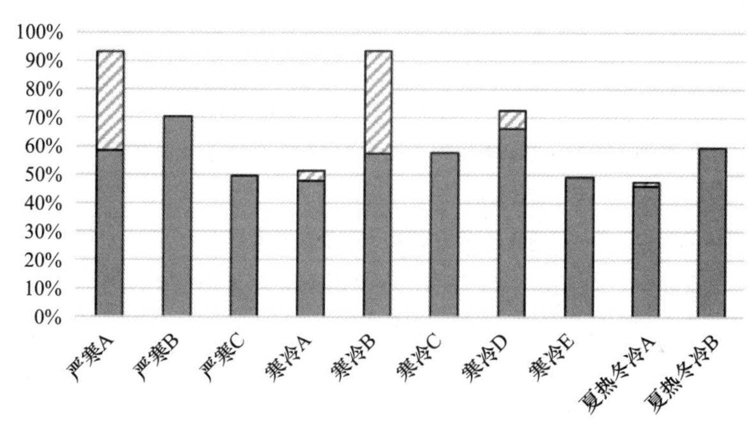


图 12　近零能耗建筑运行节碳率分析

因各建筑自身的节能水平、使用的能源形式、所在地区不同等因素影响，建筑的节能率与节碳率不完全一致，但全年运行碳排放量也有明显下降。建筑运行阶段总节碳率为 47.4%—93.4%，平均节碳率 64.4%。其中 5 幢建筑结合自身条件采用了光伏发电系统，贡献了可再生能源产生的清洁电力。光伏对建筑碳排放的影响与铺设光伏的面积有关，仅针对本文的 5 个铺设光伏的示范工程而言，运行阶段平均每个项目会额外减少 16.3 % 的碳排放，总体减碳显著。

## 四、思考与展望

实现建筑近零能耗目标，应采用性能化设计方法，从建筑特点、场地资源、技术可行性、经济性、节能效果等多方面统筹制定技术路线，严格把控施工质量，持续开展运行监测。示范工程是我国多气候区近零能耗建筑的首次批量示范，应用转化“十三五”国家重点研发计划“近零能耗建筑技术体系及关键技术开发”项目的科研成果，通过设计、施工、检测和一年期的真实运行数据，综合检验并示范了近零能耗建筑技术的科学性与可行性。根据住房和城乡建设部《“十四五”建筑节能与绿色建筑发展规划》[3]，到2025年，我国将建设超低能耗、近零能耗建筑0.5亿$m^2$以上。北京、天津、河北、上海、陕西、湖南、海南、广东等省市也将近零能耗建筑纳入“十四五”规划，累计建设规模1亿$m^2$。展望“十四五”，近零能耗建筑建设规模持续扩大，发展前景广阔。

相比于其他类型建筑，公共建筑能源系统形式多样，空调能耗较大。随着物联网、信息化发展，建筑智慧运维对公共建筑运行节能的作用日益凸显。近零能耗公共建筑示范工程的建设和推广是对推进建筑低碳节能向更高水平发展的第一步，建设后的暖通系统全过程调试、自动化系统建设和能源管理更不容忽视。做好近零能耗建筑后评估，基于数据驱动优化运维，建立“能碳双控”运维模式，才能使建筑在数十年的使用时间内保持良好运行，真正实现近零能耗公共建筑全生命周期的节能降碳。

## 参考文献

[1] 清华大学建筑节能研究中心. 中国建筑节能年度发展研究报告2022（公共建筑专题）[M]. 北京：中国建筑工业出版社，2022.

[2] 徐伟，张时聪. 2025：近零能耗示范建筑将超5000万平方米[N]，中国建材报，2022.

[3] 住房和城乡建设部. “十四五”建筑节能与绿色建筑发展规划[R]. 北京，2022.

[4] 魏庆芃，王鑫，肖贺，等. 中国公共建筑能耗现状和特点[J]. 建设科技，2009（8）：38-43.

# 海南省建筑部门低碳发展目标与技术路径研究

张时聪　胡家僖　王　珂　张　蕊　陈　曦　陈　旺
（中国建筑科学研究院有限公司　建科环能科技有限公司）

2020年9月，习近平主席在第七十五届联合国大会一般性辩论上郑重承诺，中国二氧化碳排放力争于2030年前达峰，努力争取2060年前实现碳中和。2021年10月12日，习近平主席在《生物多样性公约》第十五次缔约方大会领导人峰会上指出，中国将陆续发布重点领域、行业碳达峰实施方案和一系列支撑保障措施，构建起碳达峰、碳中和“1＋N”政策体系[1]。2021年10月，国务院印发《2030年前碳达峰行动方案》[2]，各地区按照方案要求，纷纷制定本地区重点领域、行业碳达峰行动方案[3]。

近年来，海南省作为较早提出要制定碳达峰路线图的省份之一，逐步建立并完善了海南省低碳发展政策体系[4]。在海南省打造生态环境一流的自由贸易港的同时，落实碳达峰、碳中和目标，涉及各个行业的各项工作。建筑是终端能源消费的三大领域之一，也是造成直接和间接碳排放的主要责任领域之一，随着经济水平提升、居民收入水平提高，对建筑室内舒适度的追求也会越来越高，日益增长的建筑能耗给社会能源和环境带来很大的压力。选择适合海南省实际情况的建筑碳达峰实施路径是实现双碳目标的基础工作。从建筑物全寿命期角度看，建筑碳排放应包含建材生产与运输、建筑建造和拆除、建筑运行阶段碳排放，建材生产碳排放通常被划入工业领域核算，建筑建造与拆除阶段的碳排放所占比例较小，因此本文研究的建筑部门能耗与碳排放控制目标为建筑运行阶段。

## 一、影响建筑降碳的海南省相关发展规划

### （一）主要发展定位

1. 打造高水平自由贸易港

2020年，中共中央、国务院印发了《海南自由贸易港建设总体方案》[5]，根据《方案》的发展目标，21世纪中叶将全面建成具有较强国际影响力的高水平自由贸易港。2021年，海南省GDP总量位居全国第28，但增速居全国第二，在自贸港建设的背景下，未来经济将快速发展。《海南省“十四五”规划与2035年远景目标纲要》[6]提出发挥海南优势，积极主动精准实施“走出去”和“引进来”战略，建设21世纪海上丝绸之路重要战略支点，与此同时能源需求的增长成为社会发展不可避

免的趋势。

2.“百万人才进海南”行动计划

不同于全国人口缓慢增长至2030年后逐渐下降的发展趋势，海南省人口还有较大的增长空间。2020年第七次人口普查显示海南常住人口1008.1万人，人口密度远低于国内大多数省份；2021年3月，《海南省国土空间总体规划（2020—2035）》（公开征求意见版）[7]提出2030年海南本岛常住人口达到1250万左右，城镇化率达到75%左右，单靠自然增长率很难实现现有目标，海南省提出通过《百万人才进海南行动计划（2018—2025年）》[8]提高海南人口的增长率。除却人口规模继续增长，候鸟人口和旅游人口不断增加，《规划》提出2030年常住型候鸟人口和日平均过夜旅游人口分别为93万、26万。

3.全面建设清洁能源岛

在打造一流自贸港的同时，要促进人口与经济社会、资源环境协调可持续发展。2021年8月，海南省发展和改革委员会印发《海南清洁能源岛发展规划》，提出力争2025年前实现碳达峰、2050年前实现碳中和，至2025年，海南清洁能源发电装机比重达到83%，海南清洁能源岛粗具规模，至2035年，比重达到89%，清洁能源岛将基本建成。

**（二）建筑能耗碳排放影响因素**

海南是我国最大的经济特区，其未来的发展定位将会影响各行业的能源消耗与碳排放发展趋势。

1.城镇建设发展提速

《海南省“十四五”规划与2035年远景目标纲要》中提出海口、三亚城市建设显著提速，全省县城新型城镇化水平显著提升。根据统计数据中给出的历年人均建筑面积，同时按线性增长趋势对建筑面积进行校验，预计海南省2035年城镇人均住居住建筑面积约为40$m^2$/人，农村居住建筑约45$m^2$/人，公共建筑约20$m^2$/人，建筑面积总量由现在4.7亿$m^2$增长至8.2亿$m^2$。

2.建筑用能强度增加

经济的快速发展带来居民生活水平的提升，随着居民收入水平的提高，对建筑室内舒适的追求也会越来越高，居住建筑能耗强度将会继续线性增加。同时，候鸟人口与旅游人口的增加会导致酒店类公共建筑的使用频率增加，结合海南2035年成为我国开放型经济新高地、海南自贸港建设全面完成的目标，公共建筑能耗强度将进一步增长。

3.建筑用电排放降低

建筑能耗与碳排放总量存在较大的增长空间，而随着海南清洁能源岛建设，电网清洁度不断提升，能源结构的调整将会减缓建筑能耗增长引起的碳排放增长趋势，因此海南建筑部门实现“双碳”目标需要建筑自主降碳与清洁电网的协同发展。

## 二、建筑能耗与碳排放现状分析

### （一）碳排放总量

2020 年，海南省建筑运行能耗为 620 万 t$CO_2$，从建筑能耗总量上来看，海南省建筑能耗位于全国较低水平，主要是因为海南省人口密度、建筑面积均小于大多省份。海南省统计年鉴[9]的数据表明，“十二五”以来，海南省全省能源消费总量持续增长，年均增速为 5.5%，建筑运行能耗增速为 10.82%，远高于全省能源消费增长速度。图 1 给出了 2010—2020 年建筑运行阶段的能源消耗情况与碳排放总量，较低的能源消耗总量与较高的电气化率使得海南省的建筑碳排放总量同样位于较低水平。

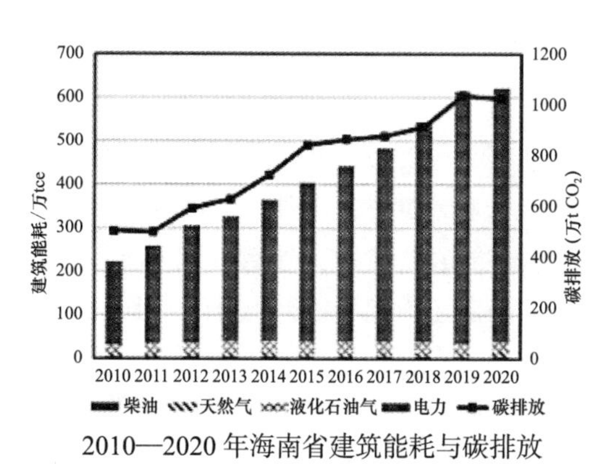


2010—2020 年海南省建筑能耗与碳排放

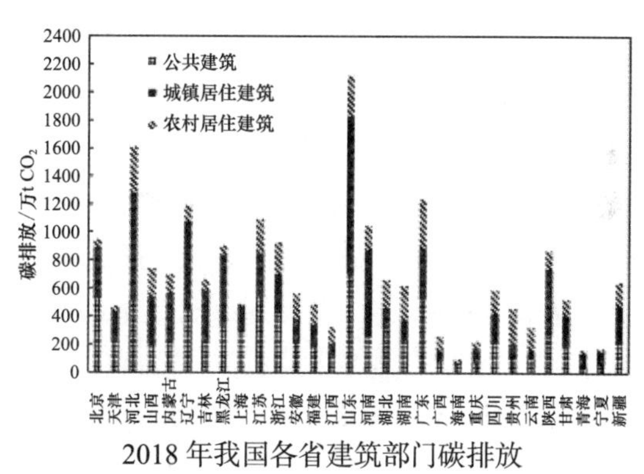


2018 年我国各省建筑部门碳排放

图 1 建筑碳排放总量

### （二）碳排放强度

根据海南省能源平衡表和对建筑面积的测算，计算城镇居住建筑、农村居住建筑及公共建筑的能耗强度，并与我国各类型建筑的平均能耗强度进行对比，如图 2 所示，居住建筑的用能强度低于全国平均水平。海南省虽然较其他夏热冬暖地区气候条件更为湿热，空调负荷更大，但受经济发展程度影响，居住建筑的单位面积能耗与碳排放强度均低于广东、福建等夏热冬暖其他地区。

与居住建筑能耗强度低于全国平均水平相反，海南公共建筑能耗强度远超全国平均水平，主要因为海南作为旅游大省，拥有大量的宾馆酒店与商业建筑，其建筑能耗特点较为复杂和典型，相对于其他类型建筑能耗偏高，且公共建筑不同于居住建筑的部分时间、部分空间的室内舒适度要求，因此，在海南极端湿热的气候条件下，全时间、全空间的室内舒适度保证率下，建筑能耗强度显著高于全国平均水平。

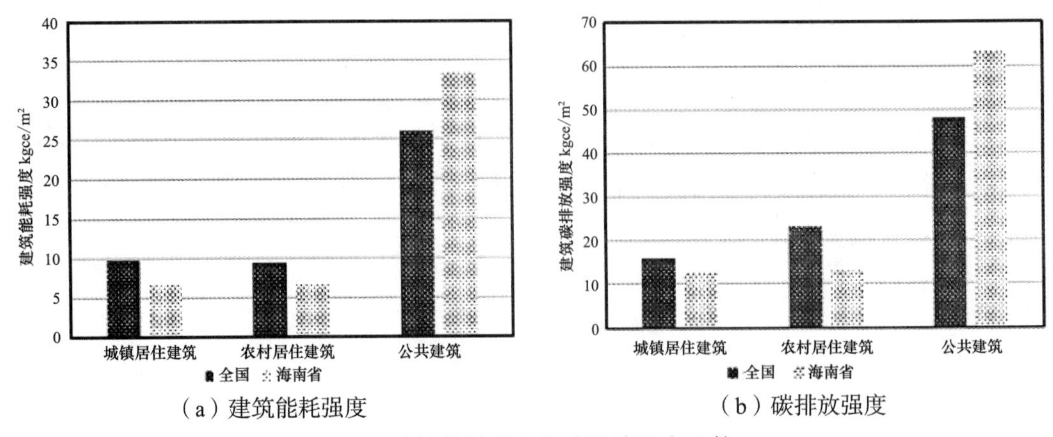


（a）建筑能耗强度　　（b）碳排放强度

图 2　建筑能耗强度与碳排放强度比较

### （三）建筑能耗组成特点

海南省位于中国最南端，年平均空气温度为 22.4—25.5℃，太阳辐射资源属于二类地区，按照建筑气候区划原则，被视为极端热湿气候区，全年大部分时间需要空调降温。同时，海南作为一个旅游大省，众多的宾馆酒店及写字楼，还有轻工业支撑着海南的发展，由于其气候特征和产业结构使得空调制冷在这里有相当大的耗能空间，是全省重要耗能之一。

从能源结构来看，海南建筑用能电气化率达到 90% 以上，化石能源直接消耗较小，主要因为海南没有采暖需求，生活热水等热力需求也较低，且海南常规资源匮乏，建筑是最容易实现电气化的部门。

## 三、低碳建筑技术发展方向

海南省气候特征、生活习惯与北方地区不同，其围护结构保温发挥的整体节能作用有限，被动式降温供冷技术与主动式高效制冷技术的应用是海南降低建筑用能需求的主攻方向。

### （一）建筑遮阳与隔热

由于海南太阳辐射较强，因此，建筑设计时应考虑降低太阳辐射得热以减少空调能耗需求。有研究表明，夏热冬暖地区外窗的太阳得热系数 SHGC 对能耗影响较为显著，当 SHGC 从 0.45 降低至 0.15 时，建筑冷负荷需求下降约 40%[10]，因此应选用 SHGC 较低的外窗。降低太阳得热系数可通过增加建筑遮阳、采用高性能玻璃等方式实现。同时，因为建筑冷负荷的变化对传热系数的敏感度较低，可以适当降低对传热系数 $K$ 值的要求。

### （二）自然通风

海南传统民居布局上外封闭、内敞开，空间上以敞厅、天井、庭院、廊道和室内屏风组成开敞、通透的室内外空间集合体系，现代建筑宜延续建筑空间特征，通过自然通风排出透过外窗的太阳辐射热量来降低一定的建筑能耗。合理利用自然通风技术后，夏季冷负荷需求可降低 15% 以上[11]，且符合当地生活习惯。通过自然通风与空调耦合运行调控方法，能够在满足人体舒适的条件下取得最佳节能效果，与传统空调运行模式相比节能 30.5%[12]。

### （三）建筑光伏

海南省年辐射照度超过 5000MJ/（$m^2$ • a），属于太阳能资源很丰富带，当光伏倾角达到 15° 时，单位光伏面积发电量达到最大值。当倾斜角度在 0°—30° 范围内时，发电量大于 270kWh/（$m^2$ • a）。未来随着人口、第三产业与人均建筑面积的增加将带来城镇化建设的快速发展，2020—2035 年城镇建筑面积还有较大增长空间，在新建建筑中推广建筑光伏一体化技术，既小于在既有建筑中推广的难度，且一体化设计可抵御台风天气对建筑光伏构件稳固性的影响。

## 四、海南省建筑减排潜力与达峰路线图

### （一）降碳情景分析

电力部门在建筑部门实现“双碳”目标中的角色至关重要，本文基于海南低碳建筑技术发展方向与清洁能源岛建设目标，提出两种电力排放因子下降情景下的碳排放发展趋势：

（1）电力排放因子情景Ⅰ。根据《海南省清洁能源岛发展规划》，海南省 2035 年清洁能源岛将基本建成，清洁能源发电装机占比 89%，则电碳因子将降至 0.1kg$CO_2$/kWh 以下。海南省清洁电力发展以核电为主，海南昌江核电二期项目实施后，核电在海南能源供应中的占比可达到 50%。核能作为安全、高效、稳定的清洁能源，大规模应用将有助于实现清洁能源岛的建设目标[13]。

（2）电力排放因子情景Ⅱ。面对近年来紧张的电力供需形势，海南电网积极推动与南方区域其他省份建立电力互济交易机制[14]，因此海南电力消耗的碳排放需要考虑统一电力市场的建立。中国南方电网公司发布的《数字电网推动构建以新能源为主体的新型电力系统白皮书》[15] 指出，至 2030 年南方电网非化石能源装机占比提升至 65%、发电量占比提升至 61%，则 2030—2035 年电力排放因子将降至 0.3kg$CO_2$/kWh 以下。

图 3（a）给出了两种电力排放因子下降情景下的碳排放发展趋势，当采用电力排放因子情景Ⅱ核算碳排放时，2030 年后碳排放还将持续上升，而在电力排放因子情景Ⅰ下，建筑碳排放 2025 年即可达到峰值。图 3（b）给出建筑能耗的增长趋势。不同于全国建筑能耗未来缓慢上升的发展趋势。海南因处于经济与城镇化建设快速发展阶段，且经济发展定位较高，因此基准情景下建筑能耗增长空间较大，建筑降碳若仅依赖清洁电力，建筑的能源需求将会因为建筑面积和单位面积能耗的成倍增长而不断攀升，对电力部门将是极大的挑战，在海南城镇建设发展提速的背景下，建筑部门应努力提升自主贡献，缓解海南全社会用能需求。

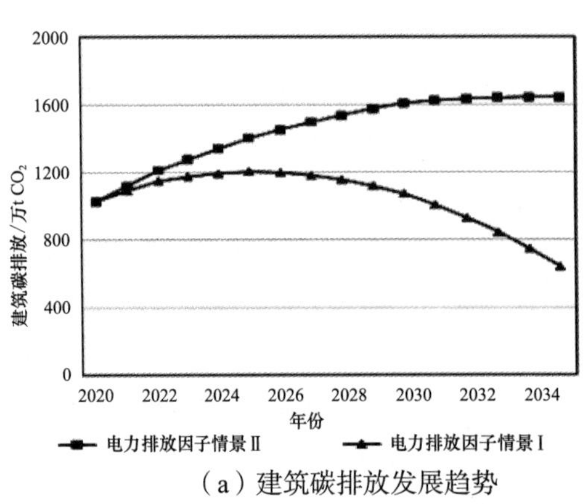


（a）建筑碳排放发展趋势

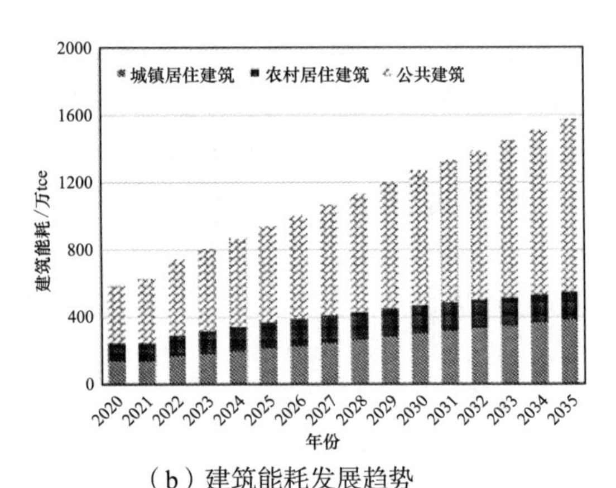


（b）建筑能耗发展趋势

图 3　海南省建筑碳排放与能耗发展趋势

在新建建筑中推广建筑遮阳与隔热等被动式技术、建筑光伏一体化技术能够有效缓解城镇化建设与室内舒适度提升带来的能源增长压力。超低 / 近零能耗建筑兼顾了被动式设计、主动式高性能能源系统及可再生能源系统应用，“十三五”末，我国超低能耗建筑项目发展已呈现出由北向南的趋势，但由于超低能耗建筑产业具有覆盖面广、链条长、附加价值高等特点，产业基础还比较薄弱，可在经济发达的市县推动一部分超低 / 近零能耗建筑的发展，降低建筑用能需求。其他地区则通过制定地方节能标准，推动适用于海岛地区的节能技术在新建建筑中推广。

图 4 为建筑部门提升自主贡献情景与基准情景下的建筑能耗与碳排放对比，通过建筑节能减排技术的推广应用，2035 年建筑能耗总量下降约 26%。《海南清洁能源岛发展规划》中提出，2035 年全省能耗总量控制目标为 4500 万 tce，在建筑部门节能工作开展下，建筑运行能耗控制在 1164 万 tce，占全社会能耗 25.8%，能够满足海南省总量控制目标。在考虑清洁能源岛自身建设的电力排放因子情景Ⅰ下，海南省建筑碳排放“十四五”已开始下降，在电力排放因子情景Ⅱ下，碳排放于 2030 年达峰，峰值为 1241 万 t$CO_2$。

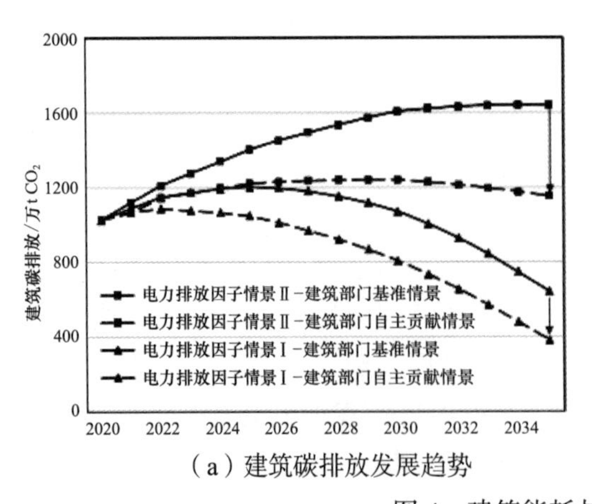


（a）建筑碳排放发展趋势

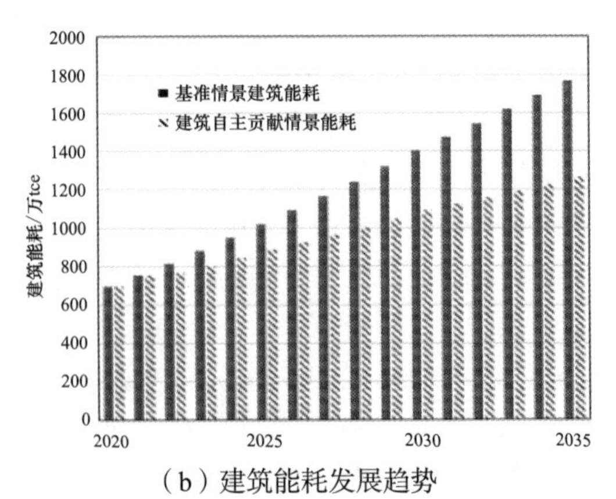


（b）建筑能耗发展趋势

图 4　建筑能耗与碳排放下降潜力

### （二）重点任务建议

海南全社会与建筑能耗 / 碳排放均存在较大的增长空间，同时也存在着更大的节能减排潜力，建议建筑降碳重点任务为：

（1）制定更加符合海南气候特点与居民生活习惯的地方标准。针对海南降低制冷负荷的需求与居民自然通风习惯，优化建筑布局，实现自然通风，降低外窗 *SHGC* 限值、外墙表面吸收系数等。

（2）推广超低能耗建筑示范。“十五五”在海口、三亚、文昌、琼海、万宁（依据人口数量与各市县生产总值建议）等地新建建筑实行部分超低能耗建筑能效指标。

（3）2025 年建筑光伏装机容量超过 200 万 kW，2030 年建筑光伏超过 450 万 kW。

## 五、结论

本文综合考虑海南省经济、人口、能源结构调整的中长期发展规划，分析了海南省建筑运行能耗与碳排放发展趋势，分析了低碳建筑技术推广对能耗与碳排放的影响，主要结论如下：

（1）文章通过开展海南省碳排放峰值目标、达峰路径及达峰路线图研究，推动海南省产业绿色转型升级，探索具有海南特色的绿色低碳发展之路，打造碳排放达峰的海南范例，为热带岛屿特色的低碳发展模式提供海南方案，为辐射东南亚及“一带一路”同气候区国家储备技术条件；

（2）2020 年海南省建筑运行能耗 620 万 tce，2010—2020 年海南省建筑运行能耗年均增速 10.82%；受经济发展水平与产业结构特点影响，居住建筑能耗与碳排放强度低于全国平均水平，公共建筑高于全国平均水平；

（3）在海南自贸港建设背景下，2020—2035 年，海南省建筑能耗由 620 万 tce 增长至 1578 万 tce，通过低碳建筑技术推广，建筑能耗降至 1164 万 tce；

（4）海南省建筑电气化率超过 90%，电力排放因子的发展趋势对建筑碳排放影响较大，2035 年碳排放在不同电力排放因子下为 642/1641 万 $tCO_2$，碳达峰时间分别为 2025 年和 2036 年；通过建筑自主贡献，到 2035 年可将碳排放降至 384/1150 万 $tCO_2$，碳达峰时间分别为 2022 年和 2030 年。

## 参考文献

［1］央视网．习近平主席出席《生物多样性公约》第十五次缔约方大会领导人峰会并发表主旨讲话［EB/OL］.（2021）．https://tv.cctv.com/2021/10/12/VIDEnckII57VvfdawAfd4PPu211012.shtml．

［2］国务院．2030 年前碳达峰行动方案［M］．

［3］新华社．2030 年前碳达峰的总体部署——就《2030 年前碳达峰行动方案》专访国家发展改革委负责人［EB/OL］.（2021）［2021］．http://www.gov.cn/zhengce/2021-10/27/content_5645109.htm．

［4］海南省人民政府．海南省“十三五”控制温室气体排放工作方案［M］．

[ 5 ] 中央人民政府. 海南自由贸易港建设总体方案 [ M ].

[ 6 ] 海南省人民政府. 海南省国民经济和社会发展第十四个五年规划和二〇三五年远景目标纲要 [ M ].

[ 7 ] 海南省人民政府. 海南省国土空间规划（2020—2035）公开征求意见版 [ M ].

[ 8 ] 海南省人民政府. 百万人才进海南行动计划（2018—2025 年）[ M ].

[ 9 ] 海南省人民政府. 海南省统计年鉴 [ R ]. 海南省人民政府，2010—2021.

[ 10 ] 李骥，乔镖，张永清，等. 夏热冬暖地区超低能耗建筑技术体系探索 [ J ]. 建筑节能（中英文），2021，49（3）：19-25+38.

[ 11 ] 赵立华，孟庆林，费良旭，等. 海南地区既有公共建筑围护结构节能改造分析 [ J ]. 南方建筑，2015（2）：12-15.

[ 12 ] 刘艳峰，刘露露，王登甲，等. 热湿地区居住建筑自然通风与空调耦合运行模式研究 [ J ]. 暖通空调，2018，48（10）.

[ 13 ] 海南昌江核电站. 自由贸易港上的核能华章：海南昌江核电站 [ J ]. 核安全，2020，19（6）：153-155

[ 14 ] 中央人民政府. “海南电”首次通过海底联网线援粤 [ M ].

[ 15 ] 中国南方电网. 数字电网推动构建以新能源为主体的新型电力系统白皮书 [ R ]. 中国南方电网，2021.

# 天津市城乡建设领域碳达峰实施路径探讨

杨彩霞　魏　兴　李以通　孙雅辉　成雄蕾
（中国建筑科学研究院有限公司）

2020年9月22日，国家主席习近平在第七十五届联合国大会上提出我国$CO_2$排放力争于2030年达到峰值，努力争取2060年实现碳中和[1]。中办、国办相继制定并发布了政策文件，对城乡建设领域绿色低碳转型提出要求。2022年7月，住房和城乡建设部、国家发展改革委印发《城乡建设领域碳达峰实施方案》（建标〔2022〕53号）（以下简称“住房城乡建设部碳达峰实施方案”），提出了城乡建设领域碳排放2030年前达到峰值的发展目标。与此同时，天津市正在结合地方实际开展城乡建设领域碳达峰实施方案的编制工作。

## 一、天津市城乡建设领域发展现状

全国第七次人口普查数据显示，2020年天津常住人口为1386万人，结合IEA及CEADs排放清单统计数据，天津市年人均碳排放量约为11.39t/人，高于全国平均（7.03t/人）及北京（4.02t/人）、上海（7.72t/人）、江苏（9.49t/人）等地区水平。在经济发展方面，根据国家统计年鉴数据，天津市2021年GDP为15695.05亿元，综合测算得出万元GDP碳排放量为1.12t/万元，同样高于全国平均（0.98t/万元）及北京（0.25t/万元）、上海（0.50t/万元）、江苏（0.81t/万元）等水平。天津作为工业生产型且高城镇化率城市，经结合天津市统计年鉴综合测算的单位建筑面积碳排放约为0.06t/$m^2$，也高于全国平均水平以及北京、上海等地区水平，城乡建设领域低碳发展进入攻坚期。

与此同时，近年来天津市建筑节能和绿色建筑工作取得了较好的工作成效，率先发布实施了新建居住建筑四步节能设计标准，获批全国节能改造示范城市、第一批能效提升重点城市、装配式建筑示范城市；“十二五”“十三五”期间累计建成民用节能建筑面积超3.82亿$m^2$，新建绿色建筑2.02亿$m^2$，“十三五”末城镇新建建筑中绿色建筑面积占比70%以上[2]；中新天津生态城获得国家首批“绿色生态城区运营三星级标识”，这些成绩为天津市城乡建设领域碳减排提供了有力支撑。

## 二、天津市城乡建设领域碳达峰实施路径构想

### （一）我国低碳发展总体要求

2021 年 10 月，国务院印发了《2030 年前碳达峰行动方案》（国发〔2021〕23 号），在“城乡建设碳达峰行动”专题明确提出了四方面要求：一是推进城乡建设绿色低碳转型，二是加快提升建筑能效水平，三是加快优化建筑用能结构，四是推进农村建设和用能低碳转型，要求在城市更新和乡村振兴中全面落实绿色低碳要求。

2022 年 7 月，住房和城乡建设部碳达峰实施方案从城市和乡村两个领域提出了“建设绿色低碳城市”“打造绿色低碳县城和乡村”的措施要求。城市低碳建设明确了规划、建设、运行管理多阶段要求。规划阶段强调优化城市结构布局、推动组团式发展；建设阶段强调开展绿色低碳社区建设、推进绿色低碳建造等；运行管理则突出全面提高绿色建筑低碳水平、优化城市建设用能结构、提高基础设施运行效率等。县城和乡村低碳化发展中明确了县城建设密度与强度管控、建设绿色低碳农房、营造自然紧凑乡村格局、推广应用可再生能源等内容。

### （二）天津市低碳发展政策响应

天津市快速响应碳减排目标任务，2021 年 4 月 29 日，发布了《天津市绿色建筑发展“十四五”规划》，重点推进绿色建筑优质发展、建筑能效深度提升、新型建筑工业化三大发展任务。2021 年 7 月 12 日，印发《天津市“双碳”工作关键目标指标和重点任务措施清单（第一批）》，明确 118 项任务清单，涉及推动城镇新建建筑全面建成绿色建筑、推进既有建筑绿色化改造、区域建筑能效提升等。2021 年 9 月 27 日，天津市人大常委会通过了《天津市碳达峰碳中和促进条例》，成为全国首部以促进实现碳达峰、碳中和目标为立法主旨的省级地方性法规。

### （三）天津城乡建设领域碳达峰实施路径构想

第七次人口普查数据显示，2021 年天津市城镇化率已达 84.88%[3]，城镇化进程稳步推进的同时也带来了体量巨大的存量建筑。建筑作为承载民众工作生活和社会生产的重要载体，在寿命期内持续消耗能源并排放 $CO_2$，因此，从能源消费侧的角度，应重点关注建筑及城乡建设一切耗能途径的低碳化，包括规划、建设、运行全过程；而从供给侧的角度，应探索可再生能源在建筑领域的高效利用，做到既“节流”又“开源”。除此之外，还应从城市规划、增绿降碳等角度考虑对降碳甚至中和的影响。综合以上分析，天津市城乡建设领域碳达峰有以下实施路径，如图 1 所示。

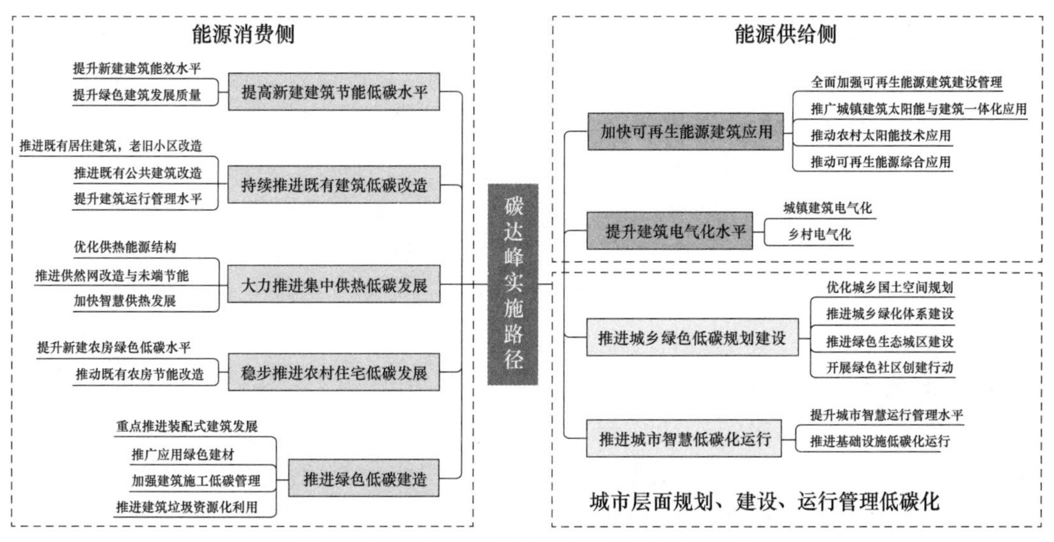


图 1　天津市城乡建设领域碳达峰实施路径

## 三、天津市城乡建设领域碳达峰实施路径

### （一）提高新建建筑节能低碳水平

天津市新建建筑节能工作一直走在全国前列，2013 年发布了《天津市居住建筑节能设计标准》DB 29—1—2013，在全国率先执行了新建居住建筑 75% 节能设计标准。在四步节能基础上，目前天津市已完成了居住建筑五步节能设计标准的编制工作，即将发布实施。此外，作为北方寒冷地区，加快超低能耗建筑建设、进一步引导重点区域开展近零能耗建筑、零能耗建筑、零碳建筑建设也是未来提高建筑本体能效水平的重要途径。与此同时，加强高品质绿色建筑建设，严格执行《天津市绿色建筑管理规定》（津政令〔2018〕2 号）、《天津市绿色建筑工程验收规程》DBT 29—255，形成绿色建筑管理闭环。

### （二）持续推进既有建筑低碳改造

既有建筑体量大、能耗高，对既有建筑的低碳化改造应结合城市更新和老旧小区改造同步推进。针对既有居住建筑和老旧小区，应结合住房和城乡建设部自然灾害普查信息、天津市以往改造完成情况、2030 年碳达峰约束综合确立改造面积目标；在改造对象上，应以 2000 年以前建成且具备改造价值的建筑进行重点改造，同时区分不同年代建筑性能水平、产权特点等综合确定差异化的改造措施和改造清单，确保改造部位改造后达到现行标准规定。针对既有公共建筑改造，应以公共机构建筑率先示范，前期重点针对政府办公、医院、学校开展低碳化改造，后逐渐扩大改造范围。在改造提升标准上，统筹推进“20% 的能效提升改造”和“10% 的设备调适及自发改造”两类，实现改造标准和改造规模的双提升。

### （三）大力推进集中供热低碳发展

天津地处北方寒冷地区，集中供热能耗占建筑领域总能耗比重较大，集中供热低碳化是实现碳达峰的重要路径之一。具体可从热源清洁化、供热管网改造及建筑末端节能来实现。热源方面，天津 2013 年实施的“煤改电”工作取得了显著成效，对碳排放降低效果明显；当前应借鉴以往经验，对现存且具备条件的城乡建设领域燃煤锅炉进行关停整合，同时结合天津地热资源丰富的特点，合理开发利用地热等可再生能源供热。对于供热输配系统，应针对 30 年以上老旧供热管网开展更新改造工程，重点针对供热效果差、故障频发的老旧一次和二次管网实施改造；对于建筑末端，应结合老旧小区改造同步加快建筑热计量改造，整体实现单位建筑面积供暖能耗进一步降低。

**（四）稳步推进农村住宅低碳发展**

一方面，推动新建农村居住建筑执行《农村居住建筑节能设计标准》GB/T 50824、天津市农房建设相关图集，提升新建农房绿色低碳水平，鼓励条件较好村镇建设星级绿色农房和零碳农房，在村委会、党群服务中心建设零能耗 / 零碳农房示范项目。另一方面，结合农房抗震加固改造，协同推动既有农房节能改造，编制既有农房修缮技术标准，推广外墙、门窗等围护结构保温技术措施，强化农房改造节能效果。

**（五）推进绿色低碳建造**

一是装配式建筑作为绿色低碳建造的重要抓手，应结合天津市建设智能建造试点城市契机，提高装配式建筑产业能力及研发、设计、生产、运输、施工、检测等各环节节能水平。二是推广应用绿色建材，推动政府投资工程、重点工程、市政公用工程、绿色建筑、装配式建筑等项目率先采用绿色建材，逐步建立政府工程采购绿色建材机制。三是强化施工过程的低碳化智能化管理，严格执行住房城乡建设部碳达峰实施方案中规定的建筑施工现场建筑垃圾排放、建筑材料损耗率下降要求，开展低碳工地、智慧工地试点建设。四是推进建筑垃圾资源化利用，以基础条件较好的静海区等为试点，探索既有建筑改造过程中建筑垃圾循环利用，在技术指标符合设计要求及满足使用功能的前提下，率先在指定工程部位选用再生产品。

**（六）加快可再生能源建筑应用**

可再生能源利用是从能源供给侧提供清洁、低碳化能源，是降低碳排放的直接有效手段。加大建筑领域可再生能源应用首先应从规划审批环节抓起，建议在规划阶段明确建筑可再生能源应用建设要求，同时将可再生能源设计、施工及验收纳入建筑工程基本建设程序，加强可再生能源设计、施工、监理及检测等环节的监督管理。在具体应用中，城镇建筑中新建公共建筑、新建厂房屋顶光伏覆盖率 2025 年力争达到 50%；开展农村屋顶光伏计划，在静海、蓟州等区域选取具有光伏应用基础条件的镇建设整村、整镇光伏试点和储能站试点；同时推动多种可再生能源综合利用，对不具备集中供暖条件的区域鼓励采用空气源热泵、热泵热风机等分散式取暖方式。

### （七）提升建筑电气化水平

建筑电气化水平提高能降低建筑对化石燃料的持续依赖，进而显著降低建筑领域直接碳排放。《中国电气化年度发展报告 2021》指出，“十三五”以来建筑部门电气化率累计提高 10.9 个百分点，达到 44.1%[4]，天津市 2020 年建筑电气化水平约为 50% 左右，距住房城乡建设部碳达峰实施方案提出的“到 2030 年建筑用电占建筑能耗的比例超过 65%”目标仍有差距，因此未来应针对居住建筑、公共建筑分别制定提升策略，引导建筑供暖、生活热水、炊事等向电气化发展。具体可开展新建居住建筑全电气化设计试点示范，采用电驱动热泵技术供暖；采用电磁炉、电陶炉等电气炊具，取代燃气灶台；采用分电直热型和电动热泵型热水器制备生活热水；在公共建筑中推广电蓄热供暖技术，公共机构单位食堂及公共餐饮场所逐渐推行全面电气化等。

上述七项措施对降低建筑碳排放具有直接贡献，除此之外，城市的绿色规划建设与智慧低碳运行对降低碳排放同样具有重要作用。

### （八）推进城乡绿色低碳规划引领

城市形态、密度、功能布局和建设方式对碳减排具有基础性重要影响[5]，因此，应优化城乡国土空间规划，从顶层引领角度提出城乡布局、建筑参数等控制要求。其次，结合天津“871”重大生态建设工程推动城乡绿化体系建设，为城市增容扩绿。再次，以中新天津生态城为样板，继续打造绿色生态城区，以小区域的绿色生态试点示范带动大区域的绿色发展。而社区与民众生活息息相关，应进一步落实国家及天津市要求，推进绿色社区、完整社区创建，形成智慧、安全、绿色、低碳、宜居的社区环境。

### （九）推进城市智慧低碳化运行

新基建时代带动建筑行业实现数字化、智能化转型与新旧动能转换，城市的智慧低碳化运行能提高城市运行效率，是城市转型升级的必然趋势。一方面，推进城市信息模型（CIM）基础平台建设，形成城市三维空间数据底板，为在 CIM 平台基础上开展智慧应用建设夯实基础。另一方面，建立完善城市级建筑能耗和碳排放监测管理平台，开展数据采集、上传与低碳化运行管理。以建筑供热为例，依托物联网、大数据等技术建立智慧供热管理系统，可以优化智能调控，扩大分时分温分区供热覆盖范围，实现按需供热、减少无效供热。

## 四、总结

伴随城镇化快速推进和产业结构深度调整，城乡建设领域碳排放量及其占全社会碳排放总量的比例均将进一步提高，科学、合理控制城乡建设领域碳排放量增长并实现达峰是一项系统工程，不可能通过某几项技术措施就能简单实现，必然需要科学的路径规划和技术、标准、政策、制度等的协同发展与创新。本文从作用效果的角度划分了对降低碳排放具有直接贡献和间接贡献的措施路径，从能源消费侧与能源供给侧两个维度探讨了具体路径，以期为碳达峰目标实现提供相关建议。

## 参考文献

[1] 顾丽韵，何晓燕，刘颂．建筑运行能耗宏观数据质量分析方法的建立与实践 [J]．建筑科学，2020，36 (s2)：365．372．

[2] 天津市住房和城乡建设委员会．市住房城乡建设委关于印发天津市绿色建筑发展“十四五”规划的通知 [EB/OL]．https://zfcxjs.tj.gov.cn/xxgk_70/zcwj/wfwj/202105/t20210510_5446439.html, 2021-04-29/2022-08-31.

[3] 天津市统计局．2021 年天津市国民经济和社会发展统计公报 [EB/OL]．https://stats.tj.gov.cn/tjsj_52032/tjgb/202203/t20220314_5828586.html, 2022-03-14/2022-08-31.

[4] 中国电力新闻网.《中国电气化年度发展报告 2021》发布 [EB/OL]．https://www.cpnn.com.cn/news/hy/202111/t20211119_1456381_wap.html, 2021-11-19/2022-08-31.

[5] 中华人民共和国住房和城乡建设部．住房和城乡建设部关于印发“十四五”建筑节能与绿色建筑发展规划的通知 [EB/OL]．https://www.mohurd.gov.cn/gongkai/fdzdgknr/zfhcxjsbwj/202203/20220311_765109.html, 2022-03-11/2022-08-31.

# 江东新区零碳新城建设路径探索

陈　旺　张　蕊　许鹏鹏　胡家信　韩明勇　巩玄远

［中国建筑科学研究院有限公司；热带建筑科学研究院（海南）有限公司；
中国建筑科学研究院天津分院］

习近平总书记在庆祝海南建省办经济特区30周年大会上郑重宣布，中央支持海南全岛建设自由贸易试验区，支持海南逐步探索、稳步推进中国特色自由贸易港建设，明确海南“三区一中心”的战略定位。海口江东新区，作为建设中国（海南）自由贸易试验区的重点先行区域，将坚持绿色发展理念，坚持政府引导、市场驱动，因地制宜、多措并举减碳固碳，力争到2025年初步建成全国领先的零碳新城，到2030年全面建成世界一流的零碳新城。

## 一、江东新区的碳排现状分析

海口江东新区位于海口市东海岸区域，东起东寨港（海口行政边界），西至南渡江，北临东海岸线，南至绕城高速二期和212省道，总面积约298km$^2$，是海口市“一江两岸，东西双港驱动，南北协调发展”的东部核心区域，同时也是“海澄文一体化”的东翼核心。未来着力构建江东新区“山水林田湖草”与“产城乡人文”生命共同体的大共生格局，形成“田做底、水通脉、林为屏；西营城、中育景、东湿地”的总体格局（图1、图2）。

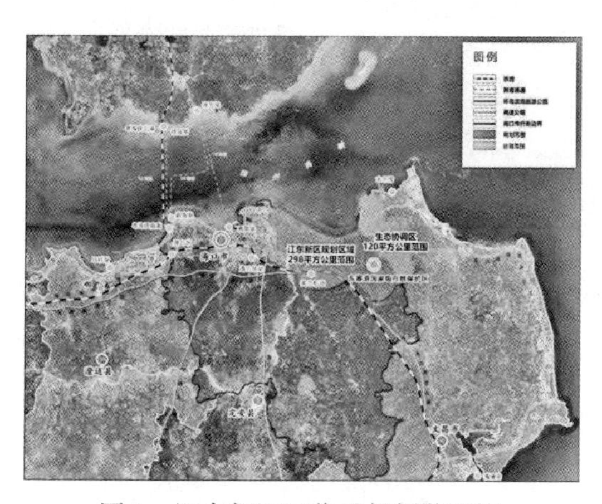


图1　江东新区区位及规划范围图

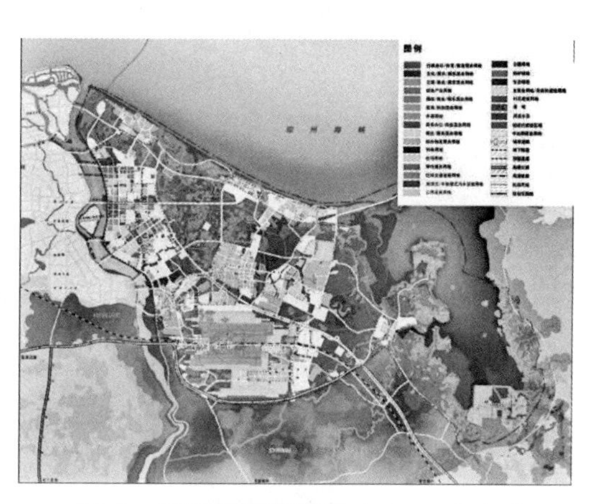


图2　近期建设规划图（2018—2035）

江东新区建设现状用地类型主要是城镇村道路用地、城镇住宅用地、高教用地等，建筑面积 1407.83 万 $m^2$，其中农村宅基地用地面积和商业服务设施建筑面积占比最高，分别为 77.86% 和 25.66%，总人口约 22.51 万人（图 3）。

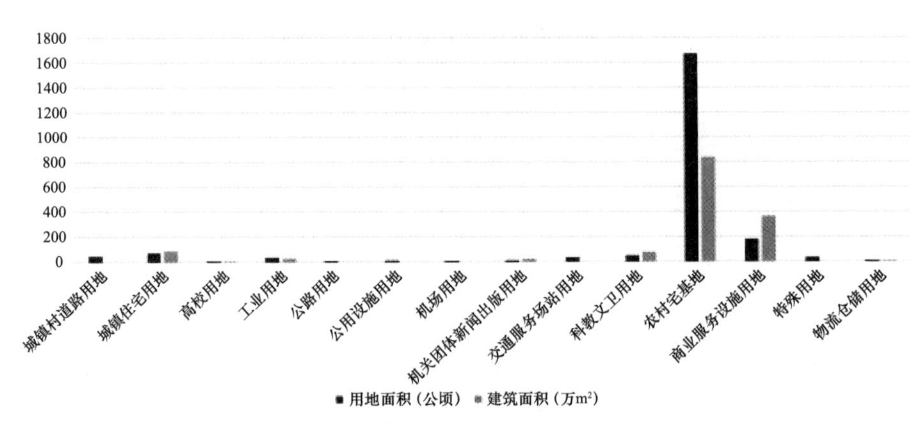


图 3　江东新区现状建设用地统计图

据测算，江东新区现状典型年总二氧化碳约 51.8 万 t。从现状建设用地统计来看，区域内现状二氧化碳排放主要来自于建成区内居民生活、工商业活动、交通运输、市政供能以及美兰机场航站楼耗能产生的碳排放。

## （一）不同能源品类碳排放分析

江东新区当前主要消耗能源品类为燃气、电力及燃油，如图 4 所示，其中电力类消耗能源占比 82.3%，占比较大，其次是燃油。因此，减少电力消耗带来的碳排放是江东新区降低碳排放的重点（图 4、图 5）。

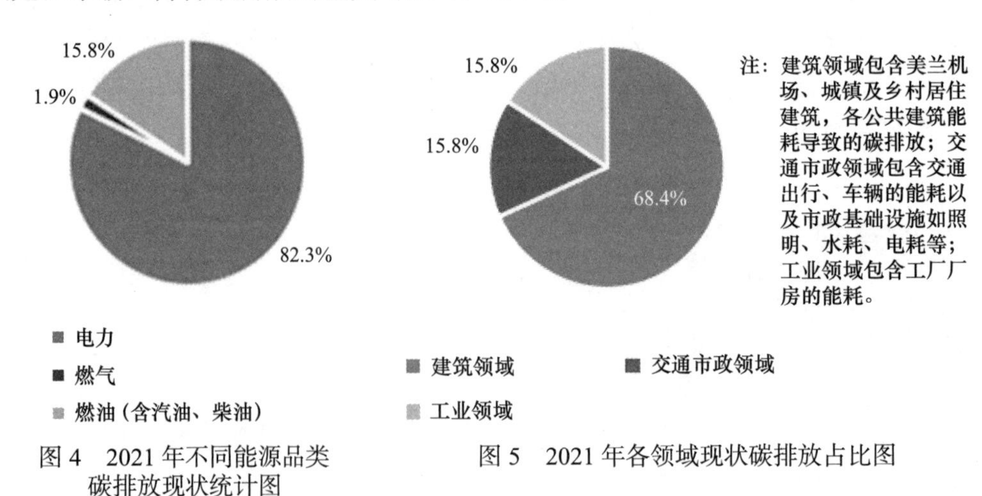


图 4　2021 年不同能源品类碳排放现状统计图

图 5　2021 年各领域现状碳排放占比图

## （二）不同领域碳排放占比分析

碳排放领域涵盖建筑、交通市政以及工业领域，江东新区产业处于起步阶段暂忽略不计，在美兰机场耗能（不计入航空燃油）产生的碳排放计入建筑领域。经统计如图5可见，建筑领域碳排放占比68.3%，江东新区最主要碳排放领域为建筑领域，其次是交通市政和工业领域。

## 二、碳排放影响因素分析

### （一）经济因素、人口规模及政策因素分析

江东新区产业是以新材料、高端装备制造、大数据、汽车配件及生命健康为核心的五大主导产业，经济增长主要依靠低耗能、碳排放强度低的第三产业，有利于放缓由于经济增长带来的碳排放增速；由于江东新区的高速发展，人口增长、城镇化率的提升带动了生活能源消费的增加，使得人口增长对生活碳排放拉动作用逐渐增加，合理控制城区内人口密度过快增长对抑制城区整体碳排放水平将起到积极作用；经济政策和能源政策是影响能源消费和碳排放的主要政策因素，江东新区管理局印发《零碳新城建设工作方案》，明确将从发展低碳能源、发展低碳交通、发展低碳建筑、发展低碳产业、发展碳汇交易、倡导零碳风尚、完善零碳制度7个方面，加快推进江东新区零碳新城建设；在《江东新区总体规划》中提出城市蓝绿空间占比≥70%，城市绿化覆盖率≥50%，绿色出行比例≥80%的建设指标，这些政策和规划的实施对降低碳排放起了正向推动作用。

### （二）本底条件分析

1. 自然碳汇资源

江东新区海岸线全长31km，现状有八条河道、四条水渠、四座水库；湿地资源丰富，面积约90km$^2$。建成区海洋水域面积2985.00hm$^2$、红树林湿地面积1928.00hm$^2$，江东新区现状蓝碳碳汇量预计19.91万t。森林碳汇与红树林、海域碳汇等合计20.34万t，江东新区现状净排放量31.5万t。

2. 能源

从省级层面来看，预计2026年底海南昌江核电二期项目投入运行，市政电力的碳排放因子逐渐大幅降低。

## 三、碳排放预测及路径研究

### （一）预测方法

目前应用最广泛的碳排放预测方法主要包括情景分析法、神经网络法、灰色预测方法以及系统动力学仿真预测法等。考虑江东新区大部分为新建工程，本研究采用情景预测法，其中建筑能耗取值采用相关规范标准限额、能耗模拟及现场实际调研数据综合考虑后确定。同时利用经验类比的方法，参照相近发展阶段上其他发达经济体的经验，核准最终各项指标的合理性和可落地实施性。

### （二）技术路线

设置两种情景模式，分别是基准情景、零碳发展情景。基准情景是按照既定规划实施发展，零碳情景是考虑产业结构、能源结构、活动水平、能效水平等多重因

素影响，在基准情景的前提下挖掘不同领域的利用空间，分步骤分阶段逐步实现江东新区做“双碳”优等生的目标（图 6）。

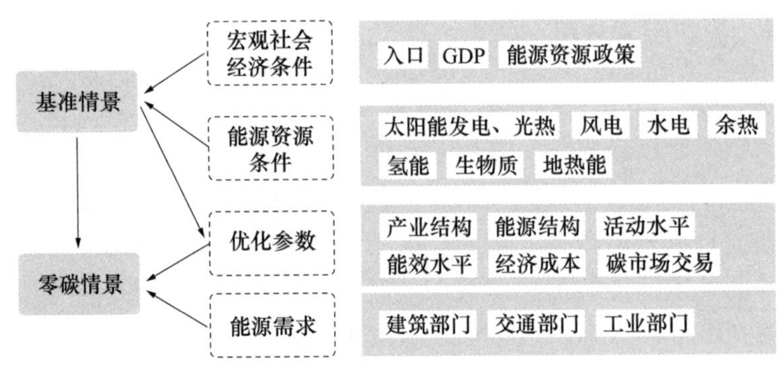


图 6　技术路线图

**（三）计算边界**

江东新区考虑的二氧化碳排放边界，包含区域内化石能源消费产生的二氧化碳直接排放（即能源活动的二氧化碳排放），以及电力调入蕴含的间接排放。建材生产、建设过程中的碳排放不计在内，航空客货运输碳排放及国际远洋运输碳排放不计入区域碳排放总量。碳汇计入江东新区规划范围内以及生态协调区内的城市绿地、自然生态绿地及自然湿地森林的碳汇量。

**（四）零碳新城建设路径**

1. 基准情景碳排发展情况预测

根据江东新区规划建成范围、人口规模、控规地块指标，反推逐年建设量及人口情况。根据江东新区城市总体规划，将当前江东新区人口、建成面积等统计数据作为输入条件，预计江东新区 2025 年将达到 40 万人口，建成建筑面积约 3800 万 $m^2$；2030 年将达到 60 万人口，建成建筑面积约 6400 万 $m^2$；2035 年将达到 85 万人口，建成建筑面积约 8600 万 $m^2$（图 7、图 8）。

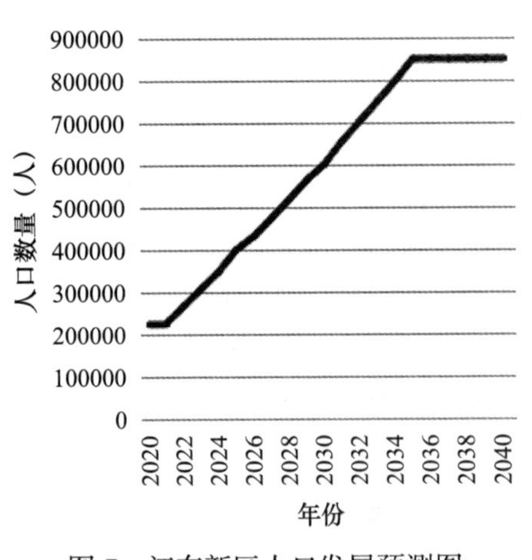


图 7　江东新区人口发展预测图

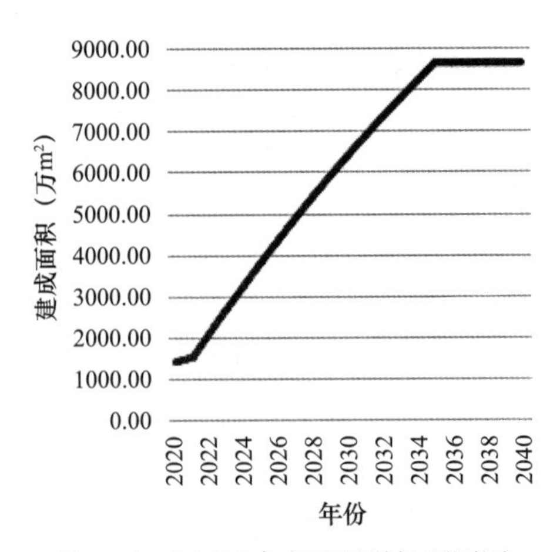


图 8　江东新区建成面积增长预测图

依据国家现行节能标准、海口市交通规划（2021—2035）出行结构预测等情况，构建江东新区逐年碳排预估模型，对建筑、市政与交通、工业生产、绿化生态等领域进行预测，结果显示江东新区作为新建城区，城市碳排逐年在增加，2035 年碳排达峰，约为 499.7 万 t（图 9）。

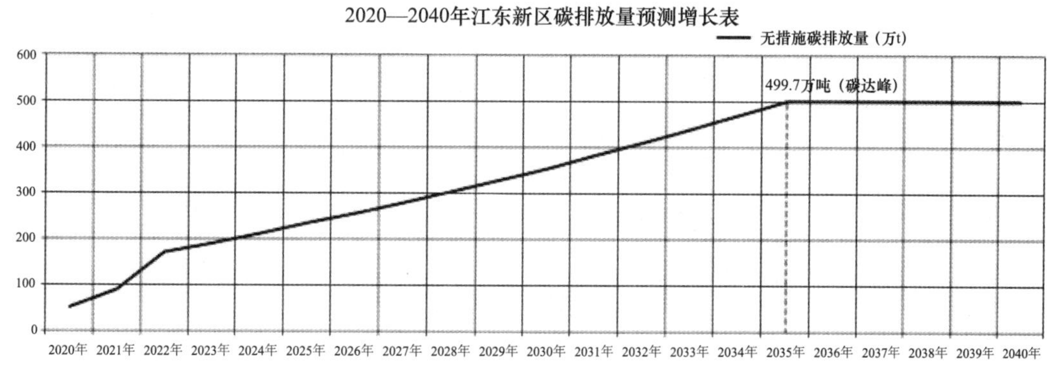


图 9　基准情景下碳排放发展趋势

2. 零碳情景碳排发展情况预测

按照现阶段的本底情况，江东新区现状碳排放主要来自于电力消耗导致的间接碳排放。增加绿色低碳建筑建设比例以降低建筑运行电耗，降低电力的碳排因子，加强建筑电气化，是减少电力消耗导致的间接碳排放的有效途径。降低建筑领域碳排放，可采取建设绿色建筑、低碳建筑、近零能耗建筑和零能耗建筑等路径。降低交通领域碳排放，可采取公共交通电气化，逐步发展电动车及氢能汽车。在能源方面加强建筑屋面规模化光伏发电，进一步利用建设渔光互补、农光互补项目，多管齐下，达到零碳新城的建设目标。

随着新区建设进度逐步完成，零碳发展情景中按照分阶段，每五年划定一个阶段：现状发展阶段（2021 年）、低碳发展阶段（截至 2025 年）、近零碳发展阶段（截至 2030 年）和零碳发展阶段（截至 2035 年）四个阶段。现状发展阶段按照常规城市节能减排标准建设；低碳发展阶段采取适度措施，适度提高建设标准，对建筑性能和可再生能源提出要求；近零碳发展阶段的主要建设标准在低碳发展阶段的基础上，适当提高绿色建筑高星级比例，并考虑核电的降碳贡献；零碳发展阶段，将进一步加大可再生能源或绿色电力输入达到真正零排放的预期目标（表 1）。

**发展阶段设定情况**　　**表 1**

| 情景模式名称 | 发展阶段模式设定条件 | | | |
|---|---|---|---|---|
| | 建筑领域 | 交通领域 | 碳排放因子 | 能源利用 |
| 现状发展阶段（2021 年） | 所有建筑仅满足现行节能标准 | 按照既定的发展最终形成燃油车与电动车共存的结果 | 按照当前取值计算 | 不考虑大规模可再生能源的利用 |

续表

| 情景模式名称 | 发展阶段模式设定条件 | | | |
|---|---|---|---|---|
| | 建筑领域 | 交通领域 | 碳排放因子 | 能源利用 |
| 低碳发展阶段（2025年前） | 绿色建筑比例要求：居住类建筑75%的比例按照二星及以上星级标准建设；酒店商务类建筑85.4%的比例按照二星及以上星级标准建设；商业娱乐类建筑68.8%的比例按照二星及以上星级标准建设；教育科研类建筑99.2%的比例按照二星及以上星级标准建设；行政办公类建筑92.8%的比例按照二星及以上星级标准建设；医疗卫生类建筑97.4%的比例按照二星及以上星级标准建设；场馆类建筑97.4%的比例按照二星及以上星级标准建设。<br>超低能耗/近零能耗建筑比例要求：居住类建筑要求2.5%以上满足超低能耗/近零能耗建筑要求；酒店商务类建筑要求14.2%以上满足超低能耗/近零能耗建筑要求；行政办公类建筑要求0.9%以上满足超低能耗/近零能耗建筑要求 | 公共交通电气化100%，小型汽车20%为电动车，80%依然为燃油车 | 按照当前取值计算 | 建筑屋面设置规模化光伏发电 |
| 近零碳发展阶段（2030年前） | 同低碳情景一致 | 所有机动车全部为电动车及氢能汽车 | 碳排放因子按照昌江核电投产后的降低值计算 | 建筑屋面设置规模化光伏发电 |
| 零碳发展阶段（2035年前） | 同低碳情景一致 | 同近零碳情景 | 同近零碳情景 | 进一步利用建设渔光互补、农光互补项目 |

注：由近零碳迈向零碳主要通过进一步扩大可再生能源应用规模实现。

（1）碳汇量预测

低碳发展阶段下、近零碳发展阶段、零碳发展阶段城市绿地逐增，自然绿地基本不变，红树林和海洋湿地基本保持不变，降碳量逐年增加，可见从中长期发展来看，自然碳汇量起到正向推动作用（图10）。

（2）能源领域碳减排量预测

现状发展阶段，按照50%的建筑屋面规模化布置太阳能光伏发电设施，可布置面积约783万$m^2$，光伏装机容量可达1.6GWp，预计年发电量可达190万MWh，可再生能源利用率也将达到18.6%。

低碳发展阶段，采用规模化屋顶光伏设施，可再生能源利用率预计达到18.6%。近零碳发展阶段维持规模化屋顶光伏发展，可再生能源利用率预计超过25%。

零碳发展阶段，2035年前江东新区重点推行“农光互补”“渔光互补”项目，实现乡村用能完全绿色化。规划农光互补光伏面板面积475万$m^2$，装机容量1.0GWp，年发电量115万MWh；渔光互补光伏面板面积475万$m^2$，装机容量1.0GWp，年发电量115万MWh，预计可再生能源利用率达50.9%。

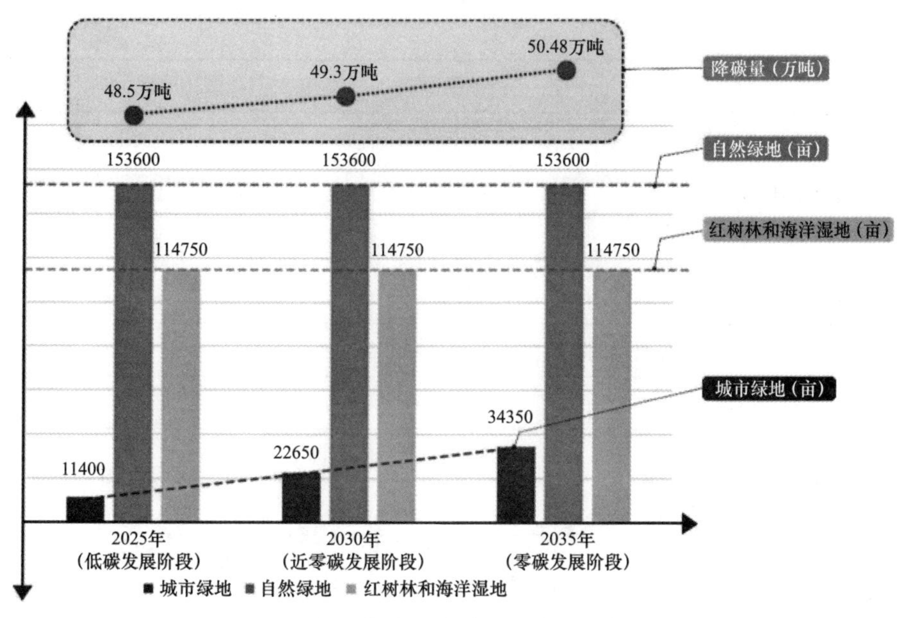


图 10　中长期发展中碳汇量发展趋势预测

（3）不同领域碳排放量预测及贡献率分析

预测江东新区建成后的各发展阶段下碳排放总量情况如表 2 所示，通过零碳发展阶段，江东新区预测将在 2028 年实现碳达峰，2035 年提前实现碳中和，如图 11 所示。

零碳情景不同阶段设置下碳排放总量汇总　　表 2

| 分项 | 单位 | 年二氧化碳排放量 | 贡献率 |
|---|---|---|---|
| 现状发展阶段（2021 年）碳排放总量汇总 | | | |
| 建筑领域排放量 | 万 t $CO_2$/a | 391.2 | 78.27% |
| 交通领域排放量 | 万 t $CO_2$/a | 84.8 | 16.97% |
| 市政领域排放量 | 万 t $CO_2$/a | 1.3 | 0.26% |
| 工业领域排放量 | 万 t $CO_2$/a | 22.5 | 4.50% |
| 合计总排放量 | 万 t $CO_2$/a | 499.8 | |
| 碳汇量 | 万 t $CO_2$/a | 50.5 | 10.10% |
| 不计可再生能源的净排放量 | 万 t $CO_2$/a | 449.3 | |
| 低碳发展阶段（截至 2025 年）碳排放总量汇总 | | | |
| 建筑领域排放量 | 万 t $CO_2$/a | 339.2 | 81.36% |
| 交通领域排放量 | 万 t $CO_2$/a | 56.3 | 13.50% |
| 市政领域排放量 | 万 t $CO_2$/a | 1.3 | 0.31% |

续表

| 分项 | 单位 | 年二氧化碳排放量 | 贡献率 |
| --- | --- | --- | --- |
| 工业领域排放量 | 万 t $CO_2$/a | 20.1 | 4.82% |
| 合计总排放量 | 万 t CO2/a | 416.9 | |
| 碳汇量 | 万 t $CO_2$/a | 50.5 | 12.11% |
| 不计可再生能源的净排放量 | 万 t $CO_2$/a | 366.4 | |
| 近零碳发展阶段（截至 2030 年）碳排放总量汇总 | | | |
| 建筑领域排放量 | 万 t $CO_2$/a | 192.7 | 92.11% |
| 交通领域排放量 | 万 t $CO_2$/a | 5.6 | 2.68% |
| 市政领域排放量 | 万 t $CO_2$/a | 0.6 | 0.29% |
| 工业领域排放量 | 万 t $CO_2$/a | 10.2 | 4.88% |
| 合计总排放量 | 万 t $CO_2$/a | 209.2 | |
| 碳汇量 | 万 t $CO_2$/a | 50.5 | 24.14% |
| 不计可再生能源的净排放量 | 万 t $CO_2$/a | 158.7 | |

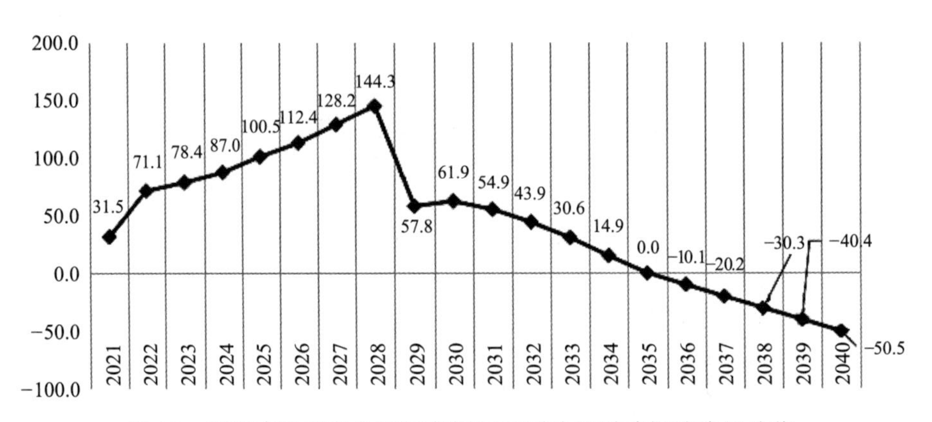


图 11　按照建设进度分析江东新区不同阶段零碳新城路径总览

（4）不同领域碳排放量预测及贡献率分析

由不同情景设置下碳排放总量汇总表看出，在现状发展阶段、低碳发展阶段以及近零碳发展阶段下建筑领域碳排放占比均在 70% 以上（图 12），占比较高，这是由于江东新区不会发展高耗能第二产业，而绝大部分第三产业耗能均发生于建筑内。

由建筑领域设定的各发展阶段模式可见，加大高性能建筑的比例对降低二氧化碳排放有明显贡献，低碳发展阶段下通过大力推行二星及以上高星级绿色建筑以及超低能耗 / 近零能耗建筑，相较于现状发展阶段可降低 14.6% 的排放量，若考虑核电的碳排放因子核减，近零碳发展阶段下相比现状发展阶段可降低近 51% 的排放量。

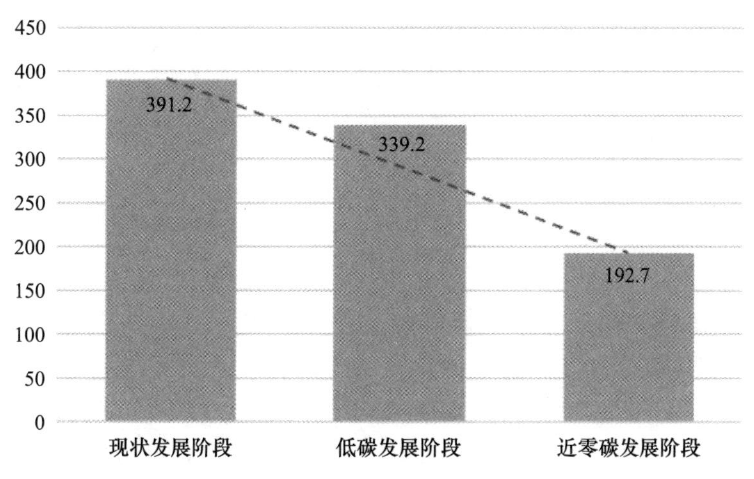


图 12　不同阶段建筑领域碳排放

## 四、结论与展望

（1）基准情景模式下，按照江东新区总体规划发展，将于 2035 年随着建设量的结束碳排达峰，峰值预计 499.7 万 t。零碳发展情景下，按照低碳、近零碳、零碳发展阶段预测江东新区将在 2028 年实现碳达峰，2035 年提前实现碳中和。

（2）按照低碳发展阶段，至 2025 年折算单位人口碳排放量 3.1t/ 人，可再生能源利用率 18.6%。江东新区人均排放量为国家人均水平的 43%，为海南省人均水平的 69.4%。相比国内其他新区，江东新区也已处于领先水平，达到了低碳新城的标准。

（3）江东新区二氧化碳排放主要来自于建筑领域、交通领域、市政领域及工业领域，其中绝大部分来自于建筑领域，可见发展高性能建筑对于降低区域内碳排放意义重大。

（4）通过建设高性能的建筑，交通领域电气化、氢能化，近零碳发展阶段下每年依然存在 107.3 万 t 二氧化碳的净排放量，还需要充分利用区域内优势可再生资源，通过规模化利用可再生能源，替代传统能源，实现真正的零碳排放。

# 中国建研院光电建筑技术研发与示范

李博佳　边萌萌　张昕宇　何　涛
（中国建筑科学研究院有限公司　建科环能科技有限公司）

应对气候变化，减少温室气体排放，是世界各国所面临的共同挑战。2021 年 10 月，国务院印发《2030 年前碳达峰行动方案》[1]，《方案》将“城乡建设碳达峰行动”列为“碳达峰十大行动”之一，提出加快优化建筑用能结构，深化可再生能源建筑应用，推广光伏发电与建筑一体化应用。提高建筑终端电气化水平，建设集光伏发电、储能、直流配电、柔性用电于一体的“光储直柔”建筑。光伏等可再生能源技术与建筑结合应用，能够有效降低建筑用能，对实现建设领域绿色低碳转型、实现碳达峰具有重要意义。

建筑光伏技术作为可再生能源应用的重要方式在近年间得到迅速发展[2]，据中国光伏行业协会光电建筑专业委员会[3]统计，截至 2021 年底我国累计建筑光伏系统装机容量约 40GWp，按年发电利用小时数为 1000h 计算，每年提供可再生能源发电量400亿kWh。然而，目前建筑光伏系统主要以工商业屋顶附加光伏系统为主，侧重发电性能，轻建筑性能，设计运行中还存在外围护结构增设光伏组件后热电耦合机理不明确、太阳能资源与建筑负荷不同步、现有模拟软件难以准确分析建筑光伏系统等问题。

针对上述问题，中国建研院在国家重点研发计划的支持下开展光伏组件＋墙体的发电传热机理研究、太阳能入射角等因素对光伏发电性能影响分析及太阳能与建筑用能的协同分析，提出了光伏组件对建筑热工性能的影响规律，开发了基于供需耦合的建筑太阳能供能系统优化设计软件，并将中国建研院原空调楼改造为光电示范建筑（以下简称“示范建筑”），开展多类型建筑光伏一体化技术综合实验，为我国光电建筑发展提供技术支撑。

## 一、光电建筑技术

### （一）综合节能性能最优的外墙光伏组件安装方式

目前光伏组件多安装在建筑屋顶，但是对于我国城市建筑来说，建筑外墙可用于安装光伏组件的面积大于屋顶，节能潜力更大。但光伏组件在建筑外墙安装时，由于安装条件限制容易散热不良而处于很高的工作温度，引起光伏组件发电量降低，此外，建筑外墙安装光伏组件后，围护结构的热工性能也会发生改变，进而影响建筑的冷热负荷。

针对前述问题，中国建研院理论分析了光伏组件的发电机理及其对建筑冷热负荷的影响规律，建立了光伏组件与墙体间综合传热计算模型，并以建筑外墙光伏系统发电量、对建筑冷热负荷的影响及光伏伴生热量对建筑供暖的节能潜力为综合节能性能，研究了不同气候区建筑外墙光伏系统的综合节能性，提出对于建筑外墙外表面的光伏组件，与外墙的间距应在 5—8cm 之间，连续安装高度不应超过两层，确保外围护结构安全的同时提升综合节能性能[4]，如图 1 所示。

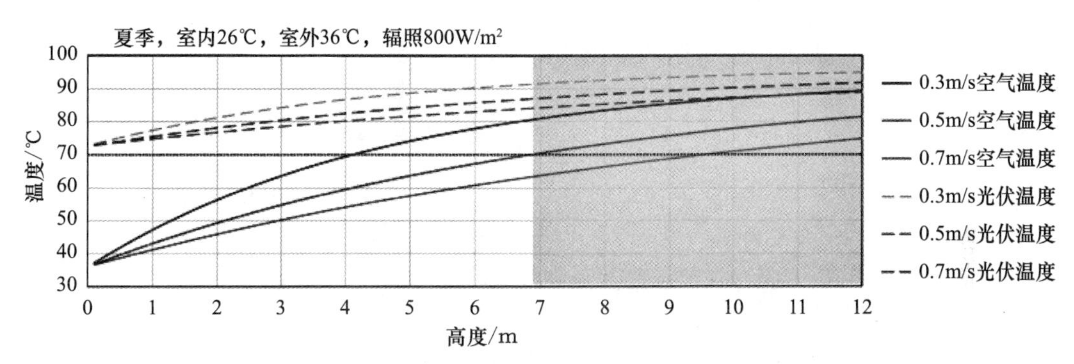


图 1　夏季自然通风状态下，光伏组件及流道空气温度随高度变化

### （二）光伏供能与建筑用能的协同研究

针对建筑光伏系统在实际运行中，组件安装方式受建筑限制难以维持最佳倾角，从而使得太阳光大入射角时刻占比增加，盖板透过率受入射角影响增大进而影响实际发电量的问题，建立了盖板透过率随入射角变化的理论模型，并集成到光伏系统发电量动态计算模型中。

以光伏发电量动态计算模型为基础，建立了以太阳能为主的多能互补系统动态计算模型，开发了典型情境下的建筑太阳能供能系统优化设计软件，实现全年产能量与供能量的动态计算，对建筑多能互补系统的可再生能源供能能力和消纳能力进行动态分析，进而给出了不同地区单位面积光伏在建筑中的供能潜力指标，为可再生能源系统设计提供工具和依据（图 2）。

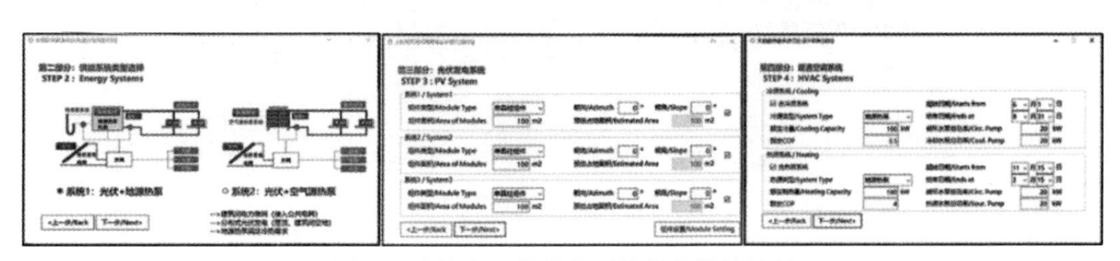

图 2　建筑太阳能供能系统优化设计软件

## 二、光电建筑示范

### （一）建设背景

基于国家重点研发计划国际能源署合作项目、中瑞政府间零碳建筑合作项目等研究与前述技术研发成果，中国建研院将40多年历史的空调楼改造为光电示范建筑，率先实现净零能耗、净零碳排放的同时，集中展示光电建筑技术，打造集科研、展示、体验等功能于一体的综合实验平台。示范建筑于2021年12月正式落成，改造前后建筑见图3和图4。

图3 建筑原貌

图4 改造后光电建筑外观

### （二）建设目标

原中国建研院空调楼位于北京市，建于20世纪70年代，建筑类型为办公建筑，总建筑面积2878m$^2$，建筑结构为砌体结构，主要功能为会议室、办公室等，建筑主体部分共2层，局部为1层。

改造过程以“光电建筑、净零能耗、净零碳排放、在线实施”为整体目标，具体包括：

1）结合光伏遮阳、高性能门窗降低建筑供热供冷能耗，通过光伏发电满足建筑用能需求，探索太阳能零碳建筑技术路径；

2）示范建筑光伏一体化技术和产品最新研究成果，形成集科研、展示、体验等功能于一体的综合试验平台；

3）作为既有办公建筑更新的示范，满足建筑功能性要求的同时，探索现代化光电技术与历史风貌的有机融合。

**（三）建筑光伏深度融合的零碳技术路径**

在示范建筑设计方面，从传承历史文化、展现现代绿色技术的设计理念出发，保留原有砖墙的同时将建筑与光伏有机融合。通过利用自行开发设计的软件工具精确设计光伏面积，保障满足发电量需求的同时，实现建筑光伏新融合的设计理念。与此同时，利用屋面、立面的光伏组件实现遮阳效果，并更换高性能门窗，降低建筑本体能耗，进一步结合光伏发电系统，实现建筑净零能耗乃至产能。方案效果如图 5 所示。

图 5　示范建筑效果图

根据设计方案估算：示范建筑可实现单位建筑面积年产能量 67kWh/m$^2$。根据历史运行数据，单位建筑面积年用电量 40kWh/m$^2$，供暖能耗 12kWh/m$^2$，建筑产能在满足自身能耗之余净产能量可达 20%，实现净零能耗、净零碳排放和净产能的设计目标。

**（四）建筑光伏产品与系统综合实验平台**

在光伏系统设计方面，示范建筑光伏发电系统选用了单晶硅、薄膜、透光光伏玻璃等多种组件，总装机功率为 236.1kWp，分为多个子系统单独计量，见表 1。除满足发电要求之外，还将形成建筑光伏产品与系统综合实验平台，开展多类型组件发电性能对比，不同朝向、安装倾角下光伏和建筑结合的发电与热工性能，自然降尘降水条件下发电性能等研究工作，为建筑光伏技术规模化应用提供数据支撑。

示范建筑光伏系统设置　　　　表 1

| 序号 | 光伏系统 | 组件类型 | 安装面积 /$m^2$ | 安装功率 /kW |
|---|---|---|---|---|
| 1 | 屋顶晶硅光伏系统 1 | 单晶硅组件 | 178.20 | 36.00 |
| 2 | 屋顶晶硅光伏系统 2 | 单晶硅组件 | 196.02 | 39.60 |
| 3 | 屋顶晶硅光伏系统 3 | 单晶硅组件 | 194.04 | 39.20 |
| 4 | 屋顶薄膜光伏系统 1 | 薄膜组件 | 340.56 | 47.30 |
| 5 | 屋顶薄膜光伏系统 2 | 薄膜组件 | 162.00 | 22.50 |
| 6 | 南立面薄膜光伏系统 1 | 薄膜组件 | 124.56 | 17.30 |
| 7 | 南立面薄膜光伏系统 2 | 薄膜组件 | 100.80 | 14.00 |
| 8 | 西立面薄膜光伏系统 | 薄膜组件 | 50.40 | 7.00 |
| 9 | 东立面薄膜光伏系统 1 | 薄膜组件 | 50.40 | 7.00 |
| 10 | 东立面薄膜光伏系统 2 | 薄膜组件 | 28.80 | 4.00 |
| 11 | 70% 透光光伏系统 | 透光光伏组件 | 51.66 | 2.20 |
| 合计 | | | 1477.44 | 236.10 |

### （五）建筑光伏一体化关键技术

为验证光伏幕墙的实际应用效果，该建筑在南立面采用 51.6$m^2$、透光率为 70% 的光伏幕墙。此外在建筑立面光伏组件背板安装温度传感器开展热工性能试验，确保建筑立面光伏安全运行，如图 6 所示。

光伏幕墙

立面光伏热工性能试验

图 6　建筑光伏一体化技术应用

在建筑安全方面，由于原结构体系为砖混结构，屋面采用预制混凝土板，承载能力有限，不能直接将光伏基础受力于屋面板上。结合该建筑具体特点，在承重砖墙上每隔一定间距增设混凝土基础，基础顶部增设钢梁，用于光伏支架的生根；立面则采用红砖砌体墙局部掏洞浇筑楔形混凝土固定预埋板，用于墙面光伏支架生根，如图 7 所示，从而确保砖混建筑加光伏的结构安全。

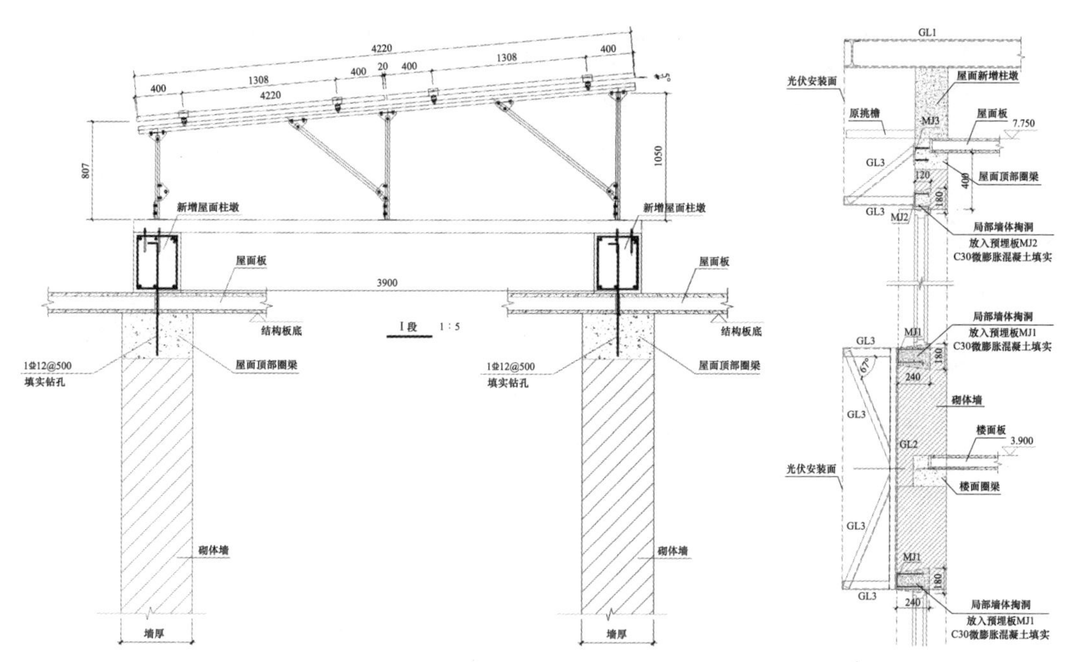


图 7　光电建筑屋顶及立面结构设计

## （六）光储直柔集成示范

针对未来光电建筑直流供配电、柔性调节技术发展，该建筑在二层建立了光储直柔示范区域，如图 8 所示，集成光伏发电、储能蓄电、直流供电、柔性用电，并自行开发完成建筑能源管理与调控平台。

图 8　光储直柔集成示范

建筑能源管理与调控平台可对建筑光伏产能、分项用电、集中供热等用能情况进行实时监测、控制和管理，如图 9 所示。此外，还集成了建筑产能与储能、直流与交流双母线微网间灵活控制与调度功能，确保建筑能源系统稳定、高效运行，同时实现光伏产能优先本地消纳，多余产能为周边建筑灵活供电。

图 9　建筑能源管理与调控平台

## 三、运行数据分析

### （一）监测时段

本文对 2022 年 1 月 1 日—6 月 30 日间太阳辐照、环境温度、风速等气象数据，以及示范建筑光伏发电量、建筑用电量等数据进行逐时监测，共 161 天，其中 4 月 16 日—5 月 5 日由于疫情影响数据缺失。

### （二）太阳辐照

太阳辐照对光伏系统的发电性能影响较大，根据示范建筑光伏发电系统朝向和倾角的不同，给出了监测期间不同朝向的每日太阳辐照量，如图 10 所示，各个朝向的太阳辐照量累计值见表 2。由图 10 及表 2 可以看出：（1）水平面及 5° 斜面接收到的太阳辐照量优于立面；（2）从冬季到夏季，随着太阳辐照度的增强，除南立面外，其余表面接收到的太阳辐照量呈上升趋势；（3）由于太阳高度角变化，南立面接收到的太阳辐照量逐渐降低。

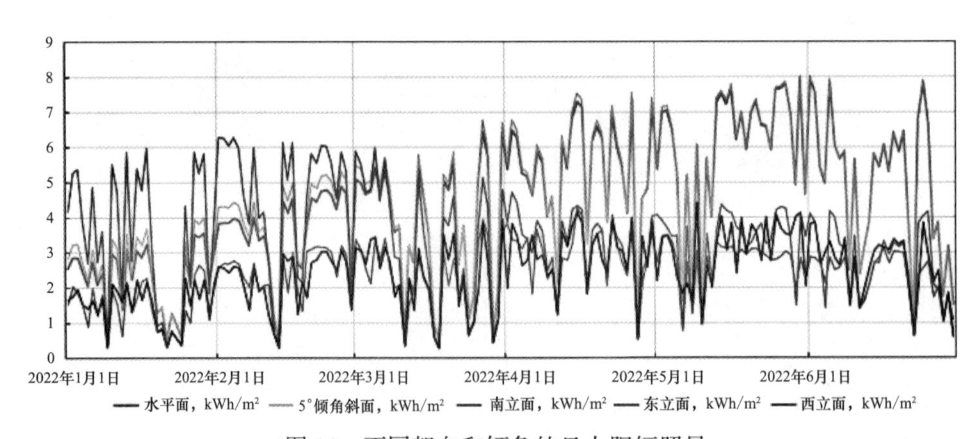


图 10　不同朝向和倾角的日太阳辐照量

不同朝向累计太阳辐照量　　表 2

| 表面 | 累计辐照量 / （kWh/m²） |
| --- | --- |
| 水平面 | 793.0 |
| 5° 斜面 | 820.1 |
| 南立面 | 590.5 |
| 东立面 | 454.2 |
| 西立面 | 442.0 |

### （三）光伏组件温度

光伏组件接收太阳辐照除转化为电能外，还会转化为热能导致自身温度升高，影响光伏发电效率，温度过高还会对建筑的安全性能产生影响[5]，国家标准《建筑节能与可再生能源利用通用规范》GB 55015—2021[6] 规定了太阳能光伏发电系统应监测光伏组件背板表面温度。

本节对示范建筑的光伏组件背板温度进行了测试，在平均环境温度为 32.3℃，水平面平均太阳辐照度为 860 W/m$^2$ 条件下，屋顶薄膜和晶硅光伏组件的表面最高温度分别达到 64.2℃和 66.0℃，长期高温下运行会对光伏组件的性能产生影响，同时应注意运行维护，避免塑料袋等被融化在光伏组件表面，形成热斑效应（图 11）。

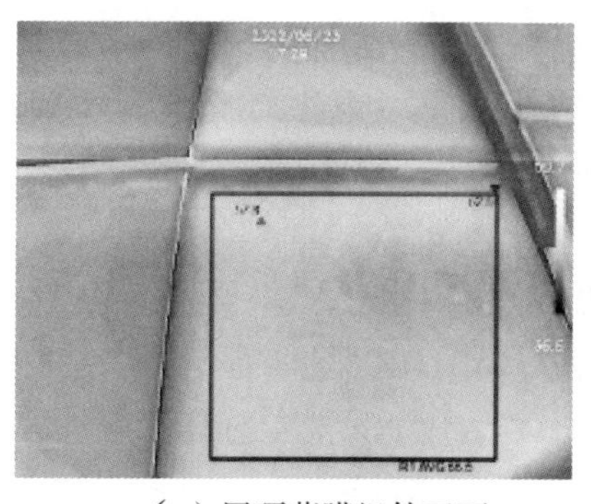

（a）屋顶薄膜组件正面

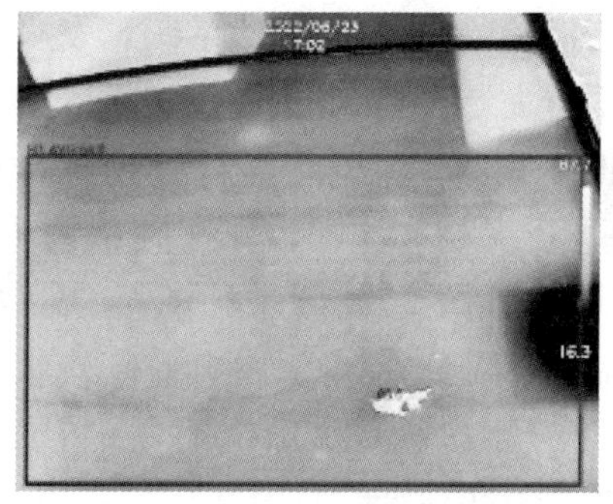

（b）屋顶晶硅组件正面

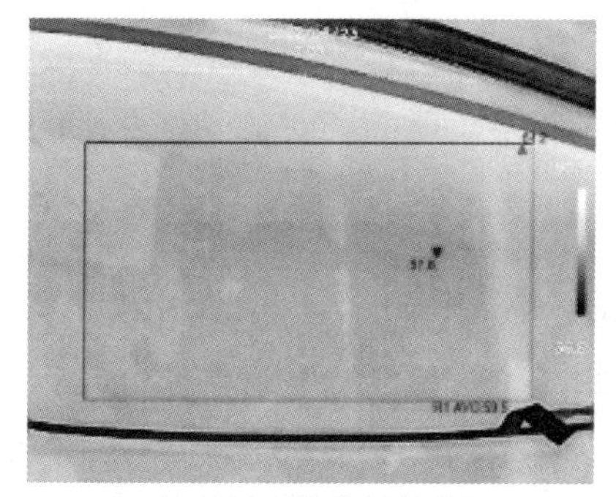

（c）屋顶薄膜组件背面

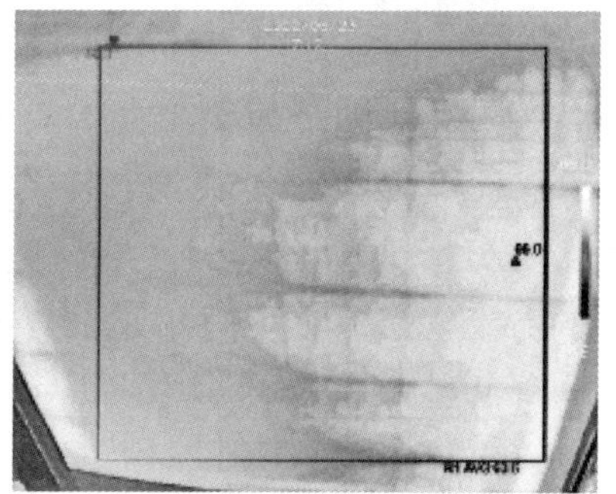

（d）屋顶晶硅组件背面

图 11　屋顶光伏组件红外成像图

## （四）光伏发电性能

利用监测期间某典型日光伏系统逐时发电量与前述开发软件的计算结果进行对比，如图 12 所示，典型日光伏系统发电量计算偏差为 2.3%，验证了软件计算结果的准确性。

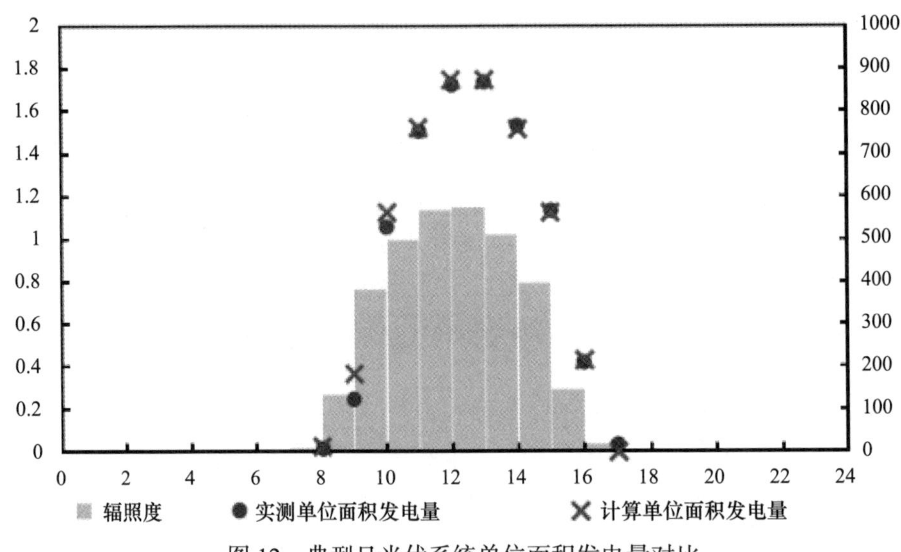


图 12　典型日光伏系统单位面积发电量对比

监测期间，示范建筑光伏系统总发电量 93681kWh，折合平均发电效率 11.72%。屋顶 5° 倾角安装的晶硅光伏发电系统与薄膜光伏发电系统平均发电效率分别为 13.30% 和 11.19%，由于产品自身性能的差异性，晶硅光伏系统的发电效率高于薄膜光伏发电系统。

屋顶 5° 倾角安装与屋顶平铺的薄膜光伏发电系统平均发电效率分别为 11.19% 和 10.38%，可见 5° 倾角下发电效率较水平安装的光伏组件有所提高。总体上倾斜安装有助于利用自然降水冲刷积尘，在长期运行中降低积尘对光伏组件玻璃透过率的影响，提高发电效率。

## （五）建筑用电与消纳

示范建筑采用自发自用、余电上网的运行模式，监测期间光伏系统总发电量 93681kWh，建筑总用电量为 47573kWh，实现净产能的同时，光伏发电的建筑自消纳比例为 28.3%，建筑用电的光伏直接供电比例为 55.7%（图 13）。

## （六）效益分析

根据《可再生能源建筑应用工程评价标准》GB/T 50801—2013[7]，示范建筑光伏系统年发电量为 212382kWh，折合单位建筑面积发电量 73.79kWh/m$^2$，单位光伏面积发电量 147.47kWh/m$^2$，年二氧化碳减排量为 157.37t，折合单位建筑面积 54.68 kg/m$^2$。我国既有建筑面积约 600 亿 m$^2$，若 10% 的既有建筑加装光伏系统，可新增装机容量 150GW，则年可再生能源发电量可达 1474.7 亿 kWh，减排量 1.09 亿 t，这将为建设领域碳达峰目标实现作出重大贡献。

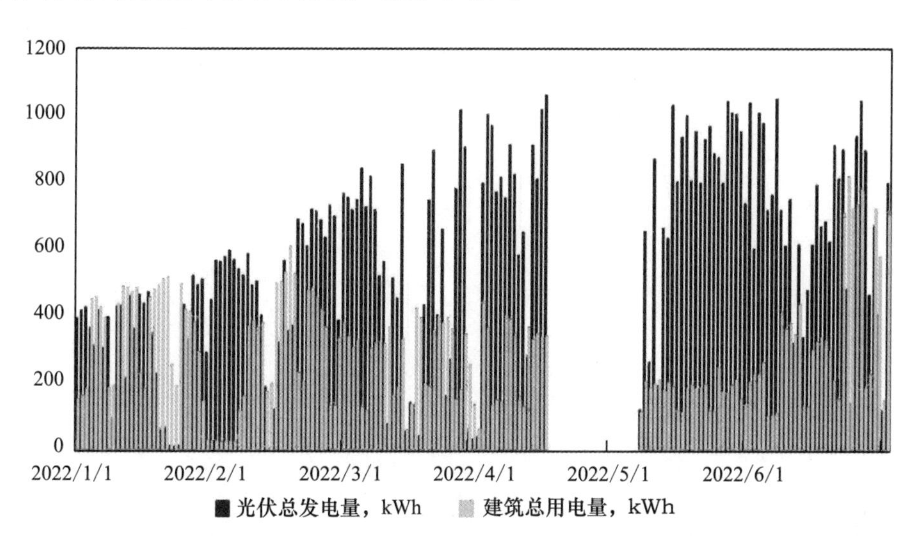


图 13　监测期间日光伏发电量与建筑用电量

## 四、结论

建筑光伏技术应用是建设领域实现碳达峰的重要技术途径，中国建研院通过光伏组件＋墙体耦合围护结构的发电传热机理研究、太阳入射角等因素对光伏发电性能的影响及太阳能与建筑用能的协同分析，提出了综合节能性能最优的外墙光伏组件安装方式，开发了建筑太阳能供能系统优化设计软件，并在中国建研院光电示范建筑中应用。

示范建筑运行监测数据表明，年发电量可达 212382kWh，折合单位建筑面积发电量 73.79 $kWh/m^2$，单位建筑面积年二氧化碳减排量约 54.68$kg/m^2$，实现自身净零碳排放与净产能的同时还可向周边建筑供电，成功实践建筑光伏深度融合的零碳技术路径，也为城乡建设领域实现碳达峰提供了技术与数据支撑。

## 参考文献

[1] 国务院. 2030 年前碳达峰行动方案 [EB/OL]. 国务院，2021-10-24.

[2] 中国光伏行业协会. 2021—2022 年中国光伏产业年度报告 [R]. 北京，2022.

[3] 中国光伏行业协会光电建筑专委会. 中国光电建筑案例集 2021 [R]. 北京：中国建筑科学研究院有限公司，2021.

[4] 边萌萌. 建筑外墙安装光伏组件综合节能性能研究 [D]. 北京：中国建筑科学研究院，2020.

[5] 徐伟，边萌萌，张昕宇，等. 光电建筑应用发展的现状 [J]. 太阳能，2021 (4)：6-15.

[6] 中华人民共和国住房和城乡建设部. 建筑节能与可再生能源利用通用规范：GB 55015—2021

［S］. 北京：中国建筑工业出版社，2022.

［7］中华人民共和国住房和城乡建设部. 可再生能源建筑应用工程评价标准：GB 50801—2013［S］. 北京：中国建筑工业出版社，2013.

# 近零能耗公共建筑设计分析——以雄安城市计算（超算云）中心非机房区域近零能耗示范项目

李　怀　于　震　吴剑林　刘　伟　朱宁涛　柏　洁　杨　晋
（中国建筑科学研究院有限公司　建科环能科技有限公司）

## 一、近零能耗公共建筑发展现状

主要从我国近零能耗建筑政策措施、国内外发展规模、近零能耗的节能减排成效三方面对近零能耗公共建筑的发展现状进行综述。

### （一）政策标准

随着1986年《民用建筑节能设计标准（采暖居住建筑部分）》JGJ 26—86[1]的颁布，1995年《民用建筑节能设计标准》JGJ 26—95[2]正式颁布实施，2010年《严寒和寒冷地区居住建筑节能设计标准》JGJ 26—2010[3]、《夏热冬冷地区居住建筑节能设计标准》JGJ 134—2010[4]，2012年《夏热冬暖地区居住建筑节能设计标准》JGJ 75—2012[5]，2015年《公共建筑节能设计标准》GB 50189—2015等系列标准的颁布，我国建筑节能工作基本完成三步走的目标[6]。

“十三五”期间，全国建筑节能工作持续开展。北京市、天津市、河北省、山东省等根据自身气候条件、地理位置及能源资源情况制定各省的建筑节能设计标准[7~11]。

2015年，河北省出台了全国首部被动式超低能耗居住建筑节能设计标准《被动式低能耗居住建筑节能设计标准》DB13(J)/T 177—2015[10]。同年10月，住房和城乡建设部发布了《被动式超低能耗绿色建筑技术导则（居住建筑）》[11]，该导则为指导我国超低能耗建筑和绿色建筑的推广奠定了基础。2019年，国家标准《近零能耗建筑技术标准》GB/T 51350—2019[12]正式颁布，在国际上首次通过国家标准形式对零能耗建筑相关定义进行明确规定，建立了符合中国实际的技术体系，明确了室内环境参数和建筑能耗指标的约束性控制指标，为我国近零能耗建筑建设全过程提供了技术引领和支撑。该标准的颁布和实施，为我国建筑领域实现“双碳”目标实现提供了强大助力。

开展超低能耗建筑规模化发展是“十四五”建筑节能与绿色建筑发展的重要工作，是早日实现碳达峰碳中和目标的重要举措。2022年，住房和城乡建设部印发了《“十四五”建筑节能与绿色建筑发展规划》[13]。规划提出，到 2025 年，完成既有建筑节能改造面积 3.5 亿 $m^2$ 以上，建设超低能耗、近零能耗建筑 0.5 亿 $m^2$ 以上。“十四五”期间，超低／近零能耗建筑将迎来快速、大面积发展阶段[14]。

### （二）发展现状

1. 欧盟

从建筑能效和能耗的角度，欧盟将近零能耗建筑定义为具有极高能效、能耗极低或者近似零且绝大部分可由建筑自身或周边的可再生能源供应的建筑[15]。各成员国结合各国情况，制定了适合本国的近零能耗建筑发展路径和技术体系[16]。欧盟要求其成员国在2019年实现新建公共建筑近零能耗，在2021年实现所有新建建筑近零能耗。

欧盟近零能耗建筑概念，如被动房（Passive house）、零能建筑（Zero-energy）、3升房（3-litre），正能建筑（Plus Energy）、低能耗建筑（Minergie）、节能建筑（Effinergie）等，为全球范围近零能耗建筑技术路线和技术体系的建立积累了宝贵的经验[17]。

2. 美国

美国能源部设立了准零能耗住宅项目（Zero Energy Ready Home National Program，缩写 ZERH）。ZERH 基于居住建筑能源之星（Energy Star）和现行节能标准建立，同现行节能标准的新建建筑相比至少节能 40%—50%。北美被动房联盟（PHIUS）开展了准零能耗住宅认证工作[17]。

3. 中国

“十三五”期间，我国 20 多个省市累计出台 100 多项利好政策激励超低、近零能耗建筑的发展，据不完全统计，累计直接补贴达到 15 亿元[6]。“十三五”期间全国范围内在建及建成的超低能耗、近零能耗建筑项目超过 1000 万 $m^2$，遍布全国多个气候区。超低、近零能耗建筑示范项目在全国范围内的积极探索和实践，不断细化、完善了我国超低能耗建筑技术体系，丰富了设计、采购、施工、调试、验收和运行全过程经验，并持续推动超低、近零能耗建筑高效运行及后评估阶段的工作。

### （三）发展成效

示范项目的各项数据证明，超低、近零能耗建筑在极大提升建筑室内环境品质的同时大幅度降低了建筑能耗和温室气体排放。2020 年，建筑运行碳排放已占到我国碳排放总量的 22%，是未来碳排放增长的主要组成部分[18]。超低能耗、近零能耗建筑能耗较《建筑节能与可再生能源利用通用规范》GB 55015—2021 降低 40% 以上，节能降碳效果显著。在建筑领域“双碳”目标驱动下，超低能耗、近零能耗建筑规模化发展的贡献率超过 50%[14]。

## 二、雄安城市计算（超算云）中心非机房区域近零能耗示范工程设计分析

近年来，为全面贯彻习近平总书记生态文明思想，推动绿色发展，全国范围内积极开展超低、近零能耗建筑的相关工作，作为北京非首都功能疏解集中承载地，建设现代化经济体的新引擎，国家对雄安发展提出了更高要求，雄安新区积极响应

党和国家号召，以高起点规划、高标准建设推动雄安发展，在建筑节能绿色低碳发展方面，更是发挥着重要的引领和标杆作用，在此背景下，雄安新区积极推广近零能耗建筑发展，为早日实现“双碳”目标贡献力量。

1. 项目概况

雄安城市计算（超算云）中心非机房区域近零能耗示范项目位于雄安新城核心区中心绿轴北侧沿线，总建筑面积 39851m$^2$。项目主要朝向为东向，受到规划要求，同时考虑到近零能耗建筑定位，本项目为半地下建筑，覆土屋面，项目鸟瞰如图 1 所示，体形系数为 0.12。本建筑地下 1 层，地上 3 层，地下面积 25443m$^2$，地上建筑面积 14408m$^2$。地下一层为数据中心的主机房、辅助区；一层为机房生态大厅、超算机房展厅等；二、三层为监控室（ECC 控制室）和办公展览区域。

项目终期可安装 3620 个服务器机柜，一期工程建设约 532 个机柜（可产生 20℃以上低温热水）：云平台及 IDC 机房共约安装 390 个机柜、特殊功能系统约 90 个机柜、网络机柜约为 52 个机柜，超算系统 24 个机柜（可产生 40℃以上高温热水）。

超算中心地下部分主要为数据中心机柜安装区域，人员活动不频繁，因此项目的近零能耗区域划定为地上非机房区域。近零能耗区域包括地上与地下相通的楼梯间和电梯间部分，一层生态大厅、超算机房展厅，二三层全部。近零能耗区域面积 12560 m2，如图 2、图 3 所示。生态大厅为一个高大空间，连接着地上建筑的一到三层空间，为本项目实现近零能耗需解决的重点区域。

图 1　雄安城市计算中心项目鸟瞰图

图 2　雄安城市计算中心项目室内效果图

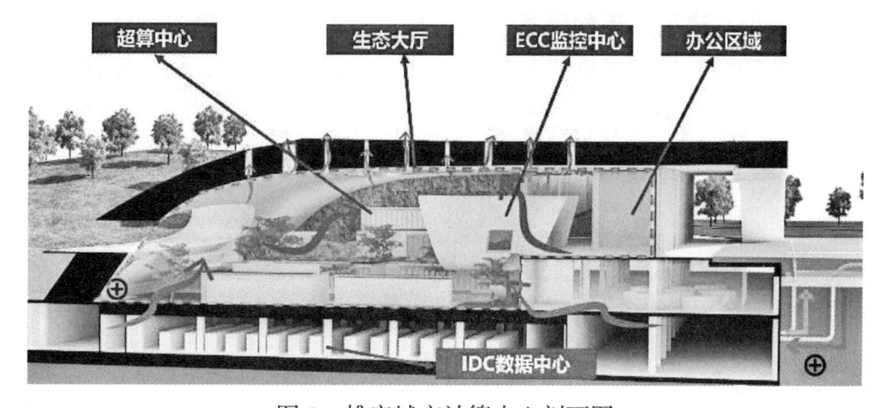


图 3　雄安城市计算中心剖面图

项目设计目标为实现近零能耗建筑，相比现行公共建筑节能建筑相对节能率达到 60%，同时满足《河北省被动式超低能耗公共建筑节能设计标准》DB13(J)/T 263—2018 中超低能耗建筑要求。为达到该目标，本项目设计重点包括：

（1）以能耗目标和室内环境目标为导向，基于项目特点的围护结构指标参数确定；

（2）大跨度钢结构屋面气密性和热桥节点特殊设计；

（3）针对数据中心类建筑，能源系统的节能设计；

以下主要围绕上述 3 个方面展开阐述。

1. 技术路线

技术路线如图 4 所示，整体近零能耗建筑技术路线从建筑特性分析出发，考虑建筑半地下、覆土屋面、余热富余的特征，确定建筑能效指标达到近零能耗建筑目标，在室内环境指标方面，分析不同功能房间室内环境诉求，降低运行能耗；以能耗指标和室内环境指标为控制目标，就建筑各部位围护结构对建筑能效影响进行敏感性分析，考虑技术经济性，综合优化各项指标，满足设计目标；进一步深化围护结构、能源系统整体方案，对建筑关键节点进行气密性和无热桥设计，最终确定适用于本建筑的优选方案。

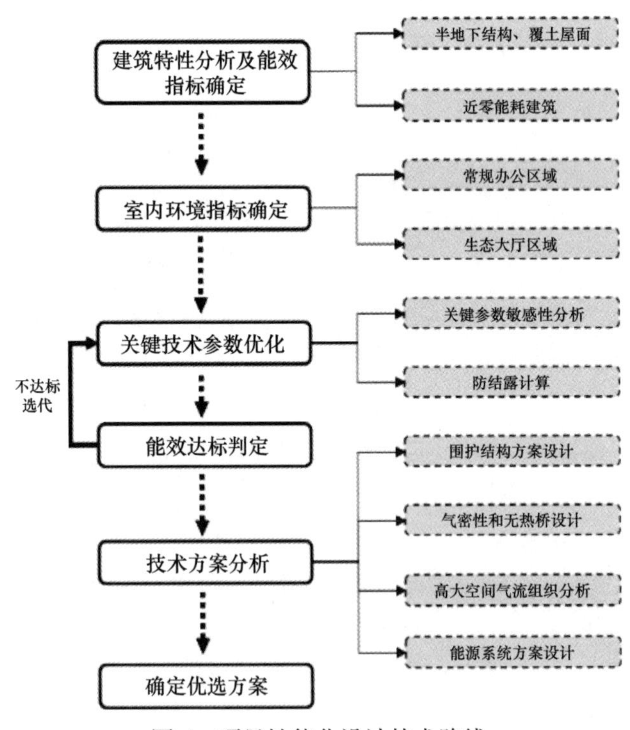


图 4　项目性能化设计技术路线

2. 关键技术

近零能耗公共建筑包含六大关键技术，分别为高保温隔热性能非透明围护结构、高保温隔热性能外门窗、高效新风热回收系统、高气密性、热桥设计、可再生能源利用[12]。本项目在此基础上进一步结合项目自身特点，考虑机房余热高效利用，基于高大空间的特性进行方案设计，进一步降低建筑能耗，主要包括以下几点：

（1）性能化设计

性能化设计方法的核心是以性能目标为导向的定量化设计分析与优化。建筑的关键性能参数选取基于性能定量分析结果，而不是从规范中直接选取。

基于性能化设计，贯彻建筑全生命期技术经济最优理念，对建筑中透明和非透明围护结构指标进行敏感性分析计算，确定围护结构的优选参数。

（2）室内环境指标确定

主要办公区域和人员活动区域严格按照标准推荐指标设计，保障人员热舒适。

生态大厅主要功能为展示和参观，部分区域为超算模块。生态大厅种植绿色植物，保障健康舒适的室内环境。为了提供绿色植物生长所需的光和热，同时降低该区域的采光能耗，屋顶设置透明天窗引入自然光。由于该区域环境主要满足植物的基本生长需求，因此设计中以植物生长温湿度为依据，设置室内环境指标的要求。生态大厅冬季室温控制范围确定为16～18℃，夏季温度＜28℃、相对湿度＜70%，过渡季节和夏季主要以自然通风为主，仅当有重要人员参观时，保障人员活动区域达到标准推荐要求。

（3）围护结构指标确定

近零能耗建筑围护结构主要包括非透明围护结构和透明围护结构。对这两个主要部分进行敏感性分析，模拟计算各部分指标参数对建筑负荷和累计耗冷／热量的影响。通过能耗模拟计算，详细分析屋面、外墙、地面的 $K$ 值对累计和峰值能耗的影响，考虑技术经济效益，非透明围护结构参数取标准推荐值的下限。本项目的透明围护结构主要包括：东侧常规幕墙和西侧异形幕墙。两侧幕墙连接的主要空间为生态大厅区域，生态大厅的室内环境指标和常规区域有一定区别，因此，模拟考虑室内环境参数，分别分析两幕墙对建筑负荷和累计耗冷耗热量的影响。综合建筑后期功能和经济效益，东侧幕墙传热系数取1.0W/（$m^2$·K），西侧幕墙传热系数取2.0W/（$m^2$·K），SHGC满足标准中要求。西侧增加可调节的外遮阳。

此外，通过计算发现西侧幕墙存在结露风险，因此需考虑防结露措施。

最终确定的高性能建筑结构整体参数及做法如表1所示。

**围护结构参数及做法** **表1**

| 围护结构部位 | 保温材料 | 保温厚度/mm | 导热系数/[W/(m·K)] | 平均传热系数/[W/($m^2$·K)] | 说明 |
|---|---|---|---|---|---|
| 屋面 $K$ 值 | 硬质聚氨酯 | 120 | 0.024 | 0.25 | |
| 地上部分外墙 $K$ 值 | 岩棉 | 220 | 0.04 | 0.25 | |

续表

| 围护结构部位 | 保温材料 | 保温厚度 /mm | 导热系数 / [W/(m・K)] | 平均传热系数 / [W/(m²・K)] | 说明 |
|---|---|---|---|---|---|
| 超低能耗区地下室外墙 | 真空绝热板 | 30 | 0.06 | 0.25 | |
| 超低能耗区地下室地面 | 硬质聚氨酯 | 120 | 0.024 | 0.25 | |
| 幕墙、外门窗、天窗 $K$ 值 | | | | 西向 2.0<br>东南北向天窗 1.0 | 气密性 8 级，玻璃 SHGC 夏季 0.2<br>(南、西向、天窗电动外遮阳系统)<br>冬季 0.45 |
| 幕墙、外门窗玻璃 $K$ 值 | 5 超白 + 12A + 5 超白 + V + 5 超白 | | | 0.8 | 玻璃间隔条满足 DB13（J）/T 263—2018 相关要求 |
| 超低能耗区与非超低能耗区楼板 | 硬质聚氨酯 | 70 | 0.024 | 0.5 | |
| 超低能耗区与非超低能耗区隔墙 | 岩棉 | 170 | 0.04 | 0.3 | |
| ECC 幕墙 | 框材：隔热断桥铝合金<br>玻璃：中空钢化 Low-E 玻璃 | | | 2 | |

（4）建筑气密性和无热桥设计

本项目的建筑气密区包含整个近零能耗区域、气密区与室外、气密区与非气密区之间均采用气密性能满足国标要求的气密门。近零能耗区域建筑整体气密性应连续完善，除应按照国标要求选择满足气密性要求的门窗等部品外，气密区边界处不同建筑构建或部品交界处，穿墙管道等气密性薄弱环节，采用气密膜进行搭接粘贴，从而保证建筑内外 50Pa 压差下换气次数 $N_{50} \leqslant 0.6/\text{h}$。

外墙外保温应连续，各部位保温材料错缝粘贴，不得产生结构性热桥。对于易产生热桥的节点进行断热桥处理。如突出外墙的构件和突出屋面的女儿墙，土建出风口等突出屋面的结构体，采用保温材料将外凸构架全包裹；穿过外墙管道与预留洞或者套管间用保温材料包裹；固定保温层的锚栓为断热桥的锚栓；外墙岩棉保温系统中的穿透构件与保温层之间的间隙采取有效保温密闭措施等。

项目屋面采用大跨度钢结构，钢结构贯穿室内和室外，金属导热能力极强，易产生热桥，因此，本项目采用对钢结构屋顶上下全部包裹的方式进行热桥处理，上侧保温为聚氨酯，下侧为真空绝热板，如图 5 所示。按照以上要求进行保温处理后，计算得到室内侧最低温度为 14.2 ℃，高于露点温度，没有结露风险。

（5）能源系统方案

由于近零能耗建筑的负荷较小，应因地制宜，匹配灵活且高效的冷热源设备，保障建筑长时间处于高效节能的运行状态。

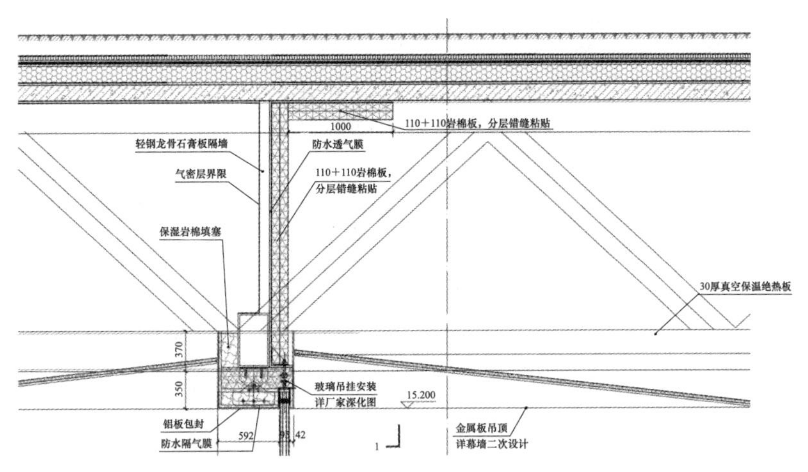


图 5　钢结构无热桥设计关键节点图

如前所述，本项目 IDC 机房一期可回收余热约 4000kW，终期可回收余热可达 18000kW，因此，机房余热合理利用即可为近零能耗区域提供免费热源。本项目采用具备热回收功能的风冷热泵机组作为近零能耗区域冬季采暖热源；该机组同时也作为夏季空调冷源。冬季供暖时，优先利用 IDC 机房余热；热泵机组内设置热回收换热模块，可以热回收工况运行，换取的 19℃的余热热水可提高热泵冬季采暖效率，回水温度为 14℃，热回收热泵机组综合 *COP* 达到 7.88，最高可达 8.0 以上，输出 45℃热水作为大楼冬季采暖热源。当余热回收量不足时，机组会自动切换至风冷模式作为补充，保证大楼供热需求。大楼全年空调供暖运行累计负荷 92000kWh，节约电耗约 14000kWh，全年节约电费约 1.4 万元。项目终期完成后，余热可供给区域能源站，实现城市供热反哺。整体机房余热利用原理如图 6 所示。

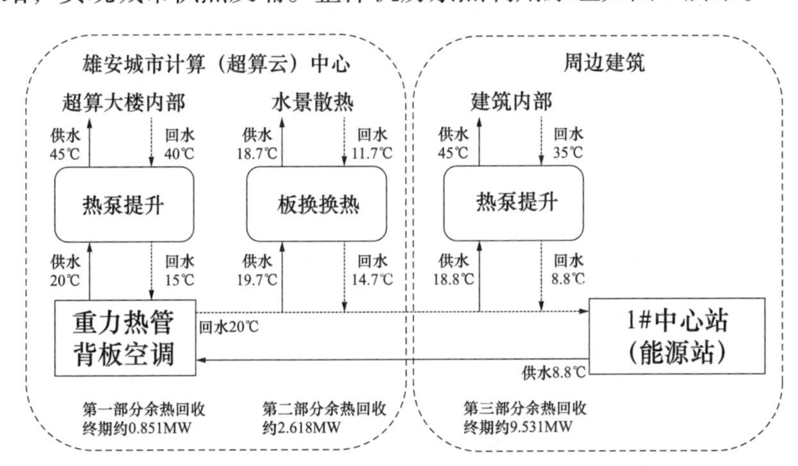


图 6　余热利用原理图

（6）节能分析

基于项目特征，结合建筑室内环境指标要求，依据关键指标敏感性分析结果，优化建筑整体指标参数包括：外墙传热系数、屋面传热系数、楼地面热阻、东西侧幕墙外窗传热系数、天窗传热系数、新风热回收效率。考虑建筑东侧外廊的结构性遮阳、西侧幕墙遮阳，天窗遮阳，考虑多种能源形式的可能性以及可再生能源的利用等。利用 DeST 软件建模，对建筑能耗进行逐时计算，计算结果统计如表 2 和图 7 所示。

近零能耗建筑能耗统计主要包括：供暖能耗、供冷能耗、输配系统能耗、末端能耗、照明系统能耗、电梯系统能耗。由计算结果可知项目达到近零能耗建筑设计目标，建筑运行能耗相比现行国家节能标准降低 60% 以上，建筑本体节能率达到 56.6%，可再生能源利用率达到 17.5%，满足近零能耗建筑要求。

**建筑分项能耗统计**　　　　**表 2**

| 项目 | 设计建筑 | | 基准建筑 | |
|---|---|---|---|---|
| | 总能耗 kWh/a | 单位面积能耗 kWh/（$m^2$·a） | 总能耗 kWh/a | 单位面积能耗 kWh/（$m^2$·a） |
| 供暖能耗 | 14343 | 1.14 | 248887 | 19.81 |
| 供冷能耗 | 46807 | 3.73 | 56029 | 4.46 |
| 输配系统能耗 | 10504 | 0.84 | 21908 | 1.74 |
| 末端能耗 | 52841 | 4.21 | 104969 | 8.36 |
| 照明系统能耗 | 148737 | 11.84 | 217501 | 17.32 |
| 电梯系统能耗 | 14565 | 1.16 | 14565 | 1.16 |
| 可再生能源产能量 | 24000 | 1.91 | 0 | 0.00 |
| 不含可再生能源发电的建筑能耗综合值 | 287797 | 22.91 | 663859 | 52.85 |
| 建筑能耗等效耗电量 | 263797 | 21.00 | 663859 | 52.85 |

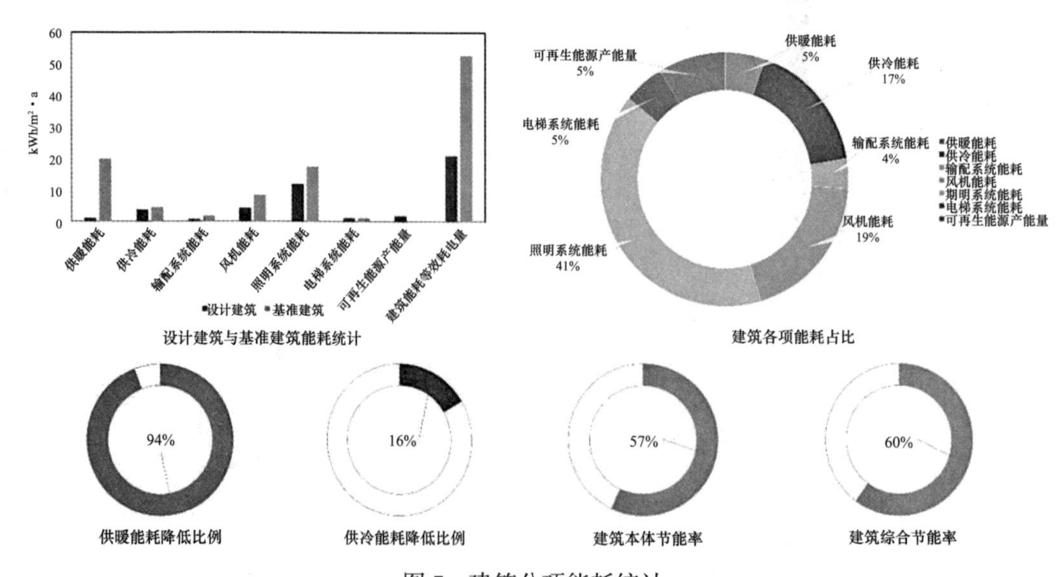


图 7　建筑分项能耗统计

## 三、近零能耗公共建筑总结和展望

近几年，近零能耗建筑在我国得到了快速发展，但在积极推广快速建设过程中，也暴露出许多问题，作为一线从业者，我们更有责任及时总结项目经验，从多角度和方面提出意见和建议，推动近零能耗建筑向更加健康和可持续方向发展。

### （一）加强技术经济性分析

位于不同气候区的近零能耗建筑，其全生命周期增量效益、增量成本以及效益费用比并不相同，表现在不同气候区下经济性最佳的节能技术不同和近零能耗公共建筑技术体系在以供暖为主要需求的严寒及寒冷气候区收益更为显著等方面[19]。因此，在进行近零能耗公共建筑改造和建设的过程中，应该针对具体项目加强技术经济性分析，包括近零能耗公共建筑全生命周期技术经济性分析和考虑环境收益的情况下的全生命周期净现值技术经济性分析等。设计人员应根据技术经济学分析的结果，争取制定出最为经济合理的近零能耗公共建筑节能技术方案。

### （二）深入全过程调试理念

设计是基础，施工是保证，运行是检验和验证。全过程调适可有效保证机电系统在各个阶段按照设计目标进行调整和完善，最终保障系统建设和运行的正确性、合理性和高效性。设计阶段，按照设计目标对设备和系统各项参数进行审核；采购阶段，设备性能和功能严格把关；施工安装阶段，核实设备和系统安装要求和质量；试运行调试阶段，调整设备在不同工况和模式下的运行参数，从而保障机电系统投入使用后安全高效运行。

全过程调适在建筑全生命周期中的重要性逐渐显现，在以品质求发展的阶段，特别是在近零能耗建筑中，要重视全过程调适工作，以保障近零能耗建筑目标的达成。

### （三）全面开展智慧运维

建筑运行能耗和室内环境效果是评价近零能耗建筑是否满足设计目标的重要指标。现阶段在建或已建的近零能耗建筑中，多数项目在设计阶段预设了建筑智慧运维管理系统，但是在施工或运行阶段，受到施工工期、经费或商业模式等的制约，很多项目未按设计目标要求搭建该系统，或系统建设完成后运维管理不到位，建筑运行能耗高且运行效果不佳。

建筑运行阶段碳排放占社会总碳排放的22%，因此智慧运维应予以高度重视，并严格执行[18]。建筑智慧运维系统应在完善的监控系统建设基础上，以室内环境和能耗为控制目标，通过运行数据的自动收集、分析诊断，分析系统运行状态，及时发现运行问题，调整系统运行模式，优化运行策略，有效保障近零能耗建筑的安全，高效运行。

### （四）加强能耗监测和碳排放管理

能耗监测和碳排放管理帮助建筑所有者或运维人员全面了解建筑各系统运行状况、能源消耗水平和碳排放水平。通过能耗监测和碳排放管理系统获取的建筑能碳数据指标，可建立有机联动管理和调度机制，实现资源和能源的有效配置和高效利用，指导建筑优化低碳的运维管理，助力建筑主体节能低碳目标实现。

近零能耗公共建筑运行能耗和碳排放管理系统，也可实现区域和重点用能单位（建筑）总体用能情况的监测和管理，可为政府节能减排工作及碳排放管理工作提供坚实的数据基础，从而提出科学的决策建议。加强建筑能耗监测和碳排放管理也是“十四五”建筑节能和绿色建筑发展规划的重要内容。

### （五）开展后评估

建筑的使用后评估（又称建筑的使用后评价）是用于评价建成建筑的空间绩效和性能的有效方法，它通过对建成建筑使用后产生的不可控因素进行信息的获取和分析，进而提出优化控制策略，使得建筑的空间绩效和性能得以提升[20]。

后评估将近零能耗建筑的实测能耗监测数据结果与设计目标进行对比，可以开展近零能耗公共建筑运行过程及完成效果的评价。同时，后评估可以根据评价结论和未来趋势预测对建筑现状和未来的运行提升，提供有价值的建议和意见。因此，开展后评估可以为以后的近零能耗公共建筑建设和管理提供科学、可靠的参考依据，是现代近零能耗项目建设科学闭环管理中的重要环节。

## 四、总结

基于“十二五”和“十三五”期间的实践积累，“十四五”期间近零能耗建筑将在全国范围内得到快速化规模化的发展。本文以雄安城市计算（超算云）中心非机房区域近零能耗示范工程为例，阐述了近零能耗建筑技术体系在公共建筑上的实践。近零能耗的发展势不可挡，做好体系分析的经济性分析，实践全过程调试，通过智慧运维管理实现近零能耗建筑运行过程中的高舒适低能耗，积极开展近零能耗建筑运行后后评估，及时发现运行中的问题，并及时调整和提升，将有效保障近零能耗建筑在全生命周期的高效运行。

雄安城市计算（超算云）中心非机房区域近零能耗示范工程以性能化设计为原则，以近零能耗建筑能耗和室内环境要求为目标，通过科学的分析方法，确定了建筑关键指标参数；立足项目特点，充分利用数据中心服务器余热实现冬季余热为近零能耗区域免费供热及向城市供热反哺，针对大跨度钢结构开展气密性和无热桥分析并提出解决方案，针对特殊建筑空间，基于气流组织分析，提出空间机电系统运行建议。项目的整体设计思路和技术细节，充分展现了公共建筑实现近零能耗目标的实践过程，为近零能耗公共建筑的设计提供了有价值的参考。

近零能耗建筑技术体系是我国建筑实现更高能效和更低碳排放的关键技术，雄安城市计算（超算云）中心为首个集近零能耗和超算中心于一体的低碳数字化建筑，并成功入选“十三五”科技成果展。项目的建成将引领我国近零能耗建筑的规模化发展，推动绿色数据中心建设，支撑建筑业数字低碳转型。

## 参考文献


[1] 中国建筑科学研究院有限公司. 民用建筑节能设计标准（采暖居住建筑部分）：JGJ 26—86. 北京：中国建筑工业出版社，1986.

[2] 中国建筑科学研究院有限公司. 民用建筑节能设计标准（采暖居住建筑部分）：JGJ 26—95. 北京：中国建筑工业出版社，1995.

[3] 中国建筑科学研究院有限公司. 严寒和寒冷地区居住建筑节能设计标准：JGJ 26—2010. 北京：中国建筑工业出版社，2010.

[4] 中国建筑科学研究院有限公司. 夏热冬冷地区居住建筑节能设计标准：JGJ 134—2010. 北京：中国建筑工业出版社，2010.

[5] 中国建筑科学研究院有限公司. 夏热冬暖地区居住建筑节能设计标准：JGJ 75—2012. 北京：中国建筑工业出版社，2012.

[6] 张艺喆. 京津冀地区近零能耗居住建筑节能设计研究［D］. 北方工业大学，2019.

[7] 北京市建筑设计研究院有限公司. 北京市居住建筑节能设计标准：DB 11/891—2012. 北京：中国建筑工业出版社，2012.

[8] 北京市建筑设计研究院有限公司. 北京市居住建筑节能设计标准：DB 11/891—2020. 北京：中国建筑工业出版社，2020.

[9] 天津市建筑设计院. 天津市居住建筑节能设计标准：DB 29—1—2013. 天津，2013.

[10] 住房和城乡建设部科技发展促进中心. 被动式低能耗居住建筑节能设计标准：DB 13（J）/T 177—2015. 北京：中国建筑工业出版社，2015.

[11] 中国建筑科学研究院有限公司. 被动式超低能耗绿色建筑技术导则（居住建筑），2015.

[12] 中国建筑科学研究院有限公司. 近零能耗建筑技术标准：GB/T 51350—2019. 北京：中国建筑工业出版社，2019.

[13] 住房和城乡建设部.“十四五”建筑节能与绿色建筑发展规划［R］. 北京，2022.

[14] 徐伟，张时聪. 2025：近零能耗示范建筑将超 5000 万平方米［N］. 中国建材报，2022.

[15] Kurnitski J, Allard F，Braham D, et al. How to define nearly net zero energy buildings nZEB[J]. Rehva Journal, 2011, 48(3): 6-12.

[16] Annunziata E, Frey M, Rizzi F. Towards nearly zero-energy buildings: The state-of-art of national regulations in Europe[J]. Energy, 2013, 57: 125-133.

[17] 徐伟，孙德宇，路菲，等. 近零能耗建筑定义及指标体系研究进展［J］. 建筑科学，2018，34（4）：1-9.

[18] 清华大学建筑节能研究中心. 中国建筑节能年度发展研究报告 2022（公共建筑专题）［M］. 北京：中国建筑工业出版社，2022.

[19] 高彩凤，陈梦源，彭莉，等. 近零能耗公共建筑技术经济性分析［J］. 建筑科学，2021，

37 ( 10 ): 170-178.
[ 20 ] 张时聪，李怀，陈七东. CABR 近零能耗示范楼运行能耗追踪研究 [ J ]. 建设科技，2019 ( 18 ): 39-44.

# 清洁取暖“鹤壁模式”建设成效及经验

袁闪闪　石志宽
（中国建筑科学研究院有限公司　建科环能科技有限公司）

清洁取暖是打赢蓝天保卫战和实现我国双碳目标的重要举措。从2017年至2022年，我国通过中央财政支持试点城市清洁取暖工作，快速推动北方地区清洁取暖率从2016年底的34%提升至2021年底的73.6%。截至2022年5月，我国已累计投入859亿元中央财政用于支持5批共计88个试点城市/项目开展清洁取暖工作。其中，河南省鹤壁市作为首批国家清洁取暖试点城市，独创清洁取暖“鹤壁模式”，连续三年在四部委年度绩效考核中获评“优”等级，并得到多个部委的高度肯定，建设经验值得推广借鉴。本文将对鹤壁市的建设成效和经验进行梳理总结。

鹤壁市成功申报北方地区冬季清洁取暖试点城市以来，紧紧围绕“三年清洁取暖率100%，散煤取暖全部清零”的工作目标，充分开展调研，科学谋划，提出“清洁供、节约用、投资优、可持续”的总体思路，促进清洁取暖项目高效落实；坚持因地制宜，尊重居民意愿，明确了“电采暖，气做饭，房保温，煤清零”的技术路径；立足财政补得起、居民拿得起，科学制定“补初装不补运行”的财政补贴机制，保障地方财政可承受，较好调动居民节约用能积极性；创新制定“六个一”建设推广标准，规范项目建设推广要求，保障清洁取暖长效机制建设，逐步形成了可复制推广的“鹤壁模式”。

## 一、建设理念

### （一）基于多主体需求均衡，优化清洁取暖技术路线

通过实地考评、调研等方式，掌握了城乡既有建筑结构类型、保温水平、居民用热习惯、经济承受能力等关键信息，基于实际意愿与技术成本测算均衡的方式，从技术原理、工艺设备、优势及劣势分析、适用范围、运行成本分析、产品情况分析等多维度，科学确定不同区域超低排放热电联产集中供热、低温空气源热风机、成型生物质炉、既有建筑能效提升、燃气瓶组站等技术路线，在“电采暖”“气做饭”“房保温”主技术路线上因地制宜进行选择优化，最终实现生活散煤全面清零（图1—图4）。

图 1　老城区溴化锂吸收式热泵机组

图 2　集中式空气源热泵供暖

图 3　低温空气源热风机

图 4　智能化成型生物质取暖炉

**（二）基于技术经济分析，合理确定技术方案集成组合**

由于地区资源禀赋差异，在明确主体意愿、企业供给与发展能力的基础上，从整体布局、区域规划的角度，提出“热源侧清洁和用户侧节能”全过程多技术路线的方案组合方法，通过测算全过程的各项技术与经济效益，采取热源侧与用户侧多技术并行的方式，形成多技术方案集成组合，在鹤壁市辖区范围内广泛应用。

**（三）基于可持续发展结果导向，制定清洁取暖奖补政策**

针对居民收入水平、能源供给情况、财政可补贴额度进行调研，以可持续发展为目标，在尊重居民资金支付意愿的情况下采用最小补贴额度，提出鹤壁市合理的初装补贴标准，确定了“补初装不补运行”的财政补贴机制；明确财政资金只补贴清洁取暖初期投资，推荐使用节能高效的取暖设备，保障冬季取暖成本可控，较好调动居民科学节约用能的积极性和主动性，保证了清洁取暖项目可持续发展。

**（四）基于降低取暖能耗目标，探索实践建筑节能改造**

积极试点新技术、新工艺，选用“节能吊顶＋保温窗帘”技术思路；对各类农房进行现场踏勘和节能诊断，设计出适合平原、丘陵、山区等地形，平房、瓦房、楼房、联排农房等建设风格的 30 余种节能改造模型，通过技术优化组合，实现“对号入座”，确保改造效果达标。参与编制《河南省既有农房能效提升技术导则》《河南省城镇既有居住建筑能效提升技术导则》《河南省新建农房能效提升技术导则》等技术指导文件，科学引导和规范能效提升工程，为建筑能效提升改造技术领域贡献鹤壁经验（表 1，图 5）。

**农村建筑改造方案统计表** **表 1**

| 建筑类型 | 方案编号 | 改造部位 | 改造措施 | 改造前耗热量指标 /（W/m$^2$） | 改造后耗热量指标 /（W/m$^2$） | 能效提升比例 |
|---|---|---|---|---|---|---|
| 一层农房 | 方案 1 | 平屋顶 | 平屋顶：原有平屋面构造层＋50mm 挤塑聚苯板（XPS）保温层＋保护层 | 172.33 | 139.8 | 38.87% |
| | 方案 2 | 坡屋顶 | 屋顶：原有坡屋面构造层＋室内保温吊顶＋保温窗帘<br>外窗：增加保温窗帘 | | 85.64 | 50.30% |
| | 方案 3 | 外墙＋外窗 | 外墙：原有外墙＋50mm 挤塑聚苯板（XPS）薄抹灰系统<br>外窗：更换塑钢中空玻璃窗 (5＋9A＋5) | | 88.25 | 34.1% |
| | 方案 4 | 外墙＋用能系统 | 外墙：原有外墙＋50mm 挤塑聚苯板（XPS）薄抹灰系统<br>用能系统：增加热风机（低温空气源热泵热风机） | | 150.5 | 32.66% |
| 二层农房 | 方案 1 | 平屋顶 | 平屋顶：原有平屋面构造层＋50mm 挤塑聚苯板（XPS）保温层＋保护层 | 85.45 | 60.83 | 34.07% |
| | 方案 2 | 坡屋顶 | 屋顶：原有坡屋面构造层＋室内保温吊顶＋保温窗帘<br>外窗：增加保温窗帘 | | 65.31 | 50.03% |
| | 方案 3 | 外墙＋外窗 | 外墙：原有外墙＋50mm 挤塑聚苯板（XPS）薄抹灰系统<br>外窗：更换塑钢中空玻璃窗 (5＋9A＋5) | | 52.5 | 36.11% |
| | 方案 4 | 外墙＋用能系统 | 外墙：原有外墙＋50mm 挤塑聚苯板（XPS）薄抹灰系统<br>用能系统：增加热风机（低温空气源热风机） | | 75.97 | 31.09% |

图 5　农房建筑能效提升改造前后对比图

### （五）基于运营维护高效管理，建成清洁取暖智慧监管平台

立足城乡清洁取暖一体化建设管理中点多面广量大、工期短、跨部门监管难等痛点，集成运用空间地理信息、在线仿真模拟、信息多重加密、分布式微服务、专家诊断植入、故障自动定位等先进技术，建设了北方地区首个城乡一体化清洁取暖智慧监管平台；平台具备信息管理、效果评估、运行监控等113项实用性功能；形成了农村“清洁供 节约用”与城镇“智慧供 高效用”的建设格局，有效保障了清洁取暖项目健康持续发展（图6）。

图6　鹤壁市冬季清洁取暖智慧监管平台

## 二、推进措施

### （一）科学确定清洁取暖技术路线

一是夯实工作基础，充分开展调研。尊重群众意愿，积极开展全方位、广覆盖、多角度的调研活动，为试点城市科学有序推进提供决策依据。二是坚持因地制宜，制定技术路线。统筹考虑本地气候条件、资源禀赋、居民承受能力等多个因素，科学确定清洁取暖技术路线，实现取暖清洁化和建筑能耗降低双保障。三是试点示范在先，形成工作机制。按照“试点示范、以点带面”的原则，探索完善建设思路，形成了“成立项目组、签订协议书、两委先示范、召开动员会、五方共验收”的标准化工作机制。

### （二）不断提升清洁取暖保障能力

一是建立健全政策体系。印发工程验收、绩效考核、项目招标、项目监管等系列配套政策文件，初步建立多层次的清洁取暖制度框架和政策体系。二是强化提升技术体系。印发《鹤壁市清洁取暖技术推广目录》等技术文件，确定技术路径，明确工作思路，规范建设标准。三是完善资金筹措管理。充分发挥政府引导和市场主导作用，加大政策扶持力度，不断拓宽筹资途径，提高产品和服务质量。

### （三）持续提高清洁取暖建设水平

一是注重群众参与。借助广播、电视、互联网等多种途径，充分发挥村两委及党员带头示范作用，提高农民对清洁取暖工作的认知度和参与度。二是建立评估机

制。综合评估“热源侧”和“用户侧”同步改造的实际成效，查找问题，改进工作，保障项目建设质量。三是注重统筹推进。将农村清洁取暖和“脱贫攻坚”“农村环境综合整治”“美丽乡村”同步推进，提升农户生活幸福指数。

## 三、建设经验

### （一）“清洁供、节约用、投资优、可持续”的总体思路

一是热源精选清洁供。确定低温空气源热风机为农村主导技术路径，该技术路径能效比高、安装便捷、随用随开，契合农民节省理念和用热习惯。同时选择规模小、距城区远、生物质资源丰富的村庄探索推进数字化智能生物质炉取暖，做到原料就近收集、加工和消费，降低运行成本。二是降低能耗节约用。提高建筑用能效率，城镇新建居住建筑全面执行75%的节能设计标准，既有建筑能效提升改造效果不低于30%，提高效能节约用。选用节能成熟技术，根据城乡差异，因地制宜选择适用的清洁取暖技术路线，技术保障节约用。科学制定用户操作手册等系列服务手册，引导农户科学使用清洁取暖设备，规范操作节约用。三是合理配比投资优。着眼农民拿得起，出台补贴政策，补贴后农民“热源侧”和“用户侧”户均付费3500元左右；着眼财政补得起，“双侧同推”户均财政补贴8000元左右，地方财政可承受。四是后期运行可持续。使用成本可持续，单台低温空气源热风机平均耗电0.75—1kWh/h，农民户年均取暖成本670—1120元；数字智能化生物质炉户均年取暖做饭成本700—1150元，成本较改造前使用散煤大幅下降。简便使用可持续，严控清洁取暖产品质量，低温空气源热风机、生物质炉均实现智能化控制，使用方便，故障率低。服务到位可持续。推行一站式服务，采用服务商模式，规范企业标准，确保清洁取暖项目持续健康发展。

### （二）“电取暖、气做饭、房保温、煤清零”的技术路径

一是坚持“电采暖”为主进行农村热源清洁化改造。结合各类能源使用成本，尊重农民用热习惯，积极推进分散电采暖，农村电网改造同步跟进，保证农民取暖成本自控、安全清洁、经济可持续。二是坚持“气做饭”为主优化农村餐炊用能。平原地区实现管道天然气“村村通”，丘陵和山区等偏远地区通过燃气瓶组站实现天然气覆盖，通过电气“阶梯”用量优化组合，降低农村居民用能支出，保障“散煤清零”目标，避免“返煤”现象发生。三是坚持“房保温”和热源改造同步推进。大力推进能效提升改造，改善既有居住建筑热性能，推动农房降低能耗，提高农房居住舒适度，降低冬季采暖支出。四是坚持改造区域取暖做饭“煤清零”。通过取暖和餐炊方式的变革，按照“宜电则电，宜气则气”的原则，实现城镇和农村地区居民生活“散煤清零”。

### （三）“补初装不补运行”的财政补贴机制

结合农村清洁取暖户均面积及技术参数，通过认真调研和科学比对，使用节能高效设备，确保取暖成本可控，明确中央财政资金只补贴清洁取暖改造初期投资，

不再制定市级的电价、气价优惠政策，较好调动了农民安装使用清洁取暖设备、科学节约用能的积极性、主动性。

**（四）"六个一"的建设推广标准**

一是整村明确一个清洁取暖技术路径。实现技术统一、品牌一致、运营维护一体，确保清洁取暖建设运行稳定有序。二是能效提升改造遵循一套技术标准。设计出适合不同建设风格的多种节能改造模型，做到改造技术统一、项目施工规范、能效提升达标。三是户均清洁取暖改造费用控制在一万元左右。坚持居民和政府可承受，不断优化建设成本，"热源侧"和"用户侧"户均改造初期总投资尽量控制在1万元左右，原则上不超过1.5万元。四是取暖季户均运行成本控制在1千元左右。通过技术优选和规范使用，确保清洁取暖项目可持续、易推广。五是取暖设备使用实现一键化操作。选用自动化、智能化的取暖设备，方便农民独立使用。六是运营维护实现一平台服务。建设清洁取暖智慧监管平台，取暖设备数据实现远传远控，提升项目管控效率。建立乡村两级服务站点网络，及时解决维护维修问题，形成清洁取暖全覆盖的服务体系。

## 四、取得成效

**（一）鹤壁模式受到广泛认可**

2018年全国"北方十五省（区、市）农村清洁取暖用户侧能效提升现场经验交流会"在鹤壁市成功召开。2020年11月，住房和城乡建设部在官网上明确强调"推广河南省鹤壁市农村清洁取暖'补初装不补运行'的做法和农村住宅建筑能效提升方面的经验"。鹤壁市清洁取暖工作多次受到财政部、生态环境部、住房和城乡建设部、国家能源局等多个部委关心和支持；生态环境部副部长赵英民，住房和城乡建设部原总工程师陈宜明、标准定额司原一级巡视员倪江波、国家能源局电力司副司长熊国平等领导多次亲临现场指导（图7）。

图7 国家部委领导莅临鹤壁现场指导

**（二）清洁取暖建设硕果累累**

鹤壁市2019年被授予"北方农村清洁取暖典型模式示范基地"。参编《河南省农房建筑能效提升导则》，获批 2019 年河南省建设科技进步一等奖。2020 年 6 月，国家能源局编制《北方地区冬季清洁取暖典型案例汇编》，鹤壁市清洁取暖 3 篇典型案例成功入选，是全国入选篇数最多的试点城市。2022 年 1 月，鹤壁市《清洁取暖鹤壁模式决策技术创新应用及推广》和《城市级清洁供暖关键技术研发及鹤壁智慧建管平台示范应用》双课题荣获华夏建设科学技术二等奖（图 8）。

证　书

为表彰你单位在促进建设事业科学技术进步中做出的突出贡献，特颁发二〇二一年“华夏建设科学技术奖”奖励证书，以资鼓励。

获奖项目：清洁取暖鹤壁模式决策技术创新应用及推广
获奖单位　鹤壁市城市管理局
奖励等级：二等奖
奖励年度：2021年
证 书 号：2021-2-6301

证　书

为表彰你单位在促进建设事业科学技术进步中做出的突出贡献，特颁发二〇二一年“华夏建设科学技术奖”奖励证书，以资鼓励。

获奖项目：城市级清洁供暖关键技术研发及鹤壁智慧建管平台示范应用
获奖单位：鹤壁市城市管理局
奖励等级：二等奖
奖励年度：2021年
证 书 号：2021-2-6003

图 8　鹤壁市清洁取暖双课题荣获国家华夏奖二等奖

## （三）鹤壁经验多地复制推广

住房和城乡建设部科技与产业发展中心、清华大学、中国建筑科学研究院、生态环境部环境规划院、中国科学院、武汉大学、浙江大学等多个单位和院校赴鹤壁进行课题研究，鹤壁清洁取暖完成“请进来”到“输出去”的角色转变。2017 年以来，北方地区 38 个地市（县）、3500 余人（次）赴鹤壁考察学习清洁取暖建设经验，“鹤壁模式”已在北方多个地区复制推广，为推进清洁取暖贡献“鹤壁经验”（图 9）。

图 9　外地市来鹤壁考察学习清洁取暖

## 五、发展建议

借鉴鹤壁市清洁取暖建设经验，针对我国北方地区清洁取暖工作，建议立足能源新形势，促进能源革命战略实施，因地制宜合理规划，精准预测强化能源保障，推广应用节能技术产品，建设取暖智慧监管平台，多措并举促进取暖热源高质量利用。

### （一）因地制宜合理规划，做好顶层设计，优化清洁取暖热源布局以契合能源革命战略

一是城镇地区优先发展集中供热，以超低排放燃煤热电联产、燃煤锅炉为主要热源，统筹利用工业余热、废热等。二是农村地区坚持宜电则电、宜气则气、宜煤则煤，根据当地气候、资源、经济水平、环保需求等要素统筹谋划，坚持以供定改，先立后破，先规划、先布局、试点先行，由点到面，分步实施。

### （二）立足实际统筹实施，制定合理方案，科学建立建筑节能改造模型，有效提升取暖效果

一是尊重客观实际，合理确定提升标准。统筹农村经济条件薄弱、农房形式单一、分布零散等实际情况，兼顾建筑可持续发展，坚持建筑节能提升与清洁取暖同步推进，农房能效提升严格执行国家相关标准，能效提升总体目标定为“综合能效提升比率不低于30%”。二是立足区位地貌，分类确定改造模型。坚持节约能源与节省支出并举的原则，对各类农房进行现场踏勘和节能诊断，制定设计适合平原、丘陵、山区等地形，平房、瓦房、楼房、联排农房等建设风格的节能改造模型。三是根据结构类型，合理确定技术路线。综合考虑农房结构、建造形式、墙体屋面厚度、窗户保温密闭性等节能影响因素，科学制定技术路线。合理确定各项改造技术能效提升贡献率，通过技术优化组合，实施综合改造，确保改造效果达标。强化技术引领，因房施策编制工作导则。高度重视技术创新，充分发挥技术引领作用，全面建立能效提升技术体系。

### （三）热源侧、用户侧双侧同步发力，优选节能高效产品，切实提高用能效率

从前期推进情况看，高额的财政补贴和居民生活成本的大幅提高，使得清洁取暖存在不可持续的风险。针对此类问题，一方面要优选高效设备，提高能源利用效率，积极使用空气源热泵、地热热泵等能源利用效率高的取暖方式；另一方面要做好建筑能效提升工作，从源头降低用热需求、取暖成本，切实强化清洁取暖改造效果。热源侧、用户侧双管齐下同步发力，有效降低取暖运行费用，确保百姓“用得起、用得好，用得久”。

### （四）借力新兴技术手段，融合发展智慧监管平台建设，切实做好清洁取暖后期维护保障

鼓励研发推广城镇智慧供热与农村清洁取暖共用的城乡一体化监管平台，利用

大数据等手段，提升服务质量与水平，提高政府监管力度和水平。城镇供热公司用智慧供热平台已相对成熟，仅需开发统一数据接口，打通多个公司、多个平台间的数据协议，即可实现关键数据线上监管功能。农村用清洁取暖监管平台已有试点，但缺乏针对用户报修和政府监管的实用性，需要通过集成平台建设，做到“平台用起来”“数据跑起来”“工作管起来”“市场转起来”，实现“建、管、补、用、查、修”一体化，切实做好清洁取暖设备维保工作。

## 参考文献


[1] 发改委. 关于印发北方地区冬季清洁取暖规划（2017—2021年）的通知[EB/OL]. https://www.ndrc.gov.cn/xxgk/zcfb/tz/201712/t20171220_962623.html, 2017.12.5.

[2] 国家能源局. 奋进，打开能源高质量发展新局面——全国能源工作2019年终综述[EB/OL]. http://www.nea.gov.cn/2019-12/16/c_138635653.htm, 2019.12.16.

[3] 国家电网有限公司. 国家电网大力实施“煤改电”助力打赢“蓝天保卫战”[EB/OL]. http://www.sasac.gov.cn/n2588025/n2588124/c9550223/content.html, 2018.9.7.

[4] 中创机电. 国家电网完成2018年清洁取暖煤改电任务[EB/OL]. https://www.sohu.com/a/290452505_100030648, 2019.1.21.

[5] 中国清洁供热平台. 国家电网：“煤改电”配套电网建设工程已投资338亿元[EB/OL]. http://shoudian.bjx.com.cn/html/20200326/1058179.shtml, 2020.3.26.

# 结　语

经典建筑，魅力隽永；科学研究，永无止境。七十年来，中国建筑科学研究院始终秉承智者创物的核心理念，以精湛的建筑技术和前瞻的科学研究，全力服务国家、行业发展，为我国建设科技事业的不断进步和高质量发展贡献了积极的力量。

2023 年是全面贯彻党的二十大精神的开局之年，是为全面建设社会主义现代化国家奠定基础的重要一年，更是建筑行业加快绿色、低碳转型发展的关键一年。新时代新征程上，中国建筑科学研究院充分发挥在建筑节能、绿色建筑等方面的专业技术研究基础和科研标准引领优势，再次组织院内近百位专家，对建筑业绿色低碳转型发展的部分热点领域进行深入系统的剖析，总结技术现状，展望发展趋势，提出政策建议。本书既是《建筑科学研究 2021》的精髓延续，也是中国建研院为行业转型发展贡献的智慧结晶，希望本书的出版能够对行业内的专家学者、科研和工程从业者、行业管理部门有所启发。

孤举者难起，众行者易趋。七十载栉风沐雨，七十载春华秋实，中国建筑科学研究院的改革发展成就离不开行业同仁的大力支持。未来的道路上，中国建筑科学研究院将继续携手行业同仁，坚持以推动科技进步、促进行业发展为己任，守正创新、笃行致远、赓续前行，共同推动我国城乡建设事业蓬勃发展，为加快建设社会主义现代化强国、实现第二个百年奋斗目标、以中国式现代化全面推进中华民族伟大复兴作出新的更大贡献。

中国建筑科学研究院有限公司<br>
党委书记、董事长<br>
2023 年 5 月